计算机网络技术及其应用

（第二版）

汤子瀛　哲凤屏
汤小丹　王侃雅　编著

电子科技大学出版社

内容提要

本教材系统地阐述了计算机网络的基础知识，计算机局域网、企业网络、Internet/Intranet 等的基本原理和技术，并对商业自动化和金融电子化做了较详细的介绍。

本教材共分五个部分。第一部分是对计算机网络、数据通信系统、以及 OSI/RM 的七个层次做了扼要地阐述；第二部分讲述 LAN 和快速 LAN 的原理和技术；第三部分详细地阐述了企业网络中的硬件设备、软件和网络结构以及用于实现虚拟 LAN 的技术；第四部分介绍了 Internet 和 Intranet；第五部分介绍企业网络在商业自动化和金融电子化中的应用以及有关电子数据交换、电子商务和信用卡工程等。

本书既着重基本原理和基本概念的阐述，又力图反映出计算机网络的发展前沿。本书可作为本科生或研究生的“计算机网络”教材，也可作为从事计算机、自动控制和信息工程等工作的各类专业人员学习计算机网络的参考书。

计算机网络技术及其应用（第二版）

汤子瀛　哲凤屏
汤小丹　王侃雅　编著

出　　版：电子科技大学出版社　（成都建设北路二段四号，邮编：610054）
责任编辑：吴艳玲
发　　行：新华书店
印　　刷：成都蜀通印务有限责任公司
开　　本：787×1092　1/16　印张　26.125　字数　635 千字
版　　次：1999 年 3 月第二版
印　　次：2006 年 9 月第十四次印刷
书　　号：ISBN 7-81043-464-0/TP·170
印　　数：47001—49000 册
定　　价：28.00 元

再版前言

第一版《计算机网络技术及其应用》教材（简称网络教材）编写至今，已有三年多时间。在此期间，计算机网络技术和产品，都以极其迅猛的速度发展，特别是交换集线器、快速以太网、ATM、千兆位以太网产品，以及网络操作系统、网络管理软件的日益成熟，并应用到金融业、商业、政府机关、电信部门、研究机构和学校等领域中，把原来以局域网（LAN）为基础的信息处理平台升级为以企业网络为基础的信息处理平台，网络的传输速率也从 10Mbps 提高到 100Mbps，乃至 1000Mbps。

自 Internet 进入第三阶段——商业化阶段后，银行、证券交易所、零售商店、医院等行业，纷纷把自己的企业网络接入 Internet；同时 Internet 也进入了千家万户，这引起 Internet 爆炸性地膨胀，大约每隔三年多时间，入网的计算机数目便增加 10 倍，如今 Internet 已遍及世界各地，形成了世界范围的 Internet 环境，为企业了解世界各地的市场动态，沟通销售渠道等，创造了极为有利的条件，这又促进了企业网络发展为第三代企业网络——Intranet。

在这种情势下，显然第一版的网络教材已经不能反映当前网络的实际应用情况和其发展，而有必要对它加以全面修改。此次新编的第二版网络教材共分为五个部分，第一部分是网络基础知识，包括三章：第一章计算机网络概述；第二章数据通信基础；第三章开放系统互连参考模型七层协议。第二部分为 LAN，含两章：第四章计算机 LAN；第五章快速 LAN。第三部分为企业网络，含三章：第六章企业网络的硬件设备；第七章企业网络的软件；第八章企业网络结构与虚拟网络技术。第四部分为 Internet 和 Intranet，含两章：第九章 Internet；第十章 Intranet 与网络安全。第五部分为网络应用，即第十一章商业自动化和第十二章金融电子化两章。

比较第一版和第二版网络教材的内容可以得知，如果说第一版网络教材是以 10Mbps 的 LAN 为核心内容，那么第二版网络教材则是以 100Mbps 的企业网络为核心，这实际上包括第二部分的第五章。第三部分的第六、七、八章和第四部分的第十章，以及第五部分的第十一和十二章，总共七章。其余的五章主要是作为学习上述内容时所必需的基础知识；而以当前广泛应用的企业网络为核心，无疑是第二版网络教材的重要特色。

在编写过程中，我们一方面着重阐述计算机网络中的基本概念、基本原理和基本技术；另一方面，我们也紧跟计算机网络发展的潮流，使教材紧扣计算机网络发展潮流的前沿。但由于计算机网络在近几年发展太快，我们因时间仓促且水平有限，本书难免会存在一些不足之处和错误，恳请广大读者批评指正。

本教材在编写过程中，得到浙江大学张德馨教授的关心和支持，此外，祝邦文和汤蓓莉等同志在整理、校对和绘图等工作中，都付出了大量的艰辛的劳动，还有电子科技大学出版社的大力支持与合作，使本教材得以如期地与读者见面，在此谨向上述各位表示衷心感谢。

编　者

1998 年 10 月于杭州

目　录

第一章 计算机网络概述

计算机网络正式诞生于1969年，至今尚不足三十年，但其所取得的进展却是举世瞩目的。计算机网络在经历了70年代和80年代的大发展后，如今已广泛应用于各个领域。各种网络技术也日趋成熟，从而为在90年代的网络腾飞奠定了基础。

用于将各种不同网络互连起来的网络互连技术，使网络产生了质的飞跃，在企业（校园）网中，将各部门的LAN互连起来，可形成一个能覆盖整个企业（校园）的企业（校园）网；在世界范围，已将170多个国家的数万个网络互连起来，形成了世界上最大的互连网Internet，这也正是当前计算机网络领域中的两大热点。

当今许多企业的决策者，都把在企业中建立基于企业网络的信息系统，作为在激烈的市场竞争中能立于不败之地、取得成功的关键，于是在诸如金融、外贸、商业、宾馆等行业的企业中，都争相建立了基于企业网络的信息系统，利用先进的信息处理工具、根据本企业的市场需求，对企业在营运过程中所发生的各类信息，进行及时地收集、存储、处理和传播，以此来及时地掌握市场动态、提供各种决策依据，并能快速地对企业活动中的各个环节进行调整，使企业能更好地适应市场的变化，从而取得更大的经济和社会效益。

显然，对于现代化企业，能建造一个性能先进、实用且可靠性高、可扩展性好，以及管理和维护方便的、基于企业网络的信息系统是至关重要的。但要建造一个能全面满足上述要求的网络，也绝非一件易事。本书将对计算机局域网、企业网、Internet和Intranet做较全面的阐述，并对其在商业自动化和金融电子化等方面的应用，做较详细地介绍。

1.1 计算机网络的分类

计算机网络在经历了多年的发展之后，形成了多种类型的网络。可以从不同的角度对它们加以分类，如根据其所覆盖地理范围的大小，可将计算机网络分成广域网和局域网；若按网络的拓扑结构形式，则可分为星型网、树型网、总线型网、环型网以及网状型网；此外，还可根据应用环境的不同而分为企业网、校园网、部门网和工作组网等类型。

1.1.1 按地理覆盖范围分类

最早出现的是地理覆盖范围很广的计算机网络，亦即广域网WAN，其后，随着微机的普及，又出现了地理覆盖范围较小的计算机网络，亦即局域网LAN，这两种网络后来得以完全并行的发展，并已可将这两种网络连接起来形成互连网络。

一、广域网WAN（Wide Area Network）

1969年，美国ARPA网络的建成，标志着计算机网络的正式诞生。ARPAnet便是计算机广域网络WAN。所谓广域网，是指其地理覆盖范围较大的网络，通常，其方园可从数十公里至上万公里。在70年代至80年代是WAN大发展的年代，在所有发达国家和新兴国家中，都建立了本国的国家级WAN；到了90年代，所有国家级的WAN又都接到了美国的 Internet 网络上，形成世界上规模最大的 WAN。WAN 具有以下特征：

1. 网络覆盖范围广

WAN 的覆盖范围，一般是从方园数十公里至上万公里，如我国的 ChinaPAC，它覆盖了我国的绝大多数省份，又如 Internet 覆盖了全世界的大多数国家，应当说，WAN 的覆盖范围愈大，其利用价值就愈大，例如，我国在企业中广泛利用 ChinaPAC 来实现远程通信，就是因为可利用 ChinaPAC 把信息传送到我国绝大部分的县级以上各城市；又如 Internet 所以会有今天这样的“热”，其原因之一就是因为可以通过它把信息传送到全世界的众多国家和城市中。

2. 传输速率低

当前主流的 WAN，其传输速率只能达到 64Kbps，这样的速率是远远不能满足当今需要的。传输速率低的主要原因在于：这些网络中的大多数都是在 70～80 年代建造的，网络质量的高低参差不齐、数据传输的误码率高。为保证传输的可靠性又不得不加强差错控制及采用较低的传输速率。但近年来由于已可采用光纤作为传输介质，这为提高传输速率奠定了基础，而利用帧中继网，又可将传输速率提高到 E_1（2.048Mbps）以上，如能利用 ATM 交换网，则还可将速率进一步提高到 OC_3（155Mbps）甚至更高。

3. 通信设备属国家所有

由于公用 WAN 建设所需的投入是巨大的且其涉及的面广，问题多，因此，公用 WAN 的建设在除美国之外的绝大多数国家中，都是由国家承担的，也不允许由单位和个人去建造。相应的，在 WAN 中的通信设备也属国家所有，网络建成后也由国家实施统一管理。公用 WAN 可供任何已核准的单位和个人使用。

4. 对入网机器不作限制

这是指对可接入 WAN 中的计算机，基本上没有限制，可以小至个人计算机和大到巨型机。入网机器大体上可分为三类：（1）用户计算机：其入网的主要目的是获取网络所提供的服务；（2）服务器：这是在网络上专门配置的，用于提供各种服务的计算机，通常都是具有一定规模的计算机；（3）用户机兼作服务器：这种计算机既是用户计算机，又能提供某种类型的服务。

二、局域网 LAN（Local Area Network）

自 70 年代以来，由于大规模集成电路的迅速发展，使计算机硬件的成本急剧下降，从而促进了在一个单位甚至在一幢楼中，拥有多台微型机。为实现各微机之间的通信和资源共享，可将这些微机连接起来而形成局域网。引入局域网的好处有：（1）各用户间可直接进行文件传输和交换电子邮件；（2）能方便地共享网络中的各种硬件和软件资源，如硬盘共享、打印机共享、文件和数据的共享等；（3）提高了整个系统的处理能力：可用 LAN 来实现原来需要中、小型机才能实现的功能；（4）增加了系统的可靠性和可服务性。事实上，LAN 已成为办公自动化和金融电子化、商业自动化的重要支撑环境。LAN 具有以下特征：

1. 地理覆盖范围小

一个 LAN 所涉及的范围通常是一个工作小组、一个部门或是一个单位，其地理覆盖范围因而也局限于方园数百米至数公里，因此称之为 LAN。

2. 传输速率高

由于 LAN 的传输距离短，且由于又采用了某些处理技术，因而可获得较高的传输速率。80 年代主流 LAN 的传输速率为 10Mbps；到了 90 年代，便已升级到 100Mbps，并出现了 1Gbps 的超高传输速率。

3. LAN 为单位所有

由于 LAN 仅能覆盖一个部门或单位，所以，相应的 LAN 也都是由部门或单位出资建造，亦归部门或单位所有。

4. 入网的计算机

在 LAN 上所连接的网络工作站，基本上都是微型计算机；而在 LAN 上所连接的服务器，则大多数仍采用高档微机，如 Pentium Ⅱ 服务器，也有不少是小型计算机如 IBM 公司生产的 RS/6000，甚至于可连接大中型计算机。

1.1.2 按网络拓扑结构分类

根据各计算机系统之间的几何连接形式或网络的拓扑结构，可把计算机网络分以下五类：

一、星型网络

1. 星型网络拓扑结构

这是指每一个远程结点都通过一条单独的通信线路，直接与中心结点连接，即中心结点与每一个远程结点之间，都采用点一点连接方式；所有的远程结点之间进行通信时，都必须通过中心结点，如图 1-1（a）所示。

2. 星型网络的特点

（1）功能高度集中：整个网络的处理和控制功能，都集中在中心结点上，这样的系统易于构造，但潜在着不可靠性。

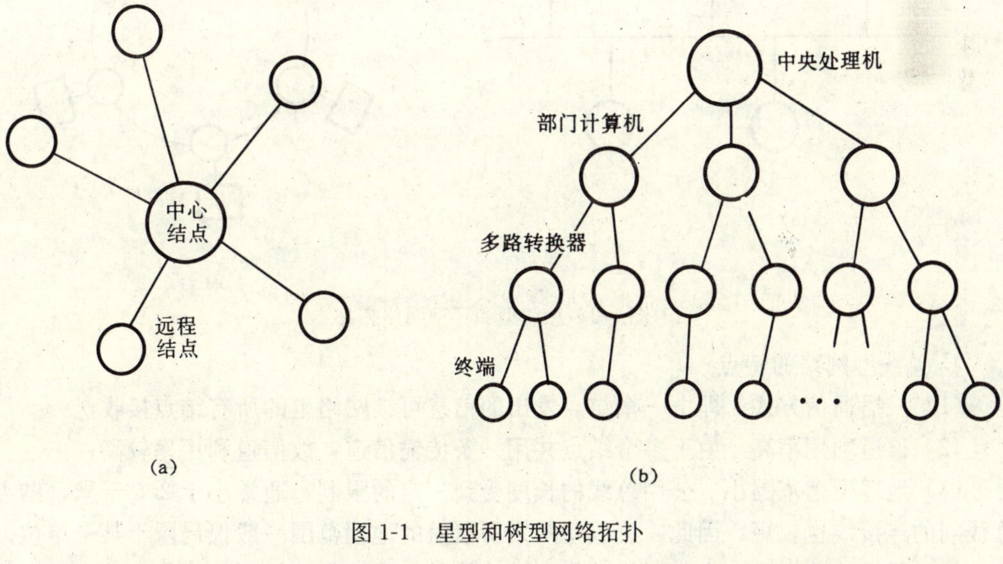

图 1-1 星型和树型网络拓扑

（2）单信息流通路径：每个远程结点通常都只有一条信息流通路径到达中心结点；反之亦然，因此不存在路径选择问题，这无疑又是影响网络可靠性的一个因素；

（3）线路利用率低：每条通信线路只连接一个远程结点，使该线路利用不充分；

(4) 可扩充性差：星型网络由于受到硬件接口和软件功能的限制，从而使其可扩充性较差。

二、树型网络

在实际建造一个较大型的网络时，往往采用多级星型网络。而将多级星型网络按层次方式进行排列，即形成树型网络。网络的最高层是中央处理机，最低层是终端，其他各层则可以是多路转换器、集中器或部门用计算机。采用树型结构的原因可归结为以下几点：(1) 使为数众多的终端能共享一条通信线路，以提高线路利用率；(2) 增强网络的分布处理能力，以改善星型网络的可靠性和可扩充性。例如，可将若干个终端连接到一个多路转换器上，再将若干个多路转换器连接到部门计算机上；最后再把各个部门计算机连接到企业（单位）的中央处理机上，见图 1-1 (b) 所示。

三、总线型网络

1. 总线型网络拓扑结构

由一条高速公用总线连接若干个结点所形成的网络称为总线型网络，如图 1-2 (a) 所示。其中一个结点是网络服务器，由它提供网络通信及资源共享服务；其他结点是网络工作站（即用户计算机）。由于是多个结点都连接到一条公用总线上，因此必须采取某种介质访问控制规程来分配信道，以保证在一段时间内，只允许一个结点传送信息。

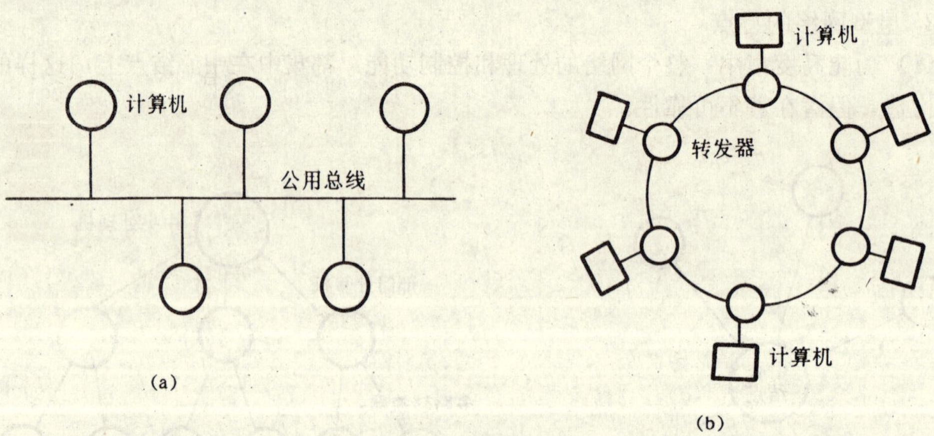

图 1-2　总线型和环型网络拓扑

2. 总线型网络的特点

(1) 广播通信方式　即由一个结点发出的信息可被网络上的所有结点接收；

(2) 信道利用率高　由于多个结点共用一条传输信道，故信道利用率较高；

(3) 地理覆盖范围小　公用总线的长度受到一定的限制，通常小于 2.5 千米，结点至总线间的连接线也较短，因此，总线型网络所覆盖的地理范围一般仅局限于某个单位；

(4) 网络建造容易　由于网络的物理结构简单，将结点连接到总线上也较容易；相应地，传输控制机构也简单，因此，这是一种较易实现的计算机网络。

四、环型网络

1. 环型网络拓扑结构

在环型网络中，每台入网的计算机都先连接到一个转发器上，再将所有的转发器通过高速点一点式信道，形成一环形，如图 1-2（b）所示。网络中的信息是单向流动的，从任何一个源转发器所送出的信息，经环路传送一周后又都返回到源转发器。为了控制各个联网计算机对环路的访问，在环型网络中也同样可有多种介质访问控制规程。

2. 环型网络的特点

（1）广播通信方式　由于源转发器发出的信息将途经环上的所有转发器，故可实现广播通信；

（2）传输时延的确定性　从某源点发出的信息，能在确定的时间内到达目标结点；

（3）可引入优先级机制　可使某个结点具有较高的优先级，使它能优先发送信息；

（4）可靠性差　当环路上任何一个转发器或两个转发器之间的连线发生故障时，都将导致整个网络瘫痪，因此，基本环形网络是不可靠的；

（5）灵活性差　不论在增加或减少网络结点时，都需断开原有环路，并对介质访问控制进行调整。

五、网状型网络

1. 网状型网络拓扑结构

如图 1-3 所示。其中的分组交换设备 PSE（Packet Switch Equipment）专门用于实现数据通信，将多个 PSE 通过点一点式信道连接成不规则网状网，被称为数据通信网或简称为通信子网。凡须入网的计算机（HOST）都应连接到 PSE 上，而各 HOST 之间必须通过通信子网方能进行通信。通常把通信子网之外的计算机和终端设备等一起称为数据处理子网或称为资源子网，网状型网络是广域网中最常采用的一种网络形式。

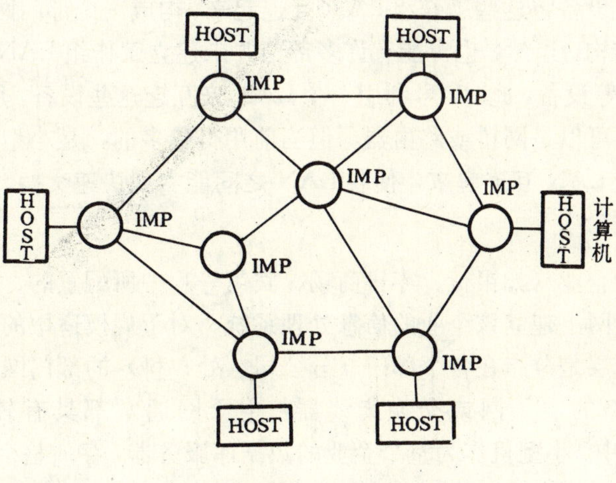

图 1-3　网状型网络拓扑结构

2. 网状型网络的特点

（1）两级网络形式　网状型网络在逻辑上可分为通信子网和资源子网两部分。前者专门用于实现网络通信；后者主要用作数据处理。这种两级网络形式的最大好处，是便于将各种类型的计算机连接成异构型计算机网络；

（2）网络可靠性高　通常，通信子网中的任何两个PSE之间，都存在着两条或两条以上的通信路径，这样，当一条通信路径发生故障时，还可通过另一条路径把信息传送到目标PSE；

（3）可扩充性好　该网络不论是在要求增加新功能时，还是要将另一个新的计算机入网，以形成更大或更新的网络时，都比较方便。

1.1.3　按网络环境分类

按网络所处环境的不同，可把计算机网络分为企业网、校园网、部门网和工作组网等几种。

一、工作组网络（Workgroup Network）

该网络是供一个工作组使用的LAN。工作组可以是某个产品的开发小组，可以是某个项目的研究小组。有关该产品（项目）的资料都放在服务器上，供工作组LAN上的用户共享。通常在工作组LAN上，都配置有数台至20台工作站、1～2个服务器，以及可以共享的打印机等。

工作组LAN属于规模最小的一类LAN，它是企业（校园）网的最底层网络。最常用的工作组LAN形式，是传输速率为10Mbps的以太网，近几年来，一方面出于引入多媒体技术的需要；另方面因快速以太网和交换式LAN已日趋成熟，故已开始利用快速以太网或交换式LAN作为工作组LAN，来提高整个网络的频带，以更好地满足用户需要。

二、部门网络（Department Network）

随着计算机网络应用的普及，在一个企业（校园）中的一个部门（如一个处、系、研究所等）中，都可能拥有若干个工作组LAN。为了实现更大范围的用户通信和资源共享，可利用某种网络互连设备将这些工作组LAN互连起来，构成一个部门网络，此时的部门网络已属于两级网络结构。当然，也可能有许多部门并未建立工作组LAN，而是只有一些分散的PC机和打印机等设备，此时，可利用一个LAN来互连这些设备。用于互连工作组LAN的网络互连设备，可以是网桥或路由器，但当前用得最多的，是小型交换集线器，用它来将本部门中的多个LAN互连起来，使各LAN之间能实现快速交换。

三、企业网络

这是指在一个企业（如银行、零售商场、宾馆等）中所配置的、能覆盖整个企业的计算机网络，在企业网上建立该企业的信息处理系统。对于规模适中的企业网络，通常由两级网络构成，其低层是分布在各个部门（分公司、处、科）的部门网络；而高层则是用于互连这些部门网络的主干网或交换集线器，主干网通常都具有较高的传输速率，如100Mbps，并拥有中、小型机作为整个企业的数据库服务器，存放整个企业的重要数据；对于规模较大的企业，则企业网络要由工作组、部门及企业级三级甚至四级网络所构成。如果企业的规模较大且地理上较分散，则往往还需要通过广域网将企业网和各地的部门网互连起来。

企业网络不仅规模大，还可能拥有多种类型的网络，以及配置大量的、品种繁多的硬件和软件，而且作为现代企业活动的神经中枢。任何关键部件的故障都有可能影响到整个企业网的工作。因此在企业网中，对关键部件都采用了容错技术；同时，由于对网络的管理和维护要求较高，因而还必须配备经验较丰富的网络管理专职人员。

四、校园网络

这是指在学校中配置的、能覆盖整个校园的计算机网络。通常，在一所大学的一些系和研究所中，都配置了若干个工作组LAN，它们分散在一幢楼的各个楼层中。可以利用若干台小型交换集线器，将每幢楼中的各个工作组LAN互连起来形成一个部门LAN，然后再利用一个大、中型交换集线器，将各幢楼中的各工作组LAN互连起来；可也利用FDDI光纤网将各部门LAN互连起来，形成一个校园网；在发达国家的大学中，已普遍建立了校园网；在我国，也已有上百所大学建立了校园网，其中，可能要数深圳大学的校园网是建立得最早的；清华大学、北京大学是1992年建立起校园网的。

1.2 WAN（和LAN）的组成和类型

1.2.1 计算机广域网的组成

WAN最基本的功能是数据通信和资源共享。相应的，WAN可从逻辑上划分为：(1)通信子网：用于实现数据通信的网络；(2)资源子网：用于实现数据处理和资源共享的网络。图1-4示出了WAN的组成。

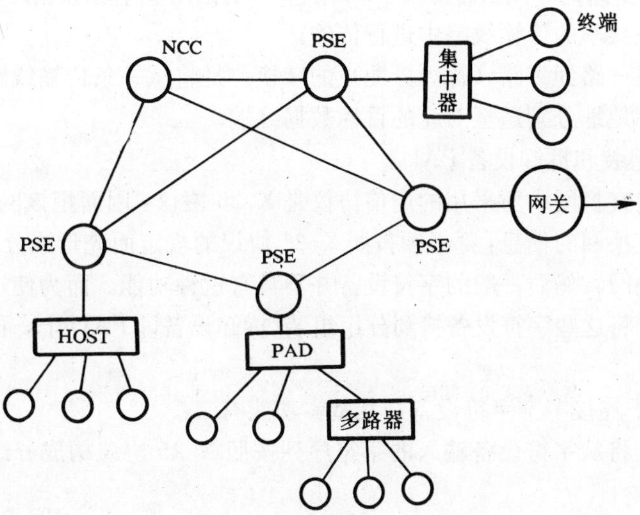

图1-4 WAN的组成

一、通信子网

通信子网主要是由若干个分组交换设备PSE通过传输线路互连起来所形成的。PSE的主要作用是实现分组交换，此外，在通信子网中还有用于提高信道利用率的多路转换器、用于连接字符设备的PAD，当需要将多个网络互连在一起时，还要配置网间连接器等。

1. 传输线路

也称为传输信道，它是信息的传输路径，是由各种类型的传输介质和有关的中间通信设备所组成。传输介质可以是有线的，如同轴电缆、光纤、双绞线等；也可以是无线的，如微波、无线电、红外线等。由于信号在传输过程中必然会有衰减，因此，每隔一定距离便须将传输的信息放大，恢复信号的幅度和相位后继续传送，此即所谓的中继功能。在传输信道中要配置许多这样的中继设备。

2. 分组交换设备 PSE

由于分组交换网所跨越的地理范围很广，因而在一个 WAN 中通常都有许多用于实现中继和交换功能的 PSE。PSE 的功能包括：

(1) 对分组缓冲区的管理　为了能接收新到达的分组，在 PSE 中准备了许多定长的分组缓冲区，并形成一缓冲池，用来存储新接收的分组；

(2) 分组的接收　当到达新分组时，先从缓冲池中取得一缓冲区，将所接收的分组存入其中；

(3) 路由选择　根据分组中的目标地址，为分组选择一合理的转发路由，并将该分组按一定算法放在该路由的输出队列中；

(4) 分组的发送　从输出队列中取出一分组，将它从选定的路由发送出去。

3. 多路转换器

在点一点的通信方式中，两个结点之间的通信线路是专用的，如果从一个结点所发出的信息流量很小，则该线路的利用率很低。一种提高线路利用率的有效方法是，使多个数据源合用一条传输线路。为此，在通信系统中引入了多路转换器。多路转换器的功能有：

(1) 实现由多路到一路（称为集中）的转换：是把由多个源数据终端所发出的信息，有序地纳入到一条共享的传输线路中进行传输；

(2) 实现由一路到多路（称为分配）的转换：是将从一条传输线路上传送来的多路信号，根据其目标地址分别送至对应的目标数据终端。

4. 分组的组装和拆卸设备 PAD

由于在分组交换网中所采用的通信协议是 X.25 协议，因而把该网也称为 X.25 网。任何要送入分组交换网的信息，都必须按照 X.25 协议的规定而先形成分组，然后把各分组依次送入分组交换网。然而一般的字符设备并不具有这种功能。而为使这些设备也能接入分组交换网，可先将这些字符设备接到分组组装/拆卸设备即 PAD 上，再把 PAD 接入 X.25 网。

PAD 可用于连接多个字符设备，其基本功能有二：

(1) 组装　将从字符设备输入的字符序列按照 X.25 协议构成分组后，送入分组交换网；

(2) 拆卸　将从分组交换网上收到的分组，拆卸成字符序列后，送给相应的字符终端。

5. 网间连接器

由于在不同网络中传输的信息使用了不同的格式，还可能是使用了不同的传输速率，这样，当需要把若干个不同的网络连接在一起时，必须配置相应的网间连接器，又称为网络互连设备。网间连接器有多种类型，最简单的网间连接器是网桥，它用于连接相同类型的网络；而最复杂的网间连接器则是路由器或网关，它用于连接不同类型的网络。网间连接器在不同的网络之间起着硬件和软件接口的作用。如，当一个网络 A 中的源主机要和另一个网络 B 中的目标主机通信时，由源主机发出的信息先经网络 A 传送到网间连接器，在其中对接收到的信息进行信息格式的变换后，再以适当的传输速率送入网络B，再由B 传送到目标主机。

二、资源子网

资源子网的功能是实现数据处理和提供各种服务，它主要是由各种类型的主机和终端设备等硬件，及可存储大量文件和数据的网络文件系统、网络数据库系统所组成。

1. 主机

这是连接到通信子网上的、作为信息的源和宿的计算机，不论其大小都称为主机。最小的主机可以是微型机。接入网络的大多数主机的主要用途，是获取网络所提供的各种服务，但在 WAN 上，则必定要配置一批大、中型机，用于向广大的网络用户提供各种类型的服务。在某些主机上驻留了大量的、可供共享的文件或数据；而在有些主机上则开设有所谓的“邮箱”，以为用户提供电子邮件服务；还有的主机则用于帮助用户到浩瀚的文件海洋中去查找所需文件。通常，把这些专门用于提供服务的主机称为服务器，如有网络文件服务器、网络数据库服务器、电子邮件服务器等。

2. 终端设备

除上述的可以直接接至通信子网上的主机外，还有那种本身不具有形成分组能力的终端设备，可通过分组组装/拆卸设备 PAD 连接到通信子网上。用户可以通过这些终端取得网络服务，这些终端同样是网络的信源和信宿。

1.2.2 计算机广域网的类型

在计算机网络中，WAN 的历史最悠久，至今已经形成了多种类型。而作为当今主流的 WAN 仍是分组交流网，但最具有发展前途、能提供最高传输速率的 WAN 要算是 ATM 交换网。而具有较高的传输速率且易于从传统的分组交换网升级的 WAN，则是帧中继网。而将来，所有的网络又都将融合为综合业务数字网络，该网可向用户提供电信（电话、传真等）服务和计算机通信服务。

一、分组交换网

ARPA 网络是第一个采用分组交换方式的著名 WAN。在分组交换网中，可把用户要传送的不定长报文划分成若干个定长的报文分组，再以分组作为传输的基本单位。一个分组由分组头和正文两部分组成。正文是用户要传送的信息，而分组头则是用于控制分组在网络中传输所必须的控制信息。

当源主机要发送一份报文时，须首先将报文分解成若干个定长的信息正文段，并为每个正文段配上分组头，形成若干个分组，然后再逐个地发送分组。网络中的中继结点即分组交换设备 PSE 先将各分组接收下来，存储在定长的多个缓冲区中，再对所接收的信息进行差错检测，若无错，再为每个分组选择一条适当的传输路由，并将分组转发出去。应当指出，分组的格式及分组在网络中的传输，都应遵循 X. 25 协议，因而也常把分组交换网称为 X. 25 网。

以分组为单位进行传输和交换，不仅简化了对 PSE 的存储管理，还可加速信息在网络中的传输。由于分组交换网与以前的网络相比，具有一系列的优点，因而从70年代起一直到现在，都是作为WAN中的主流。我国于80年代后期，已开始建造中国分组交换网，并于1993年正式开通，取名为ChinaPAC。至1997年ChinaPAC已经延伸到我国的绝大多数县份上。

二、帧中继网

长期以来，人们一直都认为采用分组交换方式是实现数据通信的最好方式，也能满足社会需求。但到80年代中、后期，一方面由于网上信息流量急剧增加，使分组交换网64Kbps的传输速率已远远不能满足需求；另一方面，由于在WAN中已可利用光缆作为传输信道，大大降低了信息传输的误码率，因而可采用较简单的差错检测机制来提高信息的传输速率，于是，在1992年帧中继网便应运而生。在我国，也于1994年开通了帧中继业务。

帧中继是以光缆作为通信信道的，它与分组交换网之间的差别在于：在帧中继交换器中，不再需要像X.25网中那样的差错控制机制，其交换的基本单位也不再是分组而是帧或信元（详见第二章）。我国已开通的帧中继网，其传输速率是≤E_1（2.048Mbps）。于1996年开始建造并于1997年已初步完成的中国公用帧中继宽带业务网ChinaFRN，其用户的入网速率为64Kbps～E_3（34.368Mbps），以后还可进一步提高。

三、综合业务数字网络ISDN

在当今社会中已有多种类型的通信网络，如用于传送声音的电话网、用于传输数据的计算机网络，以及用于传输视频图像的电视网等。但当我们采用数字化技术时，不论是声音、文字，还是图像，都先转换为数字代码后再进行传输，这不仅可提高通信的质量，还可以使所有的各种业务都使用一个共同的数字网络，此即早期的综合业务数字网ISDN的概念。

但人们在十多年的实践中又发现，若不改变原有的业务内容而用一个网络来实现多种业务是有困难的。因此，现在对ISDN的设计思想是：强调业务的综合和用户接口的综合，亦即利用少数综合业务来替代原有的各种业务。相应的，ISDN可通过有限类型的标准用户接口来提供所有业务。在80年代，发达国家已纷纷建立起ISDN实验网，从1988年开始，已部分地实现了商用化，因而有人把1988年称为ISDN元年。ISDN具有一系列的优点，已展示了其美好的前景，预计ISDN将成为21世纪的WAN的主流。

四、Internet

随着计算机网络的发展，为实现全球范围的通信和资源共享，世界各国都陆续将本国的国家级网络与美国的Internet网络互连起来，于是构成了世界上最大的WAN。到1997年，在Internet网上的主机数已达2000万台，网上的用户数已超过6000万。

Internet网的发展经历了三个阶段。第一阶段是1969～1988年，在此阶段是以ARPAnet作为Internet的主干网，网络上的主机数，由开始时的4台增至近10万台，传输速率也由64Kbps提高到1.544Mbps；第二阶段是从1988年至1992年，在此阶段是以NFS为Internet网的主干网，网络上的主数据库服务器由近10万台增加到100万台，主干网的传输速率也提高到44.736Mbps；第三阶段是从1993年至今，在此阶段，Internet网的应用已从科研、教育领域为主迅速扩展到社会的各个领域，形成了世界范围的Internet环境，使Internet进入商业化阶段。

由于 Internet 所覆盖的范围极广，所涉及的行业和部门、人员也非常广泛，又提供了一系列十分有效的、多种形式的信息服务，因此，它为政府机关、研究机构、教育部门、企业、乃至平民百姓，去获取网上的信息资源和了解世界各地的各种情况，创造了极有利的条件。

五、专用计算机网络

WAN 不仅有上述几种公用数据网，还包括多种类型的专用计算机网络。它们大多数诞生于 70 年代，当时国外一些主要计算机公司陆续宣布了自己的专用计算机网络体系结构，并试图将本公司生产的计算机和通信设备，按照其体系结构所规定的模式连接成网，以方便用户建立起基于专用网络的信息系统。美国 IBM 公司在 1974 年率先宣布了"系统网络体系结构 SNA（System Network Architecture）"，它是世界上应用得最为广泛的一种网络体系结构。按照 SNA 要求所建立的网络，已达数千个以上。随后美国的 DEC 公司又宣布了数字网络结构 DNA（Digital Network Architecture），Honey-Well 公司宣布了 DSA 等。按照这些体系结构所实现的计算机网络，称为专用计算机网络。

1.2.3 计算机局域网的组成

计算机局域网主要由网络工作站、网络适配器、传输介质、集线器及网络服务器等组成。

一、网络工作站

网络工作站是一个连接到 LAN 的可编址设备，用于对用户数据进行就地处理，并作为用户与网络之间的接口。用户可通过工作站，请求获得网络服务，网络服务器又把处理结果返回给工作站上的用户。随着微处理器芯片的不断升级，工作站也不断升级，以更好地满足用户需要。作为工作站的可以是 PC 机，也可以是工程工作站。

二、网络适配器

在 LAN 中，实现各工作站之间通信的关键设备，是网络接口部件，又称为网络适配器(Network Adapter)。它作为工作站之间通信的网络接口，用于将工作站发出的数据送入网络；或从网络中接收由其他设备发来的数据，并将之送给工作站。通常，网络适配器被做成插件板，插到 PC 机机架的一个插槽中，故也称它为网卡。

三、集线器

在 80 年代初、中期，在 LAN 中通常是采用同轴电缆来连接各网络设备，很不方便；到了 80 年代后期，开始利用集线器来连接各网络设备，此时集线器与网络设备之间是利用双绞线来连接，这样，既方便又节省，且性能也好，所以，用集线器来连接网络设备的 LAN，很快便流行起来，后来又推出了 10 BASE-T 标准，且把基于 10 BASE-T 标准所组成的 LAN，称为 10 BASE-T LAN。图 1-5 示出了 10 BASE-T LAN。

四、传输介质

在 LAN 的初期阶段，广泛采用同轴电缆作为公用传输总线，当网络设备之间的最大距离不超过 300 米时，可利用细同轴电缆，否则，应采用粗同轴电缆。在集线器出现后，在 LAN 中主要利用双绞线。当前，对于 10 BASE-T LAN（传输速率为 10Mbps)，采用 3 类

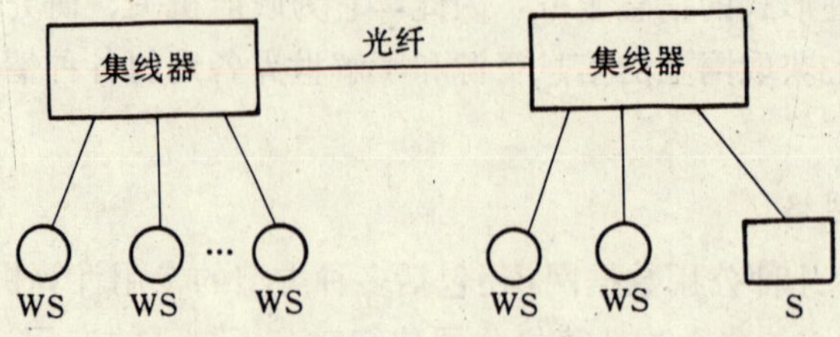

图 1-5　10 BASE-T LAN

无屏蔽双绞线；而对于 100 BASE-T 的 LAN（传输速率为 100Mbps）则主要规定用 5 类无屏蔽双绞线。

五、网络服务器

服务器是 LAN 的核心。在服务器上驻留有网络操作系统和网络数据库管理系统的主要部分，由它们向网络用户提供用户通信和资源共享服务，LAN 的性能和功能在很大程度上都取决于网络服务器的质量，在一个 LAN 上可配置一个或多个相同或不同类型的服务器，如文件/打印服务器、数据库服务器等。

1.2.4　计算机局域网的类型

可以从多种角度对 LAN 加以分类。从 LAN 的传输速率上，可将 LAN 分为 10Mbps LAN（我们将这种 LAN 称为基本型 LAN）、100Mbps LAN（称为快速 LAN）以及 1000Mbps LAN（称为超高速 LAN）。而根据 LAN 拓扑结构的不同，又可将 LAN 分为公用总线型 LAN、令牌环 LAN。

一、基本型 LAN

1. 以太网（Ethernet）

以太网一直是国内外最流行的一种 LAN，它占据 LAN 市场份额的 60%以上，采用的是公用总线型网络拓扑结构，传输速率为 10Mbps，其所用的传输介质在早期主要是同轴电缆，相应的网络的最大距离为 2.5 公里；而到 90 年代则主要采用双绞线，网络所覆盖的范围通常是以 100 米为半径的圆，这种以太网被称为 10 BASE-T。为了控制公用总线信道的使用，在以太网中采用了带有冲突检测的载波侦听多重访问规程，即 CSMA/CD 规程，其最主要的特点是简单。

2. 令牌环（Token-Ring）网

令牌环 LAN 也是当前比较流行的一种 LAN，占据 LAN 市场份额的 10%左右，它采用的是环型网络拓扑结构。在 80 年代初期时的传输速率为 4Mbps，后来提高到 16Mbps，其传输介质可以是屏蔽双绞线或无屏蔽双绞线。由于信息在环型网络中传输时不断地进行中继，因此网络的覆盖范围比以太网大。可以引入优先级机制来保证重要和紧急的信息得以优先传送。

3. 令牌传输（Token-Passing）网

这种 LAN 是专门为实时性要求较高的工业控制系统设计的，其所采用的网络拓扑结构也是公用总线型，但所用的介质访问控制规程则是令牌传送规程，该规程可以确保连网设备所要求的响应时间。但规程本身比较复杂，故很少用于办公室环境。

二、快速 LAN

随着网络应用的日益普及，现有 LAN 的传输速率（10Mbps 或 16Mbps）已远远不能满足需求，于是在 80 年代后期，人们首先推出了 FDDI 光纤环网；在 1993 年到 1994 年期间，又先后推出了快速以太网、100 BASE-T 和 100 VG-AnyLAN；于 1997 年又推出了千兆位的 Ethernet。

1. FDDI 光纤环网

FDDI 是 Fiber Distributed Data Interface 之缩写。FDDI 具有 100Mbps 的传输速率，光纤网的最大长度可达 100 公里。为了提高环型网的可靠性，FDDI 采用两个光纤环，一个作为主环，另一个作为副环，一些重要设备应同时接在两个环上。由于 FDDI 具有很高的传输速率，故主要用作互连 LAN 的主干网。

2. 快速以太网 100 BASE-T

这也是一种具有 100Mbps 传输速率的 LAN。由于它采用了与 10 BASE-T 完全相同的介质访问控制规程，因而也把它称为快速以太网。由于与 FDDI 相比，建造 100 BASE-T 网的成本已大大降低，又因为 100 BASE-T 与 10 BASE-T 具有很好的兼容性，因而很容易将 10 BASE-T 升级为 100 BASE-T 以太网，故快速以太网很快便成为具有 100Mbps 传输速率的主流 LAN。

3. 100 VG-AnyLAN

这是另一种具有 100Mbps 传输速率的快速 LAN。在该 LAN 中引入了“需求优先权”机制，即让对时间敏感的应用优先获得传送信息的权利，因而可以较好地用于传输实时信息，以至更加适合于多媒体信息的传输。建造 100 VG-AnyLAN 的成本略高于 100 BASE-T 的成本，而远低于建造 FDDI 的成本，故也有较好的应用前景。

1.3 计算机网络的功能和服务

计算机网络的两大功能是数据通信和资源共享，对于分布系统还应具有分布式处理功能。在此基础上计算机网络还提供了许多有效的服务。

1.3.1 计算机网络的功能

一、数据通信

这一功能用于实现计算机与计算机、计算机与终端之间的数据传输，这是计算机网络最基本的功能，也是实现其他功能的基础。为实现数据传输，数据通信功能应包括下列几项具体功能。

1. 连接的建立和拆除

在计算机网络中，为使源主机与目标主机进行通信，通常应在它们之间首先建立连接，亦即建立一条由源主机至目标主机的逻辑链路，以便通信双方能利用该连接进行数据传输；在通信结束时或发生某种异常情况时，拆除已建立的连接。

2. 数据传输控制

为使用户数据能在网络中正常传输，必须为数据配上报头，其中含有用于控制数据传输的信息，如目标主机地址、源主机地址、报文序号等。我们把用户数据称为报文体或正文，网络根据报头中的信息控制报文的传输。此外，传输控制还应包括对传输过程中出现的各种异常情况，进行及时处理的功能。

3. 差错检测

数据在网络中传输必须是无差错的，否则由此所带来的后果是难以预料的。但数据在网络中传输时，又难免会出现差错，通常用误码率来度量信道的出错程度。一般信道的误码率为 10^{-4}～10^{-9}。为此，网络中必须具有差错控制设施，以实现下述具体任务：(1) 检测差错：用于发现数据在传输过程中所出现的错误；(2) 纠正错误：对已发现的错误进行纠正。

4. 流量控制

由于在公用数据网中，报文的传输是采取存储—转发方式，因此在进行数据传输时，应控制源主机发送数据报文的速度，使之与目标主机接收数据流的速度相匹配，以保证目标主机能及时接收和处理所到达的数据报文；否则，可能使接收方缓冲区中的缓冲全部用完，造成数据的丢失，在严重时还可能导致发生网络拥挤和网络死锁的情况。

5. 路由选择

在公用数据网中，由源站到目标站通常都有多条路径。报文在网络中传输时，每到一个 PSE，该结点中的路由选择机制，便按一定的策略（如传输路径最短、传输时延最小或传输费用最低等），为被传输的报文选择一条最佳传输路径；路由选择功能还可用来平滑网络中各条路径上的信息流量。

6. 多路复用

为提高传输线路的利用率，在现代通信系统和计算机网络中，都采用了多路复用技术。所谓多路复用是指将一条物理链路虚拟为多条虚电路，每一条虚电路供一个“用户对”进行通信，这样便允许多个“用户对”多路复用一条物理链路来传输数据。

二、资源共享

在计算机网络中可供共享的资源很多，诸如文件、数据，以及各种类型的硬件资源。绝大多数用户机器连网的主要目的，是为了共享网络中的文件和数据。当前可采用两种方式来实现对文件和数据的共享：(1) 数据迁移方式；(2) 计算迁移方式。

1. 数据迁移（Data Migration）

假如，系统 A 中的用户希望去访问系统 B 中的数据，比如一份文件，可采取以下两种方法实现数据的传送。

第一种方法是将系统 B 中的整个文件送到系统 A。这样，以后凡是系统 A 中的用户要访问该文件时，都变成本地访问。当用户不再需要此文件时，如果该文件拷贝已被修改，则须将已被修改的拷贝送回系统 B；若未修改，便不必将它返回给系统 B。如果系统 A 中的用户仅需对系统 B 中的某个大文件进行少量的修改，当采用这种方法时，仍需来回地传送整个文件，这显然是低效的。

第二种方法，是把文件中用户当前需要的那一部分从系统 B 传送到 A。如果以后用户又需要该文件中的另一部分，可继续将另一部分从 B 传送到 A。当用户不再需要此文件时，则只须把所有已被修改的部分传回给 B。这种方法类似于存储管理中的请求调段方式。在

SUN Microsystem 的网络文件系统（NFS）协议中，便利用了该方法。

如果对一份大文件、又只需访问其中很小一部分时，显然是第二种方法较有效；但如果是要访问该文件中的大部分，则第一种方法更有效。应当指出，如果两个系统是不相同的，则在进行数据传输的过程中，还可能需要进行数据变换，例如，将一种代码形式转换为另一种代码形式。

2. 计算迁移（Computation Migration）

在某些情况下，传送计算要比传送数据更有效。例如，有一个作业，它需访问多个驻留在不同系统中的大型文件，以获得这些文件的摘要。此时，若采取数据迁移方式，便须将驻留在不同系统上的所需文件，传送到驻留作业的系统中。这样，要传送的数据量相当大。但如果采用计算迁移方式，则只需向各个驻留了大文件的系统分别发送一远程命令，然后，由各系统将所需结果返回，此时，经过网络所传输的数据量相当小。一般地说，如果传输数据所需的时间长于远程命令的执行时间，则计算迁移的方式更可取；反之，则数据迁移方式更有效。

至于作业所驻留的系统 A，如何向驻留文件的系统 B（或 C、D 等）发送远程命令，去执行对远地文件的访问，这里介绍两种实现方法。第一种方法是利用远程过程调用 RPC，这一方法将在后面做详细介绍。第二种方法是由系统 A 中的进程 P 向系统 B 发送一消息，系统 B 的 OS 收到该消息后，便创建一新进程 Q，由 Q 去执行 P 所指定的任务。Q 执行完后便发回一结果给系统 A 的 P。这里，Q 和 P 可以并行执行。

三、分布处理

如果说，为了能有效地实现资源共享，应当允许文件或数据从一个系统迁移到另一个系统中；那么，为了能实现分布处理，则应当允许将一个进程从一个系统迁移到另一系统中。

为了实现进程迁移，在分布式系统中必须建立相应的进程迁移机制。该机制应该解决这样几个问题：(1) 由谁来发动进程迁移；(2) 应迁移进程的哪些部分；(3) 如何进行迁移。

1. 进程迁移的启动（Initiates）

由谁来启动进程迁移，取决于在设计进程迁移机制时所要达到的目标。如果其目标是为了均衡负荷，则在进程迁移机制中，应为各个系统配置系统负载监视模块，并指定其中之一为主控模块。主控模块定时地与各系统中的监视模块交换有关系统负荷情况的信息。当它发现有些系统非常忙碌，有许多进程在等待处理，而同时又有些系统的处理机却在空闲着，此时主控负载监视模块便可启动进程迁移，即由它向负载沉重的系统发出命令，令该系统将其中的若干个进程迁移到负载较轻的系统中去。在这种情况下的进程迁移，对用户是透明的。

如果进程迁移的目标，是使所迁移的进程能获得其所需的特殊资源，则可由需要特殊资源的进程来启动迁移。这时，须由该进程明确提出所需的特殊资源在哪个系统，进程本身希望迁移到哪个系统。这种由进程自身来决定要否进行的迁移，称为自迁移（Self-migration）。

2. 进程迁移的内容

在进程进行迁移时，应将源系统中的已迁移的进程撤消，在目标系统中建立一个相同的新进程，此即所谓的进程迁移而不是进程复制。在进行迁移时，所迁移的是进程实体或称为进程映像（Procces image）。通常它都包含有进程控制块、程序、数据和栈。此外对被迁移的进程与其他进程之间的链应做适当修改。

3. 如何进行迁移

进程控制块的迁移是比较简单的。对程序和数据的迁移可采取两种方式。其中一种方式须花费较多的通信费用；而另一种方式虽可减少通信费用，但比较复杂，下面分别介绍。

(1) 传送整个地址空间，指一次性地将程序、数据等全部从源系统传送到目标系统。这是最简单的一种方法。但当地址空间很大，而只需迁移其中的很小一部分时，势必造成浪费。

(2) 仅传送在内存中的那部分地址空间，在程序运行时，若还需要附加的部分，则可通过请求方式予以传送。在这种方式下所传送的数据量，显然是最小的。但源系统仍然必须保存被迁移进程的数据、段（页）表等，并进行有关操作。这样，并未把源系统从对该进程的管理中解脱出来。当然，如果被迁移的进程不用或很少再去访问未迁移的地址空间，则这种方法是可取的。

1.3.2 计算机网络提供的服务

在计算机网络中，通常都提供下述几种网络服务：(1) 电子邮件服务；(2) 文件传送服务；(3) 远程登录服务等。

一、电子邮件服务 E-mail

1. 电子邮件的引入

所谓电子邮件是指利用通信系统所传送的邮件。电子邮件服务最早出现在电话系统中，后来又引入到计算机网络中。引入电子邮件服务可带来以下好处：

(1) 加快了邮件的传送速度　通常的邮件，即使是航空信件一般也要几天时间；而电子邮件通常只需几分钟，慢时也只需几小时便可被传送到千里之外的指定目标。

(2) 提供了非实时业务　打电话虽快，但电话是一种实时业务，它要求通话双方必须同时在电话机旁。据国外统计，大约有70%的业务电话，其第一次呼吁是失败的。然而电子邮件是一种非实时业务，当A要把电子邮件传送给B时，无论B是否在目标终端，邮件都能自动和安全地保存在B的信箱中。

(3) 提高了通信系统的利用率　由于电子邮件属于“非实时”业务，因此，电子邮件可以利用信道的空闲时间传送。

2. 电子邮件的类型

随着电子邮件服务领域的日益拓宽，多种类型的电子邮件便应运而生，目前已有以下三种：

(1) 文字型电子邮件　这是最常见的一种电子邮件形式。文字型电子邮件与通常的邮件一样，也由两部分组成：①信头：相当于信封，上面记录有电子邮件系统传送邮件时所需要的信息；②信体：这是用户要传送给对方的信息。

(2) 图像型电子邮件　对于诸如照片、工程制图和手写书信等这类信息，显然不能用文字类电子邮件服务来进行传送；必须利用传输速率更高的图像型电子邮件服务。以前常用传真机传送图像，在高速网络出现后，便可利用高速网络来传送图像型电子邮件。

（3）语音型电子邮件　这是将录有声音的邮件，通过网络传送到目标站。这类服务与电话的主要区别是它具有“非实时性”且可以存档。

二、文件传送服务FTP

通常用户要求联网的主要目的，是为了实现信息共享。文件传送服务是实现信息共享的重要手段，用户可以利用文件传送服务FTP，将文件从一台计算机传送到另一台远程计算机上，允许用户进行与文件检索和文件传送有关的操作，比如列文件目录、传送指定文件、设置文件传送参数、改变当前工作目录等。所传送的文件可以是多种形式的，如正文文件、二进制可执行文件等，在有的网络中还可以传送语音文件和图像文件。FTP实际上是一个软件流通渠道，用户可利用它获得多种类型的软件。

由于文件传输和电子邮件同属于用户通信。两者有些相似之处，但也有几个明显的区别，主要表现在：（1）电子邮件服务是一种非实时业务，而文件传送服务是实时联机服务。在进行工作时，用户要先到目标站的计算机上登录，然后再进行文件传送；（2）电子邮件在传送时，仅涉及到对方的电子信箱；而文件传送则往往要涉及到对方的文件系统。不同的主机所采用的操作系统和文件系统不同，因此实现起来要复杂得多；（3）电子邮件服务有自身特有的一套功能，比如，将一份电子邮件同时传送给多个目标站的“多目标传送”功能及转发功能，后者是指一用户收到电子邮件后，再将该邮件转发给另一用户；而文件传送也有其特有的功能，如列文件目录、实现文件共享等。

三、其他类型的服务

1. 远程登录服务

指某台用户计算机通过该网络服务，暂时成为另一台远程主机的仿真终端。用户要使用远程服务时，应先在指定的远程主机上进行登录，以成为该主机的合法用户。登录成功后，用户便可在自己的仿真终端上，实时地使用远程主机上对外开放的全部资源，比如访问该主机数据库中的数据。

2. 共享硬盘服务

在LAN上广泛提供共享硬盘服务。该服务允许连接在LAN上的多个工作站共享服务器上的硬盘，即将指定文件或数据部分或全部地存储在服务器的硬盘上，这样，工作站上便可不配置硬盘和软盘而形成无盘工作站；或者将另一部分可供全网用户使用的文件和数据，存储在文件服务器的硬盘上，以便实现文件和数据共享。

3. 共享打印机服务

在LAN中，通常以共享硬盘为基础，又提供了共享打印机服务。该服务允许网上各工作站去共享连接在服务器上的打印机，亦即，当工作站需要打印数据时，可将要打印的数据送服务器，由服务器上的共享打印机进行（排队）打印。LAN提供了该服务后，便不须再在所有工作站上配置打印机。

1.4　网络体系结构

1.4.1　网络体系结构的基本概念

一、层次式结构

现代的计算机网络，广泛采用层次式结构，这是将一个计算机网络分为若干个层次，其中，第 n 层是由分布在不同系统中的处于第 n 层的子系统构成，如图 1-6 所示。其中每个（N）子系统中都包含若干个（N）实体。在同一层次中的（处在不同系统中）实体称为对等实体（Peerentity），除最高层外，每一个分布在（N）层中的（N）实体，都向（N+1）层实体提供（N）服务。当（N）层中某（N）实体不能完全依靠自己去支持一个（N+1）实体所要求的服务时，它可以邀请有关的另一个（N）实体进行合作，共同完成（N）服务。

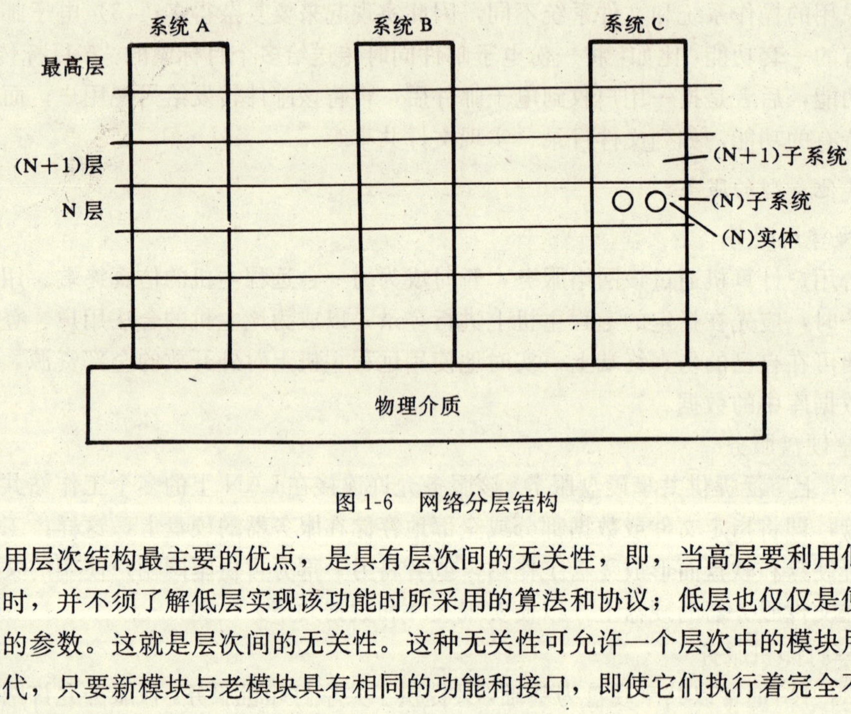

图 1-6　网络分层结构

采用层次结构最主要的优点，是具有层次间的无关性，即，当高层要利用低层所提供的功能时，并不须了解低层实现该功能时所采用的算法和协议；低层也仅仅是使用从高层传送来的参数。这就是层次间的无关性。这种无关性可允许一个层次中的模块用一个新的模块取代，只要新模块与老模块具有相同的功能和接口，即使它们执行着完全不同的算法和协议，也无妨。

二、网络协议

在计算机网络中，为在计算机之间能正确地传送信息，必须在有关信息的传输顺序、信息格式和信息内容等方面，有一组约定或规则，这组约定或规则即所谓的网络协议。实际上，网络协议含有三要素：

1. 语义

协议的语义，是指对构成协议的协议元素含义的解释。不同类型的协议元素定义了不同的内容（含义），例如，在基本型数据链路控制协议中，定义协议元素 SOH 的语义是表示所传输报文的报头开始；而协议元素 ETX 的语义，则表示正文结束。

2. 语法

语法是规定在将若干个协议元素和数据组合在一起来表达一个更完整的内容时，所应遵循的格式，亦即，对所表达内容的数据结构形式的一种规定。例如，在传输一份数据报文时，可用适当的协议元素和数据，按下述格式来表达，其中 BCC 是校验码。

SOH	HEAD	STX	TEXT	ETX	BCC

3. 规则

规则用于规定事件的执行顺序。例如在双方通信时，首先由源站发送一份数据报文，如果目标站收到的是正确的报文，就应遵循协议规则，利用协议元素 ACK 来回答对方，以使源站知道其所发出的报文已被正确接收；如果目标站收到的是一份错误报文，便应按规则用 NAK 元素做出回答，以要求源站重发刚刚发过的报文。综上所述可见，网络协议实质上是实体间通信时所使用的一种语言。

在层次式结构中，每一层都可能有若干个协议。在两个（N）实体间相互合作，共同完成（N）功能时，是受着一个或几个局部于（N）层的协议（简称（N）协议）所支配。（N）协议精确地规定（N）实体间应如何利用（N－1）服务协同工作去完成（N）功能，以便向（N＋1）实体提供（N）服务；换言之，（N）协议规定了各（N）实体在执行（N）功能时的通信行为。

三、网络体系结构

计算机网络的层次及其协议的集合，即是所谓的网络体系结构。具体地说，网络体系结构是关于计算机网络应设置哪几层，每个层次又应提供哪些功能的精确定义。至于这些功能应如何实现，则不属于网络体系结构部分；换言之，网络体系结构只是从层次结构及功能上来描述计算机网络的结构，并不涉及每一层硬件和软件的组成，更不涉及这些硬件和软件本身的实现问题。由此可见，网络体系结构是抽象的、是存在于书面上的对精确定义的描述。而对于为完成规定功能所用硬件和软件的具体实现问题，则不属于网络体系结构的范畴。可见，对于同样的网络体系结构，可采用不同的方法设计出完全不同的硬件和软件，为相应的层次提供完全相同的功能和接口。

四、开放系统互连参考模型标准

为使不同厂家所生产的计算机能方便地集成为一个系统，以便在更大范围内建立计算机网络，有必要建立一个国际范围的网络体系结构标准。国际标准化组织信息处理系统技术委员会（ISO TC97）于 1978 年为开放系统互连（OSI）建立了分委员会 SC16，并于 1980 年 12 月发表了第一个草拟的开放系统互连参考模型（OSI/RM）的建议书；在 1983 年春天，把“基本参考模型”正式批准为国际标准，即 ISO 7492。

在开放系统互连的术语中，“实系统”是一个能执行信息处理或信息传送的自治整体。它是由一台或多台计算机及相关的软件、外围设备、终端及信息传输等设备所构成的一个集合。如果实系统在与其他系统进行通信和相互合作方面，能服从 OSI 标准，则把该实系统称为开放实系统。也可从逻辑上把开放实系统的功能分为两部分：

（1）本地处理　只涉及到本地的一切处理，如本地的进程通信和资源共享；

（2）互连处理　互连处理是指实系统之间的信息交换和相互合作。

在 OSI/RM 中所研究的只是关于实系统之间的互连问题。把开放系统中有关互连的部分抽象出来，便形成了"开放系统"。开放系统互连参考模型，是为在世界范围内的开放系统之间实现互连而制订的一种国际标准，是属于国际范围的网络体系结构标准。

1.4.2　OSI/RM 中的若干基本概念

一、对等实体间的通信

1. 通信过程

在层次式结构的网络中，不同系统的应用进程在进行数据通信时，其信息流动过程如图 1-7 所示。其中源进程 P_s 首先将用户数据送至最高层，由该层在用户数据前面加上控制信息，形成最高层的数据单元后送至次高层，该层又在数据单元前面加上控制信息，形成次高层的数据单元后，又将它传送至下一层。信息按这种方式逐层地向下传送直至最低层。由于在最低层是实现比特流传送，故不须再加控制信息。当比特流经过传输介质到达目标系统时，再先从最低层逐层向上传送，且在每一层都依照相应的控制信息完成指定操作后，再将本层的控制信息去掉，将后面的数据单元向上一层传送，依此类推，当数据最后到达应用层时，再由应用层把用户数据提交给目标进程 P_d，便结束了通信过程。

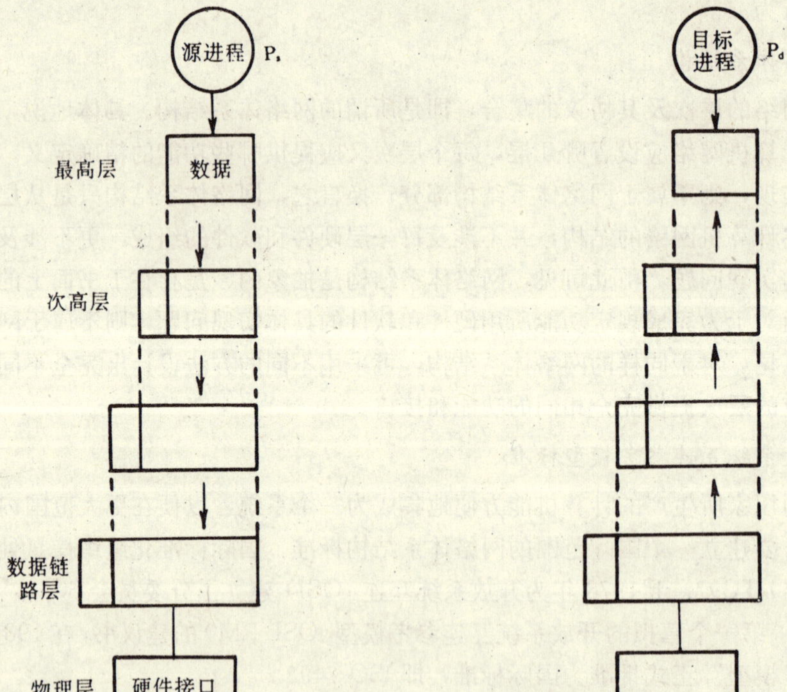

图 1-7　对等实体间通信时信息的流动过程

虽然源进程P_s把数据传送至目标进程P_d时的实际路径，要穿过下面所有层次，但进程P_s却不能感知到这种过程，就像是它直接把数据交给了P_d。这样，在客观上是形成了一条由P_s到P_d的虚通信路径。如图1-7中虚线所示。同样，在任意两个对等层之间都存在这样的虚通信路径，故在图中除最低层外，每个对等层之间都画出了一条虚线，用以代表在该层的虚电路。

2. 数据单元

在OSI中把在对等实体间所传送的数据称为（N）协议数据单元（N）_PDU（Protocol Data Unit）。它由两部分组成：

（1）（N）协议控制信息（N）_PCI（Protocol Control Information） 它是遵循（N）层协议的规定所加上的，用于协调两个对等实体之间通信的控制信息；

（2）用户数据 由（N+1）实体传送给目标（N+1）实体的数据，也就是（N+1）_PDU，图1-8示出了相邻两层数据单元间的关系。

在OSI中把相邻两层实体间传送的信息称为（N）接口数据单元，它同样是由两部分组成：

（1）（N）接口控制信息 这是为协调（N+1）实体和（N）实体间的信息传送所加的控制信息；

（2）（N）接口数据 （N+1）实体为了和对等实体进行通信而发送给（N）实体的数据，或相反。

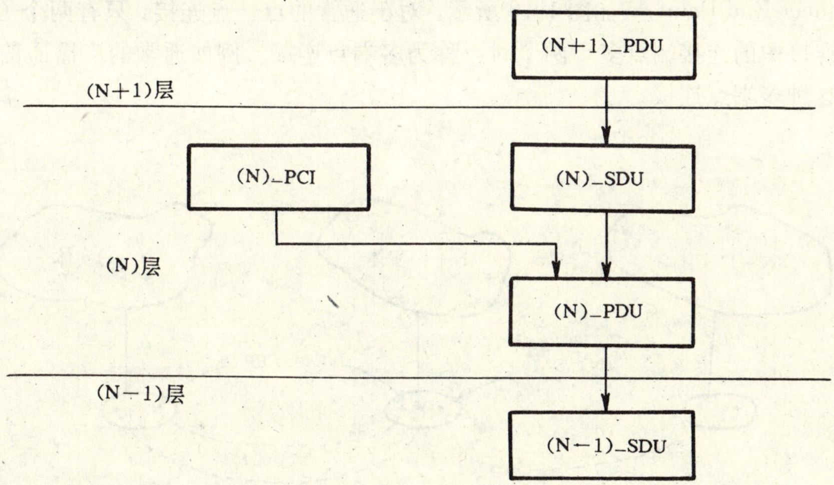

图1-8 相邻层数据单元之间的关系

二、服务存取点和连接

1. 服务存取点

在同一系统中的一个（N）实体和一个（N+1）实体相互作用时，信息必然穿过两层之间的边界，在边界上存在着所谓的（N）服务存取点（N）SAP（Service Access Point），它代表（N）实体和（N+1）实体之间的逻辑接口。在该点，一个（N）实体向一个（N+1）实体提供（N）服务；或者，（N+1）实体通过该点取得（N）实体提供的（N）服务，如图 1-9 所示。由图可见，一个（N+1）实体可同时连接到几个（N）SAP 上，一个（N）实体也可同时连接到几个（N）SAP 上。这意味着一个（N+1）实体可以同时利用几个（N）实体提供的服务，一个（N）实体也可同时支撑几个（N+1）实体。

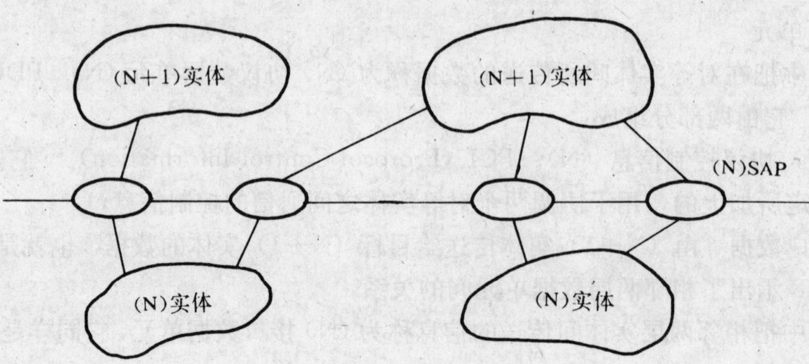

图 1-9　实体、服务存取点

2. 连接

为使两个或多个（N+1）实体之间能进行信息交换，必须在各自对应的（N）SAP 之间利用（N）协议建立起一个（N）连接。该连接作为（N）服务的一部分，在同样一对（N）SAP 之间可以同时有几个连接。在（N）层服务内的端点被称为（N）连接端点（N）CEP (Connect End Point)，如图 1-10 所示。对于通常的点—点连接，只有两个（N）CEP。如果一个连接中的连接端点多于两个时，称为多端点连接。例如通常的广播通信方式，便是采用的这种多端点连接。

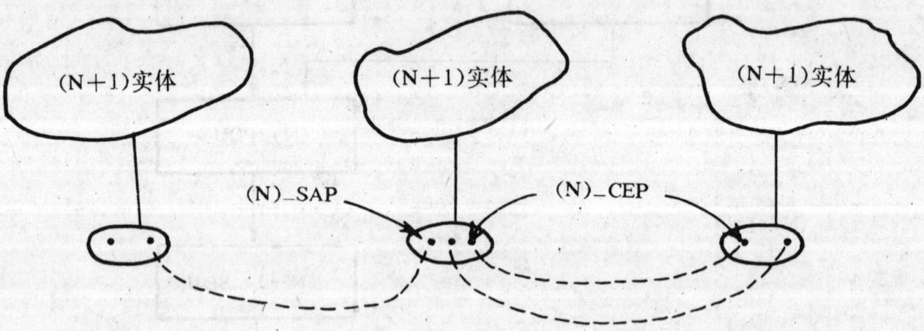

图 1-10　连接与连接端点

三、标识符和地址映像

1. 标识符

在每一层里面或相邻两层之间边界处的事务 (Object)，必须是可识别的。为此，OSI 标准为实体、SAP 和连接等都规定了标识符及这些标识符之间的关系。OSI 标准为每一个实体都定义了一个全局名称，又为每一个（N）SAP 都规定了一个地址，以标识特定的（N）SAP，简称（N）地址，它在（N）层和（N+1）层之间的边界上是唯一的。当该点上连接有一个（N+1）实体时，（N）地址便向（N+1）实体提供存取。断开连接时，（N）地址便不再向（N+1）实体提供存取。这种利用一个（N）地址去识别一个（N+1）实体的方法是非常有效的。

由于在同一个（N）SAP 中存在着几个（N）CEP，这样就必须为（N）CEP 建立标识符，并使该标识符在（N）SAP 范围内是唯一的。此时每个（N+1）实体都可由（N）CEP 标识符来标识。（N）CEP 标识符由两部分组成：（1）（N）SAP 地址；（2）（N）CEP 的尾标（Suffix）。

2. 地址映像

在分层式网络结构中，（N）地址和（N−1）地址之间并非一一对应，因此必须提供相应的地址映像功能。OSI 标准规定了下述两种地址映像方式：

（1）分级（N）地址映像：这种映像方式适合于一个（N）地址始终映像为一个（N−1）地址的场合，如图 1-11 所示。在这种方式中，（N）地址包含两部分：

①支撑当前（N）SAP 的（N）实体的（N−1）地址：该（N）SAP 又是被连接到（N+1）实体上；

②（N）尾标：它使（N）SAP 在（N+1）地址的工作域（Scope）中是唯一的。

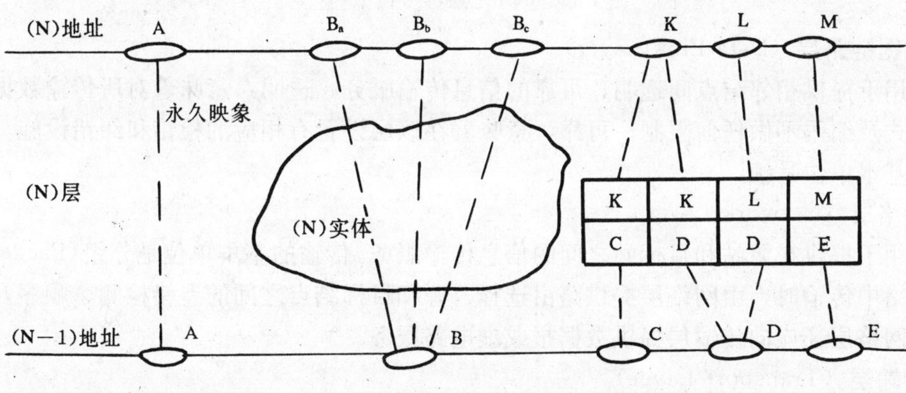

图 1-11　相邻层间的地址映像

（2）表格（N）地址映像：如果一个（N）地址可以映像为多个（N−1）地址，或者一个（N）地址并不始终映像为同一个（N−1）地址，那么，就不能采用上面的分级地址映像方式，而必须利用表格（N）地址映像方式。该方式是利用一张表格把（N）地址转换为（N−1）地址。

1.4.3　OSI 七层模型

在 OSI 参考模型中所采用的基本结构技术是分层技术，它把 OSI/RM 分为 7 层，如图 1-12 所示。其各层功能如下：

1. 物理层（Physical Layer）

该层为通信提供物理链路，实现比特流的透明传输。物理层定义了与传输线，以及与接口硬件的机械、电气、功能和过程有关的各种特性，以便建立、维护和拆除物理连接。

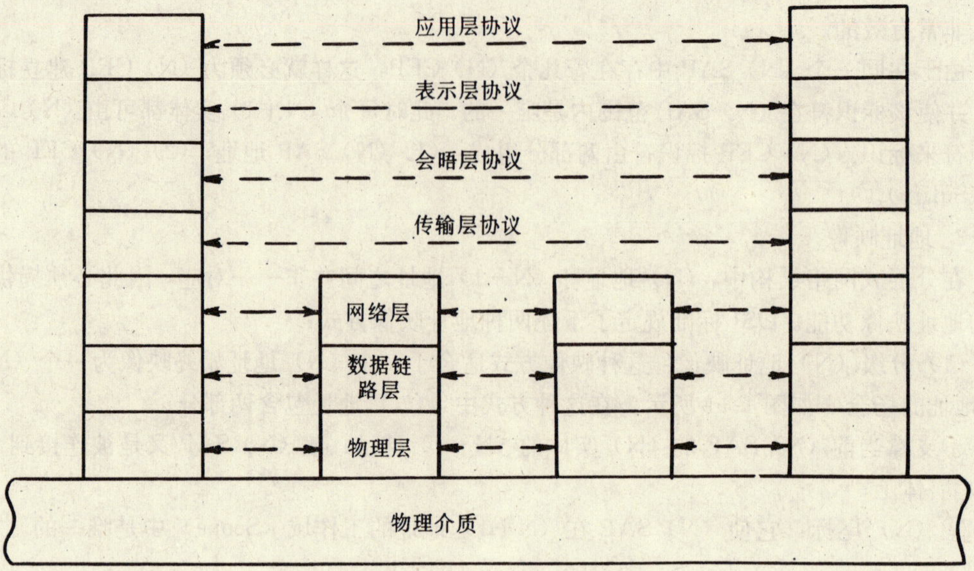

图 1-12 OSI 七层参考模型

2. 数据链路层（Data Link Layer）

该层用于提供相邻结点间透明、可靠的信息传输服务。透明，意味着对所传输数据的内容、格式及编码不做任何限制；可靠，意味着在该层设置有相应的检错和纠错设施。数据传输的基本单位是帧。

3. 网络层（Network Layer）

该层用于提供在源站和目标站之间的信息传输服务。传输的基本单位是分组(Packet)。信息在网络中传输时，由网络层提供路由选择、源和目标结点之间的差错检测、顺序及流量控制。网络层还应向传输层提供数据报或虚电路服务。

4. 传输层（Transport Layer）

该层用于为不同系统内的会晤实体建立端—端（End to End）之间透明、可靠的数据传输，执行端—端差错控制、顺序和流量控制，管理多路复用等。数据传输的基本单位是报文（Message）。

5. 会晤层（Session Layer）

本层可为不同系统内的应用进程之间建立会晤连接，使它们能按同步方式交换数据；并能有序地拆除连接，以保证不丢失数据。可用令牌（Token）实现对话时方向交换的管理，也可进行中断对话时的差错恢复管理。

6. 表示层（Presentation Layer）

本层向应用进程提供信息表示方式，对不同表示方式进行转换的管理等，使采用不同表示方式的系统之间能进行通信，并提供标准的应用接口、公用通信服务，如数据加密、正文压缩等。

7. 应用层（Application Layer）

该层用于为本层中的应用进程访问 OSI 环境提供手段、管理和分配网络资源。应用层以下的各层均通过应用层向应用进程提供服务。在应用层中还提供了许多非常有效的服务。

1.5 中国公用数据网

近年来，我国的公用数据通信网取得了巨大的发展，已初步建成了全国性的四大网络系统，即中国公用分组交换网ChinaPAC、中国公用数字数据网ChinaDDN、中国公用帧中继宽带业务网ChinaFRN以及中国公用计算机互联网ChinaNET。此外，还建成了电子信箱业务网ChinaMAIL，它在全国已建立了14套信箱系统，总容量达4万个信箱；电子数据交换业务网ChinaEDI，在已有3套平台的基础上，又新建立了10套平台系统，共计33 500个EDI信箱；传真存储转发网ChinaFAX S&F，已在全国几大区建立了主机系统，在省会城市设置了服务器，可利用电话网为全国用户服务。本节仅介绍ChinaPAC和ChinaDDN以及ChinaFRN，而ChinaNET将在后面相应章节中介绍。

1.5.1 中国公用分组交换网ChinaPAC

一、ChinaPAC的发展与现状

我国在1988年开始组建一个试验网，并命名为CNPAC。当时只在北京、上海和广州三个城市设置了交换机，另在沈阳、天津、武汉、西安、成都、南京和深圳及邮电部数据通信研究所，分别设置了一个集中器，共有580个端口，能覆盖全国所有各省会城市。试验网中所采用的分组交换机是引进法国SESA公司研制生产的DPS25，它完全符合CCITT规定的相关协议。该产品早在1986年初便投入运行，并在法国、澳大利亚、新西兰和巴西等十多个国家的公用数据网上使用。

CNPAC作为ChinaPAC的前身，我国在1991年对它进行了大规模的扩建，在全国28个省会城市都建立了交换机，这是引进加拿大北方电信公司的DPN-100分组交换系统，全国共设置32个交换机（北京和四川各两个），分为两级交换，把北京、上海、南京、武汉、西安、成都、广州和沈阳八城市作为一级交换中心。一级交换中心之间采用不完全网状结构，由一级交换中心到所属的二级交换中心之间，采用星型结构，由此形成了ChinaPAC的骨干网。而各省也都先后建成了省内网，由这两大部分构成了最终的ChinaPAC，其中，北京和上海作为国际出入口局、广州作为港澳出入口局，采用集中式网管，网管中心设在北京。ChinaPAC是在1993年9月正式开通时并被命名的。此时该网能处理6000个分组/秒，传输速率可达64Kbps。为进一步适应我国邮电事业蓬勃发展的需要，1994年又对ChinaPAC做了进一步扩大，端口数扩充了约10倍，中继线的传输速率也从64Kbps提高到256Kbps，甚至达到2Mbps。到1997年下半年，ChinaPAC已在全国2278个县级以上城市和经济发达地区的乡镇，设立了交换机，端口容量达到13.6万个，建成和完善了骨干、省内两级网络。

二、ChinaPAC的业务功能

ChinaPAC除了具有一般的分组交换功能，以及支持X.25、X.32、X.28、X.29及X.75等协议和所有的业务外，还增加了下述功能：

1. 运行SNA的网络环境

由于我国有不少行业和部门都采用了IBM公司的大、中、小型机器，如IBM 43系列、AS/400系列等，这些机器都是采用的SNA网络体系结构和IBM的通信协议。ChinaPAC的这一功能可支持这些机器通过接入ChinaPAC来实现远程连网，这样不仅可节省租用大量专线的费用、且可提供灵活的入网方式。

2. 支持TCP/IP协议、由于目前有较多的系统和LAN都采用了TCP/IP协议，如UNIX系统、VMS系统、SUN工作站等，为了方便这些系统和LAN的入网，ChinaPAC于1994年提供了支持TCP/IP协议的功能，这样可方便地将这些系统和LAN通过ChinaPAC实现互连。

3. 提供虚拟专用网（VPN）功能

过去有不少行业都是由自己建立专用网来实现通信，这样不仅要花费大量的初期投资及日常的管理和维护费用，且由于近年来科学技术发展迅猛，以及通信设备更新的周期愈来愈短，使专用网已难适应，于是虚拟专用网技术便应运而生。VPN便是利用公用数据网的资源和部分专用设备构成的，它在应用及管理方式上完全等同于专用网，从而为许多行业和部门节省了投资费用，并减少了管理和维护人员。建设银行是我国第一个虚拟专用网用户，外汇管理局等部门也正在利用ChinaPAC建立起自己的专用网。

4. 广播功能

ChinaPAC能自动地将一份报文传送给网络中预先规定好的用户，这对于股票、证券等信息的发布及在办公自动化领域，均会得到广泛的应用。

5. 帧中继功能

为了提高通信速率，目前在国外已广泛采用了帧中继技术，它可将通信速率从原来的64Kbps提高到1～2Mbps。

三、ChinaPAC的用户接入方式

ChinaPAC的接入方式可分为两大类，一类是按同步方式接入（X.25协议）；另一类是按异步方式接入（X.28协议）。对于普通用户，其入网设备主要是个人机，此时既可采取同步方式也可采用异步方式接入；而对于特殊用户，则都是按X.25规程接入。

1. 普通用户接入

如果用户以异步方式入网，此时只须利用机器上已配置的RS-232串行通信接口，通过调制解调器，按X.28协议接入ChinaPAC；如果用户要以同步方式入网，则须在PC机上插入一块X.25卡，即可按X.25协议接入ChinaPAC。

2. 特殊用户接入

特殊用户可以包括LAN用户、PAD用户、专用网络用户以及银行的ATM/自动柜员机和DOS机用户，这些特殊用户都可以通过路由器或者通过网关、远程访问服务器等设备，按照X.25协议接入ChinaPAC。

1.5.2 中国公用数字数据网ChinaDDN

数字数据网（DDN）是建立在光缆、数字微波、数字卫星通信基础上的、以传输数字信息为主的数据传输网络。在我国已建成数字数据网，名为ChinaDDN。

一、ChinaDDN的发展和现状

由于ChinaPAC只能提供中、低速的传输速率，它难于满足日益增涨的通信需要，故在

90 年代初，便开始在几个大城市率先开始了利用光缆进行通信的建设，继而于 1994 年开始组成全国性的 ChinaDDN 一级干线网。一级干线网将覆盖全国所有的省会城市；于 1995 年至 1996 年，各省又开始了二级干线网的建设；在省会和发达地区的地、市，还开始了覆盖本城市的本地网的建设。

到 1997 年下半年，已建成了由各省会、直辖市等节点所组成的一级干线网，目前已通过除台湾以外的所有省会城市，除西藏外全国所有省份，都已建成了由省内各市、地节点所组成的二级干线网；另外，在绝大多数的省会城市和经济发达的地、市，也建成了本地网。目前，ChinaDDN 已在全国 2148 个光缆能通达的县级以上城市及经济发达的乡镇开通了节点，端口总容量达 18.4 万个，已超过 ChinaPAC。

二、ChinaDDN 的特点

与 ChinaPAC 比较，ChinaDDN 有以下特点：

1. 传输速率高

由于 ChinaDDN 采用光缆作为传输介质，因而显著地提高了信息的传输速率，目前，它可以向用户提供 2.4Kbps～N×64Kbps 的传输速率的信道，其中 N 为 1～31。其最高传输速率可达 E_1（2.048Mbps）。正是由于它具有较高的传输速率，才使它已成为其他网络的支撑网络，大量的 ChinaPAC、ChinaFAX、ChinaNET 的中继线路，都是利用 ChinaDDN 的信道。

2. 传输质量高

由于 ChinaDDN 采用了同步传输方式和数字时分复用技术，提供了永久性和非永久性的连接，信息又是通过光缆进行传输，故 ChinaDDN 不仅能提供较高的传输速率，而且能保证有较好的传输质量，具体表现在：传输的误码率低、传输的实时性强、能传输业务量大且持续的信息流。

3. 线路利用率低

由于 DDN 未采用交换技术，而只能提供点到点、点到多点的数据传送业务，所以在信息量较小时线路的利用率较低，相应地，也会使用户的使用费用较高；但当用户所传送的信息量较大时，利用 ChinaDDN 在经济上就比较有利，这就是当前大多数用户仍选用 ChinaPAC 作为远程通信的网络，但在银行、证券所等信息量较大的用户中，则广泛选用 ChinaDDN 进行远程通信的根本原因。

三、DDN 提供的业务功能

DDN 主要提供两种类型的业务功能，即点—点的数字专用线路业务和点—多点业务功能。此外，利用 DDN 网上的帧中继资源模块和话音压缩模块，还可实现开放帧中继业务和压缩话音/G^3 传真业务。

1. 点—点业务

当一个企业的总部与其远程分部之间需要频繁地进行通信时，可利用一条 DDN 专线，再在两端加上复用设备，把分布在两地的电话系统和计算机系统连接起来，这样，既可实现计算机之间的数据通信，又可节省两地之间的长途电话费。图 1-13 示出了利用 DDN 提供的点—点业务，将总部与远程分部互连的实例图。

2. 点—多点业务

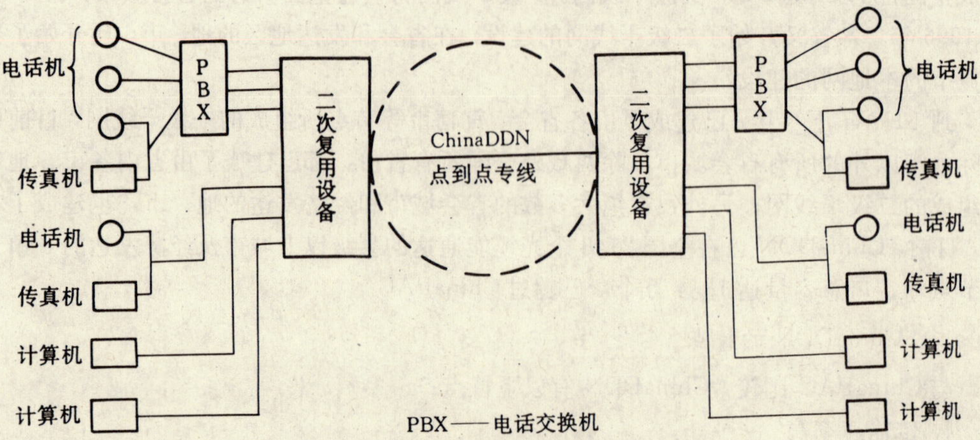

图 1-13 DDN 提供的点一点业务的示意图

点一多点业务包括广播多点业务、双向多点（轮询）业务，以及会议电视业务。

(1) 广播多点业务：将信息从一点传送到多点，使多点同时获得同一信息。该信息可以是数据，也可以是语音或图像信息。广播多点业务适用于信息颁布场合，如证券交易所利用 DDN 同时向全国证券公司发布股市行情。

(2) 双向多点（轮询）业务：该业务是一个主站与一个从站在同一时间进行双向通信，同时主机以轮询的方式依次访问每一个从站。双向多点业务适用于集中监视、信用卡验证及数据服务等场合。

(3) 会议电视业务：该业务允许会议电视系统上的每个站，都可作为主站与其他站进行通信，但任一时刻只能有一个站作为主站。

1.5.3 中国公用帧中继宽带业务网 ChinaFRN

90 年代以来，帧中继网络及业务，在世界范围内获得极为迅速的发展。帧中继网络的营运收入，以 100%的速率在增加；帧中继用户也每年以 40%的速率递增。目前帧中继业务范围已覆盖全球近 40 个国家。

一、ChinaFRN 的历史、现状与发展

早在 1993 年，我国便开展了帧中继业务。但在过去的几年中，主要是在 ChinaPAC 和 ChinaDDN 上配置帧中继模块来实现的。到 1996 年底，中国电信开始着手于中国公用中继宽带业务网（ChinaFRN）的工程建设。这是我国第一个面向公众提供服务的宽带数据通信网络。该网络的建设和营运标志着我国公用数据通信网，已由低、中速向高速网络迈进，使我国数据通信的整体水平达到一个新的高度。

ChinaFRN 一期工程已于 1997 年基本完成，它覆盖了我国 21 个省会城市，在这 21 个城市中都设有交换机，在上海还配置了帧中继和 ATM 模块，可同时提供帧中继业务和 ATM 信元方式的业务。而其中的北京、上海、广州、沈阳、武汉、南京、成都和西安 8 个城市作为骨干枢纽节点。在二期工程完成后，ChinaFRN 将覆盖全国所有的省会城市，并实现 ChinaFRN 与 ChinaPAC 及 ChinaDDN 的互连，在经济发达地区及有业务要求的地区，

还将建设帧中继本地网。

二、ChinaFRN 的组成和结构

当前的 ChinaFRN 由 21 个节点组成。在其中 8 个骨干枢纽节点之间，采取全网状互连方式，其余的节点都分别连接到两个骨干节点上，ChinaFRN 的网络拓扑结构如图 1-14 所示。在每个节点中都配置两种类型的设备：(1) B-STDX 9000：它是提供帧中继 SMDS 和 ATM 业务的交换机，相应的，它提供帧中继业务的接入以及 PPP、HDLC、SDLC 等协议的接入；(2) CBX 500：它是 ATM 交换机，用于提供 ATM 业务的接入，以及全网的中继连接。ChinaFRN 具有标准的用户—网络接口（UNI）和网络—网络接口（NNI）功能，用户入网的速率在 64Kbps～34Mbps 之间，以后还可进一步提高。

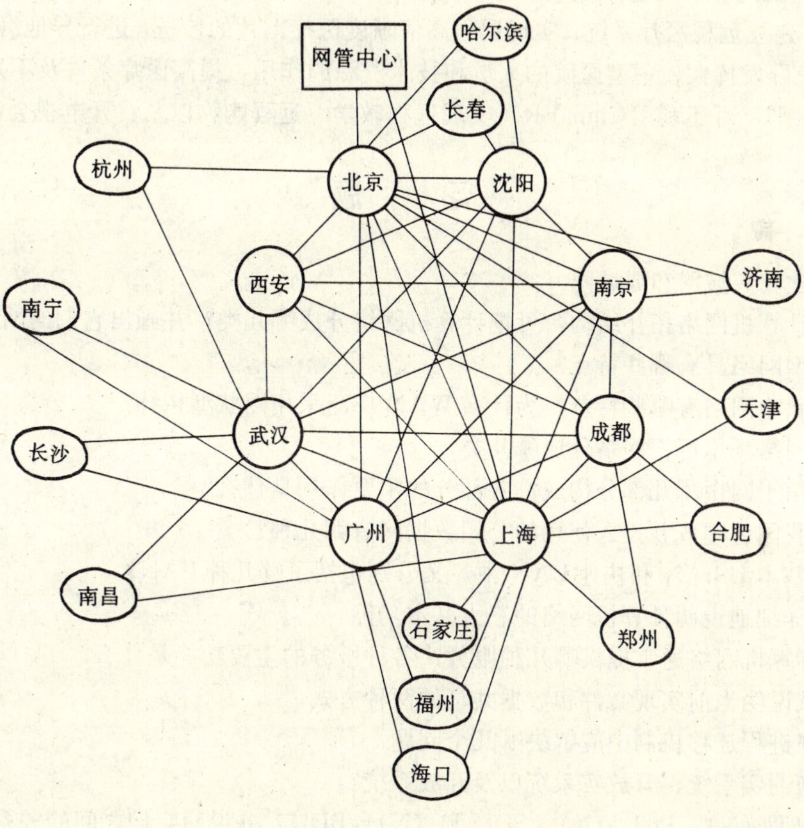

图 1-14　ChinaFRN 的网络拓扑结构

三、ChinaFRN 的应用定位

1. 作为现有数据网的骨干中继汇接网

近年内，国内的数据通信发展迅速，公用数据网络的基础建设也有了长足的进步，数据通信的用户也在迅猛地发展，在 1993 年的用户数尚不足 2000，但到 1994 年便猛增到 1.4 万；到 1995 年底、1996 年底和 1997 年底已分别达到 6 万户、16 万户和 30 万户；预计到 2000 年的用户数将超过 100 万。当前的数据网还以中、低速为主，难于满足数据通信发展的需要。而 ChinaFRN 则可向 ChinaPAC、ChinaNET 等提供 2Mbps 以上的中继线路，提高整个公用数据网的整体水平。

2. 实现局域网的互连

进入 90 年代后，我国的计算机应用水平已有明显地提高，各地 LAN 和企业网的数量和规模也不断扩大，并要求通过 WAN 实现互连，然而此时若仍利用传统的中、低速 WAN 如公用交换电话网 PSTN、X. 25 网实现网络互连，则已经不能满足银行、证券所、保险业等金融系统的要求，即他们已纷纷提出高速率的数据传输业务要求，因此，ChinaFRN 的第二个应用定位，便是用于满足各单位 LAN、企业网络之间的互连。

3. 实现多媒体网络通信

由于 ChinaFRN 具有很高的传输速率，它不仅可用于传输文字，而且还可用来传送声音、图像，因此，可用它来实现文字、声音和图像一体化的多媒体通信。例如，可利用 ChinaFRN 建立远程医疗系统、实现远程高清晰度医疗图片的传送、进行异地医疗诊断等，这样可以充分发挥大、中型医院的人员和技术资源的作用，提高医疗条件及不发达地区的医疗服务水平，可还利用 ChinaFRN 实现远程教学、远程购物以及召开电视会议等。

习　题

1. 试比较广域网和局域网。
2. 按计算机网络拓扑结构，可把计算机网络分成哪几类？并画出它们的网络拓扑图。
3. 星型网络具有哪些特点？
4. 网状型网络有哪些特点？为什么 WAN 广泛采用网状型拓扑？
5. 按网络环境可把网络分成哪几类？
6. 通信子网由哪几部分构成？各部分的主要作用是什么？
7. 在我国已建成并投入使用的公用数据网有哪几种？
8. 在基本型 LAN 和快速 LAN 中，又分别包括了哪几种 LAN？
9. 较详细地说明计算机网络的三大基本功能。
10. 计算机网络通常提供哪几种服务？各种服务的主要功能是什么？
11. 试说明当前实现文件和数据共享的两种方式。
12. 在进程迁移机制中应解决哪几个问题？
13. 何谓实系统、开放实系统以及开放系统？
14. 何谓（N）_PCI、（N）_SDU 和（N）_PDU？并说明它们之间的关系。
15. 试画图说明在网络通信过程中，信息通过各层次的流动情况。
16. 网络体系结构的含义是什么？
17. OSI/RM 设置了哪些层次？每个层次的作用和功能是什么？
18. ChinaPAC 的全名是什么？它采用哪种传输协议？其传输速率为多少？其一级交换中心都设置在哪些城市？
19. ChinaDDN 的主要特点是什么？它能提供哪些业务功能？
20. ChinaFRN 的全名是什么？该网定位于哪些应用？

第二章 数据通信基础知识

所谓数据通信技术，是指通过计算机技术与通信技术的结合，来实现数据信息的传输、交换、存储和处理的技术。数据通信系统是指以计算机为中心，通过数据传输系统与分布在远地的数据终端设备连接起来，以实现数据通信的系统。数据通信的发展可分为三个阶段，第一阶段是在50～60年代，那时的数据通信是借助于公用交换电话网络PSTN来实现的，其传输速率仅为每秒数千位（Kbps）；第二阶段，进入70年代后已先后建立起许多专门用于传输数字信号的分组交换网，传输速率已提高到64Kbps；第三阶段，到90年代时，数据通信技术已取得了长足的进步，已建立起中、高速的数据通信系统，如帧中继网、ATM网，其传输速率已提高到数Mbps至数百Mbps，为在21世纪全面进入信息社会奠定了良好的物质基础。

在一个大型的数据传输系统中，为能将一个数据终端设备发出的数据传送到指定目标，通常不仅要经过很长的传输线路，而且往往也需要进行调制解调、多路复用以及交换等处理。相应的，数据传输系统应由数据传输介质、调制解调器、多路复用器和交换器等所组成。下面分别对它们加以介绍。

2.1 数据传输介质

数据传输介质是指信息传输的载体；而物理信道是信号传输的通路。在物理信道中除了包括传输介质外，还有中间通信设备。信道也称为通信线路，在计算机网络中最常用的信道可分为两大类，一类是有线信道，它所用的传输介质主要是双绞线、同轴电缆和光导纤维；另一类是无线信道，它可包括微波、卫星和红外线信道等。

2.1.1 双绞线和同轴电缆

一、双绞线

双绞线是最廉价、也最便于使用的一种传输介质。它是由两根各自封装在彩色绝缘包皮内的铜线经相互扭绞而构成的一对传输线。通常又可将多对双绞线外面套上一个外封皮而构成双绞线电缆。长期以来，双绞线一直用于电话系统中传输模拟信号，当传输距离不太大时，也可在LAN中用来传输数字信号。双绞线又可分成以下两种类型：

1. 无屏蔽双绞线UTP（Unshielded Twisted-Pair）

由于在这种双绞线外面并未包上了一层屏蔽套，所以称为无屏蔽双绞线。UTP已具有多年的历史，有很多种类适用于不同场合，最常见的是电话线DIW。至80年代时UTP线已有很大改进，形成了3类UTP线（其所允许的最高信号频率为16MHz）和4类线（信号最高频率为20MHz）。进入90年代后又生产出5类UTP线，其所允许的最高信号频率高达100MHz，3类和4类UTP线用于10 BASE-T LAN中，而5类UTP线则可用于100 BASE-T中。

由于UTP电缆具有重量轻、体积小、规格全、可靠性高，以及价格便宜、使用方便等一系列优点，所以能使它成为在通信领域和计算机领域中最常用的一种传输介质，特别是5类UTP线已被广泛用于结构化布线系统中作为水平布线用。但它也存在着某些不足之处；其误码率高（10^{-5}～10^{-7}），在传输信息时会向周围辐射，因而容易被窃听等。

2. 屏蔽双绞线STP（Shielded Twisted-Pair）

STP线是指在外面包上一层网状金属套用作屏蔽的双绞线。它由于增加了屏蔽层而使之抗噪声和抗干扰的能力较强，致使其误码率有明显的下降，约为10^{-6}～10^{-8}。利用屏蔽双绞线连接LAN设备，可加大LAN的最大传输距离及所能连接网络设备的数量。例如，IBM Token-Ring网，在利用STP时，在一个环路中最多可连接260个设备，而用2#UTP时，在环路中最多只能连接72个设备。STP的价格较高，不如UTP应用得广泛。

二、同轴电缆

同轴电缆是一种高带宽、低误码率、性能价格比高的传输介质，广泛用于广播电视和LAN中。它也是由两根导体组成，其结构是在一根包有一层绝缘的实心导线外，再套上一层外面也包有一层绝缘的空心圆柱（圆筒）形导体。内部的实心导线可以是单股线，也可为绞合线。

1. 基带同轴电缆

这种电缆的特征阻抗为50Ω，只用来传输数字信号，并使用基带传输方式，即直接把数字信号送到传输介质上，无须经过调制，故把这种电缆称为基带同轴电缆。当传输距离不超过1千米时，传输速率可达50Mbps，误码率为10^{-7}～10^{-11}，是基带局网中最常用的传输介质。

2. 宽带同轴电缆

这是通常使用的电视电缆，其特征阻抗为75Ω，带宽可达300～400MHz，既可传输模拟信号，也可传输数字信号。由于其频带特宽，因而可划分为若干条子频带，分别对应于若干个独立的信道，每6MHz的带宽作为一个电视频道。当利用一条电视频道来传输音频信号时，可采用频分多路复用技术，在一条宽带同轴电缆上传输多路音频信号。在80年代还广泛利用宽带同轴电缆构成的宽带LAN，实现数字信号、话音信号和视频图像等综合信息的同时传输，其地理覆盖距离可达几十千米。但近几年来光缆已逐步取代同轴电缆。

2.1.2 光导纤维

光导纤维是一种新型的传输介质。由于它具有传输速率高、通信容量大、重量轻等一系列非常突出的优点而得以迅速发展。当前长距离通信的干线网，如我国的ChinaDDN，几乎都是用光纤作为传输介质；而在企业网和LAN环境中，当要求的传输速率大于100Mbps、通信距离超过数百米时，目前也广泛利用光纤；此外，在结构化布线系统中，通常都是利用5类UTP电缆作为水平布线，用光纤作为垂直布线。

一、光纤的结构和类型

光纤是一种极其纤细（50～100μm）柔软，并能传导光线的介质。生产光纤的原料是玻璃或塑料。利用超高纯石英玻璃纤维，可以获得较低的传输损耗，宜用于长距离传输；而利用塑料纤维，可使光纤价格更低，用于短距离传输。

由一束光纤做成的光缆，通常包含四部分：(1) 缆芯：可以是一股或多股光纤，光纤的直径约为 50～100μm，通常是超高纯的玻璃纤维；(2) 包层：这是在光纤外面包裹的一层，对光的折射率低于光纤的折射率；(3) 吸收外壳：用于防止光的泄漏；(4) 防护层：对光缆起保护作用。

光纤可分为以下两类：

(1) 单模光纤 (Single Mode Fiber)：这种光纤具有较宽的频带，传输损耗小，因此允许做无中继的长距离传输。但由于这种光纤难与光源耦合，连接较困难、价格也贵，故主要用作邮电通信中的长距离主干线；

(2) 多模光纤 (Multi Mode Fiber)：其频带较窄、传输衰减也大，因此，其所允许的无中继传输距离较短，但其耦合损失较小，易于连接、价格明显便宜，故常用于中、短距离的数据传输网络和 LAN 中。

二、光纤传输系统

用光纤来传输光信号，是基于光的全反射原理。由于光纤的折射率大于包层的折射率，因而只要光线的入射角大于某临界值，就会产生光的全反射，这样，通过光在光纤中的不断反射，就可传送被调制的光信号，以把信息从光纤的一端传送到另一端。光信号在光纤中传输时的损耗极低。

由于在计算机和网络设备中所处理和传送的都是电信号，而光纤又只能传输光信号，因此，在利用光纤作为传输介质时，在系统的发送端，必须设置一个光发送器，用于将表示数据的电信号转换为光信号，并将之发送到光纤上；另外，在接收端也要相应的配置光接收器，用于把从光纤上收到的光信号转换为电信号。当收发双方的距离较远时，还须在中途设置若干个光中继器。该中继器是由一个光接收器和一个光发送器组成，图 2-1 示出光纤传输系统的框图。

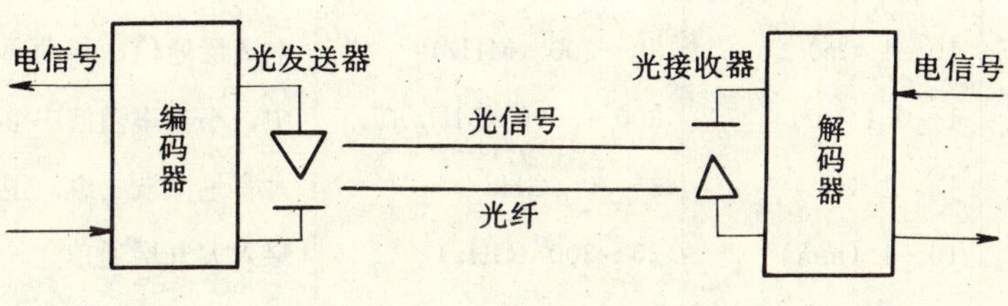

图 2-1　光纤传输系统框图

三、光纤的优缺点

1. 光纤的优点

由于光纤的直径小，可小到 10～100μm，故重量轻，每公里长的光纤也只有几克重。光纤具有非常宽的频带，在一公里内的频带可达 1GHz 以上；在 30 公里内的频带仍大于 25MHz。无中继的传输距离可达 6～8 公里、误码率很低，在中继距离为 6～8 公里时可小于 10^{-9}。此外，还有不受电磁干扰、保密性好等一系列优点，这使它被广泛地用于电信系统中铺设主干线；进入 90 年代后，LAN 中也广泛采用光缆。

2. 光纤的缺点

光纤价格昂贵。光缆的安装、连接和分接都不容易，且相应的安装和测试工具也非常昂贵，这使光纤的应用受到一定限制，目前还主要局限于所要求的传输速率很高（如超过100Mbps）、抗干扰性极强的主干网络上使用。

2.1.3 无线信道

采用上述的有线信道，不仅需要铺设网络传输线，而且使连接到网络上的数据终端设备也不能随便移动；反之，若采用无线信道则既不必铺设传输线，也允许数据终端设备在一定范围内随意移动，因此，无线信道非常适合于那些难于铺设传输线的边远山区和沿海岛屿，也为大量的便携式计算机的入网提供了条件。

一、无线电波段的划分及其特征

无线电波所包含的频率范围很宽，从几千赫兹到接近可见光的近红外线，都属于无线电波的范围。由于波长相差甚远而使不同波段的无线电波在传输性能上有很大差别。并不是所有的波段都适合于计算机通信，超短波（VHF）及其以下的波段都不适用于作数据通信，这是因为其传输速率低、保密性差、易受干扰，也容易对外界造成干扰，因而在需要使用这些波段时，须经批准后方能使用。厘米波较适合于作微波中继、卫星通信，而红外线波段则很适合于应用在无线 LAN 中。表 2-1 示出无线电波段的划分及其特征表。

表 2-1　无线电波段划分及特征表

名 称	代号	波 长	频 率	应 用
超长波	VLF	10 万米～1 万米	3～30（kHz）	海岩一潜艇通信
长 波	LF	1 万米～1 千米	30～300（kHz）	大气层中距离通信
中 波	MF	1 千米～1 百米	0.3～3（MHz）	无线电广播
短 波	HF	100～10（m）	3～30（MHz）	广播短波通信
超短波	VHF	10～1（m）	30～300（MHz）	电离层通信、移动通信
分米波	VHF	1～0.1（m）	300～3000（MHz）	中、小功率微波中继通信
厘米波	SHF	10～1（cm）	3～30（GHz）	大容量微波中继、卫星、波导
毫米波	EHF	10～1（mm）	30～300（GHz）	穿入大气层通信
远红外		25～300（μm）	1000～12000（GHz）	短距离通信控制
中红外		15～25（μm）	12000～20000（GHz）	短距离通信控制
近红外		0.76～1.5（μm）	12 万～23.9 万（GHz）	短距离通信控制
可见光		0.4～0.76（μm）		

二、微波信道与卫星信道

1. 微波信道

这是计算机网络中最早使用的无线信道类型，也是目前应用得最多的一种无线信道，所用微波的频率范围为 1～20GHz（10^9～2×10^{10}Hz）。它既可传输模拟信号又可传输数字信号。微波通信是把微波信号作为载波信号，用被传输的模拟信号或数字信号来调制它。由于微波的频率很高，因而可同时传输大量信息；又由于微波能穿透电离层而不反射到地面，故只能使微波沿地球表面由源向目标直接发射；但因微波能被地表吸收而使其传输损耗很大，故每隔几十公里便需进行中继。微波对环境干扰虽不敏感，但却易于受障碍物的阻隔，故微波的收发器必须安装在建筑物的外面，最好放在建筑物的顶部。

2. 卫星信道

随着微波系统内中继站高度的提高，微波的传输距离也随之加大。当将微波中继站放在人造卫星上时，便形成了卫星通信系统，可见，卫星通信系统是一种特殊的微波中继系统。用卫星上的中继站接收从地面发来的信号，加以放大和整形后再发回地面。一个同步卫星可以覆盖地球三分之一（120°）以上的地表，这样，利用三个相距120°的卫星，便可覆盖整个地球上的全部通信区域。在卫星上可装有多个转发器，它们以一种频率段接收从地面发来的信号（5.925～6.425GHz），再用另一个频率段（3.7～4.2GHz）向地面回送信号。每一路卫星信道的容量相当于100，000条音频线路，当通信距离很远时，租用一条卫星音频信道远比租用一条地面音频信道便宜。

三、红外线信道

早在80年代中期，IBM公司便试图利用红外线作为介质来传输数字信号，但利用红外线来连接主机与键盘并不成功。直到1993年6月，以HP公司为首的一批公司联合成立了红外线数据协会（I_rDA）后，利用红外线实现数据通信的方式，才得以迅速发展。I_rDA的会员数目已超过100家，其中包括IBM、DEC、Apple、Novell、Motorola等一批大型计算机公司。I_rDA已经成功地制订了一系列的红外数据通信标准，在全球范围内，在1995年基于I_rDA通信标准设备的交货量已达420万台，预计1998年将达到2800万台。

在利用红外线实现数据通信时，在发送端应配置一红外线发送器，在接收端应配置一红外线接收器。在安装红外线发送器和接收器时，必须使这两者处在相互可见的范围内，换言之，应使发送器和接收器彼此都能看到对方。由于红外线在传输时不具有穿透性，因而在发送器和接收器之间，不允许有任何形式的障碍物，包括浓雾和烟等。

将红外线用于无线LAN具有许多优点：由于红外线具有很强的方向性，故它所传输的数据很难被窃听，也很难在传输的信息中插入数据，因此它具有很好的保密性，且安全可靠；利用红外线时信息的传输速率，在所有的无线波段中是最高的，现在已普遍达到2Mbps，且已出现超过10Mbps的红外线产品；此外，由于红外线设备的价格较便宜，所以利用红外线来建立无线LAN具有广阔的前景。红外线的主要缺点是它不具有穿透性，易受天气变化的影响，因而不适用于室外通信；此外，红外线的偏角（偏离目标）不能大于15°。这两个缺点决定了红外线只能用在室内覆盖范围不大的LAN上。

2.2　调制解调器

专门用于实现数据通信的数字网络，始建于70年代。尽管在70～90年代期间，数字通信网络得到很大发展，但全球性的、能深入到家庭的数字网络尚未建立起来，而公用交换电话网PSTN还始终是世界上最普及的通信网络，利用PSTN可以方便地实现全球范围的通信。

由于电话系统中的模拟信道是针对“通话”（模拟信号）而设计的，从而对幅度—频率特性十分重视，而对相位一频率特性则考虑甚少。但如果直接利用模拟信号来传输数字信号，由于频带的限制，以及噪声的影响，将会产生很高的误码率，因此，在利用电话系统传输数据时，必须使用调制解调器作为电话系统的接入设备，这时，它将数字信号变换为适合于在模拟信道中传输的模拟信号，称为调制；反之，在接收端则进行相反的变换，称为解调；而把用作调制和解调的设备组合在一起，便构成了调制解调器即Modem。Modem是Modulation（调制）和Demodulation（解调）两个字的字头拼接而成。

2.2.1 调制解调方式

一、三种基本的调制解调方式

由于正弦信号形式简单，便于产生和放大，故大多数通信系统均选择正弦信号作为基准信号，或称为载波信号。调制是指利用载波信号的一个或几个参数的变化来反映数字信号（调制信号）的一种过程。基于载波信号的三个主要参数，可把调制方式分为三种：(1) 振幅调制（AM）；(2) 频率调制（FM）；(3) 相位调制（PM）。

1. 振幅调制方式

在振幅调制方式中，载波信号的振幅将随着调制信号的振幅而变化。当所传输的是二进制信号S（t）时，可利用S（t）=1去打开载波发生器，使载波信号按Acoswt原样输出；用S（t）=0去关闭载波发生器，此时无载波信号输出。调幅方式实现简单，经分析表明，采用调幅方式时的信道，其误码率最高，且带宽也窄。因此，调制解调器不采用振幅调制方式。

2. 频率调制方式

在频率调制方式中，载波信号的频率将随调制信号的振幅而变化。若所传输的是二进制信号S（t），这种调制方式将在S（t）=0时使载波信号的频率变为$f+f_0$；而在S（t）=1时，使载波频率变为$f-f_0$，其中f为标称中心频率，f_0为移频值。调频方式的实现也较简单，其误码率及带宽都居中，因而可用于频率较低的调制解制器上。

3. 相位调制方式

在相位调制方式中，载波信号的相位随调制信号的振幅而变化。对于所传输的二进制信号S（t），当S（t）=0时载波信号的相位为0°或90°；在S（t）=1时载波信号的相位被调制成180°或270°。这种只有两种相位的调相方式被称为两相调制。为了提高信息的传输速率，还经常采用四相调制方式和八相调制方式。在这两种调制方式下，数字信息的相位分配情况如表2-2所示。

表2-2 四项和八项调制的相位分配

<table>
<tr><td rowspan="2">四相调制</td><td>数字信息</td><td colspan="2">00</td><td colspan="2">01</td><td colspan="2">10</td><td colspan="2">11</td></tr>
<tr><td>相　　位</td><td colspan="2">0°（45°）</td><td colspan="2">90°（135°）</td><td colspan="2">180°（225°）</td><td colspan="2">270°（315°）</td></tr>
<tr><td rowspan="2">八相调制</td><td>数字信息</td><td>000</td><td>001</td><td>010</td><td>011</td><td>100</td><td>101</td><td>110</td><td>111</td></tr>
<tr><td>相　　位</td><td>0°</td><td>45°</td><td>90°</td><td>135°</td><td>180°</td><td>225°</td><td>270°</td><td>315°</td></tr>
</table>

由表可以看出，在四相调制方式时，每一个调制时间间隔包含2个比特的信息；而在

八相调制方式时，每一个调制时间间隔包含 3 个比特的信息，显然两者都能提高信息传输速率。

二、模拟和数字调制方式

在调制方法上，还可分为模拟调制和数字调制两种。这两种基本调制方法的差别仅在于：模拟调制是对载波信号的参数进行连续地估值，而数字调制是使用载波信号参量的某些离散状态来表征所传送的信息，因此又可把数字调制信号称为键控信号，相应地就形成了振幅键控（ASK）、频移键控（FSU）和相移键控（PSU）三种基本调制方式。

在相移键控方式中，为了提高这种调制方式的精度，在实际使用的 Modem 中，并不是利用某一固定相位作为参数值来判别相位的变化，而是用某信号与其前后相邻信号的相对位置，来判别相位的变化。人们把这种相位键控方式称为差分相移键控（DPSK），它可用于中速的 Modem 中。

2.2.2　调制解调器的类型

可以从不同的角度把 Modem 加以分类，如按调制解调器的传输速率划分，可把 Modem 分低速、中速和高速三类；若按应用环境的不同则可把 Modem 分为音频 Modem、基带 Modem 和无线 Modem 三类；还可按 Modem 的外形结构而分为外接式 Modem 和内插式 Modem 两种，此外又可将 Modem 分为非智能和智能的 Modem 两种。

一、按应用环境分类

1. 音频调制解调器

这里最常用的一种 Modem，它使用一条话路的频带进行数据传输。音频 Modem 将由数字设备发出的数字信号，调制成频率为 0.3～3.4kHz 的音频模拟信号。当这种模拟信号经过电话系统传送到目标后，再由解调器将它还原为数字信号。换言之，用电话信道传输数字信号时，应采用音频调制解调器。

2. 基带调制解调器

这并不是一种真正的 Modem，因为它既未对数字信号加以调制，又未对模拟信号进行解调。它只是用于实现基带数据传输，故它的正确名称应该是基带数据传输设备。由于它的有效传输距离很短，只有几公里，因而人们习惯上也把它称为短程 Modem。其主要优点是传输速率高，一般为 19.2Kbps～2Mbps。当速率不太高时，价格也较便宜，故广泛用于近距离的数据传输。还可通过它将网络用户接入高速线路中，如接入 DDN 或帧中继网。

3. 无线调制解调器

在短波、超短波及卫星信道中，都应使用与信道特点相适应的 Modem。这类 Modem 的特点是：它不仅具有对应于数字信号所需要的调制和解调功能，还能根据在无线信道中差错率较高的这一特点，去加强对差错的检测和纠错能力。近年来，移动电话 Modem 的出现被视作 Modem 发展的一个新的里程碑，它可以使移动式的现代办公室成为现实。

二、按调制解调器的外形结构分类

1. 外接式调制解调器

这种 Modem 是一个独立于计算机的外接部件。它具有独立的电源，通过其上的 RS-232 串行接口，用电缆与计算机上的 RS-232 端口相连。外接式 Modem 的主要优点是安装方便，不须打开计算机的机箱，而且在以后修理时，也无须打开机箱。在 Modem 上配置了多个用于显示其工作状态的指示灯，如终端就绪指示灯、Modem 就绪指示灯，以及指示 Modem 正在发送数据和正在接收数据的指示灯，这极大地方便了用户对 Modem 工作情况的了解。当然，这种外接式 Modem 的价格较高。

2. 内插式调制解调器

内插式 Modem 实际上是一块 Modem 插卡，只须将它插到计算机底板的扩展槽中便可使用，它与计算机共用一个电源。显然，内插式 Modem 比较经济、节省空间；但在安装和修理上都较麻烦，即必须打开机箱，而且也不像外接式的 Modem 那样能清楚地显示出 Modem 的工作情况。

2.2.3 调制解调器的结构

在 60 年代初，是由于计算机通信的需要而产生了 Modem。从 60 年代到 90 年代，Modem 在结构上发生了巨大变化，这些变化无不与集成电路（IC）制造技术的发展水平紧密相关，或者说，由于 IC 技术的发展而推动着 Modem 结构的不断变化，从使用分立元件的 Modem 发展为基于微处理器（μP）和数字信号处理器（DSP）的现代 Modem。

一、调制解调器结构的发展

在 Modem 诞生初期，Modem 都是采用分立模拟元件如电阻、电容、线圈及晶体管等制作，这样做成的 Modem 不仅体积庞大笨重，而且其功能非常简单、可靠性也很差。到 70 年代中期，在 Modem 结构中采用了某些模拟集成电路，如运算放大器，这使 Modem 的体积显著减小，且成本也更低。

进入 80 年代后，随着 LSI、微处理器的发展，出现了基于 LSI 和 μP 的智能化 Modem，使 Modem 在结构和功能上都产生了一次飞跃，特别是 Hayes 公司带头使用了微处理器的串行指令拨号（即 AT 命令集），它的优点十分突出，才使得 AT 命令方式至今仍被广泛使用。基于 μP 的 Modem 结构如图 2-2 所示。其中，调制器和解调器以及运算放大器都是由 LSI 制成，分别用于实现调制、解调和信号放大功能；而微处理器则用于实现智能 Modem 新增加的许多功能，如参数设备、差错检测、数据压缩等。

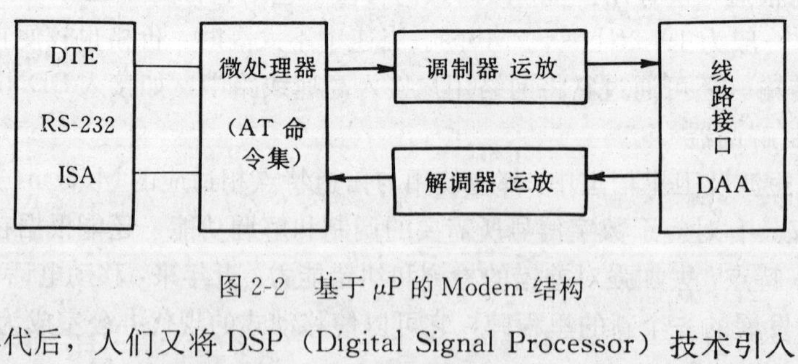

图 2-2 基于 μP 的 Modem 结构

进入 90 年代后，人们又将 DSP（Digital Signal Processor）技术引入 Modem 中，使 Modem 在结构上又产生了一次变革。

二、具有微处理器和 DSP 的 Modem 结构

图 2-3 示出一个同时具有 μP 和 DSP 的现代 Modem 的结构。它除有 μP 和 DSP 外，还

有与主机的接口与电话系统的接口、随机存取存储器和只读存储器等，现分述于下。

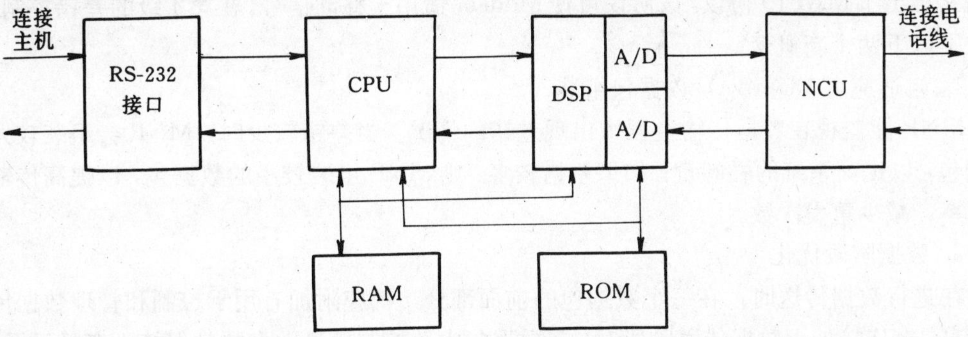

图 2-3　基于 μP 和 DSP 的 Modem 结构

1. CPU

CPU 的主要功能是接受由主机系统发来的命令并进行分析和处理，设定 DSP 的各种工作条件，对通信过程中出现的数据错误，进行纠错控制，对数据进行压缩处理及执行电脑语音的答录功能等。

2. ROM 和 RAM

在 ROM 中存储有数据压缩程序、数据纠错程序、DSP 的各种设定值及对主机发来的命令进行处理时所需的常量；而在 RAM 中，则主要是存储在数据纠错处理和数据压缩处理时所需的数据。

3. DSP

DSP 用于完成 Modem 的所有调制和解调功能。即它一方面将 CPU 送来的数字信号变换为适合于在电话系统中传送的模拟信号送网络控制器 NCU；另方面，又接收由 NCU 送来的模拟信号，并将它变换为数字信号后送 CPU。

4. NCU

它是一种 Modem 系统与电话系统之间的接口电路，用于将 Modem 所产生的模拟信号送入电话系统和把从电话系统接收的模拟信号送 DSP。

5. RS-232 接口

这是 Modem 系统与主机系统之间的接口，用于实现主机与 Modem 之间的数据交换。

2.2.4　调制解调器的新功能

早期 Modem 的功能，完全是由分立元件构成的电路来实现，这样，每当要增加一点新功能时，都需要增加许多分立元件。但在 Modem 中引入微处理器后，Modem 的功能已是由软件和 LSI 所提供，而现在的 Modem 中已可配置数个 MB 的内存，可存放相当多的软件。在智能型 Modem 中新增加的功能有以下几种。

一、*差错控制功能*

为了使本地 Modem 和远地 Modem 能协同执行差错控制功能，同样需要有相应的差错控制协议。Minimicro Networking 公司成功地开发了 MNP（Minimicro Network

Protocol）协议。该协议在 80 年代曾风靡全球，各制造厂商争相采用。MNP 共分七级，其中 1～4 级用来实现差错控制，5～7 级用于实现数据压缩。目前主要使用 4 和 5 级。最近该公司又推出了 MNP10 协议，该协议可使 Modem 适用于移动信号。在第 4 级的差错控制中，引入了以下两个新概念：

1. 自适应（Adaptive）数据包组装

MNP 能监视在数据传输过程中出现差错的情况，当差错较少时，MNP 会组装较大的数据包，以提高系统的吞吐量；如果差错较多，则 MNP 组装较小的数据包，以提高传输的成功率，减少重发次数。

2. 数据阶段优化

在进行数据传送时，在每个数据包的前面部分，都应附加有用于控制和管理数据传输的信息。在连接处于数据传送阶段时，在数据包中的控制信息大多数都保持不变且已无用，所以，当 MNP 发现连接已处于数据传送阶段时，须进行数据阶段优化，即将那些已无用的、不变的控制信息去掉，以提高信息中的有效成份，从而达到提高信息吞吐量的目的。

多年来，Minimicro 公司总是希望将 MNP 引入国际正式建议中，但 ITU 并未接受它而是重新提出了 V. 42 和 V. 42 bis 建议，考虑到 MNP 已经被广泛应用的现实而将 MNP 列入 V. 42 的附录中。V. 42 建议和 MNP 4 的内容相近，但 V. 42 建议的内容较系统、完整、规范化和标准化，特别是它能与许多其他标准相互适应，这是 MNP 4 所无法比拟的。当前的 Modem 厂商也重点生产符合于 V. 42 和 V. 42 bis 的芯片，供 Modem 使用，同时也还继续生产 MNP 芯片。目前几乎所有的 Modem，都是同时配置了 V. 42 芯片和 MNP 芯片。

二、数据压缩功能

为了减少在数据传输中实际传输的总数据量，特别在 Modem 中增加了数据压缩功能。这是应用了一种数据压缩技术，即在发送端使用编码技术来消除冗余的比特，而在接收端则采用相应的解码技术，再将已被压缩的数据恢复成压缩前的数据。显然，为了实现数据压缩，在发送端的 Modem 和接收端的 Modem 之间，也同样要有相应的数据压缩协议。

MNP 的第 5～7 级，便是用于实现数据压缩的。在 MNP 的第 5 级的数据压缩中，采用了自适应算法，可对实时性交互终端的数据和文件进行压缩。早期压缩算法的理论压缩比为 2∶1，平均约为 1.6∶1；后期版本的压缩比有所提高。须注意：MNP 5 必须和 MNP 4 配合使用，在 V. 42 bis 中也提供了数据压缩功能，其算法的理论压缩比为 4∶1，平均为 3.5∶1，V. 42 bis 必须和 V. 42 协议配合使用。

三、网络管理功能

在调制解调器大量集中使用的地方，如计算机中心通信机房，宜使用机架式 Modem。在大多数机架式 Modem 中都配置了网络管理功能，为高水平地集中监视、维护和管理，带来了极大的方便。网络管理功能可归纳为：

1. 配置功能：可对辖区内的所有 Modem 进行参数配置、参数监测和修改。

2. 状态监视功能：可以检测和报告当前线路中的流量、线路中的噪声及信噪比的大小，一旦发现线路故障便立即告警。

3. 事件记录和运行统计功能：对线路和 Modem 中所发生的事件进行记录，对 Modem 所发送和接收的数据量、传输性能，进行统计和计算。

4. 其他功能：如线路模拟特性测试功能、诊断测试功能、故障恢复功能、安全口令功能等。

四、自适应速率、自动速率协商和自动波特率功能

在 V. 32 bis、V. 34/V. 34 bis 中，都提供了自适应速率功能和自动速率协商及自动波特率功能。而所谓的自适应速率，是指当信道质量变坏时，Modem 会发现数据传输的错误增加，此时 Modem 可以自动降低传输速率，以适应信道情况。当信道质量恢复时，Modem 又会自动提高传输速率。

自动速率协商，是指在电话交换网的应用中，在两个具有不同传输速率的 Modem 之间建立连接的过程中，速率较高的 Modem 可以自动地降低速率，以使双方的 Modem 具有相同的传输速率，然后再进行数据传输。

而自动波特率则是指，当 Modem 接收到由 DTE（计算机）发来的命令时，可根据 DTE 的情况，进行自动跟踪设置，以使 Modem 与 DTE 的端口速率相匹配。

2.2.5 调制解调器的选择

随着计算机和通信技术的发展，特别是由于 Internet 的推广，使对 Modem 的需求愈来愈多，此时，如何选择 Modem 已成为广大用户十分关注的问题。为了能正确地选择 Modem，应当对 Modem 的基本知识有所了解，其中包括常用的国际标准：一些事实上的工业标准、Modem 的基本调制方式、传输速率、Modem 所具有的基本功能和一些较高级的功能、以及有关 Modem 的性能等。下面提出几条具体意见仅供参考。

一、调制解调器的标准

调制解调器的通信规程标准有两种：(1) CCITT 标准：这是在 70～90 年代由 CCITT 和 ITU 联合制订的标准，欧洲、日本和我国普遍采用此标准；(2)BELL 标准：这是由 AT&T 公司制订的标准，在美国甚为流行。由于这两种标准互不兼容，故在不同标准的 Modem 之间不能进行通信，在选择时必须注意 Modem 所用的通信规程。下面列出早期和近期的，由 CCITT 所发布的 Modem 标准。

1. 早期的 Modem 标准

在 60～80 年代初，由 CCITT 发表了下述标准（表 2-3）：

表 2-3

标准名称	使用的调制方式	传输速率（bps）
V21	频移键控	300
V23	频移键控	1200/600
V22	4 相差分相移键控	1200/600
V22 bis	4 相差分相移键控	2400/1200
V26	4 相差分相移键控	2400
V27	8 相差分相移键控	4800
V29	8 相千幅调制方式	9600/4800

2. 近期的 Modem 标准（表 2-4）.

表 2-4

年份	标准	颁布单位	编码技术	传输速率 Kbps
1984	V. 32	CCITT	二维 TCM	9. 6
1991	V. 32 bis	CCITT	二维 TCM	14. 4
1991	V. 17	CCITT	二维 TCM	14. 4
1994	V. 34	ITU	四维 TCM	28. 8
1996	V. 34 bis	ITU	四维 TCM	33. 6

3. 传输速率

Modem 的传输速率，一直是它最被看重的指标。在 80 年代时，Modem 的传输速率还停留在 1200/9600 bps。进入 90 年代后，Modem 的传输速率有了明显的提高，当前，高速 Modem 已成为市场主流，例如 28. 8Kbps、33. 6Kbps，1995 年还出现了传输速率为 56Kbps 的 Modem。我们在选择 Modem 时，也应选择适当高的传输速率，以提高数据的发送和接收速率。由于 56Kbps 的 Modem 目前尚无统一的标准，故当前在选择 Modem 时，主要选用 28. 8 或 33. 6Kbps 的 Modem。

4. Modem 的类型

首先我们要确定应选择外置式还是内插式的 Modem。由于外置式 Modem 安装方便、设置简单，对于具有相同功能的 Modem，外置式的价格只比内插式的贵 100～200 元，故对于一般用户特别是初学者，最好选用外置式 Modem。如果用户是通过普通拨号电话线入网时，应选用普通拨号音频 Modem；如是通过租用专线入网的，则应选择带有专线功能的 Modem。当通信距离较短时可选用基带 Modem；否则应选用音频 Modem。若在建立无线 LAN 时需要，则应选用无线 Modem。

5. Modem 的性能

无疑，在购买 Modem 时，应选择性能好的 Modem，这样才能保证 Modem 的可靠运行、具有较高的吞吐量及高的信噪比。但要求用户直接去了解 Modem 的性能，是有一定困难的。所幸的是，当今在国际上和国内，都已有了权威性的评测机构，经常对具有代表性的 Modem 进行测试，并把评测结果公诸于世。我们可以通过了解这些评测结果，来掌握各类 Modem 产品的性能情况。邮电部曾颁布过 Modem 的选型测试要求，限于篇幅的原因在此不予展开。

6. Modem 的价格

在选购任何设备时，都应注意到其性能/价格比，同样，在购置 Modem 时，不仅应注意到其性能，也必须注意到其价格。值得说明的是，当今有许多电子产品，特别是微机和 Modem 等基于 VLSI 技术的产品，其性能在不断提高，而其价格却不断下降，更新换代得快，因此，我们在购置 Modem 时，不宜在时间上超前得太多，而是宜等到真正需要时再购买；在数量上也不宜比实际需要超出得太多。当前 Modem 的价格情况是：普遍电话线拨号 Modem 的价格，一般在 2000 元以下，而高速专线 Modem，则一般在 2000 元以上。

2.3 多路复用器

为了提高传输线路的利用率，在通信系统中引入了多路复用器。从功能上说，多路复用器是实现由多路到一路（集中）和由一路到多路（分配）功能的设备，故也称为多路转换器。从信道的复用方式来看，它是采用静态的信道分配方法，即各终端以事先规定好的固定频带或时间片的方式来共享公用传输线，因此，又把多路复用方法分为两种：(1) 频分多路复用，这是各终端以事先规定好的、固定的频带共享信道；(2) 时分多路复用：指各终端以事先规定好的、固定的时间片来共享信道。

2.3.1 频分多路复用器 FDM

所谓频分，是指把传输线的总频带划分成若干个分频带，以提供多条数据传输信道，其中每条信道以某一固定频率提供给一个固定终端使用。若传输线的全带宽 F 被划分成 N 个信道，则每条信道的带宽为 F/N。应注意，各条信道所传输信息的带宽要比 F/N 窄得多，避免相互干扰。

频分多路复用器含有若干条并行信道如图 2-4 所示。其中每条信道都拥有自己的低通滤波器、调制解调器和带通滤波器。低通滤波器的作用是平滑数据脉冲的陡峭边沿；调制解调器的作用是把终端发来的数字信号变换为调频信号，即把数字信号“1”变为 $f+f_1$ 频率的信号，而数字“0”信号则被变换成频率为 $f-f_1$ 的信号。对于带通滤波器由于它只允许指定频率范围的信号通过，因此，在各条信道上的带通滤波器，都应拥有自己的通频带，以防止信道间的相互干扰。

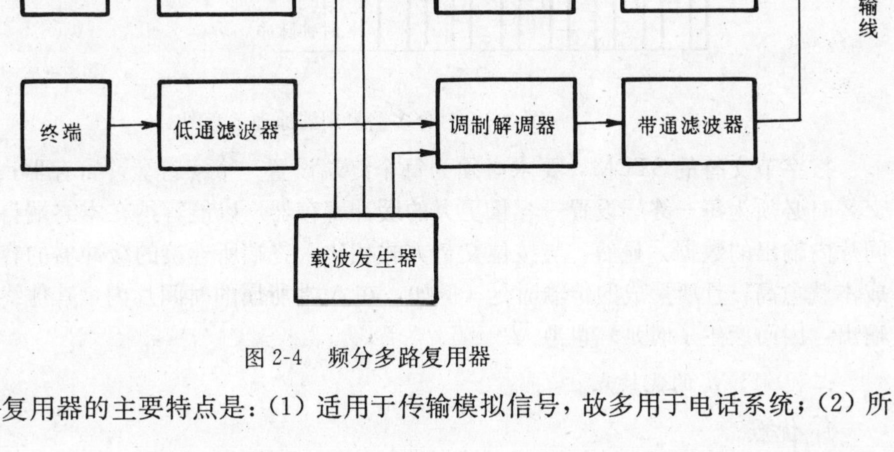

图 2-4 频分多路复用器

频分多路复用器的主要特点是：(1) 适用于传输模拟信号，故多用于电话系统；(2) 所用的信道并行工作，故每一路的数据传输都没有时延；（3）设备费用低。

其主要特点是：（1）当终端数目较多时，由于分配给每条信道的带宽都较窄，故对带通滤波器的要求较严格；（2）最大传输速率较低。

2.3.2 同步时分多路复用器 STDM

一、STDM 的工作原理

同步时分多路复用器 STDM，是把多路器轮转一圈的时间分成若干时间片，所有终端都分别对应一固定的时间片，依次分时共享一条公用传输线，如图 2-5 所示。在每个时间片内可传送一位或一个字节，甚至传送一个数据块。相应地，时分多用复用器就有对应的按位交替的 STDM，按字节交替的 STDM 等。按位交替的 STDM 如图 2-6 所示。在控制脉冲 CLOCK1 的作用下，各终端发出的信息 a_1、b_1、c_1、d_1 等，将通过控制门送到移位寄存器的输入端，然后又在移位脉冲 CLOCK2 的作用下，将其中的内容 a_1、b_1、c_1 及 d_1 等逐位地移至公用传输线上。接收方的接收过程刚好与发送过程相反。按位交替 STDM 的优点是设备简单且时延很小。

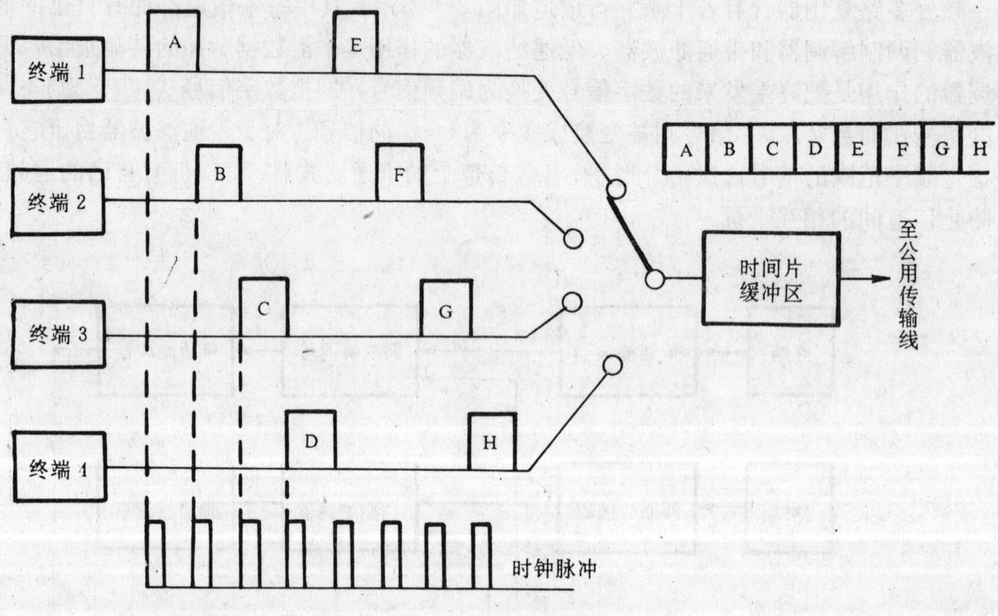

图 2-5　时分多路复用器原理示意图

按字节交替的 STDM，要求必须为每个终端设置一个字符缓冲寄存器；类似地，按块交替时必须为每一终端设置一容量更大的缓冲寄存器，以能容纳在本终端自己所对应的时间片内输出的数据。显然，与按位交替方式相比，终端所连接的缓冲器的容量愈大，所需成本就愈高，且所形成的传输时延（例如，在 A 端所属的时间片内，其他终端的信息不能输出，因而产生了时延）也愈大。

二、STDM 的优缺点

1. 优点

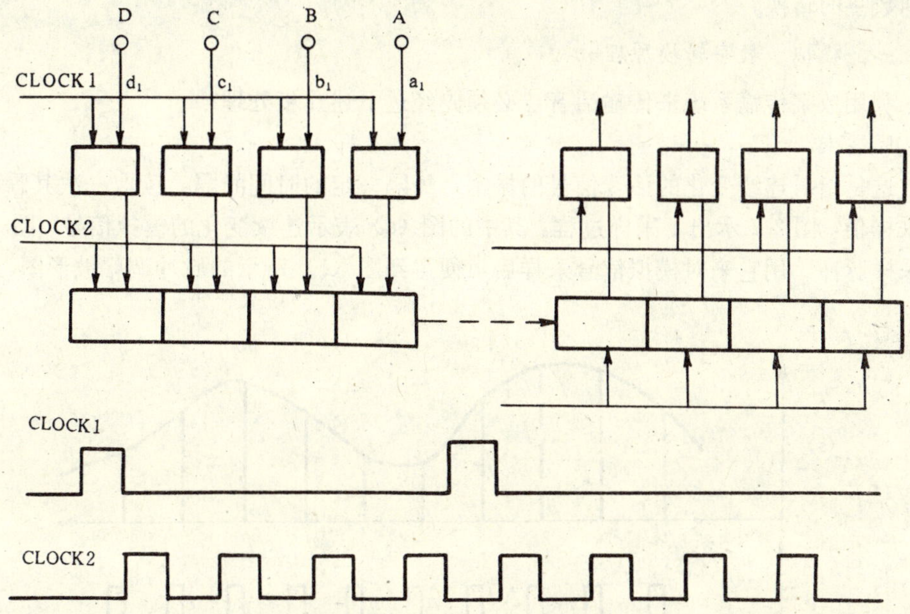

图 2-6　按位交替的 STDM

STDM 的优点是：(1) 适用于传输数字信息，故多用于与数字型终端相匹配；(2) 有较高的传输速率，可达 4800 比特/秒，甚至 9600 比特/秒，因此，它适于连接速度较高的终端；(3) 数据按串行方式传送，各终端使用相同的传输频带。又由于它是分时使用同一信道，因而各终端可合用一个调制解调器。然而在 FDM 方式时，必须为每一信道设置一个调制解调器。

2. 缺点

STDM 的缺点是：(1) 设备费用比 FDM 高；(2) 数据的串行带来一定的时延。

由此可见，不论是 FDM 还是 STDM，它们都存在这样的缺点：

1. 多路复用器所能连接的终端数目受到一定限制

对于 FDM，终端数太多时，必然导致每条信道的通频带太窄，而对于 STDM，当其所连接的终端数目太多时，将使它对所有终端扫描一周所花时间太长，容易造成终端发送的信息丢失；

2. 传输线路利用率低

这两种多路转换器均以固定方式把信道依次分配给每个终端，当某终端无信息输出时，其所对应的信道必然空闲，因此，传输线的利用率低。通常，很多远地终端发送数据的时间，都低于其连网时间的 10%，可见，传输线路的绝大部分时间都处于空闲状态。

尽管上述两种多路复用器都具有这两个缺点，但由于它们较之后面即将介绍的较完善的设备——集中器，具有价格便宜、时延小等优点，故仍被广泛使用。

2.3.3　30/32 路 PCM 时分多路器

上一节我们介绍了 STDM 的基本原理，本小节我们将介绍一个国际上流行的，用于数字电话系统中的 30/32 路 PCM 时分多路器，由于电话机送出的是模拟信号，故应先进行模拟到数字的转换。

一、模拟—数字转换原理

利用数字传输系统来传输话音，必须先经过下述几步处理：

1. 采样

这是指对连续变化的话音信号的振幅，每隔一定的时间间隔，读取一次其瞬时值，称为采样值，图 2-7 示出了采样过程。其中的图（a）表示连续变化的模拟信号，图（b）是等幅采样脉冲，用它来对模拟信号采样后，便得到图（c）所示的脉冲调幅波形图。

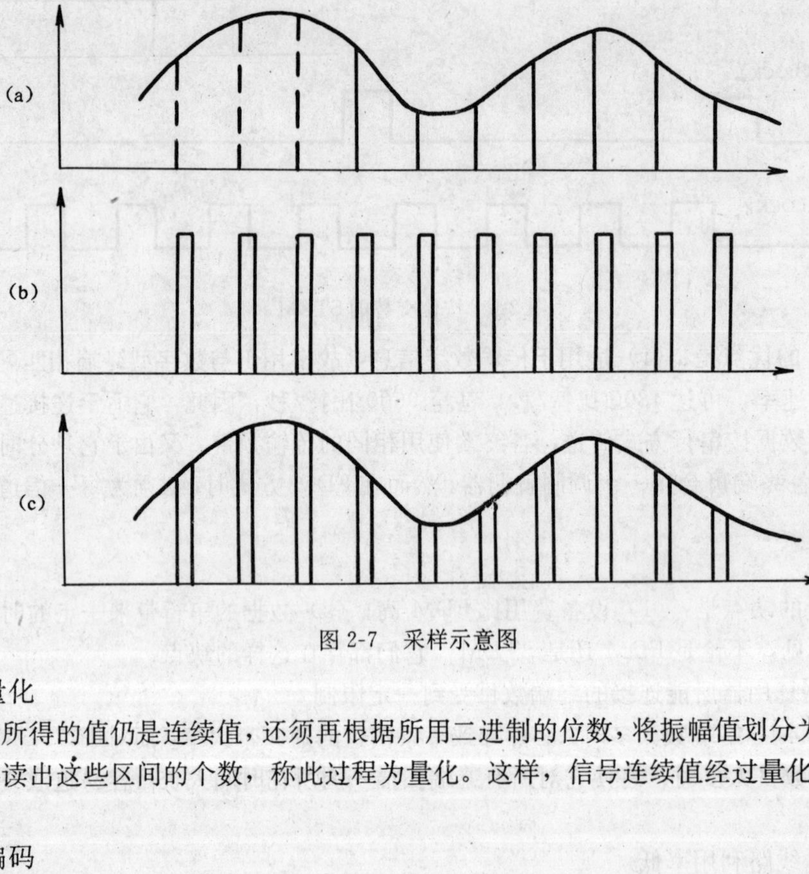

图 2-7 采样示意图

2. 量化

采样所得的值仍是连续值，还须再根据所用二进制的位数，将振幅值划分为若干个 ΔV 区间，再读出这些区间的个数，称此过程为量化。这样，信号连续值经过量化后，便成为离散值。

3. 编码

用于将经过量化的值，变为一组二进制代码。目前大多采用 8 比特编码，且为非线性编码，以减少小信号的量化误差。

4. 译码和滤波

接收端要对所收到的数字信号进行译码和滤波。译码是将所收到的数字信号恢复为采样脉冲序列，然后再将该脉冲序列送低通滤波器，便可恢复出原来的模拟信号。

二、时隙和帧结构

图 2-8 示出了国际上流行的 30/32 路 PCM 时分多路数字电话的原理框图。为把话音的模拟信号数字化，首先须对话音进行采样，采样脉冲频率为 8000MHz，即每隔 125μs 采样

一次，又因有 32 路，故应把每个时隙定为 125/32＝3.9μs。由 125μs 内的 32 个时隙即 TS_0 ～TS_{31}构成一帧。其中 T_0 时隙用作帧同步，即用此时隙传输帧同步（信号）码，标识一个帧的开始；TS_{16}时隙作为标志信号时隙，只传输各种标志信号；TS_1～TS_{15}和 TS_{17}～TS_{31}这 30 个时隙才是真正用来传输 30 路话音的，每一时隙传输一路话音。在每个时隙内可传输 8 位码，每位码占用 488ns 的时间。据此可知，30 路 PCM 传输的码速是 2048Kbps，每一路的码速为 64Kbps。

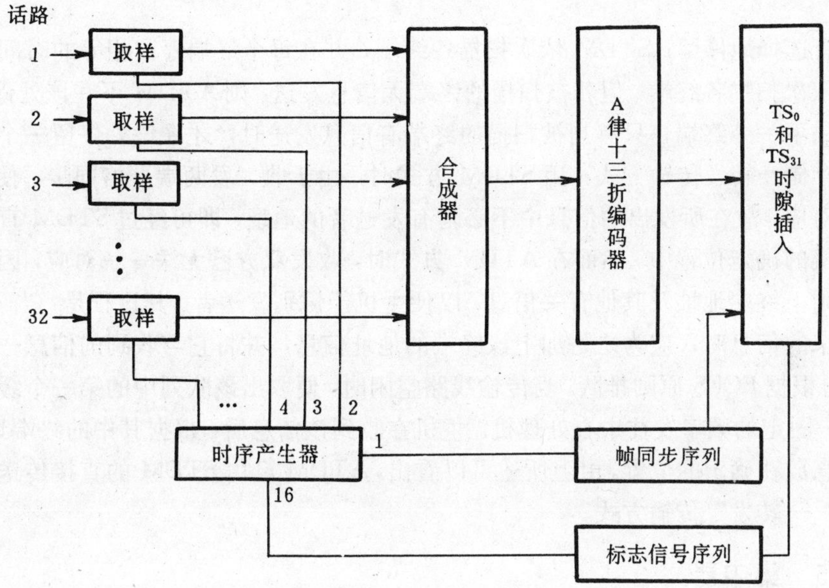

图 2-8　30/32 路 PCM 时分多路数字电话原理

三、30/32 路 PCM 时分多路电话原理

在 30/32PCM 时分多路数字电话原理图中，由时序发生器所产生的 32 个时隙脉冲序列如图 2-8 所示。其中第 0 个时序脉冲信号用于控制在 TS_0 时隙去发送帧同步标志；第 16 个时序脉冲信号用于控制在 TS_{16}时隙发送相应话路的标志；而第 1～15 及第 17～31 个时隙的脉冲序列，则分别用于控制第 1～15 和 17～31 话路信号的采样。在第 1 个时序脉冲作用下所取得的第 1 个采样脉冲被送入合成器，经非线性编码器量化和编码后，在 TS_1 时隙串行地送出 8 位已编码信息。类似地，在第 2、3、…，15 个时序脉冲作用下，第 2～15 话路的信号分别在 TS_2、…、TS_{15}时隙串行输出对应话路的已编码信号；在 TS_{17}～TS_{31}时隙分别送出第 16～31 话路的编码信号。可见，图 2-8 所示的 30/32 路 PCM 时分多路电话同时完成 A-D 变换和时分多路功能。

2.3.4　异步时分多路复用器 ATDM

1. ATDM 的引入

上述的STDM 存在着传输线路利用率低的缺点，这是因为它是以静态方式把传输信道分配给每个终端。尽管某些终端在其对应时间片内并无信息发送，但STDM 仍将这些时间片分配给它们，致使在这些时间片内线路空闲。反之，有的终端虽有大量信息等待输出，但却只能分得既定大小的时间片，从而迫使这些终端不得不降低发送速度。换言之，静态信道分配方式与终端的需求无关。可见，若能使信道的分配与终端的需求相结合，定能改善STDM 的性能。基于这种想法在对 STDM 加以改进后，使形成了异步时分多路复用器 ATDM。

2. ATDM 与 STDM 的主要差别

虽然 STDM 与 ATDM 都是顺序地扫描所有的输入终端，但两者却有以下两点重要差别：

(1) 有选择地停留：STDM 依次扫描各终端，并在每个终端停留相等的时间。ATDM 虽然也是依次扫描各终端，但若被扫描的终端无信息发送，则 ATDM 不在该处停留，而是立即去扫描下一个终端。只有当被扫描的终端有信息发送时，才在该处停留一个时间片。

(2) 存储—转发传输方式：用 STDM 方式时，由于收、发两端严格同步，使收、发两端能一一对应，故在所发出的信息中不必附有发送者的地址，即可经过 STDM 直接将信息传送到主机的确定位置中。然而在 ATDM 方式时，收发双方已无法一一对应，因而必须为每个信息附上终端地址及其他有关信息，以便主机能识别发送者。其过程是：当 ATDM 收到终端发来的信息时，应为之附加上该终端的地址信息，并将它与收到的信息一起放入缓冲区中，再根据 FCFS 原则排队。当传输线路空闲时，便取出该队列中的第一个缓冲区的信息，以某一固定的频率发往中心处理机。主机在收到该信息后，根据其中的终端地址信息，把数据信息放在确定的位置。由上所述可以看出，ATDM 已由 STDM 的直接传送方式演变为“存储——转发”传输方式。

2.3.5 集中器

一、集中器的引入

为了进一步提高线路利用率，应更严格地执行“信息的分配与终端需求联系起来”的原则，亦即，应把信道的静态分配方式改为动态分配方式，这是指仅当终端有信息要发送，且已提出请求时，才把传输线分配给它。这就消除了不必要的，对无信息终端也进行扫描的时间。此外，一旦把传输线分配给某终端后，便让它传输较长时间。这样，既提高了线路利用率，又方便了用户。集中器便是基于这种想法所构成的通信设备。所谓集中，是指这样一种动态分配信道的办法：它基于终端对信道的请求，把较少数量的信道动态地分配给数目较多的终端。

二、集中器的工作原理

为了使各终端能同时发送信息，应在集中器中为每一个终端设置一块缓冲区，图 2-9 示出了一个具有缓冲区和缓冲区队列的集中器，通过该集中器进行通信的过程可分为两个阶段：

1. 终端先把发送的信息送入自己的缓冲区，一旦装满，便向集中器的接收控制逻辑发出请求信号，再由控制逻辑将缓冲区中的信息送至第二缓冲区，并为之附上该终端的地址及有关控制等信息，最后，按 FCFS 原则把第二缓冲区排在缓冲队列的末尾等待发送。

2. 若公用信道空闲，集中器中的发送控制逻辑便从缓冲队列的队首缓冲区中取出信

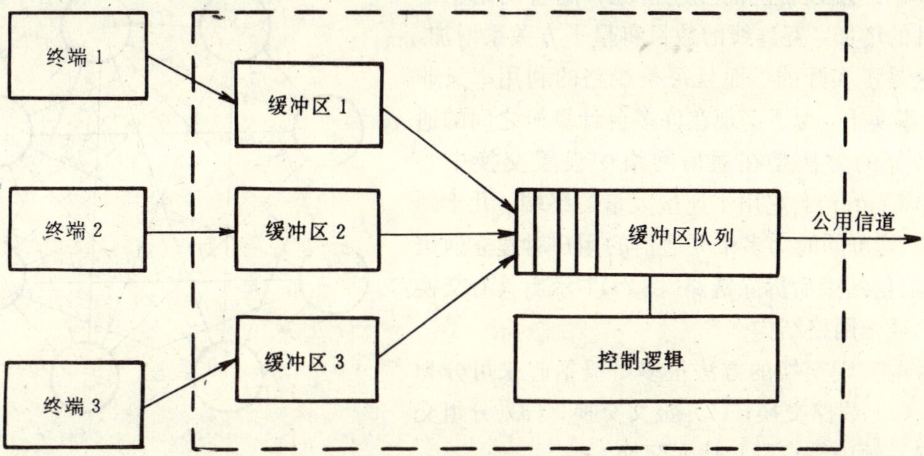

图 2-9 集中器工作原理图

息，用比终端的发送速度高得多的速度，把信息发往中心处理机。当该缓冲区中的信息发送完后，发送控制逻辑又检查缓冲队列空否，若不空，又取出新的队首缓冲区信息发送，这样，直到缓冲队列空时才停止发送。可见，集中器是把各终端发送来的若干个低速信息流，变为一个中速或高速信息流后再发送出去，即它同时起着速度变换的作用。

三、集中器与 ATDM 的比较

集中器与ATDM 有许多相似之处。首先，它们都是基于“把公用信道的分配与终端需求相联系”这一思想，来提高信道利用率的；其次，在实现方法上，同样都是采用了“存储—转发”的传输方式。因此两者所付出的代价也大致相同：

(1) 由 STDM 的直接传送改为“存储—转发”方式后，给信息的传输带来了时延；

(2) 在集中器或 ATDM 中，必须设置足够数量的缓冲区来接收终端发来的信息，从而增加了设备的成本；

(3) 必须为每个信息附上终端地址及其他必要的控制信息，因而增加了传输信息量，从而降低了传输线路的有效利用率；

(4) 必须增加相应的控制逻辑，以对缓冲区队列进行有效的管理及其他有关控制。

ATDM 与集中器的主要差别在于：

(1) 在采用ATDM 的通信系统中，终端处于完全被动的状态，只有在获得 ATDM 的询问后（扫描后），才能发送已准备好的信息；而在使用集中器的系统中，终端处于主动地位，只要它有信息要发送，便可提出请求；

(2) ATDM 对不发送信息的终端仍要扫描，而对有信息要发送的终端，也只分配一个固定大小的时间片；然而集中器则不去扫描无信息发送的终端，而只为有信息发送的终端分配一较长的时间片。可见，集中器更具有吸引力。

2.4 线路与分组交换

在点—点连接的网络中，如果一个计算机（终端）要和另一个计算机（终端）进行通信，则必须在它们之间建立一条通信线路，图 2-10 示出 8 个终端设备间的互连情况。随着网络中终端数目的增加，互连线的数目将呈平方关系增加，显然这是不实际的，而且每条线路的利用率又非常低。事实上，为了实现在许多台计算机之间的通信，较好的方法是在通信网络中设置交换中心 (Swith Center)，它用于连接大量的终端（几十到几万个），可同时为多个要通信的用户对建立通信链路，通信结束后拆除链路。图 2-11 示出具有交换中心的通信网络结构。

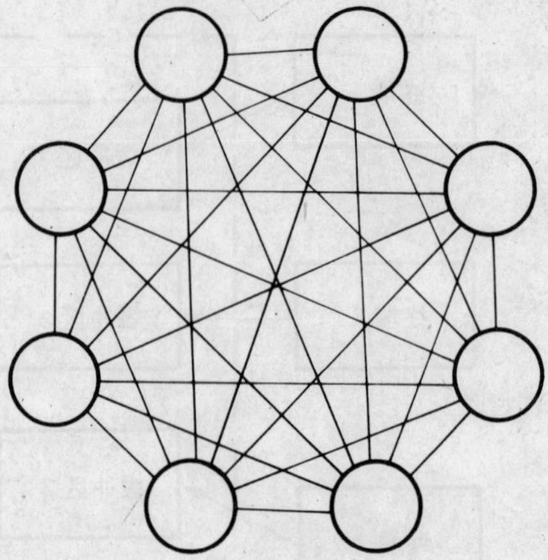

图 2-10　8 个终端设备完全互连的情况

目前实现交换的方法很多，概括起来可分为五类：(1) 线路交换；(2) 报文交换；(3) 分组交换；(4) 帧中继；(5) 信元交换。

2.4.1　空分线路交换

线路交换又可分为空分线路交换和时分线路

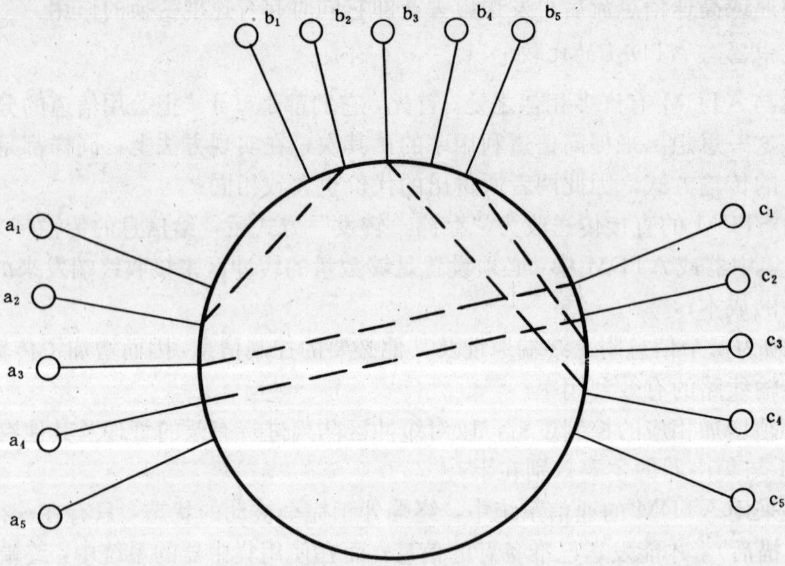

图 2-11　具有交换中心的连接方式

交换。空分线路交换是传统电话系统中最常见的一种交换方式，交换设备的接续部分如同一个矩阵开关，其中的一组纵线可以连接到一组输入线上；一组横线连接到一组输出线上。用户之间的接续是在空间相应位置交叉点上进行的，图 2-12 为空分线路接续的示意图，当图中的 0 点接通时，用户 2 和 4 便接通了。对于空分线路交换又可分为单级接续和多级接续。

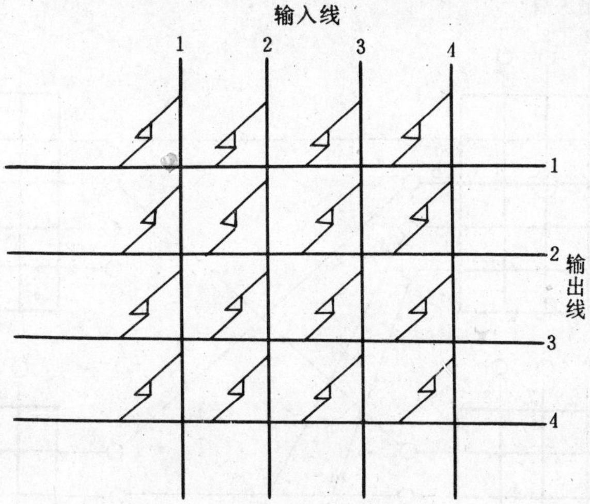

图 2-12　单级接续示意图

一、单级接续

单级接续是指主呼用户与被呼用户之间的通信线路，只经过一级接续部件。如果接续部件的输入线和输出线都是 n 条，便有 n^2 个交叉点，在每个交叉点处装有一个开关元件，用于接通相应的输入线与输出线。在单级接续的线路交换方式中，开关元件的数目与用户数目的平方成比例，因此随着用户数的增加，接续部件将变得十分复杂。可见，单级接续只适用于用户数不多的场合，实际应用中多采用多级接续。

二、两级接续

当用户数较多时，可采用两级接续。这是将输入线与输出线加以分组，每一组与一个矩阵开关相连接。图 2-13 示出具有两级接续的线路交换设备。它由 8 个 4×4 的矩阵开关所组成。例如，当要为用户 3 和用户 8 接通一条通信线路时，只须将开关①和②接通。该线路交换设备可接 165 用户，所需的开关元件仅为 2×4×4×4＝128 个。但如果采用单级接续交换设备，则需 16^2＝256 个开关元件。但二级接续有一个严重的缺点，例如，当用户 3 与用户 8 通信时，已经占用了矩阵开关的第 1 行第 1 列到第 2 行第 2 列的唯一的 abcd 线；而它又是用户 1、2、3、4 和 5、6、7、8 间进行通信的公用线路，因而这时将使用户 1、2、4 不可能再与 5、6、7 通信。这种现象被称为“阻塞”。仅当用户 3 和 8 间的通信结束后，才允许另一对用户进行通信。

三、多级接续

为了避免出现在两级接续中的阻塞现象，可以再增加一级接续而形成三级接续，如图 2-14 所示。此时用户 1、2、3、4 与 5、6、7、8 之间已经存在着多条通信线路：第一条是 a_{11}～b_{21}，第二条是 b_{11}～b_{22}，第三条是 c_{11}～b_{23}，第四条是 d_{11}～b_{24}。只有当这四条通路全部被占用时，才会发生用户 1、2、3、4 与 5、6、7、8 不能通信的情况。由此可见，三级接续时的阻塞率明显低于二级时的。一般而言，级数愈多，阻塞率愈小。对于目前常用的四

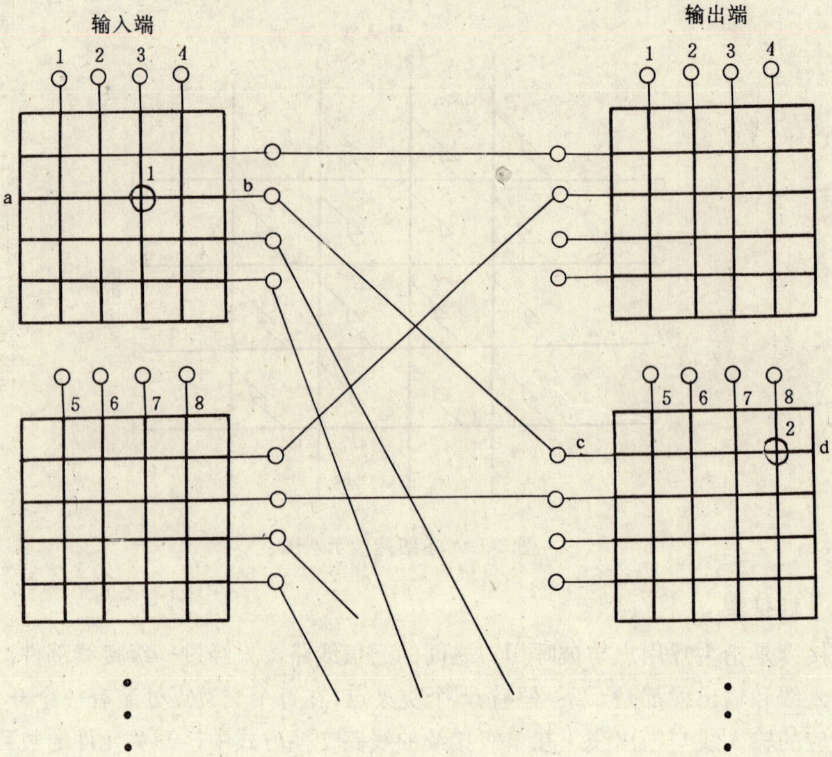

图 2-13　两级接续示意图

级接续线路交换设备，其阻塞率的理论值已低于 10^{-3}。

2.4.2　时分线路交换

通常的模块式交换器采用空分线路交换方式；而数字式交换机则采用时分线路交换方式，简称时分交换。目前有两种实现时分交换的接续器：(1) T 型时分交换器；(2) S 型时分交换器。

S 型时分交换器不能单独使用，必须与 T 型交换器相配合，形成 T-S-T 型或 T-S-S-T 型时分接续网。下面分别介绍这两种交换器。

一、T 型时分交换器的接续原理

在 T 型时分交换器中，有一个 32×8×N 个话音存储器，其中 N 为端数，用于表示交换器上所连接的 32 路时分多路器的个数。为使分析简单起见，现假定 N=1，这样，话音存储器的容量为 32 个 8 比特的存储单元，现用它来存储收到的 32 路代码，其中第一个单元用来存储 TS_0 时隙的 8 位帧同步码。其余各路代码所存入的单元固定不变，存储器在读出时，视交换器的需要在读出电路的控制下，来决定从哪个单元读出。比如，现在需要从 1 路输入，从 5 路输出，则可在 TS_5 时隙把第 2 个单元的内容读出，由于交换器送出的脉冲序列到达目标时，将把 TS_5 时隙的内容送第 5 路，这样便可把 1 路的话音转送至第 5 路上，实现了话音交换。由此可见，只要我们适当地控制读出控制电路，在不同时隙的时间读出

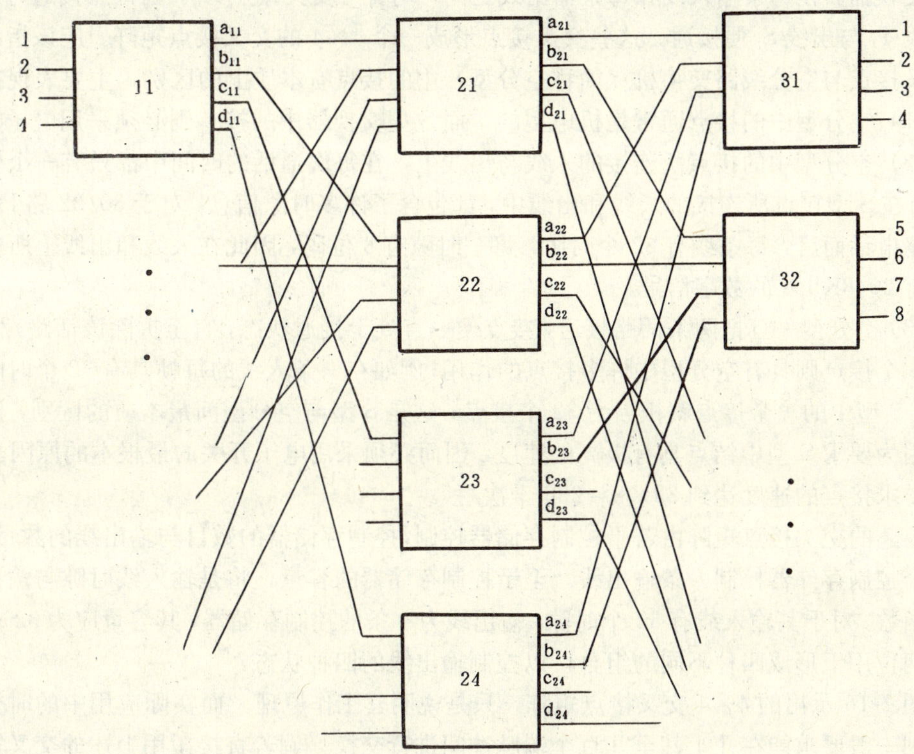

图 2-14　多级接续示决图

不同存储单元的内容，就可达到在 30 路之中对任意两路进行交换的目的。简言之，脉冲交换的实质，是时隙内容在空间位置上的交换。T 型时分交换器极为流行，但其所能连接的终端数目有限，所以，单纯的时分交换器只适用于建立小型 PBX，为了增加 T 型交换器所能连接的终端数目，目前最流行的方法是将 T 型和 S 型两种交换器组合使用。T 型时分交换器示意于图 2-15 中。

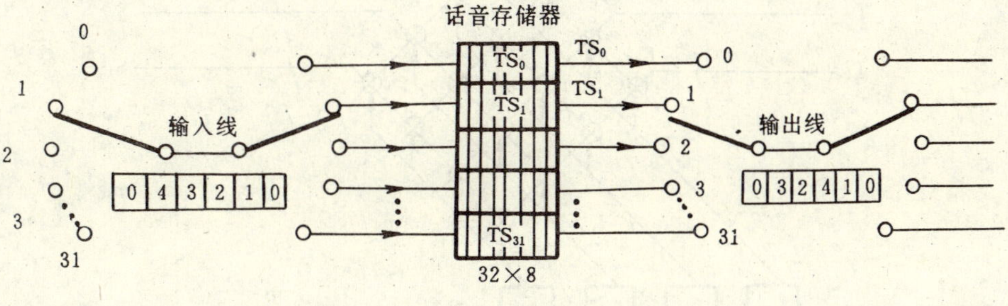

图 2-15　T 型时分交换器示意图

二、S 型时分交换器的接续原理

如果说，T 型时分交换器是“时隙交换”型的，那么，S 型时分交换器则是“空间交换”型的。图 2-16 示出有四条输入线 T_1、T_2、T_3、T_4 和四条输出线 S_1、S_2、S_3、S_4 的 S 型时分交换器。在每条输入线和每条输出线之间，均有一交叉接点 K_{ij}。当该点接通时，相应的入线 T_i 与出线 S_j 便接通。这些交叉接点形成一个 4×4 的交叉接点矩阵。应该指出，这些交叉接点与空分线路交换机（简称空分型）中的接点有本质上的区别，主要表现在：

（1）空分型中的接点通常是机电型的；而 S 型交换器中的接点则必须采用电子开关。

（2）空分型中的接点所连接的入线与出线上，在每次通话的时间中都只有一个模拟信号；而在 S 型接点所连接的入线和出线中，都包含了许多时隙信息。对于 30/32 路 PCM 时分多路电话而言，每条线有 32 个时隙，每一时隙有 8 位码，因此在入线和出线上所传输的是含有 2048Kbps 的数字信号。

（3）空分型一旦把两条话路接通，接点便一直处于接通状态，直至拆除该话路；而 S 型中的一个接点则具有空分型中许多接点的作用；例如在一条入线的每帧具有 32 个时隙的情况下，S 型中的一个接点就相当于 32 个接点。这是 S 型与空分型间最本质的区别，而且也正是因为要求 S 型中结点具有极高的速度，因而必须采用电子开关的最根本的原因。在 32 路时要求接点的速度达到 32×8=256 千次/秒。

上述的交叉接点矩阵由若干控制存储器控制，控制存储器的数目与输出线的数目相同，即一个控制存储器控制一条输出线。至于控制存储器的容量，将是输入线时隙与输出线数目的函数。对于其输入线有 32 个时隙，输出线为 4 条的控制存储器，其容量应为 32×2 位，其中两位用于形成四种不同的组合，以控制输出线的四种状态。

图 2-16 示出的 4×4 交叉接点矩阵，只是说明其工作原理。而实际应用中的时分接续网，则一般要求能在几十甚至几百个端脉冲间进行交换。倘若直接搬用上述的交叉矩阵方式来实现上百个端脉冲间的交换是不现实的，为了改善这种情况，可以像空分线路交换一样，将交换器做成多级的，例如，每一条入线可用来表示 8 个端脉冲的 256 个时隙。对于 128 个端脉冲间的交换，只需 16 条入线和 16 条出线，相应的交叉接点矩阵也只有 16×16。而为此所付出的代价，是将线路的传输速率提高到 N×2048Kbps，这里，N 为端数。

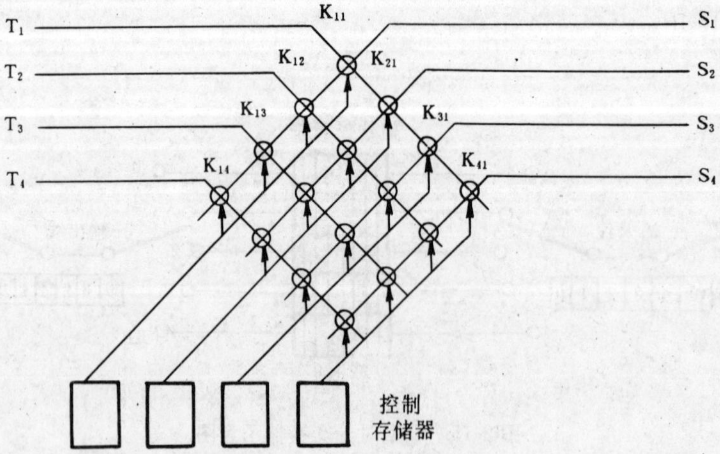

图 2-16　S 型时分交换器原理图

2.4.3 报文交换和时延分析

分组交换方式是60年代后期出现的一种适合于数字传输系统的交换方式。它在70年代和80年代获得了较大的发展，成为数字通信系统中的主流交换方式，基于分组交换方式的网络称为分组交换网络。但分组交换方式是从报文交换方式演变而来的，故我们先介绍报文交换方式。

一、报文交换方式

在开始利用数字网络实现数据通信时，信息传送的基本单位是报文。报文由两部分组成，一部分是用户所要传送的信息（称为正文），另一部分则是用于控制报文在网络中传输的有关信息，称为报头，比如有目标地址、源地址等。在源主机要与目标主机通信时，由源主机把用户所要发送的正文配上报头形成报文后，发送给相邻的交换器。交换器把收到的信息存入缓冲区并送输入队列等待处理（第一次排队）。交换器再依次对输入队列中的报文做适当处理，然后根据报头中的目标地址，选择适当的输出链路。若链路空闲，便启动该链路的发送进程将报文发往下一个交换器，这样通过多次转发，直至报文到达指定目标。若该输出链路正忙，则将装有信息的缓冲区送该链路的输出队列上排队（第二次排队）等待发送。可见，报文交换是基于“存储一转发”的传输方式，且在传输过程中每经过一次交换器都可能要经过两次排队，从而给报文的传输造成一定的时延。

二、报文交换器的时延分析

报文交换方式是用在数据传输系统中的；而线路交换方式则用在模拟传输系统中，因而使报文交换方式具有一系列线路交换方式所无法比拟的优点，如传输的可靠性，能提供多种非常有用的服务等，但报文交换也存在着严重的时延。所谓时延，是指信息从发送端传送到接收端所经历的一段时间，也就是报文在网络中的传输时延。在线路交换方式时，传输时延非常小，基本上是电波在传输介质中的传输时延，大约是1毫秒/200公里；而在报文交换方式时，报文的传输时延，为穿越各个交换器所需时间的总和（已忽略电波在传输介质中的传输时间），而穿越每个交换器的时间，由三部分组成：（1）每个交换器接收一份报文的时间；（2）在交换器中两次排队的时间；（3）计算机对报文的处理时间。

对于一份中长报文，例如有1200个字节，即9600比特，如果线路的传输速率为9600bps，则每个交换器接收一份报文的时间需要花费1秒钟。如果一份报文需要穿越5个交换器，则仅仅报文的接收时间一项所产生的时延，便达5秒钟。减少接收报文所造成的时延，有两个方法：（1）提高网络的传输速率：如果我们将传输速率由9.6Kbps提高到64Kbps，则可将传输时延减少为1/7；（2）减少每份报文的长度：如果将1200字节的报文分割为10个报文分组，则每个报文分组只有120个字节，这样又可将报文分组的接收时间降低为1/10。通过这两个措施便可将每个报文分组的接收时延减少为1/70。

产生传输时延的最主要因素，是报文在交换器中排队所造成的时延，报文要在输入队列中排队等待CPU处理，报文在输出队列中排队等待转发，后者造成的时延更为严重，如果一份报文A在输出队列中排在第6位，即它需要等待前面5份报文转发完成后才能转发，如果这5份报文都是1200字节的中长报文，且每转发一份报文（以9600bps速率计）需要1秒，这样，报文A就须在输出队列中等待5秒。如果报文A所穿越的5个交换器均为这种情况，则仅因在输出队列排队等待转发的时延就长达25秒，可见此时延是如此之大！减少排队等待时延的方法有：（1）提高CPU的处理速度，以减少在输入队列上的时延；（2）减少每份报文的长度；（3）提高线路的传输速率。

2.4.4 分组交换方式

据上面对报文交换时延的分析，可得出结论：报文交换的时延是严重的，减少传输时延的有效方法，是提高交换机中CPU的处理速度和网络的传输速率，以及缩短报文的长度。正是在这种思想的指导下创立了分组交换方式，并由此而产生了在全球范围广泛流行的分组交换网。我国于1988年开始组建试验性的分组交换网，并于1993年9月正式开通，命名为ChinaPAC，到1997年底已能通达全国两千多个大、中城市和县城。

一、分组交换原理

分组交换在原理上与报文交换十分相似，两者都是采用存储—转发方式进行数据传输的。其差别仅在于：对于分组交换方式，当源主机要发送一份中长报文时，须先将该报文分割成若干个报文分组，每个分组具有固定的长度如128个字节，然后以报文分组为单位进行传送。值得说明的是，在将长报文分割成若干短分组后，可以按照类似于流水线的方式，传送各分组，以使分组交换网中的多个交换器间处于并行操作状态，从而大大缩短整个报文的传输时间。

报文交换方式产生较大时延的主要原因，除了报文在交换器中要进行两次排队外，还由于报文的传输是按串行方式进行的。通常，报文本身就可能很长，在其传输过程中，要先将报文存储起来，仅当一份报文的全部信息都已存入缓冲区后，才能对该报文进行处理，再把它们转发给下一个交换器或目标。由图2-17（a）可以看出，这些结点对报文的存储和转发都是按串行方式进行的。这样就不难设想，为了加速报文的传输，可先将长报文分割成若干个固定长度的短分组，按照图2-17（b）所示的流水线方式传输各分组，而在各结点之间，则并行执行不同分组的不同操作，从图中可看出，这样可大大缩短报文的传输时间。

二、分组交换方式的优点

与报文交换方式比较，分组交换方式有以下优点：

1. 减少了传输时延

在正常情况下，在网络中传输时所产生的传输时延，基本上与传输速率成反比，而与所传输的信息的基本单位长度成正比。通常，一个报文分组的长度要比一份中长报文的长度短得多，因而一份报文分组的传输时延与报文相比要明显地减少。

2. 增加了网络的吞吐量

网络吞吐量，是指在单位时间内网络所传输的信息量。在分组交换方式中，采用了流水线传输方式，可使对下一个分组的存储操作与对上一个分组的转发操作并行，从而减少了报文的传输时间；此外，还由于传输一个分组所需的缓冲区比传输一份报文所需的缓冲区少得多，致使其因缓冲不足而等待发送的机率及等待的时间，也必然少得多，最终使在单位时间内网络所传输的信息量增加。

3. 简化了对信息缓冲区的管理

报文交换与分组交换虽然都是采用存储—转发方式，都需要在交换器中准备一批缓冲

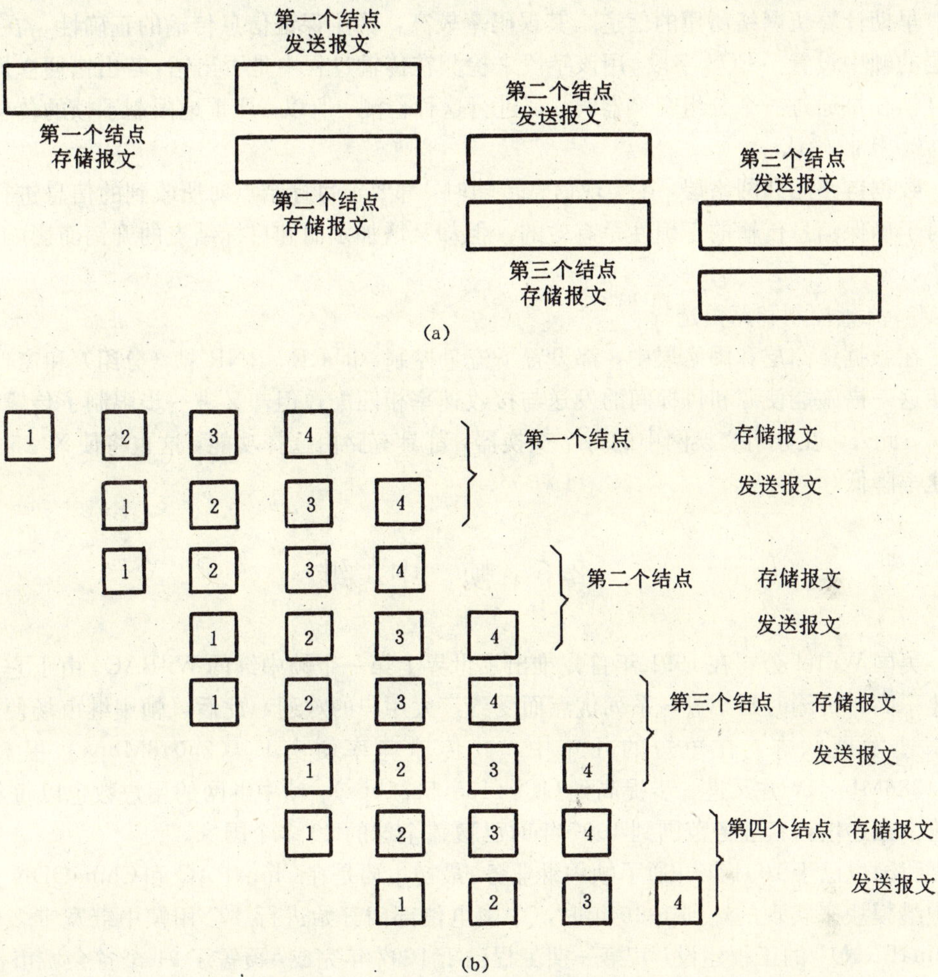

图 2-17 报文和分组交换方式传输示意图

区，但因为在分组交换方式中，分组的长度是固定的，因而与之相应的每个缓冲区的大小也是固定的，这就允许采取简单的缓冲区的管理方式；然而在报文交换方式中的报文是不定长的，相应的，所需要的每个缓冲区的大小也不是固定的，而对不定长缓冲区的管理，就复杂得多。

4. 减少了出错机率和重发信息量

如果把一份报文分割成若干个分组，则无论是出错的机率，还是每次重发的信息量，都会大大地减少。

三、分组交换方式的局限性

从利用电话系统进行数据传输，发展为利用分组交换网进行数据传输，无疑是向前迈进了一大步。因为前者还是模拟传输方式，而后者则已是数字传输方式。长期以来，人们也一直认为分组交换方式是实现数据通信的最好方式，但到了 80 年代中、后期时，人们又发现 X.25 分组交换网 64Kbps 的传输速率，已远远不能满足数据通信发展的需要，限制分组交换网速率的主要因素有以下几点：

1. FCS 的检测和重发措施

早期计算机网络所用的信道，其误码率较高，为了保证信息传输的正确性，在数据链路层的帧中设置了 FCS 字段，用该字段来检测在传输过程中是否出错，若出错便立即重发；而且帧在每通过一个分组交换器时，都进行这种检测，所以，严重地限制了帧的传输速率。

2. 接收确认

数据链路层和网络层，在实现信息传输时，都要求目标结点对所收到的信息进行确认。这对于确保信息传输的正确性是有效的，但却又增加了源和目标结点的开销而影响到传输效率。

3. 流量控制和路由选择

在数据链路层和网络层中，都设置了流量控制，即 RR、RNR 帧（分组）和窗口机制。虽然这一措施能使源和目标间的发送与接收速率相匹配，但却又进一步限制了传输速率的提高。此外，在分组交换网中的每个交换器，都具有路由选择功能，这也将使 X. 25 网的传输速率降低。

2.5 帧 中 继

美国 Wiltel 公司在 1991 年首先推出了世界上第一个帧中继的 WilPAC。由于它具有传输速率高、传输时延小等一系列优点而受到广大用户的欢迎，此后，帧中继市场便一直处于高速发展状态，在短短的几年中，其传输速率便由 E_1 (2. 048Mbps) 提高到 E_3 (34. 386Mbps)，并又进一步提高到 OC_3 (155. 52Mbps)，帧中继网的用户数也以每年 40% 的速率在递增，其业务范围到 1997 年时已覆盖全球的 40 多个国家。

我国也已于 1994 年开通了帧中继业务。最初主要是在 ChinaPAC 和 ChinaDDN 上配置帧中继模块来实现的；到 1996 年时，中国电信部门开始进行“公用帧中继宽带多业务网 (ChinaFRN)”的工程建设，其第一期工程已于 1997 年完成，覆盖了 21 个省会城市，其中，北京、上海、广州、沈阳、武汉、南京、成都和西安 8 个节点，是作为骨干枢纽节点，在北京、上海和广州还设置了国际出入口局。

差不多是与此同时，中国人民银行又会同工、农、中、建、交五个国家商业银行、保险公司及邮电部门，合作共建了中国金融数据网 ChinaFINET。该网的一期工程也于 1997 年完成，共建有 34 个节点，覆盖了除拉萨以外的所有省会城市和计划单列市；在二期工程完成时，将覆盖全国地、市级以上的 400 个城市。

2.5.1 帧中继网的引入

帧中继网的引入及其高速发展，充分说明了帧中继这种高速数据通信系统非常符合当前社会的需要，把这称为“需求推动”；而实现帧中继的技术条件也已日趋成熟，这为建造帧中网又提供了可能性，称之为“技术推动”。事实上，任何重要事物的产生和发展，都离不开需求推动和技术推动这两种动力。

一、需求推动

推动帧中继形成和发展的需求因素，可以归结为用户对高传输速率和低传输时延的需要，具体说，可分成以下几个方面：

1. 提高电子邮件和文件的传输速率

随着计算机网络应用的普及，在网络上已经有了更多的用户，如在1993年度时，全国的数据通信用户总数还不到2000户，到1995年底时便增至6万户，两年时间增加了30倍；而到1996年底又猛增至16万户；到1997年底时已突破30万户。由于这些用户频繁地利用计算机网络来传送电子邮件和文件，将使网络上的信息流量急剧上升，这使原来分组交换网的64Kbps的传输速率已远远不敷需要，因此，必须大幅度地提高WAN的传输速率；而帧中继网一开始的传输速率便已达到2.048Mbps，是分组交换网速率的32倍。

2. 提高LAN（企业网）互连的速率

随着LAN（企业网）的普及，利用WAN来互连LAN（企业网）的情况也日益增多，而一般LAN的传输速率为10Mbps，快速LAN的传输速率则可达100Mbps。显然，在利用分组交换网来互连LAN时，将会严重地限制了各LAN间的信息交换速度，因而迫切地需要具有高传输速率的WAN来互连LAN（企业网）。

3. 低传输时延

现在已有一种趋势，即利用网络来开展多项通信业务，如提供多媒体通信、会议电视、远程医疗诊断、远程教学等业务，这些通信业务都对传输时延特别敏感，既不允许过长的传输时延，也不能容忍可变的传输时延。换言之，这些业务对时延的需要都非常严格，过长的或不固定的时延，将严重地影响业务质量。

4. 技术成熟、价格低廉

对新的WAN，不仅需要其性能优良、价格低廉，而且还要求其技术是成熟的。帧中继由于其技术简单，所以已经较成熟，且运营成本低，其向用户的收费也低廉；而ATM虽然具有优良的性能，其传输速率也已达到155Mbps，且时延也非常低（微秒级），但因其技术目前尚不成熟，且运营成本高，故在我国一时还难以被广泛使用。

二、技术推动

仅当具备了一定的技术条件之后，才有可能建造帧中继网。建造帧中继网的主要技术条件是具有高质量的信道。早期的分组交换网主要采用模拟信道，其质量较差，误码率较高（$10^{-5}\sim10^{-7}$）。到80年代后期，通信用的主干线已逐步采用光缆，光缆不仅大幅度地提高了传输速率，而且使传输误码率降低了几个数量级，可小于10^{-9}。此外，网络中所用通信设备的可靠性也显著提高了，这些都使信息在传输过程中发生差错的机率减小，因而没必要再像X.25交换网那样每经过一个交换器时，都对帧进行差错检测；也无须在每个交换器中都设置功能较强的流量控制和路由选择机构。正是在这种背景下形成了帧中继交换，因此可以说，帧中继是在X.25的基础上，简化了差错控制（包括检测、重发和确认）、流量控制和路由选择功能后，所形成的一种新型的WAN交换技术。由于X.25分组网和帧中继网很相似，因而很易于从X.25升级到帧中继。事实上，最早的帧中继业务，便是在X.25网络上开展的。我国邮电部最早利用ChinaPAC提供帧中继服务。

帧中继网由两部分组成，一部分是帧中继交换器，其作用类似于分组交换网中的分组交换器；另一部分是帧中继接入设备，接入设备可以是主机、网桥/路由器或分组交换器，以及分组的组装和拆卸设备 PAD。

2.5.2 帧中继交换的类型和基本原理

虽然帧中继的出现至今也才短短几年，但它在不断地改进中，已出现了几种帧中继类型。目前最常用的有两种交换方式的帧中继，即帧交换方式的帧中继和信元交换方式的帧中继。

一、帧交换方式帧中继的基本原理

帧交换方式的帧中继，简称帧交换帧中继，是在传统的分组交换方式的基础上发展起来的一种快速分组交换技术，也是最早出现的一种帧中继形式。帧交换方式中传输的基本单位是帧，其长度是可变的，其交换方式与分组交换相似，它们同样都采用"存储一转发"方式，对信道采用统计时分复用方式，只要信道空闲，帧交换器便将可变长的帧送入信道。帧交换器每收到一个新到的帧时，使将该帧存放在帧缓冲区中排队，然后根据该帧中的目标地址，将该帧转发给相应路径上的下一个帧交换器。这种过程一直持续到该帧到达目标帧交换器为止，再由目标帧交换器将所收到的帧送目标主机，或送至其他的帧中继接入设备。

在帧交换方式中，由于帧的长度不固定，难于用硬件方法实现交换，因而采用软件方法，这无疑又降低了交换速度。尽管这种帧中继的传输时延比起分组交换网来，要低一个数量级，但其时延仍然较长，且是可变的，因而不适用于传输语音和视频信号，也较难于实现流量控制。这种帧中继交换平台主要用于传输速率为 T_1/E_1 的场合。

二、信元交换方式帧中继的基本原理

这是对帧交换方式加以改进所形成的又一种具有较好性能的帧中继的交换方式。采用该方式时，在网络中所传输和交换的基本单位是具有固定长度的"信元"。信元的长度还可分成两种，一种是 53 个字节，这与 ATM 的信元长度一致，通常把这种信元称为标准信元，相应地，把其交换的方式称为信元交换方式；另一种信元的长度则不是 53 个字节，称为非标准信元交换方式。目前有 70%的帧中继网是采用信元交换方式的。

在信元交换方式中，当源帧交换器收到由用户设备发来的帧后，便将它分割为多个定长的信元，在整个帧中继网络中传输和交换时，都是以信元为基本单位，直至它们到达目标帧交换器后，才被重新组装成帧。根据对传输时延的分析得知，与帧交换方式相比，信元交换方式可获得更小的传输时延及更大的网络吞吐量。

再者，在信元交换方式中，由于信元长度固定且很小，各字节的含义及其位置都固定，因而完全可以用硬件方法来实现信元交换，以大大提高交换速度，从而使信元交换方式的帧中继具有更高的传输速率，更小的传输时延且时延大小基本固定，能够满足多种通信业务的需求，其中包括语音和视频业务；此外，信元交换在流量控制、缓解拥挤和丢包现象等方面也比帧中继方式有较大的优越性。

特别是在标准信元交换方式，由于它采用了与 ATM 相同的信元长度和信元头，因而使之可以和 ATM 在技术上相兼容，也正因此，信元中继网还可以作为 ATM 的接入网。它与

ATM 具有长期互补共存的关系，所以，信元帧中继网与ATM 都是代表未来网络的标志。这种帧中继交换平台可使传输速率达到 T_3/E_3，还可进一步提高到 OC_3。

2.5.3 帧中继与分组交换网的比较

帧中继与分组交换网有许多相似之处，主要表现在，它们都属于数字传输系统，也都是采用“存储一转发”的传输方式，因而都在交换器中配置了足够数量的缓冲区；帧中继和分组交换也都提供了永久虚电路PVC 和交换虚电路SVC 服务；而帧交换帧中继与分组交换又有着更多的相似之处，比如，帧和分组都是可变长的，它们都是采用软件方法实现交换的。但帧中继与分组交换间也存在下述明显的差异。

1. 通信子网的层次和功能

分组交换网可分为物理层、数据链路层和网络层三层；而帧中继网则仅有物理层和数据链路层，并没有网络层，且即使在数据链路层中也只保留了其核心功能，如支持PVC 和SVC 的部分功能，但并不支持数据报功能，并且取消了在虚电路功能中的顺序功能和利用窗口机构实现的流控功能，以及帧的确认、纠错重发等功能，这些须由网外的端系统进行处理。

2. 交换方式

帧中继的交换与分组交换间的主要区别表现在：(1) 分组交换是在网络层中进行的，而帧的交换则是在数据链路层中实现的；(2) 分组交换的基本单位是分组，其长度是可变的；而帧交换方式帧中继交换的基本单位则是帧，其长度也是可变的，然而信元交换方式的帧中继，其交换单位则是信元，其长度是固定的；(3) 分组交换是由软件实现的，而帧交换帧中继的交换虽然同样是由软件实现的，但是信元交换帧中继中的交换则是由硬件实现的。

3. 传输速率

分组交换网的传输速率仅限于 64Kbps，而刚刚诞生的帧交换帧中继的传输速率，则已可达到 E_1（2.048Mbps）。在帧中继的交换方式由帧交换发展为信元交换后，其传输速率已可达到 E_3（34.386Mbps），在国外，已有少数的帧中继其传输速率达到 OC_3（155Mbps），已能和 155Mbps 的 ATM 相匹配。

4. 传输时延

在传输相同长度的信息单元时，其传输时延主要取决于：(1) 传输速率：由于帧中继比起分组交换网来，其传输速率要高出数十倍乃至数百倍，故可大大地减少传输时延；(2) 交换时延：帧或分组在通过交换器进行交换时，也将产生相应的时延，而信元交换帧中继，由于它是利用硬件实现交换的，因而可获得较高的交换速度。当被传输信息的长度不同时，通常总是信息的长度愈大，其交换时的时延也就愈大，而由于信元交换帧中继的信元长度只有数十个字节，所以可明显地减少传输时延，其传输时间与分组交换相比，可低得很多。

5. 差错控制

对于分组交换网，既要在通信子网的源端和日标端设置差错控制设施，又要在其途经的所有分组交换器上进行差错控制，而帧中继则只是在通信子网的源和目标两端进行差错控制，在其通信子网内的所有帧交换器中，则不再进行差错控制。

6. 虚电路

分组交换网既提供了数据报服务，又提供了虚电路服务。其中，虚电路服务又可分为永久虚电路PVC和交换虚电路SVC；但在帧中继网中却不支持数据报服务，在虚电路服务中，尽管理论上能同时支持PVC和SVC，但目前还只支持PVC。

7. 路由选择

分组交换网是在网络层中设置复杂的路由选择功能。对于数据报服务方式，分组交换器在每收到一份数据报时，都要为它选择一条最佳传输路由，而在虚电路服务方式下，是在建立虚电路时要为这次的呼吁请求进行最佳路由选择，在虚电路建立后，在转发分组时只是进行虚电路的映射。而在帧中继网中，目前只提供了永久虚电路服务，在进行交换时也只是进行虚电路的映射。

在结束帧中继一节前还须说明的是，信元交换帧中继与ATM技术有许多相似之处，如信元的传输方式、所能支持的业务类别、对信元流量的控制和拥塞控制等。为避免重复，这些问题将在第六章ATM一节中做详细介绍。

2.5.4 流量控制机制

对一个大型WAN，为了提高网络的利用率，保证网络服务的服务质量，必须能对网络中的信息流量进行监测和控制。在以信元作为传输和交换单位的帧中继网络和ATM网络中，通常都建立了闭环流量控制机制。

一、拥塞（Congestion Control）

对于一个信元交换结点，不论它是帧中继网中的，还是ATM网中的，只要输入该结点的信元数目多于从该结点输出的信元数目，在该结点中用于存储信元的缓冲区会被用完，这时，若再有新的信元到达该结点，该结点将再无空缓冲来接收它；类似的，若在一条链路中含有若干个信元交换结点，则当输入该链路的信元数目多于从该链路输出的信元数目时，同样会导致整个链路上所有结点中的缓冲区用完，从而因再无空缓冲接收新到信元而使信元流停止，人们说这时该链路发生了拥塞（也叫阻塞或拥挤）。对此情况如不及时加以控制，就会扩大为部分网络的拥塞。

拥塞控制的任务，是防止在网络中发生链路拥塞和部分网络拥塞，使信元流能在网络中快速传送，以提高网络的利用率和吞吐量，并确保对各种业务的服务质量。事实上，拥塞控制是帧中继网和ATM网中流量控制的核心问题。顺便说明，在ATM网和信元帧中继网中的拥塞控制方法是类似的。

二、开环预防控制方法

当然可用于实现拥塞控制的方法虽然很多，但可把这些方法归并为两大类，一类属于开环预防控制方式；另一种是反馈流量控制方式。下面仅对开环预防控制方式做简要介绍。

1. 漏斗（Leaky Bucket）算法

该算法的基本思想，是在用户入网处设置一个令牌池（漏斗），在每个漏斗中最多可放M个令牌，M就是漏斗的大小。对于漏斗，一方面，每个要送入网络的信元都须从漏斗中取走一个令牌；另一方面，网络又会控制一定的速度向令牌池中放入令牌。如果用户向网络中送入信元的速度不超过V，则在令牌池中始终会有可用的令牌；否则，令牌池中的令牌会很快使用完，这时，网络将暂停用户信元的传送，直至令牌池中再有足够的令牌。

2. 优先级控制

信元交换帧中继网和 ATM 网一样，都能支持多种类型业务的综合传输，但因不同业务有不同的传输要求，为此，在网络中必须采用适当的传输调度算法，该算法须是基于优先级控制的机制，以对不同类型的业务赋予不同的优先级，把不同类型业务的信元放在相应优先级的队列中排队。传输调度算法每次总是先发送高优先级队列中的信元，然后再发送次高优先级队列中的信元，最后才发送低优先级队列中的信元。

三、反馈流量控制方法

这是采用端一端的控制方式，用网络反馈的信息去控制在每个连接上信元的发送速率。这种控制方式又可进一步分为下述二种：

1. 反向显式拥塞通知 BECN（Backward Explicit Congestion Notification）

通常，拥塞状态是由中间结点中信元队列的长度决定的。当其长度达到某一给定值时，便认为该结点上是发生了拥塞，并由该结点向该连接的信源发送拥塞通知。信源收到通知后，将停止向该结点发送信元而重新选择其他路由。此方式的优点是对拥塞的反应迅速、控制简单。但要求每个中继信元交换器都参与拥塞控制。

2. 前向显式拥塞通知 FECN（Forward Explicit Congestion Notification）

当某个中继结点中发送信元队列长度达到某一规定值时，便给通过该结点的信元打上前向显式拥塞指示 FECI 标志，以允许该信元继续向目标传送。目标结点一旦收到带有 FECI 标志的信元时，便向信源发出一拥塞信息，使信源降低信元的发送速率。在此方法中，中继结点并不直接向信源发送拥塞通知，使网络开销小，但因此会使信源对拥塞反应迟缓。

习　　题

1. 双绞线有哪几种类型？同轴电缆又有哪几种类型？它们各用于何种场合？
2. 光纤有何优缺点？主要用于何种场合？
3. 在数据通信中常采用哪几种无线信道？它们的作用距离各有多少？
4. 有哪几种调制解调方式？在 Modem 中常用哪几种调制方式？
5. 试画出现代 Modem 的结构，并对其中的主要部分做简要说明。
6. 在现代 Modem 中增加了哪些新功能？
7. 在选择 Modem 时应注意哪些问题？
8. 试比较 FDM 和 STDM，它们各适用于何种场合？
9. ATDM 和集中器有何异同？
10. 试说明 30/32 路 PCM 时分多路器的基本原理。
11. 何谓交换？为何在空分交换器中大多采用多级接续？
12. 试说明 T 型时分交换器的接续原理。
13. 试说明 S 型时分交换器的接续原理。
14. 列表比较线路交换、报文交换和分组交换三种交换技术。
15. 为何要将报文交换改进为分组交换？它在哪些性能上得到提高？

16. 限制 X.25 传输速率提高的因素有哪些?

17. 试说明建造帧中继的背景。

18. 试说明信元交换帧中继的工作原理。

19. 试将帧中继中的帧交换方式和信元交换方式进行比较。

20. 试将帧中继与分组交换方式加以比较。

21. 何谓拥塞? 拥塞控制的任务是什么?

22. 为什么说 BECN 和 FECN 是反馈流量控制方法?

第三章　开放系统互连参考模型七层协议

在第一章中我们曾介绍了OSI/RM七层模型，它描述了现代计算机网络的网络体系结构，这是计算机网络的重要理论基础，故有必要专辟一章对这七层即物理层、数据链路层、网络层、传输层、会晤层、表示层以及应用层做进一步地阐述，此即本章的内容。

3.1　物　理　层

物理层是OSI/RM的最低层，用于描述有关网络设备通过传输介质进行互连的规定，在物理层协议中定义了网络设备接口及传输线的机械的、电气的、功能和规程的特性，以便于将不同厂家生产的物理设备连接成网，并实现数据链路实体之间的比特流透明传输。由于物理层中的主要内容已在接口与通信课程中介绍过了，故在本节中只是对物理层的服务功能等做扼要地阐述。

3.1.1　物理层提供的服务

物理层所提供的服务如下：

1. 物理连接

数据电路是一条通信路径。该路径是由两个物理实体之间的物理介质、和用于传输比特流必需的设施，以及物理层中的中继设备，互连数据电路所构成。物理连接分为两类：(1) 点一点连接：它连接两个数据链路实体；(2) 多点连接：一个数据链路实体与多个数据链路实体连接。

当物理层完成数据链路互连后，其中间的物理实体在物理层以上便成为不可见的，数据链路层所能感知的只是两个物理连接端点（点一点连接），或多个物理连接端点（多点连接）。物理连接可以是永久性连接，也可以是动态连接。

2. 物理服务数据单元

物理层提供两类物理服务数据单元：(1) 串行传输方式物理服务数据单元，它仅含有1个比特；(2) 并行传输方式物理服务数据单元，它由若干个比特组成。

3. 顺序化

物理层在进行比特传输时，能保证接收物理实体所收到的比特顺序，与发送物理实体所发送的比特顺序相同。

4. 数据电路标识

物理层提供唯一能标识两相邻系统之间数据电路的标识符。

5. 故障情况报告

当物理层内出现差错时，应向数据链路实体报告物理层中所检测到的故障和差错。

6. 服务质量指标

物理连接服务的质量大部分由数据电路本身确定，其质量指标包括误码率、服务可用性、数据传输速率和传输时延。

3.1.2 物理层功能

为了实现两数据链路实体之间比特流的透明传输，物理层应具有下述功能：

1. 物理连接的建立与拆除

当数据链路层请求在两个数据链路实体之间建立物理连接时，物理层应能立即为它们建立相应的物理连接。若两个数据链路实体之间要经过若干中继数据链路实体时，物理层还应对这些中继数据链路实体进行互连，以建立起一条所需的物理连接。当物理连接不再需要时，由物理层立即拆除。

2. 物理服务数据单元传输

物理层在实现传输时，应能保证比特传输的顺序性，即接收物理实体所收到的比特顺序，应与发送物理实体所发送的比特顺序一致，在传输方式上，既可采用同步传输方式，也可采用异步传输方式来传输物理服务数据单元。

3. 物理层管理

物理层要涉及到本层的某些管理事务，包括：(1) 功能的激活：控制发送和接收时机，对异常事件进行处理；(2) 差错控制：用于检测传输中出现的奇偶错和格式错等，当发现错误时应向数据链路实体报告。

3.1.3 DTE/DCE 接口及相应标准

一、DTE/DCE 接口

1. 数据终端设备 DTE (Data Terminal Equipment)

DTE 是指计算机网络中用于处理用户数据的设备，是计算机网络的信源和信宿，由此而得名。它是资源子网的主体，通常的 DTE 就是一台计算机（从微机到巨型机）；但也可以是终端设备。虽然 DTE 具有较强的通信处理能力及一定的发送和接收数字信息的能力，但它所发出的信号通常并不能直接送到网络的传输介质上，而是必须要借助于 DCE 才能实现。

2. 数据电路端接设备 DCE (Data Circuit Terminating Equipment)

它是介于 DTE 与网络中传输介质之间的设备如图 3-1 所示，它用于将 DTE 发出的数字信号变换成适合于在传输介质上传输的信号形式，并将它送至传输介质上；反之，又可从传输介质上接收远方送来的信号，再将之变换为计算机能接收的数字信号形式，并送往计算机。当计算机利用电话网络进行通信时，典型的 DCE 就是调制解调器，它用于将计算机输出的数字信号变换为模拟信号，并将之送到电话信道上，或者反之。在分组交换网中，DCE 处于通信子网的边缘，是连接 DTE 的分组交换设备，它接收从 DTE 发来的报文，将之转换为能在分组交换网中传送的分组。

二、DTE/DCE 接口标准

在 DTE 和 DCE 之间有硬件接口和软件接口。物理层协议包含了定义硬件接口的一系列标准：

1. 机械特性标准：主要规定了 DTE/DCE 接口连接器的尺寸、芯数和芯的安排。常用

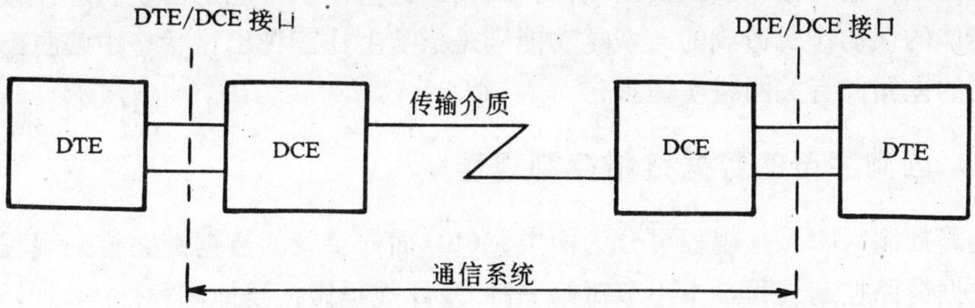

图 3-1 DTE/DCE

的连接器有 25 芯、34 芯、37 芯及 15 芯等几种规格；

2. 电气特性的标准：主要规定了每种信号的电平，允许的数据传输速率和最大传输距离；

3. 功能特性标准：规定了接口电路（包括数据、控制、定时和地线）的功能；

4. 规程标准：指由各种接口电路所发出信号的时序。

3.2 数据链路层

数据链路层的主要用途是为在相邻网络实体之间，建立、维持和释放数据链路连接，以及传输数据链路服务数据单元。换言之，数据链路层的主要职责是控制相邻系统之间的物理链路，使之能正确无误地把信息从一个系统传送到另一个系统。

3.2.1 数据链路层的功能

1. 数据链路连接的建立与释放

本功能是在活跃的物理连接上，建立和释放数据链路连接。当一条物理连接具有多个端点时，数据链路层应具有标识数据链路连接的能力。如果需要，链路层还可将一条数据链路分裂为若干条物理连接。但不提供分段和组块功能。

2. 数据链路连接的分裂

当数据量很大时，为提高传输速率和效率，可将原来在一条物理链路上传输的数据，改为经多条物理连接来传输。显然，该功能恰与多路复用相反。

3. 构成数据链路数据单元

本功能是将数据链路服务数据单元，配上数据链路协议控制信息，形成数据链路协议数据单元。

4. 数据单元的传输控制

用于从在物理连接上传输的比特流中，识别出数据链路服务数据单元的开始和结束，以及识别出其中的每个字段，以便实现正确的接收和控制。

5. 顺序和流量控制

顺序控制功能可使通过数据链路连接的各数据链路协议数据单元，能按发送的顺序传输到相邻结点。流量控制功能用以保持数据单元发送与接收的速率相匹配。

6. 差错的检测和恢复

用于检测出传输出错、格式出错或操作出错。这些错误可能是由于物理连接或相应的数据链路实体的误动作所造成的。恢复功能则是指从上述三种出错状态中解脱出来，并且将不能恢复的差错向有关网络实体报告。

3.2.2 面向字符的数据链路控制规程

数据链路控制（DLC）规程可分为两类：(1) 面向字符的数据链路控制规程；(2) 面向比特的数据链路控制规程，本小节对第一种 DLC 规程做扼要地阐述。

一、传输控制字符和报文格式

面向字符的 DLC 规程的特点是利用若干个控制字符控制报文的传输。通常，报文由标题（或称报头）和正文两部分组成。标题含有报文名称、源站地址、目标站地址、发送日期等信息，用于传输控制；正文则是报文的具体内容，当标题和正文长度不定时，还要求有用于标识它们开始和结束的控制字符。此外，当目标站收到对方发来的报文时，若正确无误，则应向源站发回表示确认的字符信息；若有错，便发回拒绝接收的字符信息。所有这些用于控制信息传输的字符都称为数据链路控制字符。下面列举出 10 个最常用的控制字符及相应的报文格式。

1. 标题开始字符 SOH（Start of Heading）

如果源站在发送信息时使用了标题，则必须在标题前冠以 SOH 字符，以标识标题的开始。当目标站收到该标题后，便立即转入相应的接收程序来接收报文。

2. 正文开始字符 STX（Start of Text）

当标题长度不定时，必须用一正文开始字符缀在正文前面，以标识标题的结束和正文的开始。如果正文太长而被分割成若干个正文组时，则还需在每个正文组前冠以 STX 字符。

3. 正文结束字符 ETX（End of Text）

该字符被缀在正文的后面，以标识正文结束。若所发送的正文又被分割为若干个正文组时，则仅在最后一组正文后面缀上 ETX 字符，以标识正文全部结束。目标站在收到该字符后必须予以回答，表示消息已被接收。下面示出具有一个标题和正文的传输格式，其中 BCC 是报文中的校验码。

SOH	HEAD	STX	TEXT	ETX	BCC

4. 正文组结束字符 ETB（End of Text Block）

当所发送的报文较长而分成若干个正文组时，除最后一个正文组外，其余所有的正文组都必须在后面缀上 ETB 字符，以表示本组正文结束。同样，在目标站收到该字符后必须回答，以表示正文组已被接收。

5. 传输结束字符 EOT（End of Transimission）

该字符标明传送序列的结束。在多点线路中，该字符可被发送到所有的远地结点，以告知新的终端询问命令可能出现。相应的送毕报文格式是在 EOT 前面加上前缀，其前缀可以是站址或状态。

前缀	EOT

6. 终端询问命令 ENQ（Enquiry）

在询问方式中，由中心结点依次向每一个远地结点发送终端询问命令，以询问它们是否有信息要向中心结点发送。相应的询问序列如下，它只能由中心结点发送。

前缀	ENQ

7. 确认字符 ACK（Acknowledge）

接收站要对所收到的报文进行检查，若未发现错误，便向发送站发出确认回答 ACK，表示信息已被正确接收，并准备好接收下一份报文。该控制字符既可由中心结点发送，也可由远地结点发送。

8. 否认字符 NAK（Negative Acknowledge）

接收站对所接收的报文进行检查，若发现错误，便向发送站发送否认回答 NAK，表示报文有错，并要求重发。

9. 同步字符 SYN（Synchronousidle）

无论是中心结点还是远地结点，在发送信息或回答之前，都要先发送同步字符，用以实现或保持发送站和接收站之间的同步。

10. 转义字符 DLE（Data Link Escape）

该字符用于改变紧随其后的有限个字符的意义，以提供附加的数据链路控制字符。

二、"终端询问"控制规程

终端询问是主站（即中心结点）依次询问在本多站线路上的次站（远地结点）是否有信息要发往中心结点，因而这是用于多点线路中的传输控制规程。下面我们通过前面所介绍的控制字符和传输格式来说明终端询问控制规程，终端询问的操作规程如图 3-2 所示。

1. 每当主站希望接收从次站发来的信息时，便依次地向各次站发出终端询问命令。为使主站和次站同步，在发出询问命令前，应先发出若干个同步字符 SYN，继而又发出传送结束序列 EOT，以示新的询问操作即将开始。然后再发出指定次站的站址和终端询问命令 ENQ。在 SYN 前面的 PAD 字符的位像图是一组交替的"1"和"0"，用于建立同步。

2. 被寻址的次站在接到 ENQ 命令后，若无信息发送，便向主站发送传送结束序列 EOT，告知对方发送已经完成再无信息发送。在此之前，为使通信双方同步，同样应先发出若干个 PAD 字符和同步字符 SYN。

3. 主站收到次站无信息可传送的回答后，便按步骤 1 的方式询问下一次站。

4. 若被询问的次站已有待发送报文，该结点便按信息传输格式，把报文的标题和正文以及有关的控制字符一起发送给主站，其中的 BCC 是报文所含的有效字符数，不包括同步字符。

5. 主站收到次站发来的报文后，对它进行正确性检查，若发现任何错误，便向次站发送 NAK 字符，表示此次传送失败，要求次站重发；否则发确认字符 ACK，表示此次传送成功。

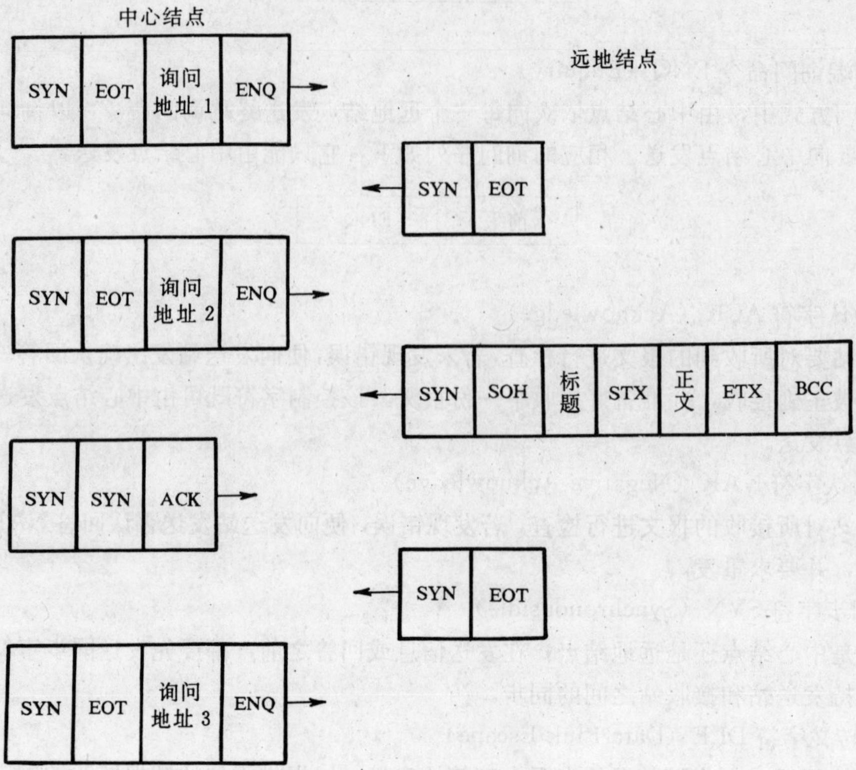

图 3-2　终端询问操作规程

6. 次站收到 ACK 字符后，得知本次传送成功，已无继续保留该信息的必要，于是便将存放该信息的缓冲区从发送等待队列中移出，插入空缓冲队列。若该次站已无报文需要发送便再发 SYN 和 EOT 字符，告知本次传送结束。

7. 主站再继续询问下一个次站，如此重复地依次询问各次站。

三、“选择”控制规程

若主站有信息要发往次站，便可采取“选择”操作方式。选择和询问的操作非常类似，其差别仅在于：(1) 询问是主站请求次站向主站发送信息；而选择是主站有信息要发往某一次站。即对主站而言，询问是输入而选择是输出。(2) 通常前者是依次询问各次站；而后者仅选择需要接收其信息的次站。

3.2.3　面向比特的数据链路控制规程

由于面向字符的数据链路控制规程的低效性，已不能适应计算机—计算机之间信息流量急剧增加这一情况，于是出现了面向比特的 DLC 规程。美国 IBM 公司于 1969 年提出了同步数据链路控制规程 SDLC (Synchronous Data Link Control)，后被美国国家标准研究所等采纳，作为美国国家标准。1971 年又经 ISO 稍加修改后作为国际标准，定名为高级数据链路控制规程 HDLC (High Level Data Link Control)。

一、HDLC 规程中的帧格式

HDLC 中的帧格式如下：

F	A	C	I	FCS	F
8 位	8 位	8 位	可变长度	16 位	8 位

1. 标志符 F

HDLC 中的标志符 F 的位像图是 01111110，其作用有：(1) 作为一帧的开始和结束的分界符；(2) 可直接利用标志 F 进行帧同步；(3) 其他信息段可利用其与标志符 F 之间的相对距离来确定，如在标志符 F 后面的第一个字节是站址 A；在结束标志符 F 前的两个字节是循环校验码等。

标志符 F 是 HDLC 中唯一利用的控制字符，它由发送站硬件产生。倘若在信息 I 和其他控制信息中出现了 01111110 的位像图，接收方便会误判为标志符 F 而产生错误，因此，发方在发送信息时必须保证标志符 F 的唯一性。为此，发送站的监视设备应监视其所发出的比特流，若在前面两个标志符之间任何位置出现了连续 5 个“1”时，就有可能形成虚假的标志符 F。因此发送站的监视设备必须能自动地在比特流中插入一个“0”，以保证标志符 F 的唯一性。

2. 地址段 A

在 HDLC 规程中，地址段 A 的地址是指次站地址。规程中又规定，每个站只能有唯一的发送地址，但可使用多个接收地址来接收信息。其中的一个接收地址就是该站发送信息时所使用的本站地址，而其余的若干个接收地址是所谓的组地址。即当某发站用一个组地址发送信息时，拥有该组地址的站均可收到该信息。类似地，当地址段为全“1”时，可使该链路上的所有次站都同时收到主站发出的信息。

3. 控制段 C

控制段有三种不同格式分别用于实现编号信息传送、编号监视功能和无编号监视功能，如图 3-3 所示，下面分别叙述三种控制格式。

格式					
I 格式	0		N (S)	P/F	N (R)
	1		3	1	3
S 格式	1	0	S	P/F	N (R)
	2		2	1	3
U 格式	1	1	M	P/F	M
	2		2	1	3

图 3-3　三种格式的命令和响应

(1) 信息传输格式：该格式也称为 I 格式，用于实现信息的编号传送。其控制段的第一位为 0；继之是发送序号 N (S)，用于标明所发送信息帧的序号，只有 I 帧才含有此序号。此外，I 帧还有接收序号 N (R)，用于标明预期接收的帧的序号，并对收到的 N (R) －1

帧及其以前所有的各帧进行确认。

(2) 监视格式：该格式又称为S格式，控制字段的前两位是“10”，用于实现对数据链路的监视功能。监视格式帧只含有接收序号N (R)，其作用同I帧的N (R)。另外，还有两位管理功能控制位S。

(3) 无编号格式：该格式又称为U格式，由于在控制段中既无N (S) 编号，也无N (R) 编号，故称为无编号格式。该格式的命令和响应主要用来设置工作方式，如正常响应工作方式、异步平衡方式等。

二、HDLC规程中的命令和响应

1. 监视格式的命令和响应

(1) 接收就绪命令和响应：简称RR帧。该帧用于表明本站已做好接收信息的准备，和确认已收到的编号直到N (R) -1的信息帧。

(2) 接收未就绪命令和响应：简称RNR帧。该帧用于表明本站尚未做好接收信息的准备，和确认已收到的编号直到N (R) -1的信息帧。

(3) 拒绝命令和响应：简称REJ帧。该帧用于差错控制。

2. 无编号格式的命令和响应

(1) 设置常规响应方式命令SNRM：它用于置寻址的次站为常规响应方式。该工作方式的特点是：接收站完全服从于发送站，不允许次站未经询问便发送信息。

(2) 置异步响应方式命令SARM：它用于置次站为异步响应方式。其特点是：当次站未收到主站发来的具有P=1的帧时，可以启动信息的发送。

(3) 拆除命令DISC：它用于通知所寻址的次站（目标站），本站已停止工作，要求目标站采取逻辑断开方式，亦即，它不能再接收或发送信息帧，但它仍能响应建立链路的命令，如有SARM、SABM等。

(4) 无编号确认响应UA：当接收站收到对方发来的SNRM、SARM、SABM及DISC等命令时，利用UA帧来确认。只要发送站未收到对方发来的US响应，其所发出的命令就不会发生作用。

(5) 拆除方式响应DM：对于一个处于断开方式的站，当它收到对方发来的设置工作方式命令时，若该站并不希望连接到网络上去接收或发送信息时，便可用DM响应来做否定回答。

3.3 网络层

3.3.1 网络层的功能和服务

一、网络层的功能

网络层的主要功能是支持网络连接的实现。它包括对点一点结构的网络连接，由具有不同特性的子网所支持的网络连接等。网络层的具体功能如下：

1. 建立和拆除网络连接

本功能是指利用数据链路层提供的数据链路连接，构成两传输实体间的网络连接。网络连接同样可由若干个通信子网以串联形式构成。这些互连的子网可具有相同或不同的服务能力，子网连接的两端可采用不同的子网协议。

2. 分段和组块

为了提高传输效率，当数据单元太长时，可以对它们进行分段，反之，也可将几个较短的数据单元组成块后一起传输。无论哪种情况，都必须保留网络服务数据单元的分界符。

3. 有序传输和流量控制

当传输实体需要有序传输网络服务数据单元时，网络层将在指定的网络连接上用有序传送的方法来实现。利用网络层提供的流量控制服务可对网络连接上传输的网络服务数据单元进行有效的控制，以免发生信息“堵塞”或“拥挤”现象。

4. 网络连接多路复用

本功能提供网络连接多路复用数据链路连接，以提高数据链路连接的利用率。

5. 路由选择和中继

本功能是在两个网络地址之间选择一条适当的路由。为了建立两个端系统之间的通信，网络层必须使用数据链路层的服务来控制数据链路的互连。当网络连接是由几个子网串联所构成时，应将单独子网内的路由选择和中继功能，与由子网互连所构成的网际网内的路由选择和中继功能分开。

6. 差错的检测和恢复

网络层的差错检测是利用数据链路层的差错报告，以及其他的差错检测能力，来检测经网络连接所传输的数据单元，是否出现异常情况。所谓恢复功能是指从被检测到的出错状态中解脱出来。

7. 服务选择

当一个网络连接要穿越几个子网时，若各子网具有不同的服务指标，则需要利用服务选择功能，使网络连接的两端能提供相同的服务。

二、网络层提供的服务

在 OSI/RM 中规定，在网络层中提供两种类型的服务，即无连接服务和面向连接的服务，也可把它们称为数据报服务和虚电路服务。

1. 数据报（Datagram）服务

在数据报传输方式中，网络层从传输层接受报文（发送时），为它填上源和目标的全网地址后，把它作为一个独立的信息单位传送，在发送前不需要与目标建立连接，在传输过程中也不去考虑它与前面已发出的数据报，以及与后面将要发出的数据报间的顺序关系。数据报每经过一个中继结点时，都要根据当时当地情况并按照一定的算法为报文选择一条最佳的传输路由。这就有可能使由某结点先发出的数据报不比后发出的数据报先到达目标。事实上，数据报类似于通常的信件和电报。

2. 虚电路服务

在源主机要与目标主机通信之前，应首先在两者之间建立一条网络连接，即虚电路。为此，源主机应发出呼叫请求分组，在该分组中包含了源和目标主机的全网地址。呼叫请求分组途经的每一个网络结点，都要记下该分组所用的虚电路号，并为该分组选择一条最佳传输路由发往下一个网络结点。当呼叫请求分组到达目标主机后，若该主机同意与源主机通信，便由网络层为双方建立一条虚电路。在以后发送的每个数据分组中就不必再填上源和目标主机的全网地址，而只需标上虚电路号，所有的数据分组（发往该目标的）都将沿着所建立的虚电路传送。当通信结束时，将该虚电路拆除。

虚电路又可分为以下两类：

(1) 永久虚电路：永久虚电路是两个 DTE 之间永久性连接的虚电路。不论发送还是接收分组时，都不需建立虚电路和拆除虚电路的操作。因此，永久虚电路类似于点到点的专用线。

(2) 呼叫虚电路：这是在源和目标 DTE 之间暂时性连接的虚电路。它根据源 DTE 的呼叫请求而建立，通信结束时便拆除。

一个 DTE 可以有许多永久虚电路和呼叫虚电路。

3.3.2　X.25 协议

一、X.25 接口的层次结构

1976 年，国际电报和电话咨询委员会（CCITT），发表了 X.25 建议书，该建议书中规定了主机—分组交换网络间的 X.25 接口，即数据终端设备 DTE 和数据电路端接设备 DCE 之间的接口。目前，全世界都趋向于采用 X.25 接口来连接主机与通信子网。

在 X.25 建议书中所推荐的 X.25 协议由三层组成，这三层之间彼此独立。图 3-4 示出了包含两个 DTE/DCE 接口和通信子网的计算机网络层次结构。其中 X.25 接口的三个层次如下：

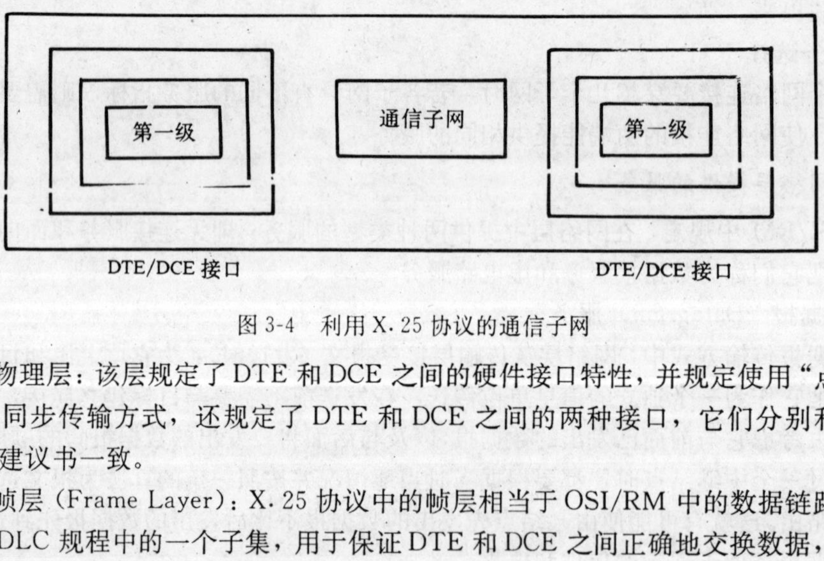

图 3-4　利用 X.25 协议的通信子网

(1) 物理层：该层规定了 DTE 和 DCE 之间的硬件接口特性，并规定使用“点一点”的全双工的同步传输方式，还规定了 DTE 和 DCE 之间的两种接口，它们分别和 X.21 及 X.21 bis 建议书一致。

(2) 帧层 (Frame Layer)：X.25 协议中的帧层相当于 OSI/RM 中的数据链路层，该层协议是 HDLC 规程中的一个子集，用于保证 DTE 和 DCE 之间正确地交换数据，并规定每一帧中装载一个分组跨过 X.25 接口。

(3) 分组层 (Packet Layer)：该层是 X.25 协议的最高层，相当于 OSI/RM 中的网络层，由它提供虚电路服务。该层的主要功能是：①具有在源主机与目标主机之间建立虚电路、发送和接收分组的能力；②在每条已建的虚电路上设置一窗口机构，用于控制在虚电路上所传输分组的流量；③通信结束时将已建立的虚电路拆除。

二、分组的格式和类型

1. 分组格式

分组由分组头和数据两部分所组成。分组头定义了若干不同的分组格式，其中大多数是不包含数据的控制分组，它只有几个字节长。所有的分组头都包括这样三项：（1）一般格式标识；（2）逻辑信道标识；（3）分组类型标识。

（1）一般格式标识 GFI：一般格式标识由该分组的第一个字节的高四位构成，见图 3-5，它用于标识分组的某些特性。

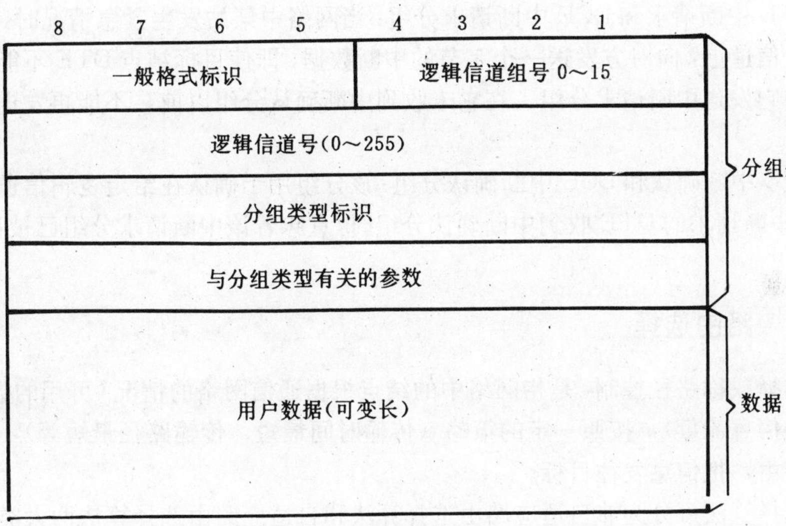

图 3-5 分组的格式

（2）逻辑信道标识：逻辑信道标识由第一字节后四位的逻辑信道组号和第二字节的逻辑信道号组成，用以标识各“用户对”所使用的逻辑信道。

（3）分组类型标识：分组的第三个字节用于区分各种分组的类型和功能。在 X. 25 协议中共规定了 14 种分组，可分为四种类型。从第四个字节开始的若干字节是分组所要求的参数，因分组类型而异。

2. 呼叫建立和清除分组

这类分组共有四种分组。由于 DTE 和 DCE 不对称，以致使分组因其传输方向的不同而具有不同的含义。通常，由 DTE 到 DCE 的分组是向远方发送的命令和响应；反之，则是远方向本地发送的命令和响应。

（1）呼叫请求和来呼分组：用于请求通过指定的逻辑信道与对方建立一条虚电路。DTE→DCE 为呼叫请求，DCE→DTE 为来呼分组。对于呼叫请求分组，它应包含被呼 DTE 的地址。

（2）呼叫接受和呼叫连接分组：若被呼 DTE 同意建立连接，可用呼叫接受分组来确认，然后由网络发送呼叫连接分组到主呼 DTE。

（3）清除请求和清除指示分组：若被呼 DTE 由于某种原因不同意主呼 DTE 的建立连接的呼叫请求时，可用清除请求分组来拒绝，此时被呼 DTE 不必给出清除原因。当正常通信结束或网络中出现问题时，主呼 DTE 或被呼 DTE 都可用它请求清除指定逻辑信道的虚电路，然后由网络发出清除指示分组给被呼 DTE 或主呼 DTE。

(4) DTE 清除确认和 DCE 清除确认分组：当主呼 DTE 收到清除指示分组后，必须用“DTE 清除确认分组”来确认对方在指定逻辑信道上的清除请求，然后再由网络发出“DCE 清除确认”给被呼 DTE。(3) 和 (4) 两种分组用来拆除呼叫虚链路。

3. 数据和中断分组

(1) DTE 数据分组和 DCE 数据分组：用于在指定逻辑信道上，向对方传输序号为 P(S) 的数据分组。在 X.25 协议中规定，数据段的最大长度可以是在 16～1024 个字节之间且选取 2 的 n 次方数，但优先选用的最大长度是 128 个字节。

(2) DTE 中断请求和 DCE 中断请求分组：当网络中某站发生紧急情况时，可用该分组在指定逻辑信道上，向对方发送一个字节的中断数据，即使目标结点 DTE 不能接收数据分组，也可向它发送中断请求分组。在它未收到中断确认分组以前，不能再发送下一个中断请求分组。

(3) DTE 中断确认和 DCE 中断确认分组：该分组用于确认在给定逻辑信道上的中断请求，当发送中断请求的 DTE 收到中断确认分组时，意味着该中断请求分组已被目标 DCE 所接收。

3.3.3 路由选择

路由选择或称路径控制，是指网络中的结点根据通信网络的情况（可用的数据链路、各条链路中的信息流量），按照一定的策略（传输时间最短、传输路径最短等），选择一条可用的传输路由，把信息发往目标。

路由选择算法可分为非自适应路由选择算法和自适应路由选择算法两大类。

一种理想的路由选择算法应能满足下述要求：(1) 路由选择算法应正确、简单且易于用计算机实现；(2) 路由选择能获得最佳性能指标，如传输时延最短，或通信费用最低等；(3) 路由选择能使网络的适应性强，能适应网络的不断变化和故障；(4) 路由选择应具有均衡网络负荷的能力。

一、非自适应路由选择算法

在非自适应路由选择算法中，又可分成随机路由选择算法、固定路由选择算法和迂迴式路由选择算法三种。

1. 随机路由选择算法

在这种算法中，源结点是随机地选择一条路由把分组发送出去。收到该分组的结点，也是随机地选择一条路由把信息转发出去，从而使该分组在网络中做“布朗运动”和“醉汉行走”。当然最终还是能到达指定的目标结点。可见，这种算法不论在概念上，还是在实践方法上都是简单的，它使网络中不必配置路由选择表，而且具有很好的适应性，即使在网络遭受到很严重的破坏时，只要有可通的路由，分组就必然能被传输到目标结点。但这种算法将使分组在网络中传输的平均时延大大增加，相应地，自然也使正在网络中传输的分组数目显著地增加，从而严重地恶化了网络的传输性能。

2. 固定路由选择算法

固定路由选择算法，可能是最简单、开销最小的一种算法。固定路由选择算法的特点是在双方通信前，先按照一定的策略来确定一条最佳信息传输路由。这些策略可以是：信息到达目标的时延最短，或信息所途经的结点（或链路）数目最小，或网络中各结点之间的负荷较均匀等。一旦路由被确定后，发方所发送的信息便沿着这条路由向目标传输。

在采用这种路由选择算法的网络中，每个结点都备有一张路由选择表，其中为每个目标结点建立一表目，表目中填上按照上述策略确定的信息传输路由，以及有关的其他项目。每当源结点要与目标结点通信时，要先根据目标结点的编号去检索路由选择表，来确定一条由该源结点到指定目标结点间的通信路由。以后，通信双方便利用这条路由进行通信。固定式路由选择算法简单易行，在轻负荷时，具有很小的传输时延，但缺乏可靠性和灵活性。

3. 迂迴式路由选择算法

迂迴式路由选择算法，是直接针对固定式路由选择算法的缺点进行改进而形成的。在采用该算法时，应在网络的每个结点中，设置这样一张路由选择表，在该表中也同样为每个目标结点设置一表目，该表目中为从该结点到指定目标结点指出两条或更多的传输路由，把其中路由最短，或传输时延最小的传输路由作为第一选择，这样就解决了固定式路由算法中的可靠性问题。

在虚电路服务方式中，虚电路是在要通信时才建立的，当采用此路由选择算法时，首先按第一选择确定传输路由，当其太忙或出现故障时，再按照第二选择来确定路由，当第二选择所确定的路由也忙或也有故障时，再按第三选择来确定路由。仅当所有的路由都有问题时，此次通信才暂缓进行。从源 DTE 到目标 DTE 途经的所有结点在呼叫请求时，都要根据自身当时、当地的情况进行上述路由选择，这样就解决了固定式路由选择算法中的灵活性问题。因此，迂迴式路由选择算法具有较好的适应性。

二、自适应路由选择算法

这里所要介绍的自适应路由选择算法，能根据结点的内部情况和网络情况，自动地选择一条最佳传输路由把信息发送出去。目前所采用的自适应路由选择算法可分成以下几种：

1. 孤立式自适应路由选择算法

该算法是简单的自适应路由选择算法，它仅仅依赖于每一个结点中的本地信息，如预先装入的一张路由选择表，表中列出从该结点到达每一个目标结点可供选择的若干条路由。由结点中的软件根据结点当时的情况，填写每一条输出链路的现行状态（如可用否、是否关闭）、输出队列的长度等。它无须与其他结点进行有关路由选择信息的交换。输出链路的选择是基于计算每条链路上输出队列的长度 SQ 和一个与网络拓扑有关的常量 B 之和，即 SQ＋B。这种方法又称为 SQ＋B 方法。

正确地选择常量 B，是该算法成功与否的关键。如果我们选择了 B＝0，则上面的算法便退化为最短队列算法，其路由的选择仅取决于各种链路的输出队列长度，而与网络拓扑无关；反之，如果选择足够大的 B 值，使队列长度不再起什么作用，那么，该方法又退化为固定路由选择算法，这时路由的选择仅决定于网络拓扑，而与结点中的当前信息流量无关。当我们希望兼顾二者时，就必须选取一适当的 B 值。

2. 分布式自适应路由选择算法

孤立式自适应算法不能很快地适应远地结点中出现的某些情况。例如在图 3-6 所示的网络中，结点 A 正与结点 E 进行通信，由于某种原因，结点 D 发生了“拥挤”现象，使它不能接收从 C 点发来的分组，然而此时结点 A 并不知道这一情况，因而仍然向 B 结点发送分组。这样很快就使结点C和B的输出队列装满，而结点A中的最短路由输出队列中也已有了好几个分组，这时才迫使结点A改由其第二路由来进行传送。如果能及时地将结点D发生拥挤的情况通知结点A，就可避免发生上述情况。由此导致由孤立式自适应算法进一步演变为分布式自适应路由选择算法。

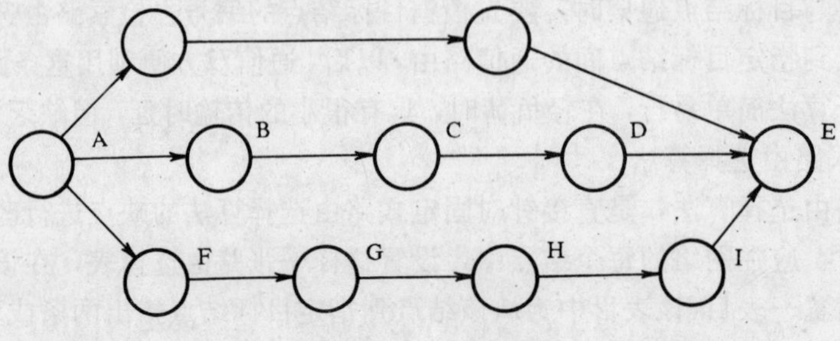

图 3-6　远程结点故障示例

可见，这种路由选择算法除了需要随时了解本结点中有关路由选择的信息外，还需及时了解其他结点和链路的情况。对于后者，是通过一次和多次与相邻结点之间的信息交换而获得的。例如在图 3-6 中，结点A和B之间的信息流量突然猛增，致使由B到A的信息传输时延大幅度地增加。为将这一情况及时通知给E，可以通过结点B和C、结点C和D、结点D和E这三次结点间的信息交换来完成。

3. 集中式自适应路由选择算法

集中式自适应路由选择算法的基本思想是，在整个网络中设置一个路由控制中心，网络中的每一结点都向该中心报告本结点的情况，如输出队列的当前长度、故障情况等。中心结点便根据所有结点发来的信息，从全局观点编制出每个结点的最佳路由选择表，并将它发送给各个结点。每个结点收到该表后便按该表选择发送路由。为了适应网络中信息流量的变化，每隔一定时间各结点就应向控制中心报告本结点的情况，中心结点也应及时把为各结点编制的最新路由选择表发往各结点。

4. 混合式自适应路由选择算法

这里介绍一种由 Rubin 提出的所谓的“delta”算法。“delta”算法是集中式和孤立式两种自适应路由选择算法的组合。在实现该算法时，要求在网络中心建立一个路由控制中心。各结点可用异步方式向控制中心报告本结点的情况，再由中心把所编制的路由选择表发往各个结点。在 delta 算法中，该路由表并非是确定路由的唯一根据，还须考虑本结点中输出队列的长度。通常，在源结点与目标结算之间存在着多条传输路由，如果在控制中心所提供的路由选择表中，仅有一条路由的传输时间特别短，该路由与其他路由的传输时间的差值大于某一规定值 delta，那么，源结点便可选定传输时间最短的那条路由作为传输路由；另一方面，如果在路由表中有几条路由的信息传输时间是相近的，其差值不大于 delta，那么，源结点所选择的路由，应决定于本结点内输出队列的长度，这如同孤立式自适应算法中的分流情况一样。

3.3.4 流量控制

一、流量控制的引入

由于网络用户随机地将信息送入网络，使网络中需要传输的信息量经常超过了网络的传输能力，由此可以引起：(1) 由于网络结点不能及时地对所收到的信息进行处理和转发，将使信息的传输时延显著地增加；(2) 将会使某些结点因无空缓冲来接收新到达的信息，使网络的吞吐量下降而发生所谓的“网络拥挤”；(3) 再继续增加网络中信息流量，会使网络中出现这样一批结点，它们既无空缓冲接收新到的分组，又不能把自己保持的分组发送出去以释放出空缓冲。它们的信息传输过程实际上已经停止，而且在无外力作用的情况下，它们永久不可能再恢复信息的传输，这种结点被称为已进入“死锁”状态。

产生“网络拥挤”和“网络死锁”状态的根本原因在于：网络中共享资源的数目或能力有限，不能满足网络用户的需要。但我们既不能采取对网络用户实行过多限制的方法，也不能拼命提高网络的传输能力。唯一行之有效的方法是在网络中增设流量控制机构，以随时用它来控制对等实体之间的信息流量，适当控制（N）实体与（N－1）实体之间传送的信息流量，使之既充分利用传输信道，又可保证信息流量在正常范围之内，不致发生上述的“拥挤”或“死锁”现象，从而保证了网络中的信息畅通无阻，增加网络的吞吐量。

二、多级流量控制

在分组交换网中，信息的流量控制是如此地重要，以致它不仅要被设置在数据链路层上来控制相邻结点之间的流量，而且在网络层上也要在源 DCE 和目标 DCE 之间设置流量控制；此外，还要在传输层上设置源 DTE 和目标 DTE 间的流量控制。只有通过对信息流量的多级控制，才能确保通信网络能有条不紊地传输大量信息。各级流量控制的主要任务都是使从源结点发出的信息流（帧、分组或报文）不超过目标结点的接收能力，而且还应保证不超过连接这些结点的传输线的传输能力。

各级流量控制的作用范围如图 3-7 所示。(1) 最低级流量控制 FC_1：这是设置在数据链路层中的，用于控制相邻结点之间帧的流量的机制。如图 3-7 中的结点 1 和结点 5 之间的传输；(2) 次低级流量控制 FC_2：这是设置在网络层中的，用以控制源 DCE 和目标 DCE 之间所传输的分组的流量，如图 3-7 中结点 1 和结点 4 之间的分组传输；(3) 第三级流量控制 FC_3：它被用于以下两方面的控制：①从源 DTE 向源 DCE 发送分组的速度，不超过目标 DTE 能从目标 DCE 中接收分组的速度；②确保由各个源 DTE 发往网络和正在网络中传输的分组的总和，不超过整个网络的存储能力，以防止整个网络超载；(4) 第四级流量控制 FC_4：它被设置在传输层中，用以控制源 DTE 和目标 DTE 之间的信息流量。

三、流量控制的类型

在计算机网络中，流量控制采用以下几种机制：

1. 流量控制命令机制

该机制实现对等层间的流量控制。如在数据链路层中设置了流量控制命令和响应，以控制数据链路连接上帧的流量；而在网络层中则设制了流量控制分组，用于控制在网络连接上分组的流量。

2. 滑动窗口机制

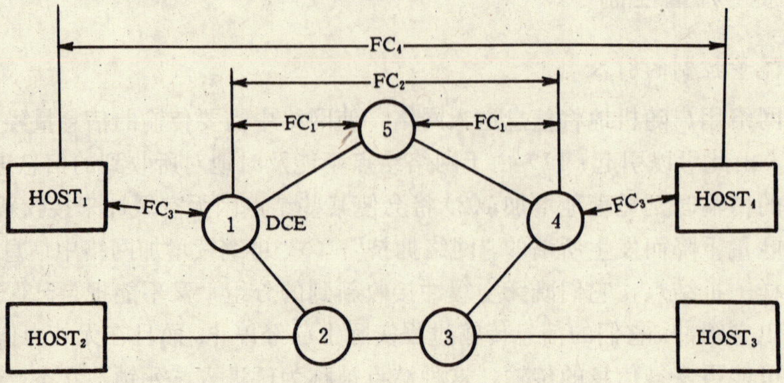

图 3-7　多级流量控制

该机制也是实现对等层间的流量控制。如在数据链路层中，可为每条数据链路设置一个滑动窗口，并通过设置窗口的大小来控制数据链路上帧的流量。在网络层中可以为每条虚电路设置一个滑动窗口，用于控制虚电路上传输的分组流量；还可在传输层中设置可变滑动窗口机制，并通过给定信息量的值来调节滑动窗口的大小，以控制在传输连接上报文的流量。

3. 入网的信息流量控制机制

该机制用于对由主机送入通信子网的信息流量进行控制，以保证正在网络中传输的分组数不超过一定值。常用的方法有：（1）许可证法：只有获得许可证的分组才能送入通信子网进行传输；（2）限制队列长度法：当源结点输出队列长度超过一定限度时，源结点将拒绝接收从主机发来的新分组。

四、滑动窗口机制

1. 滑动窗口

在连续发送方式中，允许连续发送的帧数应受到一定限制，为此，在发方保存了一张允许连续发送的帧（分组或报文）的序号表，把该表称为“发送窗口”；把即将发送的帧（分组或报文）的序号称为“窗口前沿” W_f，所允许最后发送的帧的序号称为“窗口后沿” W_b，如图 3-8 所示。图中的 $W_f=0$，$W_b=6$。只有那些序号处于发送窗口内的帧才能继续发送出去。同样，在收方也保存一张允许接收序号表，被称为“接收窗口”。只有那些序号处于接收窗口内的帧才可能被接收。在 HDLC 规程中规定，发送序号字段和接收序号字段都是 3 位时，发送窗口和接收窗口的最大值 N 为 7，此时，允许发方在未收到应答时，仅能连续发送 7 帧，由图 3-8 可以看出：

（1）窗口大小：窗口 A 的大小为 7，它允许连续发送序号为 0、1、…、6 的 7 个帧；窗口 B 的大小为 2，它允许连续发送序号为 5 和 6 的两帧；

（2）窗口前沿 W_f：由窗口前沿 W_f 的值可以得知即将发送的帧的序号，图中此时窗口 A 的前沿为“0”，窗口 B 的前沿为“5”；

（3）窗口前沿的滑动：每发送一帧，窗口的前沿便向前移动一格，使窗口缩小 1。当发送方发送了 5 帧之后，窗口 A 便缩小为窗口 B；

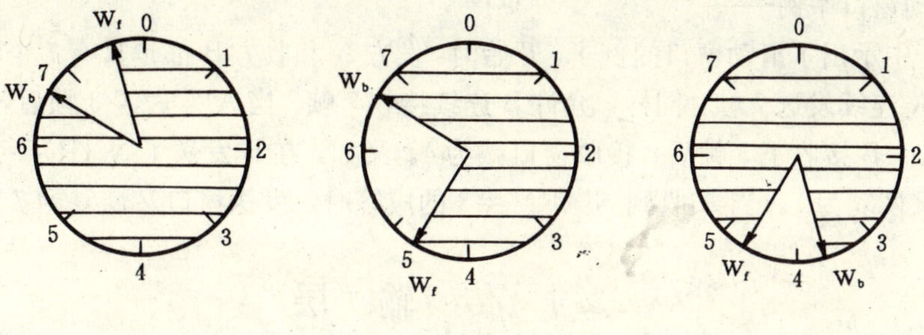

图 3-8　发送窗口示意图

(4) 窗口后沿的滑动：发方在发送完信息帧后，每收到对方一个确认帧，其窗口后沿 W_b 便向前移动 1，窗口随之增大，如所收到的 N（R）＝5 时，窗口大小又恢复到 7，如图 3-8（c）所示。

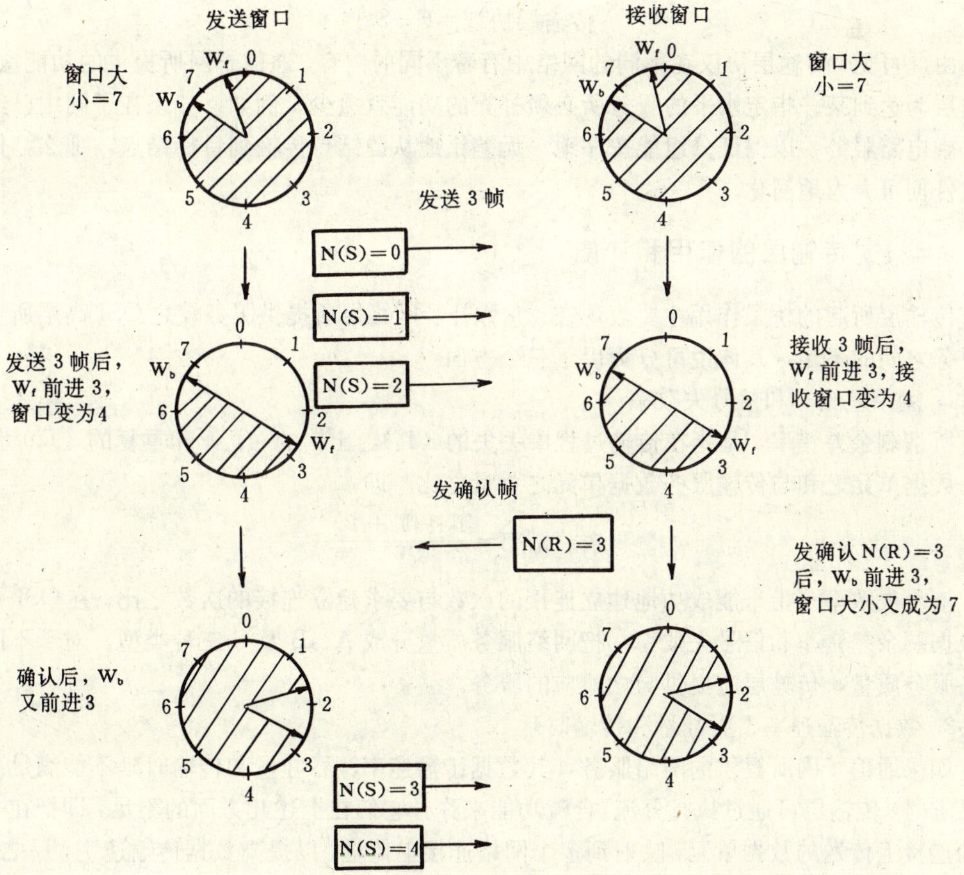

图 3-9　滑动窗口示例

由上述可知，窗口的前沿和后沿在通信过程中都在不断向前滑动，故称为滑动窗口，窗口的大小也在 0～7 的范围内不断地改变。

2. 滑动窗口举例

图 3-9 中示出了滑动窗口的例子。开始时，发方 A 和收方 B 都是具有 7 个帧的窗口值，因此允许 A 连续发送 7 帧；同样，允许 B 连续接收 7 帧。当 A 发送了 3 帧后，发送窗口便缩小为 4 帧；B 接收了 3 帧后，接收窗口减为 4。又如，在 B 发送了 N（R）＝3 的确认后，接收窗口又恢复为 7。当 A 收到 N（R）＝3 的应答时，发送窗口又恢复到 7 帧。

3.4 传 输 层

引入传输层的基本想法，是在网络层的基础上再增添一层软件，使之能屏蔽掉各类通信子网的差异，向用户进程提供一个能满足其要求的服务，且具有一个不变的通用接口，使用户进程只需了解该接口，便可方便地在任何网络上使用网络资源和进行通信。此通信接口位于传输层上，故而又称为传输层接口。

很明显，对传输层协议的要求取决于这样两个因素：(1) 对传输层服务的要求 F；(2) 通信子网所提供的服务 S。传输层协议可以表示为两个集合的差集，亦即

$$传输层协议=F-S$$

由此可见，传输层协议在不同的网络中有着不同的内容。通信子网所提供的功能愈多，传输层为达到某一指定水平的服务所必须补充的功能就愈少。例如，如果在子网中已经提供了虚电路服务，以保证分组能按序地、无差错地从源结点传输到目标结点，那么，传输层软件便可大大地简化。

3.4.1 传输层的作用和功能

传输层所起的桥梁作用主要表现在：它弥补了网络层所提供服务较之 OSI 高层所要求的服务之间的不足，具体说可分为以下三个方面：

1. 剩余差错率和信号失败率

所谓剩余差错率，是指在传输过程中丢失的（T_c）、出错的（T_e）和重复的（T_x）传输服务数据单元之和与传输服务数据单元之总量之比。即

$$剩余差错率=\frac{T_c+T_e+T_x}{T}$$

信号失败率是指未能成功地建立连接的次数与要求建立连接的次数之比。在 OSI 标准中根据剩余差错率和信号失败率，把网络服务质量分成 A、B 及 C 三种类型。对于不同的网络服务质量，传输层应提供与之相应的服务。

2. 数据传输速率、吞吐量和传输时延

如果通信子网所提供的网络服务，其数据传输速率、吞吐量和传输时延不能满足高层的要求时，传输层可通过执行分流/合流功能来弥补它们在上述几方面的不足，即把在一个传输连接上传送的数据单元，映射到多个网络连接上传送，以提高数据传输速率；反之，当高层所要求的数据传输速率、吞吐量和传输时延等服务性能，都远低于网络层提供的相应指标时，传输层可采取多路复用网络连接的方式来传输数据单元，以提高网络连接的效率和降低服务费用。

3. 会晤协议数据单元和网络协议数据单元

网络层所传送的网络协议数据单元的大小是有限的，会晤层所传送的会晤协议数据单元通常要比网络协议数据单元大。传输层可通过其分段/组段功能，将传输服务数据单元分割成若干个段后，将每个段再构成适合于在网络连接上传输的传输协议数据单元。

二、传输层的功能

1. 传输连接的建立与释放

该功能用于为两个会晤实体建立传输连接。在此阶段，传输层必须使所要求的服务类型与网络（层）所提供的服务相匹配。在释放连接阶段的主要任务是释放传输连接，并说明释放原因和标识被释放的连接。

2. 多路复用与分割

为了有效地利用网络连接，在传输连接与网络连接之间的映像可采用三种形式：(1) 一一对应：把一条传输连接映像为一条网络连接；(2) 多路复用：利用一条网络连接支撑多条传输连接；(3) 分割：利用多层网络连接来支撑一条传输连接，以提高传输服务质量和改善传输的可靠性。

3. 分段与重新组装

发送传输实体可以将传输服务数据单元分段为多个网络服务数据单元；接收传输实体把所收到的网络服务数据单元重新组装为传输服务数据单元。

4. 组块与分块

当用户数据很少时，发送传输实体可将多个传输服务数据单元组合成一个传输服务数据单元；接收传输实体则把所收到的传输服务数据单元，重新分割为多个传输服务数据单元。

3.4.2 传输层的协议系列

为能适应各类通信子网所提供的服务，处理各种用户要求，ISO 定义了 5 种类型的传输协议，每一种类型的传输协议对应于一种传输服务级别。现分述如下：

1. 0 类协议

它属于简单类型。它原是由 CCITT 拟定的适用于智能用户电报（Teletex）。这类电报可以实现比用户高一个等级的文字传输。0 类协议只提供了最简单的传输连接等功能，而在出现差错时并无恢复（纠错）功能，流量控制由网络层提供。0 类协议适用于 A 类网络服务。

2. 1 类协议

它也是由 CCITT 拟定的，并拟定在 X.25 网络上运行。它与 0 类协议的主要区别是为 TPDU 编了序号，增加了基本的纠错功能。它允许在 X.25 RESET 之后重新同步；在 X.25 RESTART 之后重新建立传输连接，增加了加快数据传输的功能，流量控制仍由网络层提供。1 类协议适用于 B 型网络服务。

3. 2 类协议

它是在 0 类协议的基础上增加了将多个传输连接复用一条网络连接的能力，提出了显式流量控制机制，采用了信用量分配方案。它仍然只适用于 A 型网络服务。

4. 3 类协议

它是基于1类协议和2类协议能力的合并。它既提供了2类多路复用和显式流量控制的能力，又包含了对TPDU进行编号，重新同步、重新建立传输连接等能力，适用于B类网络服务。

5.4类协议

拟定4类协议，是准备把它用于提供C型网络服务的通信子网，由于子网所提供的网络服务不可能，因此，传输协议具有对差错的检测和纠正功能，并提供了多路复用和显式流量控制等功能。

3.4.3 传输协议数据单元

ISO定义了10个传输协议数据单元TPDU，其中每个TPDU均由三部分组成，即固定头标、可变头标和数据字段。每个TPDU必须含有固定头标，而对后两者则可任选。不同的TPDU的固定头标所包含的字段并不完全相同。对等传输实体利用各种协议数据单元来实现传输连接的建立和拆除、数据传输、流量控制等，ISO为4类传输协议规定了10种TPDU，又可将它们分成三类：①实现传输连接建立和拆除的TPDU；②用于数据传输的TPDU；③其他TPDU。

一、传输连接的建立和释放

1. 连接请求（CR）TPDU

主呼传输实体可利用CR TPDU去请求与被呼传输实体建立一条传输连接。在CR TPDU中包含了若干个需要和被呼传输实体协商的参数，协商的内容包括协议的类别，最大的TPDU的长度，是否选用加快数据传输服务等。

2. 连接确认（CC）TPDU

当被呼传输实体收到CR TPDU后应予以回答，若它同意建立连接，且能接受主呼传输实体所提出的各项协商参数，便利用CC TPDU予以回答，以对CR TPDU进行确认。对于0～3类传输协议，由于网络是可靠的或基本可靠，因此，在交换了CR TPDU和CC TPDU后，连接的建立过程即告结束。对于4类传输协议，由于网络是不可靠的，因而此时还须主呼方面送一AK TPDU来对CC TPDU进行确认。

3. 释放连接请求（DR）TPDU

当传输实体已传送完所有的TPDU而不再需要该传输连接时，可利用DR TPDU来拆除已建立的连接；另一种情况是，如果传输实体收到传输服务用户的拆除连接请求时，它同样要发送DR TPDU，在此情况下，正在传输中的TPDU可能丢失。

4. 释放确认（DC）TPDU

收到DR TPDU的传输实体利用DC TPDU进行确认，在交换了DR TPDU和DC TPDU后，已建立连接的拆除过程即告结束。

二、数据传输

1. 数据传输（DT）TPDU

在传输连接上可利用DT TPDU来传送正常数据。当传输服务用户所提供的服务数据单元大于DT TPDU时，可将该数据分块，用一系列的DT TPDU来传送，此时应在TPDU中填上发送序号。

2. 加快数据（ED）TPDU

在传输连接上还可以传送ED TPDU，每个ED TPDU 最多只能捎带16个字节的传输用户数据，为保证ED TPDU 的优先发送，它可以越过等待队列中在它前面的任何正常数据进行优先发送。

3. 数据确认（AK）TPDU

像数据链路层和网络层一样，每当目标传输实体收到一个或几个DT TPDU 后，都应当利用AK TPDU 对源传输实体所发送的DT TPDU 进行确认。在AK TPDU 中包含了YR _TU _NR（Your TPDU Number），其作用与数据链路层中的N（R）相似，一方面表示预期接收的DT TPDU 的序号；另一方面又是对以前所收到的DT TPDU 均进行确认。源传输实体可据此去释放缓冲区。

4. 加速确认（EA）TPDU

目标传输实体在收到ED TPDU 后，立即向源传输实体回送一EA TPDU 以进行确认。源传输实体在未收到确认前，不能发送下一个ED TPDU。在EA TPDU 中包含了YR _EDTU _NR 序号，这是预期接收的下一个ED TPDU 的序号。

3.5 会 晤 层

在OSI 中的所谓会晤，是指在两个会晤用户之间为交换信息而按照某一定规则建立的一次暂时联系。设置会晤层的目的是组织和同步相互合作的会晤用户之间的对话，以及为管理它们的数据交换而提供必要的手段。

3.5.1 会晤层的引入

在OSI/RM 七层模型中，物理层是为通信提供了物理链路；数据链路控制协议用于建立、维持相邻结点之间的连接；网络层协议可为源DCE 和目标DCE 建立连接；传输层协议负责建立和维持端—端之间的连接；OSI 的低四层提供了基本的、可靠的通信服务，确保数据从源DTE 发出后，经过网络到达目标DTE 时不会丢失。会晤层协议的目的则是通过给基本的传输服务进行“增值”（addvalue）的方法来提供一个功能更为完善，能满足多方面应用要求的会晤连接服务；或者说，会晤层是用来提供一个面向应用的连接服务。会晤层对传输连接所进行的“增值”是基于下面的应用要求：

1. 半双工通信方式

在询问/响应应用系统中，通常由远程终端向系统发出询问。系统收到后经过适当处理，便向该远程终端发出响应；即远程终端和系统之间采取双向轮流发送方式。为支持这种应用，网络应提供半双工通信方式。

2. 提供有效的差错纠正机制

信息在传输过程中难免会出现差错，此时要求重发所有的数据。为此，用户必须保留他已发送的数据。当所传输的数据流很长时，由此所造成的时空开销是可观的，因此要求网络具有更有效的差错纠正机制。

3. 允许暂时中断会晤

在消息处理应用中，发送消息的一方在传送完所有的消息后，希望将传送暂停一些时间，以便准备新的消息。新消息准备好后，再从原中断处恢复传送，如果暂停时间较短，无须断开已建立的连接，以节省时间开销；若预计不会立即恢复传送，便可断开连接，待用户准备好后，再从断点开始建立一个新的连接。

4．服务质量协商

双方在进行通信之前，对本次通信的传输服务质量如传输时延，剩余差错率和吞吐量等进行协商。

3.5.2　会晤层的几个基本概念

一、同步点

会晤层向会晤用户提供了利用同步点来标记数据流的功能。其目的是：清晰地把所传输的数据隔离为不同的部分，支持差错纠正功能。ISO 定义了以下两种类型的同步点。

1．主同步点

它用于将所传输的数据构成会话单元。每个会话单元中的数据与其前、后单元中的数据完全分隔开来如图 3-10 所示。例如在传输一系列文件时，会晤用户可利用两个主同步点将每个文件定义为一个会话单元。第一个主同步点用于标识会话单元的开始，第二个主同步点标识会话单元的结束。目标 DTE 在收到第二个主同步点后应进行确认；而源 DTE 在未收到对前一个会话单元的确认时，不得发送后继数据。

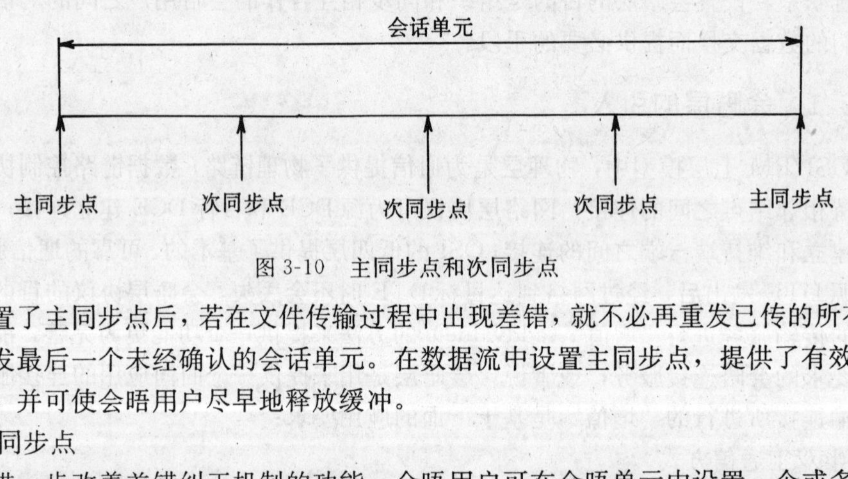

图 3-10　主同步点和次同步点

在设置了主同步点后，若在文件传输过程中出现差错，就不必再重发已传的所有文件，而只须重发最后一个未经确认的会话单元。在数据流中设置主同步点，提供了有效的差错纠正机制，并可使会晤用户尽早地释放缓冲。

2．次同步点

为了进一步改善差错纠正机制的功能，会晤用户可在会晤单元中设置一个或多个次同步点。这样，当出现差错时，可根据收方的要求退到指定的次同步点重发数据，从而使传送从差错状态中解脱出来得更加迅速。但这并非说次同步点设置得愈多愈好，因为这会增加系统开销。因此，会晤用户在设置次同步点时，应进行某种折衷。

二、令牌（Token）

令牌是某种权力的标志，它是会晤连接的一个属性，它被动态地赋予一个用户，以保证该用户调用某种服务的独占权力。在会晤服务中定义了以下四种令牌：

1．数据令牌

用于管理半双工连接，只是持有数据令牌的会晤用户，才有权传输数据。

2．主同步和活动令牌

用于管理主同步点的设置和活动结构。仅当会晤用户持有该令牌后，才有权在所传输的数据中设置主同步点，或要求返回到主同步点重新发送数据；也只有在拥有该令牌时，方能启动、恢复、中断或抛弃一个活动。

3．次同步令牌

用于管理次同步点的设置。会晤用户仅当持有该令牌时，才有权在会晤单元中设置次同步点，或要求退回到指定的次同步点重新发送数据。

4．释放令牌

令牌持有者有权释放会晤连接。

会晤层还提供了与令牌有关的三种服务：

1．给出令牌服务：允许会晤用户把令牌传送给会晤连接的另一用户；

2．请求令牌服务：对于不拥有令牌的会晤用户，可利用该服务来请求令牌；

3．给出控制服务：用于将一个会晤用户的所有令牌传送给另一个会晤用户。

三、活动

可把会晤用户之间的合作划分为若干个活动，一个活动被定义为一个工作的逻辑单元，它由一个或多个会晤单元组成如图 3-11 所示。

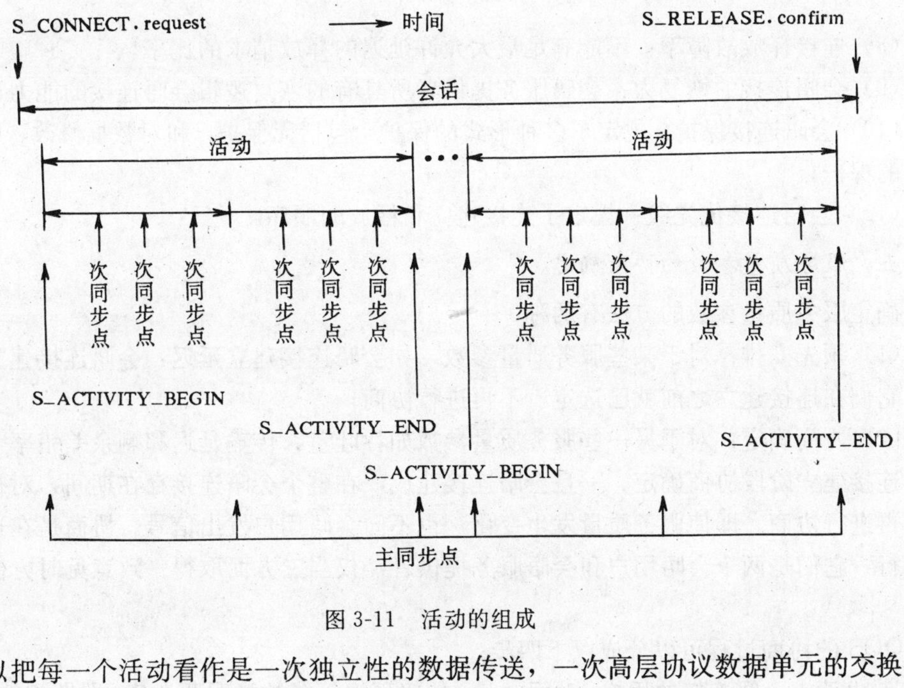

图 3-11　活动的组成

可以把每一个活动看作是一次独立性的数据传送，一次高层协议数据单元的交换，活动是可以被中断的。例如，当一个活动正在进行时，若有一个优先级更高的任务请求服务时，会晤服务可以中断这个活动，但会晤服务必须保存这个活动当时的主同步点和次同步点的序号，以便将来恢复这个活动。

一个会晤连接在任一时刻只允许有一个活动，但这并不意味着活动和连接必须一一对应。连接和活动可以是一一对应的联系，此时，一个新活动开始了一个新的会晤连接，活动完成后会晤连接也随之拆除。在一个会晤连接上可以顺序地执行多个活动，这就不必为每个活动单独执行建立连接和拆除连接的操作，从而节省了时间和开销。第三种情况是一个活动可以跨越几个会晤连接。例如，当一个活动将被中断很长时间时，可以暂时断开连接，释放出资源；当用户准备再恢复其活动时，须再为之建立一个新的连接。

四、服务质量

在会晤服务中定义了11个与会晤连接有关的服务质量（QOS），这些参数都要传送给传输层，以要求传输连接提供相应的服务质量去支持会晤连接。这些QOS是：

（1）会晤连接建立延迟：从用户请求建立连接到会晤服务建成连接之间的最大允许延迟；

（2）会晤连接建立的失败率：由于服务提供者的原因（如误连接、拒绝建立连接和延迟过大等），而导致连接建立失败的比率；

（3）吞吐量：服务提供者可以支持的数据传输率；

（4）传输延迟：数据从源会晤用户传送到目标会晤用户的平均延迟时间；

（5）剩余差错率：由会晤服务引起的数据单元的丢失、出错和重复的百分率；

（6）传送故障率：会晤服务提供者未能提供可接受的最低限度服务的时间比率；

（7）会晤连接释放延迟：从用户请求释放连接到成功地释放了连接之间的最大允许延迟；

（8）连接释放故障率：不能满足最大允许延迟的释放请求的比率；

（9）会晤连接的恢复力：会晤服务提供者所具有的恢复逻辑会晤连接的能力；

（10）会晤连接保护：规定了多种形式的保护，包括无保护，和对数据修改、删除、插入等的保护；

（11）会晤连接优先级：规定了连接建立和释放的顺序。

五、服务质量参数的协商确定

确定服务质量参数的方法有两种：

（1）预先安排：对于某些服务质量参数，如会晤连接建立延迟，会晤连接建立失败率等，它们在连接建立之前就已选定，不再进行协商；

（2）协商确定：对于另一些服务质量参数如吞吐量、传输延迟和剩余差错率等，是在会晤连接建立阶段协商确定。一旦会晤连接建成，在整个会晤连接存在期间，对被选参数都不再进行协商。即使服务质量发生变化，也不向会晤用户发出信号。协商是在这三方之间进行，它们是两个会晤用户和会晤服务提供者，仅当三方面取得一致意见时方能建立连接。

QOS的协商过程可以分成以下四步：

1. 由请求会晤连接的用户，对吞吐量、传输延迟等参数指明两个值，即期望的QOS和可接受的QOS；对会晤连接的保护和优先级则只指定期望值。

2. 会晤服务提供者，对会晤用户提出的会晤连接要求，若同意其提供的期望值，便采用该值；否则便通知主呼用户拒绝连接。对于优先级，使用等于或优于请求值的值；对于剩余差错率、吞吐量等等，如果会晤服务提供者连用户可接受的最低值都不能满足，则拒绝连接；若能提供，则使用主呼用户提供的值，即期望的QOS或可接受的QOS。若服务提供者对用户所提供的值全能满足，便可将主呼用户的连接请求传送给被呼用户。

3. 被呼用户收到连接请求后，可用类似的方法来确定他是否能接受对方的请求。若连最低的QOS都不能接受，便只有拒绝连接；否则可以同意建立连接，并根据自身情况指定相应的值。

4. 把被呼用户的响应传送给主呼用户。

3.5.3 会晤层的功能

1. 会晤连接的建立

会晤层的功能之一，是在两个表示实体之间建立会晤连接。在建立连接时，双方协商会晤服务质量QOS参数（会晤连接延迟、吞吐量、传输延迟、传输失败率等），在取得一致意见后便可建立会晤连接。在会晤连接建立后，向表示实体提供会晤连接标识符，在相应表示实体的环境中，该标识符所标明的会晤连接是唯一的。在会晤连接存在期间，表示实体可用该标识符来查找会晤连接；管理实体也用它来进行管理。

2. 会晤连接的释放

表示实体可以按序释放会晤连接，而不致由此引起数据的丢失。同样，会晤中的任一表示实体都可以在会晤连接异常时，使一次会晤连接夭折掉。在这种情况下可能引起数据的丢失。支撑表示实体的会晤实体也可以发起释放会晤连接。

3. 正常的和加快的数据交换

正常的数据交换服务，允许发送表示实体向接收表示实体传送一个会晤服务数据单元SSDU，并能使接收表示实体不发生超载。会晤实体应具有SSDU定界功能，即决定一个SSDU的头和尾。在正常数据传送时，会晤层还具有令牌管理、活动管理等功能。加快数据交换服务为加快会晤服务数据单元的传输提供迅速的处理。

4. 会晤服务数据单元的隔离

本功能允许发送表示实体请求当一个或多个在会晤连接上所发送的会晤服务数据单元在被接收会晤实体接收后，并不立即交付给表示实体，这种情况要持续到发送表示实体以显式方式释放该连接时为止，然后才由接收会晤实体将所收到的若干个会晤服务数据单元组合在一起后，交付给接收表示实体。发送表示实体可以要求清除掉当前被隔离的数据单元。

5. 传输连接故障透明

会晤层的一个重要作用是使传输层的故障对高层透明，亦即，使在会晤层以上的层次感觉不到传输层所发生的故障。这是因为，每当一条传输连接发生故障而断开时，会晤层会自动地重新建立一条传输连接，去支撑原来的会晤连接。如果需要，表示实体还可使连接的双方重新同步，以一个已经商定的状态继续进行数据传输。因此上层不会发现传输层的故障，只是会感觉到有点时延。

6. 令牌管理

会晤层提供了与令牌管理有关的原语，供会晤用户管理多种服务，如通过对数据令牌的管理可实现半双工通信方式。对令牌有两种管理方式：

（1）自愿轮流交换令牌：执行控制功能的表示实体自愿放弃令牌；

(2) 强制轮流交换令牌：当未获得控制权的表示实体提出令牌请求时，会晤服务可以强制转换令牌。

当采用第二种方式管理时，可能引起数据的丢失。会晤服务用户可以利用同步令牌在所传输的数据中，设置主同步点和次同步点，以支持在出现差错时的恢复功能，并可为每个同步点设置序号，以便识别和管理同步点。至于令牌的获得，是既可在会晤连接建立期间由主呼用户提出请求，并由主呼用户确定该令牌是由主呼方持有，还是由被呼方持有；也可由主呼用户请被呼用户去确定由谁持有令牌，也可以在数据传输期间对令牌提出申请。

7. 活动管理

活动管理提供了以显式方式启动、恢复、中断、抛弃和结束一个活动的规程，在执行这些操作时，会晤用户必须持有主同步和活动令牌。

3.6 表示层和应用层

3.6.1 表示层

由于不同厂家生产的计算机各有自己的信息表示方式，采用不同的数据类型和结构，如果不能解决在不同系统之间存在的这些差异问题，就不能实现不同系统之间的通信。为了使在采用了不同信息表示方式的不同系统之间，能够相互理解对方数据的含意，最终能进行通信而设置了表示层。

一、抽象语法

1. 语义和语法

在人们利用自然语法进行交谈时，所使用的语言本身都必须具有确定的语义和语法。所谓语义是指对构成语言成分的元素含义的说明，而语法则是在构成语言的正确表示式（或说句子）时所须遵循的各种规则。同样，在计算机网络中传送应用数据时，亦即，在不同计算机系统间进行通信时，所用的通信语言也都具有确定的语义和语法。这里的语义是指数据的内容及其含义，而语法则是构成应用数据的一组规则，是数据的表现形式。

2. 抽象语法

为了适应语言形式化的需要，可以把在语法规则中对语义关系不大的具体规定去掉，这样，余下来的本质性的规则被称为抽象语法。对应用数据而言，抽象语法是对数据的一般结构的描述，它与具体的编码形式无关。事实上，在高级程序设计语言中所用的类型说明，便可被视作是一种抽象语言。我们可以用类型说明来定义一个记录类型，它规定了记录中所包含的各个项（域）的名称和类型。至于对各个项的值，在计算机中如何表示（编码方法）则不做规定。

二、传送语法

1. 应用数据编码

在每个开放系统中，都必须对用户信息进行编码，形成适于存储和传送的代码，例如，对整数 20，我们可以利用数学语言（一种抽象语言）将它描述为 14H，当要存储和传送该数据时，必须利用某种编码系统对 14H 进行编码。目前较常用的编码类型有诸如 ASCII 码

(American Stan dard Code for Information Interchange)、EBCDIC 码（Extended Binary Code Decimal Interchange Code）、BCD 码（Binary Coded Decimal Code）等。

2. 传送语法

通常，不同的开放系统都各自拥有自己的抽象语法和编码规则，我们把这种局部于各个系统的抽象语法和编码规则称为局部语法。当两个采用不同局部语法的开放系统之间要进行通信时，如果一方直接将采用局部语法表示的信息送给对方，则对方必将无法理解。这就促进了传送语法的诞生。所谓传送语法是指，在对等表示实体间传输信息时所应遵循的编码规则；或者说，传送语法是指在双方进行通信时，对所用信息表示的一种约定，以使对等表示实体能对所传送的编码信息做出相同的解释。例如，有两个只懂其本国语言及英语的中国人和日本人在通话时，他们都不能讲各自的本国语言，而只能讲英语。此时，他们各自的本国语言比如是汉语和日语，都算是局部语言，其语法便算是局部语法，而英语的语法便算是传送语法。

传送语法，不仅要能表示抽象语法表示中的所有值，还应能表示出数据的结构。如在上例中的中国人与日本人之间要用书面方式交换日期意见时，他们同样都不能各用本国的数字书写，而如果双方都使用阿拉伯数字时，对方便都能理解，这时，经编码后的阿拉伯数字便相当于传送语言。另一方面，他们双方不仅要写出用阿拉伯数字所表示的日期的值，而且还应给出这些数字在表示日期时的唯一顺序，即其年、月、日的顺序，亦即日期的结构。

三、表示层的功能

表示层应具有以下一系列功能：

1. 表示连接的建立和终止

此功能用来为两个应用实体建立表示连接。根据应用实体和表示实体的要求去实施正常的或异常的表示连接的终止，在异常终止时可能会丢失数据。

2. 数据传送

应用实体可利用表示连接去传送多种类型的数据。表示层也提供常规数据、加速数据和能力数据的传送。像会晤层一样，表示层也未提供流量控制机制。

3. 语法变换

表示实体具有将应用数据的抽象语法表示变换为传送语法表示，或进行相反变换的功能。其所涉及的变换内容有代码和字符集的变换、数据结构的修改，以及对数据结构操作的适配，在有的系统中还提供数据加密和数据压缩等变换功能。

4. 语法协商

通常在一个开放系统的表示层中，可具有多种传送语法，且在抽象语法与传送语法之间又存在着多对多的关系。因此在表示连接建立期间，两个对等表示实体应对所采用的传送语法进行协商。协商的内容包括传送语法所用的数据类型、语法表示以及在何处进行语法变换。

3.6.2 应用层

应用层是OSI/RM 的最高层。该层用于为本层中的应用进程访问OSI 环境提供多种服务。目前，在应用层中已经制订了许多非常有用的应用层协议，其中最有代表性的有文件传送、存取和管理 FTAM（File Transfer、Access、and Management）；虚拟终端协议 VTP（Virtual Terminal Protocol）；报文处理系统 MHS（Message Handling System）；作业传送与操作 JTM（Job Transfer and Management）；事务处理 TP（Transaction Processing）等协议。下面只对 FTAM、VTP 和 JTM 做扼要阐述。

一、虚拟终端协议（VTP）

在单机联机系统中，为把终端和主机相连。应配置专门用于该终端的适配器和终端处理程序。当主机接有 N 种不同类型的终端时，要求配置 N 种专用适配器和终端处理程序，如图 3-12 所示。在网络环境下为使 M 台主机都能与 N 个终端通信，必须配置 M×N 种专用适配器和终端处理程序。为了减少终端接口的数目而引入了所谓的标准终端概念，标准终端实质上是一个规范化的抽象终端模型，为之定义了标准终端与应用程序会话的标准语言。主机与任何终端的通信都使用此标准语言；反之亦然。由于这种终端是虚拟的，故在 OSI 中称为虚拟终端；而把对虚拟终端进行操作的一组规定，称为虚拟终端协议 VTP。在网络中引入"虚拟终端"后，便可把主机与终端的接口数目由"M×N"减至"M+N"。为此所付出的代价是须在每个主机中，配置虚拟终端协议 VTP 软件。

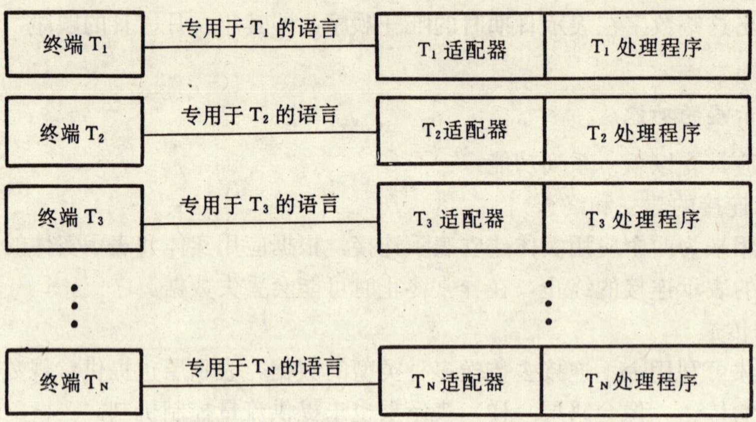

图 3-12　单机联系统中终端的连接

一、文件传送、存取和管理（FTAM）

在计算机网络环境下的文件管理系统，应为用户提供三种服务：

1. 网络文件存取服务：对文件的部分内容进行检索、修改、替换或删除；

2. 网络文件管理服务：用于创建和删除文件，以及检查和操纵文件属性；

3. 网络文件传输服务：用于把整个文件或部分文件内容在各开放系统之间移动。

网络文件的存取和管理服务所涉及的主要是本地文件系统，而文件的传送则至少要涉及到两个主机系统之间的协同操作。

在进行文件传送时，既需知道本地文件格式和存取方法，也要了解传送来的文件格式和存取方法，由此而产生了虚拟终端服务中的"M×N"问题。为了解决在网络环境下的文件传输问题，ISO 于 1988 年公布了文件传输、存取和管理标准，即 ISO 8511 标准。在 FTAM 中定义了一个标准的文件系统模型。在每个系统中配置一个本地实文件和标准文件模型之间的映像机构。当应用进程要将文件传送至远地系统的应用进程时，须先通过映像机构将本地文件系统中的实文件映像为标准文件后再发送至网络中，又经网络把标准文件传送到目标主机。收方则将所收到的标准文件经过映像机构映像为本地文件系统的实文件。这样，通过目标主机便能识别该文件。这种通过在网络中引入标准文件系统模型的方法，可使任一系统在与其他所有系统间进行文件传输时，每个主机系统都只需进行一次映像，从而解决了网络环境下文件传输中的M×N需要N（N－1）/2种映像机构的问题。

三、作业传送和操纵

作业传送和操纵JTM标准，在以往常常被称为远程作业录入协议RJEP（Remove Job Entry Protocol）；或者说，JTM是在RJEP的基础上形成的。制订RJEP的目的是便于用户将自己的作业从终端直接提交或由操作员交给远程系统中的批量处理系统处理。远程系统再将处理结果返回指定系统。

在计算机网络环境下，由于不同的系统使用不同的命令语言和规程，因而必须要求向远程系统提交作业的用户要了解和使用该系统的命令和规程，但这显然是不可能的。正是为了方便用户而制订了RJEP和JTM。在协议中定义了一组远程作业录入命令和规程，用户可利用这些命令和规程把自己的作业提交给网上的任一主机的批量处理系统去处理，而无须知道该主机的命令和规程。

前面所介绍的VTP和FTAM标准，通常只涉及两个（或三个）系统中的应用程序，而RJEP和JTM则可能与多个系统中的应用进程有关。例如，系统A上的终端用户把本地系统中的源程序送往系统B去编译和执行，并要求把它需要的数据文件D从系统C送至系统B；系统B在完成该作业后，一方面将结果送至系统D去打印和绘图，另一方面又把这些送回系统A。

习　题

1. 何谓DTE和DCE？
2. 试说明数据链路层的主要功能。
3. 在基本型DLC规程中，用了哪些字符？它们的含义各是什么？
4. 终端询问规程适用于何种场合？并举例说明该规程。
5. 在HDLC规程中，其帧格式内包括哪些字段？可有哪几种帧格式？
6. 试列出HDLC规程中的8个主要命令和响应。
7. 试比较数据链路层、网络层功能？它们有何区别？
8. 何谓虚电路？其主要特征是什么？
9. 列表比较数据报和虚电路服务。
10. X.25协议主要用于何种场合？其物理层和数据链路层各有何特点？
11. 什么是分布式自适应路由选择算法和孤立式自适应路由选择算法？
12. 常用的流量控制机制有哪几种？
13. 为何要引入传输层？其作用具体表现在哪几方面？
14. ISO定义了哪几种类型的传输协议？它们各适用于何种场合？为什么？
15. ISO为4类传输协议规定了哪几种TPDU？它们的用途各是什么？

16．会晤层有哪些主要作用？

17．为什么要引入主同步点和次同步点？

18．何谓令牌？在会晤层中设置了哪几种令牌？

19．试说明 6 个与会晤连接有关的服务质量指标。

20．何谓传送语法？对传送语法有何要求？

21．表示层有哪些功能？

22．引入虚拟终端协议的目的是什么？

23．为什么要制订 FTAM 标准？定义虚拟文件存储器的目的又是什么？

第四章　计算机局域网

计算机局域网（Local Area Network）诞生于60年代末。在70年代出现了多种类型的实验性LAN，经过对LAN广泛地研究和改进，到80年代初便出现了大量的LAN产品，其典型代表是用同轴电缆作为传输介质的以太网（Ethernet），亦称为10 BASE-5以太网；80年代后期又出现了利用集线器和UTP的10 BASE-T以太网，该网很快便成为最流行的LAN。

为了适应网络的发展，LAN的传输速率以极其迅速的速度提高，到80年代后期，又出现了传输速率高达100Mbps的FDDI光纤环网；1994年时又先后出现了100 BASE-T的快速以太网和100VG-AnyLAN，它们的传输速率也都达到了100Mbps，由于其价格便宜，能与原有的10 BASE-T以太网相兼容，使之能平稳地升级为100 BASE-T以太网而成为当今最畅销的快速LAN。

到1997年末，又出现了传输速率高达1Gbps的千兆位以太网，各大网络公司都纷纷推出了千兆位的以太网产品，而且在1998年6月又推出千兆位以太网标准，因此，1999年和2000年将是千兆位以太网大发展时期；预计到下个世纪初，局域网的传输速率可以提高到10Gbps。本章仅介绍传输速率为10Mbps或稍高些的传统LAN。对于传输速率为100Mbps和1000Mbps的LAN将在第5章中做详细介绍。

4.1　计算机局域网的组成

在80年代已有多种类型的LAN产品，其中最流行的是以太网，它是由传输介质、网络工作站、网络适配器及网络服务器等所组成。当时的传输介质广泛采用粗同轴电缆，相应的，以太网的最大传输距离为2.5公里；也可用细同轴电缆，其最大传输距离被限制在300米；到80年代后期出现了集线器时，又开始利用集线器和UTP连接网络设备。由于这种连接方式具有一系列优点，因而得以广泛流行，并把利用集线器连接成的LAN称为10 BASE-T以太网。

4.1.1　网络工作站

网络工作站是LAN中最基本的设备。通常它是一台配置有网络适配器（又称网卡）的微型计算机。每一个工作站都应有一个网络地址，以便利用它和其他工作站通信。

一、网络工作站的作用

网络工作站的作用表现在以下两个方面：

1. 用户与LAN的接口

通常在LAN上都配有多台工作站供用户使用，也同时配置网络服务器。用户与LAN接口的含义是，用户必须通过接口——工作站，方能获得网络提供的服务，即用户必须通过所在的工作站才能与网络上其他工作站上的用户进行通信，如交换电子邮件；同样，用户也必须通过所在的工作站，才能去访问在网络服务器上储存的文件和数据，以共享网络资源。

2. 数据处理

网络工作站与早期联机系统中的终端间的最大区别在于，工作站都是由计算机所构成的，它具有一定的处理能力，而且随着微处理器芯片的不断升级，工作站的处理能力也迅速提高，能更好地满足用户对本地数据处理的要求。也正是由于在LAN中的每个工作站都具有一定的数据处理能力，才使LAN能成为一个分布式处理系统。事实上，当前的大多数管理信息系统（MIS），都是基于LAN的分布处理功能，亦即，MIS中的各子系统是分别建立在各不同的工作站上，如利用一个工作站实现财务管理，利用另一个工作站进行商品销售管理，等等。

二、网络工作站的类型

在LAN上可以连接的工作站有多种类型，在此，可从工作站所完成的功能上，将工作站分为以下三种类型。

1. 事务处理工作站

这种工作站主要用于事务处理，如财务管理、物资管理、仓库管理、劳动工资管理等。由于当前LAN最广泛的应用领域是办公自动化系统和管理信息系统，所以这种工作站的数目最多。由于事务处理工作站所处理的信息形式主要是文字（有时也有图形），通常并不要求对语音和图像进行处理，而且也无实时性要求，因此，对这种工作站的要求也不太高。现在的事务处理型工作站主要由Pentium MMX或Pentium Ⅱ微机来充当，它们的内存配置通常为16MB～32MB，硬盘为1GB～4.3GB，总线可以是ISA、EISA或PCI，操作系统可以是Windows 3.X和Windows 95，也可以是OS/2、UNIX和刚刚推出的Windows 98。

2. 工程工作站

在CAD、CAM领域中广泛使用工程工作站。现代的工程工作站具有以下特征：(1) 高速性：与一般的网络工作站相比，工程工作站具有更高的速度，一般都采用64位微处理器芯片RISC芯片，如1998年Sun公司推出的工程工作站采用了Ultra SPARC-Ⅱ系列的64位微处理器芯片，指令的执行速度可达到30亿次操作/秒，数据的传输速率也达到1.6Gbps；又如HP公司推出的工作站采用了PA-8000系列的64位微处理器芯片；(2) 联网性：在80年代后期以后所推出的工程工作站都提供了对网络的支持，以便将工作站联结成网络。

3. 多媒体工作站

在80年代中期时，产生了多媒体技术；90年代是多媒体大发展的时代，多媒体技术有以下三个主要特征：(1) 集成性：是指将多媒体技术有机地集成在一起来表达事务，做到“声、文、图”一体化；(2) 交互性：指在播放多媒体节目时，可实现人机交互，而不像现在的电视那样，用户只是被动地接收；(3) 数字式：能将多媒体中的声、文、图信息，以数字形式存储在计算机中，并利用计算机对它们进行处理。

由多媒体技术的特征不难得知，多媒体工作站应能满足以下要求：(1) 高速性：为了能对声、文、图信号，特别是对视频信号进行处理，计算机必须具有非常高的速度。近两年推出的Pentium MMX、Pentium Ⅱ芯片，都可用于多媒体计算机；(2) 大容量：在多媒体计算机中，不仅应有较大的内存，如32MB～64MB，及容量为2.5GB～64GB的硬盘，而且还应配置16X～24X的光盘；(3)配置声卡和音箱：为能获得好的音响效果，最好是配置高质量的声卡和音箱，如用16位或32位波表合成的声卡、用整体木质结构的音箱；(4)配置显示器和显示卡：选择屏幕较大的显示器，并具有较高的分辨率，若要进行3D动画制作或玩3D游戏，应选用具有3D加速功能的显示卡。

4.1.2 网络适配器

如果说，通信处理机是WAN中实现两主机间通信的关键部件，那么，在LAN中实现两工作站之间通信的关键部件，便是网络接口部件NIU (Network Interface Unit)，它起着WAN通信处理机的作用，即作为各工作站之间通信的网络接口。NIU又被称为网络适配器(Network Adapter)，它通常被做成插件板的形式，插入到PC机的一个扩展槽中，故也被称为网卡，PC机通过网络适配器与网络相连接。

一、网络适配器的发展过程

早期的网络适配器不仅功能简单，而且发送和接收数据包的速度也很慢。随着VLSI的发展和网卡结构的变化，网卡已在LAN中发挥着愈来愈重要的作用。以太网卡是应用得最为广泛的网卡，在80～90年代中，它占据了整个网卡市场的大部分份额。其发展经历了三个阶段。

1. 第一代以太网卡

在80年代初推出的以太网卡产品，主要是由几块LSI组装而成，在网卡上尚未配置CPU、在卡上的缓冲区也只有数KB，对数据包的发送和接收是以串行方式进行的，即，先将数据包1从工作站的内存传送到网卡的缓存中，然后再从缓存中把数据包1发送到网络中。只有在完成数据包1的发送后，才能从工作站内存中将数据包2取至缓存；类似地，在从网上接收数据包时，也是按串行方式工作的。由3COM公司生产的Ethernet网卡(3C501和3C503)以及由Eagle公司生产的NE 1000等都属于第一代网卡。

2. 第二代网卡

在80年代中期以后所推出的第二代以太网卡中，不仅在网卡中配置了CPU，如有Intel 80186芯片和较大的内存(如数百KB)，而且可以实现工作站与网卡之间的并行工作，亦即，在将数据包1从网卡内存取出发送至网络上的同时，无须等待该数据包发送完成，便可又将数据包2从工作站内存转至网卡的内存中，由此而显著地提高了网卡的发送和接收数据包的速度。3COM公司于80年代后期和90年代初期推出的EtherLink Ⅱ及EtherLink Ⅲ网卡，都属于第二代网卡。

3. 第三代网卡

第三代网卡主要用于具有100Mbps传输速率的快速以太网中。为了大幅度地提高网卡的传输速率和性能而采用了流水线的方式来处理数据包的接收和发送；还采用了许多新的用于提高快速以太网性能的技术。关于在第三代网卡中采用的新技术，我们将在下一章中详细介绍。

二、网络适配器的类型

1. 按数据总线的位数分类

根据网卡数据总线位数的不同，可将网卡分为三类：

(1) 8 位网卡：它主要是为早期的IBM PC/XT 及其兼容机设计的，由于其传输速率较低，故现在已很少采用。曾经使用过的 8 位网卡有 Eagle 公司的 NE1000，3COM 公司的 3C501、3C503-8 等。

(2) 16 位网卡：这是为IBM PC/AT 及其兼容机设计的，其中已配有CPU 和 82586 控制器，因而具有较强的功能和较高的传输速率。主要有 Microdyne 和 Eagle 公司的 NE2000 和 3COM 公司的 Ethernet Ⅱ/16 即 3C503-16；最近 3COM 又推出了 Ethernet Ⅲ 16 bit ISA 10 BASE-T 网卡，即 3C509B-TP。

(3) 32 位网卡：最先推出的是 32 位 EISA 总线的以太网卡，其功能强、传输速率高，但价格也更贵；后来又推出了传输速率更高的 32 位 PCI 总线的以太网卡，如 3COM 公司的 EtherLink Ⅲ PCI BUS Master 10BASE-T-Only 网卡，即 3C590-TPO。32 位网卡主要用作服务器网卡和高档网络工作站的网卡。

2. 按网络类型分类

按网络类型的不同，可将网卡分为：

(1) 以太网卡：它用于 CSMA/CD 基带网中，符合 IEEE 802.3 标准。以太网卡的需求量最大，在网卡市场中占 60%～70%的份额。

(2) 令牌环网卡：主要用于令牌环网中，符合 IEEE 802.5 标准。

(3)FDDI 网卡：用于 FDDI 光纤网中，符合 ANSI/FDDI 标准，传输速率可达 100Mbps，如 3COM 公司的 FDDILink-F-32 bit EISA 网卡，即 3C771A。

(4) 100 BASE-T 网卡：用于快速以太网中，传输速率可达 100Mbps。由于它仍符合 IEEE 802.3 标准，因此，可以将现有的 10 BASE 以太网直接升级到 100 BASE 以太网。目前 3COM、Intel、HP 公司均推出了 100 BASE-T 网卡，如 3COM 公司的 Fast EtherLink 10/100 PCI 网卡，即 3C595-TX 和 Fast EtherLink 10/100EISA 网卡，即 3C597-TX。

(5) 100 VG-AnyLAN 网卡：它用于 HP 和 AT&T 公司开发的 100VG-AnyLAN 高速网络中，其传输速率也为 100Mbps。现在已推出了 PC ISA 网卡和 PC EISA 网卡。IEEE 802 委员会已对它们进行了标准化。

(6) PC MCIA 网卡：用于便携式计算机中，又可把它细分为以太网卡、Token-Ring 网卡和 Arcnet 网卡。

三、网络适配器的功能

由于网络适配器的基本任务，是将工作站或其他网络设备所发送的数据送入网络；以及从网络中接收由其他设备发来的数据，并将该数据送给工作站，因而，为实现上述任务，网络适配器应具有下述各功能：

1. 接口控制

此功能既用于实现工作站与网络适配器之间的数据交换，又用于使工作站对适配器进行控制，并了解适配器的工作状态。为此，在接口控制电路中设置了一系列的寄存器及相应的控制电路。寄存器用于存放控制命令、工作站站址、发送和接收数据缓冲区的地址指针，以及存放在主机和适配器之间所交换的数据。

2. 数据链路控制

用于实现数据链路层的功能，包括将要发送的数据形成帧；实现帧的接收与发送；对所接收的帧进行差错控制；在发送时将并行代码转换成串行代码后发送；在接收时，把收到的串行代码转换成并行代码等。

3. 数据缓冲管理

在适配器中设置了一个数据缓冲区，并将它分成发送区和接收区两部分，分别用于存放待发送数据及刚接收的数据，其容量为几千字节（KB）到几十千字节。在适配器中设置缓冲区后，可以大大减少工作站对发送数据和接收数据的干预，换言之，可以使工作站仅在发送（接收）一帧的开始和结束时，执行少量的处理工作。

4. 曼彻斯特编码与译码

用于实现物理层中数据的曼彻斯特编码及译码。在发送时，将输出的串行代码转换为曼彻斯特代码；在接收时，把从传输介质中收到的信号进行曼彻斯特译码。此外，有些曼彻斯特代码转换器还具有监听功能，以确定传输介质是否活跃，是否出现了发送冲突等。

5. 信息的发送与接收

通常在网络适配器中都配置一个内部收发器，它是NIU与电缆之间的接口。由其中的发送器将已编码的信息送到传输介质上；接收器则接收从传输介质上传送来的编码信号。须注意，内部发送器只适用于细同轴电缆（0.2英寸）；对于粗同轴电缆（0.4英寸）则须配置外部收发器，此时应将收发器的选择（收或发）开关置于外部收发器的位置。据此，我们可以画出图4-1所示的网络适配器的组成框图。

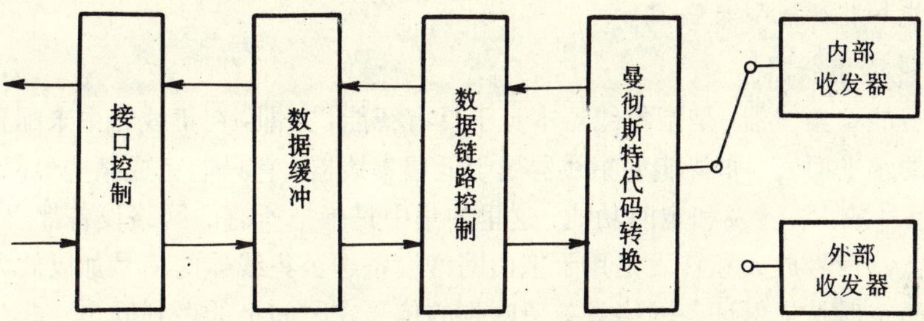

图4-1 网络适配器的组成

4.1.3 集线器

在90年代最流行的LAN 10 BASE-T以太网，占据了LAN市场的大部分。在10 BASE-T以太网中最重要的连接设备便是集线器，它可用来连接各网络设备。

一、利用集线器组建LAN的优点

在每个集线器上都提供了若干个端口，例如有12个、24个。每个端口可用来连接一台网络设备，所用的传输介质是3类UTP。网络设备与集线器间的最大距离是100米，用一个集线器与多个设备相连可构成一个LAN，或者是LAN中的一个网段；几个LAN网段间可用同轴电缆或光纤连接起来，构成一个如图4-2所示的LAN。利用集线器来连接网络设备有以下优点：

1. 利用UTP取代同轴电缆

当用集线器来连接各网络设备时，可用UTP来取代同轴电缆，这不仅降低了传输介质的费用，而且能使建网更方便、容易，也便于管理和维护。

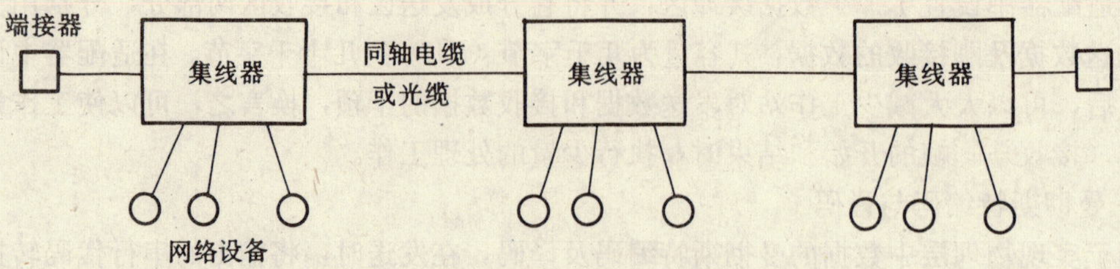

图 4-2　利用集线器连接网段构成 LAN

2. 能实现各网段之间的隔离

当把若干个网络设备连接到一个集线器上时，形成了一个网段，可用若干个这样的网段构成一个 LAN。集线器可实现各网段之间的隔离，亦即，可使得任何一网络设备的故障，只影响该设备所在的网段，并不影响其他网段，从而提高了网络的可靠性。

3. 可以增加一系列新的功能

在近年所推出的集线器，大都是智能型集线器，即在集线器中配置了 CPU 和内存，这样就可在集线器中增加许多新的功能，如用于将各网段互连的网桥功能，用于管理集线器上所有设备的网络管理功能。

二、智能和非智能型集线器

1. 非智能型集线器

所谓非智能型集线器，是指集线器本身不具有智能，亦即，在集线器中未配置 CPU。就目前集线器的水平而言，非智能型集线器属于低档集线器，它只能完成某些最基本的功能，比如集中、信号放大、转发和定时功能。这里的集中是指把所有的网络设备都通过 UTP 连接到集线器上；信号放大和转发是用于把由网络设备送至集线器的信号加以放大，然后再转发出去，而定时是指保证各网络设备所收到的信号在时间上能做到同步。非智能集线器是用得较多的一种集线器，它主要用于连接网络设备，以形成一个网段或 LAN。

2. 智能型集线器

智能型集线器是指，在集线器中配置了 CPU，因而它具有一定的处理能力。智能集线器除了含有非智能型集线器所具有的基本功能外，还增加了下述的一系列极其有效的功能：(1) 网桥功能：在集线器中配置了网桥软件后，不仅可用集线器来连接单个网络设备，而且还可用来连接相同类型的多个 LAN，亦即，此时的集线器已经具有网络互连的功能，比如，可用集线器将以太网和以太网互连，将以太网和令牌环网互连等；(2) 网络管理功能：在集线器中配置了网络管理软件后，可用集线器对连接到其上的所有网络设备进行配置、监控和管理，以随时随地地监视每个网络设备的运行情况，从而能及时地发现网络链路和设备的故障。

三、堆叠式和机箱式集线器

1. 堆叠式集线器

堆叠式集线器是由若干个相同的集线器基本单元堆叠在一起所构成的一个完整的集线器。通常允许将 8～12 个基本单元堆叠在一起，而其每个单元又能提供 8～24 个端口，这样，一个堆叠式集线器能提供100～300个端口。典型的堆叠式集线器产品有3COM公司的LinkSwitch FMS Ⅱ，其每个基本单元可提供12个或24个端口，最多允许8个基本单元堆叠在一起。

2. 机箱式集线器

机箱式集线器本身具有一个较大的机箱，在机箱中有一个带有若干插槽的基座，在各个插槽中可以插入类型不同的模块（插件板），以便能互连不同类型的LAN，比如用于连接10BASE-T以太网的模块，用于连接令牌环网的模块等。因而又把机箱式集线器称为模块式集线器。由3COM公司生产的机箱式集线器是LinkBuilder MSH (Multi-Server Hub)，它具有11个插槽，在每个插槽中可以插入含12个或24个端口的10 BASE-T模块，或12个端口的令牌环模块等。

4.1.4 网络服务器

在90年代，信息处理系统广泛采用客户/服务器模式，对于LAN信息处理平台而言，客户是工作站，服务器是网络服务器，并以服务器为中心，由它可向网络用户提供用户通信和资源共享服务。在一个网络中可设置一个或多个不同类型的服务器，如文件打印服务器、数据库服务器、电子邮件服务器等。

一、对服务器的基本要求

服务器是LAN中的核心设备，服务器的性能对整个LAN的性能有着决定性的影响，因此在组建LAN时要特别关注服务器的配置和性能。对服务器的基本要求如下：

1. 高速度

通常在一个LAN上可以连接数十个乃至数百个网络工作站，而服务器则是只配置一个或几个，各工作站之间的通信都必须通过服务器，同时，供所有站点共享的文件和数据也都存放在服务器中。为使服务器能更好地为所有站点服务，服务器必须具有比工作站高得多的运行速度，以避免发生由于服务器来不及处理而影响到整个LAN工作速度的情况，甚至出现服务器的瓶颈现象，因此，服务器的生产厂家都是利用刚推出的高速CPU芯片来制作服务器，或者利用多个CPU，甚至用多台计算机来制作服务器，同时还注意提高磁盘系统的速度。

2. 大容量

服务器还应当允许配置容量足够大的硬盘，以满足装载大量网络软件、工具和应用软件，以及用户的文件和数据等的需要，即使是LAN的小型服务器，也应允许配置数十GB至数百GB容量的硬盘。至于具体应配置多大容量的硬盘，将取决于LAN的规模和应用需求。为使服务器上的软件能提供更好的运行环境，还应配置较大的内存；对用于LAN中的小型服务器，其内存容量一般为128MB～512MB。

3. 安全可靠性

由于服务器是LAN的核心，一旦服务器故障将会导致整个网络的失效，故要求服务器是非常可靠的。此外，存放在服务器中大量的文件和数据，必须是安全的，应该能禁止未经核准的用户对它们进行访问，而且还应能保证无论发生什么情况，如服务器故障、停电、磁盘故障等，存放在服务器上的文件和数据的完整性和一致性，都不被破坏。

二、服务器中所配置的处理器

处理器是服务器的核心，服务器的高速性在很大程度上依赖于处理器的高速性，因此，在服务器中总是选用最新推出的处理器芯片。在小型服务器中用得最多的仍然是Intel公司的处理器，也常使用RISC处理器和多处理器。

1. Intel 处理器

在80年代后期，大多数采用80386作服务器，到1990年初时又改用80486，其时钟频率为66MHz，内存为16～64MB；在1995年下半年，Intel公司又推出了Pentium Pro微处理器；在1996～1997年间，不少公司已采用Pentium Pro处理器来制作网络服务器。1997年Intel公司又推出了Pentium Ⅱ后，1997～1998年，Pentium Ⅱ已成为一路（单CPU）和二路（双CPU）PC服务器中所采用的主要处理器芯片，而Pentium Pro仅用于四路PC服务器。

2. RISC 处理器

为了进一步提高服务器的性能，目前在服务器中广泛采用RISC处理器，当前在服务器市场占居首位的IBM公司所推出的大、中型服务器，如AS/400和RS/6000，主要都是利用Power PC RISC处理器制做的；在服务器市场占居第二位的HP公司，其所推出的中、小型服务器HP-9000系列，都是利用64位的RISC处理器PA-8000系列。

3. 多处理器

服务器内的进程数目，是随着服务器所能支持站点数目的增加而增加，当站点数增至数百乃到上千时，这对单CPU的服务器结构而言，已难于满足需求，于是，多处理器服务器应便运而生。对于PC服务器而言，CPU的数量一般为2～4个，而中型服务器的CPU数量则可增至4～16个。多CPU服务器可采用以下两种结构形式：(1) 对称处理（SMP）方式：服务器中含有多个功能相同或相近的CPU，共享一个公用内存、I/O通道等。整个系统由统一的操作系统控制，多个CPU可同时处理多个不同的任务。UNIX SVR 3.2以上的版本和Banyan VINES以及Windows NT 4.0和Netware 4.X NOS都支持SMP方式；(2) 非对称多处理方式：在服务器中只有一个主CPU，另有多个用于实现I/O任务的从CPU，由主CPU运行操作系统和应用程序。Microsoft的LAN Manager和Netware 3.X以上版本支持非对称多处理方式。

三、硬盘系统

外存设备是服务器的重要组成部分，在小型服务器上通常可以配置硬盘系统、磁盘阵列、光盘、软盘和磁带机。当前在小型服务器上最常用的大容量外存设备是硬盘系统；在对系统可靠性要求较高的场合，也常采用磁盘阵列；在愈来愈多的服务器上也都配置了光盘，本段将对硬盘系统做扼要介绍。硬盘系统对服务器、乃至对整个LAN的性能，都有着极大的影响，对服务器的三点基本要求——高速性、大容量和安全可靠性，都与硬盘系统有密切关系，或者说，服务器的性能是否能满足这三点要求，在很大程度上取决于硬盘系统。安全可靠性可通过磁盘容错技术来实现，这将在第七章中做详细介绍，对提高硬盘系统的速度，则可通过以下各途径来达到。

1. 提高磁盘的旋转速度

当磁盘的位密度一定时，可用提高磁盘主轴旋转速度的方法来提高磁盘速度。前几年，大多数硬盘的主轴电机旋转速度，一般是3600转/分或更低；近两年，大多数硬盘电机的旋转速度已提高到4500～5400转/分，甚至达到7200转/分，如希捷（Seagate）的Medalist 2520硬盘，其容量为2.5GB，每分钟转数为5400；而迈拓（Maxtor）的钻石四代90432D3硬盘，其容量为4.3GB，转速也为5400转/分；又如希捷Medalist Pro 9140硬盘，其容量为9.1GB，每分钟转数为7200；昆腾（Quantam）Atlas Ⅲ 18.2硬盘，其容量为18.2GB，转速也是7200转/分。

2. 提高磁盘接口的传输速率

在提高磁盘转速的同时，还必须提高主机与硬盘接口的传输速率。在80年代，外接接口有两种标准，即IDE（Integrated Device Electronic）和SCSI（Small Computer System Interface）。

（1）IDE接口：IDE接口是1986年美国Western Digital公司投放市场的PC机外围设备接口，它广泛地获得PC机制造商的支持，当时的最大传输速率仅为3Mbps。随着PC机外围设备性能的提高，改进IDE接口技术已势在必行。美国Westen Digital公司于1994年又公布了扩充的IDE接口，其最大传输速率为13.3Mbps，所连接的设备可增加到四台，并可用于连接CD-ROM。该公司并决定每年都将修订IDE接口规范，以适应外设和PC机的发展。

值得说明的是，尽管在计算机产业界中广泛使用IDE名字，但它的正式标准规范名称是ATA（AT Attachment）接口，而以后扩展的IDE则称为Fast ATA；后来又推出了Ultra ATA。而Ultra ATA接口已使硬盘外部传输速率达到33.3Mbps，而价格远比用SCSI接口的硬盘价格低，因而成为PC机市场中外围接口的主流产品。

（2）SCSI接口：SCSI原是用于小型计算机上的外围接口，在80年代，该接口在8位数据宽度时的最大传输速率只有5Mbps，在90年代已将SCSI接口应用到高档微机和工作站上。于90年代初，Ultra SCSI（又称为Fast 20）规范所规定的最大传输速率，已提高到20Mbps，其后继的Ultra-2（Fast 40），在数据总线宽度为8位时的最大传输速率已达到40Mbps。到1997年又出现了Ultra 3（又称为Fast 80），其最大数据传输速率为80Mbps。如果把数据总线宽度改为16位时，则Ultra 2和Ultra 3的传输速率分别达到80Mbps和160Mbps。当然，SCSI的价格要比IDE贵得多，具有SCSI接口的硬盘，其安装也更麻烦。

3. 采用大容量高速缓存技术

在硬盘接口中采用大容量高速缓存，能有效地提高磁盘系统的速度。这是因为有了这种缓存，便可以提前将硬盘中的多个数据段读至缓存中。当CPU要用到这些数据时，可以直接从缓存中读取这些数据。为了提高硬盘的速度，不仅应在SCSI接口中配置较大容量的高速缓存，如在昆腾的大力神三代Altas Ⅲ 4.5和18.2中，都配置了1024MB的高速缓存，而且在Ultra ATA接口中也大都配置了高速缓存，如迈拓钻石四代90432D3硬盘，配置有256KB的缓存，在希捷Medalist Pro 9140硬盘中配置了512KB缓存。

四、磁盘阵列

廉价冗余磁盘阵列RAID（Redundant Array of Inexpensive Disk）技术，是1987年底美国加利福尼亚大学伯克莱分校提出的。它是利用一台磁盘控制器来驱动一组按一定要求排列的磁盘驱动器，以提高硬盘系统的速度、容量和可靠性。在1990年前后，主要用于大、中、小型网络系统中；到90年代中、后期，也将它用于要求安全可靠性较高的LAN中。

1. RAID 的分级

为了提高 RAID 的灵活性，最初将 RAID 分为 5 级，后来又增加了几级，现在总共有 8 级，即 0 级、1 级、…，一直至 7 级。下面介绍当前较常用的基本 RAID 级。

0 级：0 级主要用于提高磁盘系统的 I/O 速度。它将数据分块并行存储于多个磁盘上。与单个磁盘相比，可将速度提高 N－1 倍，其中 N 是磁盘的数目，但无任何冗余校验措施，因此它的可靠性与单盘时相同。

1 级：1 级用于实现磁盘镜像。这里，把磁盘分为两组，一组为主盘，另一组为镜像盘，亦即后备盘，即每个磁盘都有一个镜像盘，数据被同时写在主盘和相应的镜像盘上。这样，当某个主盘发生故障时，相应的镜像盘就可接替它继续工作，因而提高了磁盘系统的可靠性，但磁盘的利用率降低了一半。

3 级：在 3 级中配置了 N 台用于记录数据的硬盘，数据以字节为单位分配到这 N 个数据盘上，专门用一台磁盘来记录所形成的奇偶校验码，这样便减少了冗余磁盘的数量，提高了磁盘的利用率，在这 N＋1 台磁盘之间采取并行传送方式，因此要求各磁盘驱动器的主轴必须严格同步。

5 级：这是最常用的 RAID 级，可用来组成大容量、性能价格比高的磁盘系统。它与 3 级的主要区别有两点：（1）数据以扇区为单位分配到各个数据磁盘上；（2）没有采用专门的奇偶校验磁盘，而是将奇偶校验信息以螺旋方式分布在所有的数据盘上，因而能较好地解决校验盘可能成为 I/O 瓶颈的问题。

2. 磁盘阵列的主要优点

（1）可靠性高：通常采用磁盘阵列的最主要因素，是为了确保磁盘系统的可靠性。在 RAID 的 8 个级别中，除了 0 级外，其余的 7 个级全都采用了冗余技术来提高磁盘系统的可靠性，其无故障时间可比单硬盘的，平均提高数倍到一个数量级。

（2）高速性：在磁盘阵列中，可通过对这组磁盘的并行交叉存取方式，实现对多台磁盘的并行存取，从而显著地提高了磁盘的 I/O 速度，例如，在存一个文件时，可将该文件的第一个数据块放在第一个驱动器上，第二个数据块放在第二个驱动器上，……，第 N 个数据块放在第 N 个驱动器上。以后在读取数据时，并行地读取 1～N 驱动器。这样，便可把磁盘的I/O速度提高 N－1 倍。RAID 中的数据分布见图 4-3 所示。

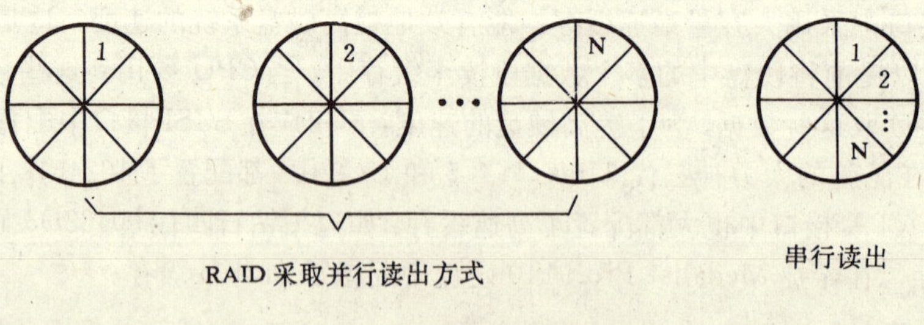

图 4-3　RAID 中的数据分布

（3）价格便宜：在未出现 RAID 之前，提高磁盘系统可靠性的最常用方法，是磁盘镜像和磁盘双工。这两种方法都要求有与主盘数目相同的镜像盘或备份盘，因而导致磁盘的利用率降低一半；而在 RAID 中，由于只为 N 台数据盘准备一台校验盘，因而可有效地降低磁盘系统的成本。

五、其他组成部分

1. 网络适配器

在每个服务器中至少要插入一块网卡，把它作为服务器与LAN的接口。通常在服务器中插入的网卡都是32位的。当LAN负荷不太重时，可用服务器来互连若干个LAN，此时须在服务器中插入多个网卡，这时该服务器可向多个LAN提供服务，再配置相应的网络互连软件，便可实现多个LAN的互连，形成一个更大的LAN。

2. 打印机

LAN中所配置的网络服务器，一般都能提供共享打印服务，因而可利用服务器上的串行和并行接口，把服务器与若干台打印机相连接，使这些打印机供全网用户共享，其中包括比较昂贵的激光打印机和高速行式打印机。

3. 不间断电源UPS

为了保证在电源掉电时，在服务器上存放的数据不丢失，应为每一台服务器配置一台UPS。服务器应具有对UPS的监视功能，一旦发现UPS的状态因掉电而改变时，服务器便立即向网络管理员报警，同时将内存数据写到磁盘上，关闭所有已打开的文件，然后退出，再由管理员关闭电源。换言之，在电源掉电后的预定时间内，暂由UPS的电池供电一预定时间，以完成数据保存操作，从而避免了大量数据的丢失。

4.2 以太网

公用总线LAN是目前最流行的一种LAN。在已有的LAN产品中，总线网所占的比重最大。由于在总线网中是多个结点共享一条信道，因而必须依照某种介质访问控制MAC(Medium Access Control)规程来分配信道。目前最常用的、且已列入国际标准的总线网有：

1. 以太网：网中的多个工作站之间是通过竞争方式来获得对介质的访问控制。在竞争时还须遵循CSMA/CD介质访问控制规程，故又称为CSMA/CD总线网。

2. 令牌传送总线网：在这种网络中设有一个令牌（Token），只有获得令牌的工作站，才具有把信息发送到传输介质上的权利，令牌的产生、获得和传送等，均应遵从令牌传送MAC规程。

4.2.1 以太网的工作原理

在以太网中是采用“竞争”策略来获得信道的。为了实现该策略，必须在技术上解决三个问题。

一、竞争策略中必须解决的三个问题

1. 访问时机

每当一个工作站有信息要发送时，应选择一最佳发送时机，以减少发生冲突的时间。访问时机的确定有两种方式：

（1）随机发送：只要工作站有信息发送，可在任意时刻把信息发送到传输线上；

（2）按时间片发送：使每个时间片的长度刚好等于一个定长分组的传输时间，每个站只能在任一时间片的起始时刻开始发送。这一种方法可能减少冲突的发生。

2. 冲突检测

如果有两个或更多的工作站在同一时刻发送信息，势必发生传输冲突，使各站送至传输线上的信息混淆不清。因此，在竞争控制机制中必须增设冲突检测机构。目前有以下三种检测方式：

(1) 不监听 (Deaf) 方式：每当一结点（站）发出消息时，便自动启动一个计时器，若在开始发送后一确定时间内，未收到对方的确认信息，便认为本次发送遇上了传输冲突，须进行重发。这种方式适用于总线上信息流量较低的情况；否则必然引起频繁的重发，更加剧了冲突的发生而形成恶性循环。

(2) 发前先听 (Listen before Transmitting)：工作站在每次发送之前，先侦听信道是否已被占用，如发现已被占用，便推迟本次的发送。仅在发现总线空闲时，才把信息发送出去，这样可显著地减少发送冲突出现的概率。在这种方式中仅当多个工作站几乎同时进行发前侦听并发现总线空闲后，又各自向总线上发送信息时，才会发生传输冲突。

(3) 发时监听：发前先听的方式虽能有效地减少发生冲突的概率，但一旦出现冲突并不能立即发现，因而工作站将继续发送，直至发送完毕。仅当到达规定时间后仍未收到对方的确认时，方知本次发送已发生了冲突。为了能及时发现冲突，应采取发时监听方式，即边发送边接收，再把接收到的信息与原来发送的信息进行比较。如果相同，说明在此期间并无其他工作站发送信息；否则认为发生了冲突，此时须连续发送一短暂信号来加强本次冲突，以保证总线上所有其他各工作站都能监听到本次的冲突，从而停止发送。

发时监听时间的长短，可以从对一种极端情况的分析而得知。若总线一端的站 A 与另一端的站 B，都先后对总线进行了监听，并发现总线空闲，于是 A 先将信息发送到总线上，该信息经过传输时延 τ 到达另一端，而恰好这时 B 站也把信息发送到总线上，于是发生了冲突。该冲突还须再经过 τ 的时间，又从 B 站传回到 A 站，这样，A 站要在 2τ 的时间后才能发现冲突的发生。由此可知，发时监听的时间应该略大于传输时延 τ 的 2 倍。

3. 重发策略

一个站在发现冲突后，应立即停止本次发送，然后重新安排发送。有多种重发策略，目前常用的策略有以下几种：

(1) 随机策略：这是指工作站在发现冲突后，推迟一随机时间再进行重发。由于推迟的时间是随机的，重发便有可能成功。这种简单的随机策略缺乏适应性，在重负载时冲突的增加又会导致重发的增加，从而进一步增加了冲突的概率。

(2) 二进制指数退避算法 BEB：它是基于这种思想：轻载时仅需较小的时延后即可重发，重载时则需经过较长的延迟后才能重发，以减轻传输线路上的负荷，亦即，BEB 算法具有一定的适应性。该算法中重发的延迟时间是均匀地分布在 $0\sim\tau_{BEB}$ 之间，这里

$$\tau_{BEB}=2^{i-1}\ (2a)$$

其中，a 是端一端传输延迟，对一公里的同轴电缆，$a=5\mu s$；i 表示重发次数。该式表明，重发延迟将随着重发次数的增加而按指数规律迅速地延长，这样便可适当地疏散重负荷时的重发。BEB 算法的主要问题是：当重发次数较多时，会使重发时延太长。例如，在进行第 14 次重发时，其重发时延 τ_{BEB} 将比第一次重发时的时延大一万倍，这是令人难以接受的。

(3) 截断式二进制指数退避算法：该算法是对前一算法的改进，它仍采用二进制指数退避策略，但当重发时延增加到一定大小时便停止后退，以后的多次重发延迟时间 τ_{BEB} 均采

用这个时间。Ethernet 规范中规定，前 10 次重发是按二进制指数策略退避，从第 11 次开始便保持 τ_{BEB} 不变；相应地，规范中所规定的最大工作站数目为 1024，在重发 14 次后若又发生第 15 次冲突时，便放弃本次重发。

二、CSMA/CD 介质访问控制规程

CSMA/CD MAC 规程首先应用于 Ethernet LAN，后又被 IEEE 802 委员会采纳作为 IEEE 802.3 标准。1985 年国际标准化组织 ISO 又接受它作为国际标准 ISO/8802.3。近几年推出的 CSMA/CD 总线网都遵循这一标准。

CSMA 是载波侦听多重访问（Carrier Sense Multiple Access）的简称，其中载波侦听的含义即前面所介绍的发前先听，多重访问是指多个结点共享一条公用总线，而 CD 是表示冲突检测（Collision Delect），因此 CSMA/CD 是带有冲突检测的载波侦听多重访问的简称。图 4-4 是 CSMA/CD 介质访问控制规程的流程。

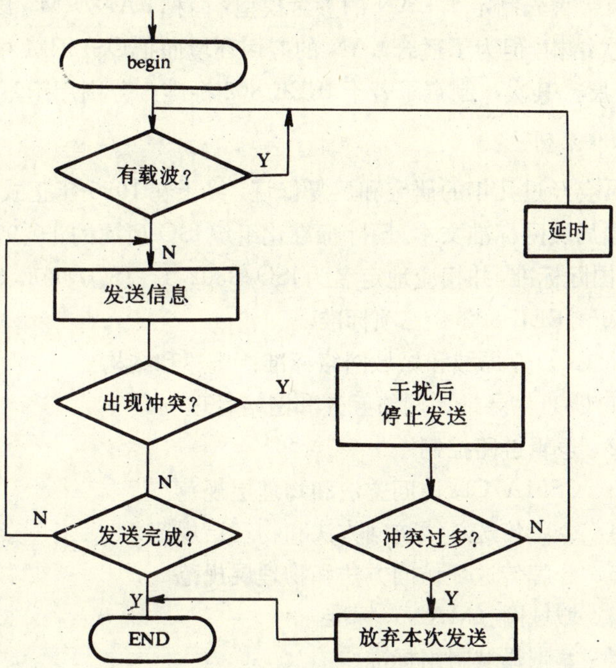

图 4-4　CSMA/CD 介质访问控制流程

三、以太网的特点

采用 CSMA/CD MAX 规程的以太网具有以下特点：

（1）竞争总线：在 CSMA/CD 总线网中，未设置任何介质访问的集中控制机构，总线上的各站点自主平等，无主次站之分，每个站点在任何时候都可通过竞争来发送信息；在 CSMA/CD 网中也没有设置有关介质访问的优先权机构。

（2）广播式通信：由总线网中任何一站所发出的信息，都可通过公用总线传输到网上的所有工作站，因而可以方便地实现点一点式、成组及广播通信。

（3）吞吐量：CSMA/CD 总线网在轻负荷（小于总容量的 30%）时是相当有效的，可获得较小的传输时延和较高的吞吐量；在重负荷时由于传输冲突的增加，使传输延迟时间

也急剧增加，从而使网络吞吐量明显下降。

（4）发送和应答时间都带有统计性：由于是争用总线，因而发送一个分组的时间，以及收到对方确认的时间都是统计性的，故这种方式较难用于对实时性要求较高的场合。

（5）总线结构和MAC规程简单：网上的每一个结点都只有一条连接边，结构简单；同时CSMA/CD MAC规程本身也简单，因而使该网络易于实现，且价格低廉，这无疑正是CSMA/CD总线网得以广为流行的重要原因。

鉴于CSMA/CD总线网具有上述一系列优点，加之LAN最重要的应用环境是管理信息系统和办公自动化系统，CSMA/CD总线的不足之处不会产生太大的影响，因而CSMA/CD能成为LAN产品中的主流。其中最有代表性的产品是Ethernet，IEEE802委员会已制订出CSMA/CD介质访问控制规程及其物理层规范，即IEEE 802.3标准。

4.2.2 局域网标准简介

IEEE 802委员会首先制定了LAN的参考模型，简称LAN/RM。该模型如同OSI/RM一样，也采用了层次结构，但为了适合LAN的应用环境而把OSI/RM中的物理层和数据链路层都分为两个子层；其次，制定了若干IEEE 802标准，分别用于不同的环境。

一、局域网标准系列

IEEE 802委员会经过几年的研究和反复修订，终于在1985年正式公布了IEEE 802.1～IEEE 802.5六项局域网标准文本。国际标准化组织ISO所属的TC 97/SCB采纳了IEEE 802标准文本作为国际标准，并相应地定名为ISO/8802.1～ISO/8802.5。后来IEEE 802又推出了IEEE 802.6～IEEE 802.8三项标准。

1. IEEE 802.1（A）　局域和城域网络标准：概述和结构
2. IEEE 802.1（B）　寻址、网络互连和网络管理
3. IEEE 802.2　逻辑链路控制
4. IEEE 802.3　CSMA/CD访问方法和物理层规范
5. IEEE 802.4　令牌传送总线访问方法和物理层规范
6. IEEE 802.5　令牌传送环访问方法和物理层规范
7. IEEE 802.6　城域网（MAN）标准
8. IEEE 802.7　宽带局域网络标准
9. IEEE 802.8　光纤局域网络标准

IEEE 802标准与OSI/RM之间的关系如图4-5所示。

<table>
<tr><td>网络层</td><td colspan="7" rowspan="2">IEEE 802.1</td><td></td></tr>
<tr><td rowspan="3">数据链路层</td><td rowspan="2">逻辑链路控制</td></tr>
<tr><td colspan="7">IEEE 802.2</td></tr>
<tr><td>IEEE 802.3</td><td>IEEE 802.4</td><td>IEEE 802.5</td><td>IEEE 802.6</td><td>IEEE 802.7</td><td>IEEE 802.8</td><td>…</td><td>媒体访问控制</td></tr>
<tr><td>物理层</td><td></td><td></td><td></td><td></td><td></td><td></td><td></td><td></td></tr>
</table>

图4-5　IEEE 802标准

二、局域网参考模型 LAN/RM

IEEE 802 委员会所推荐的 LAN/RM 如图 4-6 所示。它包含物理层、介质访问控制（MAC）子层、逻辑链路控制（LLC）子层，以及高层接口。由图可以看出，LAN/RM 中的物理层与OSI/RM 中的物理层相当；而OSI/RM 中的数据链路层却被一分为二而形成逻辑链路控制 LLC 子层和介质访问控制 MAC 子层。下面，我们将对它们自上而下地进行介绍。

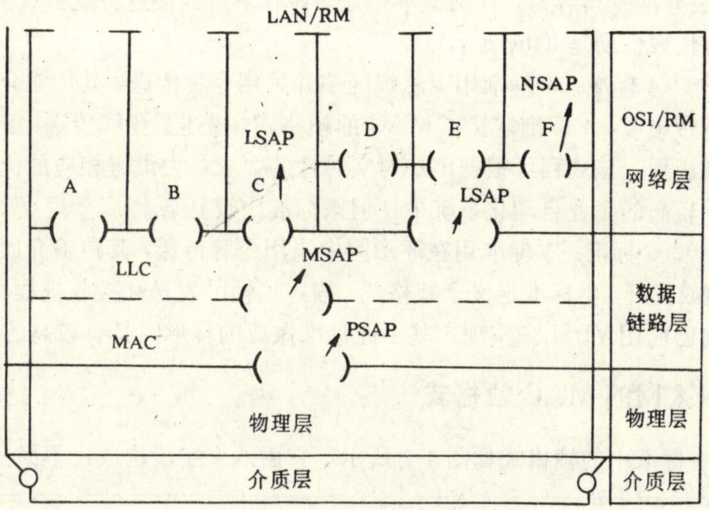

图 4-6　局域网参考模型

1. 服务访问点 SAP（Server Access Point）

由 OSI/RM 得知，服务访问点 SAP 用于表示（N）实体和（N+1）实体间的接口，通过该点，（N）实体向（N+1）实体提供（N）服务。在 LAN 中的每层都具有 SAP，为支持多个高层用户，在 LLC 子层的顶部有多个 LLC 服务访问点 LSAP，在物理层和 MAC 子层的顶部分别只有一个服务访问点 PSAP 和 MSAP，这意味着它们只能向一个高层用户提供支持。

2. 逻辑链路控制 LLC（Logical Link Control）子层

LLC 子层是数据链路层的顶部子层，其主要功能是在任何一对 LSAP 间进行信息传输。IEEE 802.2 标准对 LLC 子层所用的协议数据单元做了定义，描述了任何两数据链路实体间信息传输的规程。在 LLC 子层中提供了两种类型的链路操作，其中，类型 1 操作提供的是无连接服务，类型 2 操作提供的是面向连接服务。相应地，在标准中还规定了两种规程：

（1）LLC1 型规程：该规程只支持类型 1 操作；

（2）LLC2 型规程：该规程既支持类型 1 操作，又支持类型 2 操作。

标准中还对 LLC 子层向高层提供的服务、LLC 子层请求 MAC 子层的服务作了描述。

3. 介质访问控制 MAC（Medium Access Control）子层和物理层

IEEE 802 委员会在讨论 MAC 方式时出现了两种意见，一种是推荐 CSMA/CD 为

MAC 标准；另一种是推荐令牌传送。这两种方式各有其优点，都取得了很多委员的支持，因此委员会决定把它们同时都作为MAC 推荐标准。由于令牌传送既可用于环形网，也可用于总线网，于是形成了三种局域网标准如下：

（1）IEEE 802.3 标准：本标准在MAC 子层中采用的是CSMA/CD 规程。它使若干个站能共享一条传输总线。在物理层中把依赖于介质的特性分离出来，使LLC 子层和MAC 子层能适应于多种传输介质。本标准中定义了 MAC 的帧格式，又对MAC 子层的功能、MAC 子层所提供的服务，以及物理层规范做了说明。由于CSMA/CD 规程比较简单，可用VLSI 实现，故使建网变得容易，建网成本也显著降低，进而使这种规程成为当今LAN 的主流，其中最有代表性的是Ethernet。

（2）IEEE 802.4 标准：本标准用于总线网中并采用令牌传送，其传输介质既可是基带电缆也可以是宽带电缆，本标准定义了MAC 的帧格式，描述了令牌传送、解决冲突问题及逻辑环的维护等规程。该规程可根据用户对实时性的要求，去设置相应的优先级，故可用于对实时性要求较高的工业自动化系统中。但该标准比较复杂。

（3）IEEE 802.5 标准：本标准用在环形网中采用令牌传送，其传输介质可以是基带双绞线、同轴电缆或光纤。本标准定义了帧格式，描述了帧的发送和接收规程，以及MAC 提供的服务，目前已能用VLSI 来实现，基于此标准做成的环形网具有较高的传输效率。

4.2.3 以太网的 MAC 帧格式

IEEE 802.3 标准中的帧格式如图 4-7 所示，它由八个字段构成，下面分别介绍之。

前导码	帧起始定界符	目标地址	源地址	帧长	LLC 数据	填充	帧校验
2 字节	1 字节	2 或 6 字节	2 或 6 字节	2 字节			4 字节

图 4-7 CSMA/CD 帧格式

1. 位同步

为了实现位同步，在 MAC 帧格式中设置了前导码 PA，其位像图是交替的 1 和 0，共有 7 个字节，用于使物理收发信号电路实现比特同步，并在 PA 码结束前达到稳定。为了标志一个帧的开始，在帧格式中又设置了帧起始定界符 SFD，其位像图为 10101011，它紧接前导码 PA。

2. 编址方式

在对网络中的工作站进行编址时，将涉及到以下两个问题：

（1）局部管理和全局管理：在局部管理方式时，每一个网络都有自己的地址结构，为工作站所规定的地址仅在自身的网络中才是单值的，又称为相对地址。这种编址方式的优点是可以采用较短的地址长度，本标准规定为 2 个字节。在全局管理方式时，为工作站所规定的网络地址，对所有空间和时间来说都是单值的，因此又称为绝对地址。显然在采用这种编址方式时，地址字段应足够长，以保证每一工作站地址的单一性，本标准规定为 48 位。

（2）单地址和成组地址：在 IEEE 802.3 标准中规定 MAC 帧有两种类型的地址：①单地址：即目标地址只有一个；②组地址：可用于指向多个目标或所有目标，在 16 位和 48 位地址格式中的第一个字节的第一位是地址类型，当值为“0”时，表示是单地址；为“1”时，表示是成组地址。

3. 帧的长度

竞争型总线的传输效率在很大程度上取决于帧的长度。如果帧的长度与冲突时间间隔相比很长，则冲突对传输效率的影响较小；反之，将会严重影响传输效率，这决定了在CSMA/CD方式中采用较长的帧。在IEEE 802.3标准中规定，采用10Mbps的传输速率时，帧的最大长度为1518个字节。

4. 帧的最小长度和填充字段

帧的最小长度与冲突时间间隔的大小有关。当帧的长度接近于冲突时间间隔时，对发送器而言，会使发生的冲突不能被检测出来；对接收器而言，如果规定信息帧的最小长度大于冲突时间间隔，那么接收器便可认为只有比冲突时间间隔长的才是信息，短的被认为是冲突碎片。这样便可简化冲突碎片滤波器的制作。为此，在帧格式中设置了填充字段PAD，当帧长小于冲突时间间隔时，需要在填充字段上填上一些信息，使帧的长度等于帧的最小长度，在本标准中规定帧的最小长度为512比特。

5. 帧校验FCS

由于帧校验与介质传送方法有关，所以把帧校验序列的产生由数据链路控制子层转移到介质传送控制子层。在HDLC规程中提供的16位FCS，对于CSMA/CD送取方式尚嫌不足，须增至32位，其原因有两个：

(1) 干扰大：CSMA/CD所处的环境必然会有较大的干扰，因为每当发生的“冲突”后，就会伴随而来一突发性干扰；

(2) 信息帧长：在CSMA/CD系统中，允许采用较长的帧，相应的，FCS也应较长，因此在802.3标准中规定FCS为32位，用它来对源地址、目标地址、信息长度、LLC数据和填充字段的内容进行校验。

4.2.4 MAC子层的功能

MAC子层的两个主要功能是：(1) 数据封装：包括成帧、编址和差错控制；(2) 介质送取管理：包括信道分配和解决争用问题。这里通过帧的发送和接收来阐述这两点。

一、帧的发送

当LLC子层希望与远地LLC子层通信时，它将向MAC子层提出请求，并把目标地址和要传送的信息传递给MAC子层。该子层接到请求后便准备发送信息。帧的发送包括数据组装和介质访问管理。

1. 帧的组装

MAC子层所传输的信息单位是MAC帧，因此MAC子层首先要为所传输的信息形成帧，为此，帧的组装机构在帧的头部加上前导码和帧起始定界符，用作帧同步和帧界标志，如果是LLC所提供的数据不够长，则还要在帧填充字段中加上填充位，使帧长度达到规定的最小值，然后再为帧的源和目标地址字段赋值。此外，还应用生成多项式来产生帧校验码，并将它插入FCS字段。

2. 介质访问管理

介质访问管理包括：

(1) 载波侦听和帧间间隔：不管 LLC 子层是否有信息要发送，都始终应该对物理信道进行监视，当信道处于“忙”状态时，MAC 子层必须推迟信息帧的发送。在传送完一帧后不能立即发送下一帧，必须提供一个帧间间隔，以便为数据链路控制器和物理信道，提供帧际恢复时间，对于 10Mbps 速率的总线网，帧间间隔最小值为 9.6μs；

(2) 冲突检测和强化：在帧传输时间，如果检测到冲突，并不立即结束这次发送过程，而是继续发出 32 位附加比特，这是人为干扰，用以保证碰撞有足够的持续时间，以使网上所有发送站都能检测到此次碰撞的发生；

(3) 冲突退避和重发：当一次发送的企图由于出现冲突而告失败时，MAC 子层将继续重发，直至发送成功；或者重发次数达到系统规定的最大重发次数，发送仍失败时才停止发送。重发的安排是由“截断式二进制指数退避”算法决定。

二、帧的接收

与帧的发送相类似，帧的接收包括数据解封和介质送取管理。

1. 数据解封

对接收数据的解封包括：(1) 地址识别：MAC 子层能够识别和接收目标地址字段内为单地址、成组地址或广播地址的任何帧；(2) 帧校验码的校验：对所收到的各个比特（不含 FCS 字段）产生的 CRC 值与接收帧中的 CRC 值进行比较，若相同，表明所接收的帧是正确的；若不同，则说明发生了错误；(3) 帧拆卸：若所收到的帧无错，则对该帧进行拆卸，然后将其中的各个字段传送给 LLC 子层。

2. 介质访问管理

MAC 子层根据物理层提供的载波信号去识别接收帧的边界，这里可能出现两种错误：(1) 帧的长度大于规定的帧最大长度；(2) 帧的长度不是 8 比特的整数倍。

对前一种情况，MAC 子层将所接收的帧截短，使之等于最大帧长，并报告出错；对后一种情况，MAC 子层将帧截短至最近的 8 比特组边界，并报告出错。

4.3 令牌传送总线网

虽然 CSMA/CD 总线网具有一系列优点，但也存在几个不能忽视的问题。在网络负荷增加时，网络吞吐量会急剧下降；此外，每个工作站的发送和响应时间的不确定性，不能满足实时控制的要求，于是，这又促使人们研制了令牌传送总线网去解决上述问题，并能适用于实时控制系统。

4.3.1 令牌传送总线网的工作原理

令牌传送总线网是把令牌传送访问控制方式，用于总线网而形成的一种 LAN 形式。为了控制网络上各站对总线的访问，在网络中设置了一个令牌，任何工作站都仅在它持有令牌时才有权向总线上发送信息，而其余未获得令牌的站，只能监听总线或从总线上接收信息。由于在总线网中只设置一个令牌，在任何时候也只有一个工作站访问信道，因而不会发生访问冲突。

一、令牌及其传送方式

1. 令牌的帧格式

令牌本身是一种特殊的帧，其格式如下：

PRE	SD	00001000	NS	TS	空	FCS	ED

其中，PRE 为前导码，SD 和 ED 分别是帧的起始和结束定界符，TS 和 NS 分别是本站地址和下一站地址，令牌帧的控制码是 00001000，FCS 是帧校验码。

2. 令牌传送方式

网络上各工作站在发送信息之前，都必须先获得令牌，信息发送完后应立即交出令牌并将之传送给另一个站。在令牌总线网中令牌的传送在逻辑上是顺序的，且以地址从大到小的递减方式传送，即，令牌被从高地址站传递给较低地址的站，当令牌到达最低地址的站后，又返回去传递给最高地址的站。这样，所有传递令牌的站将构成一个逻辑环，如图 4-8 所示。在网络完成初始化后，便已经建立起逻辑环。运行时首先由具有最高地址的 56 号站持有令牌并发送信息，发送完毕后，56 号站再将令牌传递给次高地址的 42 号站。当令牌到达最低地址的 7 号站后，令牌又被传递给最高地址的 56 号站。由此可见，令牌总线网虽然在物理上是总线型结构，但在逻辑上却是一个环型网。

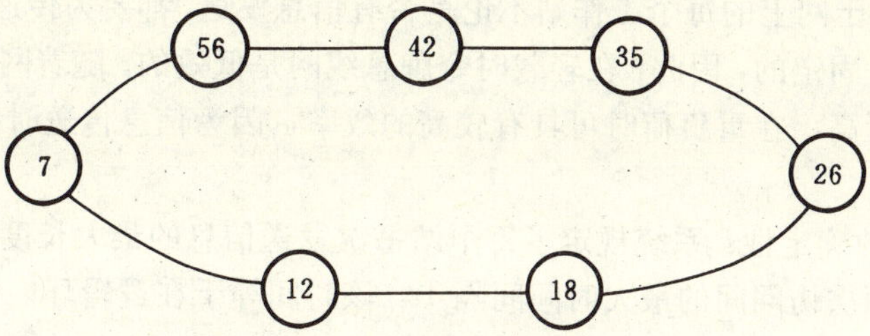

图 4-8 逻辑环示意图

二、令牌传递的实现方法

为能正确地传递令牌，应使环内的每个站除知道本站地址（TS）外，还须知道其上一站（PS）和下一站（NS）的地址。占有令牌的站在将令牌传递给下一站时，应以广播发送方式将令牌发送到总线上。这样，总线上所有工作站都能收到该令牌帧，再将本站地址与帧中的 NS 进行比较，若不相同，表明本站不是令牌发送站的下一站，于是放弃收到的令牌；若相同，便将令牌收下。

在一般情况下，令牌在逻辑环中由高地址站传递给较低地址站时，应满足下述的地址关系：PS＞TS＞NS；但当令牌从最低地址站传递给最高地址站时，低地址站应满足关系：NS＞PS＞TS；而高地址站则应满足关系：TS＞NS＞PS。这样，令牌将在逻辑环中不断地轮转，因而环中的每个站将依次地获得发送权。当网上的每个站都有信息发送时，总线将轮流地为他们传送信息和令牌。但如果网络中没有任何一站要求发送信息，则令牌仍将不断地由一个站传送到另一个站。令牌总线网和逻辑环如图 4-9 所示。

三、令牌传递总线网的特点

1. 无冲突访问方式：由于网络中只设有一个令牌，且仅持有令牌的站才能发送信息，因

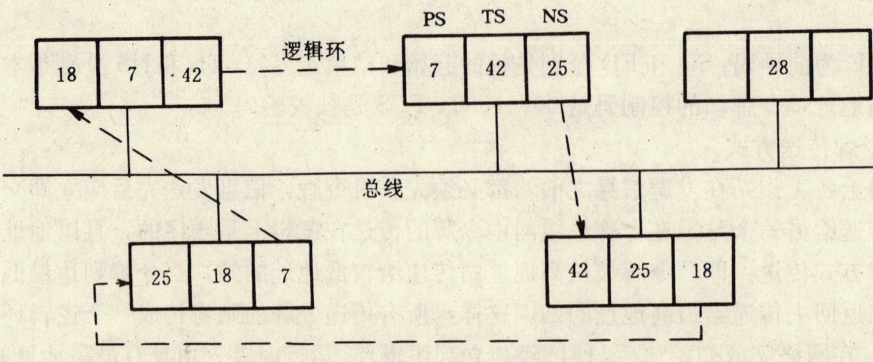

图 4-9 令牌总线网和逻辑环

而不会发生介质访问冲突。

2. 广播通信方式：物理上是总线网而逻辑上又是环形网的这一特点，使之具有总线网连接简单的优点并能实现广播通信。

3. 吞吐量：由于网上的每个工作站不论是否有信息发送，都要为传递令牌而付出开销，且该开销大体上是固定的，因此，在轻载时令牌总线网是低效的。随着网络负荷的增加，网络的效率会随之提高，在重负荷时可具有较高的效率，因为信息传送时间通常大于令牌的传送时间。

4. 介质访问的确定性：系统规定了每个站每次发送信息的最大长度，这样，便可推算出每个站的相邻两次访问间的最大时间间隔 T，该时间等于在逻辑环内每个站轮流发送一次信息（按最长信息计算）并传递令牌所需时间的总和。假定令牌从一个站传递到下一个站的时间为 Δt_i，并规定一个站保持令牌的最大时间为 τ，则 T 可根据下式进行计算：

$$T = (N-1)\tau + \sum_{i=1}^{N} \Delta t_i$$

其中，N 为逻辑环中的站数。

5. 介质访问的可调节性：在令牌总线网中，还可引入优先级策略，使优先权高的站优先获得令牌并优先发送信息，仅当有充裕的频带时，才允许低优先权站发送信息。

鉴于令牌总线具有上述一系列的特点，才使之成为在工业企业自动化系统中首选的 LAN，而且 IEEE 802 委员会已制订出令牌总线介质访问规程及其物理层规范，即 IEEE 802.4 标准。

4.3.2 令牌传送总线网的帧格式

IEEE 802.4 标准中的 MAC 帧格式如下：

PRE	SD	FC	DA	SA	DATAUNIT	FCS	ED

1. 前导码 PA、定界符 SD 和 ED

前导码是在每次新的传输开始时，由物理层发送的编码位序列，用以进行物理层时钟和电路的同步；SD 和 ED 作为帧的起始符和结束符。

2. 帧控制字段 FC

FC 字段为一个字节，由第 1，2 两位编码指明帧的类型，如图 4-10 所示。

FC 第 1、2 位	帧类型
0　0	MAC 控制帧
0　1	LLC 数据帧
1　0	站管理数据帧
1　1	特殊用途数据帧

图 4-10　FC 的第 1、2 位编码

(1) MAC 控制帧：按 FC 的第 3～8 位编码的不同又可形成 7 种类型的控制帧，如图 4-11 所示。

3～8 位编码	控制帧的类型	说　明
000000	Claim-Token	宣布令牌帧
000001	Solicit-Successor-1	征求后继站帧-1
000010	Solicit-Successor-2	征求后继站帧-2
000011	Who-Follows	查后继站帧
000100	Resolve-Contention	解决冲突帧
001000	Token	令牌帧
001100	Set-Successor	设后继站帧

图 4-11　控制帧的类型

(2) LLC 数据帧：FC 的第 3～5 位用于定义 MAC 操作，当这 3 位为 000 时，表示是不需要 MAC 子层响应的请求帧；001 表示是需要 MAC 子层响应的请求帧；010 是响应帧；第 6～8 位定义优先级，编码从 000 到 111 共分 8 级，其中 111 是最高优先级。

3. 地址字段 DA 和 SA：DA 为目标地址字段，SA 为源地址字段。地址字段有三种形式：①16 位地址形式；②48 位局部管理地址形式；③48 位全局管理地址形式。

4. 数据单元

数据字段是 MAC 数据单元字段，当 FC 的第 1、2 位为 01 时，表示数据单元字段中所含的是 LLC PDU；其第 1、2 位为 10 时，表示数据单元字段是 MAC 子层的管理数据。数据单元的长度（SD 和 ED 之间）不超过 8192 字节。

5. 帧校验字段 FCS

利用 32 次生成多项式，对帧中的控制字段、地址字段、数据字段等进行计算，得到 32 位帧校验码。

6. 时间片和响应窗口

对于某些 MAC 控制帧，在 ED 结束后紧跟上 1～4 个响应窗口（Respone Windows）。

时间片是一个站在发送帧结束后等待另一个站立即响应所需的最大时间，而响应窗口是发送 MAC 控制帧后受控的时间间隔，在此间隔时间内发送站暂停发送而等待响应。一个响应窗口的持续期等于一个时间片。

4.3.3 令牌传送规程

在占有令牌的站发送完数据后，就将令牌传送给后继站，若后继站失效，则需要征求新的后继站；如果仍无反应，则需要进行逻辑环的重建。

一、向后继站传送令牌

令牌的格式和内容如下：

PA	SFD	00001000	NS	TS	空	FCS	ED

传授令牌的站把令牌传送出去之后，为了了解令牌是否已被其后继站接收，还须对总线进行监听。可能会出现下述三种情况：

(1) 监听到总线上有一有效帧，授令牌站认为令牌已成功地传递给后继站，并正在发送；

(2) 监听到 FCS 出错帧，则重发一次令牌，并继续监听；若后继站无信息发送则认为后继站失效；

(3) 监听到一片噪声，则继续监听多达 4 个时间片，如果再听不到什么，则认为所听到的噪声是自己已被搞乱的令牌，应再传送一次令牌；若在其后的 4 个时间片内听到有效信号，则认为令牌传送成功；如果仍不成功，则认为后继站失效。

二、确定新的后继站

当原有后继站失效时，授令牌站利用“Who-Follows”帧，并把下一站的地址放在数据字段中，以询问谁是原来后继站的后继站，然后等待 3 个响应窗口。前两个窗口用于使各接收站有足够的时间进行比较，各站收到该帧后，便将各自的 PS 与帧内数据字段中的 NS 值进行比较，若相同，表明本站便是授令牌站后继站的后继站，由于原后断站已失效，本站理应成为其新的后继站，于是在第 3 个响应窗口内发出“Set-Successor”响应帧，并将自己的地址放入响应帧的数据字段中，同时调整 PS 的内容。当授令牌站收到有效的“Set-Successor”帧后，也应调整 NS 的内容。这样便把原后继站从逻辑环中“旁路”掉，确定新后继站的过程如图 4-12 所示。

三、重建逻辑环

如果原后继站的后继站也失效了，则授令牌站在发出“Who-Follows”帧后 3 个窗口的时间内都不会收到响应，此时应重发“Who-Follows”帧，若仍失败，则转向逻辑环的重建，此时应发送“Solicit-Successor-2”帧，并将自己的地址（TS）放入 DA 和 SA 字段中，以征求网络中任何一站的响应。此帧发送后须等待两个响应窗口。第一个窗口用于等待地址编码低于 TS 的接收站做出响应，如果在该窗口内没有响应，则第二个窗口用于接收其地址高于 TS 的站做出响应。只要收到一个有效的“Set-Successor”响应帧，就是找到了新的后继站，然后建立前后逻辑关系，以形成新的逻辑环，并把令牌传递给新的后继站。

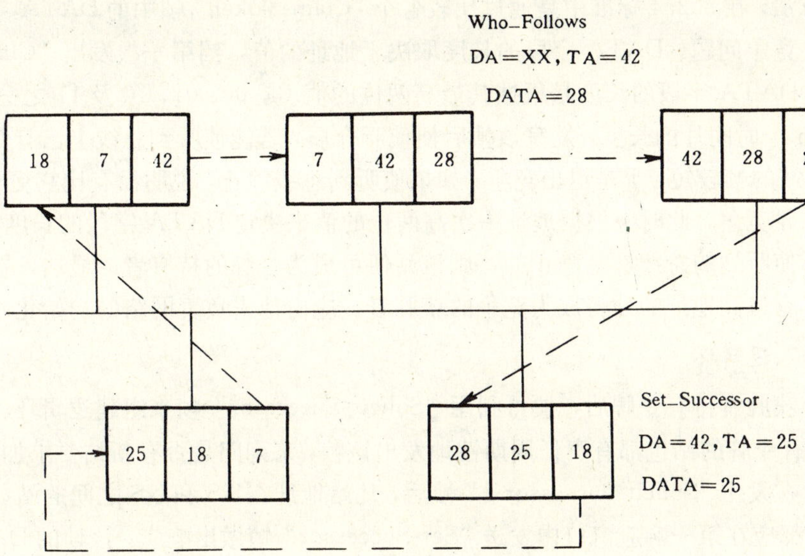

图 4-12 确定后继站示意图

四、解决冲突

在重建逻辑环时，可能会出现多个站都在第一个响应窗口或第二个响应窗口内发来“Set-Successor”响应帧的情况，致使授令牌站监听到的是一些噪音。此时授令牌站应发出下述的“Resolve-Contention”帧来解决冲突，然后等待 4 个窗口，此帧即为

TRE	SD	00000100	XX	TS	空	FCS	ED

在总线上连接的各站，其地址的最高位可能有 00、01、10、11 四种情况。它们在收到第一个“Resolve-Contention”帧后，分别延迟 3、2、1、0 个随机时间片，才发送“Set-Successor”帧。如果它们在发送前已经在前面的窗口中侦听到并不静止，便自动淘汰而不再发送响应帧。如果授令牌站未能收到有效的响应帧，则应第二次发送“Resolve-Contention”帧。在上次竞争中未被淘汰的站应以其地址中的次高两位，作为延迟随机时间片的依据，再次参加第二轮的竞争。如此重复上述过程，直至授令牌站收到有效的“Set-Successor”帧为止。显然地址最高的站将在竞争中获胜，对于 48 位地址，“Resolve-Contention”帧最多可重发 25 次。

4.3.4 逻辑环维护

令牌总线网逻辑环的维护包括网络初始化、加入逻辑环、退出逻辑环等内容。

一、网络初始化

网络初始化是为了建立逻辑环，在令牌总线网中并未设置一个专门用于建立逻辑环的机构，任何站若检测到总线空闲而计时器超时时，说明网络已处于“永久”不活动状态，都应负起建立逻辑环的责任。此时该站发送一个“Clain-Token”帧。由于任何站都可发送

“宣布令牌”帧，因此它们有可能发生冲突，故在初始化算法中应考虑到发生竞争及解决竞争问题的方法。在802.4标准中是通过比较各个“Clain-Token”帧中的DATA字段长度的办法来解决竞争问题。DATA字段的长度取决于地址的值，当第一次发出“Clain-Token”帧时，帧的DATA字段的长度是根据其最高两位的值（是00、01、10及11之一），分别取0、2、4或6个时间片的长度，发完该帧后便侦听介质，若能侦听到总线上已有其他站在发送，说明本站的帧较短，于是退出竞争。如果侦听到总线静止，说明没有比它更长的帧，便可参加第二轮竞争，此时应根据地址中次高两位的值来决定DATA字段的长度。如果在4次竞争中所侦听到的总线都是静止的，则该站便可成为令牌的持有者。显然，在有竞争的情况下，具有最高地址的站将成为竞争的获胜者，应由他来负责网络的初始化。

二、加入逻辑环

在竞争获胜者持有令牌后，便可利用“Solicit-Successor”帧来组建逻辑环。在正常运行时，凡持有令牌的站也都有责任周期性地发出该帧，来询问是否有新站要求加入逻辑环。令牌持有者在发出“Solicit-Successor-1”帧后，凡站地址在TS和NS之间的站如果希望加入逻辑环，都应在第一响应窗口内发送“Set-Successor”帧做出响应。该帧的DA＝持令牌站的站址，SA＝TS，DATA＝TS。在一般情况下，令牌持有站可能检测到以下三种情况：

1. 没有收到任何站发来的响应，这表明没有新站要求加入逻辑环，此时令牌持有站仍把令牌传递给下一站；

2. 收到一有效的“Set-Successor”响应帧，表明有一个站址在TS和NS之间的站要求加入逻辑环，于是令牌持有站在将NS值改为新站的站址后，便把令牌传递给新站。并且新站和原后继站都须对PS和NS做出相应的修改；

3. 听到一片噪音，这表明有多个站加入逻辑环，此时同样需要发送“Resolve-Contention”帧来解决冲突。通常，是具有较高地址的站先进入逻辑环。

三、退出逻辑环

当逻辑环中的某站已无信息发送时，可要求退出逻辑环。有两种退出方法：

（1）当该站从前一站接收到令牌时，不予响应，使其前一站认为其后继站失效，便重新选定其新的后继站而将此站（欲退出环的站）排除出环；

（2）当某站已持有令牌但要求退出环时，可发送一“Set-Successor”帧给其前一站；而在SA和DATA字段中都填上后继站地址NS，并把令牌传送给后继站，这样便可把该站的前站和后继站从逻辑上连接起来，从而把该站排除出环。

4.4 令牌环网

在LAN中广泛采用环形网络拓扑结构，它是由一组高速的点—点连接链路和一组转发器（环形网络接口）连接所形成的闭合环路。主机和服务器等均通过接口连接到LAN上，如图4-13所示。目前已研制出多种环形网络。根据对介质访问方式的不同，可将环型网络分成三类：（1）令牌环网；（2）时间片环；（3）寄存器插入型环网。在三种环形网中，令牌环网最为流行。IEEE 802委员会仅为令牌环制订了IEEE 802.5标准。

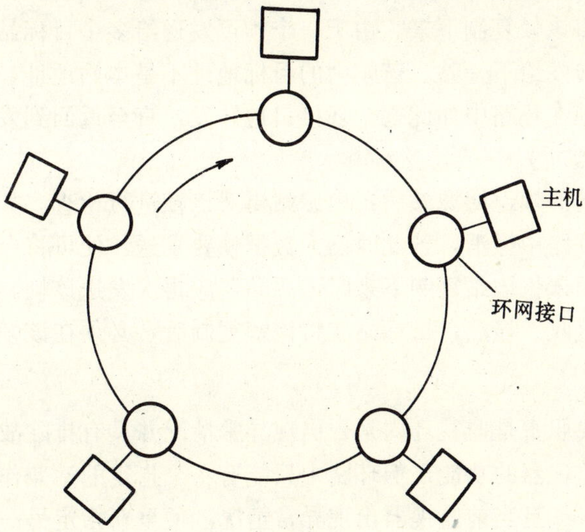

图 4-13　环形网络

4.4.1　令牌环网的工作原理

令牌环网是最早出现的环型网络。第一个令牌环是在 1969 年由美国贝尔实验室的 W. D 法默（Farmer）和纽霍（Newhall）研制成功的，故把它称为 Newhall 环型网。令牌环网是把令牌传送控制方式用于环型网络而形成的一种 LAN。

一、令牌

由于在一条环形信道上可连接多个主机、服务器等，为了控制它们对环形信道的访问，同样需要采用某种介质访问控制规程。对于令牌环网，是在环路中设置一个令牌，任何主机仅在其获得令牌后，方可将信息发送到环路上。这里的令牌由以下三部分组成：

SD	AC	ED

其中，SD 和 ED 分别是令牌帧的起始符和结束符，各占一个字节；AC 是访问控制字节。在通常情况下，由数据帧和令牌帧交替地在环路上传输。当各主机均无数据发送时，环路中只有令牌在不断地绕环传送，并且无站点接收它。

二、帧的发送和接收

1. 帧的发送

当一个站要发送数据时，要先将数据形成信息帧并存放在发送缓冲区中，然后命令环接口去截获令牌。环接口不断地检测环路中流动的比特流，当发现有令牌帧时，将令牌截获下来，接着便可将发送缓冲区中已准备好的帧送入环路。令牌环网允许一个站连续发送多个帧，只要不超过规定的占用令牌的最大时间。发送站把信息发送完后并不立即释放令牌，还须等待其所发出的帧返回本站后，方可释放令牌。

2．帧的接收与转发

帧在环路中传送时，每经过一个环接口，便由该接口检查该帧中的目标地址。若是本站地址，接口便将该帧复制下来。由于一个帧可发送给多个目标站，因而在复制该帧的同时，还须将它们转发给下一站。若帧中的目标地址不是本站地址，则只须将该帧向下一站转发而不复制。帧在环路中如此逐个环接口地转发，直至返回到发出该帧的源站为止。

3．帧的撤消与重发

当环路中传送的帧返回源站后，由源站再对该帧进行检查。如果发现该帧已被目标站接收，便将它从环路中撤消，若此时已无数据帧要发送，便可将令牌传送给下一站。但若发现目标站因忙而未将该站复制下来时，源站还应再次发送该帧。对于重发帧，目标站在识别后必须予以接收。显然，目标站在将该帧复制后，必须在该帧中置以标志。

三、监视器

监视器的主要职责是监视环内是否出现异常情况并具有排除故障的能力。令牌环中的每一个站都具有监视器的功能，但环路中只能有一个指定的站兼作监视器，而其他各站则兼作备用监视器。一旦当前监视器出现异常情况，便重新指定另一个站作监视器。其主要功能有：

1．防止信息在环中做无休止的循环

如果帧中的目标地址有错，或因目标站故障而退役，使得某些帧无法投递，而它们又不会自动消失时，会致使它们在环路中做无休止循环。因此网络必须能够妥善处理这种无法投递的帧。为此，在帧中设置一监视位M，当帧第一次通过监视器时，把M位置“1”，表示已通过监视器；在第二次通过监视器时，若发现监视位仍为“1”，便认为该帧已无法到达目标，则立即由监视器将该帧改为令牌。相应地，当其他站检测到其M＝0且为要投递到本站的帧时，若站正忙可暂不接收；若帧中M＝1，则必须接收，否则便会使该信息丢失。

2．防止令牌丢失

令牌在系统启动时产生，由于传输中出现差错，会使令牌丢失，进而使环处于无信息传输的状态。为防止令牌丢失，可设置一环路空闲计时器，每当监视器检测到有令牌和数据帧在传输时，便启动该计时器。由于环路在正常工作时，绝不会出现长时间的空闲状态，即使各站都无信道发送，但总会有令牌在不断地由一个接口传送到另一个接口，因而环路的空闲时间不会超过某一规定值。我们可以设定环路空闲计时器的值稍大于该规定值，当计时器的值超过规定值时，监视器便认为环路内丢失了令牌，于是由监视器向环路发出一个新令牌。

3．及时发现环路故障

监视器的另一职责，是随时了解环路中各站是否处于正常工作状态，及时发现故障。为此，它必须注意那些未能到达目标的帧，记录这些帧的发送站和接收站。如果发现某个站接连多次发送了错误的帧，或未能接收其他站发给它的帧时，监视器应把此情况报告给管理程序，由后者对该站做进一步地检测，当发现该站确实发生了故障时，便向所有的站发出警告，要求他们不再与已出现故障的站进行通信。

此外，监视器还必须每隔一定时间，依次向各站发送测试信息。收到测试信息的站应做出相应回答，监视器再根据所收到的回答，去分析该站是否能正常工作。

4.4.2 令牌环网的帧格式

在 IEEE 802.5 标准中，MAC 帧被分成两类：令牌帧和数据帧。其格式如下：

令牌帧：

SD	AC	ED
1 字节	1 字节	1 字节

数据帧：

SD	AC	FC	DA	SA	INFO	FCS	ED	FS
1	1	1	2 或 6	2 或 6	0～n	4	1	1

1. 定界符 SD 和 ED

SD 是帧的起始定界符，ED 为结束定界符。

2. 访问控制字段 AC

AC 的位像图为 PPPTMRRR，其中的三位 P 用于表示帧在环中传输时的优先级，共有 8 级，PPP＝0 为最低级。当不采用优先级方式时，PPP＝000。RRR 是环内预约优先级，供优先级高的站预约发送。T＝0 表示是令牌帧；T＝1 是数据帧；M 是监视位，用于防止帧在环内做无休止的循环，由发送站把 M 置成“0”。而在帧通过环中的监视站时，由监视站将 M 置成“1”。当监视站发现有 M＝1 的帧时，表示该帧已在环中绕行一周而无站接收，于是将此帧抛弃。

3. 帧控制字段 FC

令牌环 FC 字段的位像图为 FFXXXXXX，FF 是帧类型位，FF＝00 表示帧的数据段中是环管理信息，故称为管理帧或 MAC 帧。FF 后的六位指示 MAC 的类型。FF＝01 表示帧中的数据字段是用户数据，即 LLC 的 MSDU，故称为 LLC 帧。其后的六位为 rrrYYY，rrr 暂未用；YYY 是 LLC 子层 PDU 的优先级。FF＝10 及 FF＝11 都尚未定义。

4. 帧状态字段 FS

FS 字段的位像图为 ACrrACrr，其中 A 为目标地址识别位，C 为帧拷贝位。由发送站在发送帧时将它们置为“0”，当该帧到达目标后 DA 被识别时，由目标站将 A 置为“1”。若目标站已将该帧拷贝到站缓冲区，则也将 C 置为“1”，r 未定义。发送站可根据返回来的 A 和 C 的组合，来区别表 4-1 所示三种情况：

表 4-1

AC	说　明
00	表示环上无目标地址所指定的站
10	目标地址被识别，但目标站未拷贝该帧
11	目标地址被识别，且目标站已拷贝该帧

5. 帧校验位 FCS

FCS 采用 32 位的循环校验码，其生成多项式为：

$$G(X)=X^{32}+X^{28}+X^{23}+X^{22}+X^{16}+X^{12}+X^{10}+X^{8}+X^{7}+X^{5}+X^{4}+X^{2}+X+1$$

6. 目标地址 DA 和源地址 SA

令牌环中可采用16位或48位的DA和SA。目标地址可以是单地址，也可以是组地址，还可以是局部管理地址或全局管理地址，与CSMA/CD总线网的相同，在此不再赘述。

4.4.3 MAC 帧的发送和接收规程

在IEEE 802.5规程中规定了MAC帧的发送和接收方法，并提供了优先权操作。在采用优先级操作方式时，每当发送帧时都应设置AC字段中的优先权P，使之等于发送帧的优先级。当不采用优先权操作时，令P=0。

一、帧的发送规程

当MAC实体收到LLC实体送来的MA_DATA.request原语后，要为PDU配上适当的FC、DA、SA、AC等字段，以形成MAC帧，一方面令该帧排队等待发送；另一方面则预约令牌。

1. 令牌预约

准备发送MAC帧的站，当其在环接口中收到上站发送的帧时，要检查帧内AC字段中的预约优先级 R_r，如果本站待发送帧的优先级 P_m 大于 R_r，则须在转发该帧时，把其预约的优先级 R_r 升高，使之等于 P_m；否则仍保持原有帧中的 R_r 值。在每一个要发送帧的环路接口中，都应按这种方式进行预约，如果后一站待发送帧的优先级又高于前一站待发送帧的优先级，则又可将优先级 R_r 升高，图4-14给出了预约方式示意图。

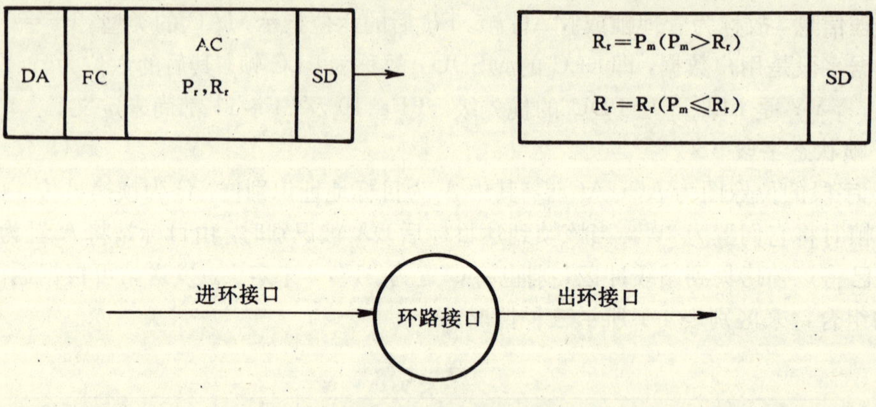

图4-14 令牌预约示意图

2. 截获令牌

当环路中流动的帧返回到当前站时，须由该站检查返回帧中的预约优先级 R_r。若它已被升高，则在发送令牌时应设置令牌帧中的 $P_r=P_m$。具有优先级的令牌在环路中传送到待发送信息的环路接口时，由该接口将令牌中的优先级 P_r 与本站待发送帧的优先级 P_m 进行比较，若 $P_r\leqslant P_m$，则该站即可将令牌截获下来，并启动令牌计时器THT，以便对本站保持令牌的时间进行计数。

3. 数据帧的发送

在截获令牌后，便开始发送数据帧，以令牌帧的SD作为数据帧的SD，边发送边产生帧校验码CRC。在发完数据段后接着发送FCS段、ED及FS段，此时FS字段中的A和C都应置为“0”，发完后等待信息返回。

4. 帧的撤消

当帧返回源站后，源站要检查该帧FS字段中的C位。若C=1，表示该帧已被目标站拷贝，因而可将该帧撤除；若C=0，源站还应重发该帧。当源站撤除所发的数据帧后，如果还有$P_m \geqslant P_r$的数据帧，则还可继续发送，直至全部发完或THT超时，方才交出令牌，并将它发送给下一站。

二、帧的接收规程

1. 帧的接收和转发

环路上所有接口都要随时监视着环中传输的信息流，当有信息流入本站时，首先检查该信息（帧）中的目标地址字段DA（包括单地址、成组地址和广播地址），若被本站识别（是本站站址），则将其FS字段中的A置成“1”；若空闲，则将帧中的FC、DA、SA和数据字段，以及FS字段拷贝到接收缓冲区，并将该帧FS字段中的C位置成“1”后，将该帧转发到下一站。

2. 对帧进行检查

把帧接收下来以后，便对该帧做一系列的检查：(1) 检查ED字段中的E位是否为1。若是1，表明该帧有FCS等错；(2) 检查整个帧的长度是否是8的整数倍，若非，表明边界错；(3) 检查SD和ED之间的字节数是否小于10个字节（2字节编址）或18个字节（6个字节编址），若小于指定字节数，表明帧长错；(4) 检查FC字段中的FF编码是否是00或01，若不是，则帧类型错。当发生上述各种错误时，接口都将该帧抛弃。

习　题

1. 典型LAN的硬件系统由哪几部分组成？并说明其每一部分的作用。
2. 网络工作站有哪几种类型？试说明多媒体工作站的配置。
3. 试说明网络适配器的基本功能是什么？
4. 利用集线器来组建LAN有何优点？
5. 何谓堆叠式集线器？何谓机箱式集线器？
6. 为什么说网络服务器是LAN的核心？对网络服务器的基本要求是什么？
7. 可通过哪些途径来提高磁盘系统的速度？
8. 何谓IDE接口和SCSI接口？它们各有哪几种规范？
9. RAIS的主要优点是什么？
10. CSMA/CD的含义是什么？试画出该访问规程的流程图。
11. 以太网的基本特征是什么？它适用于何种场合？
12. 试说明IEEE 802.2、802.3、802.4和802.5分别是什么标准？
13. 试画出CSMA/CD的帧格式，并对帧中各字段做扼要说明。
14. 试说明令牌总线网的介质访问控制的基本原理。

15. 令牌传送总线网有哪些基本特征？

16. 在令牌总线型 LAN 中，如果发生后继站失效的情况，应如何确定新的后继站？

17. 在令牌传送总线中，采用何方法解决冲突问题？

18. 试说明令牌环的基本工作原理，并说明令牌环中监视器的功能。

19. 在令牌环中如何实现优先级高者优先发送的原则？

20. 在 IEEE 802.5 标准中，设置 FS 字段的主要目的是什么？

第五章 快速局域网

80 年代是 LAN 大发展的年代，在不少企事业单位中，都拥有若干个部门的 LAN。为了实现更大范围的数据通信和资源共享，开始利用网桥和路由器将这些部门 LAN 互连在一起，形成了最初形式的企业网；后来又用 IBM 令牌环作为企业的主干网来连接各部门 LAN。但令牌环的传输速率只有 16Mbps，很容易形成瓶颈，因而急需一个传输速率更高的网络作为企业的主干网。正是在这种需求的推动下，于 80 年代后期又推出了具有 100Mbps 传输速率的 FDDI 光纤环网。

对于传统的以太网，其带宽是供 LAN 上的所有 N 个站点所共享，即每一个站点的平均带宽为 10Mbps/N。随着以太网上微机数量的不断增加和微机速率的提高，10Mbps 的传输速率已远远不能满足需要。虽说利用 FDDI 可以解决问题，但价格太贵，这样，又使价廉物美，且同样具有 100Mbps 的快速以太网应运而生，并在 90 年代中期得到迅速应用，到 90 年代后期，不少公司又推出了具有 1Gbps 传输速率的以太网，一般称之为超高速率 LAN 或千兆位以太网，预计到本世纪末或下个世纪初，千兆位以太网将会得到广泛应用。

5.1 FDDI 光纤环网

FDDI 是 Fiber Distributed Data Interface（光纤分布式数据接口）的缩写，是由美国国家标准协会 ANSI X3T9.5 委员会确定的一种光纤 LAN 标准。该网是一个双光纤环，其数据传输速率高达 100Mbps，最大网段的长度为 2 公里，允许在环上连接的最多工作站数为 500 个。因此可使光纤网的最大距离达 100 公里，数据帧的最大长度为 4500 个字节，约为以太网数据帧长的三倍。FDDI 主要是用作连接一般 LAN 的主干网，也可用于传输速率较高的部门，如计算机辅助设计、计算机仿真以及图形处理等部门来连接高速工作站。

5.1.1 FDDI 网的网络拓扑结构和组成

一、FDDI 网络拓扑结构

由于 FDDI 网是采用光纤作为传输介质，而光纤抽头的连接又很困难，只适用于点一点连接，因而致使 FDDI 标准选择了环型拓扑结构。为了提高环路的可靠性而采用了“反向双环”结构，在两个环中数据的传输方向相反，其中的外环被称为主环，内环为副环。在正常情况下只有主环在工作。当主环发生故障时，可通过主环与副环的重新组合而构成新的环路，从而使环路仍保持正常工作，那些同时连接到主环和副环上的重要工作站，也因此不会受到影响；此外，为了增加 FDDI 网的灵活性和可维持性，在网络上利用集线器来连接各工作站。当连接在集线器上的工作站发生故障时，其他部分几乎不受任何影响。据此可知，FDDI 的网络拓扑结构属于星型、环形结构，如图 5-1 所示。

二、FDDI 的组成

由图 5-1 所示的结构图可以看出，一个 FDDI 包括：(1) 光纤；(2) 集线器；(3) 工作

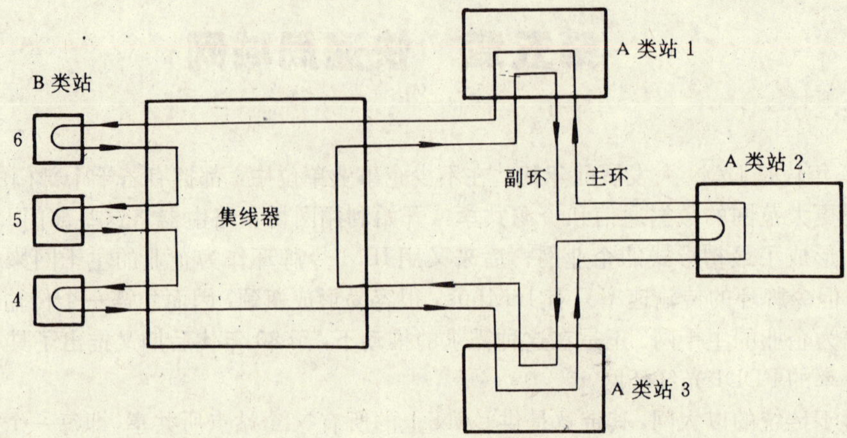

图 5-1　FDDI 的网络拓扑结构

站；（4）网卡等部分。

1. 工作站

在 FDDI 上所连接的工作站有以下两类：(1) DAS：这是双附接站，又称为 A 类站。它是利用两条双工电缆同时与主环和副环连接，如图 5-1 中的 1、2、3 号站。A 类站具有较高的可靠性，当站发生故障时，可用光旁路开关将数据从该站旁绕开，这样，当主环的某处链路发生故障时，通过主、副环的重新组合，可使环路仍能正常工作。因此，A 类站适用于较重要的工作站，如主机、打印/文件服务器、工作站等；(2) SAS：这是单附接站，又称为 B 类站。它仅利用一条双工电缆通过集线器连接到主环上，如图 5-1 中的 4、5、6 号站。此类站的重要性较小，出现故障时，可直接将故障部分隔离掉。

2. 光纤

在 FDDI 网中的传输介质主要用光纤，FDDI 标准中推荐使用 62.5/125μm（芯/外层）的多模光纤，其波长为 1300nm，使用发光二极管 LED 而不是激光二极管。这种光纤较易于与其他型号的光纤对接。由于光纤器件价格昂贵，因此也有人采用双绞线替代光纤，与之相应的标准是 CDDI，但由于其传输距离受很大限制，通常为 100 米，故目前主要还是采用光纤。正如双绞线需要 RJ-45 接头一样，光纤也要有相应的接头才能与设备相连接。目前最流行的光纤接头有 MIC，该接头可接两根光纤；其次还有 ST，该接头只能接一根光纤。

3. 集线器

在 FDDI 环型网中，可采用集线器来连接 A 类站和 B 类站。当工作站与集线器间距离小于 100 米时，可用 UTP 来连接集线器和工作站，并采用低价收发器。若使用屏蔽双绞线，又可使距离加大到 140 米。集线器的主要功能是连接工作站。在 FDDI 中又把它分为两类：(1) 单附接集线器：用于连接 B 类工作站；(2) 双附接集线器：用于连接 A 类工作站。

FDDI 集线器的具体功能是：(1) 帧的发送和接收功能；(2) 支持标识和确认帧的处理，并能实现定时令牌协议；(3) 网络管理功能：搜集网络性能参数，执行对网络上各工作站的管理，负责对各网站进行诊断和测试。

4. FDDI 网卡

凡是要直接连接到FDDI网或CDDI网上的设备，都要配置FDDI或CDDI网卡，根据机器所采用总线的类型的不同，可将FDDI（CDDI）网卡分为ISA、MCA和EISA总线等几种。用户可根据所连接设备的情况进行选择，例如，3COM公司的3C771A便是适合于FDDI网的32位EISA网卡，而3C775A则是适合于CDDI网的32位EISA网卡。对于那些不是直接挂在FDDI上的设备，则不需使用FDDI网卡。例如，某个工作站是连接到以太网上的，而以太网又通过网桥连接到FDDI上，则此时在该工作站上就应配置以太网卡，而在网桥上则应配置FDDI网卡。

5.1.2 FDDI网的介质访问控制方式和优点

一、FDDI网的介质访问控制方式

在令牌环中所采用的介质访问控制方式，遵循IEEE 802.5标准，是单数据帧访问方式，即是指当持有令牌的源站把数据帧送入环路后，并不立即释放令牌，而是要在等待数据帧绕环一周再返回到源站，并由源站对所发送的帧进行检查，在确认该帧已被指定目标站接收后，才将令牌发送到下一站。这样既保证了传送的可靠性，又能使环路上每次只有一个数据帧在传送。当令牌环的传输速率较低时，这种方法是有效的，但对于具有100Mbps的FDDI网而言，则显得很低效。

FDDI网采用了与令牌环网相似的介质访问方式，即它在光纤环中也设置了一个令牌，只是持有令牌的站才有权发送信息。所不同的是，在FDDI网中采用了多数据帧的访问方式，或者说，是采用了“最早令牌释放（ETR）”技术，此即当源站（如A站）把数据帧发送完后，便立即释放令牌，并将令牌发往下一站。若其后继站（如B站）也有数据要发送，该站便取得令牌，并把数据送入环路，然后又立即将令牌传送给其后继站（C站）。若C站也有数据要发送，便也占用令牌去发送数据。这样，令牌在环路上一站一站地往下传送，可使环路上所有要发送数据的站，都有机会去截获令牌发送数据，从而使环路上可同时存在多个数据帧。显然，在环路上允许同时传送多个数据帧，将会有效地提高网络的吞吐量。

二、FDDI网的主要优点

FDDI网从80年代末到90年代中期能够得到广泛的应用，主要是由于它具有下述一系列的优点，再加之它是当时唯一可供选择的快速LAN。

1. 能提高访问速度

由于FDDI的传输速率是一般LAN传输速率的10倍，因而可使各LAN之间的访问速度，和LAN对连接到FDDI网上的主服务器的访问速度得到明显提高，且不易出现瓶颈现象。

2. 能覆盖较大的地理范围

由于FDDI允许每条网段的长度达2公里，光纤网的最大距离可达100公里，因而可利用它来互连地理上较分散的、数量较多的LAN。而一般的网络互连设备（如干线路由器、交换集线器），通常都只能达到数百米的距离，即使利用光纤作为传输线，也只能达到数公里的距离，都远低于FDDI的地理覆盖范围。

3. 具有较高的可靠性和安全性

由于FDDI采用了双环结构和许多可靠性措施，因而使它成为一个非常可靠的网络。利

用FDDI 作为主干网来互连各部门LAN，易于保证整个网络具有较高的可靠性，且不会由于某设备或LAN 的故障而致使整个网络失效。

此外，又因为FDDI 采用光纤作为传输介质，避免了信号在传输过程中受到电磁波的干扰，而且也对信号进行窃听，故确保了高速传输数据的安全性。

4. 吞吐量高

FDDI 网不仅传输速率高，每帧的最大允许长度可达4500字节，而且还允许在环路上同时传输多个数据帧，因此可以大幅度地提高网络的吞吐量。FDDI 网比常规的LAN（令牌环、以太网）的吞吐量，可以高出一个数量级。

5.1.3 FDDI 网的体系结构

美国国家标准协议ANSI X3T9.5 委员会在制订FDDI 标准时，为了实现FDDI 标准与介质的无关性，该标准也像IEEE 标准一样，将数据链路层分为两个子层，其中上面的子层仍是逻辑链路控制子层（LLC），并遵循IEEE 802.2 标准；下面的子层也是介质访问控制子层（MAC），物理层同样也分为两个子层，即物理协议子层（PHY）和物理介质相关（PMD）子层。此外，在FDDI 标准中还增加一个网络站点管理（SMT）子层。FDDI 标准的体系结构如图 5-2 所示。

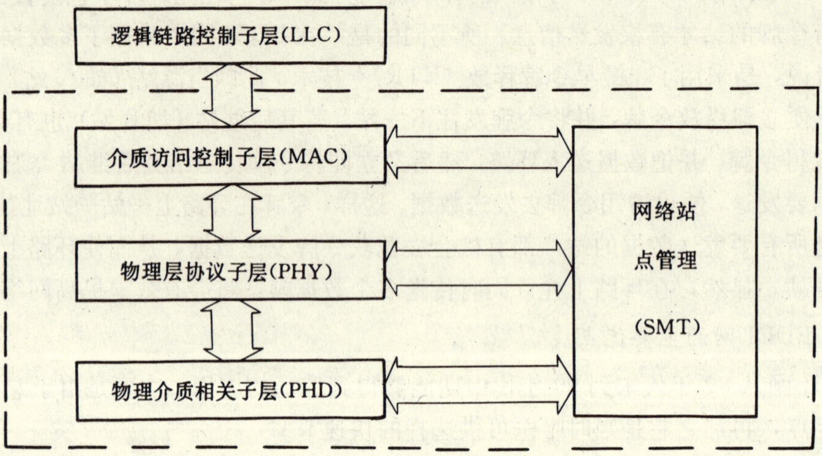

图 5-2 FDDI 标准的体系结构

一、介质访问控制（MAC）子层

在 FDDI 标准的 MAC 子层协议中，定义了介质访问方式，其中包括定时令牌协议（Timed Token Protocol）。该协议描述了令牌和数据帧的格式，令牌和数据帧的操作方式，令牌的处理及地址的选择，还规定了计算机循环冗余校验码的算法，以及从错误中恢复正常的机制，介质访问控制的优先级机制等一系列的规范和服务。

相应的，MAC 子层具有下述功能：（1）对环路进行初始化；（2）构造令牌和数据帧；（3）利用定时令牌协议保证各站点间更公平和有效地对网络进行访问，以提高网络的吞吐量；（4）截获令牌并发送数据帧，及对环路上的帧执行接收、转发和删除等操作；（5）进行故障诊断和故障隔离等处理。

二、物理协议子层（PHY）

ANSI 在 1988 年 6 月公布了 FDDI 和 PHY 子层标准。PHY 子层标准规定了该层的主要功能是构成光纤环，及保证信息在环中正确地传送；也定义了时钟机制、数据编码图、网络控制符号、编码、译码算法和操作方式；规定在发送时须将时钟信号与数据信号混合进行传输；在接收时，再从混合信号中分离出时钟信号和数据信号；此外，还制订了可靠性规范等。

三、物理介质相关（PMD）子层

在 FDDI 标准中，对所有与物理传输有关的工作，均在 PMD 子层中做了规定，它定义了与传输介质——光纤有关的物理特性、对结点与光纤介质接口中光电部分的要求。PMD 子层标准是在 1989 年 9 月通过的。其具体内容如下：

1. 光纤：FDDI 标准推荐使用 62.5/125μm 的多模光纤，两个中继器间信号的最大衰减不超过 11dB。

2. 光发送器和光接收器：PMD 规定采用波长为 1300nm 的发光二极管 LED 作为光源，并对光接收器的灵敏度做出了具体规定。

3. 介质接口接头：PMD 规定了两种类型的接头，一种是 MIC 接头，可用于连接两根光纤；另一种是 SC 接头，它只能接一根光纤。

4. 光旁路中继：当光环路中的站点出现故障时，光信号不再被传送到该站的光接收器，而是通过光旁路中继电路把光信号传送到下一个站，将故障站从环路中切除，保持光环路的畅通，以维持正常运行。

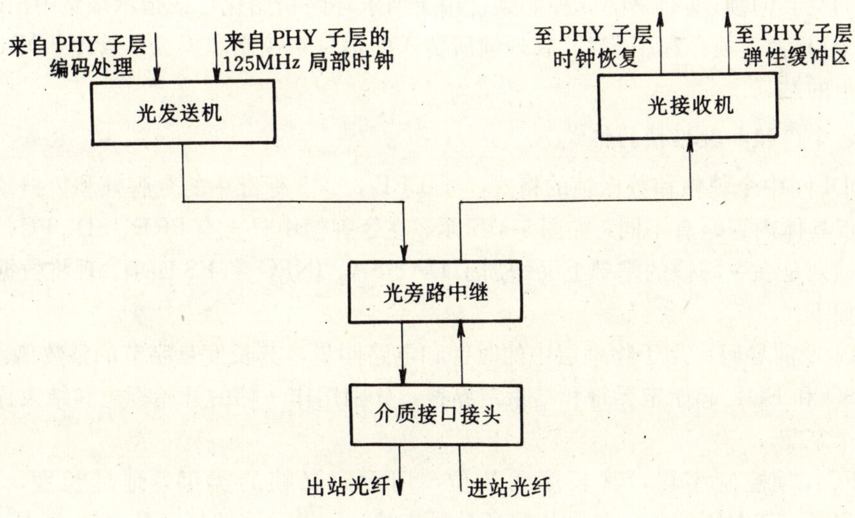

图 5 3　PMD 子层中各部分的关系和功能

四、站管理（SMT）子层

直到 1991 年，ANSI 才发表了 FDDI 标准的最后一部分，即 SMT 子层标准。其主要功能是协调MAC、PHY及PMD三层的活动；它定义了FDDI站点的配置、环的配置以及环的控制特性，包括站点的初始化，站点的接入和移出，对错误的隔离和纠正，统计数据的收集与编排等功能。在SMT子层中定义了三个基本功能，即环管理、连接管理和帧服务。

1. 环管理(RMT)：在FDDI网上的每一个MAC实体，都须配置一个RMT功能部件，用于对MAC实体实施管理。

2. 连接管理(CMT)：每一个FDDI站点都可以有多个PHY和PMD实体。CMT用于建立和维护FDDI环路不同站点上物理实体间的连接，具体说，包括启动各站的初始化操作，提供两个相邻PHY实体间的连接，监视环的活动，及时地控制光旁路中继或网络故障的隔离和排除；此外，还具有控制系统配置的功能。

3. 帧服务(FSS)：FSS实际上就是简单的网络管理功能。它提供了8种类型的SMT服务帧，为对网络实施管理和进行检测，提供了多种有效的手段；定义了相邻结点间的数据传递方法；提供了对环配置情况变化的检测手段。

5.1.4 FDDI网的MAC帧结构

一、MAC帧的类型

在MAC子层中规定了四种类型的帧，并定义了每一种帧的格式。

1. 令牌帧：有两种类型的令牌帧：(1) 有限制令牌帧：用于同步传输和受限制的异步传输；(2) 无限制令牌帧：用于同步传输和不受限制的异步传输。

2. 数据帧：有三种类型的数据帧：(1) LLC数据帧：用于传送在环路上的用户数据；(2) LLC同步帧：用于同步传输；(3) LLC异步帧：具有优先级的异步传输。

3. MAC管理帧：有两种类型的MAC管理帧：(1)MAC服务帧：用于MAC子层与LLC子层之间交互的帧；(2) MAC控制帧：用于请求环路初始化，或指示环路中出现了故障。

4. SMT管理帧：利用SMT管理帧所传送的信息来控制和操纵、管理FDDI环路，以及环路上的站。

二、令牌帧和数据帧的格式

FDDI网中令牌帧和数据帧的格式，与IEEE 802.5标准中的令牌帧和数据帧的格式相似，仅仅具体内容略有不同，如图5-4所示，在令牌帧中只含有PRE、SD、FC、ED四项；而数据帧则是在令牌帧的基础上又增加了DA、SA、INFO和FS四项。现将数据帧中各字段说明如下：

1. PRE前导码：用于物理层中的时钟和电路同步，其长度是字节的整数倍。

2. SD和ED：起始定界符和结束定界符，分别用作一帧的开始标志和结束标志，其长度为一个字节。

3. FC：帧控制字段，其长度为8位，用于定义帧的类型、地址长度。其格式为CLFFZZZZ，其中的C指示是同步帧还是异步帧；L指示地址长度是16位还是48位；FF用于指示帧的类型是令牌帧、MAC帧、LLC帧或是SMT帧；后4位Z暂未使用。例如令牌帧的FC位像图为01000000。

4. DA和SA：目标地址和源地址。其长度为16位或48位；DA可以是单地址或成组地址。

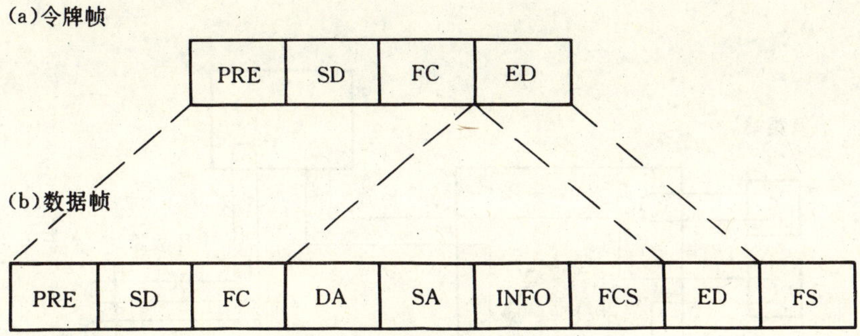

图 5-4　令牌帧和数据帧的格式

5. INFO：数据字段，在 FDDI 标准中允许的最长数据字段为 4500 字节，最小为 0。它既可以是用户数据，也可以是控制信息。

6. FCS：帧校验字段。在 FDDI 标准中采用 32 位的循环冗余校验码。

7. FS：帧状态字段。它除了含有 802.5FS 中的目标地址识别位 A 和帧拷贝位 C 外，还增加了一个 CRC 错误位。

5.1.5　提高 FDDI 可靠性的措施

FDDI 采用的是环形网络拓扑结构。虽然该结构具有很好的性能但并不可靠，还必须采取某些可靠性措施。为此，在 FDDI 中同时采取了下述四种措施来提高网络的可靠性，以使网络成为一个相当可靠的快速 LAN。多年来的实践也证明了 FDDI 是安全可靠的。

一、基本的可靠性措施

提高环路可靠性的第一个措施，是采用了“反向双环”结构，即在 FDDI 网中增设了与主环并行的备用环路，且两环路中数据的传输方向相反。对于一些重要的网络设备，可以同时连接到主环和副环上，当主环发生故障时，可通过主环与副环的重新组合而构成新的环路，这样，环路仍能保持正常工作，不致影响到重要设备的工作。

为了保证网络整体的可靠性及网络性能，在主干网上不宜连接过多的站点，通常是将工作站通过集线器再接至环上。当环路发生故障及断电等情况时，集线器会自动使设备与网络隔离，从而不会影响环路的正常工作。图 5-5 示出了当 6 号工作站出现故障后，将该站从网络上分离出去的情况。

三、自动重构措施

当 FDDI 主环路中的 ab 段光缆出现故障时，见图 5-5 所示，FDDI 网将自动地通过主环与副环的重构，在几秒钟内便可将故障光缆从环路中分离出去，从而形成一个单环路。当故障修复后，网络管理设施又会自动恢复双环路。

如果在上述故障的基础上，在副环路中的 cd 光缆又发生了故障，此时自动重构设施又会将一个单环路分裂成两个更小的环路，其中之一由工作站 2 和 3 构成；另一环路则由工作站 4、5、6 和 1 构成。

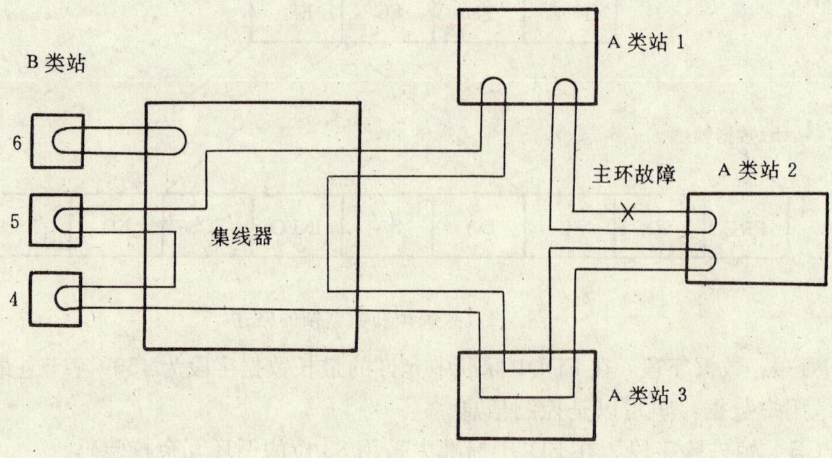

图 5-5 B 类站和主环故障时的重构情况

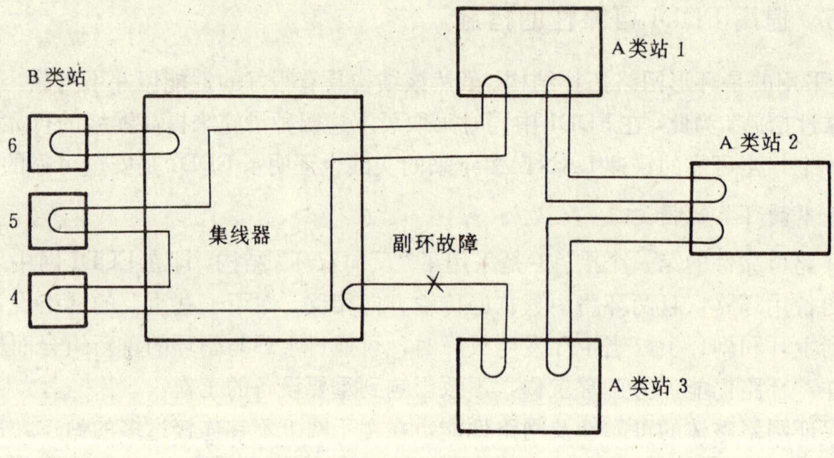

图 5-6 再加上副环故障时的重构情况

5.1.6 FDDI 网的应用

由于 FDDI 具有高速性（100Mbps）、高可靠性（双环、故障自动隔离）、长距离（站间距离可达 2 公里），以及低误码率、可扩充性、可维护性等一系列优点，又由于它是 80 年代后期至 90 年代初期时唯一可选择的快速 LAN，致使 FDDI 的应用非常广泛。目前，主要的应用方式是把 FDDI 作为主干网，还可用它作为前端网和末端网。

1. 把 FDDI 作为末端网

在 FDDI 刚问世时，主要作为末端应用，即用 FDDI 网将大、中型主机和高速大容量磁盘或磁带以及 I/O 处理机连接起来，实现在高速外存与主机之间的高速数据传输，以解决主机与设备之间的瓶颈问题。随着 FDDI 成本的下降、微机性能的提高，现已可利用 FDDI 来连接高速外存和 CAD 工作站，图 5-7 示出了用 FDDI 作末端网的情况。

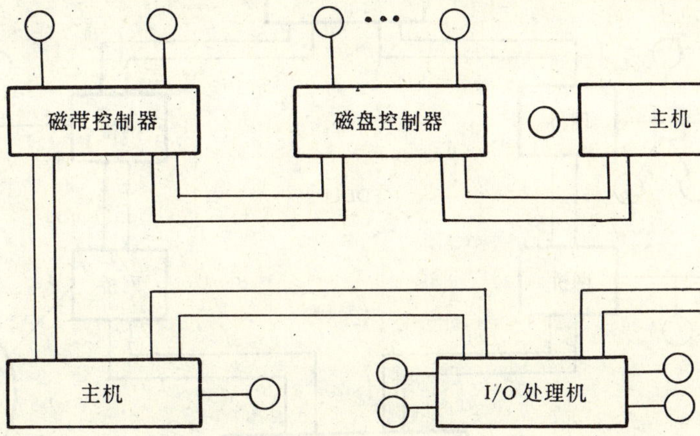

图 5-7 用 FDDI 作末端网

2. 用 FDDI 作主干网

在 80 年代中、后期的发达国家里，往往在一个企事业单位及校园中，已拥有了相当数量的部门 LAN 和工作组 LAN。而为了实现在更大范围内的数据通信和资源共享，可以采用某种形式的互连设备或网络，把上述那些 LAN 互连起来，形成一个能覆盖整个企事业单位或校园的互连网络。过去，常利用网桥、路由器，以及令牌环来互连部门 LAN，但由于这些互连设备的速率低而容易形成瓶颈，所以在 FDDI 出现后，一些大型的企事业单位便纷纷转向采用 FDDI 网作为主干网来互连各部门 LAN。

当用 FDDI 作为主干网时，仍然可以使用网桥或路由器等设备，将部门 LAN 和工作组 LAN 连接到 FDDI 上。这是因为，大多数的部门 LAN 和工作组 LAN，是采用的以太网或令牌环网，而这两种网和 FDDI 都有着相同的 LLC 子层。实际上，在当前，更多的还是利用交换集线器互连各部门 LAN。此外，在 FDDI 上还可连接上能供所有 LAN 共享的企业服务器，各 LAN 可通过 FDDI 访问企业服务器，这时，由于 FDDI 具有 100Mbps 的传输速率，因而不会形成瓶颈。如果要实现各 LAN 与远程 WAN 间的通信，还可在 FDDI 上连接路由器以实现远程通信如图 5-8 所示。

3. 利用 FDDI 作为前端网

在 80 年代，通常是利用以太网去连接用作图形和图像处理的工作站。此后，随着工作站性能的提高，它对与服务器及与主机之间交换速度的要求，也随之提高，这时的以太网就往往成为工作站访问服务器的瓶颈。在 FDDI 出现后，人们开始把 FDDI 作为前端网，亦即，将主机、文件服务器、光盘控制器以及集线器等，通过 FDDI 网连接起来，再把那些高性能工作站连接到集线器上，这样，所有连接到集线器上的工作站，都可以与 FDDI 网上的主机、文件服务器进行高速地交互，图 5-9 示出把 FDDI 网作为前端网的情况。

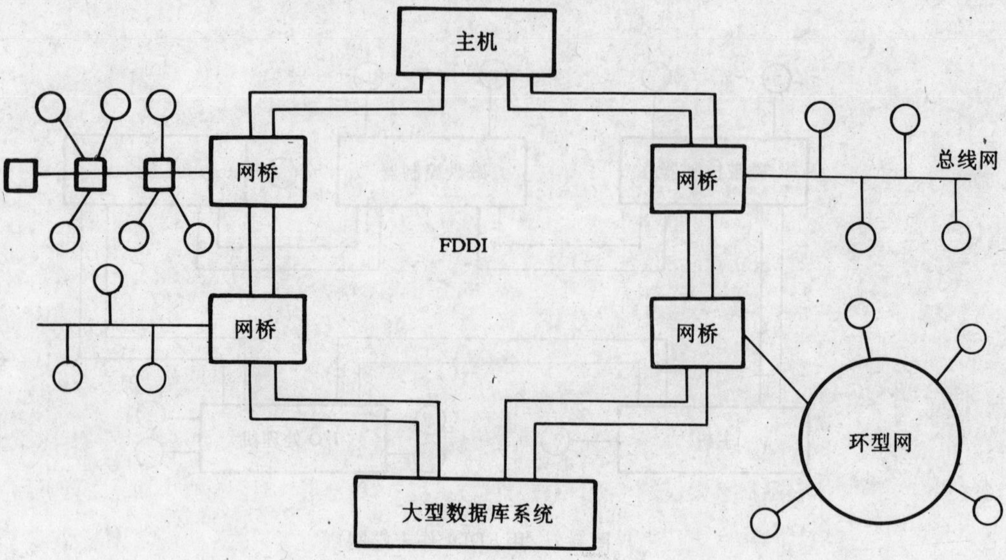

图 5-8 用FDDI 作为主干网

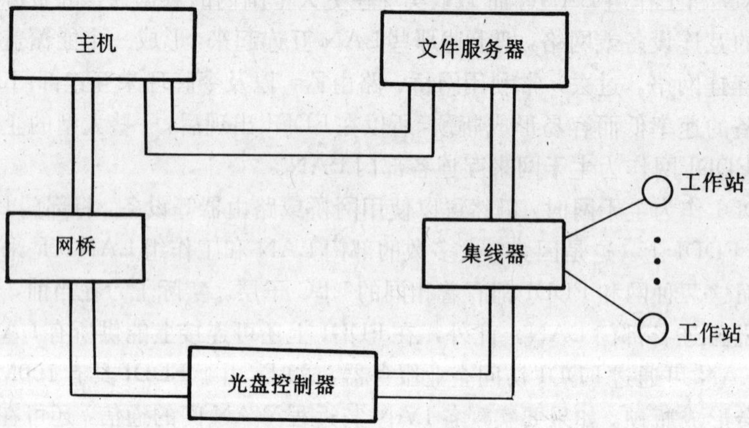

图 5-9 用FDDI 作为前端网

5.2 100 BASE-T 快速以太网

在80年代末及90年代初这几年，FDDI 独领风骚，于1993年出现了由Intel 和3COM公司大力支持的快速以太网，引起了网络界的广泛重视，它同样可以达到100Mbps 的传输速率，但价格远低于FDDI，故普遍认为它将成为高速LAN 的主流。1993年6月，由3COM、Intel、Sun、Microsystem、Synoptics 等公司成立了快速以太网联盟（FEA），于1994年开始大量提供快速以太网网络产品。与此同时，以HP和AT&T公司为首的联盟提出了100VG-AnyLAN 快速LAN，它同样可以达到100Mbps 的传输速率。由于这两种快速LAN

各有优缺点，因而同时被IEEE接纳而形成两种快速LAN标准，为100 BASE-T制订的国际标准定名为IEEE 802.3u，为100VG-AnyLAN制订的国际标准定名为IEEE 802.12。

5.2.1 快速以太网的组成

几乎所有的LAN都是由传输介质、网卡、工作站、集线器或交换集线器，以及网络服务器等所组成。快速以太网也不例外，只是它对其各部分的要求与其他LAN并不完全相同。

一、传输介质和物理规范

在传统以太网中规定了三种物理层规范，在不同的规范中规定使用不同的传输介质，对于10 BASE-5规范，规定用粗同轴电缆作为传输介质，而在10 BASE-2规定中，则是规定用细同轴电缆作为传输介质。到80年代末期，又有了用集线器和两付UTP双绞线的10 BASE-T规范。在快速以太网中同样有三种物理层规范，在各种规范中所规定使用的传输介质也不相同。

1. 10 BASE-TX

该规范描述的是一个两对线的100Mbps以太网系统，即利用两对5类UTP双绞线，或STP双绞线，实现快速以太网的信息传输，其工作距离为100米，就像是10 BASE-T网络一样，在1—2、3—6两对线上进行信息传输。

2. 100 BASE-FX

该规范描述的是一个双股多模光纤100Mbps的以太网系统。规范中推荐使用62.5/125μm的光纤和MIC、ST或SE光纤连接器。该规范的目的是允许在快速以太网中使用光纤来扩展LAN的距离，使LAN的工作距离可达到400米。如果借助于价格较贵的集线器通过特殊的双工模式，则100 BASE-FX的工作距离可达到2公里。

3. 100 BASE-T4

该规范是描述一个四对线的100Mbps以太网系统，它是3COM公司和其他FEA成员共同开发的一种信息发送技术。其目的是使得100 BASE-T的网络能在第3、4或5类UTP布线上运行，使那些未采用5类UTP布线的网络，也能够向100 BASE-T升级而无须重新布线。

100 BASE-TX和100 BASE-T4两种规范包括目前在10 BASE-T网络中所使用的各种类型的介质和连接方式。但100 BASE-T的介质规范并不支持传统10Mbps以太网的同轴电缆介质，即10 BASE-5和10 BASE-2，这主要是因为现在在组建快速以太网时，已不再用粗同轴电缆和细同轴电缆。

二、快速以太网网卡

传统以太网和快速以太网间最主要的区别在于网卡和集线器不同。如果说，在布线系统中已采用了5类UTP，则只要把工作站和服务器中的10 BASE-T网卡换为100 BASE-T网卡，将10Mbps集线器换为100Mbps集线器，便可将以太网升级为快速以太网，而且随着网卡的不断发展，它会在以太网中发挥愈来愈重要的作用。

以太网卡的发展经历了三代。其中第一代和第二代网卡的传输速率都只有10Mbps，而第三代网卡不仅大幅度地提高了其传输速率，由10Mbps上升到100Mbps，而且采用了高集成度的专用芯片ASIC，使快速以太网能以流水线方式处理数据包的接收和发送，实现了更高程度的并行工作；此外，在快速以太网网卡中还采用了许多其他新技术，如自适应技术等，以改善网卡的性能，我们将在下一节中对这些新技术做进一步地介绍。

由于快速以太网具有极高的性价比而拥有极大的市场，故在90年代中期，便有许多大的计算机公司和网络公司纷纷推出了快速以太网网卡，如3COM公司推出的Fast EtherLink 10/100 BASE-T网卡、DEC公司的Fast Etherwork PCI 10/100网卡、Intel公司的Ether Express Pro/100网卡、D-Link公司的DE-530CT PCI网卡以及Accton的EN 1660和EN 1660 TC网卡等。

值得说明的是，快速以太网网卡在1994年面世时，其价格大约是10 BASE-T的两倍到三倍，到1998年100 BASE-T网卡的价格已降至与10 BASE-T的价格相近，仅高出10%～50%，这已引起国外以太网向快速以太网的全面过渡，在国内，100 BASE-T网卡的销量，也是所有网卡中增长最快的。

三、100 BASE-T 集线器

100 Mbps集线器是组建快速以太网的关键部件，可利用两种类型的100Mbps集线器来组建快速以太网，一种是共享式集线器，可用来组建共享式快速以太网；另一种是交换集线器，可用来组建交换式以太网。

1. 100 BASE-T 集线器

为了组建100 BASE-T以太网，必须利用100 BASE-T集线器。现在已有许多公司推出了100Mbps的集线器，如3COM公司的LinkBuilder FMS 100可堆叠式快速以太网集线器，即3C250-TX/10，其每个单元提供12个100 BASE-TX端口，还可配置一个100 BASE-FX端口，最多允许8个集线器单元堆叠在一起。值得说明的是，1996年快速以太网集线器市场上端口的销量猛增473%，从1995年的23.2万个端口增至1996年的近140万个端口，预计到2001年100 BASE-T集线器的销量可增长到1770万个端口，但其增长将会受到10/100Mbps交换集线器的影响。

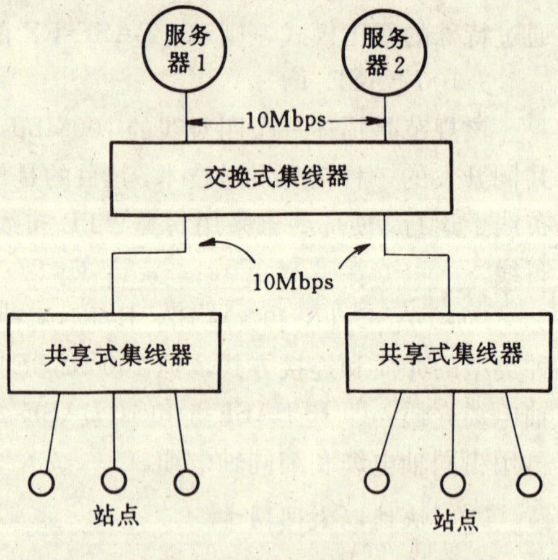

图5-10　交换式LAN

2. 交换集线器

自90年代中期交换集线器问世以来，便广泛采用10Mbps的交换集线器组成交换式LAN。交换式集线器与前述的集线器（可称为共享式集线器）两者之间的最大差别在于：10Mbps共享式集线器的每个端口只能连接一个网络设备，可用一个共享式集线器连接若干个设备而构成一个LAN或LAN的网段，这些设备将共享10Mbps带宽，即每个网络设备的平均带宽为10/N Mbps，N为集线器上所连接的设备数目；而交换式集线器的每个端口则可连接一个LAN网段，或者说连接一个共享式集线器的每个端口都具有10Mbps的带宽如图5-10所示，对于10Mbps的交换集线器可用于连接多个10 BASE-T的LAN（网段）和1～2个服务器，由此而构成了一个10Mbps的交换式LAN。

在快速LAN出现后，又推出了100Mbps的交换集线器，它提供了若干个100Mbps的以太网端口，每个端口可用于连接一个100 BASE-T的快速以太网（网段），或者低层的交换集线器，可利用100Mbps的交换集线器组建快速交换式LAN。另外还有一种交换式集线器，其上备有各种类型的端口，既可用来互连10 BASE-T LAN网段，又可用来连接100 BASE-T LAN网段，还可用来连接FDDI网等。当今的10/100交换集线器已成为用于互连各种类型的LAN，从而构成企业网时所最广泛使用的核心设备。关于交换集线器，将在第六章中做详细介绍。

四、工作站

传统以太网的工作站，可以采用各种类型的微机。在70年代末至80年代初，广泛采用8位微机，如Apple，后来发展为采用IBM PC-XT、AT等16位微机；从80年代中期开始采用32位微机，如80386、80486，直至用Pentium Ⅱ。

在100 BASE-T以太网上的工作站，必须采用较高档次的微机，因为100Mbps的网卡必须在频带较宽的PCI（Perpheral Component Internet）外围互连部件总线，或在EISA（Extended Industry Standard Architecture）总线的微机上运行。早期的微机和一般的386或486微机所配置的是ISA或MCA等总线，因此无法使用100Mbps的网卡。换言之，在100 BASE-T网上所配置的工作站，目前主要是采用Pentium Ⅱ机或多媒体的微机，或工程工作站。

5.2.2 快速以太网的特点和局限性

一、快速以太网的特点

1. 高传输速率

100 BASE-T以太网，可用比FDDI网便宜得多的价格实现100Mbps的传输速率。为了实现此传输速率，必须配置100Mbps的以太网卡，而且在相应的网络设备中，应采用高速总线PCI或EISA，所用的集线器也应该是100Mbps的。

2. 沿用了10 BASE-T的MAC协议

由于100 BASE-T有着与10 BASE-T相同的MAC协议，因此能够很方便地，且只需付出很小代价，便可将现有的10 BASE-T以太网升级为100 BASE-T以太网，把网络的传输速率由10Mbps提高到100Mbps，这一点非常重要，它既保护了用户原有的投资，又迎合了用户维持原有使用习惯的心理，为快速以太网的迅速推广创造了条件。

3. 采用了与10 BASE-T相同的连接方式

10 BASE-T和100 BASE-T两种以太网均可采用下述两种连接方式：

（1）共享式连接方式：将所有的站点连接到一个共享式集线器上，使这些站点共享10Mbps或是100Mbps的带宽。这种连接方式的费用较低，但每个站点所分得的频带宽度较窄。

（2）交换式连接方式：将所有的站点连接到一个交换式集线器上，使每个站点都独享

10Mbps 或 100Mbps 的带宽，但连接费用较高。

4. 具有很强的适应性

100 BASE-T 网卡，能自动识别网络设备的传输速率是 10Mbps，还是 100Mbps，并能与之相适应，这样便可将 100 BASE-T 标准设备与 10 BASE-T 标准设备混合使用，例如，我们可将已配置了 100 BASE-T 网卡的工作站，连接到 10Mbps 的集线器上，此时，100Mbps 的网卡会自动降格为 10Mbps 的网卡使用。当系统换成 100Mbps 的集线器后，网卡又可自动适应而把速率升高为 100Mbps。

5. 能支持多种传输介质

由于 100 BASE-T 能支持三种 PHY 标准，即 100 BASE-T4、100 BASE-TX 和 100 BASE-FX，使之覆盖了当前 10 BASE-T 所使用的全部介质；也可以像 10 BASE-T 那样，通过中继器实现混合连接，这样便可使快速以太网在现有的各种布线方式上运行，减少了 10Mbps 升级为 100Mbps 以太网的开销。

二、快速以太网的局限性

由于快速以太网采用了与传统以太网相同的介质访问规程，即 CSMA/CD 规程，因此快速以太网也必然会继承传统以太网的某些弊端。主要有以下两点：

1. 最大传输距离被限制在 250 米之内

根据对共享式以太网性能的分析得知，由于采用了 CSMA/CD 的介质访问控制规程，站点在发送时可能会出现冲突。为了能检测出在发出帧后是否发生了冲突，必须限制帧的最大长度，因为当帧长小于规定值时，在发出该帧后即使发生了冲突，也可能检测不出来。由此可以得出结论：共享式以太网必须遵循的一个规则是：数据传输速率与最大传输距离的乘积为一定值。对于 10Mbps 的以太网，规定的最长距离为 2.5 公里，帧的最大长度为 64 字节。当使用的同轴电缆长度为 500 米时，最多只允许用 4 个中继器连接 5 段同轴电缆。

对于共享式快速以太网，其传输速率由 10Mbps 提高到 100Mbps，相应的，其传输距离则从 2.5 公里降为 250 米，此时帧的最小长度可以保持不变，仍为 64 字节，但只允许利用两个集线器来连接两段 100 米的 5 类 UTP，集线器之间的距离为 10 米左右。

2. 只适于轻负荷工作

由于快速以太网仍采用了 CSMA/CD、MAC 规程，故它与 10 BASE-T 以太网一样，在轻负荷时网络的吞吐量较高；而到达中等负荷时，站点发送时的冲突增加，使重发次数增加。

3. 传输时延的不确定性

网络上的站点在发送信息时，究竟要经历几次发送才能成功，这是不确定的，从而使发送时延也不确定，因此，尽管 100 BASE-T 的传输速率很高，能提供较大容量的图形、图像、数据库等的快速传输，但仍不能很好地支持对动态多媒体的服务。这是因为，在传输视频信号时，对时延的要求较高，若信号稍有延迟，如几微秒，便会影响图像的质量。

三、传统以太网与快速以太网的比较

从传输速率、IEEE 标准、介质访问控制规程、介质规范等方面，对传统以太网和快速以太网的比较如表 5-1 所示。

表 5-1

指　标	传统以太网	快速以太网
传输速率	10Mbps	100Mbps
IEEE 标准	IEEE 802.3	IEEE 802.3u
介质访问规程	CSMA/CD	CSMA/CD
介质规范和传输介质	10 BASE-5（粗同轴电缆） 10 BASE-2（细同轴电缆） 10 BASE-T（3# UTP）	100 BASE-TX（2 对 5# UTP） 100 BASE-FX（光纤） 100 BASE-T4（4 对 3# UTP）
网络拓扑结构	10 BASE-2、10 BASE-5 总线型 10 BASE-T 星型-总线型	星型-总线型

5.2.3　快速以太网中的若干新技术

快速以太网不只是简单地继承了 10 BASE-T 的技术，而且又采用了若干新技术来改进快速以太网的性能，如全双工技术、自适应技术以及冗余链路技术等。

一、全双工技术

在快速以太网规程中，仍规定帧的最小长度为 64 个字节，相应的，网络的最大传输距离仅为 250 米。这种限制主要是由于它是采用的 CSMA/CD、MAC 规程，因而很可能出现发送冲突（即碰撞）。而近几年各厂商所推出的快速以太网开始支持点一点连接的全双工工作方式，并对该方式进行了标准化。根据 1998 年对网卡的调查，表明只有 3.25%的网卡不支持全双工传输方式。全双工方式可用于 100 BASE-TX、100 BASE-FX 以及传统的 10 BASE-T 以太网中。

在全双工方式中，要求在链路的两端都只连接一个设备，如用一端连接服务器或工作站，用另一端连接交换集线器端口。由于这种连接方式不存在因碰撞而形成对传输距离的制约，故可使传输距离增加。对于 10 BASE-T 和 100 BASE-TX，由于是采用了 UTP 而使其传输距离仍将受到传输介质的制约，使其传输距离不能超过 100 米；但对于 100 BASE-FX 的连接，则可将传输距离增加至 2km（多模光纤）；此外，在链路两端的设备，可以同时收、发数据，故从理论上讲，全双工方式的理论带宽是传统半双工方式时的两倍。

二、自适应技术

虽然在快速以太网标准中，自适应只是一个选项功能，但当前推出的快速以太网，大多支持该功能。自适应功能可使链路两端的设备能够自动识别对方的传输速率，并与之相匹配；也能自动识别对方的工作方式（全双工、半双工），并选择与之相同的工作方式。

自适应功能的可贵之处在于，它能使链路两端的设备以最佳状态工作，即如果链路两端的设备都可工作在 10Mbps 和 100Mbps 时，则自适应功能必须会选择用 100Mbps 的传输速率；又如，当两端的设备都可工作在全双工方式时，则自适应功能也会使它们在全双工方式下工作。

为此，在自适应协议中设置了自适应优先级。设置优先级的原则是，传输速率为

100Mbps 的优先级高于 10Mbps 的优先级；在传输速率相同的条件下，则是全双工方式的优先级高于半双工方式的优先级，这样，便将 100 BASE-TX 及全双工模式定为最高优先级 A，100 BASE-T4 和 100 BASE-TX 的优先级分别为 B 和 C，如表 5-2 所示：

表 5-2

优先级	工作模式
A	100 BASE-TX 全双工
B	100 BASE-T4
C	100 BASE-TX
D	10 BASE-TX 全双工
E	10 BASE-TX

如果链路两端的设备都支持 A 类优先级，则这两端的设备会自动配置在 100 BASE-TX 全双工模式。如果一端的设备能支持 A 类优先级，而另一端的设备只能支持 D 类优先级，则两端设置会自动配置在 10 BASE-TX 全双工方式下。

应该说明的是，自适应速率可以解决不同速率的设备共存于一个网络的问题，比如，配置了 100Mbps 网卡的工作站，在连接到只具有 10Mbps 端口的集线器上时，它们能够协同工作。但自适应技术并不对所使用的链路进行测试，因此必须保证所用的传输介质是正确的（能与之相匹配）。假如用了一条 3 类 UTP 线以点一点方式连接两个设备，它们都能支持 A 类优先级，这样，自适应技术将会把它们配置在 100 BASE-TX 全双工模式下，由于 3 类 UTP 只支持 10Mbps 的传输速率，因此，当这两设备进行通信时，必将造成大量的差错。

三、冗余链路技术

在快速以太网中引入了冗余链路技术来提高系统的可靠性。可以在交换集线器之间，交换集线器与服务器之间，使用两条（或多条）链路，其中一条作为主链路，另一条（多条）作为备份链路。当主链路发生故障时，可选择一条备份链路作为新的主链路，以继续维持正常通信。现在已可在网卡上增设支持 RSL（冗余服务器链路）功能，以提高服务器链路的可靠性。为此，应在服务器上配置相同的，能支持 RSL 功能的两个网卡，其中一个作为主网卡，另一个作为备份网卡。平时主网卡工作，由它不断地监视服务器链路的情况，一旦发现服务器链路失效时，相应的软件便会把连接到服务器上的站点的 MAC 地址和连接转移到备份网卡上，启动备份网卡工作。备份网卡工作后，便向网上的站点发出广播信息，以告知各站应通过新的网卡和服务器通信。以后，所有的站都将通过新网卡和新链路访问服务器。网卡和服务器链路的切换工作，完全是自动进行的，对用户是透明的，因而用户也难于察觉。

四、信息流优先级技术

在传统的以太网中，网络上的所有站点都处于平等地位，没有设置任何优先级机制。各站点是通过竞争方式来获得在网上传送信息的权力。然而在最近推出的快速以太网网卡中，已经利用了信息流优先技术，把网上所传输的信息流，按照其重要性和对时间要求的高低，赋予不同的优先级，具有高优先级的信息流优先传送。

值得说明的是，在信息流优先级技术中的优先级控制参数，是由网络管理人员集中控制的，可根据应用的类型、子网地址和MAC地址等参数，制订灵活的优先级控制策略，以满足企业中业务的实际需求。而这种优先级控制并不要求重新编写应用软件，所以，它不会影响到现有应用软件的应用。

5.2.4 快速以太网的应用

由于快速以太网具有很高的性价比，且又可方便地从10 BASE-T升级，故迅速得到广泛应用。有关快速以太网的产品，如快速以太网网卡、集线器和交换集线器，其应用增涨势头十分迅猛，不仅正在逐步取代曾一度占统治地位的FDDI光纤网，作为企业中的主干网去连接高性能工作站和部门LAN，而且，随着快速以太网网卡价格的降低，它也正在侵占传统的10 BASE-T网络的市场。

一、快速以太网的初级应用

这里所说的初级应用是指，只利用共享式快速以太网，或者在10Mbps以太交换集线器上，增加若干个100Mbps的以太网端口来组建以太网，而不是利用一个全部为100Mbps端口的交换集线器。

1. 组建高性能工作组LAN

可利用一个具有100Mbps传输速率的共享式集线器，去连接若干个高性能工作站或多媒体计算机，以形成一个高性能的工作组LAN。在这些工作站或多媒体计算机上，能运行诸如动画、可视计算、计算机辅助设计等应用程序。但由于这些快速以太网的速率并不是很高，且又具有传输时延的不确定性，故其所能连接的网络设备的数量是有限的。

2. 利用100Mbps端口连接服务器

在以太网中，由于网络服务器是为网上所有的站点服务，因而往往会成为LAN的瓶颈。鉴于此，对于比较繁忙的网络服务器，最好是利用能提供100Mbps传输速率的以太网端口进行连接，此即当前在10Mbps交换集线器上都增加了1～2个100Mbps的以太网端口，使之成为10/100Mbps交换器的原因所在。在提供两个100Mbps端口时，可用该端口连接两台服务器，以实现互为热备份的安全运作。在多级网络中也可用一个端口连接服务器，用另一个端口连接上一级的交换集线器，见图5-11中所示的10/100交换集线器。

二、利用100Mbps交换集线器构建企业网

如果在企业中已经拥有若干由快速以太网组成的高性能工作组LAN，以及相当数量的微机，则对这些微机可用若干共享式集线器将它们互连起来，形成最底层的工作组LAN（网段），然后再用10/100Mbps交换式集线器的10Mbps端口连接工作组LAN，以形成部门级交换式以太网，最后再利用100Mbps的交换集线器连接各部门LAN和高性能工作组LAN，这样便构成了一个覆盖整个企业的、传输速率为100Mbps的企业网络，如图5-11所示。

在该网络结构中，可以为各工作组LAN、部门LAN和企业网，分别配置工作组服务器、部门服务器和企业服务器；也可以不为各工作组配置服务器而令他们去共享部门服务器。在这种情况下，通常是把部门服务器选择为具有较高性能的PC服务器，并利用10/

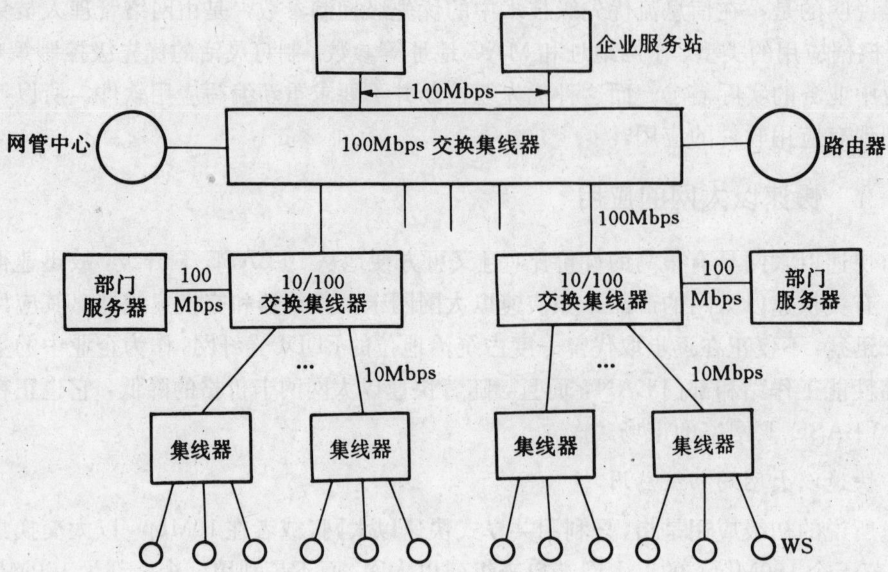

图 5-11　利用 100Mbps 交换集线器作为主干网

100Mbps 交换集线器的 100Mbps 端口与之相连接；而选用基于中、小型机的服务器作为企业服务器，把它连接到 100Mbps 的交换集线器上。通常也是采用两个企业服务器互为热备份，一般把用于实现远程通信的路由器和网络管理设备，也连接到 100Mbps 的交换器上。

三、扩展快速以太网的覆盖范围

100 BASE-T 的一个重要特点是，它保留了 10 BASE-T 的网络连接方式，即把所有的站点都连接到集线器上。而集线器与站点间的最大距离仍为 100 米，这样就限制了快速以太网的覆盖范围。我们可以通过下述几种方式扩展快速以太网的传输距离，使快速以太网能具有较大的覆盖面。

1. 利用中继器扩展传输距离

由 100 BASE-TX 规范得知，在利用 5 类 UTP 时的最大传输距离只有 100 米，但我们可再利用中继器来扩展快速以太网的传输距离。但快速以太网的传输距离又受到冲突域的限制，使最大传输距离又被限制在 200 米左右，这样，站点与交换集线器之间，最多只允许使用两个中继器。

图 5-12 示出了具有两个中继器的连接。其中，站点到第一个中继器（即集线器中的中继器）间的最大距离为 100 米，两中继器之间的距离为 5 米，而第二个中继器到交换器的距离为 100 米，故站点到交换器间的最大距离为 205 米。

2. 利用光纤扩展传输距离

在图 5-12 中示出了这样的连接，即站点到集线器间的最大距离为 100 米，而集线器到交换器（或路由器）的垂直向下链路使用了光纤，但由于受到冲突域的限制，其最大距离也仅为 185 米，故站点到交换器间的最大距离，仅为 285 米。

3. 利用全双工方式扩展传输距离

为了进一步扩展快速以太网的作用范围，必须摆脱冲突域的限制，或者说，应采用全

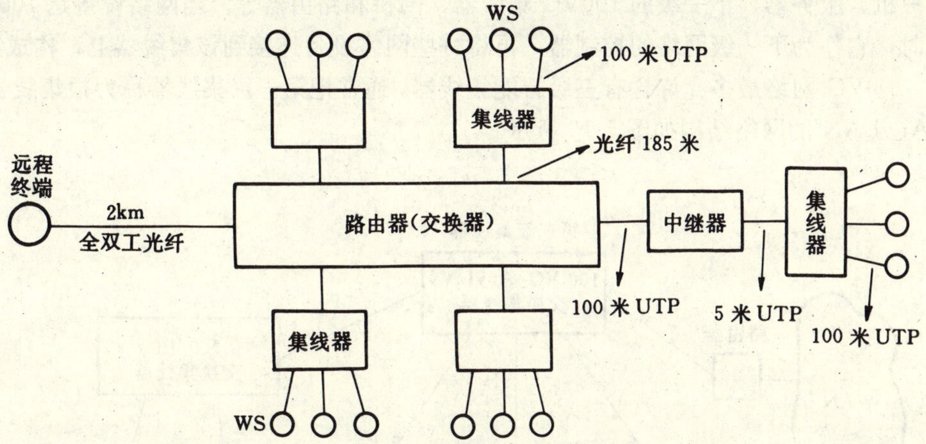

图 5-12　扩展快速以太网的覆盖范围

双工传输方式。当站点（集线器）到交换集线器间的距离很远时，应利用交换集线器的全双工 100 BASE-FX 端口去连接站点，这样，可把传输距离扩展到 2 公里。

5.3　100 VG-AnyLAN

为了能和 10 BASE-T 以太网兼容，在 100 BASE-T 以太网中仍然是采用了 CSMA/CD 规程，由此造成了以太网的某些不足之处，其中比较重要的是，发送和应答时间都带有统计性，因而无法将快速以太网用于对实用性要求较高的应用中。

为此，有的公司在将 LAN 从 10Mbps 升级到 100Mbps 时，摒弃了 CSMA/CD 规程，而采用了"需求优先级（Demand Priority）"机制，这种快速 LAN 是由 HP 公司和 AT&T 公司联合开发的，并得到了 Thomas-conrad、Motorola Texas Instruments 等公司的支持，定名为 100 VG-AnyLAN，其传输介质也是采用 3# 和 5# UTP、STP 和光纤。由于 10 BASE-T 是 90 年代初期最流行的 LAN，故 HP 公司打算把 100 VG-AnyLAN 作为 10 BASE-T 以太网的升级产品，因而也支持 802.3 标准；另外，还可支持 IEEE 802.5 标准。由于 100 VG-AnyLAN 同时支持以太网和令牌环，所以，这也是它被命名为"AnyLAN"的原因。IEEE 委员会也接纳了这种快速 LAN 技术，并制订了 IEEE 802.12 标准。

5.3.1　100 VG-AnyLAN 的结构与组成

一、100 VG-AnyLAN 的结构

10 BASE-T、100 BASE-T 以及 100 VG-AnyLAN 都是利用集线器构成的。前两个 LAN 所采用的集线器，其基本作用是集线和中继；而对于 100 VG-AnyLAN 中的集线器，除了这两个作用外，还起着中央控制器的作用，即它控制着整个网络的运行，并实现"需求优先级"功能，以保证数据包能有条不紊地在网络中传输。显然，在 100VG-AnyLAN 中所配置的集线器，必须是智能型的。

该集线器具有一个上连端口（Up-linkport）和 N 个下连端口（Down-linkport）。上连

端口用于实现它与上一级集线器的连接；而N个下连端口则分别用于连接N个网络设备，如客户机、服务器，下一级的100VG集线器、网桥和路由器等。当网络设备是100VG集线器时，它作为下一级网络的控制器，再将一些网络设备连接到该集线器上，构成第二级网络。100VG网络最多允许含有三级智能集线器。通常把第一级集线器称为根集线器，100 VG-AnyLAN 的网络结构如图5-13所示。

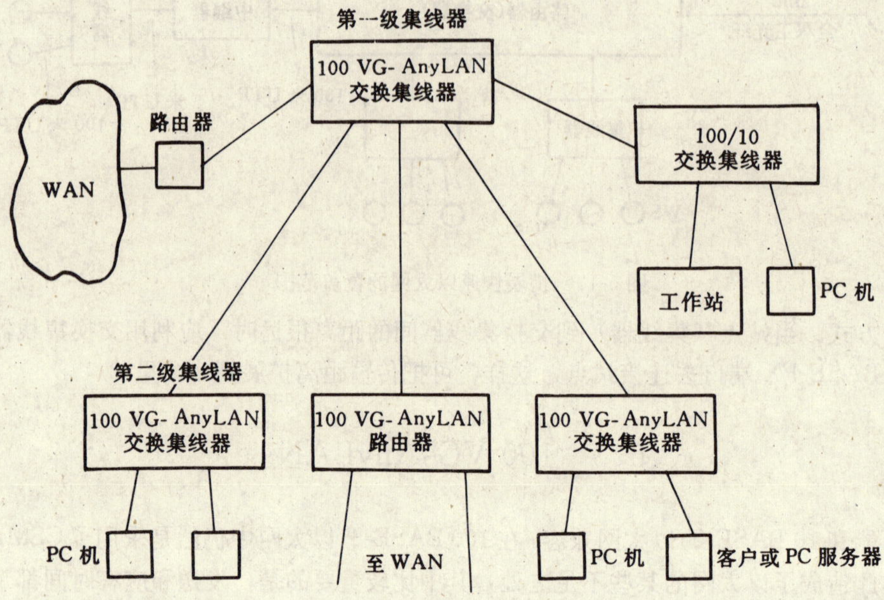

图5-13　100 VG-AnyLAN 的网络结构

集线器采取快速轮转(Round Robin)的查询方式来检测N个下连端口是否有数据传送请求。集线器按端口编号顺序，以固定的时间间隔，将设备所传送的数据转发到与目标地址相匹配的端口，实现快速交换。

二、100 VG-AnyLAN 的组成

与100 BASE-T相同，100 VG-AnyLAN也是由集线器、传输介质、网卡、工作站和网络服务器所组成的。下面将各组成部分做简单介绍。

1. 集线器

集线器是100 VG-AnyLAN的核心部分，用于连接和控制各网络设备。可把每个集线器的端口设置成两种不同的模式之一：(1) 常规模式(Normal mode)：当端口处于该模式时，只能接收传送给该端口的数据；(2) 监视模式(Monitor mode)：当端口处于该模式时，能够接收所有传送给集线器的数据。至于每个端口应采用哪种模式，应根据网络的需要来设置。当前已有若干个厂商生产100 VG-AnyLAN网络的集线器，其中主要的生产厂商是HP及Thomas-conrad等公司。相应的集线器产品有HP的Advance Stack Hub-15集线器，而Thomas-conrad公司的产品则只有24个端口的100VG-AnyLAN集线器。

2. 网卡

有了100 VG-AnyLAN集线器后，在微机和服务器中插入相应的网卡，把微机与服务器连接起来，便可构成 100 VG-AnyLAN 网络。当前也有许多厂家在生产 100 VG 的网卡，如 Compex 公司的 Enet 100 VG4/PCI 网卡、HP 公司生产的 HPJ2585A 和 HPJ2585B 网卡，在美国的一次评测中，Compex 公司的 Enet 100 VG4/PCI 网卡的综合分数最高，为 9.18 分。

3. 传输介质

与 100 BASE-T 的情况相似，在使用 4 对双绞线组成 4-UTP 100 VG-AnyLAN 时，可以采用 3#UTP；在组成 2-UTP 100 VG-AnyLAN 时，必须用 5#UTP；也可利用STP 和单模式或多模光纤来组成 100 VG-AnyLAN。

4. 工作站

与 100 BASE-T 的情况相似，由于网卡主要是 PCI 网卡，因此要求所有连接到 100 VG-AnyLAN 上的工作站和服务器，都必须是具有 FCI 总线的微机或其他计算机。

5.3.2 IEEE 802.12 标准的功能描述

100 VG-AnyLAN 是一种性能较好的快速 LAN，与之相应的是 IEEE 802.12 标准。在该标准中，同样是把数据链路层分为 LLC 和 MAC 两个子层。其中 MAC 子层由 IEEE 802.12 标准定义；又把物理层分为独立物理介质(PMI)和物理介质相关(PMD)子层。IEEE 802.12 标准对 MAC 子层、PMI 和 PMD 三个子层做了描述。下面主要介绍这三个子层的功能。

一、MAC 子层的功能

在 MAC 子层中主要包括有需求优先级机制、连接准备和 MAC 帧形成的功能。

1. 需求优先级（Demand Priority）机制

在需求优先级机制中，把网络设备传送的数据包分为两类：一类是普通数据包，网络为这类数据包赋予一般优先级；另一类是时间关键数据包，网络为这类数据包赋予高优先级，以使这类数据包能优先传送。这对于实时性要求较高的视频传输是十分需要的。普通优先级或最高优先级是由高层应用软件确定的，并将此优先级信息传送给 MAC 子层，在 MAC 帧上打上相应的标志。

在每个集线器中都设置了两个数据队列，一个是普通优先级队列；另一个是高优先级队列。当无高优先级数据请求时，集线器采取按端口编号顺序的方式，传送普通优先级数据，即一个数据包一个数据包地传送，直至有一个高优先级的数据传送请求到来，集线器处理完正在传送的普通数据包后，便转向为高优先级的数据传送请求服务。仅当所有高优先级的数据传送请求都完成后，集线器才又返回到按端口编号顺序的方式传送普通数据包。

为了避免按正常（普通优先级）方式传送的站不会由于引入“需求优先级”机制而受到很大影响，集线器将不断地监视着每一个发出普通业务请求的站的传送时延。当某站的传送时延达到最大限制时，集线器便自动地将该站业务请求的优先级升为高优先级，使之能及时传送信息。这样也就保证了不会产生在无序竞争传送时传输时延带有统计性的这一缺点；或者说，传输时延仍是固定的。这无疑是 100 VG-AnyLAN 的一大优点。

2. 连接准备

当网络设备与集线器第一次接电时，或在网络设备第一次连接到集线器时，应先做连接准备，即在集线器与所连接的网络设备之间，交换一系列的信息包，其中包括用于测试电缆连接是否正确的电缆测试包，用于测试集线器和网络设备之间能否进行正常数据传送的测试包，以及由每个端口所连接的设备向集线器发送有关本设备情况的数据包。设备情况包括设备类型（集线器或最终结点）、工作模式（常规或监控）、设备地址等。

3. MAC 帧形式

每当MAC 子层收到LLC 子层传送下来的数据包后，便要着手对LLC 帧进行加工，以便形成MAC 帧，即把LLC 帧作为MAC 帧的数据段，在其前面加上网络设备的源地址。如果LLC 帧较短，还必须添加一些字节的数据到数据段中，然后对MAC 帧中的比特流进行计算，以形成MAC 帧的校验码，并将之放在数据段后面作为FCS 字段。

二、PMI 子层的功能

PMI 子层的主要功能包括：四通道选择、5B6B 编码，以及最后形成可发送的MAC 帧。

1. 四通道选择

100 VG 网络采用并行的四通道传送数据。四通道选择是将MAC 帧数据 8 元组依次地分割为数据 5 元组，并将它们顺序地分配给四个通道来传送，每个通道的传输速率为30Mbps，这样，四通道便可形成 120Mbps 的传输速率。

2. 5B6B 编码

发送方将数据 5 元组编码映射成预先定义的 6 位符号，而接收方又将 6 位符号还原为数据 5 元组，这样，虽然 100 VG 的四通道传输速率为 120Mbps，但实际有效的数据传输速率为 100Mbps。

3. 形成完整的 MAC 帧

在 MAC 子层所形成的帧前面缀上 PRE，起始定界符 SD，以及在 FCS 校验字段后面，再加上帧结束定界符 ED，这就为在物理介质相关子层传送数据包做好了准备。

三、PMD 子层的功能

物理介质相关子层的功能包括信道复用、NRZI 编码，以及逻辑介质操作和逻辑状态控制。100VG 网络支持四种类型的电缆介质。

1. 四对 UTP：在使用四对 UTP 的网络中，是通过四条通道来实现信息传送的，每条通道的传输速率为 30Mbps。由于采用了不归零翻转 NRZI 编码，使得每条信道上的最大数据频率只有 15MHz（此种情况仅发生在 10101010 比特流的情况），因此采用 3 类 UTP。四条通道总的有效传输速率为 100Mbps，集线器和网络设备之间的距离可达 200 米。

2. 两对 STP：在使用两对 STP 的网络中，是通过两条通道来实现信息传送的，利用信道复用技术在一条通道上传输两路 30Mbps 的信息，即传输速率为 60Mbps。

3. 两对单模或多模光纤：与两对 STP 相似，但可增加集线器与网络设备之间的距离。

4. 两对 UTP：在四对 UTP 网络中，可使用 3 类、4 类或 5 类 UTP，然后在使用两对 UTP 的网络中，必须使用 5 类 UTP。

5.3.3 100 VG-AnyLAN 的优点及其局限性

如同 100 BASE-T 快速以太网一样，100 VG-AnyLAN 也具有传输速率高，能支持多种传输介质、性价比高等优点，而且还具有能实现“需求优先级”，直接传送长帧的优点，但也存在某些不足之处。

一、100 VG-AnyLAN 的优点

1. 高传输速率

100 VG-AnyLAN 同样能实现 100Mbps 的高传输速率。相应的，在每个工作站中应配置 100 VG-AnyLAN 网卡。该网卡的价格比 100 BASE-T 网卡的价格略贵。

2. “需求优先级”机制

在 100 VG-AnyLAN 标准中的优先级机制具有动态优先级性能。它首先是根据传送业务的性质来确定的，它为对时延敏感的业务赋予高的优先级，让它优先传送，对那些常规传送的业务赋予一般优先级，使之按端口编号顺序依次传送。

3. 能支持长帧的直接传送

100 BASE-T 沿用了 10 BASE-T 的 MAC 规程，它所允许的最大帧长为 1518 字节；而令牌环所允许的帧长为 4096 字节。因此 100 BASE-T 网在收到从令牌环发来的帧时，通常需要经过分段处理后再传送；而 100 VG-AnyLAN 能支持令牌环的帧结构，故能直接处理令牌环的长帧而无须分段。这对于将 100 VG-AnyLAN 用于令牌环的环境十分有利。

4. 能支持多种传输介质

如同 100 BASE-T 一样，100 VG-AnyLAN 同样可以利用 3 类、4 类和 5 类 UTP、STP 和光纤作为传输介质。由于 3 类 UTP 不支持 100Mbps 的传输速率，故 100 VG-AnyLAN 不得不采用四对 3 类 UTP。

5. 具有高的性能/价格比

100 VG-AnyLAN 具有 10 倍于 10 BASE-T 的传输速率，而其网卡的价格也只是 10 BASE-T 网卡价格的两倍略多一点。从这一点来看，100 BASE-T 和 100 VG-AnyLAN 是差不多的，但如果考虑到在 100 VG 标准中，为支持“需求优先级”需要在集线器中增加额外的智能，这样就会增加费用。应当说，这种花费是值得的，因为它显著地改善了网络的性能。

二、100 VG-AnyLAN 的局限性

1. 不能与 10 BASE-T 完全兼容

虽然 100 VG-AnyLAN 原来也是作为 10 BASE-T 向 100Mbps 升级的产品，但由于采用了不同的介质访问控制规程，尽管该规程较好，却因它与原有的 MAC 帧格式不同，故不能与原有的 10 BASE-T LAN 完全兼容，还须通过网桥或路由器进行转换，显然，这又降低了网络的效率。而当前在国内外已有的 LAN 中，大部分都是 10 BASE-T 以太网，这无疑是妨碍 100 VG-AnyLAN 使用的最主要应用。

2. 组网价格偏高

在从 10 BASE-T 以太网升级到 100 BASE-T 以太网和 100 VG-AnyLAN 时，如果不存在布线上的问题，那么，主要费用便是用在更新集线器和网卡上。由于以下两个因素：（1）100 VG 的网卡价格略贵；（2）100 VG 的集线器也较贵，因为在 100 VG 的集线器中要求具有更多的智能，从而使得用 100 VG 组网的价格偏高，而且随着 100 BASE-T 更广泛的应用，两者间的价格差距将进一步增大。

3. 100 VG 的支持者少

虽然也有许多厂商支持 100 VG-AnyLAN，但远比 100 BASE-T 的支持厂商少得多，特

别是那些大的网络公司，其绝大多数都支持100 BASE-T，这对100 VG网络产品的营销，也将产生很大影响。因为用户通常都是相信大网络公司的，而HP和AT&T都不属于网络公司，这也更加助长了用户使用100 BASE-T的心理倾向。

5.4 千兆位以太网

自1980年由DEC、Intel和Xerox三家公司联合制订Ethernet规范以来，经历了十多年的时间后，终于在1994年又推出了快速以太网产品，1995年6月便有了相应的快速以太网标准。此后仅仅经历了三年多的时间，至1997年中，便已有许多公司推出了千兆位传输速率的以太网产品。于1998年6月，千兆位的以太网（Gigabit Ethernet）标准——IEEE 802.3Z终于获得通过，从而为千兆位以太网的迅速发展铺平了道路。

对以太网的发展过程，人们已经形成了这样的共识，即把80年代初期和中期具有10Mbps传输速率的以太网广为流行地称作以太网的第一次浪潮，把相应的以太网称作第一代以太网；而把90年代中期具有100Mbps传输速率的以太网的迅速推广称为以太网的第二代浪潮，把相应的以太网称为第二代以太网；又把90年代后期推出具有1Gbps传输速率的以太网形成的高潮称为以太网的第三次浪潮，把相应的以太网称为第三代以太网。

值得说明的是，以太网的第1、2、3代间的关系与计算机发展过程所经历的第1、2、3代间的关系不同，对于计算机，那是后一代取代其前一代，在第4代计算机推出后，已经取代了其前一代的第三代计算机又将被淘汰；然而以太网的第1、2、3代，则将可长期共存于一个企业中，分别用于网络的不同层次。通常是将10 BASE-T以太网用于构建最底层的工作组LAN，用100 BASE-T以太网构建中间层的部门级LAN，或用于要求较高的工作组LAN，而用千兆位以太网作为企业的主干网，用来互连各部门LAN。

5.4.1 千兆位以太网标准

千兆位以太网标准是由IEEE 802.3Z任务小组制定的。在该标准制订的过程中，因获得过千兆位以太网联盟的大力支持，才使该标准的制定工作比其他高速网络技术标准的制定要快得多，即仅用了一年多的时间，千兆位以太网标准便获得通过。

一、千兆位以太网任务小组和千兆位以太网联盟

1. IEEE 802.3Z任务小组

1995年11月，IEEE 802.3Z工作组讨论决定成立高速网络技术研究组，以研究快速以太网的进一步发展。在此期间，研究组对可用于实现千兆位以太网的多种技术进行了分析和研究，于1996年IEEE 802.3工作组又另外成立了一个802.3Z千兆位以太网任务小组，其主要任务是制订千兆位以太网标准。

2. 千兆位以太网联盟

为了推动千兆位以太网的快速发展，和保证产品的互操作性而成立了千兆位以太网联盟。该组织的主要任务是支持IEEE 802.3Z任务组制定千兆位以太网标准，对所涉及的技术问题进行专门的研究和相互交流、帮助厂商改进产品的互操作性和测试产品的互操作性等。

千兆位以太网联盟，是在以前的快速以太网联盟的基础上建立起来的。该组织于1996

年 5 月正式成立，其主要成员有 3COM 公司、Bay 公司、Cisco 公司、Compaq 公司、Intel 公司、Sun 微系统公司、LSI 逻辑公司、VLSI 技术公司等。

二、光纤传输中的光源和物理层技术标准

在 FDDI 多模光纤传输中所使用的光源是发光二极管（LEP）。它是以“充满”方式将光耦合到光纤中，此时将“激起”大量的模或光路。为了能在指定的波特率下，使千兆位以太网能达到更远的距离，在千兆位以太网中规定采用激光发射器，它所发射的光是集中的，只将光耦合进光纤中已有的模或光路的一部分，能有效地提高传输速率。根据波长的不同，又可将激光发射器分为以下两种：

1. 短波激光发射器

最初，IEEE 802.3Z 任务小组是选定短波激光发射器作为多模光纤传输的光源，因为它的损耗小且成本低，但经测试表明，在目前广泛使用的 62.5μm 的多模光纤上使用短波激光发射器时，光纤通道的传输距离，只能达到 300 米；但如果改用 50μm 的光纤，则其传输距离可达到 550 米。802.3Z 任务小组把利用短波激光发射器和多模光纤传输的标准称为 1000 BASE-SX 规范，相应的，把短波激光收发器称为 1000 BASE-SX 收发器。

2. 长波激光发射器

为了能提高 62.5μm 多模光纤的传输距离，使之能达到 500 米以上而采用长波激光发射器作为光源。测试结果表明，当传输速率为 1000Mbps 时可使传输距离达到 550 米以上；如果利用单模光纤，则其通信距离可达到 3000 米。802.3Z 任务小组把利用长波激光发射器和光纤的传输标准称为 1000 BASE-LX 规范，相应的，把长波激光收发器称为 1000 BASE-LX 收发器。下面将 1000 BASE-SX 和 1000 BASE-LX 规范示于表 5-3 中。

表 5-3　千兆位以太网标准

标　　准	光纤类型	光纤直径（μm）	最大传输距离（m）
1000 BASE-SX	多模	62.5	260
1000 BASE-SX	多模	50	525
1000 BASE-LX	多模	62.5	550
1000 BASE-LX	多模	50	550
1000 BASE-LX	单模	9	3000

IEEE 802.3Z 任务小组也制订了利用铜质传输介质的两个千兆位以太网标准如下：

1. 1000 BASE-CX

该规范是为处于同房间内的，低成本的千兆位以太网而制定的。可利用高品质的屏蔽双绞线电缆作为传输介质，传输距离仅为 25 米。

2. 1000 BASE-T

该规范旨在利用 4 对 5 类 UTP 来组建千兆位以太网，并要求传输距离达到 100 米。从理论上讲，如果在传输线上尢信号反射，则千兆位以太网完全可以在 5 类 UTP 上运行。现在的主要问题是，在传输线上存在着反射性物体，当以千兆位速率运行时，反射将导致数据出错。目前已经具有了消除信号反射的能力，达到了利用 4 对 5 类 UTP 组建千兆位以太网的目标。

三、DMD与条件发射

1. DMD

DMD是差模时延。当一个激光脉冲在多模光纤中传输时，将可能产生若干个模，这些模可能沿着多个不同的光路传输，这些光路又可能有着不同的长度，及具有不同的传输时延，这样，该脉冲经过不同的光路到达目标时，将会存在时间上的差异。我们把激光在多模光纤中传输时所产生的这种现象称为“差模时延”。“差模时延”现象将使一个“清晰”的脉冲沿光纤传输到达目标时，会变成一个“不清晰”的脉冲，还有可能变成两个或多个不同的脉冲，于是造成了数据传输的差错。

由于在单模光纤中只有一个模或单条通路用于光传输，因而不会存在DMD问题；同样，DMD也不会出现在以铜线作为介质的千兆位以太网中，即使采用多模光纤时，也只是在最坏情况下的光纤，和最坏情况下的收发器组合的条件下才会发生DMD现象。尽管如此，但由于毕竟还存在着出现DMD的可能性，所以还必须对此问题加以解决。

2. 条件发射

在FDDI光纤网中，利用发光二极管（LED）作为光源时，并不会出现DMD现象。这是因为LED能均匀地向光纤发射光，为了解决在千兆位以太网中的DMD问题，应该在激光收发器内增设一束约器，以形成条件发射，即由激光器发射出的激光，能均匀地射向光纤，以分散光模，使在各个模中分配到的功率几乎相等，而不致于仅集中在少数几个模中。当利用1000 BASE-LX收发器并加上束约器后，在多模光纤上传输所进行的实验表明，条件发射能有效地解决DMD问题，因此，802.3Z任务小组决定采用条件发射技术，并使之成为1000 BASE-SX和1000 BASE-LX多模光纤收发器的强制性标准，以解决DMD问题。

4. 扩展半双工时的传输距离

如前所述，对于共享式以太网，存在着这样一条规则，即数据的传输速率与最大传输距离的乘积为一定值。因此，对于快速以太网，其传输速率为100Mbps时，所允许的最大传输距离为250米；如果将传输速率提高到1Gbps时，则其最大允许的传输距离仅为25米，显然，这不能满足大多数实际情况的需求。

为了扩大网络的最大传输距离，必须修改其传输速率与最大传输距离之积为一定值的这一规则中的常数值。如果我们令该常数增大8倍，则可将所允许的最大传输距离由25米扩大为200米。而影响该常数值的主要因素是帧的最小长度；或者说，是能检测到发送冲突的最小时间间隔。当帧的长度小于规定值时，在该帧被发送出去后即使发生了碰撞，也可能检测不到。在千兆位以太网中，扩展网络最大传输距离的具体方法是进行“载波扩展”(Carrier extention)，即将帧的最小长度由传统以太网的64字节加大到512字节，以保证必要的冲突检测时间，这样便可把网络的最大距离扩大到200米。

5.4.2 千兆位以太网中的若干技术

一、冗余链路技术

在5.2节的快速以太网中，我们已经介绍了冗余链路技术，而在千兆位以太网中，该技术又有所发展，它支持下述两种形式的冗余链路。

1. 备份式冗余链路技术

为了提高交换集线器之间连接的可靠性，可以在两台交换集线器之间，利用两条链路连接起来，其中一条链路作为工作链路，用于实现两个交换集线器之间的数据交换，另一条链路作为备份，仅当工作链路失效时，才启动备份链路工作。

2. 合成式冗余链路

在千兆位交换集线器中，各个端口的传输速率都为1000Mbps，如果利用一条链路来连接两个交换集线器，则很易于形成瓶颈，为此，在千兆位交换集线器中，通常都允许利用N条链路合成一条大通道，来连接两台交换集线器，这样就把两交换集线器之间的带宽，提高（N－1）倍。当前所推出的千兆位交换集线器可允许将4条～8条链路合成一条大通道，相应的，可使两交换集线器之间的带宽提高为4000Mbps～8000Mbps。

将若干条链路合成一条大通道，不仅能提高带宽，而且还能提高连接的可靠性。平时，这N条链路并行工作并能实现负载的均衡，当其中一条或多条链路失效时，只要还有可用的连接链路，在两个交换集线器之间仍能交换信息，从而实现了链路的容错功能。

二、优先级机制

在80年代，由于LAN上的信息流量很小，因而并未感到非常需要优先级机制；但在进入90年代后，特别是以网络为中心的多媒体技术的广泛应用，使网络上传输的信息流量急剧增加，并难以预测，从而导致网络拥挤现象经常出现，这时就非常需要优先级机制。尽管网络优先级机制并不能提高网络的带宽，但却能使网络的带宽得到更充分的利用，从而可提供更好的网络服务质量。

现在已有许多厂商，在自己生产的交换集线器中，提供了专用的优先级机制。IEEE委员会也十分关注在以太网上设置优先级机制问题，并为该机制制定了下述两种标准的草案。

1. 802.1P

这是802.1D桥接标准的扩展草案，而802.1D是为在MAC层桥上实现优先级机制而制订的。在802.1P中，优先级机制是通过设置一个用户优先级（User Priority）域来实现的，该域包含三位，故可设置8个优先级（0～7）。如果LAN本身所规定的优先级也是8个级别，例如，基于802.4和802.6的LAN就是规定8个优先级，那么，就可以直接将802.1P的优先级映射为LAN中的优先级；但如果LAN本身规定的优先级并不是8个级别，比如令牌环网的FDDI网，它们只允许使用0～6这7个优先级，则此时须做适当变换。

2. 802.1Q

上面所列举的几种LAN，都设置了优先级机制，此时可利用802.1P标准；而以太网本身并未设置优先级机制，相应的，在其MAC帧结构中，也就没有优先级域，因而无法实现上述的802.1P优先级到LAN优先级的映射。为了能在以太网上提供优先级服务，IEEE 802委员会已在802.1Q标准草案中，加入了优先级机制，而802.1Q是一个用于实现虚拟局域网（VLAN）的标准，关于VLAN的内容我们将在第八章中做详细介绍。

为了在以太网上实现VLAN和优先级功能，802.1Q标准规定，在MAC数据帧头中插入4个附加字节，其位置处于源地址和帧长这两个域之间。这4个字节包括了若干个域，其中有一个域用作优先级域，其余的是用作VLAN域。与802.1P相同，802.1Q的优先级域含3位，故同样可提供8个优先级别。

顺便说明，802.1P的实现相对比较简单，因为它并未改变MAC数据帧；而802.1Q的实现则相对复杂，因为改变了MAC数据帧的格式和长度，使之与传统以太网不相兼容，必须对原有以太网设备进行适当的修改，或增加某种机构。当前有不少厂商推出的交换集线器已能提供对802.1Q的支持。

三、网络适配器技术

在当前的LAN中，不论是传统的以太网，还是快速以太网，乃至千兆位以太网，都采取了客户/服务器模式。在客户机和服务器之间，都是通过网络适配器和传输介质来实现交互。当客户机与服务器之间是以千兆位的速率进行交互时，必将耗费掉主机的大量时间，因此要求进一步增强网络适配器的功能，以减少主机的负担。

从网卡的发展可以看出，早期的网卡如3COM公司的Etherlink (3C501)、Etherlink Ⅱ (3C503) 中都未配置处理器。到80年代中期所推出的网卡如Etherlink Ⅱ＋(3C505) 及其以后于90年代推出的网卡，如Etherlink Ⅲ都已配置了处理器。应该说，此时的网卡已经属于智能型的，一般在适配器中都配置了高性能的RISC处理器，用它来承担原来由主机承担的部分工作。

在网卡中新增加的许多功能如下：(1) 设置了增加和删除协议数据包头部的功能，并由网卡中的处理器来形成校验码；(2) 增大缓冲区容量，以便为能连续发送多个数据包和连续接收多个数据包而提供存储空间，对缓冲区的管理无须主机干预；(3) 降低向主机发送中断请求的频率，即在接收了多个连续到达的分组后、或连续发送了多个分组后，才向主机发送一次中断请求；(4) 动态调整向主机发送中断的频率：在轻负荷时可适当提高中断频率，以减少传输时延；在重负荷时应降低中断频率，以减轻主机负担，增加业务的吞吐量。

四、全双工流量控制

在5.2节中我们已对全双式工作方式做了扼要地阐述。由于全双工方式不存在载波帧听和冲突检测问题，因而可将以太网的传输距离扩大至数公里。在全双工方式工作时，发方的发送能力与收方的接收能力，并不一定能很好地匹配，为此，须在全双工方式下设置流量控制机制，以保证接收方能来得及接收由发方送来的数据帧。

在IEEE 802.3X规范中，采用“暂停”机制来实现流量控制。该机制规定，如果在某接收数据帧的端口有着较大的流量(这通常是以端口上队列中的数据帧数目来度量)，且已超过设定的门限时，便可向对方发出“暂停”命令。而发送数据帧的站在收到“暂停”命令后，便应在特定长度的时间内，停止发送数据，即允许发送站将正在发送的数据帧发送完毕；比如，正在发送的数据帧在收到“暂停”命令时，剩下不到512字节的长度，则还可以将下一帧数据也发送出去。至于发送站在收到“暂停”命令后，应停止发送多长时间，在802.3X中规定了以下几种流量控制策略。

1. 固定的暂停时间：为了控制暂停时间，在暂停计数器中设置了固定的暂停时间。当接收数据帧的端口在发出暂停命令后，便可启动该计数器做减法计数。当计数值到达零时，才允许对方将数据发至端口。该控制策略简单易行，但暂停时间的长短难以掌握，过长会造成网络空闲，而过短则仍不能解决网络拥挤问题。

2. 设置最低限度的暂停时间：这是对上一种策略的改进。这里仍采用固定的暂停时间，但却是按最低限度来设置，例如用5μs。当到达所设置的时间时，该端口的流量若仍超过

“门限”，则端口将再次发送暂停命令，直至端口的流量低于门限。这种流量控制策略能更好地解决网络的拥挤和空闲问题。

3. 可变的暂停时间：接收数据帧的某端口在发出暂停命令后所暂停的时间是不定的。只要交换器检测出该端口的流量已低于“门限”时，便立即发出一暂停时间为零的命令，该命令将覆盖原有的暂停命令，这样就不必等待计数器减至零时才允许发方发送数据。这种策略可获得了最好的网络效率，但要求不断地对接收端口的流量进行监测。

5.4.3 升级到千兆位以太网

进入90年代后，由于信息社会加快了其前进的步伐，这使网络上的信息流量急剧增加，尽管LAN刚由10Mbps升级到100Mbps还不到三年，但在网上的许多地方又已显得信息十分拥挤，形成了新的瓶颈，对于千兆位以太网而言，显然这里仍是其可用之处。千兆位以太网可用于升级服务器的连接，和升级快速以太网各交换器之间的连接升级，以及用于连接专用的高性能的工作组LAN，但其最主要的用途是作为企业中的主干网。

一、将交换集线器与服务器之间的连接升级到千兆位

当前广泛使用1000Mbps的交换集线器来组建企业网，利用若干个100Mbps端口来连接部门LAN或工作组LAN网段，而利用1～2个100Mbps端口来连接服务器。由于几乎所有的工作站都要访问服务器，而各工作站之间的访问则很少，因而数据流主要是从工作站到服务器，或者相反。当与交换集线器相连接的部门LAN或工作组LAN较多时，很容易形成服务器瓶颈，使服务器的访问时延明显增加。

解决服务器瓶颈问题的最好方法，可能是将交换集线器到服务器之间的连接升级到千兆位，亦即，利用100/1000交换集线器中的1000Mbps端口来连接服务器，使服务器的带宽提高10倍，这样便能很好地解决服务器的瓶颈问题。现在已有很多厂商提供了100/1000交换集线器，如3COM公司的Superstack Ⅱ Switch 3000，它具有24或36个100Mbps端口，1～3个1000Mbps端口。

二、将交换集线器之间的连接升级到千兆位

在大、中型企业中通常都有着若干个1000Mbps的交换集线器，我们可以利用100Mbps端口来连接服务器和10/100交换集线器，同样可以利用100Mbps端口来连接其他的100Mbps的交换集线器如图5-14所示。

在企业网上的用户，不仅要访问自己所在交换集线器上的服务器，而且还经常需要访问其他交换集线器上的服务器。当这种跨交换集线器的访问流量增多时，交换集线器之间的100Mbps连接又可能形成瓶颈。如果我们将交换集线器之间的连接升级为1000Mbps，将连接带宽扩展10倍，即可消除交换器之间所形成的瓶颈如图5-14中虚线所示。

三、将企业主干网升级为千兆位

在90年代中期，无论是国外还是国内，都广泛地采用快速以太网作为企业的主干网。但一方面随着企业规模的不断扩大，网上的该站点数愈来愈多；另一方面，又由于出现了许多新的应用，导致了对网络带宽的更高要求，这两方面的原因，都使企业网络中的数据流量急剧增加，使原来具有100Mbps传输速率的快速以太网已难于满足企业实现高度信息化的要求，而应当对现有企业网络的主干网进行升级。

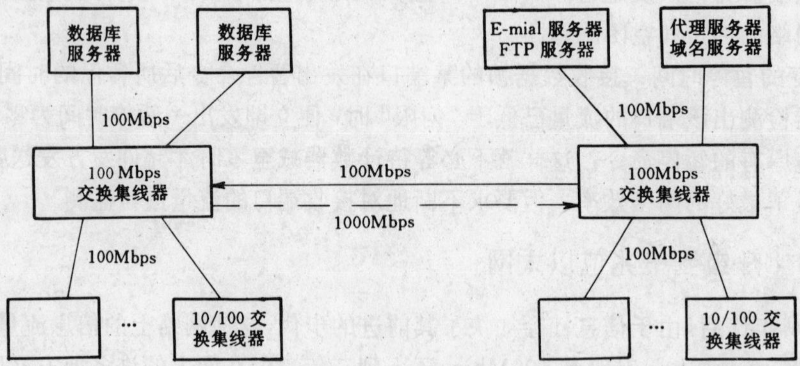

图 5-14　将交换集线器的连接升级到千兆位

一种升级方案是再增加一台具有 622Mbps 的 ATM 作为主干网。这种升级方案的缺点是，ATM 与现有网络不能兼容，在升级问题上不能实现平稳过渡，而且价格也贵，用户对它也较陌生。第二种方案是利用千兆位以太网作为主干网。事实上，推出千兆位以太网的最主要目的，便是用它来取代快速以太网作为企业的主干网，使主干网的带宽由 100Mbps 提升到 1Gbps，并可实现平稳过渡，即这样不仅能保护企业对原有网络的投资，而且也不会要求网络管理员和操作员重新去学习更多的知识。

在利用千兆位以太网作为主干网的企业网络中，通常都采用三级网络结构，其最底层是利用 10/100 交换集线器来组建的工作组 LAN，在集线器上通常连接有若干个 LAN 网段和一个工作组服务器。近年来，由于 10/100 交换集线器 10Mbps 端口价格的大幅度下降，已经完全可以将一台要求带宽较高的设备，如高性能的工作站、多媒体工作站等单独地接至一个端口来独占 10Mbps 的带宽；对于带宽要求不高的工作站，则仍是接至共享的集线器上来共享 10Mbps 的带宽。中间层是采用 100/1000 交换集线器组建的部门 LAN，在每个部门 LAN 上可连接若干个工作组 LAN 和 1～2 个部门服务器。最高层则是千兆位以太网，它作为企业的主干网，用它来连接多个部门 LAN，和若干个企业级数据库服务器，以及能提供 Internet/Intranet 服务的各种服务器，如 FTP 服务器、E-mail 服务器、域名服务器及 Web 服务器等，如图 5-15 所示。

四、其他网络的升级

1. 将 FDDI 主干网升级到千兆位

在 80 年代末至 90 年代中期，利用 100Mbps 的 FDDI 来替代具有 16Mbps 的令牌环，解决了当时主干网的瓶颈问题。但在今天，FDDI 又成为主干网的瓶颈，所以也须对它加以升级。升级的方法与前面所介绍的相类似，即可以在企业中增加一台千兆位交换集线器，并在其上配置若干个用于连接 FDDI 的接口模块，来连接已有的几个 FDDI 网，如图 5-16 所示。

2. 升级高性能 LAN

随着高性能工作站和超级工作站对带宽要求的提高，由 90 年代初期的 FDDI 网或中期的快速以太网所组成的 100Mbps 高性能 LAN，都已无法满足要求，因而此时又需要将高性

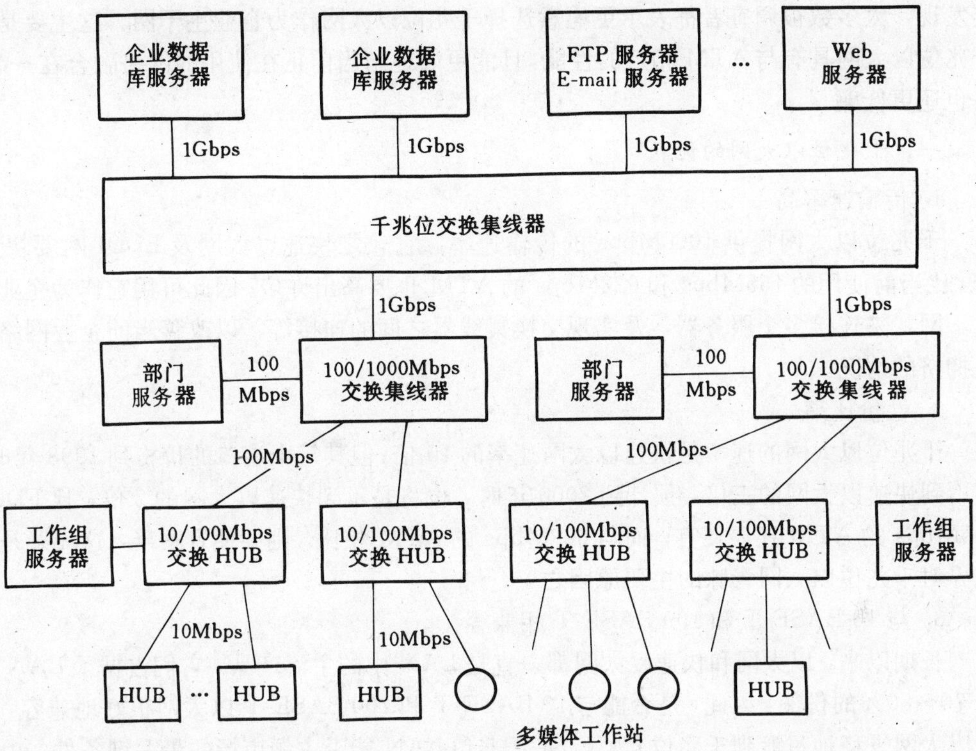

图 5-15　利用千兆位以太网作为主干网

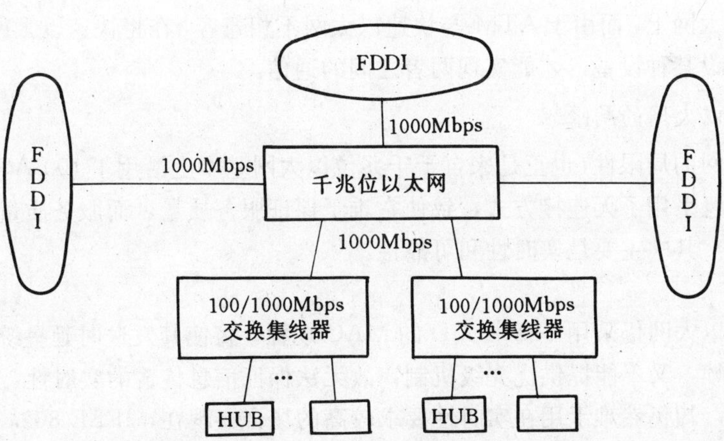

图 5-16　把 FDDI 主干网升级到千兆位

能 LAN 升级到千兆位，为此，可以购置一台千兆位交换集线器，将高性能工作站直接接到交换集线器上。

5.4.4　千兆位以太网的优点及其局限性

千兆位以太网是相当成功的 10 BASE-T 以太网和 100 BASE-T 快速以太网的后继者。

它在与其对手——ATM 的竞争中已经取得了初步的胜利。据 98 年千兆位以太网联盟的调查发现，太多数被调查者都表示更愿意选择千兆位以太网作为企业主干网。这主要是因为千兆位以太网具有与 ATM 相近的性能，且能更好地与当前正在使用的网络融合在一起，价格也还更低廉。

一、千兆位以太网的优点

1. 传输速率高

千兆位以太网提供 1000Mbps 的传输速率，它较之快速以太网及 FDDI 网要快上 10 倍，比当前使用的 155Mbps 和 622Mbps 的 ATM 也要高出许多。因此可用它作为企业中的主干网，来连接多个服务器，及实现交换集线器之间的连接等，以改善当前企业网络中信息拥挤的情况。

2. 性价比高

千兆位以太网的速率是快速以太网速率的 10 倍。但其每个端口的价格到 1998 年时，也还不到快速以太网的三倍，预计到 2000 年时，也将是不到快速以太网的 2 倍，比 FDDI 和 755Mbps 的 ATM 还要便宜；而与 622Mbps 的 ATM 相比，则要便宜一半，这无疑是使企业界对千兆位以太网青睐的主要原因之一。

3. 与 10 BASE-T 和 100 BASE-T 相兼容

长期以来，以太网和快速以太网都一直是 LAN 中的主流产品，它们占据了 LAN 市场的 70～80%的份额，因此，是否能与 10 BASE-T 和 100 BASE-T 以太网很好地兼容，从快速以太网平稳地过渡到千兆位 LAN，是千兆位 LAN 能否占领市场的最关键条件。由于千兆位以太网采用了以太网和快速以太网标准，保留了以太网的帧格式等，因而千兆位以太网能够与 10 BASE-T 和 100 BASE-T 完全兼容，进而可以将 100 BASE-T 快速以太网直接连接到千兆位以太网上，而由于 ATM 与快速以太网不相兼容，在将快速以太网接至 ATM 上时，还必须增设某种设备，才能实现两者之间的通信。

二、千兆位以太网的局限性

千兆位以太网的局限性，也正是来自于千兆位以太网基本上沿用了 10 BASE-T 的介质访问控制规程，且采用了无连接方式，致使它难于保证服务质量。而服务质量的好坏可以体现在多个方面，其中主要是实时性和可靠性。

1. 实时性

由于千兆位以太网仍采用 CSMA/CD 的 MAC 规程，将使其发送时延呈统计性，而采用可变长的数据帧，又不能提供优先级机制，故无法保证信息传输的实时性，尽管它具有很高的传输效率，却仍然难于用在实时性要求较高的场合。现在，IEEE 802.3Z 工作组已经采取下述措施来提高其实时性，如在快速以太网中引入优先级机制，并为实时性任务保留其所需的带宽等。现在正在着手解决服务质量问题，以便能将数据、声音和视频信号混合起来。

2. 可靠性

千兆位以太网最重要的应用场合，要算是作为企业的主干网，因此要求它必须具有非常高的可靠性。FDDI 网由于采用了双环结构和具有可自动恢复的机制，从而使其具有很高的可靠性；而 ATM 由于采用了面向连接的虚电路技术，且当连接失效时是采取重新组织传输路由等措施，也可获得较高的可靠性；而千兆位以太网目前尚未提供这些可以保证其可靠性的措施。目前IEEE 802.3Z 工作站也正在研究此问题，准备制订相关的标准。

习　题

1. FDDI 网络的 MAC 规程和 802.5 标准有何异同处？

2. FDDI 光纤网有何特点？

3. 试画出具有 A 类站和 B 类站的 FDDI 网结构图。

4. 在 FDDI 标准中共设置了几个层次？其各层次的主要功能是什么？

5. 在 FDDI 网中采取了哪些可靠性措施？

6. FDDI 可用于哪几种情况？

7. 100 BASE-T 有哪几种物理规范？它们之间有何差异？

8. 100 BASE-T 快速以太网的各组成部分与 10 BASE-T 的有何不同？

9. 试说明交换集线器与共享集线器的最大区别，并画出利用交换集线器组建的网络。

10. 在快速以太网中采用全双工技术可将传输距离扩大到多少？

11. 何谓自适应功能？在自适应协议中是如何设置自适应优先级的？

12. 快速以太网有何优点和局限性？

13. 试说明快速以太网的应用。

14. 试比较 100 BASE-T 与 10 BASE-T 的异同。

15. 100 VG-AnyLAN 的介质访问规程与 10 BASE-T 的有何不同？

16. 试画出 100 VG-AnyLAN 的网络结构图，并做扼要说明。

17. 在 100 VG-AnyLAN 中的需求优先级机制是如何实现的？

18. 在 100 VG-AnyLAN 中如何利用 3 类 UTP 来实现 100Mbps 的传输速率？

19. 100 VG-AnyLAN 的主要优点和局限性是什么？

20. 千兆位以太网在利用多模光纤传输介质时，采用了什么样的光源？由此形成了哪两种传输标准？

21. 何谓 DMD 问题？如何解决之？

22. 在千兆位 Ethernet 中如何扩大网络的最大传输距离？

23. 千兆位 Ethernet 具有哪几种物理规范？

24. 为什么千兆位 Ethernet 网卡必须是智能型的？在网卡中增加了哪些新功能？

25. 试说明千兆位 Ethernet 的优点和局限性。

26. 如何将交换集线器之间的连接升级到千兆位？并画图说明之。

27. 试画出利用千兆位以太网作为主干网的企业网络结构图。

第六章　企业网络的硬件设备

通常在计算机网络应用较为广泛的大型企业和校园中，计算机网络可分为三个层次，最低层是工作组级网络，中间层为部门级网络，利用传输速率较高的网络互连设备，将企业中各部门级网络互连起来，再配上企业服务器，就可构成最高一级的企业网络。可见，在企业网络中的关键设备是网络互连设备，如网桥、路由器和交换集线器，还有企业服务器，此外，ATM 交换机也愈来愈多地用于大型企业网络和校园网络中。故本章的主要内容是介绍企业级服务器，各种网络互连设备和 ATM。

6.1　企业服务器

在企业网络中，通常都要配置企业服务器，以便将整个企业中的重要信息和文件装入企业服务器，供各部门共享。企业网络所提供的各种服务软件，也都驻留在企业服务器中，因此，企业服务器的硬件和软件配置是否合理，其性能的好坏，对整个信息系统有决定性的影响，致使在企业网络中配置的企业服务器具有规模大、速度高和可用性好等特点。

6.1.1　大型、中型和小型服务器

根据服务器规模的大小，可把服务器分为高、中、低三个档次。1996 年，美国 IDC 曾采取严格根据服务器价格进行划分的办法，把价格在 10 万美元以下的服务器定为低档服务器；把价格在 10～100 万美元之间的定为中档服务器；把价格在 100 万美元以上的定为高档服务器。而我国则把服务器划分为大、中、小三档，且其划分的标准与 IDC 分为高、中、低三档的标准也有所不同。下面，我们主要介绍我国按照自己的方法所划分的三种服务器。

一、小型服务器

我国把价格在 3 万美元以下，微处理器的数目小于或等于 4 个，内存的最大允许配置小于 4GB 的服务器定为小型服务器，通常又称为 PC 服务器。在服务器上所配置的操作系统主要是 Windows NT、UNIX 或 Netware。主要用作 LAN 服务器，或中、小型企业中的企业服务器。

近几年，由于 Intel 公司的处理器芯片在性能和速率上都有很大的提高，已可用来制作能满足 LAN 和小型企业网需要的服务器，且也具有很好的性能价格比，此外，Internet 的流行又促进了 PC 服务器的应用，致使 PC 服务器的销售愈来愈红火，1997 年较之 1996 年，PC 服务器的销售量增加了 36%，销售额增加了 35%，达到 106 亿美元，而且，随着 Intel 芯片性能的提高，社会信息化步伐的加快，PC 服务器的销售仍将继续红火。

当前生产小型服务器的厂家非常多，据统计，在 1996 年和 1997 年期间，在全球销售量占居前三位的都是 Compaq、HP 和 IBM 三家公司，他们分别占有 35%、12%和 11%的市场份额，在 1997 年，他们也是我国销量最多的厂商。典型的 PC 服务器有 Compaq 的 Pro Linat 3000，它支持 2 个 300MHz 的 Pentium Ⅱ处理器，最大内存为 512MB；又如，HP 的

Netserver LH11 系列，也支持 2 个 266MHz 和 300MHz 的 Pentium Ⅱ 处理器，最大内存为 572MB；IBM 公司的 RS/6000 F50，可装入 166MHz 的 Power PC 604e 处理器 4 个，内存为 128MB～3GB。

二、中型服务器

我国把价格在 3 万～20 万美元，微处理器数目在 4～16 个，最大允许内存为 4～16GB 的服务器定为中型服务器。它也是我国用得较多的一种服务器，主要用在政府部门、银行系统、电信部门、证券公司等网络规模较大的企事业单位中，作为企业级服务器。也用于特大型系统中作为部门级服务器。在服务器上所配置的操作系统主要是 UNIX，预计到 1999 年时，基于 Intel Merced 64 位处理器的中档服务器将会投放市场，此时，Windows NT Server 的 64 位版本，也将会正式地配置在其上面。

当前生产中型服务器的厂家也很多，在 1996 年和 1997 年期间，在全球销售量占前三位的是 IBM、HP 和 Sun 公司，他们分别占有市场份额的 36%、13%和 8%（1997 年），在我国也是销量最多的三家厂商，近三年来，中档服务器的销售态势平稳，每年增长率只有 2%左在，1997 年的销售额有 169 亿美元。

在 IBM 的整个中档服务器销量中，AS/400 占 46%，其中包括 AS/400E 系列服务器，它可支持 8～12 个最新的 64 位 Apache 250MHz 的 Power PC 处理器；RS/6000 占有 41%，其中包括 12 路的 S70 (Raven) 服务器，HP 公司的 K-Class 服务器的销量，有明显的增加，其中包括最近宣布的 HP 9000 K380 Enterprise Server，该服务器可支持 6 个 PA-8200 240 MHz的 64 位处理器，Sun 公司的 Ultra Enterprise 中档服务器的销售，也呈较强的增长态势。

三、大型服务器

我国把价格在 20 万美元以上，微处理器数目多于 16 个，最大允许内存大于 8GB 的服务器定为大型服务器，它在我国也有一定数量的应用，主要是政府机关、金融系统、大型工厂企业集团，特别是金卡工程、金关工程及金锐工程等大型工程中。在 1996～1997 年期间，我国已安装了大型服务器数百台，在服务器上所配置的操作系统主要是 UNIX。

当前生产大型服务器的厂家也不少。在 1996 年和 1997 年期间，在全球销售量排在前三位的是 IBM、日本的富士通（Fujitsu）和日立（Hitachi），他们在 1997 年的市场份额中分别占有 32.9%、13.8%和 12%，近三年来，他们的年销售额都在下降，从 1995 年的 183 亿美元下降到 1997 年的 170 亿美元。

IBM 公司的 RS/6000 SP 服务器可配置 2～572 个节点，在每个节点中最多可有 8 个处理器，允许最大内存 2GB。该服务器的最小配置属于中型服务器，随着其配置的增加可演变为大型乃到特大型的服务器。该服务器是 IBM 大型服务器中的佼佼者。Sun 公司于 1996 年推出的 Ultra Enterprise 6000 和 1997 年推出的 Ultra Enterprise 10000 是大型服务器中的后起之秀，前者可配置 30 个 Ultra SPARC Ⅰ 处理器，后者可支持 64 个 Ultra SPARC Ⅱ 250MHz 处理器，可配置内存 64GB。

6.1.2 基于 Mainframe 的服务器

从 60 年代开始，长期以来，一直都是以 Mainframe（大中型通用机）作为信息处理系统的中心。它所采用的是集中式处理方式；到80年代中期以后，UNIX系统开始广为流行，该系统注重的是分布式处理方式；进入90年代后，UNIX系统大有取代Mainframe之势。但1993年，美国IBM公司发表了新一代Mainframe——System/390处理器计划，Mainframe也采用了CMOS处理机，克服了价格昂贵的缺点，使Mainframe的性能价格比获得显著提高，在体积上也实现了小型化（Downsizing），再加上它在运行管理和可靠性方面又都十分优越，促使广大用户又重新乐意选用Mainframe作为信息系统中的服务器。经过近几年的发展，其原有的价格昂贵和难于小型化问题已基本得到解决。当前尚存在的主要问题，是它与开放系统之间的亲合性不良，即如今已开发出许多开放的、先进的软件包，如用于Internet/Intranet环境中的软件包，用于数据库和综合业务的软件包，它们尚不能直接为Mainframe所用。当前正从下述两方面来改进基于Mainframe服务器的性能。

一、Mainframe改扮为大型UNIX系统

一方面，长期以来Mainframe一直是封闭式系统，尽管它在近几年已有很大改进，但仍远远跟不上开放系统的发展；另一方面，UNIX系统又一直是开放性最好，也最流行的系统之一，因而有的大型机制造厂家如IBM公司，便将自己生产的Mainframe改扮为大型UNIX系统，如IBM公司在1996年10月上市的OS/390 Release 2中，已把统一的UNIX规范(SPEC 1170)的所有API都安装上去，在1997年上市的OS/390 Open Edition Release 3中装了全部UNIX功能，这样，即使是完全不了解IBM的MVS操作系统的人，只要采用与UNIX系统同样的方法，也可对系统进行管理。现在有许多厂商（据说已超过840家）都在为OS/390移植UNIX应用软件。把Mainframe改扮成UNIX系统后，它不仅仍具有原Mainframe的一系列优点，且又增加了UNIX系统所具有的优点，这样便能很好地实现用UNIX系统不能完成的大型客户/服务器系统。

二、Mainframe与Windows NT紧密结合

由Microsoft公司于1995年推出的Windows NT 3.51和1997年推出的Windows NT 4.0都具有良好的性能，受到广大用户的欢迎，有着十分广阔的前景，于是有的大型机的制造厂商便利用Intel公司生产的多个相同的微处理器（又称为对称多处理器SMP）来制作大型机器，并配置Windows NT操作系统。在1996年首先面市的Clear Path Server HMP NX 4800系列机中，只能配置两个对称型多处理器SMP模块，每个SMP模块最多只能容纳4个处理器（Pentium 133MHz）这主要是受到Windows NT 3.51版本的限制；换言之，NT 3.51最多只能支持8个处理器，在这种情况下的计算机还算不上Mainframe，而在Unisys公司于1997年面市的SMP的后继产品中，每个SMP模块内可装入10个处理器，相应的微处理器也由Pentium升级为具有更强处理能力的Pentium Pro，因而使机器更接近于Mainframe。随着微处理器性能的不断提高，和Windows NT版本的不断更新，由多个相同微处理器所构成的服务器，已完全可以与用Mainframe构成的服务器相媲美。

IBM公司在Mainframe中嵌入UNIX功能之后，又与加拿大的Pristol Tech公司合作（该公司拥有访问Windows NT源代码的权力），于1997年5月共同将Windows NT的API装入到OS/390 Open Edition Release 3上。

此外，由IBM公司的原System/360的总设计师Gene·M·Amdahl博士，于1970年创建的Amdahl公司是以生产IBM Mainframe兼容机而闻名于世。该公司也在System/390

兼容机 Mainframe 中嵌入了 Windows NT，构成 Envista Windows NT 服务器，该服务器能与原有的 Amdahl System/390 兼容机实现高速连接，并于 1996 年 8 月投放市场，受到原 System/390 兼容机用户的欢迎。

6.1.3 基于 SMP 的服务器

为了提高服务器的运行速度和可用性，在近年来所推出的大、中型服务器，乃至部分小型服务器中，多采用了并行处理计算机系统，或称为并行计算机。所谓并行计算机是指在系统中采用了多个微处理器，或者多台计算机，以对信息实现高度并行地处理。

一、并行计算机的类型

早在 70 年代初期，便已研制成功并行计算机；进入 90 年代后，已发展和形成了以下三种类型的并行计算机系统。

1. 多处理器系统 MPS（Multi-Processor System）

根据系统中所用处理器的相同与否，可将 MPS 分为：（1）对称多处理器 SMP（Symmetric Multi Processor）系统：在系统中所包含的各处理器单元在功能和结构上都是相同的，当前的绝大多数 MPS 都属于 SMP 系统。例如，IBM 公司的 SR/6000 Model F50，便是利用 4 片 Power PC 处理器构成的；(2) 非对称多处理器系统：在系统中有多种类型的处理单元，它们的功能和结构各不相同，其中只有一个主处理器和多个从处理器。

2. 大规模并行处理系统 MPP（Massvely Parallel Processor）

通常也称为超级并行处理机，它是由成百上千个，乃至数万个处理器互连在一起构成的大型系统。通常认为，MPP 中所包含的处理器起码应在 100 个以上，例如，1996 年秋，日本日立公司推出的 SR2201 超级并行机，便可装入 2048 个 PA-RISC 处理器，其峰值性能达到 600GFLOPS，后来美国又制造了峰值性能达到 1.8TFLOPS 的超级并行机，该机器是利用了 9000 多个 Pentium Pro 构成的。

3. 工作站群集 COW（Cluster of Workstation）

即通常所说的群集系统。它是由两台或两台以上的高性能计算机所组成的群集处理同一任务的系统。该系统中的每一个处理单元，都是一台独立的计算机，COW 与 SMP 各有许多优点，故它们在服务器中都获得广泛的应用。

二、SMP 系统的结构

1. 公用总线结构

单总线是 SMP 的一种最简单的结构形式，它把多台处理器（包括它们的内存）和外围设备，通过其自身的接口，连接到同一条总线上，形成如图 6-1 (a) 所示的单总线系统。当前大多数低档的多处理器系统，都采用单总线结构。

单总线 SMP 系统结构的主要优点是：(1) 成本低：总线系统主要利用高频电缆或双绞线作为公用传输线，与处理器的接口简单、成本低且易于实现；(2) 具有较好的扩展性：易于改变处理器和设备的类型及增加其数量。其主要缺点是：多个处理器和设备共用一条总线，在任一时刻只允许一个处理器发送信息，会影响到系统效率。

为了提高 SMP 的效率，可以在系统中增加一条总线，这样便形成了如图 6-1 (b) 所示的双总线 SMP 结构；在有的 SMP 中还采用了四条或更多的总线来提高系统的效率。

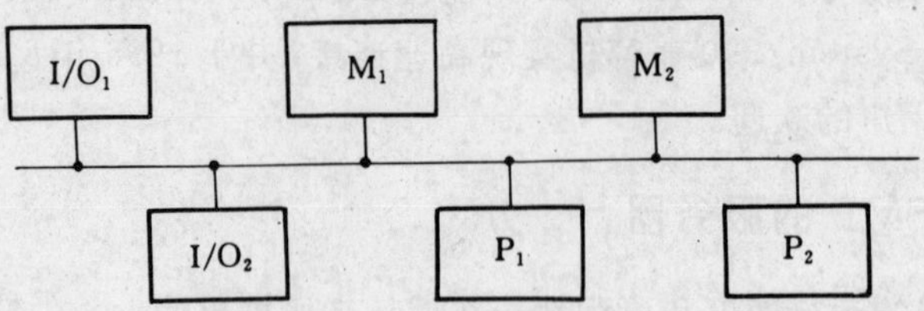

(a)单总线 SMP 系统

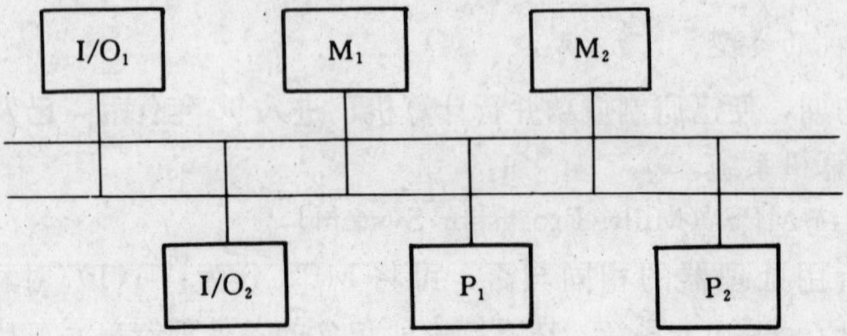

(b)双总线 SMP 系统

图 6-1　单总线和双总线系统

2. 交叉开关矩阵（Crossbar-Switch Matrix）

该结构是利用一纵横开关阵列，将多个处理器、I/O 通道和纵向的多个存储模块连接起来，如图 6-2 所示。可以把交叉开关阵列看作是：在多总线结构中增加公用总线的数目，使之达到存储模块数目的一种极端情况，即每一个存储模块都有一条单独的存取路径，如图 6-2 所示。若 $n>m+i$，则 m 个处理器和 i 个 I/O 通道在同一时刻都可能分配到一套总线与某个存储模块相连，从而显著地扩展了传输频带和提高了系统效率。

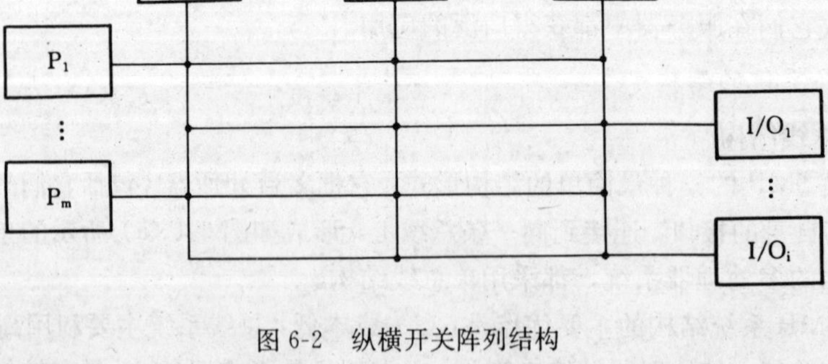

图 6-2　纵横开关阵列结构

3. 多端口存储器（Multiport Storage）

只要把分布在整个交叉开关阵列中的控制、转换和优先级算法等逻辑功能，移至每个存储模块的接口中，便可形成多端口存储系统，如果说交叉开关系统的复杂性主要集中在交叉开关阵列上，则多端口系统的复杂性主要集中在多端口存储模块中。多端口存储模块是多端口存储器系统的中心，在每个存储模块中设置有多个端口，每个端口负责处理一个处理器或 I/O 通道对存储模块的访问请求。

当有多个处理器同时访问一个存储模块时，便发生了访问冲突。常用的一种避免冲突的方法是，为每一个存储器端口规定一个优先级。在图 6-3 中，M 模块上所标的 0、1、2、3 即为端口优先级，处理器或 I/O 通道通过不同优先级的端口进行访问。处理器 P_0 在访问 M_0 和 M_i 时，具有比 P_1 更高的优先级。这样，当 P_0 和 P_i 在访问 M_0 和 M_i 时，若发生冲突，则应由 P_0 优先访问；反之，在访问 M_2 和 M_3 时，P_1 具有更高的优先级。

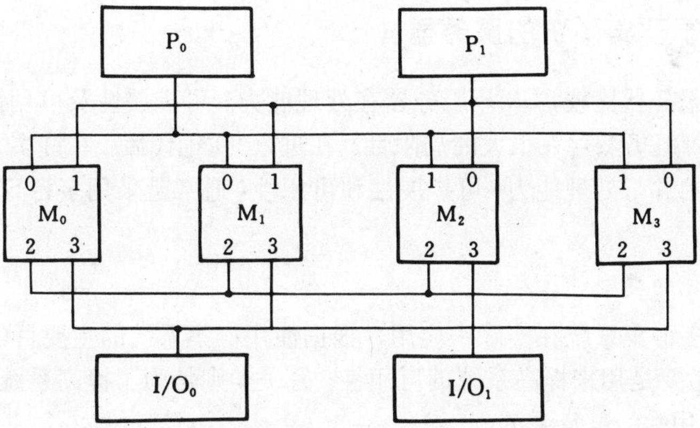

图 6-3 具有优先级的多端口存储系统

三、基于 SMP 的服务器的优点

进入 90 年代后，基于 SMP 的服务器发展十分迅速。当前，除了非常小的 LAN 服务器外，大多数的服务器都是基于 SMP 的。这种服务器能获得如此广泛应用的原因，是它具有下列一系列的特点。

1. 高速性

提高服务器运行速度的主要途径有两条：(1) 提高构成服务器的处理器的速度。为此，当前的服务器都是选用最新推出的处理器芯片来制作的，例如，Sun 公司于 1995 年 11 月宣布 Ultra SPARC-Ⅰ 64 位处理器芯片后约半年的时间，便推出了利用该芯片做成的 Ultra Enterprise 6000 服务器，类似地，在 1996 年第 4 季度宣布 Ultra SPARC-Ⅱ后，于 1997 年 3 月便又推出了 Ultra Enterprise 10000；(2) 在服务器中装入多个处理器，并采用并行处理技术。该措施可使服务器的运行速度成数倍地、数十倍，乃至数百倍地提高。

2. 可扩展性

可扩展性是并行计算机的最大优势。可扩展性包括下面三层含义：(1) 规模可扩展性：计算机系统的规模随处理器数目的增加而扩大，其性能将呈线性增长。具体说，在服务器中允许装入 2～4 个处理器作为小型服务器，也可装入数十个处理器而构成高档服务器；(2) 时间可扩展性：也称为换代可扩展性：是指计算机的体系结构，可适应处理器芯片、器件和工艺的更新换代，例如，在 1995 年所推出了的并行计算机中，是采用了当时最新推出的 Pentium 芯片，后来芯片的速度不断提高，而且升级为 Pentium Pro，此时计算机的体系结构仍能适应；(3) 问题可扩展性：是指当所要处理问题的规模较大时，只要适当增加处理器的数目，便仍能适应。

3. 高可用性

在基于SMP的服务器中，通常含有若干个完全相同的处理节点，在每个节点中可装入若干个处理器及外部缓存等。平时，处理器调度程序将任务分解为若干个子任务后，分配给各处理节点，使这些节点间处于并行处理状态。当其中某个节点发生故障时，调度程序便将该节点处理器原来承担的子任务重新分配给其他节点来承担，从而完全可以维持服务器的正常运转，即使有多个处理器失效，只要还有足够数量的处理器是完好的，服务器仍可基本正常运转。

6.1.4 基于群集系统的服务器

与单处理器服务器比较，SMP服务器在处理能力、可扩展性及可用性等方面，都已有了很显著的提高，但仍然存在很大的局限性。在进入90年代后，在许多重要场合，为了进一步增强服务器的并行处理能力，可扩展性和可用性，通常是采用多台SMP服务器来实现群集系统服务器。

一、群集系统的类型

当前已有许多群集系统在实际中应用。根据使用群集系统的主要目的，可将它们划分成两大类，一类主要是用来提高系统的可用性；另一类则是为了提高系统的并行处理能力。

1. 实现高可用性的群集系统

这是当前用得最广泛的一类群集系统。目前可支持8个处理单元，但典型的应用一般是支持两个处理单元，其主要工作模式可分为以下两种。

(1) 热备份 (Hot Standby) 模式：在这种模式的系统中，备有两台服务器，两者的处理能力通常是完全相同的，也可以不同。一台作为主服务器，另一台作为备份服务器。平时主服务器运行，备份服务器则时刻监视着主服务器的运行，一旦主服务器出现故障，备份服务器便立即接替主服务器工作而作为系统中的主服务器，修复后的服务器再作为备份服务器。

(2) 互为备份 (Mutual Takeover) 模式：在这种模式下，系统中的两台服务器同时运行，它们各自负责一部分工作，及访问自己独享的硬盘（区），相互作为对于的备份服务器。这种模式能有效地提高运行效率，但在实现上较复杂。

2. 支持并行处理的群集系统

这种系统几乎可以无限制地提高系统的可扩展性。当希望增强（加）系统的处理能力时，只需在系统中增加一个或几个新的处理单元。这种系统同样可以提高其可用性，而且可以采用多对一的方式实现，即利用多个处理单元工作，而只用一个处理单元作为备份，使服务器的利用率不致降低太多。这种群集系统又可分为以下两种结构。

(1) 非共享数据结构：在这种结构的系统中，其每个处理单元都备有自己专用的数据库分区，如果该结构中的两台服务器采用共享硬盘方式，则可采用可用性群集技术来保证整个系统的高可用性；如果未用共享硬盘方式，则可利用二阶段提交的复制技术，来保证系统的高可用性。Informix Online V8.0 中是基于非共享数据结构的软件产品，图6-4 (a) 示出了非共享式结构。

(2) 共享数据结构：采用这种结构的系统其整个数据库中的数据，能供系统中的每一

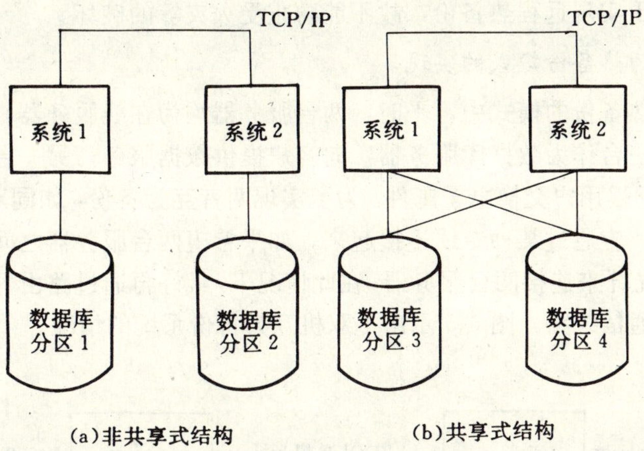

图 6-4　支持并行处理的群集系统结构

个处理单元所共享，因此各处理单元中的数据库服务器，均可读、写和更新同样的数据，环境的复杂性对用户乃至开发者都是透明的，图 6-4（b）示出了共享式的结构。

二、双机热备份模式的实现

由于双机热备份和双机互为备份都用得较多，故我们再将它们做进一步阐述。当前，双机热备份的实现有以下两种模式：

1. 双机切换模式

这种模式中的主服务器和备份服务器，都各有独立的处理器、内存、硬盘及通信系统等。为使在这两台服务间能保持镜像关系，应在这两台服务器上各装入一块网卡，并通过某种传输介质将两台服务器直接连接起来。两台服务器间所允许的距离，取决于所配置的网卡和传输介质。如果用 FDDI 单模光纤，两台服务器间的允许距离可达到 20 公里。

为使两台服务器间能始终保持镜像关系，还必须在系统中设置某种机制来检测主服务器中数据的改变。一旦该机制检测到主服务器中有数据变化，便立即通过通信系统将修改后的数据传送到备份服务器的相应数据文件中。为了保证在两台服务间之间通信的高速性和安全性，通常都选用高速通信信道并有备份线路。

在这种模式下，一旦主服务器发生故障，系统能自动地将主要业务用户切换到备份服务器上。为保证切换时间足够快（通常为数分钟），要求在系统中配置有切换硬件的开关设备，在备份服务器上事先建立好通信配置，并能迅速处理客户机的重新登录等事宜。该模式的最大特点是主、备份服务器完全独立，可支持远程热备份，从而能消除由于火灾、爆炸等非计算机因素所造成的隐患。其主要缺点是服务器的使用效率只有 50%。

2. 共享硬盘阵列模式

近年来，廉价的磁盘冗余阵列 RAID 技术已经成熟，在 UNIX 平台上已广泛采用 RAID 来实现双机热备份。在该模式中，将两台服务器分别通过 SCSI-2 或 SCSI-3 接口连接到 RAID 上，并将应用数据库放置在 RAID 中，使两台服务器可以共享 RAID 上的数据，为了提高磁盘的利用率，可使 RAID 在 5 级上工作。此级可提供有效的冗余措施，防止因某个磁盘损坏而造成数据的丢失。这种模式的主要优点，是能有效地提高磁盘的利用率，如从

50%提高到80%以上。但由于会受到SCSI线长度的限制，两台服务器通常都要放置在同一房间中，从而难于实现远程热备份，故不能防止受火灾等的破坏。

三、双机互为热备份模式的实现

在双机互为热备份的模式中，平时，两台服务器均为在线服务器，它们各自完成自己的任务，例如，一台作为数据库服务器，向客户提供数据服务；另一台作为电子邮件服务器，允许客户与远程用户交换电子邮件。为了实现两者互为备份，如同双机热备份一样，在两台服务器之间，应通过某种专线连接起来。如果希望两台服务器之间能相距较远，最好利用FDDI单模光纤来连接两台服务器，在此情况下，最好再通过路由器将两台服务器互连起来，作为备份通信线路。图6-5示出了双机互为备份系统的情况。

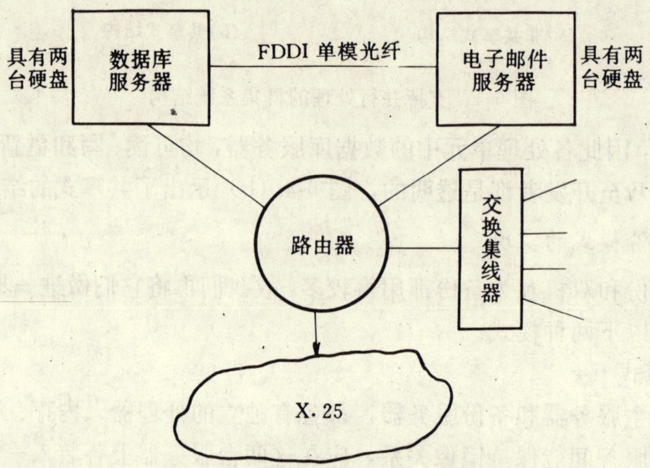

图6-5　双机互为备份系统示意图

在互为备份的模式中，最好在每台服务器内都配置两台硬盘，一个用于装载系统程序和应用程序，另一个用于接收由另一台服务器发来的备份数据，作为该服务器的镜像盘。在正常运行时，镜像盘对本地用户是锁死的，这样就较易于保证在镜像盘中数据的正确性。如果仅有一个硬盘，则可用建立虚拟盘的方式或分区方式来分别存放系统程序、应用程序及另一台服务器的备份数据。

如果通过专线链接检查到某台服务器发生了故障。此时再通过路由器去验证这台服务性是否真的发生了故障。如果故障被证实，则由正常服务器向故障服务器的客户机发出广播信息，表明要进行切换。连接到故障服务器上的客户机在切换过程中会感觉到网络服务器的停顿，但在切换成功后，客户机无须重新登录便可继续使用网络提供的服务和访问服务器上的数据。而对于接在非故障服务器上的客户机，则只会感觉到网络服务稍有减慢而已，不会有其他任何影响。当故障服务器修复并重新连到网上后，已被迁移到无故障服务器上的服务功能将被返回，恢复正常工作。

四、SMP和群集系统服务器的比较

与单处理器服务器比较，这两种服务器无论在运行速度上，还是在可扩展性及可用性方面，都有了明显的改善；但就SMP和群集系统两服务器相比较，两者又各有所长，因而形成了两大类多处理器系统。

1. 可扩展性

虽然SMP服务器已具有相当好的可扩展性，它可根据需要而增加处理单元，但仍受到机器在设计上，尤其是结构上的限制；而群集系统则可随着需求的增加而不断地扩展，几乎没有限制，至少在理论上如此，这对于无法预计其业务需求增长的企业而言，是特别有用的，因为它可以免除在设计阶段中所存在的如何选择服务器大小的困惑。

2. 可用性

对于SMP服务器，由于其系统中含有多个处理器而使SMP服务器具有很强的可用性，但在SMP服务器中总是含有较多的公用部分，如共享内存、外存及公用总线、电源等；相应的，在群集系统中的每个节点都是一台独立的计算机，可以完全独立自主地运行，不存在因节点故障而导致整个群集系统瘫痪的问题，因而使群集系统具有更好的可用性。

3. 可编程性

可编程性是在并行计算机发展过程中所形成的新概念。并行计算机有共享式和分布式两种存储结构，它们采用了不同的进程通信机制。SMP服务器所采用的是共享式存储器结构，及采用了基于共享变量的通信机制，其程序设计方法仍以传统的高级语言为基础，只是还需要增加自动并行识别，或增加并行语言成分，因此，SMP服务器具有可编程性；反之，COW服务器所采用的是分布式存储结构，即在每个处理单元中，不仅含有处理器，而且有独立的内存，在进程之间采用消息传递通信方式，因而在程序中要以显式的方法写出信息的发送和接收原语，从而导致它们的可编程性较差，为此，通常都要求对软件进行重写或做较大修改。

4. 实现上的复杂性

基于SMP的服务器，在实现上相对容易，这是因为机器中所有的处理器都是相同的，且通常又是共享内存及外存，系统中也只有一个时钟，这样，不论是在进程的通信及进程的同步上，还是在对存储器的管理上，都与传统的操作系统相差不多，所以，当前已有不少公司推出了能支持含数十个乃至数百个处理器的SMP服务器，如Sun公司的Ultra Enterprise 10000。基于群集系统的服务器在实现上相对复杂些，这不仅因为各个服务器可能不同，服务器间可能相距甚远，而且各服务器各有独立的时钟，这些都将给不同服务器间的进程通信带来一定的困难。目前已推出的基于Windows NT的群集系统，大多只能支持2～4个服务器；而基于UNIX的群集系统，则可支持4～8个服务器。

6.2 中继器和网桥

网间互连设备用于将若干相同或不同的网络互连在一起，以形成一个规模更大的网络，使不同网络中的用户能相互通信，实现资源共享。对于不同的网络，意味着它们的物理网络、传输协议、网络操作系统以及主机等，都可能各不相同，因而实现网络互连的设备，可根据其复杂程度的不同而分成中继器、网桥、路由器、网关和交换集线器，以及ATM等。

6.2.1 中继器

由于信号在介质上传输时，其幅度将会不断地衰减，因此，必须限制每段传输线的最大长度。例如，在用同轴电缆建造总线LAN时，单段同轴电缆的最大长度为500米。为能扩展网络的总跨度，可用中继器（Repeater）将两个单段电缆连接起来，以形成一条连续的信道。亦即，将两个LAN网段连接起来成为一个LAN。这样，通过多个中继器可将多个单段网络灵活地组成各种型式的LAN，用两个中继器将三段LAN组成一个更复杂的LAN的情况示于图6-6中。

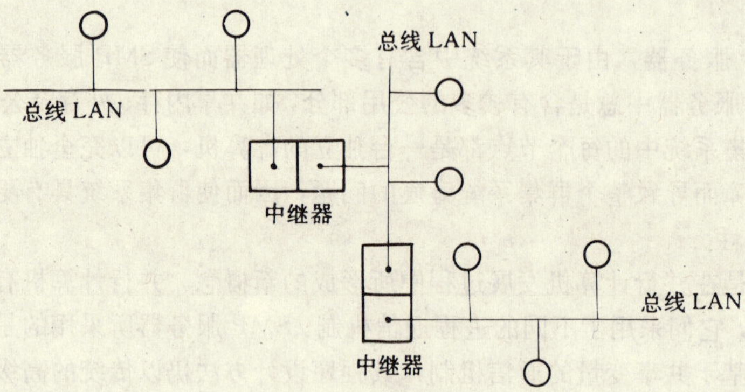

图 6-6 用两个中继器连接三段LAN

中继器主要用于扩展LAN的跨度，其具体功能是接收从一条电缆上传输过来的信息，并将其加以放大后，再发送到另一条电缆上，因此，中继器完全是一个硬件设备。它由信号接收器、放大整形器、信号发送器等组成。故，我们说中继器是在物理层上实现互连的，其操作应遵循物理层协议。由于通过中继器所连接起来的几段网络属于同一网络，故中继器只是网段的互连设备而非两网络的互连设备。

应该指出，由于其他因素的限制，事实上，并不能利用任意多个中继器将任意多个网段互连起来。IEEE 802.3规定，最多只能用四个中继器来互连五段500米长的网段，从而将有效电缆长度扩大到2.5公里，同时仍可保证传输速率为10Mbps。

6.2.2 网桥的用途

网桥是用于连接同构LAN的网间连接器。它是一种真正的，但又最简单的网间连接器。所谓同构网络，严格地说，是指在两个网络中从应用层到物理层这七个层次中，对应的层次都采用了相同的网络协议；但一般地说，只须从应用层到逻辑链路控制子层这几个层次中，相对应的层次采用相同的协议，而对数据链路层中的MAC子层和物理层这两层中的对应层次则可遵循不同的协议。因此，可以把所有用于连接的符合IEEE 802标准的诸如CSMA/CD总线网、令牌环网或令牌传送总线网的网间连接器，都称为网桥，在企业环境下网桥的用途如下：

1. 连接同构型LAN

当有若干个遵循IEEE 802标准的LAN时，比如有CSMA/CD总线网、令牌传送总线网、令牌环网等，它们具有相同的LLC子层，这时就可用网桥将它们连接起来，形成一个更大规模的LAN。网桥读出从LAN A发来的所有帧，经过地址识别后，仅接收其中需要转发至LAN B的帧，然后按照LAN B的介质访问规程，再重新将帧发送给LAN B。

2. 扩展工作站的平均占有频带

不论是总线网还是环型网，其上所连接工作站的数目愈多，每个工作站平均占用的频带就愈窄，可表示成f=F/N，其中F是网络频带，N是网络上所连的工作站数。因此，在一个企业中当有多台微机要联网时，可以先为它们建立多个规模较小的LAN，每个LAN上连接5～10个微机，然后再通过网桥将这些LAN互连起来。

3. 分割冲突域

当把多台机器连接到一个共享以太网上时，例如，有50台微机，此时将形成一个大的冲突域（50），即在任何时刻都只允许其中的一台发送信息，否则便会发生冲突。但若将50台机器分别连至五个网段上，每个网段上只有10台，再利用网桥将这些网段互连起来，这样便可将一个大冲突域分割成五个小冲突域（10），见图6-7所示。此时允许每一时刻在每一小冲突域中有一台机器发送信息，纵观起来就是允许五台机器同时发送信息。

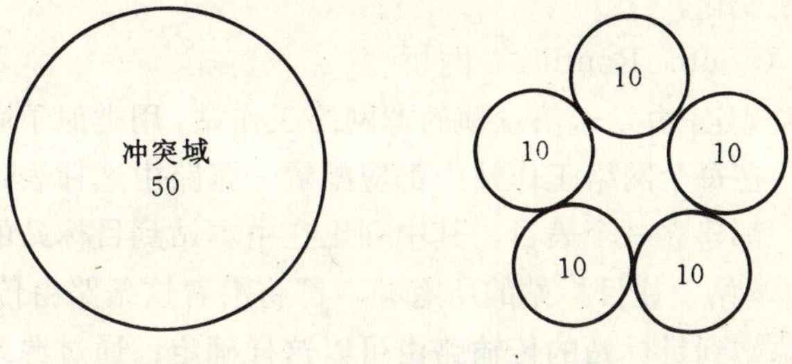

(a)大冲突域50　　(b)分割为5个小冲突域

图6-7　分割冲突域示意图

4. 扩展LAN的地址范围

由于一个LAN（包括若干个网络段）的最大距离受到网络协议的限制，例如，Ethernet和IEEE 802.3规程中所规定的最大端一端距离为2.5公里，当所要求的网络跨度超过2.5公里时，如4公里，便可先为之建立两个完全相同的LAN，然后再用网桥将这两个LAN连接起来。

5. 提高网络性能及可靠性

对LAN来说，随着网上所连工作站数目的增加，以及地址范围的扩大，网络潜在的不可靠性也将增大。例如，如果将数百个工作站连接成一个令牌环型网络，当有任何一个网络接口出现故障时，都将导致整个LAN的瘫痪；此外，在信息从源点传输到目标站点的过程中，可能会通过数百个网络接口的中转，也必然产生明显的时延。但如果是分地区地分别为这些微机建立若干个小型LAN，使绝大多数信息仅在小型LAN中传输，这无疑将会显著地提高网络的吞吐量，并减少传输时延；同时，网络的可靠性也必将得到改善。

6. 用于灵活地适应各种不同应用的需要

在建造一个大型网络系统时，可能会面对若干种需要。例如，有的工作站要求有较高的保密性；而有的站则要求具有较强的实时性；又有的工作站是面向CAD或面向管理的等等，这时，最好就是先分别为它们建立不同的LAN，并配置不同的网络服务器和网络工作站，然后再利用网桥将这些LAN连接起来。

6.2.3 网桥的类型

根据网桥所采用路由选择算法的不同，可将在LAN中使用的网桥分为透明网桥和源结点路由网桥两种，IEEE 802.1和802.5两个工作组分别为它们制订了标准，称为IEEE 802.1网桥标准和IEEE 802.5网桥标准。

1. 透明网桥（Transparent Brigde）

在802.1标准中规定，透明网桥的路由选择功能仅设置在网桥中，而在LAN上的各个工作站都不需要设置路由选择功能。为实现路由选择功能，须在网桥中设置一张站名表，在该表中为每个工作站建立一表目，其中含有站址、端口号及LAN类型。端口号用于指示发送帧时应使用的端口号；LAN类型用于标识所用MAC规程，以了解是否需要进行协议转换。在网桥的运行过程中，站名表内将会不断地补充新的表目，或原有的表目被修改，以适应网络情况的不断变化。

2. 源结点路由（Source Routing）网桥

802.5网桥标准规定，由发送信息帧的源网络工作站，用类似于固定路由选择的算法进行路由选择。为此，在每个网络工作站中都应配置一张路由选择表，在表中为本站所能到达的所有各工作站，都建立一个表目，其中列出在由本站到目标站的确定路由上所有网桥和LAN的地址。由本站发往目标站的所有帧，都将沿着这条路由传输。

在路由表中由源站到目标站的传输路由可以这样确定：通过源站以广播方式（经不同路由）向目标站发送一路由选择帧，然后根据既定策略，比如要求传输时间最短，或最安全的路径，而其传输时延又适中等，从中确定一条路由后填入路由表中。其过程是从源站发出的路由选择帧，沿着所有可能的路由向目标站传送，每当该帧经过一条路由时，便在路由选择帧中记下该路由的编号，当路由选择帧到达目标站后，又由原路返回源站，由源站对所返回的路由帧进行分析，从中按既定目标选出一条最佳路由，再将该路径上的所有结点（网桥）号记入路由表的相应表目中。

3. 两种网桥的比较

（1）安全性：在采用源结点路由网桥时，数据可以沿着一条用户认为安全的路由进行传送；而在用透明网桥互连的网络中，数据在网络中传输的路由不是固定的，因此，数据可能会通过一些用户认为不安全的路由。

（2）网桥的简单性：在采用源结点路由网桥时，路由选择是由网络工作站确定，因而可使网桥比较简单；反之，透明网桥的实现就比较复杂。

（3）网络工作站的复杂性：在采用源路由网桥时，虽然简化了网桥，但却使网络工作站复杂了，因为这时要在工作站上设置路由表，以及含有实现路由选择算法的程序；反之，在采用透明网桥时，在工作站上不具备路由选择功能。值得说明的是，在一般互连网中工作站的数目远大于网桥的数目，因此工作站的复杂化即意味着构建网络需要付出更多的空间开销，花费也必然更大。

6.2.4 网桥的工作原理

目前符合IEEE 802标准的LAN有三类：(1) CSMA/CD总线网；(2) 令牌总线LAN；

(3) 令牌环 LAN。利用网桥来对这三种网络进行的互连，是在 MAC 子层上实现的。相应地，它们的 MAC 帧格式如表 6-1。

表 6-1

类型 \ 字段	PRE	SD	AC	FC	DA	SA	DL	INFO	PAD	FCS	ED	FS
CSMA/CD	√	1			2，6	2，6	2	√	√	4		
令牌总线	√	1		1	2，6	2，6		√		4	1	
令牌环	√	1	1	1	2，6	2，6		√		4	1	1

其中，PRE 为前导码；SD 为帧起始定界符；AC、FC 分别是访问控制和帧控制；DA 和 SA 分别为目标地址和源地址；DL 是数据长度；INFO 为 LLC 帧中的数据，其长度可变；PAD 是填充字段且长度可变；FCS 是帧校验；ED 为帧结束定界符；FS 是帧状态。

用于连接两种不同类型 LAN 的网桥，应完成诸如 MAC 帧的接收、MAC 帧格式变换，以及将变换后的 MAC 帧发送至目标 LAN 等的功能。下面以 CSMA/CD LAN 与令牌环 LAN 的互连为例来说明网桥的基本工作原理。

1. 帧的接收

网桥应具有接收从 CSMA/CD LAN 和令牌环 LAN 发来的信息帧的能力。在接收到从 CSMA/CD LAN 发来的信息帧时，由于该协议中没有提供 MAC 级控制功能，故网桥把接收到的 CSMA/CD 信息帧都看作是 LLC 数据帧而予以接收，然后对所接收的帧进行下述差错检查：(1) 是否出现无效的前导码和起始定界符；(2) 帧的长度是否小于规定的最小长度或大于规定的最大长度；(3) 帧中是否含有无效的代码；(4) 是否发生 FCS 错。只要发生上述任何一种错误，网桥便将该帧抛弃。

2. 帧的转发或删除

每个网桥从某一端口 P 收到一无差错帧时，便将该帧中的目标地址与站名表中的各站地址逐一进行比较，若找到相匹配的站名，再核对其端口号，如果也是 P，便表示该目标站与源站处于同一网络中，因而无须进行转发而将该帧抛弃；若端口号不是 P，表明源站和目标站不在同一个 LAN 中，则须根据所查得的端口号进一步查找其所连接的 LAN 的类型，如果相邻网络属于不同类型的 LAN，则还应进行 MAC 帧格式和物理层规程的转换。

3. MAC 帧的转换

把 CSMA/CD 帧转换为令牌帧的过程如下：(1) 删除某些字段：由于 802.3 的 PRE 及 SD 与 802.5 的 PRE 及 SD 并不完全相同，因而应首先将这两者删除掉，准备重新构造；另外，在 802.5 帧中无填充字段和长度字段，且 FCS 字段又须重新计算，故也将这两者抛弃掉。(2) 填入相应字段：将 802.3 中的 DA 和 SA 填入到 802.5 帧的相应字段中。(3) 形成新的字段：在 802.5 帧中有帧控制字段 FC，当 FC=0 时，表示该帧是控制帧；为 01 时是数据帧。而由于 802.3 帧都是数据帧，故 FC 字段的位像图是 01000000。在 802.5 帧中还有访问控制字段 AC，其位像图为 PPPTMRRR，由于在 802.3 帧中无令牌和优先级，故可将 AC 字段置为 XXX10000，其中 XXX 标志网桥，可视具体情况适当分配。(4) 形成 PRE、SD、FCS、ED 字段：在完成上述三步后，便可根据 AC、FC、DA、SA 和数据字段重新形成 FCS，最后再配上 802.5 的 PRE、SD 和 ED 而形成令牌环的 MAC 帧。

3. 将 802.5 帧送入令牌环

（1）传送顺序：网桥应及时将所形成的 802.5 帧送入令牌环，其传送顺序是从左到右，即按 PRE、SD、AC、FC、DA、SA、INFO、FCS、ED、FS 的顺序来发送 802.5 帧；

（2）帧长：在 802.5 LAN 中，若所允许的最大帧长度是一定的，则当转发帧的帧长超过了所允许的最大帧长时，应将该帧抛弃。其所允许的最大长度与传输速率有关，当传输速率提高到 4Mbps 时，所允许的最大帧长将增加到 5000 字节。

6.2.5 网桥的功能和逻辑构成

由于网桥是用于连接同构型 LAN 的，因此，网桥所实现的功能应属于 MAC 子层和物理层。从网桥的工作原理中不难得知网桥应具有如下的功能：

1. 帧的发送和接收

这是网桥最基本的功能，它从其所连接的 LAN 端口中接收无差错帧，从帧中获得目标站地址的名字，以得知目标站是否属于本网桥所连接的另一个 LAN。若是，便接收该帧并做进一步处理，否则将该帧抛弃，可见，网桥相当于一个过滤器，它仅把发往目标 LAN B 的帧送入 B 网，从而有效地减少了通向 B 网的信息流量。

2. 缓冲管理

在网桥中必须设置有足够大的缓冲区，这是因为：（1）目标网络可能处于忙碌状态而暂时不能接收信息；（2）所互连的 LAN 可能具有不同的传输速率。网桥中的缓冲区通常有两类：一类是接收缓冲区，用于暂存从端口收到的，要发往另一 LAN 的帧；另一类是发送缓冲区，用于暂存已经过协议转换等处理后要发往相邻 LAN 的帧。缓冲区的容量应足够大，以保证在绝大多数情况下，缓冲区都不会溢出，否则将造成帧的丢失。

3. 协议转换

由于近年来所推出的 LAN 产品都遵循了 IEEE 802 标准，它们的逻辑链路控制子层是相同的，故在互连 IEEE 802.3 LAN、IEEE 802.4 LAN，以及 IEEE 802.5 LAN 时，网桥的协议转换功能仅限于 MAC 子层和物理层。具体地说，就是将源 LAN 中所采用的帧格式和物理层规程，转换为目标 LAN 所采用的帧格式和物理层规程。

4. 差错控制

这包括两方面的功能：（1）差错检测：这是对所接收的帧进行差错检测，比如，接收帧是否是非法帧，CRC 校验码是否出错，帧长是否超长或小于最小长度等；（2）生成新的 CRC 码：这是在把帧转发至与本网桥连接的另一个使用不同 MAC 规程的 LAN 时，应重新为所形成的 MAC 帧构成新的 CRC 码，并填入到新的 MAC 帧的 CRC 字段中，图 6-8 示出了网桥的逻辑构成。

5. 路由选择功能

在源结点路由网桥中，网桥不具有路由选择功能；而在透明网桥中则具有一定的路由选择功能。与后面所要介绍的路由器相比，其路由选择功能相对比较简单。

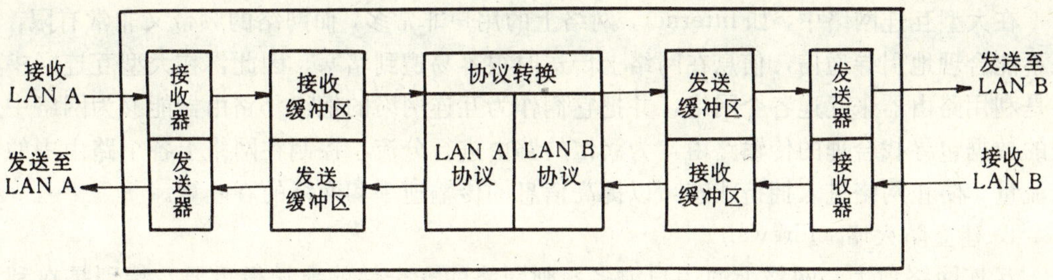

图 6-8 网桥的逻辑构成

6.3 路由器和网关

利用网桥来互连为数不多的同构型LAN是非常有效的，但当要互连的LAN数目较多时，或者是实现异构型LAN的互连，或者实现LAN与WAN的互连时，网桥便显得难于胜任。此时应采用路由器。因为路由器是在网络层上实现的互连，它能识别不同的网络层协议，如IP、IPX或Apple Talk协议等，因而具有更强的互连能力。同时高档路由器还可具有构建大、中型企业网所必需的其他功能，因此，在80年代后期及90年代初期，广泛利用高档路由器来互连企业内部多个部门的LAN，而成为企业网络的核心，即使是现在，它也仍然是构建一个大、中型企业网必不可少的设备。

6.3.1 路由器的用途

由于路由器的功能是在第三层上实现的，因此它具有网桥所不具有的功能，在许多地方目前尚无任何设备能够完全取代它。路由器的用途可归结如下：

1. 连接LAN和WAN

由于网桥是运行在数据链路层上，因而它只适于互连同构型LAN，也不具有互连LAN和WAN的能力。而路由器是运行在网络层上的，在ATM尚未普遍使用之前，主要还要依赖路由器来互连LAN和WAN。例如，利用路由器来互连以太网和X.25网，或者互连以太网和公用电话网等。事实上，路由器是当前唯一能提供有效而经济的访问WAN的设备。

2. 分割广播域

利用网桥可以将一个大的冲突域分割为若干个小的冲突域，但网络的广播域并未改变，即任一冲突域中所发送的广播信号，不仅可被传送到本冲突域中的各个站，而且还可以通过网桥而传送给其他所有小冲突域中的所有站，亦即，网桥没有隔离广播信号的能力，这样，当广播较多时，往往会形成所谓的广播风暴，因此可能极大地降低网络的吞吐量。

但如果利用路由器来互连各个网段，它不仅能分割冲突域，而且还可以分割广播域。我们仍利用在网桥一节中使用的例子来说明。当将50台机器连接到一个共享的以太网上时，其广播域为49，即一个站发的广播将传送到网上其余的49个站；但如果将该LAN均分为五个LAN并用路由器来互连它们，便可将一个大的广播域分为五个小广播域(9)，即每个LAN上所发出的广播仅能传送给本LAN中的其他9个站，并不能通过路由器传送到其他LAN中，因而能有效地进行广播隔离。

3. 合理地引导通信

在大型互连网络中，如Internet，网络上的用户非常多，而网络的频带又非常有限，如果不能合理地引导通信，信息在网络上传送时很容易遭到堵塞。因此，在大型互连网中主要是利用路由器来互连各个网络，并把它们作为互连网络的枢纽。路由器能够为网络中传送的数据包寻找合理的传输路由，为繁忙的路由进行分流、控制在网络上各个路由中的信息流量、防止网络进入拥挤状态，以提高信息的传输速率和网络的吞吐量。

4. 建立防火墙（Firewall）

互连网络愈大，网络上的用户愈多，则网络的安全性就愈显得重要。特别是在利用Internet来构建Intranet或虚拟专用网络时，如何保证所建立的Intranet和专用网的安全性，是至关重要的。当前广泛利用“防火墙”技术来为之建立一道“防火墙”，用来防止外来的非法入侵。可以利用路由器来为“Intranet”建立防火墙，此时的路由器执行一种包过滤器（Packet filter）功能。该功能根据系统内所设置的过滤逻辑（通常是一张存取控制表）来检查通过路由器的所有数据包中的源、目标地址、所用的TCP端口等数据，只有符合过滤逻辑的数据包才能被转发至相应的端口，再进入Intranet或虚拟专用网中。

6.3.2 路由器的类型

由于路由器是网络中的重要设备，用得非常广泛，因而路由器的类型也就非常之多，可以从不同的角度来对路由器进行分类，如根据路由器的价格可将它们分成高档、中档和低档路由器；按路由器的用途，可分为干线路由器、边界路由器和中间转发器等。

一、高档、中档和低档路由器

在IDC的“路由器市场预测报告”中，根据路由器的平均价格而将它们分为高、中、低三档：

1. 高档路由器

IDC在报告中，将价格在2万美元以上的路由器定为高档路由器。在1996年高档路由器的平均价格为4.8万美元。高档路由器的主要特点是采用模块化结构机箱，在机座上有多个插槽，例如13个，可根据需要插入不同的模块，以支持各种类型的LAN和WAN接口和协议。在路由器中通常都配置了多个高性能的RISC处理器，用作路由和交换处理。高档路由器还可具有较强的容错功能和网络管理功能。

从80年代后期开始，高档路由器的销售量增加很快，这是因为当时流行以高档路由器来互连企业内部各部门的LAN，因此也把它称为企业路由器或干线路由器；进入90年代中期，人们又广泛利用交换集线器来互连企业内部的LAN，这对高档路由器的销量产生很大影响。

2. 中档路由器

IDC在报告中将价格在8000～20000美元的路由器定为中档路由器。在1996年中档路由器的平均价格为1.3万美元。其主要特点是采用模块化结构机箱，但基座上的插槽数量较少，如3～5个。它能支持多种LAN和WAN接口及协议。在路由器中也配置了高性能的处理器，具有一定的容错能力。中档路由器既可用作干线路由器，也可用作边界路由器。因此在80年代后期，其销售量增长很快，到90年代中期，虽也受到交换集线器的影响，增长率有所下降，但销售量仍然很大。

3．低档路由器

IDC在报告中将价格在8000美元以下的路由器称为低档路由器。1996年低档路由器的平均价格为3000美元，主要用作边界路由器，实现大、中型企业网与LAN的互连。低档路由器的特点是采用固定配置的机箱。通常路由器厂家都提供了多种类型的小机箱，每一种类型支持一组特定的LAN和WAN协议，当前支持1～4个LAN和1～2个WAN的低档路由器甚为流行，销售量很大，但总的说来，低档路由器销量的增长趋势也有所减慢。

二、干线、边界和中转路由器

1．干线路由器

干线路由器用于互连企业内部的各部门LAN，并作为企业网络的核心，还可实现企业网与WAN的互连。这种路由器的主要特点是：(1) 档次高：这种路由器的功能强、性能好，所能提供的端口数目较多，故通常是高、中档路由器；(2) 多协议：能支持多种类型的LAN和WAN协议，以便能互连各种类型的LAN和WAN；(3) 模块式结构：为了能适应各种应用的需求，干线路由器都采用模块式结构。

2．边界路由器

它的位置处于企业网络的边界，用于实现与WAN的互连。一方面，它从外部WAN上收集发往企业网的寻址信息，并将之转发至企业网内部相应的LAN；另一方面，它集中企业网内各LAN向外部WAN发送的报文，并为每份报文选择一条最佳传输路由。这种路由器的特点是：(1) 档次为中、低档：通常用中档或低档路由器作为边界路由器；(2) 多协议：为了能连接企业网与WAN，通常也要求路由器能支持多种协议，但与干线路由器相比，边界路由器所要求的LAN协议类型数少得多，通常只需1～2种。

3．中间结点路由器

这是作为各WAN之间的互连设备，它接收从一个WAN传送来的分组，为该分组进行路由选择，再将它转发出去。这种路由器的特点是：具有较多的WAN接口，能支持多种WAN协议，一般是采用高、中档路由器。

6.3.3 路由器的功能

路由器的功能涉及到物理层、数据链路层和网络层。通常在路由器中都包括了网桥的功能，用于互连同构型LAN。在前面已介绍了网桥的功能，这里不再赘述。下面只介绍路由器网络层中所具有的功能。

1．“拆包和打包”功能

路由器在接收到任何一种数据包后，都将进行下述处理：(1) 拆包：即去掉数据链路层所加上的控制信息。(2) 处理：根据网络层所加上的控制信息做相应地处理，如查看控制信息中的目标地址，为该数据包选择一条最佳传输路由。(3) 打包：加上数据链路层应有的控制信息，恢复为原有的数据包。正是由于路由器不论对什么数据，都要进行拆包和打包操作，从而使路由器增加了交换时延。

2．路由选择功能

通常，在用路由器互连LAN和WAN所形成的互连网络中，从路由器到目标结点间都存在着多条传输路由。路由选择功能就是要按照某种策略为所收到的数据包选择一条最佳传输路由。

(1) 路由选择策略：是指路由器在进行路由选择时所采用的某种策略。比如所选择的一条传输路由，可使数据包在网络中传输的时延最小，或传输的路由最短，或传输的费用最低以及传输的路由最可靠等。

(2) 路由表：是供路由选择时参考的一张表。在表中为每一个目标结点建立一个表目，表目中填上按某种策略（如传输时延最小）确定的两条或多条传输路由，以及其他的有关项目。路由器在进行路由选择时，根据目标结点的地址去检索路由表。首先选择传输时延最小的那条传输路由，若此时该路由太忙或出现故障，再选择传输时延次短的传输路由，作为本数据包的转发路由。

3. 进行协议转换

所谓路由器能支持多种协议，是指它具有与多种类型的LAN和WAN互连的能力。这种能力是来自于路由器具有识别和转换各种协议的功能。例如，在利用X.25网实现远程通信时，路由器收到一份来自以太网的数据包，在将该包转发至X.25网之前，须先将此数据包所用的以太网协议转换为X.25协议，即该路由器要用X.25-3协议来替换原数据包中的LLC协议头，用X.25-2协议来替换原数据包中的MAC协议头，最后再由X.25-1层将所形成的X.25帧送入X.25网。

4. 分段和重新组装

在用路由器互连的多个网络中，它们各自采用的数据包的大小，可能不同。如源站所用数据包较大，而目标站所用数据包较小，使目标站无法接收。这时路由器可将源站发出的数据分成若干个分段，再分别封装成小数据包后发往目标站所在的网络。反之，若路由器收到的数据包较小，而在通往目标站的路由上，所有各结点都能接收较大的数据包，则路由器又可把属于同一报文的多个小数据包按序号组装成一个大数据包后传送，以提高传输效率。

5. 网络管理功能

因为干线路由器是连接多个网络的汇集点，网络之间的信息交换都要通过路由器，因此，利用路由器监视网络中的信息流动、监视网络中设备的工作，以及对它们进行管理，都是比较方便的。正因如此，目前在干线路由器中，通常都配置了相当先进的网络管理功能，它们都提供了图形用户接口，用户可以在屏幕上看见网络设备的运行情况，通过网管功能对网络中的主要设备进行监控，以提高网络的运行效率、可靠性及可维护性。

6.3.4 典型的路由器产品

1. 高档路由器Cisco 7500系列

该产品系列是Cisco公司1995年下半年宣布推出的高档多协议路由器。它是在已广泛流行的7000系列的基础上，再进一步提高路由器的性能、可靠性和扩大支持网络的规模而形成的。该路由器为模块式结构，先推出的7505和7507的相箱的底座上，分别有5个和7个插槽；于1996年推出的7513系列，则有13个插槽，7505和7507所提供的总线带宽高达2.132Gbps；在7513和7507路由器中可以插两块RSP（Router Switch Processor）模块，在模块中配置了MIPS公司的100MHz的R4000 RISC处理器，来实现路由和交换功能。相应的，在7513和7507中还分别允许用户插入11个和5个模块。Cisco公司提供了多种类型的模块供用户使用，如以太网接口处理模块、快速以太网接口处理模块、Token-

Ring 接口处理模块、FDDI 接口处理模块、ATM 接口处理模块、快速串行接口处理模块等，用它们可以互连当今所有类型的 LAN 和 WAN、ATM 以及 IBM 主机。

2. 中档路由器 NetBuilder Ⅱ

在中档路由器中销量最多的是 Cisco 公司的 4500，其次是 3COM 公司的 NetBuilder Ⅱ。后者具有较高的性价比，故成为中档企业网络的理想选择。

NetBuilder Ⅱ 为模块化结构。根据插槽的数目可分为三种型号：具有 4 个插槽的，其型号为 3C6000；具有 8 个插槽的，型号为 3C6001；具有 8 个插槽且还可再扩充 8 个插槽的路由器，其型号为 3C6002。上述三种型号的背板和带宽都是 800Mbps。该路由器最多可以提供 48 个 10 BASE-T 端口，或者 24 个 WAN 端口，或者 LAN、WAN、FDDI、快速以太网多种端口。在路由器中可插入的模块有：10 BASE-T 模块，10 BASE-FL 模块、100 BASE-TX 模块、100 BASE-FX 模块、FDDI 模块、Token-Ring，以及 HSS（High-Speed Serial）模块等。

3. 低档路由器 Cisco 2500 系列

在低档路由器中，Cisco 依靠其 2500 系列路由器，占据了约 40%的市场份额，Bay Network 公司占据了约 10%的市场份额。Cisco 2500 系列路由器是固定配置的多协议路由器，它把路由器的功能分成七个功能组，用户可根据需要，选择某种型号的路由器。例如，单 LAN 路由器的型号有 2501、2502、2503 和 2504 四种，用于将一个 LAN（Ethernet 或 Token-Ring）与外部通信线路相连接；又如双 LAN 路由器的型号有 2513、2514、2515 三种，用于连接两个 LAN（两个 Ethernet 或者两个 Token-Ring 或者一个 Ethernet 及一个 Token-Ring）与外部通信线路连接。当前用得最多的是 Cisco 2511 远程访问服务器，它提供了一个 10 BASE-T 端口、16 个异步和 2 个同步端口，通过配置 IP/IPX 路由软件，能支持 IPX 及 TCP/IP 等多种协议。

6.3.5 网关

网关用于互连异构型网络。所谓异构型网络，一般是指不同类型的网络，更确切地说，是指在两个网络中，至少是从网络层到物理层其协议都不相同的网络，甚至可以是从应用层到物理层所有对应各层的协议均不相同的网络。因此，一般说来，在网关中至少要进行网络层、数据链路层及物理层的协议转换。显然，网关的实现是比较困难的。目前对异构型网络的互连，常是在网络层或传输层上实现的。

一、网关的用途

网关可用于下述几种场合的网络互连，这些都属于异构型网络的互连。

1. 异构型 LAN 互连

可利用网关将几种完全不同的 LAN 互连起来。例如，将不遵循 IEEE 802 标准的 LAN 与遵循 IEEE 802 标准的 LAN 互连。

2. LAN 与 WAN 互连

LAN 与 WAN 比较，至少它们的低三层（网络层、数据链路层、物理层）协议不相同，因此，它们属于异构型网络，可用网关实现互连。

3. WAN 与 WAN 互连

主要用于不同的 WAN 之间互连。

4. LAN 与主机互连

这虽已不属于网络互连范畴，但在将主机连接到LAN上时，因为主机的操作系统与网络操作系统并不兼容，故仍须通过网关实现互连。由于主机的类型很多，因此目前市场上这类网关也特殊多。

二、实现网络互连的层次

网络互连功能可以在不同层次上实现。为实现异构型网络的互连，可选择在网络层或运输层或应用层上完成，相应的，网关也就应该能对不同层次的协议进行转换。实现如下：

1. 在网络层实现互连

在WAN与WAN之间互连时，广泛采用的方法是在网络层实现互连，此时的网关被称为网络层网关，它必须处理每一个互连网络中网络层、数据链路层和物理层协议的转换。如果两个互连网络都是采用相同的X.25协议，那么，可利用X.75网关实现互连；但如果两个互连网络的网络层协议不同，就会使互连变得复杂。

2. 在运输层实现互连

在运输层实现互连的网间连接器被称为运输层网关，目前已有不少运输层网关产品，且还在继续推出新产品。当两个网络采用协议不同的通信子网，且它们的运输层也不兼容时，采用运输层网关实现网络互连比较适合。例如，当LAN与WAN互连时，就属于这种情况，此时的网关应具有将LAN的运输层及其以下各层次的协议转换成WAN的运输层及其以下各相应层次的协议，或相反的协议转换功能。

3. 在应用层上实现互连

到目前为止，还尚未开发出工作在会晤层和表示层的网关，但已出现许多应用层网关。这种网关在本质上是一种所谓的“两面神主机”(Janns Host)。它执行两套（或多套）完整的协议，一个典型的例子是用于连接多个终端的终端控制器PAD。

三、利用网关和半网关实现网络互连

可利用两种结构的网关来互连异构型网络，一种是全网关，简称网关；另一种是半网关。

1. 利用网关实现网络互连

当要互连的两个网络在地理上比较靠近时，可直接利用一个网关将它们互连起来，如图6-9（a）所示。这样，当用网关来互连N个不同的网络时，就需有N（N－1）/2个不同类型的网关，即网关的类型数将随互连网的数目，呈平方关系增加。例如，要将10个不同的网络互连时，要求有45种网关。

2. 利用半网关实现网络互连

当要互连的网络间距离较远时，可将上述的网关从结构上一分为二，其每一半都被称为“半网关”。在每个网络上都配置一个“半网关”，再通过传输线路将两个“半网关”连接起来，如图6-9（b）所示。同时还要为“半网关”制订相应的通信协议，这样，便可利用两个“半网关”(其类型决定于所连接网络的类型）来连接两个网络，从而可使多个不同类型的网络互连起来。

利用“半网关”实现网络互连的优点如下：

（1）可减少网关的类型数：当有N个类型不同的网络互连时，要有2N个类型不同的

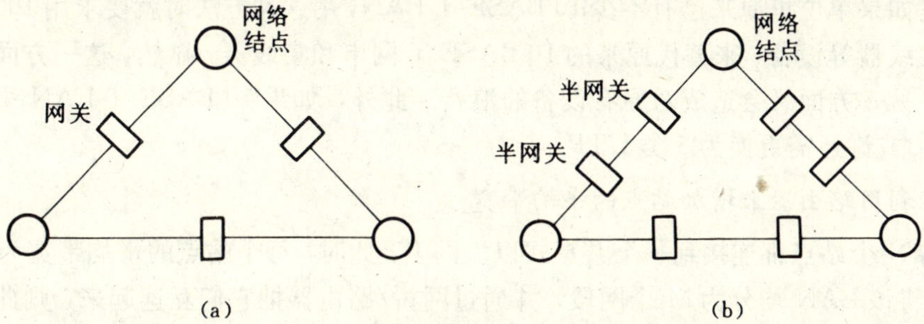

图 6-9 利用网关和半网关实现互连

“半网关”；对上例中的 10 种不同类型网络互连时，只要 20 种类型的“半网关”。

(2) 有利于分工和保密：A 网中的“半网关”只是将要发往 B 网的信息分组传送到 B 网，不能利用 B 网中的“半网关”来了解和侦察到 A 网中所传输的信息；然而在利用网关实现互连时，可通过网关了解到 A 和 B 两个网络中的传输信息。

6.4 交换集线器

传统的 LAN 技术，如以太网、令牌环等都是基于共享信道方式，即在 LAN 上的所有站点共享一条通信信道，在任一时刻都只允许一个站点传送信息，对于一个含有 N 个站点的以太网而言，每个站点的平均带宽(即平均传输速率)只有 10Mbps/N。在过去，由于 LAN 上的站点数目较少，所处理的业务大多是文字型的，因此，这种共享信道机制还是有效的，而且是经济的。

随着 LAN 应用的普及，一方面 LAN 上的站点数目增加，使得每个站点的平均带宽不断减少；另一方面，多媒体的应用要求网络设备有更高的带宽，致使传统的共享式 LAN 机制已远远不能满足当今的要求，由此导致了快速 LAN 和交换式 LAN 的出现。

如果说快速 LAN 的出现，是试图通过提高 LAN 的传输速率（即带宽）来增加网上每个站点的平均带宽，那么，干线路由器和交换 LAN 的引入，则是通过减少每个 LAN 上的站点数目来增加站点的平均带宽。其中利用交换集线器来构造交换式 LAN，要比构造快速 LAN 更为方便、经济，故已成为当前最流行的一种企业（或校园）网络结构。

6.4.1 增加站点平均带宽的若干途径

在共享式 LAN 中每个站点所占有的平均带宽 f 与 LAN 所具有的带宽 F 成正比，而反比于站点数目 N，即 f=F/N。据此，我们可以通过以下几种途径来提高站点的平均带宽。

一、利用快速 LAN 来增加站点的平均带宽

增加 LAN 站点平均带宽最直接的方法，是提高 LAN 的传输速率。在 80 年代后期出现的 FDDI 和 90 年代中期出现的快速以太网，都是试图通过提高 LAN 的传输速率的途径来增加每个站点的平均带宽。将传输速率由 10Mbps 提高到 100Mbps，等效于将站点的平均

带宽提高 10 倍，这无疑是一种卓有成效的方法，而且还将继续沿着这一途径发展下去，亦即，将 LAN 的传输速率继续提高到 1Gbps 甚至更高。

但是如果单位里原来已有不少 10 BASE-T LAN，用这种方法时就要求用 100 BASE-T 网卡和集线器等设备，来替代原来的 10 BASE-T 网卡和集线器。显然，这一方面又需要一笔投资；另一方面又会造成对原有设备的浪费。此外，如果 10 BASE-T LAN 采用是 3 类 UTP 时，或许还需更换为 5 类 UTP。

二、利用路由器来增加站点的平均带宽

若将 N 个站点都连接到一个共享式以太网上，此时，每个站点的平均带宽为 10Mbps/N；但若将该 LAN 均分为 M 个网段，并通过网桥/路由器把它们互连起来，则此时每个站点的平均带宽增为 10Mbps×M/N，是原来的 M 倍。正是由于这个原因，在 90 年代初期，广泛利用干线路由器来互连企业网内部的各部门 LAN（网段），实现网段之间的数据交换，从而使干线路由器成为企业网络的核心设备。但利用干线路由器来互连各种 LAN 时，存在下述缺点：

1. 交换时延长

利用路由器来实现 LAN（网段）之间的数据交换，是在第三层中进行的，由于处理复杂，如数据包的打开和重新封装，查看数据包所使用的通信协议，并调用相应的协议软件来处理，选择最佳传输路由等，所以，其处理主要使用软件手段，因而致使 CPU 的开销大，交换时延长。

2. 端口价格高

在干线路由器中都配置了高速背板，多个高性能的 CPU 等设备，这使干线路由器的价格十分昂贵，通常都需数十万元，每个端口的平均价格也要数千元。

3. 使用复杂

由于干线路由器复杂，相应的其使用和维护也都较难，通常都需要经过专门的培训才会使用，其培训费也较之一般的计算机培训昂贵。

三、利用交换集线器来增加站点平均带宽

在一个企业内，各工作组和部门 LAN 通常都遵循 IEEE 802 标准，或者说，它们属于同构型 LAN，因此，在它们之间进行的数据交换，完全可以在第二层进行，即，根据 MAC 地址来实现帧的交换，没有必要把交换上升到第三层进行，这样，便可大大简化 LAN 的交换，从而可以显著地提高交换速度和降低端口的平均价格。因此产生了在第二层上进行 LAN 交换的交换集线器。值得指出的是，最近已可利用专门的应用集成电路（ASIC）来实现交换，这不仅可进一步提高交换的速度，而且随着交换器应用的扩大，还会大幅度地降低端口的价格，从而可迅速地取代干线路由器。

利用交换集线器实现交换的过程大致如下：每当交换集线器接收到一帧后，只是读出待发帧中的目标 MAC 地址，再到高速缓冲器中去查找一张桥接表，在桥接表中保存了一批活动的 MAC 地址，从中可以找出转发帧的端口，并将转发帧从该端口转发出去。

在专用硬件的支持下，可以使交换器表所有的端口间实现信息的并行传送，例如对于一个具有 12 个端口（10Mbps）的交换器，它可以支持六道并行的数据流传送，从而可使网络的吞吐量比起 10 BASE-T 网来，增加五倍。

6.4.2 交换集线器的交换方式和特征

一、交换集线器的交换方式

在交换集线器中，通常采用两种交换方式实现交换：(1) 直通式交换；(2) 存储转发式交换。

1. 直通式交换（Cut-through Switch）

该交换方式只读出待转发帧中的前 14 个字节，根据其中的目标 MAC 地址，将帧传送到相应的端口，故对帧的转发速度非常快，如 10Mbps 端口的传输速率约为 15000PPS (Packet Per Second)；100Mbps 端口的传输速率约为 140，000PPS，且不论是定长帧还是短帧，其转发速度是相同的，例如，10Mbps 端口之间的延迟为 31μs，100Mbps 端口之间的延迟为 7μs。直通式交换器的主要缺点，是对一些出错的帧、不完整帧不能识别，因而照常转发。这种交换方式比较适合用在具有相同速率的端口之间进行交换。如果端口之间的速度不同，如从 100Mbps 的端口转发到 10Mbps 的端口时，必须有一定容量的缓冲区。例如，Cisco Catalyst 3000 为每个 10Mbps 端口设置了 192KB 的缓冲区；为 100Mbps 的端口设置了 256KB 的缓冲区。为了克服直通方式的缺点，可将读出数据包的前 14 个字节改为读出前 64 个字节。这是因为，在以太网中所传输的数据包、正常包的长度为 64～1518 个字节；而 90%以上的坏包都小于 64 字节。因此，只要发现数据包的长度小于 64 个字节，便将它抛弃，这样便可大大地减少转发出错的帧的机率。

2. 存储转发式交换（Store-and-forward Switch）

该方式是将待转发的帧读入缓冲区，然后对该帧中的 CRC 和帧的长度进行检查，如发现是出错帧或非法帧，便将它丢弃而不进行转发，这样便可减少网络中无效的信息流量。这种交换方式的缺点，是传输效率较低，且其延迟将随着帧长度的增加而延长。目前推出的交换器集线器大多能同时支持这两种交换方式。网络管理员可利用软件方法进行优化选择。

二、交换集线器的特点

交换集线器既不同于第二章中所介绍的集线器，也不同于上节所介绍的路由器，特点有：

1. 在第二层上实现交换

交换集线器和干线路由器，虽然都用于实现数据的交换，但它们之间最主要的差别在于：路由器是在第三层上实现的，而交换器则是在第二层上实现交换。这两种交换的主要差别可表现为：

(1) 协议类型：路由器是在第三层上进行交换，它可能涉及到多种协议，如 IP 协议、IPX 协议或者 Apple-Talk、Decnet 协议等。不同的协议其地址表示形式是不同的，因此在进行路由选择前，应先确定待转发的数据包所采用协议的类型，然后才能知道其目标地址的形式。

而交换器的交换是在第二层上进行的，由交换器所互连的 LAN 都遵循 IEEE 802 标准，采用的都是 MAC 地址，因此可直接用目标站的 MAC 地址去查桥接表。

(2) 桥接表：在路由器中进行路由选择时，所依赖的是路由选择表，在路由表中将列出到达所有目标的多条路由。它通常是一张非常大的表；而在交换集线器中则用的是桥接表，在该表中只列出到达指定有限端口的目标，此表要比路由器中的路由表小得多。

（3）路由选择算法：在路由器中路由选择是十分复杂的，它通常都需要根据某种路由选择策略，借助于某些路由选择信息，再利用某种路由选择算法来实现；而在交换集线器中则只是根据 MAC 地址查找桥接表，即可找到转发的端口。

2. 端口支持的地址多

交换集线器与共享集线器的一个重要差别在于：共享集线器的每个端口只分配到一个 MAC 地址，因而只能连接一个网络设备。在利用集线器来连接几个网段时，是将集线器的若干个端口划为一组，作为一个网段；而交换器的每个端口通常都可支持数十至数百个 MAC 地址；然而也可以少到只分配一个 MAC 地址，多到上千个 MAC 地址，因此交换器的每个端口可以连接一个 LAN，甚至连接一棵 LAN 树。

3. 交换速度快

网桥、集线器、路由器和交换集线器，都可用于实现数据交换。如果说，由于实现层次上的原因，使得交换器的交换速度远高于路由器，那么，使交换集线器比网桥和集线器具有更高的交换速度的原因，则可归结为：（1）采用了专门的 ASIC 芯片，对于高速交换器还可在一个交换器中采用多个这种芯片；（2）在交换器中配置了高速总线。事实上，现在所推出的交换集线器产品，不仅用于连接 10 BASE-T 网，而且也可用于连接具有 100Mbps 的快速以太网和 FDDI 网。

6.4.3 交换集线器的类型

虽然，交换集线器的诞生至今仅几年时间，但由于它迅速地得到广泛的应用，故已出现了多种类型的交换集线器。从结构上可分为堆叠式和模块式交换集线器；从功能和端口的数目上，又可分为小型、中型和大型交换集线器；而从交换所实现的层次上，则又可分为基本交换集线器、多层交换集线器和多协议交换集线器。

一、堆叠式和模块式交换集线器

1. 堆叠式交换集线器

堆叠式交换器，是指由若干个交换器单元堆叠在一起，构成一个具有较多端口的完整的交换器，每个交换器单元一般是提供 8～24 个端口，其中主要是 10 BASE-T 端口；可能还有 1～2 个 100 BASE-TX 或 100 BASE-FX 端口；通常允许 6～12 个集线器单元堆叠在一起。堆叠交换器能提供有限的容错能力（如冗余电源、冗余端口或堆间的冗余连接），一定的网络管理功能。交换器的主要优点，是使用灵活、方便、价格便宜，初始投资低，故受到不少用户的欢迎。

2. 模块式交换集线器

当前的高档交换集线器和部分中档交换器都采用机箱结构，可根据需要配置不同的模块，因此称为模块式交换集线器。它实质上是一台具有 CPU、内存和总线系统的专用计算机系统。从结构上看，它由三个基本部分组成：

（1）基座：在基座上有多个插槽，在每个插槽中可以插入一块插卡，这通常是具有一定功能的模块。在基座上还有集成化电源、指示面板等。

（2）背板（Back Panel）：在背板上包含了一条或多条内部高速总线，其带宽可达到 1Gbps 以上，用于支持所连接的以太网、令牌环网或 FDDI 网的数据传输。

(3) 插入件：对于一个大、中型交换器，通常都配置了多种类型的插入件（即模块），不同的插入件支持不同类型的协议和传输介质，如有的模块支持连接交换式10 BASE-T以太网，有的模块支持连接交换式100 BASE-TX以太网等。

模块式交换所能提供的端口数多，能支持多种类型的网络，具有较强的容错能力和网管功能，利用模块式交换器来组建企业网，具有很大的灵活性和可扩充性，因此这种交换器受到大、中型企业的欢迎。

二、大型、中型和小型交换集线器

1. 小型交换集线器

小型交换集线器一般提供6～25个10 BASE-T端口，1～2个100 BASE-TX或100 BASE-FX端口，其互连能力为简单桥接，通常只能互连10 BASE以太网，基本上无容错能力，每个端口的MAC地址量为1～100个，不支持虚拟局域网（VLAN）或支持少量的VLAN，因此，相应的每个端口的价格较低。小型交换器主要用于组建工作组LAN或部门LAN，在我国也常用它来构建中、小型企业网。典型的小型交换器产品有3COM公司的Link Switch 1000，其中3C16900提供12个交换的10 BASE-T端口、3C16901提供24个交换的10 BASE-T端口，它们也都可以提供1～2个交换的100 BASE-TX或100 BASE-FX端口。Cisco公司的Catalyst 2100可提供25个交换的10 BASE-T端口和2个交换的100 BASE-TX端口。

2. 中型交换集线器

中型交换集线器可分为堆叠式及模块式两种。每个交换器基本单元或模块，能提供交换10 BASE-T端口数为8～24个，交换100 BASE-TX端口为2个。堆叠式一般可通过增加交换器基本单元数来增加端口数，一般允许6～12个堆叠在一起。其互连能力为全面桥接，即它可互连符合IEEE 802标准的多种LAN，所支持的MAC地址量有所增加，平均每个端口支持300个以上MAC地址，具有一定的容错能力、支持虚拟LAN。中型交换器主要用于构建大型部门LAN，在我国主要用于构建大、中型企业网。典型产品有Cisco公司的Catalyst 3000，它允许8个基本单元堆叠，每个基本单元能提供交换10 BASE-T端口24个，或者交换10 BASE-T端口16个及交换100 BASE-TX端口2个。

3. 大型交换集线器

大型交换集线器大多是模块式的。在基座上有4～12个插槽，每个模块能提供12～24个交换以太网端口和2个交换快速以太网端口，其互连能力为全面桥接且可选配路由交换，每个端口可支持1024个以上的MAC地址，所能支持的VLAN数量也可达1024个以上。主要用于组建大型企业网络。典型的大型交换器产品有3COM公司的LANPLEX 6000，其中，LANPLEX 6004具有4个插槽，一个电源；LANPLEX 6012具有12个插槽，可提供1～2个电源；有的模块可提供16个交换10 BASE-T端口和2个FDDI端口；有的模块提供8个10 BASE-T端口。

三、基本的、多层的和多协议的交换集线器

1. 基本交换集线器

这是首先出现在市场上的一种交换器，是在第二层上根据MAC地址实现交换的。这种交换器的主要用途，是通过对LAN的分段来扩展LAN的带宽，增加每个站点的平均带宽，

从而提高了LAN的吞吐量。由于它非常简单、价格低廉，故广泛用于组建工作组和部门LAN。前面所述的小型交换器都属于这种类型。

2. 多层交换集线器

它除了具有第二层的交换功能外，还引入了在第三层进行选路的功能，但它只能支持特定的第三层协议。如果是多层交换器只支持IP协议，那么对于IP协议包，它不仅可以在第二层上为之进行交换，而且可以在第三层上按照IP地址进行选路。但对于它不能支持的第三层协议，如IPX、AppleTalk等，它只能在第二层上进行交换，不能在第三层上进行选路，因此多层交换器也具有一定的局限性。

3. 多协议交换集线器

多协议交换集线器扩展了多层交换器的功能，它能支持多种第三层协议，因此它能支持多种协议数据包的交换，在第二层上实现交换，而在第三层上实现选路。值得指出的是，在交换LAN中大多数的交换是在第二层中进行的，只有那些必须在第三层中进行交换的才进入第三层，去查看数据包的目标地址，如IP地址，根据它进行交换。关于在哪种情况下需要进入第三层进行交换，我们将在第八章中详细阐述。

6.4.4 利用交换集线器构建企业网的优点和局限性

交换集线器在世界上能被如此地高度重视和广泛流行，在于利用交换集线器所构成的交换式LAN，具有一系列的优点。

一、交换式LAN的优点

1. 扩展了站点的平均带宽

若将10 BASE-T LAN均分为N个网段，并将它们分别连至交换集线器的一个端口，便可将工作站的带宽增加N倍。当网段上只有一个工作站时，该工作站将独占10Mbps的带宽。交换集线器能更好地扩展服务器的带宽，只要将服务器单独接到交换器的一个端口上，使之独占10Mbps带宽。若此服务器仍忙而成为LAN的瓶颈时，则可将它接至100Mbps的端口上，使服务器独占100Mbps的带宽。

2. 吞吐量高

交换式LAN可比共享式LAN有着高得多的网络吞吐量。这是因为交换集线器不仅具有非常高的交换速度，而且还可实现多路并行传输数据。对于一个具有N个端口的交换器，它可以支持N/2条数据流并行，从理论上讲，它可以使网络的吞吐量增加N/2倍。

3. 可扩充性好

不论是堆叠式交换器，还是模块式交换器都可随着企业需求的增加而方便地扩大企业网的规模。对于堆叠式交换器，可根据需求增加新的集线器单元，即从一个增加到十几个；对于模块式交换器，则增加相应的模块，而且模块的类型也非常多，基本上可以做到不论增加什么样的LAN，都可方便地连接到交换集线器上。

4. 便于管理和维护

利用网桥/路由器来互连各LAN时，网桥和服务器通常都分散在不同的地方；若利用交换集线器时，则网络互连设备，多个服务器等重要设备都可集中地放在中心机房，再配上网络管理软件后，就可方便地实现网络的集中管理，也便于维护。

5. 能平稳地向高速新型网络过渡

平稳过渡的含义是指，在企业中要引入更高速的新型网络和设备时，如ATM，能很方便地在原有网络基础上升级，并能很好地保护已有的投资，而不必做重大的设备更新，甚至推倒现在的网络重来。

二、基本交换式LAN的局限性

1. 缺乏完善的选路功能

交换集线器在实现交换功能时，只能实现简单的转发，而不能像路由器那样去为传输信息选择最佳传输路由。

2. 缺乏与广域网的互连能力

由于LAN和WAN在物理层、数据链路层及网络层都不相同，故LAN和WAN的互连应当建立在网络层或更高层次上。因此，交换集线器不能用于和WAN互连，必须借助路由器等设备来实现交换LAN与WAN的互连。

3. 不能分割广播域

在将一个共享式LAN分为若干个网段，并利用交换集线器将它们互连起来时，交换器可将原来的一个大冲突域分割为若干个小冲突域。但由一个小冲突域产生的广播信息，仍将发往其他所有的小冲突域，此时的广播域并未改变。亦即交换集线器不具有分割广播域的能力，因而并不能阻止广播风暴的发生。如果我们用路由器来互连这些网段时，路由器不仅可分割冲突域，而且还能分割广播域。值得指出的是，在交换LAN中，只要带有MAC目标地址而又未被交换器识别的帧，就以广播形式发送。

4. 缺乏安全保障机制

利用交换集线器将各部门LAN互连起来所形成的企业网，在各部门之间可通过交换集线器进行通信，但不能建立自己的广播域和安全保障。前者是指交换集线器不能将一个大的广播域分割为若干个小的广播域；后者是指不能控制每个站点的访问范围，即企业网络上的每个站点可以访问其他所有LAN上的站点；更不能像路由器那样，可通过建立防火墙来保障企业内各部门LAN的安全。

5. 未提供优先级机制

基本交换集线器在实现信息交换时，通常都未提供优先级机制。因此它难于保证实时性要求较高的业务，能得到优先交换。这在一定程度上限制了交换集线器在视频传输中的应用。

6.5 异步传输模式

由于ATM (Asynchronous Transfer Mode) 具有极其优秀的性能而使人们对网络产生了一种梦想——所有的网络包括LAN、企业网和广域网等，都可通过ATM互连而成，以取代在传统LAN中占统治地位的以太网，在广域网中占统治地位的分组交换器和路由器，并将以一种前所未有的方式集成LAN、企业网和WAN。

这个梦想，在经过多年的实践后，仅有很小一部分得以实现，而大多数都还远远未能达到目标，而且在可预见的时间内，还难于达到由ATM一统天下的美好前景。这是因为其他各种网络也在高速发展，它们也同样具有ATM难于与之匹敌的优点。但无论如何，ATM所具有的优秀性能仍在吸引着众多的厂家去研究和完善她，不断地推出新的ATM产品。

ATM 产品市场的增长率，已远远超过分组交换网及帧中继网产品的增长率，而未来的信息高速公路也必将建立在 ATM 的基础上。

6.5.1 ATM 引言

为了对 ATM 技术能有较深刻的理解，这里有必要先介绍引入 ATM 的背景，引入 ATM 的目标及 ATM 的类型等问题。

一、引入 ATM 的背景

在 20 世纪 70 年代期间，随着计算机与通信技术的发展，也伴随着出现了多种新型的通信业务。每当出现一种新的通信业务时，往往要求建立专用的通信网络和配置相应的终端设备，这无疑是对资源的一种极大浪费，而且对用户也是十分不方便的。

到 70 年代末期，为了打破这种多种通信业务各自为政的混乱局面，人们提出了一种崭新的网络系统，即综合业务数字网络 ISDN，试图利用这样一个网络实现多种通信业务，即无论是数据，还是语音或图像信息，都须先转换为数字信号，然后再利用 ISDN 进行传输。然而要实时地传输图像，特别是高清晰度的活动图像，绝非传统的 X.25 网络所能胜任的，必须大幅度地提高网络的传输速率，从数十 Kbps 提高到数十 Mbps～数百 Mbps，甚至更高。为此，在 80 年代开展了对高速通信网络的大量研究，其中比较成功的有快速分组交换机和异步时分交换机。

1. 快速分组交换机

快速分组交换机是 John Turner 于 1983 年提出的，在其中采取了一系列措施来提高分组交换机的速率：(1) 将分组交换网中的不定长分组改为定长分组；(2) 简化原有分组交换网中的差错控制规程，在中间结点中只进行检错，不进行纠错，即一旦发现有错的分组便将之抛弃；(3) 把路由选择功能主要由软件实现改为由硬件实现。经过上述改进后所形成的快速分组交换机，不仅大幅度地提高了传输速率，由原来的数十 Kbps 提高到数十 Mbps 以上，而且还大大缩短了传输时延。因此已可用它来实现综合信息的传输，和对实时业务进行处理。

2. 异步时分交换

在开展对快速分组交换的研究后不久，于 1984 年又开展了对异步时分交换（ATD）的研究。在 ATD 中同样是采用的定长分组，且长度只有 16 个字节。其中 4 个字节为信头，12 个字节为信息域。每当交换机接收到一个分组时，将其中的信息域暂存在共享存储器中，而将信头则送入控制单元中。在对信头进行识别和修改后，便与信息域合并，从修改后的信道输出。ATD 同样可以把传输速率提高到数十 Mbps 以上，可实现综合信息传输及对实时业务的处理。

在上述两类交换机研制成功后，世界上的一些大公司如 AT&T 和富士通、英国电信等，都相继推出了多种类型的交换机产品，用于实现高速通信。由于这些交换机彼此不同，难于把它们集成在一个大的 ISDN 中，而且它们也都存在着某些不足之处，因而有必要再研制出一种更完善的、能为各方面所接受的高速传输模式。正是在这种背景下，1989 年 CCITT 在研究和综合了多种快速交换机的基础上，提出了一种新的传输模式，即异步传输模式（ATM），并决定将之用于宽带综合业务数字网络（B_ISDN）中。

二、ATM 的目标

在 80 年代末期，CCITT 为 ATM 规定的目标如下：

1. 建造高速广域数字网络

可利用 ATM 建造传输速率高达数十 Mbps 至数百 Mbps 的广域网络系统。该系统不受任何物理结构或设备速率的限制；也不依赖于所携带的数字数据类型，即在网络中既可采用发展中的光纤技术和无线电技术，也仍可使用传统的以铜线为基础的连接。所传输的信息可以是任何形式的数字数据，除了计算机数据外，还可以是数字、声音和视频信号。

2. 实现 WAN 与 LAN 的集成化

长期以来，在 LAN 和企业网中，主要是使用共享式以太网和交换式以太网；而在 WAN 中则主要是采用分组交换网和帧中继网。由于在 LAN 和 WAN 所采用的网络标准不同，故它们之间无法直接实现信息互通，而必须利用某种形式的网络互连设备。引入 ATM 的第二个目标不仅是要在 WAN 中使用 ATM，而且也要在 LAN 和企业网中使用 ATM，这通常是桌面 ATM，由于它们采用了完全相同的 ATM 网络标准，因而可在无中间互连设备的情况下，实现 WAN 与 LAN 之间的无缝连接。

3. 提高所需的服务质量

在 ATM 网络上允许连接各种设备，相应的也必须能提供各种业务服务，其中有的业务，要求很高的传输速率和很低的传输时延，如视频传输；有的则要求能非常安全地传输信息，不致发生差错和丢失信息；又有的业务则希望付出较低的服务费用，等等，ATM 网络应能满足方方面面的合理要求。

三、ATM 交换器的类型

尽管 ATM 的标准尚未完善，ATM 产品的推出也为时不久，但 ATM 交换器的种类却已很多。下面我们按 ATM 交换器的结构和应用环境对它们进行分类。

1. 按 ATM 交换器的结构分类

在设计 ATM 交换器时，采用了三种基本技术，即总线交换技术、自选路由技术和光矩阵交换技术，由此而形成以下三种 ATM 交换器。

（1）总线交换器：在该交换器中，可采用单总线或多总线，所有的 ATM 端口都与该单（多）总线相连，如图 6-10（a）所示。用一个 RISC 微处理器对信息流进行调度。在该结构中，总线仲裁与缓冲技术对 ATM 交换器的性能，有重要影响。由于所有的端口都与总线相连，故可实现广播通信。总线的速率必须达到能处理所有输入端口所需的合计速率的水平。这种交换器结构可达到的速率为 1～10Gbps。

（2）自选路由交换器

在该交换器中采用的是矩阵交换技术，每个交换器由若干个交换单元组成，对于每一个输入端口，可有多条到输出端口的通路，如图 6-10（b）所示，它的可伸缩性优于总线交换器，其所能达到的最高速率也高于总线交换器的速率（1～200Gbps），但结构复杂，不易实现广播功能。

（3）光矩阵交换器

在结构上与自选路由交换器相似，但它所采用的是光矩阵交换单元。这种交换器最突出的优点是，ATM 的信元传输和交换的都是光信号，因而在进行交换时，就不必将光信号

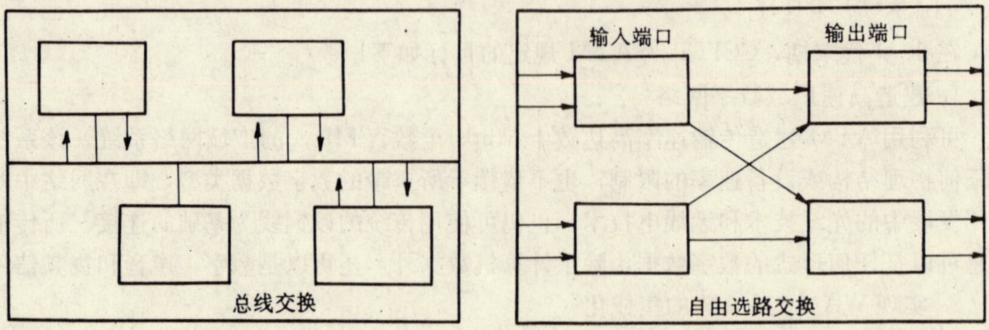

图 6-10 ATM 交换器的结构

转换为电信号，从而有利于大幅度地提高 ATM 的速率。但目前在实现上，需要使用昂贵的砷化镓硅晶体，因而尚须若干年才能推广应用。

2. 按应用环境分类

根据其应用环境的不同，可把 ATM 交换器分为用于 LAN 环境的 ATM 交换器和用于 WAN 环境的 ATM 交换器，而 LAN 环境的 ATM 交换器又可分为以下两种：

(1) 工作组或边沿 ATM 交换器：在企业网络中，最低的层次是工作组网或部门网络。工作组 ATM 交换器便是为此应用而设计的；又因为它们是处于企业网络的边沿，因而也称为边沿 ATM 交换器。这种交换器的传输速率一般较低，例如为 25Mbps，而且采用铜线来连接各种设备或 LAN 网段。

(2) 企业主干 ATM 交换器：这种交换器主要用于互连企业内部的各部门网或工作组网。这种交换器的传输速率大都为低端支持 T-1 (1.544Mbps)，而高端支持 155Mbps (DC3)。它可利用单模或多模光纤来连接共享式以太网、交换式以太网或 FDDI 光纤网等。

6.5.2 ATM 的传输原理

CCITT 对快速分组交换和异步传输模式在做了深入的研究后发现，快速分组交换模式是在充分地发挥了传统分组传输模式的优点，并克服了其缺点后形成的；而异步时分交换模式则是在充分发挥了同步时分传输模式的优点，并对它加以改进后形成的。CCITT 试图将这两种传输模式结合起来，以便充分发挥分组传输模式和同步传输模式的优点。所以我们有必要先对它们做扼要地阐述。

一、同步传输模式和分组传输模式

1. 同步传输模式 STM

该模式是指将信息传输的时间分为多个时间片，所有终端都按固定周期时间重复出现的时间片来共享信道，因而又称为时间片模式或位置复用模式，它是靠在帧内时间片的相对位置来识别通路，使传输控制得以简化，以至可用硬件实现，从而极大地提高了传输速率。但这种模式在通信过程中，终端不论是否有信息发送，与之相对应的时间片的信道始终属于该终端，其他终端的信息不能占用，这无疑会造成时间片的大量浪费，致使传输效率低。

2. 分组传输模式

这是分组交换网中所采用的传输模式。在该模式中，信道并非固定地逐个时间片地被分配给各分组，而是在有分组发送时才分配信道。在每个分组前应加上标记，可通过识别标记来进行复用，因而也称为标记复用。这种方式可以有效地提高信道利用率。但在传统的分组交换网中，由于分组是不定长的，且交换器在每收到一个分组时，都要进行差错控制、流量控制和路由选择等处理，使每个分组的转发都变得十分复杂，因而只能用软件方法实现，使传输速率难以提高。

二、信元传输的基本原理

ATM 技术是既吸取了分组传输模式中标记复用方式的优点来提高信道利用率；又吸取了同步传输模式中位置复用的优点来简化传输控制机构，将两者结合起来而形成的一种崭新的高速交换技术。

1. 标记复用

ATM 以信元（Cell）为基本传输单位。信元由信头和信息段组成。ATM 通过信头来识别信元。在这种方式中，只要信道空闲，便可将信元投入信道。这有利于提高信道利用率。由于信元的发送无固定周期，因而将这种传输方式称为异步传输模式。

2. 位置复用

为了简化信元的传输控制，在 ATM 中采用了固定长度的信元，规定为 53 字节，其中信头 5 个字节，信息段 48 个字节，这样，传输每个信元都花费同样的时间，因而可以像 STM 那样把信道的时间划分为一个时间片序列，在每个时间片中传输一个信元。当交换器有信元发送时，便逐个时间片地把信元投入信道；接收时，若信道不空，也将逐个时间片地取得信元。有这种对应关系后，便可采用高速硬件对信头加以识别和进行交换处理。

应当指出，ATM 是异步传输模式，虽然在每一帧内的每个信元长度是相同的，但其每个信元可以不相邻接，在输出时，并不是依据时间片的位置，而是依据信头标志来识别信元。

由于 ATM 的高速性而使声音、图像和数据等能同时在 ATM 信道中传输。但在传输前，应首先将它们都分解成一个个固定长度的信元序列，然后再送入信道中传输。但它们的信元发送频率各不相同，语音信元的发送频率低，视频信元的发送频率高。ATM 通过采用不同的信元发送频率来实现各种信息的多路复用。

6.5.3 ATM 的交换原理

在传统的分组交换网中，提供了面向连接和面向无连接两种传输服务。在这两种方式中，分组交换机实现交换的方式是不相同的，在无连接方式中，当接收到一个分组时，先由路由选择机构为该分组选择一条最佳传输路由，再选择一条空闲的逻辑信道，然后将该分组从选定的信道发送出去；而对于面向连接的方式，则由于在通信前已在源和目标之间建立起一条虚电路，因而在交换机每收到一个数据分组时，只是按事先在链路表中规定好的路由（通路）和逻辑信道进行转发。

一、虚通道、虚信道与链接表

在 ATM 交换方式中，主要提供的是面向连接的接续方式，其交换方法与分组交换中的交换方法相似，但在 ATM 中可以实现两级交换，一级是虚通道交换，一级是虚电路交换。

1. 虚通道与虚信道

在ATM系统中是采用光纤作为传输介质。它具有特别宽的频带。为了能充分利用光纤的带宽，在ATM中规定，可将一条物理信道划分成数百条、乃至上千条虚通道VP(Virtual Path)，每条虚通道有一个标识符VPI。一条虚通道又可分为成千上万条虚信道VC(Virtual Channel)，每条虚信道也有一个标识符VCI。通常信息的传输都是在一条虚通道中的某条虚信道上进行的。

2. 虚通道交换

对于虚通道交换，信元在通过ATM时只是改变VPI而不改变VCI。图6-11(a)示出虚通道交换的过程。这里示出两个输入虚通道VP1和VP2，在VP1中又含有两条虚信道VC1和VC3，而在VP2中则有两条虚信道VC1和VC4。在ATM的输出端还有两条虚通道VP3和VP4。在进行虚通道交换时，根据通道链接表（见图6-11(b)）将信元中的VP1改为VP4，或者将信元中的VP2改变为VP3，然后转发出去，但其中的VCI并未改变。

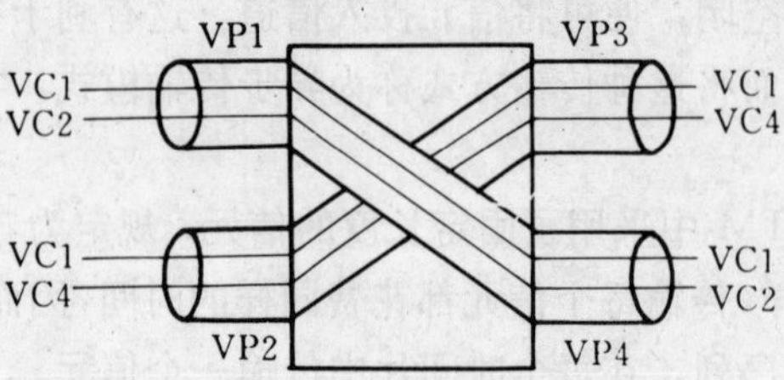

(a)

VPI对照表

入	出
VPI	VPI
1	4
2	3

(b)

图6-11 虚通道交换

3. 虚信道交换

对于虚信道交换，信元在通过ATM时，不仅要改变VCI，而且还要改变VPI。这是因为VCI只有局部定义；换言之，在不同的VP中可有相同的VCI。图6-12(a)示出虚信道交换。这里同样具有两条输入虚通道VP1和VP2，及两条输出虚通道VP3和VP4。当ATM从VP1/VC1上接收到一信元时，通过查找VP/VC链接表（图6-12(b)），将信元中的VP1改为VP4，而VC1保持不变，并将该信元从VP4/VC1转发出去。

4. 链接表

在面向链接的交换中，ATM在收到一个信元时，在确定应将该信元从哪条虚通道及虚信道上转发出去时，所依赖的是一张VP链接表或VP/VC链接表。链接表在ATM初启时，所有表目都是空白的。以后，每当某源要与某目标通过本ATM建立一条虚电路时，便申请一空白表目，再把进入ATM的虚通道标识符VPI和虚信道标识符VCI，及把由本ATM输出的VPI和VCI填写到空白表目内，此即为输入与输出的虚通道和虚信道间建立了链接。

在虚电路存在期间，凡是从该输入VP和VC接收到的信元，都将从表中对应的输出VP和VC上转发出去。这样，在ATM有了这张链接表后，便可实现快速的交换。

二、ATM交换与分组交换的比较

单从交换方式上看，ATM与分组交换十分相似，但两者之间也有本质上的差别。ATM在实现交换上有以下特点：

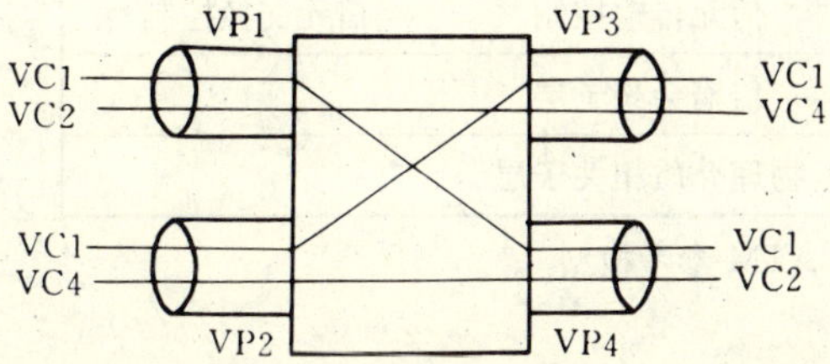

(a)

VPI/VCI 对照表

入		出	
VPI	VCI	VPI	VCI
1	1	4	1
1	2	3	4
2	1	3	1
2	4	4	2

(b)

图 6-12　虚通道/虚信道交换

1. 按时间片交换

ATM 交换属于时分交换型，它采取按时间片交换的方式，即每个信元都必须放在一个时间片中，因此信元的接收和转发都是按时间片进行，又由于是采用异步传输方式，因而用户信息与时隙在位置上并不固定，为此，在 ATM 中应设置时钟同步机构；而在分组交换中，则根本没有时间片的概念，分组可以在任意适当的时刻转发。

2. 定长交换

在分组交换中，所交换的基本单位是分组，它是可变长的，其长度通常从数十个字节至数百个字节；而在 ATM 中交换的基本单位是信元，每个信元的长度为固定的 53 个字节，这样可以大大简化交换的处理。

3. 硬件实现

在传统的分组交换网中，由于分组是可变长的，且交换器每收到一个分组时，都要进行差错检测等处理，这使每个分组的转发都变得十分复杂，因而长期以来都只能以软件方法来实现；然而 ATM 信元是定长的，且按时间片进行交换，在 ATM 中也不进行差错检测和流量控制，其流量控制功能是放在网络的接入结点，这些都使 ATM 的传输控制得以极大地简化，因而可用硬件实现。这无疑是 ATM 能获得极高传输速率的重要原因。

6.5.4　ATM 参考模型

ATM 有自己的协议层次结构如图 6-13 所示。其中包括四个层次，其最低层为物理层，它与 OSI/RM 中的物理层有着相同的功能；次低层为 ATM 层，它处理信元和信元的传输与交换；次高层为 ATM 适配层，用于将分组分解成若干个信元，或将若干信元重新组装成分组；最上面一层为高层，该层包含了适配层以上的所有功能。

一、物理层

物理层是用于提供信息传输的物质基础。该层规定了如何使 ATM 的信元流通过物理传输介质和 ATM 层的接口。该层又分为两个子层：

1. 物理介质相关子层（PM）

PM 子层的功能与所使用的传输介质有关，它规定了与信息传输有关的功能，其中包括位的定时和信元的编码方式等。

<table>
<tr><td>高　　层</td><td colspan="12">AAL 以上的各层</td></tr>
<tr><td>ATM 适配层</td><td colspan="3">AAL1</td><td colspan="3">AAL2</td><td colspan="3">AAL3/4</td><td colspan="3">AAL5</td></tr>
<tr><td>ATM 层</td><td colspan="4">构造信元</td><td colspan="4">信元传输控制</td><td colspan="4">信元交换控制</td></tr>
<tr><td rowspan="2">物理层</td><td colspan="12">传输会聚子层</td></tr>
<tr><td colspan="12">物理介质相关子层</td></tr>
</table>

图 6-13　ATM 参考模型

2. 传输汇聚子层（TC）

该层包括与传输系统有关的功能，及将 ATM 层中的各种 ATM 信元流汇聚成能在传输介质上传输的比特流功能。

在 WAN 环境下，最重要的传输系统是同步光网络 SONET（Synchronous Optical Network）。它是以光缆作为传输介质，以 ATM 信元作为传输和交换单位的公用宽带网络。美国和日本等国均使用 SONET 名字，而国际电信联盟 ITU 在制订标准时，使用的是同步数字系列 SDH（Synchronous Digital Hierarchy），西欧各国也都使用该名字，SONET 与 SDH 指的是同一种网络。

在 SONET 中所规定的基本传输速率为 51.84Mbps，把这称为 OC-1；而 OC-3 的传输速率是 3×51.84＝155.52Mbps，OC-12 的传输速率为 622.08Mbps。这些是当前 ATM 最常用的三档传输速率。在美国已出现了工作在 OC-48（2.488Gbps）速率的部分网络。

尽管 ATM 在一开始便是针对着 SONET 设计的，但它并不局限于在此，企业网络环境下，它还可使用双绞线或其他传输介质，例如，用于企业网内部的桌面 ATM 25，其传输速率仅为 25.6Mbps，可使用 3 类 UTP 双绞线；而工作在 OC-1 速率下的 ATM，也完全可以使用 5 类 UTP。当然，在使用双绞线时，其连接距离将受到限制，一般为 100 米左右。

二、ATM 层

ATM 层规定用虚连接实现对 ATM 信元的传输和交换。其主要功能有：(1) 构造和检验信元头部，形成完整的信元；(2) 利用信元头中的 VPI/VCI 及链接表，实现信元交换；(3) 实现信元的多路复用和多路分解；(4) 对信元流量进行控制。上述的 ATM 层功能与物理介质无关。

在 ITU 制订 ATM 层标准时，欧洲的成员希望采用较小的信元，如 32 字节，以减少传输时延；而美国的成员是主张采用较长的信元，如 64 个字节，以提高信息的传输效率。经过折衷后 ITU 规定将信元长度定为 53 个字节，它由两部分组成：(1) 信头：其长度为 5 个字节，其中装有用于控制信元传输的信息；(2) 信息域：其长度为 48 个字节，是已被分解的用户信息。有两种类型的信头结构，一种是用户与网络接口（UNI）的信头结构；另一种是网络与网络接口的信头结构如图 6-14 所示。

现对其中各字段说明于下：

1. 通用流量控制 GFC（Generic Flow Coutrel）

由于在一个 ATM 接口上可以连接多个网络设备，它们共享 ATM 中的缓冲区及接口等资源，因而须用GFC进行流量控制，才能避免因流量太多而使网络超载。

2. 虚通道标识符VPI

VPI在UNI信头中为8位，而在NNI信头中则扩大为12位。在一条虚通道中可能包括许多虚信道。

3. 虚信道标识符VCI

(a)　　　　(b)

图6-14　信元头的结构

(a) UNI信头结构　　(b) NNI信头结构

它相当于分组交换中的逻辑信道号。由于VCI占16位，故理论上允许有64K条虚信道号。

4. 信元类型PT (Padload Type)

用于指示是哪种类型的信元，如有用户信息信元、管理信元及测试信元等。

5. 信元抛弃优先级CLP (Cell Loss Priority)

当CLP=1时，若发生网络拥塞时，可将该信元抛弃；CLP=0时，表示该信元重要，即使发生网络拥塞情况，也不可丢失。

6. 信头差错控制HEC (Header Error Control)

用于检查信头是否正确，当信头正确时，便认为信元无误；若有差错，便将信元抛弃，以防止因VPI或VCI出错而使信元串入其他用户终端。

7. 备用段RES (Reserve Field)

三、ATM适配层（AAL）

1. ATM适配层的业务分类

ATM适配层直接面向各种具体的应用。配置AAL的主要目的，是使ATM层的信元传输服务，能适应任何类型的应用业务。在实际应用中的业务类型很多，可根据比特速率、连接方式和同步方式，将各种业务分为如下四类：（1）A类业务：为固定比特速率(CBR)、面向连接和通信双方同步的业务。这类业务主要包括对信元延迟和丢失都十分敏感的数字化音频和视频实时业务。

（2）B类业务：为可变比特速率（VBR）、面向连接和通信双方同步的业务。这类业务主要包括对信元延迟和丢失都比较敏感的、对端一端时间有要求的音频和视像实时业务。

（3）C类业务：为可变比特速率、面向连接和通信双方不同步的业务。它对端一端时间并无严格要求。

（4）D类业务：为可变比特速率、面向无连接和通信双方不同步的业务。它对端一端时间无要求。主要是非实时业务。

2. 服务质量（QOS）

为了描述每种业务对连接的要求，ATM 论坛（ATM Forum）定义了若干个服务质量如下：

PCR（Peak Cell Rate）：峰值信元速率，用每秒钟的信元数来描述信元源，在不发生信元丢失的情况下，能达到的最大数据传输速率。

SCR（Sustainable Cell Rate）：持续信元速率，即信息源的平均数据传输速率。

MCR（Minimum Cell Rate）：最小信元速率，用于描述信息源的最低信息流量。

MBS（Maximum Burst Size）：最大突发尺寸，指允许具有突发业务特性的信息源所能持续发送信元的最大数目。

除上述的服务质量外，ATM Forum 还定义了一组用于描述每种业务类型连接的服务质量参数。

Max CTD（Maximum Cell Transfer Delay）：最大信元传输时延。

CDV（Cell Delay Variation）：信元传输时延的变化量。

CLR（Cell Loss Rate）：信元丢失率。

CER（Cell Error Rate）：信元传输差错率。

3. ATM 适配层提供的业务服务

ATM 适配器对不同类型的业务，提供了相应的 AAL 服务。有以下几种服务：

（1）AAL1 服务：1 这类服务支持 A 类业务。它为 A 类业务建立一条 CBR 连接。在建立连接时，规定了信元传输的峰值速率 PCR，所建立的连接为要求此类业务的通信双方所独占，即使无信息发送，在线路上仍会以同样的比特速率来发送空白信元，因此，此类服务费用是昂贵的。

（2）AAL2 类服务：此类服务支持 B 类业务。它为 B 类业务建立一条 VBR 连接。在建立该连接时，除了要协商 PCR 外，还要规定 SCR，即在信道空闲时，可以用 PCR 传送信元；而在信道繁忙时，则可降为用 SCR，此时 AAL2 仍能保证提供实时服务。

（3）AAL3/4 服务：最初 AAL3 用于支持 C 类服务、AAL4 支持 D 类业务。但目前这两种服务已趋于统一，统称为 AAL3/4，支持 C 和 D 类业务。

（4）AAL5 服务：该类服务又被称为 SEAL（Simple 和 Efficient Adaptation Layer）：这是对 AAL3/4 服务的一种简化，比 AAL3/4 的时延更小，更适于传输大的数据分组。

ATM 的业务类型与 AAL 服务类型之间的对应关系如表 6-2 所示。

表 6-2　ATM 业务与 AAL 对应关系

业务类别	A 类	B 类	C 类	D 类
源和目标间是否要求定时关系	要求	要求	不要求	不要求
比特率	固定	可变	可变	可变
连接方式	面向连接	面向连接	面向连接	无连接
业务举例	电路仿真恒定比特率图像业务，如话音、专线、视像	可变比特率视像及音频业务	X.25/帧中继	SMDS/IP
AAL 类型	AAL1	AAL2	AAL3/4 AAL 5	AAL3/4 AAL 5

6.5.5 ATM的优点和局限性

ATM 的优点是十分突出的。人们把它的发展和应用视作通信领域中的技术革命。但它也确实存在着某些局限性，致使它的发展和应用未能如人们所期望的那样快，使它在LAN领域中正遇到快速 LAN 和千兆位以太网的严峻挑战。

一、ATM 的优点

1. 高传输速率

由于 ATM 的传输是采用了时间片模式，可用硬件实现，因而它可具有极高的传输速率。ATM 标准规定，在LAN 中的最低传输速率为 45Mbps(或称 T3)，也可以高至155Mbps (OC3)、622Mbps (OC12) 乃至 2.5Gbps (OC48)。目前在 WAN 中采用的主要是 45Mbps和 155Mbps 两种。应当指出，高传输速率意味着用户须付出更多的费用。近年 AT&T 又推出了比 45Mbps 低 28 倍的 ATM，其传输速率只有 1.5Mbps (T1)，相应的，其每月的租金从 45Mbps 时的 5000 美元降至 700 美元，深受用户欢迎。

1993 年 ATM 论坛在为 ATM 制订出第一个接口标准时，对桌面 ATM 系统确定了三个速率，即 135Mbps、100Mbps 和 51Mbps。后来 IBM 又力荐采用 25Mbps，并说服了 ATM 论坛重新评估 25Mbps 的 ATM 技术。

2. 巨大的灵活性

ATM 巨大的灵活性主要表现在：

(1) 无业务限制：由于在 ATM 中设置了 ATM 适配层，因而不论哪种通信业务（从很低的传输速率到非常高的传输速率；从要求实时性强的业务到非实时性业务)，都可以进入ATM 网，ATM 交换机都能与之很好地适配，这样就可实现数据、语音和视频图像的综合传输。

(3) 无通路限制：由于 ATM 可将一条物理信道虚拟为成百上千条的虚通路，且一条虚通路又可被虚拟为成千上万条虚信道，因而，目前 ATM 已可提供数万条由虚信道链接而成的虚电路；今后将可提供数十万条虚电路供众多用户同时使用，因而不存在通路上的限制。

(3)网络拓扑结构的灵活性：可以用一个或几个 ATM 来连接网络设备，构成星型网络；也可用多个 ATM 互连构成树型或网状型网络。

3. 实现企业网与 B-ISDN 之间的无错连接

ATM 是这样一种特殊的网络设备，它既可用于企业中作为企业网络的核心设备，又可用于 B-ISDN 中实现 ATM 交换。由于在企业网中的 ATM 和在 B-ISDN 中的 ATM 交换机，都遵循相同的标准，故很容易实现企业网与 B-ISDN 之间的无链连接，即在企业网与 B-ISDN 之间可以直接进行数据传输和交换，无须像现在那样要利用路由器来实现路由选择和协议的变换。

4. 实现传输时延的确定性

在已往的 LAN 和 WAN 中，只有 LAN 中的令牌传送总线和令牌环网，具有传输时延的确定性，而传统的电话网、X.25 网和帧中继网，都不具有传输时延的确定性，因此它们都不能支持实时业务；然而在 ATM 网中却突破了这一限制，即 ATM 交换机是交替地接收来自不同数据连接的信元，并以固定的位速率传输，因而其时延是可以预见的，从而使

ATM 可支持实时业务和对端一端时间有要求的业务。

二、ATM 的局限性

1. 难于与 LAN 集成

虽然利用ATM 可以很好地提高企业网的性能，但由于现有的LAN 在某些重要方面与ATM 间有着根本的区别，如：(1)ATM 所提供的数据传输方式通常是面向连接的；而LAN 则是面向无连接的；(2) LAN 所采用的是 MAC 地址，与 ATM 所采用的地址有着完全不同的格式；(3) 在LAN 中信息的传送，不论是单点、多点，还是广播通信方式，每个数据包都被广播到共享介质上的所有站点；而 ATM 则是采用点一点的传输方式。由于LAN 与ATM 两者间存在上述差别而致使很难于将两者集成在一起。当然，目前已有一些方法来实现将 ATM 与 LAN 的集成，如采用 ATM 的 LAN 仿真方法等。这一问题将在第八章中介绍。

2. 价格昂贵

尽管ATM 的价格已在逐年下降，但由于快速以太网和交换集线器的价格下降得更快，因而致使到了1998 年时，155Mbps 的 ATM 端口价格仍为快速以太网的、100Mbps 交替集线器端口价格的 2～4 倍，甚至还超过了千兆位以太网端口的价格，这无疑是限制了 ATM 广泛用于企业和部门环境的重要因素，但由于 ATM 具有卓越的性能，因而它仍占有企业网络市场中的一定份额。

顺便说明，前几年在 WAN 中增长最快的是帧中继，但从 1997 年开始 ATM 网络的增长速度已超过帧中继，还可望ATM 在 WAN 中具有更好的发展前景，最终它有可能取代分组交换和帧中继而一统天下。

3. ATM 技术尚不十分成熟

与传统的分组交换、帧中继及交换集线器相比，ATM 技术要复杂得多，它不仅传输速率高，而且要能支持数据、语音和视频图像的一体传输，还要求能与传统的 WAN 及 LAN 相兼容，因此，虽然 ATM 已经出现了好几年，但在前几年所推出的 ATM 硬件和软件产品都未实现标准化，各厂商的产品互不兼容；所幸的是ATM 论坛在过去两年中已先后批准和颁布了数十个 ATM 协议和硬件规范。虽然有些技术问题还未最后解决和确定下来，但其基本规范已经确定下来，一些厂商根据这些基本规范，已经推出了相应的硬件和软件。

习 题

1. 在我国是如何划分大、中、小型服务器的?
2. 当前主要通过何种方式改进基于 Mainframe 的服务器的性能?
3. 基于 SMP 的服务器的主要优点是什么?
4. 群集系统可分为哪几类? 在每一类中又可分成哪几种?
5. 试说明双机热备份的实现方法。
6. 网桥可以应用在哪些场合? 为什么?
7. 试说明 802.1 和 802.5 两种网桥标准有何差异?
8. 网桥具有哪些功能? 并画出它的逻辑构成。
9. 路由器可应用于哪些场合? 为什么?

10. 何谓干线及边界和中转路由器?
11. 路由器应具有哪些功能?
12. 中继器、网桥和路由器，它们分别在哪个层次上实现互连?
13. 可通过哪些途径扩展网络上站点的带宽?
14. 试将交换集线器和路由器进行比较?
15. 什么是多层交换器和多协议交换器?
16. 交换式LAN有何优点和局限性?
17. 试说明ATM传输的基本原理。
18. 试说明ATM交换的基本原理。
19. 试比较ATM交换与分组交换两种交换方式。
20. ATM参考模型可分为哪几个层次？并说明每个层次的作用。
21. 在ATM信元结构中，信头包含哪些字段?
22. ATM适配层提供了哪几类服务?
23. ATM的优点和局限性各是什么?

第七章　企业网络中的软件

在企业网络中，不仅需要配置前一章所介绍的网络硬件，还必须配置相应的网络软件，其中包括网络互连协议软件、网络操作系统、网络管理系统以及网络数据库系统等。在介绍网络软件之前，我们须先对客户/服务器模式做较详细地论述，这是因为当前的许多网络软件都是基于客户/服务器模式的，比如网络操作系统、网络数据库系统、网络管理系统以及 Internet 中所提供的文件传输服务，电子邮件服务、WWW 服务等，也都是基于客户/服务器模式的。

7.1　客户/服务器模式

不论是 LAN 还是企业网，主要都是用作信息处理系统的平台，为信息系统提供软、硬件支持。信息处理系统的工作模式，可分为以下三种。

1. 集中模式

这种信息处理系统，通常是由一台或多台主机作为信息处理系统的中心，在主机上连接数十至数百个终端所形成的联机系统。集中模式是 60～70 年代信息系统的主流工作模式。其特点是信息的处理和对系统的控制，都是高度集中在主机中。

2. 客户/服务器模式

这种信息处理系统，通常是由一台或多台服务器作为系统的中心，用来提供通信和资源共享服务，以及数据处理服务；在服务器上可连接数十至数百个客户机，这些客户机向服务器提出服务请求，这样，由服务器和客户机构成了客户/服务器模式。这种模式自 80 年代中期开始，就逐步成了信息处理系统的主要工作模式。该模式的特点是：信息的处理是分布的，而对各系统的控制在单服务器时则是集中的，但当配置了多台服务器时，也可实现分布控制。

3. 对等模式

这种信息处理系统通常由若干台工作站（主机）构成。在系统中可以不设置服务器。这种模式的特点，是在系统中的所有站点都处于平等地位，它们可以相互请求获得对方的服务，因此，这种系统中信息的处理和系统控制是分布的。

7.1.1　客戶/服务器模式的发展过程

客户/服务器 (Client/Server) 模式也可简称为 C/S 模式，在 90 年代已风靡全世界，不论是信息处理系统，还是 LAN OS、企业网 OS，以及 Internet 所提供的多种服务，都是基于客户/服务器的模式。实际上，C/S 模式也是经历了一个形成和发展的过程，它由集中模式演变为二层结构的 C/S 模式，进而又发展成为三层结构的 C/S 模式。

一、客户/服务器模式的形成

自从 70 年代末推出微处理器以来，微处理器的性能在不断地提高，其字长从开始时的

4位增至8位，到80年代初时已增至16位；而微机的价格却又不断地下降，到80年代中期时，已与传统终端的价格相当，由于它具有一定的处理能力，因而逐步取代了终端。利用微机的处理能力，已可直接完成许多终端型作业，相应地，此时的主机便由处理各种终端型作业转向为以请求/响应的方式为各联机微机提供更高层次的服务，这样便形成了客户/服务器模式。

可以根据服务器所提供服务性质的不同，把服务器分为多种类型：(1) 文件/打印服务器：在这种服务器中配置了网络文件系统，用于向客户提供文件的存取及共享服务，并在此基础上进一步提供打印服务；(2) 数据库服务器：这是在服务器上配置了数据库管理系统，用以向客户提供存取数据和数据共享服务；(3) 通信服务器：在服务器上配置了电子邮件和文件传输软件后，可向客户提供电子邮件服务和文件传输服务；此外，还有Internet服务器、Web服务器等，我们将在第九章中对它们做详细介绍。

二、客户/服务器模式的优点

正因为客户/服务器模式与传统的集中模式比较，有下列一系列优点，才使得该模式能够成为信息处理系统和网络操作系统的主流模式。

1. 数据分布存储

由于客户机通常都已具有一定的磁盘容量，且随着微机的发展，其容量也愈来愈大，例如，现在每个客户机的磁盘容量通常为3GB，对于一个含有20～40个客户机的中型LAN，其客户机所拥有的磁盘总容量可达60～120GB，这样便可做到数据分布存储，从而可摆脱那种把一切数据都存储在主机中，既不可靠又容易形成瓶颈的困难局面。

2. 数据分布处理

由于客户机都具有一定的处理能力，可实现本地处理和数据操纵，与集中模式相比，它能有效地减少服务器和客户机之间的交互，因而不仅能提高对用户命令的响应速度，而且也大大减少了客户机和服务器间的信息流量。

3. 灵活性和可扩充性

C/S模式非常灵活，极易扩充，可通过增添客户机来满足用户数增多的需要，及用增添服务器的措施来扩充网络的处理和服务能力。在理论上，客户机和服务器数目的增加是不受限制的。此外，其灵活性还表现在允许网络中配置多种类型的客户机（如DOS类客户机、OS/2、Windows、Mac等客户机）和多种类型的服务器（如Netware服务器、Windows NT服务器、UNIX服务器）等。

4. 友好的用户界面

由于通常是不同的客户机提供给不同的用户使用，例如，有的客户机供财务人员使用，而有的客户机则供物资管理部门使用，这两种情况所要求的界面往往不同；又由于客户机本身也具有一定的处理能力，因而较容易做出适合于客户使用的用户界面，特别是可以在屏幕上显示出极为友好的图表化信息来帮助用户。

5. 易于改编应用软件

采用集中模式时，软件是统统存储在主机中的，而要修改主机中的软件是相当困难的，而且一般也不允许普通客户去修改；而对于客户/服务器模式，对本地程序的修改和增删就容易得多，且也允许客户在需要时去加以修改。当然，此时存放在服务器中的软件，仍然是不允许一般客户去修改的。

当然，客户/服务器模式也有某些不足之处。主要是可靠性和瓶颈问题，一旦服务器故障，将导致整个网络瘫痪。当服务器在重负荷下工作时，会因忙不过来而显著地延长了对用户请求的响应时间，但现在已经采取某些措施加以解决，例如，用冗余技术来提高系统的可靠性，用减少在每个 LAN 上所连客户机数目的办法，来防止“瓶颈”现象等。

7.1.2 二层结构的客戶/服务器模式

前面所介绍的客户/服务器模式，是只有客户和服务器两级，这时是客户直接与服务器进行交互，我们把这种客户/服务器模式称为二级结构的客户/服务器模式。

一、客户/服务器模式的类型

对于二层结构的 C/S 模式，又可进一步分为文件服务器式的 C/S 模式和应用服务器式的 C/S 模式。

1. 文件服务器式的客户/服务器模式

该模式的特点是由客户执行对应用（程序）的处理，而文件服务器则只是向客户提供服务，诸如文件服务、打印服务和电子邮件服务等。现在有不少网络仍然采用这种模式的 NOS，如最著名的 NOS Netware。这种 NOS 模式的主要优点是：(1) 把对通常的终端型作业的“处理”与对资源的共享和用户通信两者的“管理”分开。这有效地提高了服务器和工作站的效率；(2) 在把“处理”与“管理”分开后，简化了网络操作系统的实现，因为只是在服务器上才存在一些需要解决的复杂问题，而工作站则可采用单用户单任务的微机 OS。

这种将服务与处理截然分开的做法也有其不足之处：由于这时对应用的处理完全由工作站执行，但工作站的功能却较弱，且速度慢，这就限制了对应用进行处理的规模和速度，或者说，网络为用户提供的应用处理能力受工作站能力的限制，尽管服务器具有更强的处理能力，但它也仅限于提供服务。因此这种文件服务器模式主要适用于中、小型 LAN 中，以提供多种类型的服务。

2. 应用服务器式客户/服务器模式

该模式的特点，是由客户机和服务器共同完成对应用程序和数据的处理。亦即，将一个应用分成若干部分，由客户和服务器分别执行，协同工作。通常在服务器上配置的是一个数据库系统。如 ORACLE、SYBASE。由客户向服务器发出“应用和数据请求”，由服务器根据请求的内容来完成应用程序的处理和数据操纵，然后将处理结果返回给客户。由于在采用应用服务器模式时，对应用的处理和对数据的操纵，主要是由服务器实现的，因而显著地改善了服务质量。换言之，网络提供给客户的数据处理能力，是客户与服务器两者的能力之和。这种应用服务器模式，主要用来提供应用处理和数据操纵服务。

二、客户与服务器间的交互

不论是文件服务器模式，还是应用服务器 C/S 模式，当客户请求服务器提供服务时，必须经过它们之间的多次交互，方能实现。其中的每一次交互都可分成以下四步：

(1) 工作站发送请求包：当工作站上的用户要访问共享资源，或请求进行应用处理时，应输入相应的命令及有关参数，由客户机上的软件把它们装配成请求包，再通过传输协议软件（和网络适配器），把请求包发往服务器；

（2）服务器接收请求包：当服务器上的传输协议软件接收到请求包后，先对该包进行检查，若无错，再将该包提交给服务器上的网络软件去处理；

（3）服务器回送响应包：服务器的网络软件根据请求包中的服务请求，完成指定的处理或服务操作后，把结果信息装配成一个响应包，由传输协议软件将它发往源客户；

（4）客户接收响应包：客户机上的传输协议软件把收到的响应包转交给客户机上的网络软件，由后者做出适当处理后提交给用户。

7.1.3 三层结构的客户/服务器模式的引入

在以LAN作为信息处理平台时，是广泛采用两层的C/S模式。此时由于信息系统规模较小，所配置的又是单个LAN或少数几个同构型网络，因而采用两层的C/S模式比较合适。但在LAN升级到企业网后，由于不同的LAN中可能采用了不同的网络工作站和协议，不同的数据库等等，此时用两层C/S模式就会暴露出许多不能适应之处。

一、两层C/S模式的局限性

两层C/S模式的主要问题在于，它不能适应应用不断增加的情况。在两层C/S模式下，为实现客户与服务器之间的交互，应该在客户与服务器中都装上特定的传输协议软件（如SPX/IPX），以实现客户与服务器之间信息的互通性；另外，还需要在客户机和服务器上安装特定的高层（表示层和应用层）网络软件（如NCP），以实现客户与服务器间的信息互用性，即客户机能访问服务器上的文件系统，以实现信息共享。如果需要将客户机连接到另一台数据库服务器（主机）上，而该服务器又是使用了其他的（如TCP/IP）传输协议和数据库系统软件（如Sybase），则此时须在客户机上增配能用于PC机上的TCP/IP软件，方能与该服务器进行通信，再配置Sybase Client软件，才能访问服务器上的数据库。如果又要将这台客户机连接到IBM PC机上时，则还需在客户机中再增加相应的软件。可见，随着应用的扩大，在客户机上所需配置的软件就愈来愈多，这就使客户机变得愈来愈“胖”，形成所谓的“胖客户机”。

服务器通常都会与许多客户机相连。如果对服务器中的某种软件做了修改或升级，就可能导致客户机上的软件必须重新装配，或者还须随之升级，否则将无法获得服务器软件修改或升级的好处，甚至有时还要求硬件也随之升级。可见，在采用两层C/S模式时，为能适应应用不断变化和发展的需要，就必须付出高昂代价。因此，这种C/S模式通常只适用于较小规模的信息系统和网络中。

二、两层C/S模式局限性问题的解决方法

稍加分析便可得知，造成上述局限性的原因在于，客户机是直接与服务器交互的，服务器的变化也就会直接影响到客户机。解决这个问题的基本方法是，设法使客户机与提供数据等服务的服务器无关。为此，可在客户机与服务器之间，增设一中间实体，用该实体把客户机和服务器隔离开。通常是把这中间实体称为应用服务器或中间件，把提供数据服务的称为数据库服务器，这样就形成了图7-1所示的三层C/S模式。

应用服务器大体由三部分组成，如图7-1所示，其左边部分是它与客户机交互的接口，右边部分是与数据库服务器交互的接口，中间部分是事务逻辑，其主要作用是将用户的请求包转换为对数据服务器的访问请求包，或者是将数据服务器返回的响应包转换为对客户

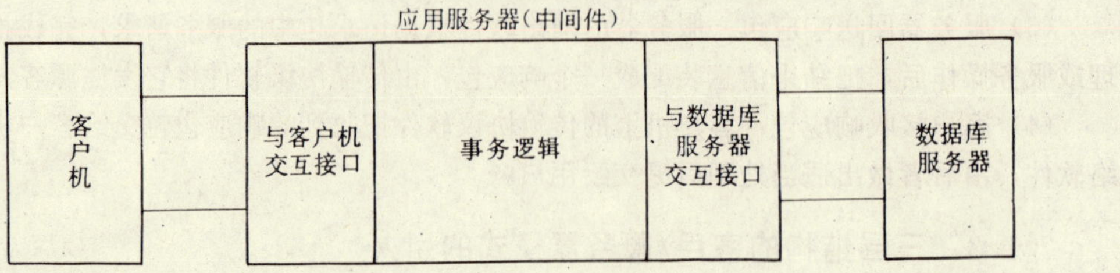

图 7-1 三层 C/S 模式

的响应包。

在三层 C/S 模式中，由于增加了应用服务器，且该应用服务器又可连接到多个不同类型的数据库服务器上，也具有访问它们的软件和接口，因而客户机便可通过应用服务器去访问多个数据库服务器，但这时客户机并不须为访问这些数据库服务器而增加任何软件和接口；或者说，可以把二层 C/S 模式客户机中的大部分应用软件和接口，移到应用服务器上，从而简化了客户机，使之由“胖客户机”变为“瘦客户机”。

7.1.4 两层 C/S 和三层 C/S 的比较

三层 C/S 模式与二层 C/S 模式相比，具有下列优点：

1. 增加了系统的灵活性和可扩充性

在两层 C/S 模式中，对应用的处理是由服务器和客户机协同完成的。每当增加一个新的应用时，就须在客户机上配置相应的客户软件，但由于客户机本身不论在性能上，还是其内存容量，都非常有限，因而严重地影响到信息系统的灵活性和可扩充性。而对于三层 C/S 模式，在系统中增加了新的应用和数据库服务器，这时只须在应用服务器中增加新的相应的软件，而应用服务器通常是采用高性能、大容量的机器，所以它具有更大的灵活性和可扩充性。

2. 简化了客户机、降低了整个系统的费用

把大部分应用软件从客户机移至应用服务器的结果，不单是简化了客户机，而且，由于在客户机中的应用软件，只能是客户机独占，在移至应用服务器后，只须稍加修改，便可供多个客户机共享，因而大大地节约内存空间降低了整个系统的费用。

3. 使客户机的安装、配置和维护更为方便

在两层模式时，如果应用的规模较大，就需在客户机中配置较多的应用软件，这会增加客户机软件安装和配置的复杂性，而且还会因数据库服务器中软件的变化而需要重新配置客户机软件，或予以更新；而在采用三层 C/S 模式时，由于减少了客户机中的软件，而且数据库服务器中的软件若有所修改、更新或升级，都只需要对应用服务器中的软件进行修改、更新或升级，这并不影响为数众多的客户机，因而使客户机的安装、配置更为方便，并可显著降低维护费用。

但是，三层 C/S 模式也存在以下缺点：

1. 使开发难度加大，开发周期增长

基于两层模式的 C/S 应用开发要比三层 C/S 模式时的容易，开发周期也短，这是因为：

(1) 基于两层C/S模式的应用开发工具较多，利用这些工具去开发应用时，不仅降低了开发难度，而且可大大缩短开发周期；然而基于三层C/S模式的开发工具，目前还较少；(2) 在两层C/S模式时，客户机中的应用软件是独占的，而用三层C/S模式时，在应用服务器中的应用软件，通常是共享的，而为了提高共享效率，要求这些软件是可重入的，因而在开发应用软件时，须用可重入码开发，这无疑增加了开发的难度。

2. 访问效率

对于两级C/S模式，客户机是直接访问数据库服务器，这种访问方式通常可获得较高的访问效率（在中、小型信息系统中）。而对于三层C/S模式，由于客户机在每次访问数据库服务器时，都必须通过应用服务器，这对于大型信息系统，以及在Internet/Intranet环境下是必要的，但对于中、小型信息系统，则是低效的。

至此，基于上述对两种C/S模式的分析和比较，可得如下结论：当信息系统的规模较小时，比如只有十几个或几十个工作站，最好采用两层C/S模式，以获得较高的访问效率和降低应用开发的难度；对于大型信息系统，比如有数百乃至数千个工作站，数十至数百个服务器时，通常应采用三层C/S模式，而要构建Intranet时，其工作模式必定是三层C/S模式，此即在第十章中将要介绍的Browser/Server模式。

7.2 网络互连协议TCP/IP

为了将企业内的多个LAN互连起来，形成一个企业网，以及将企业网络与外面的WAN互连起来，不仅需要网络互连设备，而且还需要配置相应的网络互连协议软件。由网络互连协议IP和传输控制协议TCP一起构成的著名的TCP/IP协议，已成为事实上的网络互连协议标准，几乎所有的WAN和LAN都支持该协议。就TCP/IP而言，对下，它能覆盖目前广为流行的网络标准，如IEEE 802.3及X.25等，因而可利用TCP/IP互连以太网和分组交换网；对上，它能支持一大批应用软件，如文件传输协议软件、电子邮件软件、WWW软件等。

7.2.1 互连网协议IP的主要作用

IP协议主要用于异构型网络之间的相互连接和路由选择，例如，将WAN与LAN互连。尽管在这两类网络中所采用的低层网络协议不同，但通过路由器中的IP，可使LAN中的LLC帧和WAN中的分组之间相互交换，图7-2示出了两个LAN通过WAN实现互连的情况，我们以LAN A和LAN B之间的通信过程为例来说明IP的作用。

1. 用LAN A的主机A中的IP协议软件构成一个带全网地址的IP数据报，在IP协议头中含有目标地址、分组长度等内容，再由下面的LLC子层和MAC子层分别加上相应的协议控制信息PCI头后，送入LAN A，由于该帧是送往LAN B的，故先将它送入路由器1。

2. 路由器1收到此帧后，顺序地取下加在MAC和LLC帧前面的PCI头，直至在IP层次已恢复为原来的IPDU；再由路由器中的IP协议软件对IPDU报头进行分析和执行。有关操作如下：(1) 识别目标地址；(2) 选择一条转发路由；(3) 如果IPDU的长度超过了转发网络所允许的最大分组长度，则还须将IPDU进行分段，并为每个分段加上IP报头，使

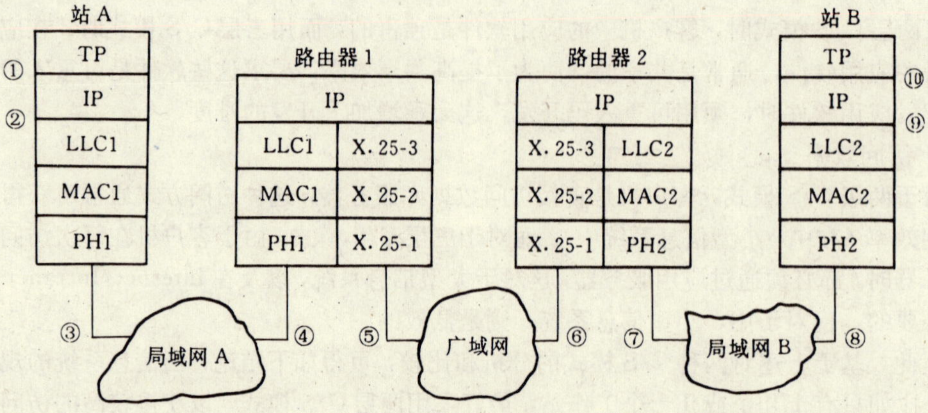

图 7-2　IP 协议的通信过程

之成为一个独立的 IPDU；(4) 将新形成的多个 IPDU 向下层传送，由 X.25-3、X.25-2 层分别为之加上 PCI 头，最后再由 X.25-1 层将所形成的各 X.25 帧送入 X.25 分组交换网，由后者将各 X.25 帧送至路由器 2。

3. 路由器 2 收到各 X.25 帧后，再向上逐层地拆除加在帧前面的 PCI 头，直至 IP 层时由路由器 2 中的 IP 协议软件对各个 IPDU 进行分析和处理。由于目标地址是 LAN B 中的，以后无须再分段，因而路由器 2 又将所有 IP 数据报重新组装为原始的 IPDU，再通过下面的 LLC 和 MAC 层为之加上 PCI 头形成 MAC 帧后，送往 LAN B，最后到达主机 B。

7.2.2　IP 协议要解决的主要问题

由上述 IP 的工作情况可以看出，为了实现不同网络之间的互连，IP 协议主要应解决的三个问题是寻址、路由选择和分段与重新组装。

一、寻址 (Addressing)

为了能在由多个网络所构成的互连网络环境下唯一地标识网络中每一个可寻址实体，应为这些实体赋予其全局标识符。当前，在网络中常采用以下两种名字结构：

1. 分级地址 (Hierarchical Address) 结构：分级地址结构中的标识符通常由网络号、主机号和信口号组成，在国际性网络中还须在前面缀上国家号。分级地址结构的主要优点是：(1) 易于增加新名字：只须使新增加的名字在其系统中是唯一的即可；(2) 可为路由选择提供寻找对象的信息。其缺点是当对象被移至其他系统时，其名字不能带走。目前在 WAN 中大多使用分级地址结构的寻址方式。在 IP 协议中采用的分级地址结构，其形式为 Net.Host，其中的 Net 是网络地址 (号)，Host 是主机地址 (号)。

2. 平面地址 (Flat Address) 结构

这是直接利用含若干个字节的一个整数来标识一个对象，例如，利用 2 个字节可以标识 64K 个对象，如果利用 6 个字节，则可以标识 16T 个对象 (16×10^{12})。这种地址结构的主要优点是地址代码的利用率高。形象地讲，如全球有 50 亿人，即使每人拥有 200 台入网计算机，那也用不完 6 个字节编码所含有的地址，而且，名字也可在全世界范围内到处流动。目前LAN中大多采用平面地址结构的寻址方式。

二、分段和重新组装(Segmentation and Reassembly)

随着网络速度的提高,所规定的帧长度往往也不断增加,例如在X.25网中所规定的帧长度在16～1024字节之间,其中优先选用的最大长度为128个字节;而在10Mbps的以太网中规定的最大帧长为1518个字节。一般,当信息从以太网送入X.25网时,应先进行分段,而由WAN送往目标LAN时,又应重新组装。

在将一个长的IP数据帧分成若干个分段后,应为每个分段重新配置一个帧头形成一个新的帧。在帧头中包括源地址、目标地址、帧的长度,以及新帧在长数据报中的序列号等信息。为了处理上的方便,在IP协议中规定,由一个IP数据报分段所形成的多个帧,在传输时应通过一个路由器。

三、路由选择

在IP协议中,既允许由路由器进行路由选择,也允许由源结点来进行路由选择。

1. 路由器路由选择

如果在IPDU的任选部分中没有附上源路由选择信息,则此时的路由选择应由路由器完成。每当路由器收到从相邻网络中发来的一份IPDU时,路由器便检查IPDU头部中的目标地址,据此查找在路由器中的一张路由选择表,为该IPDU选择一条转发至下一个路由器的路由。

2. 源路由选择

如果用户希望IPDU能沿着指定的路由传送,则此时可采用源路由选择方式。这时,在IPDU的任选部分中,指定由源主机到达目标主机的显式路由(Explicit Route)。源路由选择又可分为两种:(1)完全路由选择(Full Routing):这是在IPDU中记录下IPDU所应经历的全部路由;(2)部分路由选择(Partial Routing):源主机只规定了IPDU所应经过的部分路由器。

7.2.3 IP协议数据单元的格式

图7-3示出了DOD IP和ISO 8473两种协议的数据单元PDU的格式。它们均由PDU头部(Header)和数据两部分所组成;而PDU头部又可进一步细分成四部分:(1)固定部分;(2)互连网寻址部分;(3)分段部分(Segmentation Part);(4)任选部分。

1. PDU头部的固定部分

这部分包括频繁使用的参数,其结构和长度由PDU类型确定。

(1)网络层协议标识符:用于标识不同网络中所使用的协议。

(2)长度指示:用于指示PDU头部的长度,最大允许长度为254个字节。

(3)版本/协议标识符扩展:先定义为1,协议的后继版本将对它加以修改。

(4)生存期(或称剩余生命期):用一个整数来定义PDU的剩余生命期,随着PDU在网上的传输,该值逐渐减少,当该值减为0时,便应将PDU抛弃。生存期可用来防止一个PDU在网络中做无休止地传输。

<table>
<tr><td>网络层协议标识符</td><td>头部长度指示</td><td>版本</td><td>协议标识符扩展</td><td>生存期</td></tr>
<tr><td>标志和类型</td><td colspan="3">段长度</td><td>检查和</td></tr>
<tr><td>检查和</td><td>目标地址长度</td><td colspan="3">目标主机地址（可变长）</td></tr>
<tr><td>源地址长度</td><td colspan="4">源主机地址（可变长）</td></tr>
<tr><td colspan="2">数据单元标识符</td><td colspan="3">字段偏移量</td></tr>
<tr><td colspan="2">总长度</td><td colspan="3">任选参数（可变长）</td></tr>
<tr><td colspan="5">数据（可变长）</td></tr>
</table>

(a) OSI 模式中的 IP 数据单元

<table>
<tr><td>版本</td><td>IHL</td><td>服务种类</td><td colspan="2">总　　长</td></tr>
<tr><td colspan="3">标　识　符</td><td>标　　志</td><td>分段偏移</td></tr>
<tr><td colspan="2">生存期</td><td>协议</td><td colspan="2">报头检查和</td></tr>
<tr><td colspan="5">源地址</td></tr>
<tr><td colspan="5">目标地址</td></tr>
<tr><td colspan="5">任选＋填充</td></tr>
<tr><td colspan="5">数据</td></tr>
</table>

(b) DOD 模式中的 IP 数据单元

图 7-3　IP 协议数据单元格式

（5）标志和类型：用第 5 个字节中的第 5～7 比特设置 3 个标志：①分段允许标识 SP（Segmentation Permitted）：当该标志被置位时，表示允许对 PDU 进行分段；②分段标志 MS（More Segments）：用于指示该 PDU 是否最后一个 PDU；③差错报告 ER：用于指示当该 PDU 即将被抛弃时，是否产生差错报告。用 0～4 这 5 个比特作为标志用，这里仅有两种类型，即数据（DT）PDU 和差错（ER）PDU。在 DOD IP 中仅有数据类型而无差错类型。

（6）段长：包括 PDU 头和数据的长度。

（7）检查和：是对 PDU 头部的检查和。当检查和为 0 时，检查和字段被忽略。

2. 地址和分段部分

包括以下四项：

（1）源和目标主机地址：源和目标主机地址均是可变长度，在每个地址前面用一个字节指示地址的长度。

（2）数据单元标识符：这由发送者设置，对由同一个 PDU 所分裂出的所有各 PDU 段都应设置该标识符。

（3）字段偏移值：用于指示分裂后的某个 PDU 段在完整的 PDU 数据段中的相对位置。

（4）总长度：这是包括 PDU 头部在内的整个 PDU 的长度。

上述的（2）～（3）项为分段部分，当分段允许标志被置位时，必须包括这几项，以便目标系统进行重新组装。

3. 任选部分

在 PDU 头部允许增加许多任选项，任选部分的最大长度为 253－（固定部分长度＋寻址部分长度＋分段部分长度）。可选项如下：

（1）填充位：用于把 PDU 的头部扩展到适当大小。

（2）安全性：允许选择由用户或子网工作所规定的安全性措施。例如，由源结点规定好一条 PDU 传输的安全路由，以确保信息不外漏。

(3) 源路由选择 (Source Routing)：系统可以指定从源站到目标站的显式路由 (Explicit Route)，用户也可以选择所须途径的路由器和互连网。

(4) 路由记录 (Route Recording)：允许一个被传输的 PDU 将其途径的所有路由记录在一张表中。该项主要用于对路由选择的性能进行测试和验证时。

(5) 服务质量：源系统将所要求的服务质量，通知到所有网络服务层的路由器，并假定所有路由器都会尽全力去满足这些服务要求。服务质量有三种类型：①传输时延小；②差错概率低；③不可检测差错的出现概率小。

(6) 优先级：每一个 PDU 有一个指定的优先级，优先级的范围从最低优先级 0 到最高优先级 15，供所有中间路由器参考。

7.2.4 新网络互连协议 IPV6

在 70 年代开发的 IP 协议中，其第四版本的协议 IPV4，一直沿用至今，但已不能很好地满足当前的实际需要，主要表现为在 Internet 上的用户数目急剧膨胀，导致所能提供的 IP 地址即将耗尽；频繁的分段和重新组装，也将导致传输效率下降。对于多媒体的应用，如电视会议、影视广播等也不敷需要，此外，也缺乏网络安全的能力等。

IETF (Internet Engineering Task Force：Internet 工程任务组) 于 1993 年下半年宣布成立了下一代 IP 协议 IPNG (IP Next Generation) 理事会，其宗旨是调查当前 Internet 存在的问题，并在原有 IPV4 的基础上提出新的 IP 协议，作为 IPNG 的规范提案，这便是众所周知的 IPVersion 6，简称 IPV6。它继承了 IPV4 的一切优点，如健壮性、对传输介质的无关性、拓扑灵活性、可扩充性等，也对 IPV4 的某些不足之处做了如下修改和扩充。

1. 扩大了地址空间

在 IP 中规定地址的长度为 32 位。如果是采用平面地址结构，从理论上讲，可以提供 40 亿 (4×10^9) 个地址；但若采用分级地址结构，则可提供的地址数目将大大减少。在 Internet 中使用的是分级地址结构，规定了 A、B、C 三种类型的网络地址，至 1994 年时 B 类地址即将用完，其他类地址预计在今后几年内也将用光，因而在新的 IPV6 中已将地址长度扩充为 16 个字节即 128 位，在理论上可以提供 3.4×10^{38} 个地址，其表示方法有所不同，在 IPV4 中是采用十进制数加上“·”；而 IPV6 中则采用十六进制数加“:”，其中的“·”和“:”是网络号和主机号等的分隔符，IPV6 能支持单地址、多地址和广播地址。

2. 增加了安全认证机制

网络安全所受到的威力有三种类型：机密被窃、数据被破坏和服务质量受损直至停止服务。为了防止机密被窃，系统不能向未被批准认可的任何人显示机密数据；为了使数据不被破坏，系统不允许未经批准而随意更改数据；而为了确保服务质量，系统不允许任意改变用户的级别。为了实现上述几点，网络必须能对信息包的来源进行认证和只允许已核准的用户去接收信息包，以保证被认证的用户仅能去做批准他做的事。为此，在 IPV6 中引入了这种认证技术。

3. 提高路由器的转发效率

在互连网环境下，由于不同网络所允许的数据包长度各不相同，而为了适应这一情况，特在 IPV4 中引入了分段和重新组段的功能。但为了进行分段，必然付出一定的开销，这将影响到路由器的转发效率。而在IPV6中则规定，仅由源端系统进行数据分段，途径的所有路由器不必再对数据进行分段，这将使路由器能更有效地工作。当然，为做到这一点，源端系统就必须预先知道数据途径的所有网络所允许的分组长度。

4. 增强了协议的可扩充性

任何一个协议，不论它有多么完善，都将无法满足方方面面的不同需要，更何况时代在前进，科技在迅速发展，在制订某个协议时，无法预计到将来又会出现哪种新的通信业务和新的通信方式等等，因此，在制订协议时，必须使该协议具有可扩充性。IPV6在这方面就考虑得较为完善。IPV6包含了一个可扩展的数据包头，增加了选择设定的灵活性，例如，在IPV6中并未直接提供支持多媒体应用的功能，但通过协议的可扩充性却使该协议能够支持基于TCP/IP的多媒体通信协议，如实时传输协议RTP（Real Time Transport Protocol）和资源预留协议RSVP（Resource Reservation Protocol）。

7.2.5 传输控制协议TCP

IP协议是针对网络层的，它所提供的是无连接数据报服务；而传输控制协议TCP（Transmission Control Protocol）所提供的则是面向连接的可靠的端—端通信机制。由于这两个协议都是同时用于一个系统中的，故人们都称它们为TCP/IP协议。

一、TCP段的结构

在TCP协议中的协议数据单元被称为TCP段（Segment），它被包封在互连网协议数据报中。在TCP数据单元中包含以下各字段：

1. 源信口（Port）和目标信口

各占16位。它们分别用于描述源服务访问点和目标服务访问点，通常是与网络号和主机号一起使用，以标识互连网环境中的TCP连接。

2. 发送序号和接收序号

各占32位。发送序号用于指示在TCP段中第一个字节的序号；确认序号是指示所期望接收的TCP段的第一字节的序号。

3. 偏移量（Offset）

占4位。用于指示TCP段报头的长度，以32位的字作为计量单位，例如，当偏移量的值为4时，表示报头长为128位。

4. 控制位

6位。这六个控制位用于建立连接和管理段的交换。其中：

URG——紧急指针域（Urgent Point）有效位，当其被置位时，表示紧急指针字段有效。

ACK——确认域有效位。

PSH——推功能（Push Function）位，用于指示传送所有尚未传送的数据。

RST——重新连接（Reset the Connection）位。

SYN——同步连接位。

FIN——最后段号（Final Segment Number）：用于指示是最后一段。

5. 窗口

16位。用于指示流量控制信用证的分配，即此刻所能够接收的字节数目。

6. 检查和（Check Sum）

16 位。用于提供一种辅助保护措施，以防止段在传输过程中出现差错。如果互连网的服务是可靠的，则无须进行对检查和的计算。

7. 紧急指针

16 位。它是相对于序号的偏移量，指向数据中的紧急字段的末尾，仅当 URG 被置位时，它才有意义。

8. 任选项

它是一字节串，第一个字节说明选择，第二个字节说明段的长度，TCP 中允许段的最大长度为 65 个字节。

TCP 协议数据单元见图 7-4。

<table>
<tr><td colspan="2">源信口</td><td>目标信口</td></tr>
<tr><td colspan="3">发送序号</td></tr>
<tr><td colspan="3">确认序号</td></tr>
<tr><td>位移</td><td>UAPRSF</td><td>窗口</td></tr>
<tr><td colspan="2">检查和</td><td>紧急指针</td></tr>
<tr><td colspan="3">选项</td></tr>
<tr><td colspan="3">数据</td></tr>
</table>

图 7-4　TCP 协议数据单元

二、连接的建立和释放

TCP 协议是传输层中的协议，是建立在网络层上的。在制订 TCP 协议时便已考虑到它所依赖的通信子网可能不可靠的因素，因此，在制订建立 TCP 连接、释放 TCP 连接，及数据传输的规程时，便采取了一些可靠性措施，以使 TCP 协议能保证传输层正确无误地工作，或者说，即使是网络层或系统出现差错，TCP 协议仍能正确地控制连接的建立、数据传输和释放。

1. 连接的建立

在建立连接时，为了防止由源或目标所发出的用于建立连接的 TCP 段丢失，专门采用了三次交换（Three Way Exchange）的建立连接方式。首先，由主呼 TCP 实体利用连接提出（Connecting Offer）PDU 向被呼 TCP 实体发出建立连接请求，在连接提出 PDU 中应设置 SYN=1，并给出初始序号和信口号。被呼 TCP 实体在收到连接提出 PDU 后，则利用连接响应（Connecting Response）PDU 予以响应，此时同样应将 PDU 中的 SYN 和 ACK 都置为 1，给出初始序号即图中的发送序号和确认序号。此后，主呼 TCP 实体还应回送一个连接响应 PDU。图 7-5 中示出了用于建立连接的三次交换方式，图中忽略了其他 TCP 字段。

由于在互连网上传送 TCP PDU 可能要经历很长的时间，有时在 TCP 连接释放后，还会残留一些正在传送的无效 TCP PDU。如果需要再重新建立起这条连接时，在连接提出和连接响应 PDU 中的发送序号和确认序号，都不应为 0，而应是一个大于上次在该连接上最后使用的发送序号和确认序号，以免与残留的 TCP PDU 相混淆。

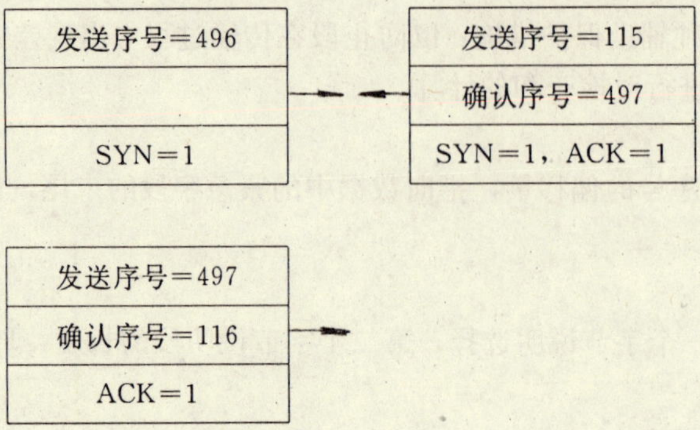

图 7-5　建立连接的三次交换方式

2. 连接的释放

在互连网环境下，一个 TCP 段可能要穿越多个子网，由于某个（些）子网的不可靠而可能使某些 TCP 段丢失，然后会重发，这样就可能造成 TCP 段的失序。例如，在源方发送了 4 个 TCP 段后便又发出了 Release Connection PDU，以企图释放连接如图 7-6 所示。但由于发送序号为 600 的 TCP 段丢失，致使接收方在收到前三个 TCP 段后，便又收到了 Release Connection PDU，此时，如果收方立即释放该连接，势必造成第 4 个 TCP 段的丢失。

为了解决这些问题，在 TCP 协议中采用了一种简单有效的释放连接的方法。这是要求通信双方都利用一个 FIN 位来指示该段是否是最后的段。如果目标在收到释放连接 PDU 时，尚未收到其 FIN=1 的 PDU，便继续接收，直至收到 FIN=1 的 PDU 后，再根据该 PDU 中的发送序号来确定是否所有的 PDU 都已到齐。仅在这些 PDU 全部到齐后，方可释放该连接，否则就应继续接收。简言之，此时释放连接的条件为：（1）收到 Release Connection PDU；（2）收到具有 FIN=1 的 PDU；（3）所有 PDU 均已到齐。

Segments Send	Segments Received
Data. Seq=150	Data. Seq=150
Data. Seq=300	Data. Seq=300
Data. Seq=450	Data. Seq=450
Data. Seq=600	Release Connection
Release Connection	Data. Seq=600

图 7-6　TCP 段失序

三、数据交换

通信双方在建立起 TCP 连接后，便开始交换数据段。在 TCP 协议中对正常数据交换所采用的方式是与其他协议所采用的方式相同的，即在数据 PDU 中也设置了发送序号和确认序号，以指示所发送段的当前序号。其差别在于：在 TCP 协议中段的序号以字节为计算单位，因而在每发送或接收一个数据 PDU 时，不是对序号加 1，而是加上在数据 PDU 中所含数据的字节数。

正常数据交换是受流量控制的，即如果接收窗口已为零时，应拒绝再接收正常数据。但如果在数据段中的 URG 位为 1，则由紧急指针指示的紧急数据段，应该不受流量控制。换言之，即使接收窗口已为零，接收方对紧急数据段还应予以接收。类似地，对于 RST 和 ACK 数据段，接收方也应予以接收。

为了确保数据传输的可靠性，这里也采用了确认和重发措施，即接收方每收到一个正确的数据段时，都应根据段中的发送序号而给发送方回送一个 ACK 段。若发送方在发送出数据段后已经超时而未收到对方的确认 ACK 段，则应进行重发。但由于 ACK 段本身的丢失，也会引起发送方重复发送该字段，因此，接收方也应具有识别重发段的能力，并将重发段抛弃，但接收方仍应回送一 ACK 段，以免发送方再次重发。

7.3 网络操作系统

在计算机上配置操作系统的主要目的，是用它管理系统中的资源和方便用户使用，操作系统是作为用户与计算机硬件系统之间的接口。类似地，在 LAN 和企业网上配置网络操作系统 NOS（Network Operating System）是为了管理网络中的共享资源、实现用户通信，以及方便用户使用网络，因而 NOS 是作为网络用户与 LAN 硬件系统之间的接口。这样，不仅在各种 LAN 和企业网上都毫无例外地配置了 NOS，而且网络的性能也在很大程度上取决于 NOS。

80 年代在企业中所组建的大多是 LAN，在 LAN 上通常连接有数台至数十台微机，此时所配置的网络操作系统为 LAN NOS，它所具有的主要功能是实现数据通信和网络资源共享，所提供的服务为文件和打印服务及电子邮件服务等。到了 90 年代时，不少企业中的 LAN 已升级为企业网，相应的，在网络上所配置的 LAN NOS 也升级为企业网 NOS。企业网 NOS 不仅是在网络上允许连接更多的计算机，仍具有 LAN NOS 所具有的基本功能和服务，而且又增加了许多新的功能和服务。由于 NOS 所具有的基本功能如数据通信和资源共享功能，我们已在本书第一章中做了较详细地介绍，因而这里仅对企业网 NOS 新增加的功能及相应的新技术——应用互操作性、系统容错技术、目录服务，以及支持 Internet/Intranet 功能做扼要地介绍，而对企业网络环境下的网络管理和远程通信功能，则将在后面的章节中做较详细地专门介绍。

7.3.1 应用互操作性

在一个现代化企业中，通常都具有若干个 LAN，为了实现全企业范围内的数据通信和资源共享，须将这些 LAN 互连形成企业网。但由于这些 LAN 通常并不完全相同，如果只是简单地将它们连接在一起而并未提供应用互操作功能，则在各个 LAN 之间仍无法实现通信，更无法实现资源共享。这是因为在每一个网络中所传输的信息分组，都是按照各个网络自身的协议规定形成的，在网络中各个结点之间的通信也是遵循本网传输协议规定而进行的。这样由于不同网络采用了不同的分组格式，不同的传输协议，而致使由一个网络（A）发给另一个网络（B）的分组，并不能被（B）所识别，进而也无法理解对方所发来信息的含义，因此，在一个由若干个 LAN 互连所形成的互连网络中，必须提供应用互操作性。应用互操作性包括以下两层含义：

一、信息的互通性

信息互通性是指在属于不同网络的各结点之间能实现通信。妨碍信息互通的主要因素，是在各个网络中所采用的传输协议不同，因此，实现信息互通性的一种有效方法，是在互连网络内的所有各网络中，都配置同一类型的传输协议，并利用该协议实现各网络之间的通信。目前主要是利用TCP/IP 实现信息的互通性。顺便说明，当前世界上最大的互连网络 Internet 就是利用 TCP/IP 传输协议实现网络互通性的。如果用户希望把自己的 LAN 连接到 Internet 上，那么，就应该在自己的 LAN 上配置 TCP/IP。

二、信息互用性

在实现了不同网络之间信息的互通性后，也还只是能在不同网络之间进行通信，比如将一批文件从一个网络传送到另一网络，但并不能使一个网络中的用户去访问另一网络的文件系统中的文件，即不能实现信息的互用性。这是因为在各不同网络中所配置的网络文件系统不同，它们都使用着各不相同的文件命名方式，不同的文件存取命令及不同的文件结构，于是便出现了与实现互通性时相类似的问题，即由一个网络（A）中的用户发给另一个网络（B）的文件访问命令，并不能被对方识别，这样，就必须有一个网络文件系统协议来沟通不同网络中的文件系统。目前世界上尚无一个类似 TCP/IP 那样能被广泛接受的网络文件系统协议，而相对较为流行的，则是由 Sun 公司推出的网络文件系统协议 NFS (Network File System)。

1. NFS

NFS 是一种客户/服务器协议。该协议是建立在外部数据表示协议 XDR（External Data Representation）和远程过程调用 RPC（Remote Procedure Call）基础上的。这三者之间的层次关系以及与其他模块之间的关系如图 7-7 所示。

在 NFS 协议中包括一系列的命令和服务，这些命令和服务涉及到客户访问文件服务器上的文件系统、共享打印机，以及文件传输等，客户可利用 NFS 命令去控制和访问远程文件系统；服务器则是根据请求者的请求做相应的处理，并将结果返回给请求者。NFS 在提供这些服务时要利用 RPC 和 XDR，因此，NFS 是处于它们的上层。

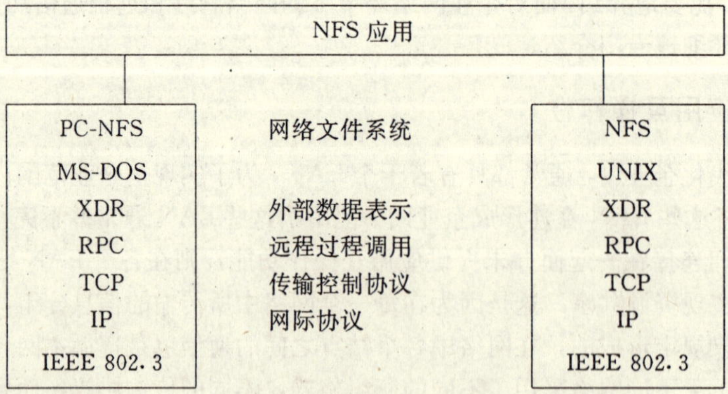

图 7-7 NFS、XDR 和 RPC 等的层次关系

2. XDR

XDR 是处于 OSI/RM 中的表示层，主要用于处理在不同体系结构的计算机之间的数

据表示不一致时所出现的问题，它类似于ISO的抽象语法表示X.409，因此，XDR也是一种数据描述和编码的标准规范。XDR所使用的语言与C语言类似，能简洁地描述复杂的数据结构。RPC和NFS等协议都可使用XDR来描述它的数据结构。

3. RPC

在RPC软件中含有一系列库函数。远程过程调用是将单机环境下的过程调用延伸到分布式系统环境。在单机环境下的过程调用方式是，调用过程在调用某个过程时，按规定把参数传递给被调用过程，然后把控制权交给该过程使之执行。当该过程执行完后，将结果返回给调用过程，并由调用者继续执行。图7-8（a）示出在单机环境下的过程调用情况。

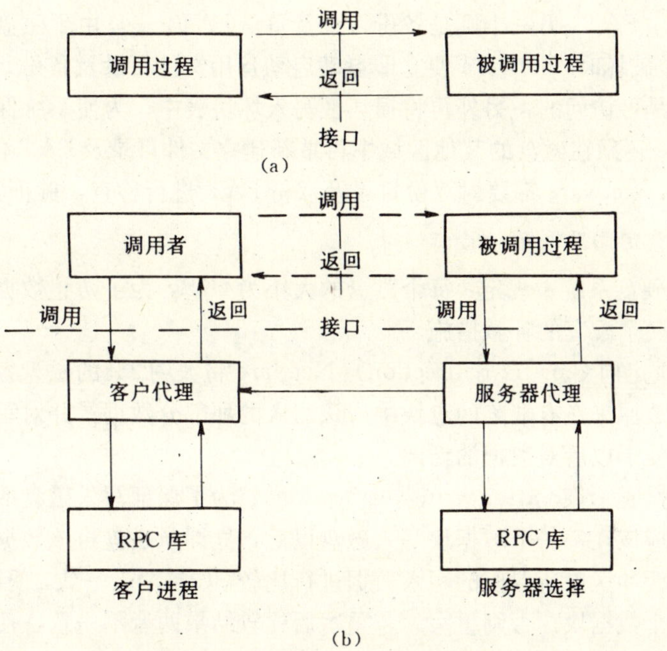

图7-8 单机和远程过程调用

对于远程过程调用，虽然调用过程和被调用过程分别处于不同机器上，但调用过程可以采用与调用本地过程相同的方式来调用远程过程。当客户机收到RPC时，便委托客户代理去充当调用过程的代表，按照一定的格式，将RPC命令和参数形成数据包后，传送给服务器。服务器在收到数据包后，由服务器代理去调用相应的服务过程进行处理，然后将处理结果形成一响应包返回给客户代理，再由客户代理递交给调用过程，重新启动调用过程执行。图7-8（b）示出了远程过程调用情况。

7.3.2 系统容错技术

所谓系统容错SFT（System Fault Tolerance）是指系统能够容忍系统内部发生差错，即当系统内部发生故障时，系统容错技术能够维持系统的正常工作。在现代NOS中都提供了这样的技术。我们在这里将介绍应用得最广泛的，由Novell公司在Netware 3.1版本中首先提出的三级系统容错技术 SFT Ⅲ。

一、第一级容错技术 SFT-Ⅰ

这是最初级的容错技术，用于防止因磁盘的表面缺陷而造成的数据丢失。在早期的 Netware 版本中就已采用了这种容错技术，以后的各版本中仍然沿用。下面分别介绍在 SFT-Ⅰ中的几种数据保护措施。

1. 双份目录和双份文件表

在磁盘上存放的文件目录和文件分配表 FAT 是文件管理中的重要数据结构，其中记录了文件属性、文件在磁盘上的物理地址等重要数据。这些表格一旦被破坏，就将使磁盘上的部分甚至全部文件成为不可访问的，这等效于文件丢失。为了防止出现这种情况，Netware 在不同的磁盘上，或在磁盘的不同区域中，分别建立两份目录表及 FAT，其中一个作为主目录及主 FAT，另一个则是备份目录及备份 FAT。一旦由于磁盘表面缺陷致使文件目录或 FAT 被破坏时，Netware 便立即自动启动备用文件目录及备份 FAT，从而保证了磁盘上的数据仍是可访问的，另外再将损坏区写入坏块表中；为使系统保持双份文件目录及 FAT，Netware 还须在磁盘的其他区域中再重新建立文件目录及 FAT 的备份。在每次服务器加电启动时，Netware 都要对双份目录及双份 FAT 进行检查，验证其一致性。

二、热修复重定向及写后读验证

在 Netware 硬盘系统中规定，每个磁盘的大小为 4KB，为了防止数据被写入有缺陷的盘块中，采用了两个配套的补救措施。

(1) 热修复重定向 (hot-fix redirection)：Netware 将大约 2%的磁盘容量作为热修复重定向区，用于存放原来在有缺陷的盘块中应该写入的那部分数据；并对写入该区的所有数据进行登记，以便于以后对数据的访问。

(2) 写后读验证 (read after write verification)：为了保证写入磁盘的数据全部被写入完好的盘块中，应该在每一个数据块写入磁盘以后，立即从磁盘将该数据块读出，并将读出的数据与内存缓冲区中所保留的写入数据进行比较，如果两者一致，便认为是写入成功，于是继续写下一个数据块；否则重写。若重写后比较结果两者不一致，便认为是写入的磁盘块有缺陷，于是应把写入该盘块的数据，改写到热修复重定向区内，再将坏盘块的地址记入坏块表中。

二、第二级容错技术 SFT-Ⅱ

1. 磁盘镜像 (Disk Mirroring)

SFT-Ⅰ技术只能用于防止磁盘表面故障引起的数据丢失，但如果出现磁盘驱动器故障，则 SFT-Ⅰ便无能为力。为防止磁盘驱动器故障造成数据丢失，须在磁盘控制器下再增加一个相同的磁盘驱动器，如图 7-9 所示。

当磁盘以磁盘镜像方式工作时，如果要向文件服务器上的磁盘写入数据，就要同时向对应的两个相同的磁盘中写入，使两个磁盘上具有完全相同的位像图。当其中的主磁盘驱动器发生故障时，可通过切换到备份磁盘的方法，使文件服务器仍能正常工作，以致仍可保证数据的完整性，同时立即发出警告，以便尽快修复，恢复磁盘的镜像功能。这种磁盘镜像技术虽然实现了容错功能，但并未能提高服务器磁盘的 I/O 速度，磁盘利用率仅为 50%。

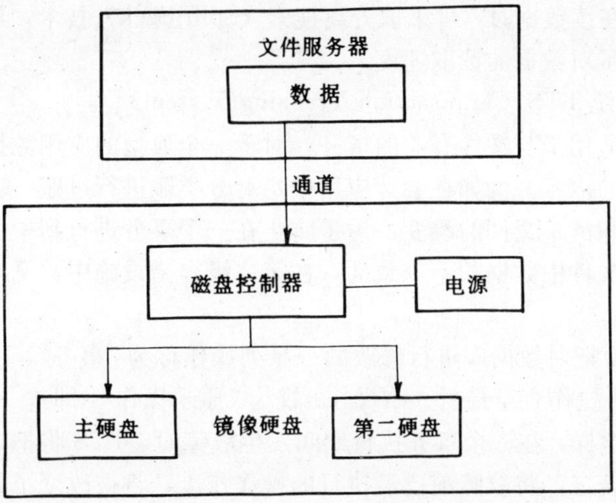

图 7-9 磁盘镜像

3. 磁盘双工（Disk Duplexing）

磁盘镜像功能虽然妥善地解决了在一台磁盘机（磁盘驱动器）故障时的数据保护问题，但如果控制这两台磁盘机的磁盘控制器出现故障，或文件服务器到磁盘控制器之间的通道出现故障，都将会使两台磁盘机同时失效，而这时的磁盘镜像功能也不复存在。在此情况下，应在 SFT Netware 的第二级容错设施中，再增加磁盘双工功能，用以在磁盘控制器故障时，进行数据保护。磁盘双工是指将两台磁盘机分别接到两个磁盘控制器上，使两个磁盘镜像成对，见图 7-10 所示。

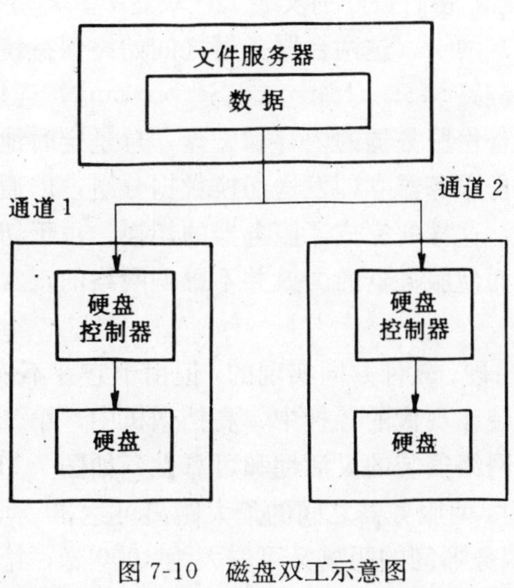

图 7-10 磁盘双工示意图

在采取磁盘双工工作方式时，文件服务器同时将数据写到处于不同磁盘控制器下的两个磁盘上，使它们具有完全相同的位像图。这样当某个通道或控制器发生故障时，在另一通道下的磁盘仍能正常工作，不会引起数据丢失；同时立即发出警告，以便尽早恢复磁盘双工功能。在磁盘双工时，由于每一个磁盘都有自己独立的通道，故可以同时（并行）地把数据写入磁盘。在读数据时，可采取分离搜索（Split Seek）技术，从响应快的通道上取得数据，从而加快了对数据的读取速度。

3. 事务跟踪系统 TTS（Transaction Tracking System）

事务跟踪系统适用于与文件有关的事务。对于一个典型的应用数据库操作事务，可能会改变一系列文件的内容。例如在会计应用中，对分类账进行过账，就会引起付费账目文件、收费账目文件和清单文件的改变。为了防止在一个事务进行到中途时，由于突然发生某种事件而造成各文件中数据的不一致性，在第二级容错设施中，又增加了事务跟踪系统 TTS。

在 Netware 中，把对数据库进行修改的一系列操作称为“事务”。TTS 把对一个事务的全部操作（从第一个操作直至最后一个操作）视为“原子操作”，即这一系列操作要么全做，要么一个也不做。这样，在一个事务执行期间发生故障时，TTS 将把该事务退回到开始执行之前的状态；换言之，将故障前已经执行的操作作废，将被改变了的数据恢复到原来的值。相应地，数据库中的内容也就恢复到事务开始执行之前时的情况，使之没有任何改变，从而保证了数据的一致性。

三、第三级容错技术 SFT-Ⅲ

至此已知，通过采取 SFT-Ⅰ和 SFT-Ⅱ容错措施后，在磁盘表面缺陷和磁盘驱动器，以及磁盘控制器出现故障时，都仍能保证数据的安全性；但如果出现服务器故障时，对确保数据安全性而言，上述两措施是无效的。因此，在 Netware 386 版本中，又增加了 SFT-Ⅲ容错技术——服务器镜像功能，以解决数据安全问题。

1. 服务器镜像的基本原理

服务器镜像在结构上包含两个独立的文件服务器，一台作为主服务器，直接为客户服务；另一台作为备份服务器。它们被分别安装上一块 NMSL/C 网卡（用于同轴电缆）上或 NMSL/F（用于光纤电缆）网卡，这两台服务器之间始终保持镜像关系。在两台服务器之间，通过一条镜像服务器链路 MSL（Mirrored Server Link）连接起来，实现点一点通信，只要主服务器在起作用，备份服务器的内存和磁盘，总是定时地对主服务器进行拷贝。当主服务器出现故障时，备份服务器立即发送切换数据分组，以通知该网上的所有客户，由备份服务器担任主服务器，这样便完成了服务器的切换。由于切换迅速且对用户透明，因而用户感觉并不明显，从而使服务器的失效并不影响网络的正常运行。

2. 服务器镜像的特点

服务器镜像功能，是由硬、软件共同实现的，但由于它并不依赖于某些特殊的硬件，因而服务器镜像软件可以安装在现代的各种中、高档微机中；第二，由于服务器可以安装在不同的地点，因而增加了网络安装的灵活性和可靠性，如图 7-11 所示。当 MSL 为同轴电缆而使用 NMSL/C 网卡时，两服务器之间的最大距离可达 30 米；当 MSL 为光纤电缆而使用 NMSL/F 网卡时，两服务器间的距离又可增大为 4000 米；第三，服务器镜像还可进行出错报警和记录，实现 UPS 监视功能；服务器镜像功能还可以在不中断网络正常工作的情况下，对服务器的软、硬件进行维护及升级。

若将 SFT-Ⅱ和 SFT-Ⅲ两级容错技术配合使用，可以形成十分强大的容错功能，因而常被用于银行系统、股票证券交易所等对数据安全性要求较高的环境中。

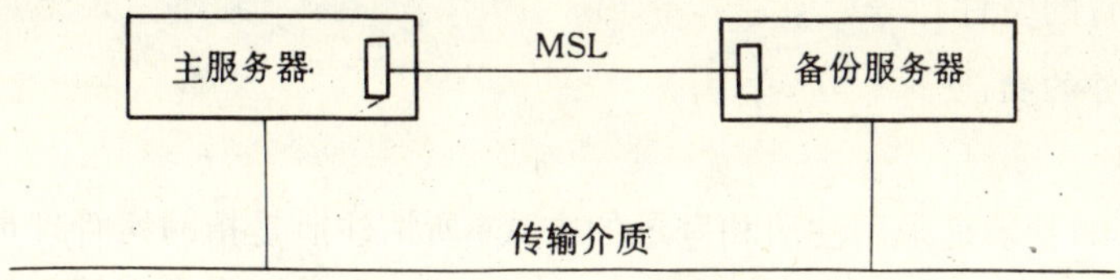

图 7-11　服务器镜像

7.3.3　网络目录服务 NDS

在 80 年代推出的 LAN NOS 并未提供专门的目录服务；然而在 90 年代中期推出的企业网 NOS 却都毫无例外地配置了目录服务功能，它不仅极大地方便了用户和网络管理员，而且可使网络资源能更充分地被利用。事实上，当前已把在 NOS 中所提供的目录服务，视作现代分布式网络中的中枢神经系统，作为衡量企业网 NOS 水平的重要标志。

在单机环境下的目录还只是文件的目录，在这种目录中仅记录了文件名及文件属性，以用来管理文件系统中的大量文件，然而在企业网环境下的目录，则是记录了网络中三大资源（即物理设备、网络服务和用户）的名字、属性，以及它们的当前位置和习惯位置，同样是利用目录对这些资源实施有效的管理。

一、目录服务管理的对象

1. 物理设备

物理设备是网络中最基础的资源。物理设备包括网络中的所有网络工作站、各种类型的服务器、网桥、路由器、网络打印机等。为了对这些物理设备进行管理，通常为它们建立一张目录表，表中的每个目录项中，可以包括物理设备标识符、设备类型。对工作站而言的设备类型，系指工作站所配置的 OS，于是设备类型就有 Windows 3.X、Windows 95、OS/2 等；对服务器而言的设备类型则是指其所提供服务的类型，于是有文件/打印服务器、数据库服务器、电子邮件服务器、文件传输服务器、域名服务器、Web 服务器等类型。此外，目录项中还包括设备的物理地址。物理地址可能有多种形式，在 LAN 上可以使用 MAC 地址；在 WAN 或互连网上经常使用 IP 地址；而为方便用户，也常使用域名。

2. 网络服务

有效的目录服务还应能对每台物理设备所提供的网络服务进行管理。对于服务器而言，它所提供的网络服务，可以是文件/打印服务、数据库服务等；而对于工作站而言，它所提供的服务则取决于在工作站上所安装的应用。当前企业网络操作系统中的目录服务，都提供了自己的管理平台，必须使用专门的管理工具才能访问和配置网络上的资源和服务。这无疑增加了服务管理的难度。好在有不少的 NOS 服务都能提供较多的管理工具，用于对各类服务实施管理。

3. 用户

为了保证被授权的用户能够方便地访问各种网络服务而禁止非授权用户的访问，而在目录服务中也把用户作为管理对象。用户管理往往是通过对用户账户的管理实现的。为此，系统为每个用户设置一个账户，其中记录该用户的有关信息，包括用户名、用户口令、允许用户访问的时间段、允许用户使用的计算机名、用户账户的有效时限、描述文件（用于记录用户环境设置的文件）等。

二、目录服务的功能

1. 用户管理

NOS 对用户的管理是采用注册和登录的方式。所谓注册是指网络管理员在服务器上为用户建立账户、设置口令和设置对资源的访问权限等。登录则是每当用户要求上网时，便输入自己的账户和口令，如果正确，便允许用户上网访问网上的各种自己有权访问的资源。如果用户希望访问网络中 N 台服务器，则网络管理员就须为该用户在这 N 台服务器上创建账户、设置口令和进行访问权限的分配；而用户在使用网络时，也必须在这 N 台服务器上都进行登录，才可以对这 N 台服务器都能进行访问。显然，当网络规模相当大，且用户要访问的服务器也较多时，网络管理员的任务就相当繁重，用户也会感到非常不便。目录服务正是针对这个问题所提出的一种解决方法。有了目录服务后，任何用户都只须登录一次，便能访问网上所能被授权访问的资源，而对网络管理员来说，他也只须在任意一台工作站上进行全局管理，从而大大减轻了管理员的劳动，有效地节省了网络的开支。

2. 分区和复制功能

随着网络规模的扩大、被管理对象的增多，在目录库中的目录项就非常多。如果将这些目录集中存放在某一个服务器上（集中式目录服务），则每当用户访问网络资源时，都要求先访问该服务器，这不仅会使网络上通往目录服务器的信息流量增加，而且也潜在着不可靠性。但，如果将一个庞大的目录库同时存放在每一个服务器中，这不仅耗费了巨大的网络资源，而且也给对网络的维护增加了困难。事实上，对于一个在地理上很分散的分布式系统，一种行之有效的方法，是将一个庞大的目录库分成若干个分区，再将这些分区分别复制到多台服务器中，且使每个分区被复制的位置尽量靠近最常使用这些对象的用户，在有的目录服务中还允许在一台服务器上存放多个不同的分区拷贝。

在一般情况下，用户所要访问的目录都可从就近的分区中找到，这保证了用户可以就近访问目录，减少了网络上的信息流量，但对于那些不经常访问的目录，可能在就近的分区中找不到，此时必须转向一特定程序，将用户的访问请求引导到含有该目录的分区去。

3. 创建、扩充和继承功能

由于当前的一些目录服务都采用了面向对象的结构，这使得对目录对象的管理变得简单而有效。在这种管理中包括三方面功能：（1）创建：在目录中创建新的对象，并对新的对象进行属性设置；（2）扩充：指对原有的目录服务进行功能上的扩充；（3）继承：目录管理下的继承，是指目录对象继承其他对象的属性和权力的能力。不论是 Novell 还是 Microsoft，都提供了用于创建、扩充和继承的目录管理工具，但它们在实现方法上却有很大差异，服务的性能也不完全相同。

4. 多平台支持功能

对一个大型企业网络，通常都可能包含多种类型的网络工作站及网络服务器，因而其目录服务也存在着在管理对象上的差异，这就要求目录服务具有支持多个平台的能力，更进一步，则要求目录服务应该与企业网络的平台无关。而要完全做到与平台的无关性，尚有一定难度，但有的目录服务却已能支持多种类型的平台。

支持多种类型平台的能力体现在两个方面：一方面是目录服务能支持在服务器上配置

多种类型的操作系统。目前最常用的NOS类型有：Novell公司的Netware、IntranetWare、Microsoft公司的Windows NT Server、SCO公司的UNIX Ware以及Sun公司的Solaris等；另一方是目录服务应能支持在客户机上配置不同类型的操作系统，如DOS、Windows 3.X、Windows 95、Windows NT、OS/2、Apple Macintosh以及UNIXWare客户机等。

三、目录服务带来的好处

1. 简化了网络管理

当要在一个含有数百个服务器、数千个用户的网络中，增加一台新服务器时，如果没有目录服务的帮助，则为使所有用户都能访问这台新服务器，就须由网络管理员将这数千个用户的标识符和口令等信息，都以人工方式输入到新服务器上。但在设置了目录服务后，则只须为新服务器在网络的目录树上建立一个新的目录结点（项），这样，网络上的所有用户便都可访问该服务器。可见，设置目录服务大大地方便了网络管理员。此外，网络管理员还可在网络上的任意一台机器上来管理任何用户的账户，而不管该账户是放在哪台服务器上。

2. 方便用户入网和访问

在无目录服务时，用户为了进入同一网络（或互连网络）中分散在各地的多个系统（服务器）时，必须在各个系统中都建立该用户的账户，从而造成了一个用户有多个账户的情况。多账户一直是网络管理中最麻烦的事，因为这样不仅要求用户和管理员都持有多个账户的记录、记住每个账户所用的口令，而且通常还要采取许多安全性措施，以解决多个账户之间的一致性问题。但在有了目录服务之后，便可实现一个用户一个账户的单一登录性。此时用户的入网不是将该用户连接到特定的系统（服务器）上，而且连接到目录树的某个结点上，这样既节省了时间也节省了费用，而且还允许用户从网络的任一点对网络中的各个服务器进行访问。在访问时网络上的业务还可以从一台服务器上转移到另一台服务器上。

3. 提高了网络的可用性

由于一方面在网络上的所有重要设备和所提供的服务，在目录中都有相应的目录项，其中有着较详细的记录；另一方面，用户请求的网络服务并非限定是仅由某个服务器提供的，因此，当网络中有某个（些）服务器发生故障时，目录服务可以及时发现，并可将用户对该服务器的请求转送到其他服务器上，从而仍可保持网络的正常工作。

7.3.4 支持Internet/Intranet的功能和服务

一、Intranet

随着市场经济的发展及其全球化，不少企业也已经或正在走向世界，他们非常需要了解世界各地的市场情况，沟通与世界各地的销售渠道、发布广告信息。在过去需要花费大量人力和财力才能完成的工作，在今天，则完全可以借助于Internet所提供的环境和服务，以极小的代价便可完成。

不少精明的企业家为能充分地利用Internet为本企业服务，他们在传统企业网络的基础上，又建立了能充分利用Internet信息服务的企业内部网络Intranet。这种Intranet能很快便给企业带来丰厚的回报，只须几个星期便可回收在Intranet上的投资。这也推动了更多的企业去建立自己的Intranet，于是形成了全球性的Intranet 热。须强调指出，当把Intranet连接到 Internet 上后，为保障Intranet 的安全性，还必须在Intranet 的周围建立一道“防火墙”，使之不会受到来自于 Internet 上的入侵。

二、支持Internet/Intranet 的功能和服务

在Internet/Intranet 热的带动下，当前已有许多公司都推出了具有支持Internet/Intranet 功能的网络操作系统，如Novell 公司的Intranetware、Microsoft 公司的Windows NT Server 4.0，用户可方便地利用这些功能获取Internet 所提供的下列各项极其有用的服务：(1) E-mail 服务：用户可利用该服务与世界上170多个国家的网络用户，以电子邮件方式进行通信；(2) FTP 服务：即允许用户去访问数以千计的FTP 服务器上的文件。在上述两种服务的基础上，又提供了多种形式的其他服务，如电子公告牌BBS、网络新闻Usnet，此外，在Internet 上还提供了信息检索服务，如Web 服务、Gopher 服务、Archie 服务等。

1. 电子邮件（E-mail）服务

所谓电子邮件是指利用通信系统和计算机网络传送的邮件。用户可以利用该服务与世界上170多个国家和地区的网络用户，以电子邮件方式进行通信。它比通常的邮件快速安全而且便宜，因而受到广大用户的欢迎。它是Internet 上应用得最多的信息服务之一。

2. 文件传输服务（FTP）

利用FTP 服务可将一份文件从一台计算机传送到Internet 上的另一台计算机上。用户可利用该服务去访问Internet 中数以千计的FTP 服务器上的文件，其中包括许多免费文件。事实上在当前Internet 用户的软件中，其绝大多数都是利用FTP 从FTP 服务器上拷贝来的。

3. Gopher

在使用FTP 工具时，要求用户使用规定的命令，给出所需信息的地址，这对用户是极不方便的。而Gopher 查询工具的最大特点是，将网络上的信息组织成一个实时的多级菜单系统，用户可利用菜单驱动的方法查询信息，因此它方便了用户。

4. WWW（World Wide Web）

WWW 又称为环球网，或称为Web，是当前Internet 上最常用的一种浏览和查询工具。Web 与一般检索工具的最大差别在于：一般检索方式通常是一次只能从一个主机（服务器）上找出所需文件，文件中所包含的数据是同一类型的，如ASCII 数据；而Web 检索则可以从多个主机中找到所需数据，并将这些数据形成一份文件，而且允许不同主机中使用不同的数据类型。数据类型可以是ASCII 数据、二进制数据或者是声音、图像数据等。我们把这种文件称为超文本文件。

7.3.5 IntranetWare

当前在企业网络环境下常用的NOS 有Novell 公司的IntranetWare、Microsoft 公司的Windows NT Server 4.0、Sun Microsoft 公司的Solaris，以及IBM 公司的OS/2 Warp Server，本小节将对当前应用最广的IntranetWare 做详细介绍。

一、Netware 的发展过程

早在80年代初期，Novell 公司便推出了在LAN 上配置的Netware NOS。在1986年

前后，Novell 又先后推出了 Advanced Netware 高级版本和 SFT Netware 容错版本。它们都是运行在 80286 保护方式下，故也把它们称为 Netware 286 或 Netware 2.X 版本。到 1989 年 Novell 公司又宣布了 Netware 3.0，接着在 1991 年 3 月又推出 Netware 3.11 版本，这两个版本都是针对 80386 开发的，因而也称为 Netware 386。1993 年 3 月又公布了 Netware 4.0 版本，1994 年又推出了 4.1 版本。现在流行的是 1995 年推出的 Netware 4.11 版本。在 90 年代中期，Internet/Intranet 浪潮席卷了全球，促使 Novell 公司在 1996 年又将 Netware 4.11 再加上与 Internet 相关的软件如 Web Server 等，以 IntranetWare 的新名字推出，以满足能组成 Intranet 企业网络的需要。

由于 Netware 具有优异的性能因而得以极其广泛地流行，据 90 年代初期的统计称，Netware 在欧洲已占据了 50%以上的 LAN NOS 市场，在美国本土上的市场占有率则高达 80%～90%，在亚太地区同样备受青睐。Netware 在 NOS 中的统治地位直至 90 年代中期，才遇到 Microsoft 所推出的 Windows NT Server 的挑战，但即使到了 1997 年，Intranet Ware 在许多性能方面仍占优势使之在 NOS 和目录服务等的多次评测中，都登上了冠军的宝座，而 Netware 的销售绝对数量也仍占第一位。

二、Netware 的基本逻辑构成

Netware 是基于客户/服务器模式的，相应的，Netware 软件也可分成两部分，它们分别驻留在网络工作站和网络服务器上。

1. 工作站网络软件

驻留在工作站上的网络软件又被称为工作站外壳(Interface Shell)。其主要功能是识别用户对网络服务器的请求，再按照确定的协议装配报文、发送给服务器。Shell 又可进一步分为：

(1) DOS/网络请求解释程序：其作用是对来自工作站应用程序的请求进行判别。若是本地请求，便直接送本地 DOS 去按常规方式进行处理；若是网络请求，则先形成相应的请求报文，再通过传输协议软件将其送至网络服务器；同样它也接收和解释从服务器上送来的信息。该功能是由 NETX.COM 文件实现的。

(2) 传输协议软件：该软件用于实现在常规工作站与服务器之间的数据传输，这是由 IPX.COM 文件实现的。该文件实际上执行三个层次的协议软件功能：①顺序分组交换协议 SPX：它提供了面向连接的数据传输服务；②互连网分组交互协议 IPX：它提供了无连接的数据报传送服务；③数据链路层协议：即网卡驱动程序，对不同的网卡应有不同的驱动程序。从 OSI/RM 的层次结构上看，Shell 中的 DOS/网络请求解释程序、SPX 和 IPX 分别对应于表示层、传输层和网络层。

2. 服务器网络软件

驻留在服务器上的网络软件，又可进一步分为服务器环境软件、传输协议软件及网络服务软件三部分。

(1) 服务器环境软件：该软件有三方面功能：①多任务功能：在 Netware 中提供了一个多任务核心，为多任务的高速并发执行提供了良好的运行环境；②存储管理功能：Netware 在 Intel 80386 以上的处理器芯片上，形成了具有虚拟存储器管理功能的段页式管理方式，使允许配置的最大内存达 4GB，最大存储容量为 32TB；③多用户文件管理功能：在 Netware 内采取了诸如增大内存缓冲区，增加 Hash 检索方式，以及采用电梯调度算法等

措施，来提高文件系统的性能。

(2) 网络服务软件：在Netware中，是由网络文件/打印服务程序提供文件服务和打印服务、文件共享服务和安全管理服务等。

三、Netware的基本功能和服务

1．通信服务

Netware提供了多种通信服务，大体上可分为四类：(1) 与同一LAN上的用户或服务器通信；(2) 通过LAN与LAN的互连，使本地LAN用户与其他LAN上的用户和服务器通信；(3) 通过与WAN的互连，可与远程工作站或远程LAN上的用户进行通信；(4) 当把LAN连接到某台主机上时，便可访问该主机系统的资源。

2．文件服务

在Netware服务器上配置的文件系统，是一个多用户文件系统，它允许多个网络客户访问Netware上的共享文件。客户机上所配置的可以是MS-DOS，也可以是Windows或OS/2、UNIX以及Mac操作系统，文件系统能支持的卷可达32TB，且能跨越多个物理盘，可同时打开的文件数达100，000个，最大文件长度为4GB。为了提高对文件和目录的访问速度，在服务器中增设了用于暂存文件的文件缓冲区和暂存文件分配表的FAT缓冲区，提供了Hash检索目录的手段，以加速对目录的查找，还采用了电梯调度算法来减少对磁盘的平均访问时间。

3．打印服务

Netware的打印服务是建立在Netware文件服务基础上的。共享打印机可以连接到服务器或工作站上，最多允许有16台共享打印机，网络用户可使用其中的任一台。连接到服务器上的打印机由打印服务程序管理；而连接到工作站上的打印机，则由工作站上的终端管理软件管理。

4．数据库服务

在Netware中还提供了数据库服务，即在服务器上配置一个可供多个用户访问的数据库系统，但该数据库系统并非是由Netware自身提供的，而是通过可装载模块NLM (Netware Loadable Module) 的方式加入到Netware中的，又由于Netware采用的是非剥夺 (Preemptive) 调度方式，因而严重地影响到对应用程序的处理。

5．网络安全管理

在Netware中，为了防止由人为因素造成的网络不安全，特别采取了多级存取控制措施，其中主要是口令加密、身份验证、用户授权和服务授权；而为了防止因系统故障所造成的网络不安全，已采取了系统容错技术。在Netware中设置了三级容错，即SFT-Ⅰ、SFT-Ⅱ及SFT-Ⅲ，此外，还配置了后备系统，用于防止磁盘中信息的溢出和自然丢失。

四、Netware中的高级服务

1．应用互操作服务

早期的Netware只支持SPX/IPX传输协议，不支持TCP/IP协议，从而也就无法与能支持TCP/IP协议的UNIX等机器实现交互，为此专门在Netware服务器软件中增加了Netware TCP/IP，以支持与UNIX主机进行交互，即实现信息互通性，但此时UNIX主机仍不能访问Netware服务器更高层次上的文件和打印服务，于是，Novell公司又在Netware

TCP/IP 的基础上开发了 Netware NFS，使 UNIX 主机可以通过 Netware NFS 透明地访问 Netware 文件服务器上的资源。

类似地，在传统 Netware 环境下的客户机是无法与 UNIX 交互的。但如果在客户机上配置了 LAN Work Place for DOS（这是在 PC 机环境下的 TCP/IP 协议软件）后，便可使各客户机能够与支持 TCP/IP 的 UNIX 进行交互。同样，若在客户机上再配置 PC NFS（它是 PC 机环境下的 NFS 软件），便可访问 UNIX 机上的文件系统。

2. 目录服务

Novell 的目录服务（NDS）是由对象、属性和值三者组成。网络中所有的物理资源和逻辑资源均可用对象表示。每一个对象由多种属性组成，每一个属性可以有一个或多个值。网络管理员可通过对这些对象的管理来管理网络，例如，一台打印机在 NDS 树上对应于一个打印机对象，网络管理员可通过管理该对象而实施对实际打印机的管理。

Novell 目录服务，对任何用户都只须登录一次，即可访问其被授权访问的所有资源；对网络管理员而言，他可以在任何一台工作站上进行全局管理，非常简便。NDS 能支持诸如 DOS、Windows 3.X、Windows for Workgroup 3.1 和 Windows 95、Windows NT、OS/2 Apple Macintosh 等各种类型的客户机；NDS 还可实现客户机操作系统、应用软件和目录的无缝集成，以便用户可以透明地访问网络中的各种资源，如文件、打印机、电子邮件、账户、用户序列表等。

此外，一种好的目录管理还应能在多种类型的服务器上运行。直至 1997 年底，还只有 Novell 公司的目录服务能支持多平台，它不仅能支持 Netware 4.X 和 IntranetWare，还可支持 SCO UNIXWare、HP-UX 以及 IBM AIX，而且还正在抓紧开发能够支持 Windows NT 和 Sun Solaris 的 NDS。

7.4 网络管理

随着网络规模的不断扩大、用户数目的日益增多，很容易出现网络中负荷不均匀的情况，使某些部分因线路上的负荷太重而导致网络性能的严重下降，进而使网络故障出现的可能性也随之增大，这给网络的维护带来了困难。所以如何加强对网络的管理和维护就变得更加重要。在新建一个具有一定规模的网络时，必须考虑到网络管理问题。所谓网络管理，是指用软件手段对网络进行配置监视和控制，以保证网络的正常运行，减少故障发生的概率，且一旦发生故障应能及时发现，并采取有效的恢复手段，最终使网络性能达到最优，减少网络维护费用。

7.4.1 网络管理引言

网络管理平台，是运行在操作系统之上的，能提供网络管理服务的软件。尽管当前已推出的网络管理平台在功能和实现方法上，彼此还存在着很大的差异，但这些平台间却也存在许多相似之处，诸如（1）所有的管理平台都支持一种或多种工业标准的管理协议；（2）配置有用于保存管理数据的数据库；（3）图形化的网管接口；（4）具有事件登录和网络监测功能；（5）采用了开放式的应用程序接口和用于收集网络设备和系统信息的公共接口。

一、网络管理平台的发展过程

网络管理平台经历了以下三个发展阶段：

1. 专用网络管理平台

最初阶段的网络管理，是采用专用网络管理平台，网管软件只能运行在一种计算机上。其专用性主要表现在，生产厂家采用自己制订的通信协议，来实现网管设备和被管设备之间的通信。这就使由某厂家推出的网管软件只能支持由该厂家所提供的网络设备。如果在一个企业中拥有由多个厂家生产的网络设备，则必须建立多个网管平台。

2. SNMP 网络管理平台

为了解决由不同厂家开发的网管软件互不兼容的问题，专门制订了简单网络管理协议 SNMP。在 90 年代各厂家都基于 SNMP 而开发了新的网管软件，并形成了标准化的 SNMP 网络管理平台。一个 SNMP 管理平台通常可以管理数百乃至上千个网络设备，因此可以利用这种网管平台去管理一般的大、中型网络。

3. 分布管理平台

过去的专用或 SNMP 网管平台，都属于集中式网络管理平台。但随着网络规模的不断扩大，当网络中已拥有数千乃到上万个网络设备且它们较为分散时，已难于再利用一个 SNMP 网管平台来管理所有的网络设备。于是，分布管理平台便应运而生。在分布式网络管理中，是将一个特大型的网络划分为若干个分区，在每个区域中设置一个区域管理器，由它执行对所在区域中信息的收集、处理及信息的筛选等，并将某些重要信息和区域管理器无法处理的信息，送至企业的网管中心。

二、网络管理目标

1. 增强网络的可用性

可以通过多种途径来增强网络的可用性：（1）通过预测，及时地检测网络、设备和线路的故障，并迅速采取措施及时修复，以消除和减少网络中断运行的时间；（2）采取冗余措施，即为关键设备或线路配置冗余的设备或线路作为备份，以便一旦关键设备或线路出现故障时，备份设备或线路能接替其工作，以不影响网络的正常工作。

2. 提高网络的运行质量

随着网络规模的扩大和用户数目的增多，很容易造成网络中的计算机和负荷线路上流量不均的情况，致使整个网络的吞吐量严重下降。为了提高网络运行质量，应对主要网络设备中的负荷及通信线路上的流量随时监视，以便及时发现问题，进行调整。

3. 提高网络资源利用率

只有通过网络管理功能对网络中的关键设备和线路，进行长期的监测，才能根据监测资料充分准确地了解到网络中各种网络设备和线路的利用情况，并在此基础上对网络资源进行合理地调整，以提高它们的利用率。在网络扩建和更新时，也可做到有针对性的布置新增加的设备，以提高它们的利用率。

4. 保障网络数据的安全性

一个好的网络，不仅应该是功能强、性能好，而且还要求网络也必须是可靠的。对安全性的基本要求是，对网络中所保存的文件和数据，不允许被非授权用户截获，更不允许被他们修改和伪造；而为保障网络中数据的安全性，通常都是设置多级安全保障机制。

5. 提高网络的经济和社会效益

通过增强网络的可用性，提高网络的运行质量，提高网络资源的利用率，保障网络中数据的安全性，以及提供优质的网络服务等措施，能吸引更多的用户入网和加快资金的回收、降低网络的运行成本，从而最终达到提高网络的经济效益和社会效益的目的。

三、网络管理模型

在现代网络中，普遍采用管理者/代理者模型。管理者是指驻留在管理系统中的，用于发出命令或接收由代理者发来的通知的部分；代理者是指驻留在受管对象中的，接收并执行由管理者发来的命令，提供受管对象的视图，并发出反映这些受管对象行为的通知。在基于管理者/代理者模型的网络管理中，网络管理软件是由网络管理者软件和代理者程序（Agent）所组成。网络管理功能的实现，是通过它们之间的多次交互所完成的。

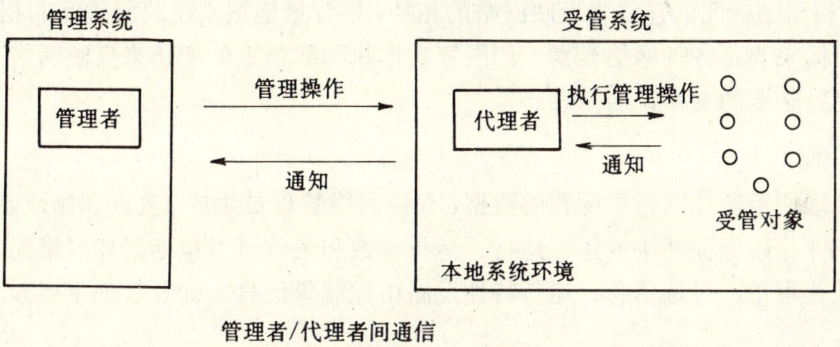

图 7-12　网络管理的模型

图 7-12 示出了管理者、代理者，以及在它们之间交互的过程。管理者将管理要求通过管理操作指令，传送给受管系统上的代理者，由代理者去管理属于它的受管对象，在管理操作完成后，代理者将结果或有关通知回送给管理者。由于某些原因，若代理者所收到的是非法指令，则代理者将拒绝执行管理者发来的指令。

在管理者和代理者之间存在一种多对多的关系，即一个管理者可以管理多个代理者，此时在管理者（每个）中应含有多个管理者程序，分别用于去管理一个代理者；反之，一个代理者也可对应于多个管理者，接收多个管理者发来的指令。此时在代理者中应含有多个代理者程序，分别用于与一个管理者交互。此外在网络中，管理者/代理者模型可以有多级，形成一个管理链。

7.4.2 网络管理的功能

国际标准化组织 ISO 为网络管理定义了故障、配置、性能、计费和安全五大管理功能。

一、故障管理

在网络中，不论是短暂的，还是持久的故障，都可能导致网络系统不能达到运行指标。网络管理的主要目的是为网络操作员提供快速的发现和修复故障的手段。网络管理设施通过对网络中所发生异常事件的检测来及时发现故障，再根据故障现象采取相应的跟踪诊断和测试措施，还可通过日志表来记录故障情况，网络故障管理主要完成下述几项工作。

1. 定期询问

为能及时了解受管网络中各网络元素的工作情况，网络管理者定期地向受管系统上的代理者发出询问命令，旨在了解代理者所管理的指定网络元素的工作情况。代理者在接到命令后应立即执行询问操作，并将所获得的指定网络元素的工作情况及时返回给管理者。

2. 告警

当受管系统上的某网络元素发生异常情况时，可通过受管系统上的代理者向管理者发出告警信息。管理者收到该信息后，将根据告警内容做相应处理，告警信息可用简洁明瞭的正文形式在屏幕上显示，必要时再辅以声音提示。网络操作员可以通过设置滤波器，来对告警信息进行预处理，以使屏幕上只显示操作员感兴趣的告警信息。

3. 分级状态

为使网络操作员能直观、全面地了解整个网络的情况，现代的网管系统都提供了十分有用的分级状态显示系统，以按照受管网络、受管区域、受管设备和子设备等级别来反映网络状态，利用图标间的连线来反映网络的拓扑，用背景地图来反映元素间的相对位置，以及用各种图标来表示各种网络元素，用图标在形状和颜色上的变化来反映网络元素状态的变化，并辅以必要的文字说明信息。

二、配置管理

配置管理用于监控网络所配置的数据，允许网络管理员生成、查询和修改硬/软件的运行参数和条件，以保证网络的正常运行。运行参数和条件可以包括诸如网络元素名称、是否存在、是否可用、寻址信息、运行特性及路由控制等信息。配置管理主要涉及下述三方面的配置。

1. 资源配置

对于企业网络，为了满足企业的业务需求，就必须合理地配置企业网络的硬件和软件资源。在新建一个企业网时，应根据由需求分析和系统设计所确定的硬/软件设备，来配置网络资源。在重建或改建网络时，还要从配置数据库中得到当前资源的配置情况。

2. 服务数据配置

为使企业网能很好地支持信息系统的正常运行，配置管理还必须能够定义、收集、监视、控制和使用配置数据。配置数据包括在受管网络中各种重要资源的静态和动态信息。配置管理通过对受管对象的存在性、属性、状态和关系的修改，来控制受管对象。

三、性能管理

通过收集网络中各资源使用情况的统计数据，来分析网络的运行情况，如网络的响应时间、网络的吞吐量、网络的阻塞情况，以及网络的运行趋势，从而获得对网络的整体和长期的评价；也可通过性能管理将网络的性能控制在用户可接受的水平上。

1. 性能指标

(1) 可用性：这是网络所提供服务时间的百分比，可表示为：

$$\text{可用性}=\frac{MTBF}{MTBF+MTTD+MTTR+MTTRe}$$

其中，MTBF 为平均故障间隔时间；MTTD 为平均诊断时间；MTTR 为平均修复或切换时间；MTTRe 为用修复的设备替换冗余部件的平均时间。提高 MTBF、降低 MTTD、MTTR 及 MTTRe 可改善可用性。

（2）资源利用率：这是用于反映网络资源实际使用情况的一个动态变化的参数。网络管理员经常根据该参数的值来调整网络资源，以保持网络资源有较高的利用率。但资源利用率也受其他一些因素的制约，如响应时间和可扩充性等因素。

（3）响应时间：这是网络用户十分关心的指标。响应时间是指从用户发出服务请求开始直至用户开始从网络获得其所需服务为止的一段时间。该时间主要由结点的处理时延和网络的传输时延所构成，一般被控制在几秒至数十秒之间，否则会失去很多用户。另外还可能有许多性能指标，如系统吞吐量、信息流通量、差错率及传输时延等。

2. 性能管理的主要工作

性能管理的主要工作有：（1）性能数据的收集：收集受管网络内各网络元素的性能数据，并将它们存入网管系统的数据库中；（2）脱机处理：对所收集到的性能数据，按统计要求进行处理，以得到各种统计报告；（3）联机处理：对于关键性数据，可采取联机处理方式进行处理，再利用所得结果及时地控制有关的网络元素。

四、安全管理和计账管理

1. 安全管理

由安全管理提供某种安全策略，据以实现对受管资源的访问。安全管理的主要工作有：（1）操作员管理：定义合法操作员及其权限和管理域；（2）访问控制管理：规定网络用户对网络资源的访问权限、限制非法用户对网络资源的访问；（3）审计管理：通过使用日志等手段，对所关心的事件进行调查；（4）密钥分配：为保密设备的保密协议分配应使用的密钥等；（5）防止病毒。

2. 计费管理

计费管理用于监视和记录用户使用网络资源的数量和时间，必要时调整用户使用网络资源的配额，对用户所分到资源的使用进行计费。在计费管理中所涉及到的具体功能有：收集计费记录、计算用户账单、网络经营预算、考察资费变更情况、分配网络运行成本等。

7.4.3 简单网络管理协议 SNMP

要实现对异构网络的管理，必须依赖于标准化的网络管理协议。目前用得最广泛的是简单网络管理协议 SNMP（Simple Network Management Protocol），ISO 也制订了通用管理信息协议 CMIP（Common Management Information Protocol）。

一、SNMP 的基本原理

SNMP 是在 1988 年 8 月由 IAB（国际活动委员会）提出的，其目的是为基于 TCP/IP 协议的网络管理系统提供标准的开发平台。SNMP 采用的是客户/服务器模式，因此它把 SNMP 中的称为 Client 的客户程序放在网络管理站 NMS（Network Management Station）上，而把另一部分称为代理程序的 Agent 放在被管理对象上，由 NMS 上的 Client 程序以定时轮询方式来查询被管站上的 Agnet，以了解被管站的运行情况；而 SNMP. Client 和 SNMP. Agnet 之间的交互则是基于 TCP/IP 协议的。由于在企业网和 LAN 环境下，网络的覆盖范围不大，因而信息传输的出错率较低。为了简单起见，SNMP 采用的是用户数据报协议 UDP，这样不仅免去了建立连接的开销，而且还可减少网络上的信息流量。

客户程序 Client 与代理程序 Agent 之间的交互是这样：由驻留在 NMS 中的客户程序

Client 按照网络的传输格式生成相应的请求（即上述的定时查询）报文，再将该报文发往指定被管站中的 Agent，然后便等待 Agent 返回响应。当 Client 收到 Agent 返回的响应报文后，先对报文进行分析，若无误，便将响应报文中的有关信息提取出来，再递交给其上层的应用管理程序。

SNMP. Agent 平时收集被管理站所涉及到的网络信息，如分组流量、出错信息以及路由选择信息等，并将这些信息存储在管理信息库 MIB 中（在每个被管理站上都配置有 MIB）。每当 Agent 收到 NMS 的查询请求报文时，都先对报文进行分析，若无错，再根据报文内容完成相应的操作。如果请求获得信息，Agent 便从 MIB 中提取 NMS 所需的信息后形成响应报文，并将该报文通过 TCP/IP 网络传送给 NMS 中的 Client 程序。为了减少 MIB 所占用的内存空间，在 MIB 中只存放当前被管理站的网络信息记录，有关网络的历史信息记录，则都存放在 NMB 中。

二、SNMP 中的命令和 Trap 机制

在 SNMP 中的命令非常简单，基本命令只有两类，即 GET 类和 SET 类命令。在 GET 类命令中共有三条命令和响应，即定义了三种协议数据单元 PDU：

(1) GetRequest PDU：这是由 NMS 发送给 Agent 的，用于请求获得一个或多个 MIB 中信息；

(2) GetNext PDU：这是由 NMS 发送给 Agent 的，用于请求获得 MIB 中的一组相关管理信息；

(3) GetResponse PDU：这是由 Agent 发送给 NMS 的，表示它允许 NMS 获取 MIB 中的信息。

而在 SET 类命令中则只有一条 SetRequest PDU 命令，用于请求允许由 NMS 设置 MIB 中信息。

对于上述两类基本命令，都是 Agent 处于被动地位去接受 NMS 的查询。为了使在被管理站中突发某种事件时，能由被管理站主动向 NMS 报告，在 Agent 软件中还提供了一种 Trap 机制，每当在被管理站中发生变化或出现异常事件时（如注册失败、冷启动失败），都能自动地发送一条 Trap PDU 送往 NMS；同时在 NMS 中也驻留了一个 Trap 处理程序，用于对 NMS 所收到的 Trap PDU 进行及时处理，以使 NMS 能及时了解被管理站所发生的情况。

三、SNMP 的优缺点

1. 优点

(1) 简洁性：在 SNMP 中只用了两种基本命令就可管理和控制从工作站到路由器的几乎所有的任一种设备。

(2) 开销小：配置 SNMP 所花费的时空开销小，特别是 Agent 软件。因此极易将它配置在很小的被管理设备上，如网络接口卡、调制解调器等上面。

正因为 SNMP 有这两个优点，才使它从 1988 年的第一个产品问世以来，能以极快的速度推广，像 IBM、HP、SUN、DEC 等公司，都宣布在他们的网络管理体系结构中，能支持 SNMP 协议，所以，SNMP 现在已成为事实上的工业标准。

2. 缺点

虽然SNMP存在不少优点，但毕竟因其太简单而存在以下几个缺点：

（1）代理功能有限：它并不能满足ISO对网络管理功能的五点要求，尤其不足的是其安全性管理和记账管理功能。

（2）网络管理效率较低：由于它采用了面向查询的管理方式，因而将有大量的查询信息在网络中流动，且读取数据的速度较慢。

（3）安全性较差：在SNMP中采用的是UDP，它虽简单，但缺乏安全性，可查询的信息量也较少。

7.4.4 通用管理信息协议CMIP

如果说，SNMP是面向中、小型网络的，是事实上的工业标准，那么，CMIP则是面向较大型网络系统的，是OSI标准。事实上，在制订CMIP标准时是参考了SNMP的，因此它们之间有许多相同之处，但也存在着明显的差异。下面将通过对两者的比较来说明CMIP的特征。

1. 客户/服务器模式

CMIP同样是基于客户/服务器模式，将网络软件的核心驻留在网络管理系统中，而在被管理站的Agent中则驻留了一个代理程序，通过NMS与Agent之间的交互，实现网络管理功能。

2. 管理协议和程序接口

最重要的是在SNMP和CMIP中都采用了相同的抽象语法表示法、管理协议和管理应用程序接口，因此由SNMP可以很平滑地过渡到OSI的CMIP。

3. 传输协议

SNMP和CMIP都是采用的TCP/IP协议，但SNMP是利用面向无连接的传输协议UDP；而CMIP则是利用面向连接的传输协议TCP，因而提高了NMS和Agent之间交互的可靠性，在传输大量的数据时，效率更高。

4. 功能

SNMP所具有的网络管理功能比较简单，主要局限于监视功能，更适合于当时的网络水平；而CMIP则具有较强的网络管理功能，能适应今后网络的发展，因为它能较全面地实现ISO所规定的五项网管功能。正因如此，CMIP不仅使网络管理软件的核心比较复杂，而且Agent软件也较复杂，这也正是CMIP在短期内未能获得广泛支持的主要原因。

5. 命令集

SNMP由于只有两种基本命令而使其功能较弱，而在CMIP中除了有GET、SET之外，还增加了一组命令，如INITALIZE（初始化）、CREATE（创建）、DELETE（删除）、TERMINATE（终止）、ACTION（操作）及EVENT-REPORT（事件报告）等命令，因而使CMIP具有更强的网络管理功能。

6. 交互方式

NMS和Agent的交互方式不同，SNMP主要是轮询方式，由NMS依次地向Agent发出运行询问；而CMIP则是采用报告方式，由Agent异步地发送事先由NMS定义好的信息，这使CMIP具有较高的效率，适合于在大型互连网络中进行管理。

7.4.5 典型网络管理软件

随着企业网络的发展，各大公司纷纷推出了自己的网络管理软件。大体上可把这些软件分成两大类：

(1) 提供网络管理的平台软件：即除了提供基本的网络管理功能外，还将编程接口、用户界面与网络管理接口融合在一起，供编程人员进行二次开发时用；近二年，各大公司又都推出了分布式网络管理平台。

(2) 独立的网络管理软件：这是厂家利用自己的产品优势，在开发产品的同时，又开发出自己的一套网络管理系统软件。这些软件既可独立运行，又可加入到上述的网络管理平台中作为应用软件来使用。近年来，独立式网络管理软件已逐渐减少。

一、HP OpenView Network Node Manager

网络管理平台的概念，最初是由HP公司提出的。平台软件的构思是为用户界面提供一个统一的模型，其底层能同时支持不同的网管协议。由HP公司推出的具有分布管理功能的OpenView Network Node Manager（简称OpenView NNM）的销售份额一直占据着高档管理平台市场的首位。OpenView NNM 具有以下功能：

1. 分布式管理功能

在HP OpenView NNM 中，实现了新的分布式管理功能。在每个网络分区中配置一台装有该软件的机器作为分区网络管理站。NNM 一方面管理本区域内的SNMP网络设备，以接收、分析和处理各网络设备发来的信息，并可自动地生成一帧清晰的逻辑网络图；另一方面则不断把本区内的重要信息送往网管中心，使网管中心中的网管站能全面地、实时地获得整个网络中所发生各种情况的信息。

2. 图形用户接口功能

用户可以在屏幕上对异构型网络进行浏览，观察物理的、地理的以及逻辑上的网络分布，了解其提供的总线型、环型、星型等网络拓扑结构的算法，以及对网络结点的定位方法，从而可完成网络拓扑结构的自动设计，并将网络的瞬态图保存起来，以供管理人员分析和存档。

3. 网络管理功能

OpenView 所提供的网络管理功能有：

(1) 差错管理：它能对网络拓扑图进行连续的监视，对网络结点的自行加入和退出，做出反应；对网络的关键参数定义其门限值，当数值超过该值后，可以自动或由用户处理；接受和设置Trap信息，用户也可以设计在Trap发生后的执行动作。

(2) 配置管理功能：定义新的被管对象，删除不必要的被管对象、设置或提取MIB中的信息，列出远程网络所提供的服务。

(3) 性能管理：从被管对象中搜集与网络性能有关的数据，提供网络统计信息的动态图表和趋势分析，分析当前的统计数据，以检测性能和故障，产生性能警告。

4. 对MIB操作

具有同时支持两种MIB标准的能力（SNMP和CMIP标准），可对MIB进行数据的提取、设置和浏览，还可通过MIB的加载器去管理那些不支持MIB库的设备。

二、IBM Netview

IBM 最初所推出的 Netview 是一个基于主机的管理系统，用于管理 SNA 体系结构中的问题。在 1990 年所宣布的 Netview 版本 2 为支持非 SNA 环境而增加了所必需的功能，使之可以支持和控制非 SNA 的子网，而逐渐成为能对异构网络提供网管的最有效平台之一。IBM 在 1994 年推出的 Netview for AIX 的第三版本，又在对性能监测的方式上做了扩充，对原有功能也做了进一步地改善。Netview 也同样具有上述的图形用户界面、网络管理功能，以及对 MIB 的操作等功能。

1995 年 IBM 又推出了分布式网络管理软件 System Monitor Mid-Level Manager，简称 MLM（中级管理器）。MLM 运行在 RS/6000 主机上，建立在 Netview for AIX 基础上。它同样是作为网络分区的管理站，对本区域中的 SNMP 网络设备进行搜索，然后根据所获得的信息进行分析和处理。

1996 年 IBM 和 Tivoli 两个公司将他们的网络管理产品进行捆绑销售，亦即，将 IBM 的 Netview 和 Tivoli 的 TME 捆绑在一起，形成一个高档开放式网络管理平台。TME 10 具有强大的中央监控功能，可对整个计算机环境进行分析，允许管理员从任一结点实施跨平台管理，并能实现常规操作自动化，因而使其具有更强的竞争力。事实上，在 1996 年这种措施确实使这两家公司的网管软件销售份额都增加了一倍。

三、Sun 和 Bay Network 公司的网管软件

1. Sun 公司的网管软件

由 Sun Microsystem 公司推出的网管系统产品，也属于网络管理平台型产品，占有较大的市场份额；相应地，有不少第三方的软件开发商已经为使用该系统而编写了大量的应用程序。Sun 公司较早便开发了开放式的管理平台，Sun Net Manager 可支持数万个网络结点，这些结点既是可以执行 SNMP 协议的设备，也是可以执行 CMIP 协议的设备。

Sun 公司在分布式管理平台方面的产品是 Solstice Domain Manager，其低档版本称为 Site Manager，高档和低档两个版本的网管功能大体相当，但两者所能支持的节点数不一样，低档一般只能支持数十个节点，而高档版本则能支持数百或数千个节点。Solstice 的销售额在 1996 年占据开放式网管平台市场的第二位，仅次于 HP 的 Openview NNM。

2. Cabletron 公司的网管软件

Cabletron 的主要产品是基于 UNIX 的 Spectrum 管理软件，其中的 Spectrum for Open System 销量迅速增加，在 1995 年占据高档独立式管理软件市场的 21%，居第二位。Cabletron 也是较早提供分布式管理软件产品的公司，其产品是基于客户/服务器模式的，亦即，通过网管控制台和网管服务器之间的交互来实现管理，并允许任何网管控制台与任何地方的网管服务器相连接，这样便实现了分布式管理。Cabletron 公司的分布式网管产品 Spectrum 的销量也很可观，一般位于市场的前 3～4 位。

习　　题

1. 客户/服务器模式的主要优点是什么？
2. 试说明在客户和服务器之间的交互。

3. 为什么在大型信息系统和 Internet 环境下，应采用三层客户/服务器模式？
4. 试比较二层和三层客户/服务器模式？
5. 试画图说明利用 IP 协议通信时的通信过程。
6. 为实现网络互连，IP 协议中应有哪些功能？
7. 何谓 TCP/IP 协议？各设置在哪个层次中？
8. 试说明 TCP 连接的建立与释放过程。
9. 为什么要在企业网络上配置 NOS？它应具有哪些功能？
10. 什么是应用互操作性、信息互连性和信息互用性？
11. 何谓磁盘镜像和磁盘双工？画出相应的示意图。
12. 为什么在现代 NOS 中都配置了目录服务？
13. 目录服务应具有哪些具体功能？
14. 用于支持 Internet/Intranet 功能和服务包括哪些内容？
15. 在 Intranetware NOS 中包括哪些功能？
16. 试说明网络管理的目标。
17. 网络管理平台的发展可分为哪几个阶段？
18. ISO 为网络管理定义了哪五大功能？
19. 试说明 SNMP 的基本工作原理。
20. SNMP 具有哪些优点和不足之处？

第八章　企业网络结构与虚拟网络技术

为了能组建一个性能优良、经济实用的企业网络，除了需要熟知企业网络的关键设备和主要软件外，还必须掌握如何设计和构造企业网络的结构。一个好的网络结构，不仅可以使企业网络具有很好的可扩展性、灵活性、可靠性和安全性，而且还应能扩展网络的带宽，从而可使网络中的资源得以更有效地利用，特别是，网络的结构将涉及到大量网络设备的配置及其布线，它们所需的费用可占信息系统的大半，一旦定下来后就再难以改变，因此，在设计信息处理系统平台时，必须对网络结构的设计予以足够的重视。

近几年来，在网络领域中经常遇到虚拟LAN、虚拟网络的术语，在厂商所推出的交换集线器产品中，也都提供了基于交换集线器的虚拟网络的功能；网络设计者在利用交换集线器组建企业网络时，也大多利用了虚拟网络功能来改善企业网络的性能。网络设计者在试图利用ATM交换来组建企业网络时，由于ATM与传统的网络不能兼容，因而此时就必须利用基于ATM的虚拟网络技术来实现ATM交换器与传统LAN信息的互通。为此，本章还将花费较大的篇幅来介绍虚拟网络技术。

8.1　引　言

在进行网络结构设计时，作为一个网络设计者，应该充分掌握目前已有的企业网络结构的类型，各种类型的特点，适用场合等情况；还必须从实际情况出发，深入了解本企业对网络结构的要求。

8.1.1　对企业网络结构的要求

在分析企业（或校园）对网络需求的过程中，要分清哪些需求与网络结构有关，哪些需求与网络中所用的硬件和软件有关。其中，与网络结构有关的需求可归纳于下：

1. 先进性和成熟性

随着网络和通信技术的迅速发展，不断地出现了一些新的网络产品和通信产品，也形成了新型的网络结构。例如，集线器的出现引起网络结点间连接方式的变化，干线路由器和交换集线器的出现，又引起了局域网间互连方式的变化，从而形成了新的网络结构；而ATM的出现又将使网络结构发生新的变化。所以我们在进行网络结构设计时，一定要选用先进的网络结构，否则，若所用技术水平的起点太低和功能不够完善，会使刚刚建成的网络就显得落后。但同时又须注意先进技术的成熟性，对于在技术上虽说先进，但目前尚不成熟的网络结构是不宜采用的，以免出现意想不到的问题。

2. 实用性

这是对网络结构的最基本要求，企业网的结构应能很好地满足企业内各个部门对网络的要求。这些要求大体可分为三类：

(1) 要求高性能的LAN：通常，从事CAD/CAM工作的工程设计人员，不仅要求具有高性能的工作站，而且要求有高性能的LAN，即具有较高的传输速率和较强的处理能力。随着多媒体技术的发展，不少企业和部门已经要求能在网络上连接多媒体计算机，以提供更好的服务，应为这类部门建立快速以太网或FDDI网等。

(2) 要求实时性强的LAN：对直接用于控制的LAN，一般都要求具有较强的实时性。应为他们选择基于MAP (Manufacturing Automation Protocol) 的LAN，该协议在物理层和数据链路层采用了IEEE 802.4和IEEE 802.2标准。

(3) 一般LAN：大多数的企业（或学校）的管理部门对LAN并无特殊要求。此时仍可采用价格较低廉的10 BASE-T以太网。

3. 可扩充性和灵活性

随着企业的发展和信息应用的深化，经常需要对网络加以扩充和修改。这就要求企业网络结构具有较好的可扩充性和灵活性，使之具有较强的适应性。为此，一方面应采用先进的层次式网络结构，以便于网络设备的增加或减少；另一方面，又要在网络的每一层都采用具有可伸缩性的设备，或留有适当余地。因此，现在广泛采用堆叠式和模块式交换集线器来构建企业网；还可通过采用虚拟LAN技术的途径来进一步提高网络的灵活性。

4. 可靠性和安全性

一个实用的网络必须是可靠的。通常是从三个方面来确保这一点，即在网络的结构上，硬件设备和软件设计上。从网络的结构上说，应能对故障设备和故障部分的网络进行隔离，使该故障不致影响其他设备和网络；还可采取冗余措施来进一步保证网络的可靠性，如在重要站点之间采用多路径传输、对环形网络采用双环结构等。

另外，网络的开放性和共享性会导致网络出现安全性问题。网络容易受到外界的攻击和破坏，因而，不论是企业网还是其他专用网，都应能保护本单位或本部门的信息资源不受外界侵害。目前较为有效的安全性措施，是采用访问控制、防火墙技术、密码技术、智能卡技术等。

5. 扩展网络带宽、保护原有投资

--个好的企业网络结构，应能为各部门LAN和工作组LAN的站点，提供足够的带宽。因此在90年代的共享式LAN上，其平均站点数目已有明显下降，已由80年代的平均15～20个站点减至6～10个，而且仍有继续下降的趋势。随着共享式LAN网段上连接站点数目的减少，LAN网段的数目就必须增加。因此，在设计一些新的企业网络和将一个老的企业网络升级时，都必须妥善地解决为增加网络带宽所带来的网络互连问题。

当企业内已有若干共享式LAN时，随着应用规模的扩大和应用水平的提高，就要求企业内原有的网络能提供更宽的频带。为达到这一目的，可有多种解决方案。其一是提高LAN的速度即采用快速以太网，但为此要更新所有站点上配置的网卡及更换集线器；另一种方案是采用交换集线器，这样既能达到提高站点平均带宽的目的，又能保护原有投资。

6. 便于网络的管理和维护

在一开始构建企业（或校园）网时，就应考虑到网络建成后的管理和维护问题，这一点对用户尤为重要。已往的网络多采用分布式网络结构，即其处理和管理都是分布的。而目前，随着企业规模的不断扩大，已趋向于采用处理分布而管理集中的结构。目前一些制造商们也陆续推出网络管理软件。应当注意，由于目前的网络管理软件尚未很好地标准化，致使各大公司推出的网络管理软件，往往互不兼容，有的只能适用于本公司的产品，所以，在选购网络管理软件产品时，尤应慎重。

8.1.2 企业网络结构的类型

由于企业网络广泛应用于工厂、公司、商场、银行以及校园中，因而已经存在多种类型的企业网络结构。可从不同角度予以分类。

一、按企业网络的级数分类

1. 单级企业网络结构

虽然企业中存在着若干个LAN，但如果是通过网桥/路由器将它们互连而形成企业网时，其中各个LAN均处于同一级，并无上级LAN和下级LAN之分，故把这样的企业网络结构称为单级企业网。例如，用一个内部网桥来互连几个LAN所形成的企业网。这种企业网络结构适用于组建部门LAN和工作组LAN。

2. 两级企业网络结构

当企业中拥有若干个部门LAN时，或者通过某种类型的主干网（如FDDI），或通过某种类型的交换器（如交换式集线器），将这些部门LAN网段互连而形成的企业网，都属于两级企业网络结构。该网络结构已能用于组成中小型企业网络。

3. 三级企业网络结构

当企业中拥有数目较多的LAN时，可以通过两级交换器，或两级主干网，或一级交换器一级主干网，来互连所有的LAN，以构成企业网。这些都属于三级企业网络结构。该方案主要用于组建大型和较大型的企业网络。

二、按处理和管理方式分类

根据处理和管理方式的不同，可将企业网络结构分为以下三类：

1. 集中式处理和管理方式的企业网络结构

在70年代和80年代初期的企业网络结构，大多都属于这类网络结构形式。这是由企业中所配置的一台或多台主机和大量的终端构成。此时网络的处理和管理功能，都高度地集中在主机上，因而它属于集中式网络结构。相应的，它具有集中式网络所具有的优点和缺点。基于SNA网络体系结构所建立的网络，便属于集中式处理和管理类型的网络结构形式。它广泛地应用于我国的早期银行信息系统中。

2. 分布式处理和管理方式的企业网络结构

这是在80年代中期广泛流行的一种企业网络结构形式。它是通过网桥/路由器，或主干网将企业中的若干个LAN互连起来所形成的，此时网络的处理和管理功能，是分布在各LAN中。这种网络结构形式，极大地提高了网络的分布性，从而提高了网络的可靠性、可扩展性。

3. 分布式处理和集中式管理的企业网络结构

随着企业网络规模的扩大，对网络施行有效地管理便日益显得重要。在80年代流行的分布式处理和管理的企业网络已不再适用，于是分布式处理和集中式管理的企业网络结构便应运而生，它已成为90年代企业网络结构形式的主流。

8.1.3 传统的企业网络结构

在80年代初期，LAN产品才面市不久，在各企业中还只有少量的部门LAN，此时是利用网桥/路由器来互连各LAN而构成企业网络，这是最早的企业网络形式；到80年代中、后期，不少企业中所拥有的LAN数目已逐渐增多，此时主要是利用环形网络或FDDI网来互连各部门LAN，形成了分布式网络结构；后来又出现了利用高档干线路由器来互连各LAN的折叠干线式网络结构；到90年代中期，又出现了交换集线器产品，它被用来互连各LAN而形成一种新的企业网络结构，它在90年代中后期风靡于世。

一、利用网桥/路由器互连的网络结构

在利用网桥/路由器互连各LAN时，又可分成以下三种情况：

1. 利用内部网桥/路由器互连LAN构成企业网

所谓内部网桥/路由器，是指在服务器上配置的网桥/路由器。例如，在Netware服务器上允许配置四个相同或不相同的网卡，通过它们可以将一个服务器连接到四个相同或不同的LAN上。当然，这时在服务器中须配置相应的网桥软件，例如，利用四块以太网卡将服务器连接到四个以太网上，此时形成图8-1所示的情况。

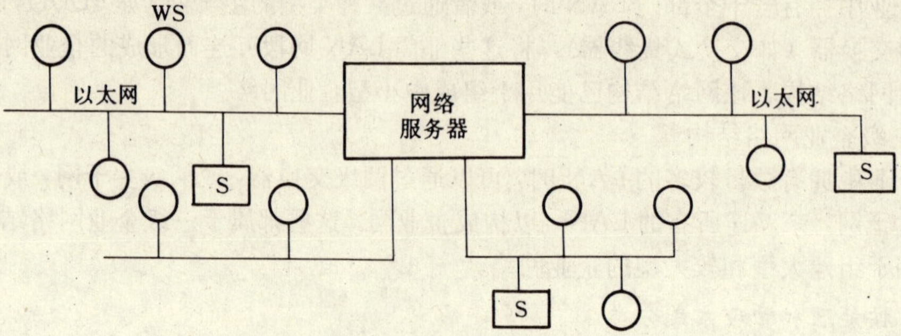

图8-1 利用内部网桥互连四个以太网

2. 利用本地外部网桥/路由器互连LAN构成企业网

所谓本地外部网桥/路由器，是指用一台PC机作为网桥/路由器，用它来互连相距不远的LAN。PC机既可专门用作网桥/路由器，又可在作为网络工作站的同时，也兼作网桥路由器。用作外部网桥/路由器的PC机，通常允许配置2～4块网卡，用来连接2～4个同构型LAN，这时同样需要在PC机中装入相应的网桥/路由器软件，以便实现2～4个LAN的互连。

3. 利用远程外部网桥/路由器互连构成企业网

当一个企业的各部门在地理上较分散，致使各部门LAN间的距离甚远时，可利用远程外部网桥/路由器来实现这些LAN间的互连，以构成一个能覆盖整个企业的网络；同样也可以利用一个工作站来专作或兼作远程外部网桥，以实现本地LAN与远程LAN的互连；也可用它来连接多个远程工作站。

二、利用共享主干网互连的网络结构

到80年代中、后期，在不少企业中配置了较多的部门LAN，此时如果仍利用网桥/路由器进行互连，会使网桥/路由器的数量大增，且易于形成瓶颈，此时应在这些部门LAN上再增设一级主干网，由主干网来互连这些部门网络，这就形成了两级网络结构形式。这种网络结构最重要的特点，是各部门LAN共享主干网信道，因而要求共享主干网具有较高的传输效率。

在80年代中期，主要采用IBM公司的令牌环作为主干网。由于令牌环的传输速率（16Mbps）与以太网的传输速率（10Mbps）相近，因而常会因主干网速率不高而成为企业网的瓶颈。

在80年代后期，FDDI面市后，由于它具有100Mbps的传输速率，是一般LAN传输速率的10倍，能覆盖较大的地理范围，且具有较高的可靠性，故不少大型企、事业单位和校园，纷纷利用FDDI作为企业（校园）网络的主干网，来互连各部门LAN和企业服务器；又因为在80年代后期至90年代初期，FDDI是唯一能提供100Mbps传输速率的LAN，故使基于FDDI的网络结构曾一度十分流行。

三、利用干线路由器互连的折叠干线网络结构

1. 折叠干线网络结构的由来

折叠式网络结构是直接从分布式网络结构演变而来的。为了说明这种演变过程，我们将分成几步来描述，为此，请参见图8-2所示的分布式网络结构。第一步是从图8-2所示的分布式网络结构中，将各楼层上的网桥/路由器移到大楼的最底层，集中放在中央控制室中。

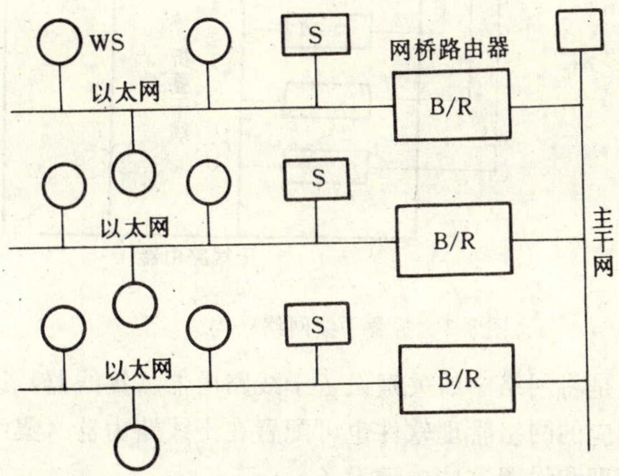

图8-2 分布式网络结构

第二步是将这些网桥/路由器合并成一个功能强大的干线路由器（或集线器），而把原来的网桥/路由器变成路由器中的一个网桥/路由器模块，这些模块可根据需要而配置。干线路由器具有一般以太网、令牌环网等网桥/路由器模块，此外，还可以配置FDDI网桥/路由器模块，以及X.25路由器模块。

第三步是把每个楼层的集线器到网桥间的连线，变为由集线器到干线路由器中相应网桥/路由器模块的垂直向下链路（Downline）。

第四步是使原来连接各层网桥/路由器的主干网，演变为在干线路由器（集线器）内的多条高速总线，称为高速背板（Back Panel）；或者说，是把原来的主干网折叠到路由器的背板中，而所谓的折叠干线网络结构便是由此而得名。图8-3示出了利用高档路由器（集线器）的折叠干线网络结构。

2. 折叠干线网络结构的优点

（1）便于实施网络的集中管理

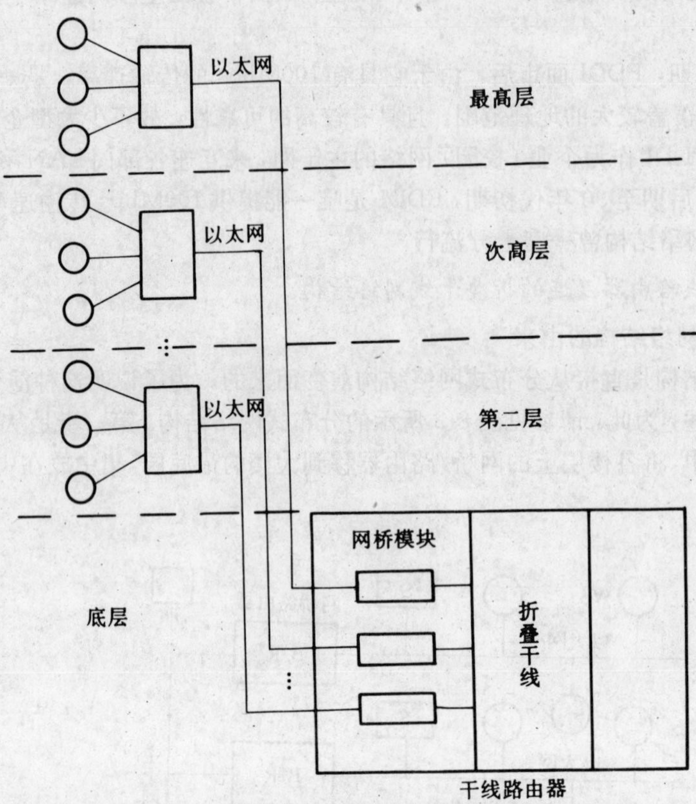

图 8-3　折叠干线网络结构

折叠干线网络结构，是将网络中的关键设备干线路由器（集线器）以及服务器等，都安置在中央控制室中，相应的网络管理软件也可配置在干线路由器（集线器）中，网络管理员可以方便地观察、管理和设置这些关键设备。

(2) 增强了网络的可扩充性

通常在采用折叠干线网络结构的同时，还将采用结构化布线，此时不仅在每个楼层都有水平布线的备份，在垂直子系统中也有垂直向下链路的备份，而且在干线路由器上，也有备用端口。可见，在新增加一个 LAN 时，不存在新的布线问题。

(3) 提高了网络的可靠性

由于①在路由器内采取了一系列的冗余措施，提高了路由器的容错能力；②可为干线路由器和服务器配置更好的环境，如清洁的环境、更可靠的电源等，使路由器的工作更加可靠；③在干线路由器上配置了网络管理功能，可以更及时地发现网络中出现的问题，这些，都能使网络的运行更加可靠。

8.2　现代企业网络结构

由于利用交换集线器能方便、灵活地构造各种类型的企业网，且具有很高的性价比，因此，交换式企业网已成为90年代中、后期最热门的企业网络结构。几乎是与此同时，已有不少大型企业和学校、政府部门，开始利用ATM交换器互连各LAN来组建企业网络。我们把利用交换集线器和ATM交换器互连的网络结构，称为现代企业网络结构。

8.2.1 利用交换集线器互连的企业网络结构

在利用交换集线器构建企业网时，既可采用单级交换集线器，也可采用两级，或多级交换集线器。在构建大型网络时，还可以同时利用交换集线器和FDDI光纤网，或者同时利用交换集线器和ATM。最后一种情况我们将在下一节中介绍。

一、利用单级交换集线器互连的企业网络结构

已往作为企业级的LAN，大多采用一个共享介质的10 BASE-T以太网。随着在LAN上站点数目的增多，极易产生服务器瓶颈现象。一个行之有效的解决方法，是将一个LAN分成若干个网段，再利用一个交换集线器将这些网段和服务器互连起来，每个网段接到一个交换集线器端口上，服务器单独接到一个端口上。

如果各站点对服务器的访问并不频繁，亦即对服务器的总吞吐量要求不高，此时可将服务器连接到一个10Mbps的端口上；但如果各站点要频繁地访问服务器，则为了避免形成服务器瓶颈，此时应将服务器连接到100Mbps的端口上。如果还希望能提高系统的可靠性，则可以采用完全相同的两套服务器，它们分别连接到交换集线器不同的100Mbps端口上，并使这两个服务器互为备份。

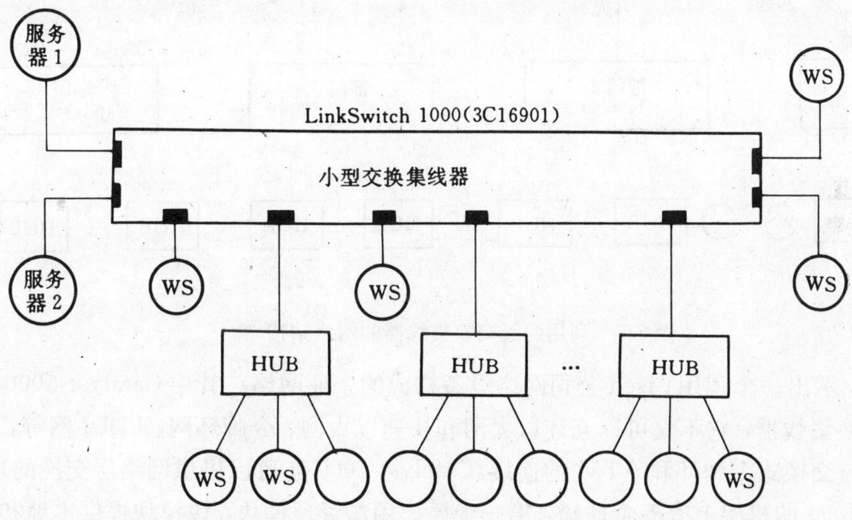

图8-4 利用单级交换集线器的网络结构

值得说明的是，在交换器刚被推出时，由于每个端口的平均价格较贵，因而只宜用它来连接LAN网段。随着交换器上端口数目的增多和端口平均价格的降低，现在已将要求传输速率较高的工程工作站和多媒体计算机，单独连接到一个10Mbps的端口上。

图8-4示出利用单级交换器构成的企业网络结构。在图中采用的是3COM公司生产的网络设备，其中小型交换集线器采用的是3COM LinkSwitch 1000（3C16900或3C16901），

它除了能提供12或24个10Mbps的交换以太网端口外，还可提供1～2个交换快速以太网端口，能支持直通和存储一转发两种交换方式，能支持500个MAC地址。共享式集线器是LinkBuilder FMS Ⅱ 12-Port TP（3C16670），可用来连接对频带要求不很宽的工作站。服务器1和2直接接至两个100Mbps的端口上。

二、利用两级交换集线器的企业网络结构

当一个企业（校园）的规模较大，计算机应用较广泛时，它不仅具有较多的工作组LAN和高性能的工作站，而且网络所覆盖的地理范围也较大，利用单级交换器已难以构造一个能满足企业需求的企业网络。在此情况下，通常的做法是，利用若干个小型交换集线器将本部门中的工作组网和高性能工作站互连起来，形成一个部门级交换LAN，然后利用一个或两个大、中型集线器，将各部门的交换LAN互连起来，构成一个具有三级网络结构的企业（校园）网络。

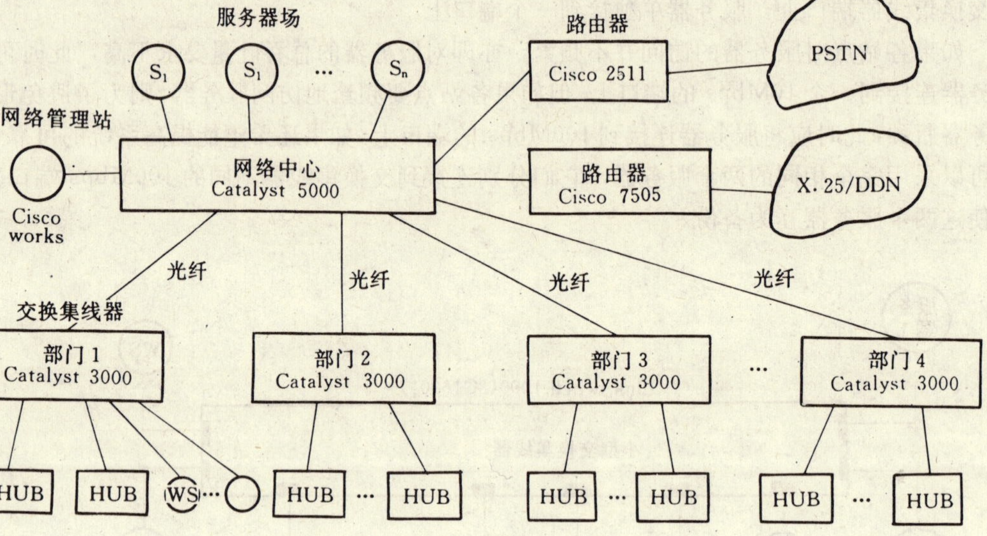

图8-5 利用两级交换集线器的网络结构

图8-5中示出一个利用Cisco公司网络设备构成的企业网络。其中Catalyst 5000是多协议高档交换集线器，它不仅可以互连以太网和快速以太网、令牌环网、FDDI网等，而且也可以实现与交换式令牌环和ATM的连接。Catalyst 5000还可以提供网络层交换的功能。在Catalyst 5000的机架上有五个插槽，第一个插槽用作管理模块，该模块提供本地和远地的网络管理功能，及第二层的交换功能，还提供两个快速以太网端口。第2～5个插槽可用于配置任何交换模块，每个模块最多可提供24个以太网端口或12个快速以太网端口。这样，Catalyst 5000的机架上最多可提供96个以太网端口，或50个快速以太网端口，能支持1024个虚拟LAN。在桥接点中可维持16000个活动的MAC地址，因此可利用它连接数十个Catalyst 3000中档交换集线器。应当注意，如果Catalyst 5000和Catalyst 3000的距离较远时，应采用光纤来连接。此外，还可利用Catalyst 5000上的快速以太网端口，来连接多个网络服务器和网络管理站，以及路由器；再利用Catalyst 3000中档交换集线器，来

连接多个 LAN 和工作站，这样，便构成了具有两级交换集线器的企业网络。

三、利用交换集线器和 FDDI 的企业网络结构

利用两级交换集线器既能有效地扩大企业网络的地理覆盖范围，又能适应在各栋楼之间的大信息流量。但如果企业（校园）中各栋楼的分布很散，例如距离大于数公里，且楼与楼间的信息流量又很大时，可以考虑利用传输速率高（100Mbps）和地理覆盖范围广的 FDDI 光纤网作为主干网，来互连各栋楼中的交换集线器和主服务器等设备。

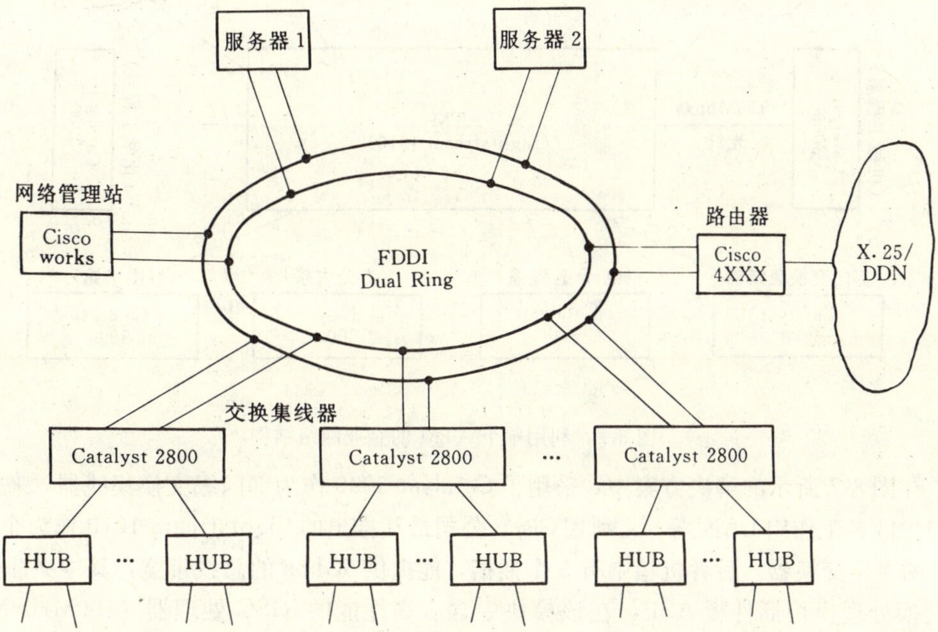

图 8-6 以 FDDI 为中心的企业网络结构

图 8-6 示出一个以 FDDI 光纤网为中心的企业网络解决方案。在该结构中，是将诸如分布在各栋楼中的 Catalyst 2800、1200 交换集线器、主服务器 1 和 2、路由器 Cisco 4000 等重要设备，都连接到双环上，再利用 Catalyst 2800、1200 来连接各栋楼中的 LAN 和重要工作站。每个 Catalyst 2800 可提供 25 个以太网端口和 2 个高速扩展槽，用于配置 100 BASE-T 或 FDDI 模块，适用于连接服务器和 FDDI 主干网。每个 Catalyst 1200 提供 8 个以太网端口和用于连接 FDDI 的端口。

8.2.2 利用 ATM 交换器互连的企业网络结构

如何利用 ATM 来组建企业网时，在目前已出现了许多种分别适用于不同情况的解决方案，其中的主流是采用一个或两个 ATM，来互连多个部门的交换式 LAN；而当企业网所覆盖的地理范围较大时，可利用多个 ATM 构成一个主干网，然后再用该主干网来互连各部门 LAN，也可将 ATM 与 FDDI 相配合来组建企业网。

一、利用单个和两个 ATM 互连的企业网络结构

在计算机应用开展得比较深入的企业（校园）中，某些部门已经拥有了若干个工作组

LAN、高性能工作站，及多媒体计算机等设施，此时可先利用交换集线器将它们互连起来，构成部门LAN，然后再利用ATM交换器将这些交换式LAN、企业服务器和路由器等，互连起来构成企业网络。图8-7示出了一个利用Cisco公司的网络设备所组建的企业网络解决方案。

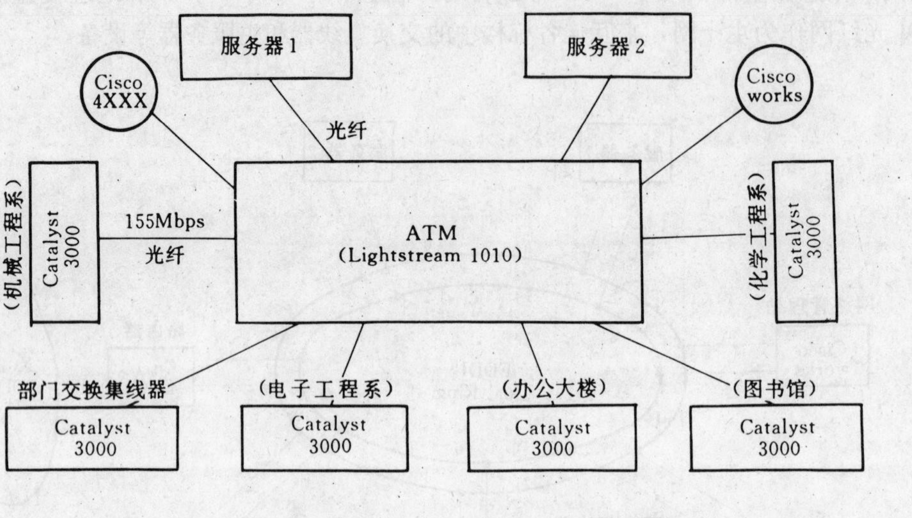

图8-7　利用单个ATM的企业网络结构

在图8-7所示的解决方案中，采用了Catalyst 3000作为部门级交换集线器，来互连本部门中的各工作组LAN等；又利用Cisco公司最新推出的Lightstream 1010作为企业（校园）的主干交换器。后者机箱中有5个插槽，能提供5Gbps的总线带宽，其中央插槽可插入交换处理模块插件板ASP，在该模块中含有高性能的RISC处理器（100MHz MIPSR 460）和65，536个共享的信元缓冲区，以及16MB的内存，用于实现中央智能化控制。ASP可在用户现场升级，以适应ATM标准的发展。其余的四个插槽可分别插入一块可带电插拔的载体模块CAM（Carrier Module）。在每一块CAM中又含有2个端口适配器模块PAM（Port Adapter Module）。该公司提供了多种类型的PAM，以支持诸如桌面工作组、主干网及WAN的ATM接口。ATM能支持PVC和SVC，支持32000个点对点连接和1985个点对多点的连接。

在上面的解决方案中，ATM是核心设备。为了提高ATM网络的可靠性，可利用两个ATM作为主交换器，在两台ATM之间用速率为622Mbps的光缆连接起来，然后把企业服务器、路由器等关键设备通过155Mbps光缆，同时连接到两个ATM上。这两个ATM可以互为热备份，即当一个ATM发生故障时，由于另一个ATM仍在工作，一些重要信息便可通过该ATM传送给服务器和路由器，从而使ATM的故障不会导致整个网络的瘫痪。图8-8示出了有两个ATM的企业网络解决方案。

二、用ATM构成主干网的企业网络结构

当企业或校园的地理范围较大时，可以利用若干个ATM构成一个主干网，再利用该主干网来互连企业或校园内部的各部门LAN、工作组LAN等。图8-9示出利用三个ATM构成主干网的企业网络解决方案。在两个ATM之间利用单模或多模光纤进行连接，以获得

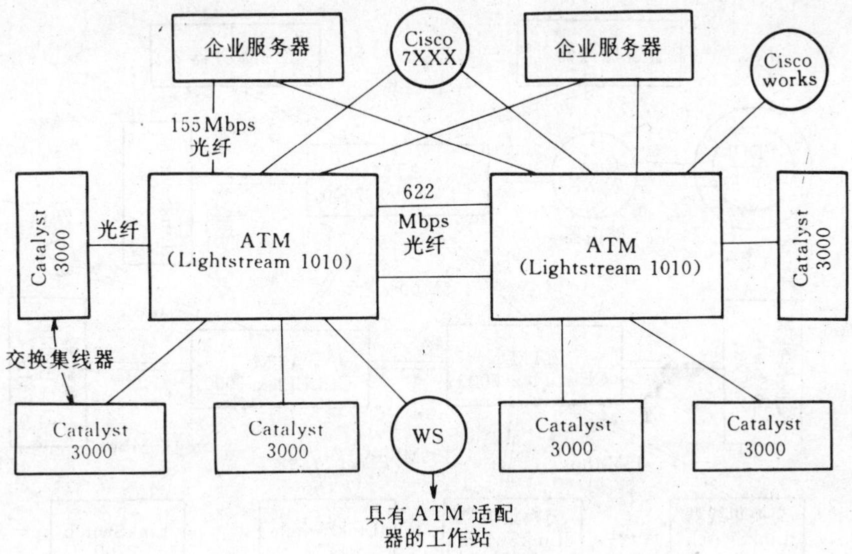

图 8-8 利用两个 ATM 的企业网络结构

155Mbps 的传输速率。当利用单模光纤时，两 ATM 之间的距离可允许 15 公里；而使用多模光纤时，则只允许 2 公里的距离，所以，通常可利用多模光纤在部门交换式 LAN 和 ATM 之间进行互连，其传输速率可用 155Mbps。

在该解决方案中所使用的 ATM 交换器，是 3COM 公司推了的 CELLPlex 7000，在该交换器中使用了一个高性能的 i960 RISC 处理器，并采用了模块式结构。允许在机箱中插入 4 个 ATM 模块，或者 4 个 Ethernet/ATM 模块。每个 ATM 模块有 4 个能提供 OC3 155Mbps 或 45Mbps 传输速率的端口，每个端口又能支持 4096 条虚信道。而每个 Ethernet/ATM 模块能提供 12 个交换 Ethernet 端口和 3 个 ATM 端口，这里的 ATM 端口同样可支持 155Mbps 或 45Mbps 的传输速率，这样，一个 ATM 交换器可提供 16 个 ATM 端口，或 48 个交换以太网端口和 12 个 ATM 端口。此外，ATM 交换器还提供了两个负载共享式电源。

在部门 LAN 中所使用的交换集线器，是 3COM 公司的 LinkSwitch 2700 或者 Super Stack 2700 产品，它们能提供 12 个交换式 10 BASE-T 端口和一个多模光纤的 ATM 端口。后者具有 155Mbps 的传输速率，可用该端口通过多模光纤，将部门 LAN 连接到 ATM 交换器上；而利用前者（即交换 10 BASE-T 端口）来连接工作组 LAN 或者高性能工程工作站等。在该解决方案中，还利用了 Cisco 公司的高档路由器 Cisco 7XXX，或者中档路由器 Cisco 4X00 与多种类型的 WAN 进行互连。

三、利用 ATM 互连 FDDI 网的企业网络结构

对于大型的特大型企业，如果在企业内的计算机应用开展得相当广泛，此时，不仅要求具有很宽的频带，而且网络地理覆盖范围也十分广阔，可利用 ATM 来互连各 FDDI 网的企业网络结构。虽然也可以利用高档交换集线器来互连多个 FDDI，但是 ATM 交换器比交换式集线器的性能更好，包括具有更高的交换速度，这有助于提高企业网络的性能。

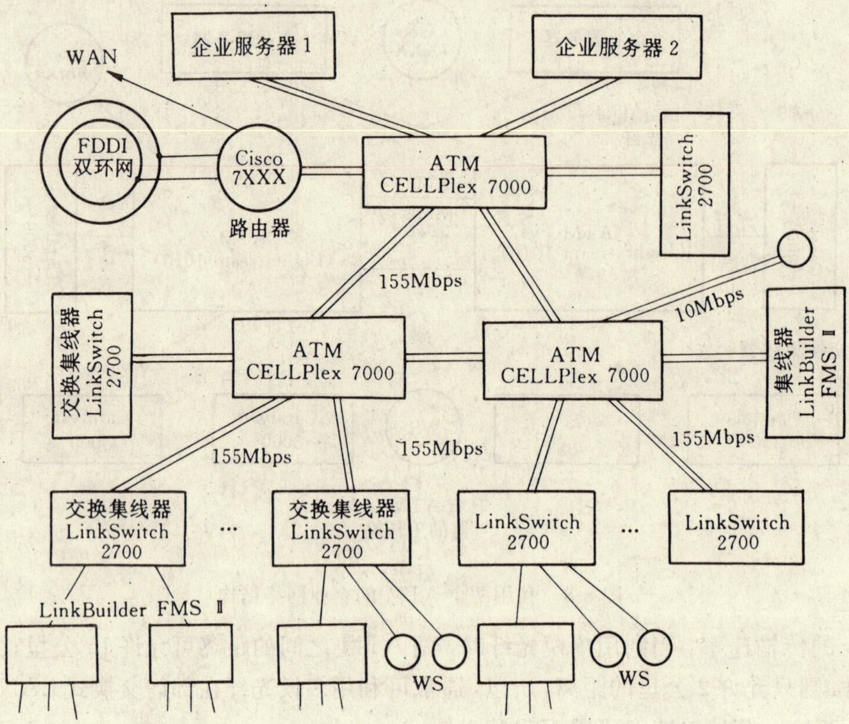

图 8-9　由三个 ATM 构成主干网的企业网络结构

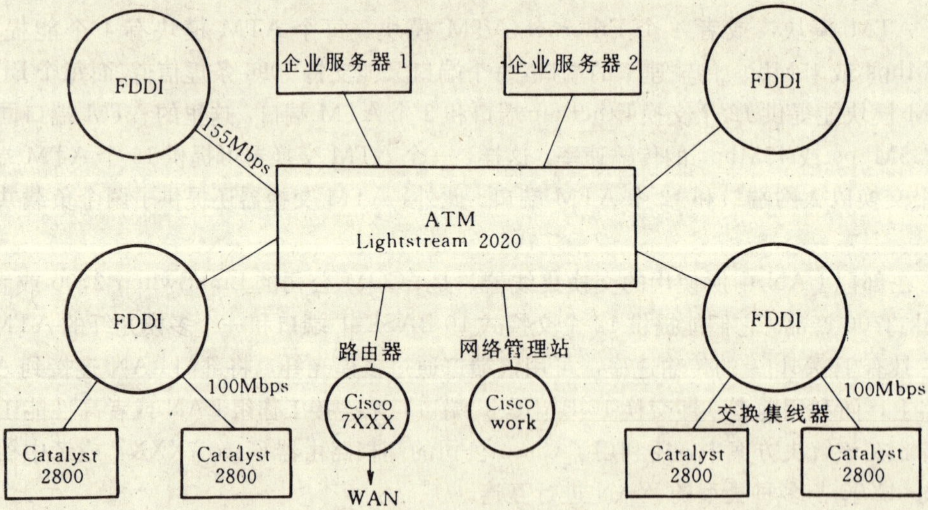

图 8-10　利用 ATM 互连 FDDI 的企业网络结构

图 8-10 示出了利用一个 ATM 交换器来互连 4 个 FDDI 网的企业网络结构。在该方案中所用的 ATM 是 Cisco 公司的 Lightstream 2020，它同样是采用模块式结构，在其机箱中共有 12 个插槽，其中，有 3 个插槽是 ATM 自身使用，另外 9 个插槽可提供给用户使用。每

个接口模块都有48，000个信元输入缓冲区和64，000个信元输出缓冲区。模块的类型有：两个端口的OC3 155Mbps模块、两端口的FDDI DAS模块、8端口的Ethernet 10 BASE-T/10 BASE-FL模块、4端口或8端口的T3/E3（45Mbps）的接口模块、8端口的低速模块等。从这些模块中可以看出，Lightstream 2020能支持16Kbps～155Mbps速率的用户端口，以及支持128Kbps/155Mbps速率的主干线路，可以互连Ethernet、FDDI网、ATM等网络设备。

8.3 基于交换集线器的虚拟局域网

基于交换集线器的虚拟LAN（VLAN），是当前网络领域中的热点，广大用户被VLAN所具有的一系列优点所吸引；各主要网络厂商也不失时机地、纷纷在自己的交换集线器产品中融入VLAN技术。故最近推出的大、中型交换集线器都毫无例外地支持VLAN，也有不少小型交换器能支持建立VLAN。

8.3.1 虚拟LAN的基本概念

在计算机网络领域中，经常会遇到“物理”和“虚拟”这样的词汇。物理（实体）是指实际存在的（实体），而“虚拟”则指通过某种技术把物理实体变成为一个或多个相应的逻辑对应物，后者除具有物理实体原有的基本特性外，还具有一些十分有用的附加特性，深受用户欢迎。在本节中我们将介绍利用虚拟LAN技术，将一个交换式LAN变换为若干个虚拟LAN的方法。

一、物理LAN和虚拟LAN

1. 物理LAN

众所周知，LAN是指由若干自主网络设备通过传输线路连接起来所形成的系统。由于它是实际存在的，故称为物理LAN，它具有以下三个基本特性：（1）通信性：在LAN上的任一站点都可与网络上的任何其他站点进行通信，由一站点所发出的广播信息，可传送到网络上的所有站点；（2）资源共享性：LAN上所有的站点均可共享服务器上的资源；（3）同处于一个广播域。

2. 虚拟LAN

VLAN是在交换LAN的基础上，主要通过软件方法，将交换LAN中的某些站点链接在一起所形成的逻辑工作组。在同一逻辑工作组中的站点可以处于不同的物理网段中，也可以在不同的交换器上，甚至在不同的城市。在各站点之间可以相互通信，并进行资源共享，即，它们在逻辑上是链接在一起的。一方面，由于该逻辑工作组已具有物理LAN所具有的三个基本特性，即通信性，资源共享性及同处于一个广播域中；另一方面，它是由人们在物理LAN基础上通过软件方法形成的，且具有一些深受人们欢迎的附加特性，故而把这样的逻辑工作组称为虚拟LAN。实质上，VLAN是由处于同一广播域中的一些站点所组成，而与这些站点所在的物理位置无关。

二、虚拟LAN的类型

现在已有许多网络厂商在交换集线器中提供了实现VLAN的机制。它们的实现方法并不完全相同，其中有的VLAN的功能较弱，而有的VLAN的功能则相当强大。实现VLAN的方法也有很大差异。我们可根据VLAN实现方法的不同而把基于交换集线器的VLAN分为以下三种类型。

1．基于端口的VLAN（Port-Based VLAN）

这是最早出现的一种VLAN形式，也是最简单的一种VLAN。它是由网络管理员通过网络软件，将一组交换器端口配置成一个广播域而形成的。这组端口可以在一个交换器上，也可以在多个交换器上。这种VLAN是由连接到这组端口上的网段所组成。图8-11中示出了基于端口的VLAN结构。在该结构中，将分别连接到端口1、2和3上的三个网段组成VLAN1，由连接到端口4和5上的网段组成VLAN2，连接到端口6、7和8上的网段组成VLAN3。

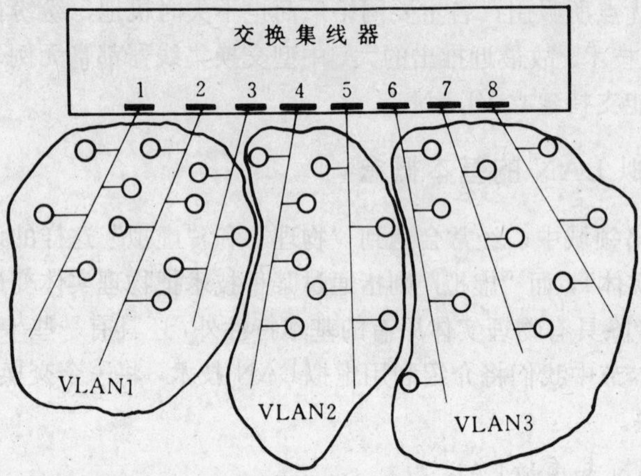

图8-11　基于端口的VLAN

基于端口的VLAN比较易于配置和维护，但它不够灵活，例如，当把一个站点从一个网段移至另一网段时，需要人工地重新配置；又如，它通常不能实现同时把一个站点和两个VLAN连接。

2．基于MAC地址的VLAN

在LAN中的每个站点都有一个MAC地址。基于MAC地址的VLAN，是直接将一组站点配置成一个广播域所形成的。这些站点可以在不同的网段上，甚至可以在不同的交换器上。这些站点的MAC地址被填入到一张MAC清单（也称为MAC分发表）中。每当该VLAN上的某个站点要发送广播信息时，交换器会按照MAC清单上的地址，将信息发送给所有这些站点，不会把信息发送给在MAC清单上没有的其他站点。图8-12示出了基于MAC地址的VLAN。由MAC11、MAC12、MAC13和MAC21、MAC22及MAC31形成一张MAC VLAN清单，由拥有上述MAC地址的各站点构成了VLAN1；另外，由地址为MAC14、MAC15、MAC23、MAC24以及MAC25站点构成VLAN2。

这种VLAN是基于MAC地址而构成的，因而它是在第二层中实现的。这种VLAN在配置上更为灵活。通常这种VLAN都具有自动跟踪站点移动的功能，因而它允许一个站点从一个网段移至另一个网段时，无须人工地重新进行配置。基于MAC地址的VLAN，还可提供较好的安全保障，但由于在通信时要处理大量的MAC地址，因而对用户而言，是不方便的。

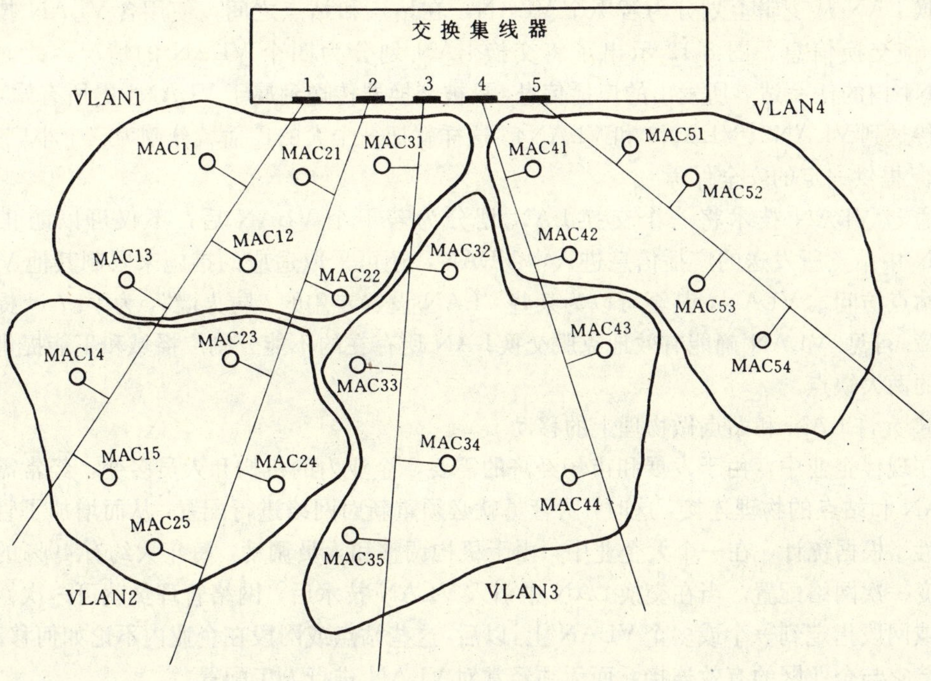

图8-12　基于MAC地址的VLAN

三、基于第三层的VLAN

在第二层的交换，是基于MAC规程；而第三层的交换则是基于网络层协议。如果在网络中存在着多种网络协议，则可根据网络层协议的不同而分成多种VLAN。在每一种VLAN中，只有一种网络协议，如IP VLAN、IPX VLAN等。可见，在第三层上实现VLAN时，交换器应具有识别网络协议的能力。

在此基础上还可采用端口成组的方式构造VLAN。例如，我们可以定义由某几个指定的端口组成一个VLAN，这样可以进一步将IP VLAN划分为IP VLAN1、IP VLAN2等；类似地，也可以将IPC VLAN划分为IPX VLAN1、IPX VLAN2等。也可以利用基于MAC地址的方式，把IP VLAN划分为IP VLAN1、IP VLAN2等；类似地，也可把IPX VLAN划分为IPX VLAN1、IPX VLAN2等。

基于第三层的VLAN提供了相当大的灵活性，便于用户增加或移动站点。它允许一个VLAN跨几个端口或者一个端口含有几个VLAN。由于它具有更多的智能，故可以实现较复杂的功能。但在虚拟网的配置上，这种基于第三层的VLAN要比基于MAC地址的VLAN复杂，其交换速度也有所降低，且费用也较高。

8.3.2　虚拟LAN的用途

在上节中提到交换式LAN存在着局限性问题，但其中的某些局限性完全可以利用

VLAN 技术予以消除。VLAN 的用途可列举如下：

1. 分割广播域

用交换集线器进行互连的所有站点和网段，同属于一个广播域。可以通过 VLAN 技术，将交换 LAN 从逻辑上划分为若干个 VLAN，在站点和站点之间，使用含 VLAN 技术的 MAC 帧交换信息。图 8-12 示出了将交换 LAN 划分为四个 VLAN 的情况。此时，由 VLAN1 内的任一站点所发出的广播信息，只被交换器传送到属于 VLAN1 的所有站点，不会被传送到 VLAN2、VLAN3 和 VLAN4。这样就把一个大的广播域分割为三个小广播域。

2. 提供一定的安全保障

通过 VLAN 技术将一个交换 LAN 划分为若干个 VLAN 后，不仅可以防止其他 VLAN 中站点所发送的广播信息进入本 VLAN，还可采取适应的措施来限制其他 VLAN 中的站点访问本 VLAN，甚至可以为某些 VLAN 设置专用的"防火墙"，为 VLAN 提供安全保障。可见，VLAN 确能有效地克服交换 LAN 所存在的不能分割广播域和不能提供安全保障的两大缺点。

3. 允许 LAN 和站点做物理上的移动

在现代企业中，由于发展和市场经济的需要，企业内的机构和人员多变，经常需要改变 LAN 和站点的物理连接，这时，网管员就必须重新对网络进行配置，从而增加了管理的复杂性。根据统计，在一个大企业中，由于机构调整和人员调动，每年大约有 40% 的站点要改变一次网络配置。当在交换 LAN 中引入 VLAN 技术后，网络管理员就可一次性地把站点或网段指定到一个或多个 VLAN 上，以后，这些站点或网段在企业内不论如何移动，都能保持它与企业网的有效连接，而无须经常对 VLAN 进行人工配置。

4. 将不同交换 LAN 上的网段构成 VLAN

在大、中型企业中，通常都利用若干个交换集线器，来分区地将一批部门 LAN 互连，然后再通过某种形式的高速共享主干链路，将多个交换集线器链接起来。图 8-13 示出了利用快速以太网将两个交换器互连的情况。我们可以采用软件方法，将不同交换器上的网段定义为一个 VLAN，如图中的 VLAN2。这样，交换器 1 上的站点便可方便地与交换器 2 上所连接的站点进行通信。当连在交换器 1 上的站点发出广播信息时，该信息便可被传送到与交换器 2 相连的同一个 VLAN 上的所有站点。

5. 合理地分配服务器

在一个大型交换集线器上，通常都可以连接许多网段和多个服务器。此时在交换器上的每个站点都可访问任何一个服务器。但这既无必要，又相当不安全。我们可以利用 VLAN 功能合理地分配服务器，例如，将服务器 1 分配给 VLAN1，即只允许 VLAN1 上的站点访问服务器 1，我们说，此时已将服务器 1 连接到 VLAN1 上；类似地，可以把服务器 2 分配给 VLAN2 等。如果需要，还可以将一个服务器连接到多个 VLAN 上，使多个 VLAN 共享一个服务器；反之，也可以将一个 VLAN 连接到多个服务器上，以允许该 VLAN 上的各站点能访问指定的多个服务器。

6. 工作站能同时连接到多个 VLAN 上

如果一个工作站属于某个 VLAN，或称它是连接到某个 VLAN 上，则该站能方便地访问该 VLAN 上的资源。如果该工作站要访问另一个 VLAN 上的资源，此时须将其访问请求通过路由器或交换器的选路功能，传送到另一个 VLAN 上。显然，这样的访问会造成很大

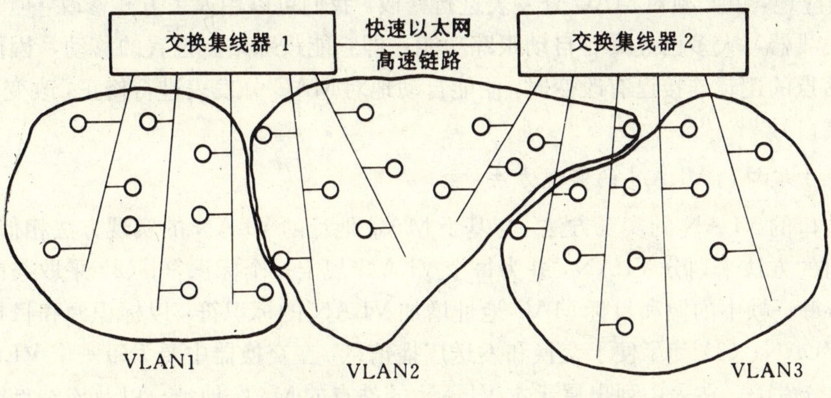

图 8-13　将不同交换集线器上的网段构成 VLAN

的时延。如果能将工作站同时连接到这两个 VLAN 上，则该工作站就无须通过路由器，便可访问另一个 VLAN 中的资源，也不必将两个 VLAN 合并为一个 VLAN。

8.3.3　虚拟 LAN 的实现方式

对于不同类型的 VLAN，其实现方法是不同的；即使对于同类型的 VLAN，也可采用不同的方法实现。下面我们对上述三种类型 VLAN 的实现方法，进行扼要地阐述。

一、基于 MAC 地址的 VLAN 的实现

1. VLAN 标识符

在尚未采用 VLAN 技术时，所有的站点都在同一个交换 LAN 中。通信时，源和目标站点都使用 MAC 地址。在采用 VLAN 技术后，已将交换器上的所有站点划分到若干个 VLAN 中，通常，每个站点都从属于一个 VLAN。为使交换器能了解到它所收到的帧是源于哪个 VLAN，目标站点又属于哪一个 VLAN，应在 MAC 帧之前增加用于标识 VLAN 的标识符，交换器对所收到的帧将根据该帧前的标识符进行转发。

2. MAC 分发表

因为在基于 MAC 地址的 VLAN 中，允许其中的各站点分别处于不同的网段上，即各站点连接在不同的交换器端口上（在此暂且认为网段和端口一一对应）。为能记住每一个站点是属于哪个网段（或端口），特为交换器的每一个端口分配一个 MAC 地址，并为每个 VLAN 配置了一张 MAC 分发表，在表中记录了该 VLAN 中所有站点的 MAC 地址，以及每个站点所连接的网段，即端口的 MAC 地址。这样，每当交换器收到一帧后，便查看该表。会方便无误地将该帧转发至目标站。下面给出了在图 8-12 中 VLAN 的 MAC 分发表。

站点 MAC 地址	MAC11	MAC12	MAC13	MAC21	MAC22	MAC31
端口 MAC 地址	1	1	1	2	2	3

3. 自动跟踪功能

在将 VLAN 配置好后，便可为每个 VLAN 建立一张 MAC 分发表。当某站点从一个网

段移动到另一个网段时，尽管被移站点的MAC地址并未改变，但它所对应的交换器端口已经改变，相应地，就必须对MAC分发表进行修改。我们可以用人工方式修改，但当前所推出的交换集线器，大多已经具有自动跟踪功能，即它能跟踪站点位置的移动，因而它在一旦发现有站点的逻辑连接已有改变时，便能自动地对MAC分发表进行修正，改变MAC地址对应的端口号。

二、基于端口的VLAN的实现方法

基于端口的VLAN的实现方法，与基于MAC地址的VLAN的实现方法相似：(1) 用按端口分组的方法来划分VLAN，并为每个VLAN规定一个标识符；(2) 采取与前面相似的方式，为每一帧中的源和目标MAC地址增加VLAN的标识符，以标识源和目标站点是属于哪个VLAN；(3) 为了便于交换和发送广播信息，在交换器中要为每一个VLAN配置一张MAC分发表，在表中列出属于本VLAN的站点的MAC地址，以及该站点所隶属的网段的交换器端口号。

当一个VLAN所包括的端口跨越了几个交换器时，情况就要复杂一些。一种可行的解决方法是所谓的信令报文(Signaling Message)方法。该方法是在站点开机时，由本地交换器通过识别出该站点所隶属的端口分组，来确定它的VLAN号，然后将该站点的MAC地址和VLAN号构成一管理帧，再发往连接在主干线上的其他交换器。后者在收到该帧后，便与交换器所有的VLAN号进行比较，若有匹配者，便将该站点的MAC地址和交换器地址，记录在相应的VLAN的MAC分发表中。注意，在跨越多个交换器的MAC分发表中，应增设交换器的地址项，这样，交换器便可知道每个VLAN的站点是连接在哪个交换器上。该方法简单易行，适用于规模较小的企业网络。

三、基于第三层的VLAN的实现方法

前面所介绍的基于端口和基于MAC地址的VLAN，都是在第二层实现的；而基于第三层的VLAN，则是在第二层和第三层实现的。虚拟LAN内部各站点之间的数据交换，是由交换器第二层的交换机制实现的。其实现方法与基于MAC地址的VLAN的实现方法相似，而各VLAN之间的数据交换，则由交换器第三层的选路机制实现的，它与传统路由器进行选路的方法，同样有许多相似之处，但由于它只涉及到在多个VLAN之间的数据交换，故而要简单得多。

8.4 传统网络与ATM连接的规范——LANE、IPOA和MPOA

尽管利用ATM交换器来互连企业中的各种LAN或传统的IP网络，有可能获得高性能的企业网或广域网，以满足多媒体通信的需要，但ATM技术与现有的LAN和WAN技术间还存在很大差异，致使ATM技术不能支持现有LAN和WAN的应用。如果希望ATM在LAN和WAN领域中获得发展，并且它真正能对网络管理员有所帮助，就必须使得在ATM与LAN及WAN之间容易实现信息互通。为此，许多ATM厂家都在进行这方面技术的研究和开发出相应的产品；而有关的国际标准化组织，如ATM论坛和IETF (Internet Enginerring Task Fore)，都先后制订了多种用于实现传统网络与ATM相连接的规范——LANE、IPOA 和 MPOA 等。

8.4.1 局域网仿真 LANE

为了能利用 ATM 交换器来互连企业内的 LAN，并实现 ATM 与 LAN 之间的信息互通，ATM 论坛于 1995 年初，发布了局域网仿真 LANE V1.0 版本，并在两年后，即于 1997 年 2 月，ATM 论坛又发布了 LAN V2.0 版本。利用 LANE（LAN Emulation）软件可以较好地实现 ATM 网络与以太网、令牌环网的互连，使 ATM 网络中的各种功能，包括连接的建立、信元的拆卸与组装、寻址等操作，对 LAN 都是透明的。这样就可使原 LAN 中的硬件和软件，都无须做任何变动，便可使各 LAN 上的用户通过 ATM 网络进行通信；或者说，利用 LANE 软件把一个 ATM 网络改造成若干个虚拟 LAN。这种虚拟 LAN 又被称为仿真 LAN（ELAN）。

一、*局域网仿真的目的*

1. 提高网络性能

为了使企业网络（乃至工作组网络），能利用 ATM 交换器作为网络互连设备，以提高网络的性能，如获得更宽的频带、提供好的网络服务质量，使网络能满足各种业务的需要，其中也包括对实时性、准确性要求较高的业务的需要。

2. 保护原有的网络投资

在提高网络性能的同时，又可使企业中原有的大量 LAN 硬件和软件，能继续发挥作用，从而保护了企业在网络上的原有投资。

3. 方便了用户

利用 LANE 后，将会屏蔽掉 ATM 网络所固有的一些特性，用户仍可按照原来的方法使用硬件和软件，保护了用户原有的各项应用，方便了用户。

二、*ATM 技术与 LAN 技术间的差异*

ATM 技术与传统的 LAN 技术之间的差异是相当大的。在了解了这些差异之后，对研究 LANE 是有帮助的。它们之间的差别主要表现在以下几个方面：

1. 连接性

ATM 所支持的服务，其大多数都要求在通信前，先建立一条端一端连接，以保证信息包传输的完整性和有序性，并能及时发现包的丢失；而 LAN 是面向无连接的，它在通信前无须先建立连接，包的传送是无序的，不能发现包的丢失。

2. 信息传输的基本单位

在 LAN 中，信息传输的基本单位是帧，是不定长的，而且所允许的最大帧长可达数千个字节；而 ATM 中传输的基本单位则是信元，是定长的 53 个字节，因此，在将 LAN 中的信息送入 ATM 网时；必须先对帧进行拆卸；反之，当信息从 ATM 网络送入 LAN 时须进行帧的组装。

3. 地址形式

ATM 所支持的地址形式是 ATM 地址，这是在信头中的虚通道号/虚信道号（VPI/VCI）；而 LAN 中所使用的是 MAC 地址。ATM 交换器并不能识别 MAC 地址，因此，在将 LAN 中的信息送入 ATM 时，应进行地址映射，以将 MAC 地址转换为 ATM 地址。

4. 多点和广播通信

在 LAN 中，特别是共享式 LAN 中，很容易实现多点和广播通信；而在 ATM 网络中则通常是实现端—端通信。在 ATM 网络中为了能仿真 LAN，必须增加用于实现多点和广播通信的机制。

5. 服务质量

ATM 网络能根据用户业务的类型，提供相应类型的服务。ATM 要求用户事先以显式方式提出业务类型和服务质量要求；而在 LAN 中则不能给出明确的服务质量保证，因此也不要求用户提出服务质量要求。

三、仿真局域网的逻辑构成

图 8-14 示出了一个利用 ATM 交换器来互连各 LAN 和 ATM 终端设备等的结构图。其中包括：(1) ATM 工作站：这是在其中插入 ATM 网卡并直接接至 ATM 交换器上的设备；(2) ATM/LAN 网桥：用于将传统的 LAN 连接至 ATM 上的网桥；(3) 连接至 ATM 端口上的交换集线器；(4) 连接至 ATM 端口上的路由器等。

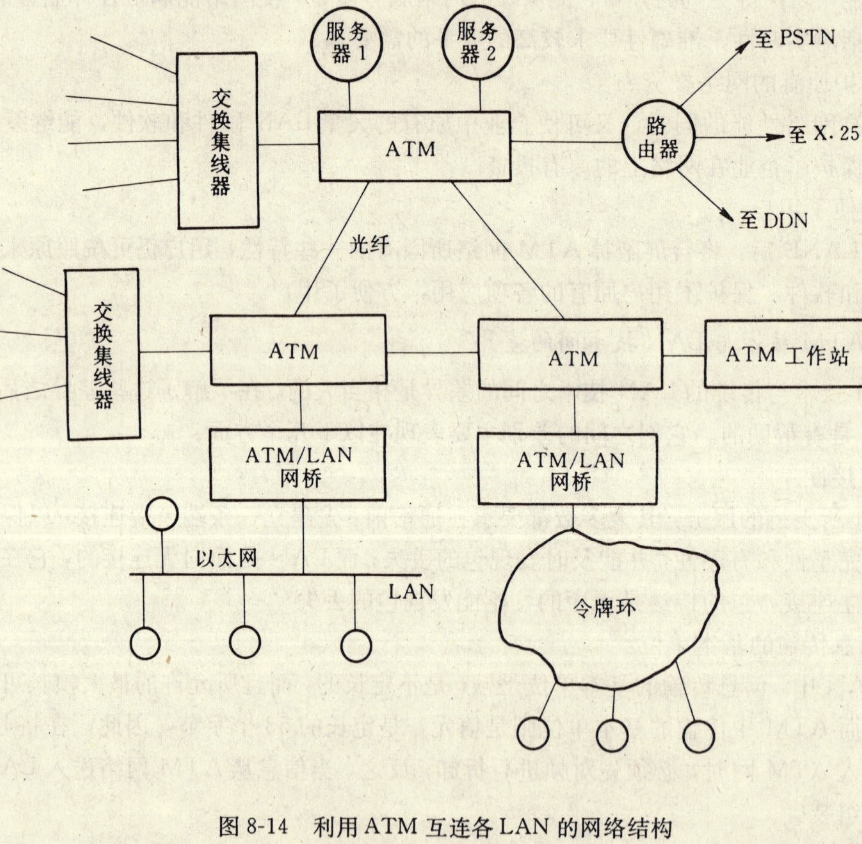

图 8-14 利用 ATM 互连各 LAN 的网络结构

LAN 仿真是基于客户/服务器模式的。LANE 允许在一个 ATM 网络中实现多个仿真局域网 ELAN。在 LANE 中规定了以下的客户机和服务器：

1. 局域网仿真客户机 LEC (LAN Emulation Client)

LEC 驻留在能够和 ATM 交换器直接连接的网络结点中，如在图 8-15 中的 ATM 工作站、ATM/LAN 网桥等结点。LEC 向现有的 LAN 等设备提供介质访问子层（MAC）的服务接口。每一个 LEC 具有一个唯一的 ATM 地址，而且 LEC 可与一个或多个具有 MAC 地址的终端相连，能代理原有 LAN 等设备和 ATM 网络交换数据，实现整个 ELAN 中所有终端间的通信。

2. 局域网仿真配置服务器 LECS（LAN Emulation Configuration Server）

通常，在每一个管理域中都配置一个 LECS，用于保存本域中的所有 LEC 的配置信息。在 ELAN 中的每个 LEC 都将自己的 MAC 地址和 ATM 地址，以及 LAN 类型等信息送 LECS 中保存，而 LECS 又将 LEC 所隶属的 LAN 仿真服务器的 ATM 地址送 LEC。

3. 局域网仿真服务器 LES

在每个 ELAN 中都有一个 LES，每个 LES 都有一个 ATM 地址。当 LEC 联机时，便在 LES 上登记自己的 MAC 地址和 ATM 地址，LES 则利用这些信息形成一张 MAC_ATM 地址映射表，向 LEC 提供 MAC_ATM 地址映射服务。

4. 局域网仿真广播和未知服务器 BUS（LAN Emulation Broadcast and Unknown Server）

BUS 在 ELAN 内用于实现广播通信。当某个 LEC 要把信息包广播到多个 LEC 上时，该 LEC 是先把该信息包传送给 BUS，由 BUS 建立起多点连接，把信息包转发至 ELAN 上的多个 LEC 或全体 LEC；此外，BUS 也用于处理不知道 ATM 地址的信息包。

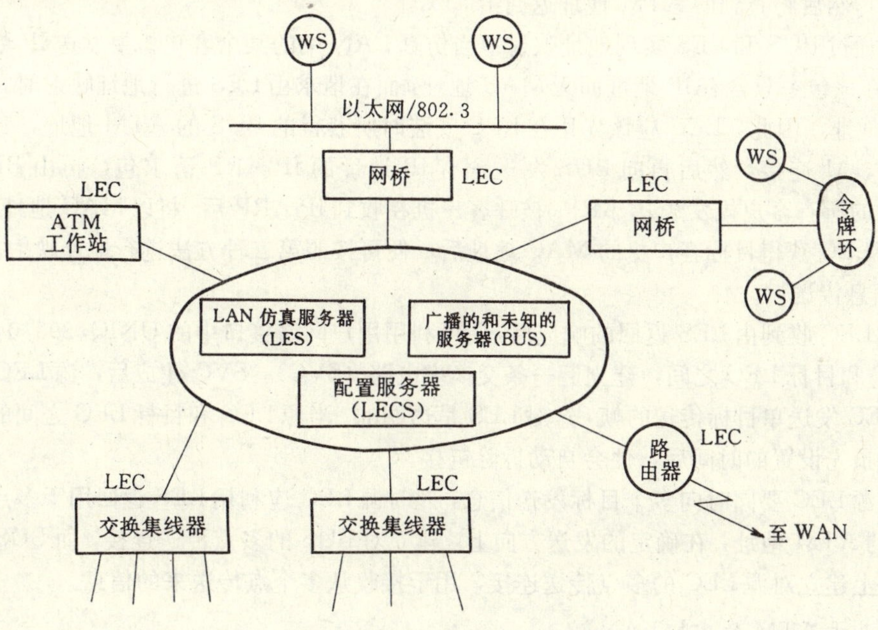

图 8-15 仿真局域网的逻辑构成

四、局域网仿真的功能

LAN 仿真服务的功能主要有：初始化、从 MAC 到 ATM 的地址转换、帧的传送等。

1. 初始化、连接和登记

在将任何一种LEC连接到ATM的端口上时，都应首先执行初始化、连接和登记规程，在此阶段结束后，每个LEC便具有了适当的初始化参数，如仿真客户机的类型、LEC的标识符、连接超时时间间隔、转发延迟时间等，并配置有MAC和ATM地址。

LEC初始化结束后，将去访问LECS，以确定自己属于哪个仿真服务器LES，LECS则把LES的ATM地址送回，于是LEC与LES间便建立了连接。LES将LEC的MAC地址与ATM地址填写到一张MAC_ATM地址映射表中，继而LEC又向LES发送局域网仿真地址解析协议（LE ARP）请求包，LES再把BUS的ATM地址返回给LEC，以便在以后能向BUS发送多点传送和广播帧。

2. 地址映射

在LAN中，各终端间的通信是采用MAC地址的，而在ATM网络中，则要求使用ATM地址。为此，在LEC中，在把信息包由LAN送往ATM网络时，应执行从MAC到ATM的地址变换功能；而把信息包由ATM网送往LAN时，则进行相反的变换。地址映射可用以下几种方式：

（1）由LEC进行地址映射：由于在LEC中，通常都保留了有关客户机的MAC到ATM的地址映射信息，因此在大多数情况下，可由LEC进行地址映射。

（2）由LES进行地址映射：如果在LEC中查不到目标客户机的MAC_ATM地址映射信息，则此时须借助于LES来进行地址映射。这时，由LEC向LES发送含有目标站MAC地址的"MAC_ATM地址映射访问"包，LES收到该询问包后，便去查找MAC_ATM地址映射表，然后将查到的ATM地址返回给LEC。

（3）通过BUS和LES实现地址映射：当仿真LAN中的某个客户机要发送IP数据包时，由于在该包中只含有IP地址而无MAC地址，而在请求由LES进行地址映射时又必须有MAC地址，因此，LEC应该先用在LEC安装时所获得的BUS的ATM地址，建立与BUS的ATM连接，然后再向BUS发送含有IP地址的IP ARP请求包，再由BUS向ELAN中的所有客户机发送IP ARP。被呼客户机在收到IP ARP后，将以MAC地址响应。这样，在LEC获得目标客户机的MAC地址后，便可按照第二种方法进行地址映射。

3. 信息传送

在源LEC收到由LES返回的响应后，便可利用用户网络接口中的UNIQ. 29310呼叫，在源LEC和目标LEC之间，建立起一条交换虚电路（SVC）。SVC建成后，源LEC便可向目标LEC发送单目标传送的帧，这对LES是透明的。当源LEC和目标LEC之间的信息传送达到预先设置的时间后，便会自动拆除链接。

如果源LEC要同时向多个目标发送信息，此时源LEC应利用LES返回用于多点传送的BUS的ATM地址，在确定的发送方向上，建立对BUS的多点传送连接，而BUS也在返回路径上建立对源LEC的多点传送连接，用于接收从多个点传送来的信息。

五、基于ATM的虚拟LAN

在利用LANE时，可以将一个ATM物理网络虚拟为若干个虚拟局域网（VLAN）。每一个仿真LAN便是一个VLAN，它由若干LEC和一个LES及BUS所组成。事实上，可以把LANE技术看作是ATM领域中在第二层（MAC）上实现的VLAN技术，因而，它与基于交换集线器的VLAN，有许多相似之处。比如，把物理的和逻辑的网络基本结构完全分离，从而可以使得VLAN与LEC的物理位置无关。换言之，如果将LEC从一个物理位置移到另一个物理位置时，则该LEC仍然属于同一个VLAN。此外，也可以进一步压缩广播流量，增强ELAN的安全性。

六、LANE的优缺点

LANE是当前用于实现ATM网络与LAN互连的主要技术，它能很好地支持以太网、令牌环等传统的LAN，在这些LAN中可以使用MAC地址进行通信，而LANE软件，不仅具有虚拟LAN的功能，可将一个ATM物理网络划分为若干个仿真LAN，而且LANE还能在ELAN中实现多点和广播通信功能。LANE软件相对地也比较简单，因此该软件比较适合于能遵循IEEE 802标准的LAN与ATM网络的互连。

LANE的不足之处首先表现为：它不能充分利用ATM所具有的一系列优点，如，LANE不能提供多媒体和服务质量属性，也不能保证信息传输的可靠性；其次，当ELAN中的主机发送IP数据包时，需要利用两步地址解析方法。第一步是通过BUS获得目标主机的MAC地址；第二步是利用LES实现MAC_ATM地址映射。显然，该方法会影响IP数据包传输的时延；第三个不足之处在于：当不同ELAN内的主机要进行通信时，必须使用传统的路由器。由于路由器的交换速率远低于ATM的交换速率，这无疑会显著地增加传输时延，因而使LANE无法利用ATM的多媒体和服务质量属性。

8.4.2 ATM上的传统IP协议（IPOA）

早在1993年和1994年时，Internet工作组IETF便在RFC 1483（AAL5上的多协议封装）和RFC 1577（IPOA）两个文件中，定义和描述了在ATM上的传统IP（Classical IP Over ATM）协议，是用于实现传统的IP网络与ATM连接的规范。它和LANE是当前用得最多，也是最成熟的两个规范。

一、IPOA规范简介

IPOA是基于TCP/IP协议的基本思想，把ATM网络也看作是一种不同于LAN的异构型网络。它们处于平等地位。利用IP协议能实现在ATM网络和以太网、令牌环，以及WAN等不同网络之间的通信。利用该规范，可使用户在ATM网络上直接运行基于IP协议的TCP、UDP等网络协议和FTP、NFS及WWW等网络应用。IPOA既支持在ATM的永久虚电路（PVC）上运行，又允许在交换虚电路（SVC）上运行。

在IPOA规范中引入了逻辑IP子网LIS（Logical IP Subnetwork）的概念。根据用户和网络管理员对连接性的要求，可将ATM网络划分为若干个LIS，其中每一个LIS都是由直接连接到ATM网络上的主机、路由器等组成，这些设备可以分布在ATM网络内的任何位置，并允许网络管理逐个地定义LIS的服务质量。图8-16示出了将一个ATM网络划分为LIS1和LIS2的情况。

在同一个逻辑IP子网中的主机和路由器，具有相同的子网地址和网络屏蔽，它们之间可以相互直接通信；而在不同LIS中的主机，即使它们也都是直接连接到ATM网络上，但也只有通过路由器，才能进行通信。

为使基于IPOA的各种网络协议和网络应用能在ATM上运行，IPOA规范应具有下述的功能和机制：信息包的封装、IP地址到ATM地址的映射、LIS内的源和目标主机之间

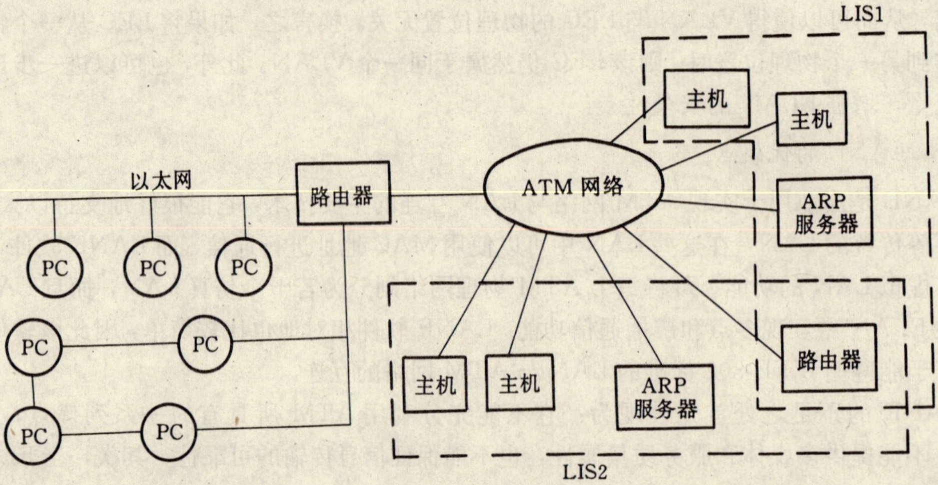

图 8-16　将一个 ATM 网络划分为两个 LIS

连接的建立和通信，不同 LIS 中主机之间的通信等。

二、IP 数据包的封装与拆卸

在 IPOA 协议的层次结构中，可分为 TCP/UDP、IPOA、AAL5、ATM 层和物理层。由主机发送的 IP 数据包不能直接通过 ATM 网络，而是须先在 ATM 网络的边缘，由 IPOA 层在 IP 数据包前加上逻辑链路控制/子网访问协议（LLC/SNAP）的头标，形成 IPOA 数据包，然后由 AAL5 层中汇聚子层的公共部分（CPCS），在 IPOA 数据包后增加 CPCS-PDU 尾标和循环冗余校验码，形成 AAL5 协议数据单元。在 ATM 上传统 IP 数据包的允许长度为 9180 个字节，足以容纳传统 LAN 和 WAN 的信息包，无须再将它们分段。见图 8-17 所示。

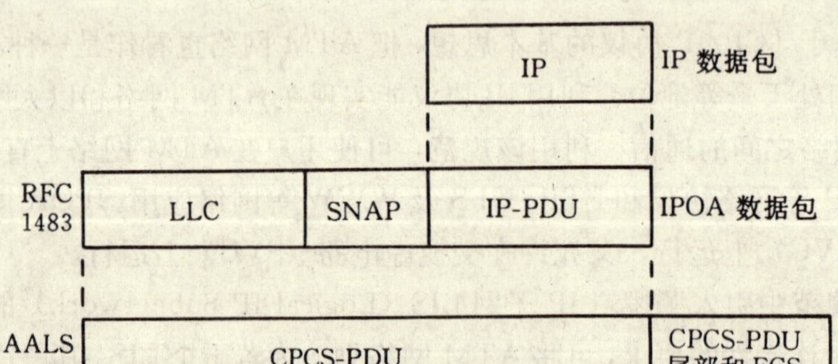

图 8-17　IPOA 中数据包的封装过程

当 IP 数据包进入 ATM 交换机，并被封装成 AAL PDU 后，为使其能在 ATM 网络中传送而将 AAL PDU 分解为一系列的 ATM 信元，再由 ATM 逐个信元地在 ATM 网络中传输和交换。当这些信元被传送到目标站点处的 ATM 边界时，目标 ATM 又将这些信元重新组装在一起，以恢复成 IP 数据包。可见，可以把 ATM 网络看作是一个跳步（NOP）而不管它究竟有多少个 ATM 交换机。总之，在 ATM 网络内部是采用信元传输，而在 ATM

网络外部，则用IP数据包传输，信息包的封装，以及将若干个信元重新组装成IP数据包的操作，都是在ATM网络的边界上进行的。

三、IP_ATM地址映射

在IP数据包中所包含的只是IP地址；而在ATM网络中传输时，要求用ATM地址，因此，IPOA必须解决IP_ATM的地址映射问题。为此，须在每个LIS中都配置一个地址解析协议服务器(ARPServer)，用来实现IP_ATM的地址映射。在ARP中具有一个为LIS中所有主机都知道的ATM地址。

每当安装了一台新的IP主机时，都要求它利用已配置好的地址建立与ATM服务器的连接。ATM服务器在检测到来自新主机的连接后，便向该主机发送反向ARP请求，要求该主机在ARP服务器上登记自己的IP和ATM地址。ARP服务器便将该地址记录于IP_ATM地址映射表中。

当LIS中的某台主机需要与另一个主机通信时，由于源主机只知道目标主机的IP地址，并不知道其ATM地址，因而源主机须向ARP服务器发送ARP请求包，这时，ARP服务器将目标主机的ATM地址传送给源主机。这样，源主机与目标主机之间便可建立ATM连接，此后才允许进行数据传送。

四、LIS内的通信机制

当两台主机要进行通信时，须首先在它们之间建立连接。如果两主机是处在同一个LIS中，这时连接的建立过程，可按下述步骤进行，既简单又迅速。

1. 由于源主机只知道目标主机的IP地址而不知其ATM地址，所以须先由源主机中的IP/ATM模块向ARP服务器发送含目标主机IP地址的ARP请求包。

2. ARP服务器收到ARP请求后，根据其中给出的IP地址去查找IP_ATM地址映射表，从中找出目标主机的ATM地址，并用以形成响应包返回给源主机。

3. 源主机收到响应包后，利用其中的ATM地址向目标主机发出呼叫，这样便可在该两主机之间建立起一条交换虚电路。

4. 目标主机在收到源主机发来的第一个信息包后，也利用其中的IP地址向ARP服务器发出ARP请求，以获得源主机的ATM地址。

5. 在目标主机获得源主机的ATM地址后，便可在两主机间实现双向通信。此后的通信再无须ARP服务器的介入。在通信结束后，可以由任何一方请求拆除已建立的虚电路，或者在某一规定时间内(缺省值为15～20分钟)没有使用该连接，则该连接会自动被拆除。

五、LIS之间的通信机制

在每一个LIS中都配置了一个ARP服务器，但由于ARP服务器只用于在本LIS中实现主机的IP-ATM地址变换，可见，上述过程不能适应用于不同LIS中两主机之间的通信。为了在不同LIS中的两主机之间能进行通信，必须在ATM网络中设置路由器，才能达到此目的。在图8-19中示出在不同LIS间的通信机制。其通信过程大致可分成下述几步：

1. 由源LIS中的主机向所在LIS中的ARP服务器发出ARP请求，以获得所在LIS与之连接的路由器的ATM地址，该路由器同时也连接至目标LIS。

2. ARP服务器接到请求后，查找地址映射表，从中找出与所在LIS相连接的路由器的ATM地址，并以响应包的形式，将路由器的ATM地址返回给源主机。

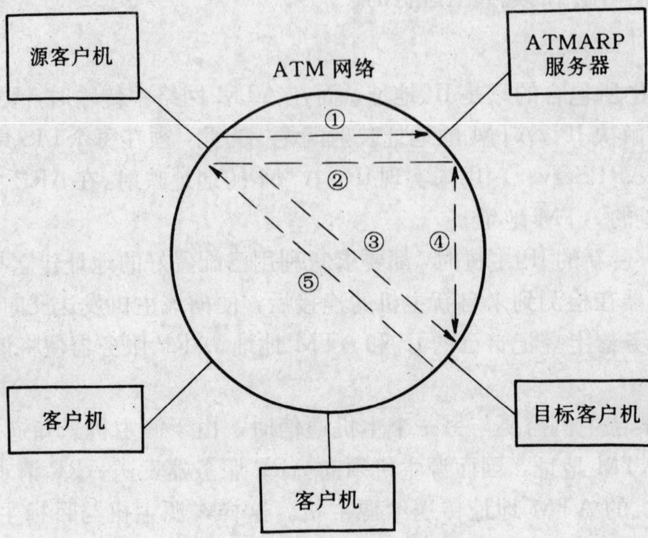

图 8-18　LIS 内的通信机制

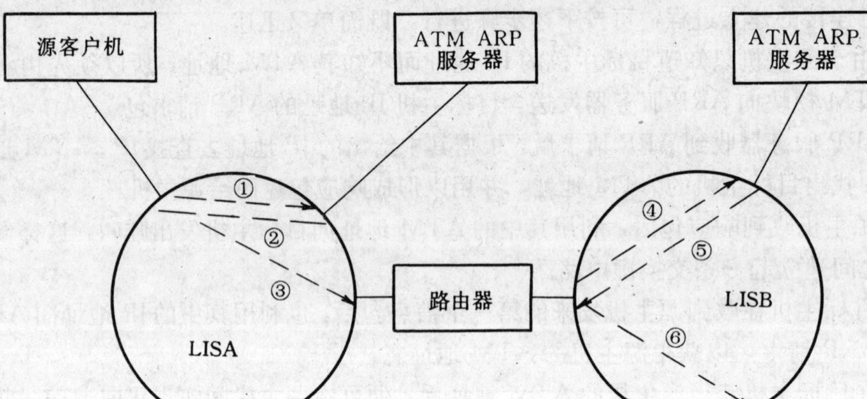

图 8-19　不同 LIS 间的通信机制

3. 由源主机向路由器发出呼叫，以建立一条交换虚电路，并向路由器发送 IP 请求包，其中含有目标 LIS 中目标主机的 IP 地址。

4. 路由器收到源 LIS 中主机送来的 IP 包后，利用目标主机的 IP 地址，向目标 LIS 中的 ARP 服务器发出 ARP 请求，以获得目标主机的 ATM 地址。

5. 路由器获得目标主机的 ATM 地址后，便向目标主机发出呼叫，与之建立一条交换虚电路。这意味着，路由器已建立了两条交换虚电路，一条是由路由器与源主机之间的虚电路，另一条是路由器与目标主机的虚电路。可见，此时在源和目标两主机之间已经形成了一条途经路由器的虚电路，所以，这时在两主机之间便可利用该虚电路进行通信。

六、IPOA 的优缺点

至此可知，IPOA 成功地解决了在 IP 地址与 ATM 地址之间的映射问题，且可用较简便的方法实现同一 LIS 内两主机之间的通信，因而可使传输时延显著减少，比较适用于 IP 的网络环境，如通过 TCP/IP 互连起来的 WAN 和 LAN。

IPOA 的主要问题在于，它只规定了在同一 LIS 内的主机间的通信规程。而为了实现在不同 LIS 中两主机间的通信，即使两主机都直接连接到 ATM 交换器上时，也仍然还须通过中间路由器，这无疑给主机间的通信造成明显的时延。当 ATM 网络的规模较大时，相应的 LIS 数目会较多，此时的路由器便很容易成为 ATM 网络的瓶颈。此外，IPOA 也不支持多点传输和广播通信方式。目前，IETF 正在针对 IPOA 所存在的问题进行研究，制订出补充协议，如 ROLC 工作组已制订的"下一跳解析协议 NHRP（Next HOP Resolution Protocol)"，以减少信息通过路由器时的时延；又如，IETF 正在研究制订的"多传送地址解析服务器（Multicast Address Resolution Server）协议"，用来支持多点传输和广播通信。

8.4.3 ATM 上的多协议（MPOA）

尽管 LANE 和 IPOA 已经解决了在 ATM 网络与 LAN 和 WAN 之间的信息互通性问题，并得到众多厂商的支持及广泛应用，但它们都还存在某些局限性，从而限制了 ATM 网络不能发挥出其更好的性能。因此，标准化组织在推出 IPOA 和 LANE 规范时，便又立即着手于 ATM 上多协议 MPOA 的研究，试图能更好地实现在 ATM 网络与 LAN 和 WAN 之间的互通。

1997 年 7 月 28 日 ATM 论坛在加拿大正式通过了 MPOA 1.0 版本。MPOA 是将 LANE、IPOA 及下一跳解析协议（NHRP）等规范功能集成在一起，可支持多种协议。由于技术上的复杂性和时间的紧迫性，使 MPOA 第一版本所涉及的范围已被大大地压缩，原计划中要实现的诸如支持网络层的组播和广播等功能，及将网络层的 QOS 映射为 ATM 的 QOS 等问题，都只有放到以后的版本中解决。

一、MPOA 的特点

由于 MPOA 已经是在吸取早期几种规范的优点，克服它们的缺点的基础上形成的，因而它具有早期的规范所不具有的一系列优点：

1. 支持多协议

MPOA 不仅能支持 LANE（运行在 MAC 层）的功能，实现 MAC 地址到 ATM 地址的映射，而且还能支持 IPOA（运行在网络层）的功能，实现由 IP 地址到 ATM 地址的转换；此外，也能将其他的网络层地址转换为 ATM 地址，即 MPOA 能支持多种网络协议。

2. 建立直通虚电路

LANE 和 IPOA 两种规范具有一个共同的缺点，即两者都必须通过传统的路由器，才能实现各 VLAN 之间的通信，即使是源和目标两站点都直接连接到 ATM 上，但只要它们不处在同一个逻辑子网内，都必须通过路由器才能通信。由于路由器的交换功能远不如 ATM 强，因而很容易产生瓶颈问题，进而限制了 ATM 高速性能的发挥。

但在 MPOA 中，由于其下一跳解析协议（NHRP——Next Resolution Protocol）允许通过 ATM 在源站点和目标站点之间建立直接连接，即建立直通虚电路，即使在源和目标主机之间要经过多个路由器，而此直通虚电路却可以将指定的或所有的路由器旁路，形成由源主机到目标主机之间的所谓“一步跳”，从而消除了须经过多个路由器的多次“跳”所造成的时延。图 8-20 示出在引入 NHRP 后，在源主机（IP1.1）和目标主机（IP2.1）之间所建立的一条直通虚电路。

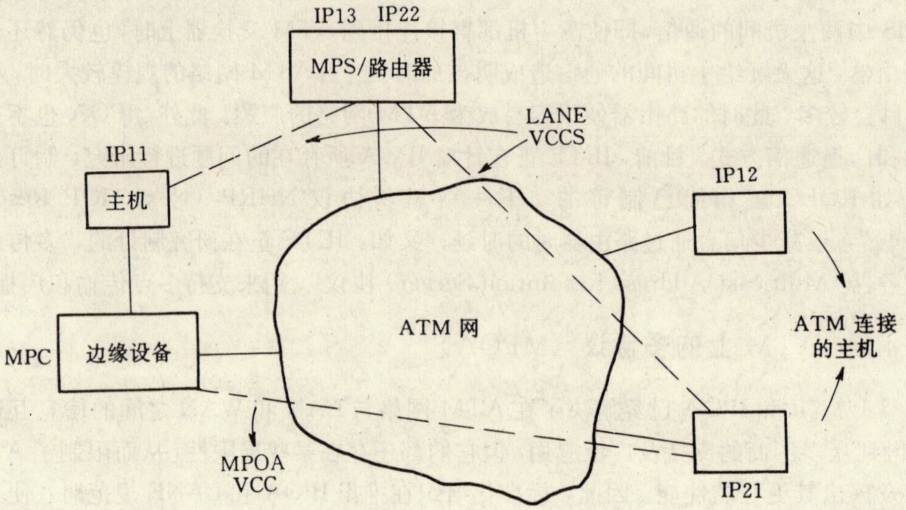

图 8-20 MPOA 建立的直通虚电路

3. 能支持可变长度的最大传输单元（MTU）

在仿真 LAN 中的所有设备，都必须使用相同的最大传输单元（MTU）。对以太网而言，其 MTU 仅为 1500 字节，远小于 ATM 网络所允许的 MTU。这又将进一步影响到 ATM 高吞吐量这一优良性能的发挥；而在 MPOA 中则允许可变长的 MTU。

4. 能利用 ATM 网络的 QOS

在 ATM 网络中，定义了若干个服务质量参数（QOS），对于不同的业务，ATM 将提供不同的 QOS；而在 LANE 规范中，由于 LAN 自身的局限性而无法提供 QOS 保证；在 IPOA 中也不能提供 ATM 所提供的 QOS；而在 MPOA 中，由于实现了 NHRP 协议，且支持可变长的 MTU，能将网络层地址直接映射为 ATM 地址等等，这些，为应用程序能利用 ATM 所提供的 QOS 服务，铺平了道路。

二、MPOA 的逻辑构成

MPOA 同样是基于客户/服务器模式。相应地，在逻辑上，MPOA 是由 MPOA 客户机（简称 MPC）和 MPOA 服务器（简称 MPS）所构成。实际上，在 MPOA 1.0 中定义了在 MPC 和 MPS 之间，及 MPC 和 MPC 之间的互操作，以及为实现这些互操作所需完成的功能。

1. MPC

MPC 是驻留在 ATM 网络的边缘设备中，如与 ATM 交换机相连接的交换集线器、

ATM 主机，以及 LAN/ATM 网桥等设备。其主要功能是转发数据包。MPC 处于网络层与 LEC 层间，它接收来自网络层的数据包，再根据本次通信是属于本子网内部的通信，还是与其他子网之间的通信，做出相应地处理。若是本子网的内部通信，便交给 LEC 去处理；若是子网间的通信，就须为本次通信建立一条交换虚电路来传输信息。

在 MPC 中配置了两个高速缓存：

（1）入口高速缓存：用于记录 MPC 已建立的直通虚电路中的有关信息，即，如果在源 MPC 和某个目标 MPC 间已经建立了一条直通虚电路，则源 MPC 将把 MPS 的 ATM 地址和目标 MPC 的网络层地址、ATM 地址等信息，记入入口高速缓存中，如图 8-21 所示。

关 键 字		内 容		
MPS 的 ATM 地址	目标 MPC 的网络层地址	目标 MPC 的 ATM 地址或 VCC	封装信息	其他信息

（a）入口高速缓存

关 键 字		内 容		
目标 MPC 的网络层地址	源/目 MPC 的 ATM 地址	LEC	DLL 信头	其他信息

（b）出口高速缓存

图 8-21 入口和出口高速缓存

（2）出口高速缓存：用来记录源/目标 MPC 的 ATM 地址、目标网络层地址，以及 LEC 和 DLL 信头等信息。

2. MPS

MPS 通常驻留在路由器中，或驻留在具有第三层交换功能的交换机中。用于维护本地的网络层、MAC 层和 ATM 地址信息，以及路由表，实现传统的路由器功能。在此 MPS 中还包括有 NHRP 服务器（简称 NHS），用来在源 MPC 和目标 MPC 之间建立直接连接。

从 MPC 和 MPS 所具有的基本功能上可以看出，传统路由器所具有的转发数据包功能和路由控制功能，在 MPOA 中是被分别置入 MPC 和 MPS 中，这显著地减少了路由系统的负担；且 MPOA 中的路由系统还可充分利用 ATM 交换结构的优点。这样，MPS 便可形成一个性能极好的路由系统。

三、MPC 的工作流程

MPC 在接收到从网络层传送下来的数据包后，将根据情况的不同分别做下述几种处理。

1. 同一子网内主机之间的通信

MPC 层对所接收的数据包中的 MAC 地址进行检查。如果该地址与 MPS 中的 MAC 地址相同，表示数据包应发往另一子网中的主机，因而需要由 MPS 中的路由系统进行干预，否则，表示该数据包传送的源和目标地址均属于同一了网，所以此时应直接将数据包传送给 LEC 层，再由 LANE 软件进行处理，以建立一条到达目标主机的虚电路。

2. 不同子网中主机之间的通信

对于不同子网中主机之间的通信，又可分成两种情况，一种是在源和目标主机之间，已经建立了直通虚电路；另一种是尚未建立直通虚电路。

（1）已建立了直通虚电路：当数据包中的MAC地址与MPS的MAC地址相同时，表明这次是不同子网之间的通信。MPC将利用MPS的ATM地址和目标MPC的网络层地址，作为关键字，去查找入口高速缓存，若找到匹配项，表示在源MPC和目标MPC间已建立了一条直通虚电路，该项中的ATM/VCC就指定了该虚电路。这时，应将数据包中的原链路层的封装剥去，换上在该项中记录的封装信息，然后再将改封过的数据包送入直通虚电路传送。

（2）未建立直通虚电路：若在入口高速缓存中未找到匹配项，表明在源MPC和目标MPC之间尚未建立直通虚电路。如果所需传送的数据并不多，则MPC并不为本次的数据传送建立直通虚电路，而是仍将这些数据包送入LEC层，以按通常的方式使数据包经路由器到达目标MPC。但如果本次所要传送的数据较多（大于某规定值），则MPC将会发出建立直通虚电路的请求给MPS，由后者按照NHRP协议，为源MPC和目标MPC之间建立一条直通虚电路，将该虚电路的有关信息送源MPC，并把这些信息记到入口高速缓存中，此后，源MPC便可利用该直通虚电路把数据包传送给目标MPC。

8.5 企业网中的远程数据通信

作为一个现代化的企业网络，不仅应能在本地的各LAN之间实现数据通信和资源共享，而且还应具有能与远程LAN及远程工作站进行通信和共享资源的能力；此外，企业网还必然要与外界（如银行、生产厂家、供应商等）发生广泛的通信联系。上述种种远程通信都是借助于WAN中的通信线路实现的。

8.5.1 利用WAN实现远程通信的方式

在50～60年代，发达国家实现远程数据通信所依赖的主要是公用交换电话网PSTN；而到70～80年代时，又广泛使用X.25网络；进入90年代后，已开始使用帧中继网和ATM网络来实现远程数据通信。在我国，80年代时由于尚未建立起X.25网，因而还只能用PSTN实现远程数据通信。但在进入90年代后，我国的电信事业已得到蓬勃发展，先后建立起了全国性的公用数据网，因而在90年代中、后期，已经广泛利用ChinaPAC和ChinaDDN，乃至用ChinaFRN，来实现企业与外界的远程数据通信。

一、利用PSTN实现远程数据通信

利用PSTN实现远程通信的方法，在当前仍然是广泛流行的，且是最成熟（技术上）的一种方法。由于PSTN是专门为传送话音信息而设计的，它不能直接传送数字信号，因此，如果要用它来传送数字信号，就必须在数字设备和电话网之间，接入调制解调器，用以进行数模变换及模数变换。

利用PSTN实现远程通信的优点是：其技术成熟、PSTN的地理覆盖范围广，而且是目前唯一能深入到企业、农村和家庭的WAN；其缺点是：（1）传输速率不高，长期以来，通信速率都一直停滞在2.4～9.6Kbps之间，仅在进入90年代后，其传输速率才有了较大的提高，到1998年时已提高到56Kbps；（2）误码率较高：它在几种WAN中是误码率最

高的，通常达 10^{-5}～10^{-7}；(3) 其通信费用随通信距离的加大而提高，这是因为它是按通信线路的长度收费的。

利用 PSTN 的远程通信方式，比较适合于对传输速率要求不高，所传送的数据文件较短，且对接通呼叫所花费的时间无严格要求的场合。可见，这种方式的最佳应用环境，是远程终端与主机之间，近几年来也常作为后备通信手段。

二、利用 ChinaPAC 实现远程数据通信

在当前，不论是国外还是国内，利用公用数据网进行远程通信，是仅次于利用电话网的一种方式。

利用公用数据网进行远程通信的方式，其主要优点是：其技术比较成熟、地理覆盖范围也相当广，能提供面向连接的永久虚电路（PVC）和交换虚电路（SVC）服务，又具有极强的检错和纠错功能，从而保证了数据的正确传输。其不足之处在于：X.25 网的传输速率不高，通常仅为 9.6Kbps～64Kbps，可见，这已不能满足日益膨胀的用户需要。

基于 X.25 网的远程通信方式，其通信费用与所传输的数据量成比例，较适合于间歇性的传输一定量数据的场合，尤其适合于交互式的会话系统，如航空机票预订系统中的查询业务。当前大多数通信业务量并不很大的企业，都广泛利用 X.25 网进行远程通信，因为 X.25 网比 PSTN 更可靠，速度更快，且也比后面即将介绍的 DDN 和帧中继方式，更为经济和方便。

三、利用 ChinaDDN 和 ChinaFRN 实现远程数据通信

1. 利用 ChinaDDN 实现通信

ChinaDDN 可向用户提供 2.4Kbps～N×64Kbps 传输速率的信道，其中倍数 N 为 1～31，最高传输速率为 E_1 (2.048Mbps)。在今后，其传输速率还可进一步提高。利用 DDN 实现远程通信，不仅能获得很高的传输速率，而且当通信的业务量大时，还可租用一条 DDN 的永久虚电路（PVC），这样，每年的花费比利用 X.25 网时更为经济（X.25 网在信息量大时，花费很大），因此，目前已有不少通信业务量大的企业，已采用 DDN 的 PVC 来实现远程通信。

2. 利用 ChinaFRN 实现通信

我国在 1997 年已开通了帧中继网 ChinaFRN，用来实现远程通信时，可获得非常高的传输速率，即从 64Kbps～34Mbps，非常适合于本地企业网与远程 LAN 之间的互连；还可用 ChinaFRN 来实现集文字、语音和图像的一体化传送，实现多媒体通信及电子商务等。

8.5.2 利用 PSTN 实现远程数据通信

可以利用多种方法，通过 PSTN 实现远程数据通信，比如，用异步远程路由器、远程通信服务器、远程访问服务器等。

一、利用异步远程路由器实现远程数据通信

1. 利用异步远程路由器连接远程工作站

为了实现 LAN 与远程工作站的连接，应在 LAN 上配置一个异步远程路由器 ARR，并在 ARR 中插入一块相应的网卡，以便把 ARR 与本地 LAN 连接起来；此外，在 ARR 中还应再配置一块 COM1：/COM2：异步通信卡，再通过 Modem 将 ARR 连接到公用电话网

上。而在远程工作站中则只配置COM1：/COM2：异步通信卡，再通过Modem将远程工作站连接到公用电话网上。图8-22示出了LAN与远程工作站的连接方法。

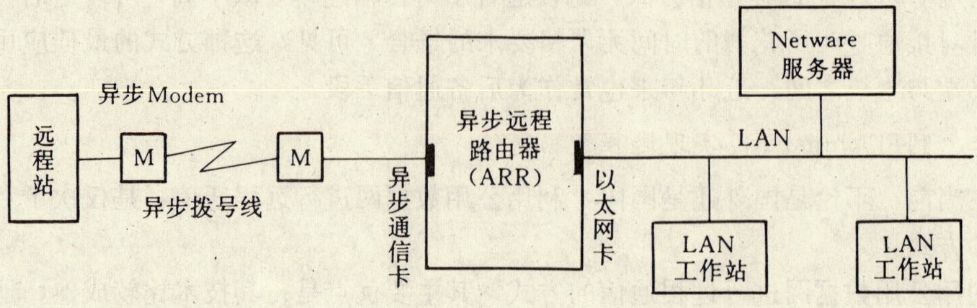

(a)利用ARR连接远程工作站

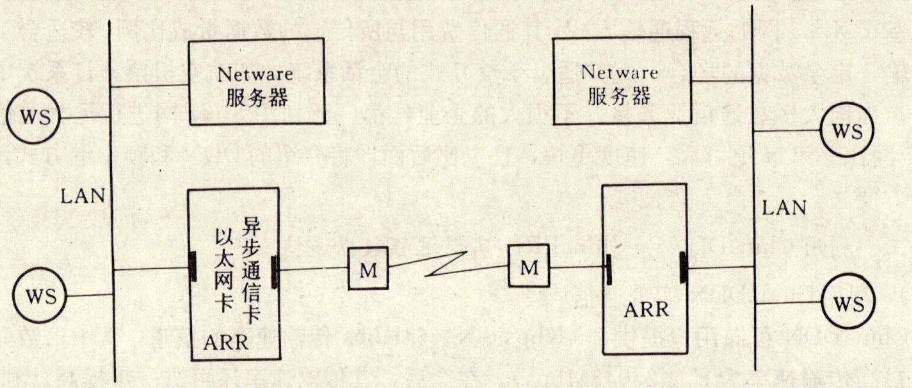

(b)利用ARR互连两个局域网

图8-22　利用ARR连接远程工作站和LAN

2. 利用异步远程路由器连接远程LAN

可以利用ARR来实现两个远程LAN的互连。此时，应在每个LAN上设置一个异步远程路由器ARR，并根据LAN的类型选择一相应的网卡插入ARR中；此外，还应配有COM1：/COM2：异步通信卡，并将异步通信卡通过电缆与Modem相连，再将Modem连接到公用电话系统中。图8-22示出利用ARR互连两个远程Novell网的连接图。

虽然利用ARR来互连两个LAN，可以在两个LAN之间建立起完全透明的连接，使得一个LAN工作站上的用户，可以像访问本地服务器一样地访问远程服务器，但访问远程服务器的速度，却明显地低于访问本地服务器的速度，因为对远程服务器的访问，通常是通过电话系统，其传输速率仅为2400bps～56Kbps；而对本地服务器访问时的传输速率，通常为10Mbps。

二、利用异步通信服务器实现远程数据通信

当远程的工作站或主机数目较多时，最好能采用异步通信服务器ACS，以获得所需要的某些功能。例如，一种比较常用的Netware异步通信服务器NACS就可提供下述几种功能：

1. 支持16个异步连接：在一个NACS上可以安装四个智能型的广域网接口卡，即WNIM＋模块，其中每个WNIM＋又可支持四个异步连接，因而使一个NACS可以支持16个异步连接，且每条异步连接的传输速率可达19.2Kbps。

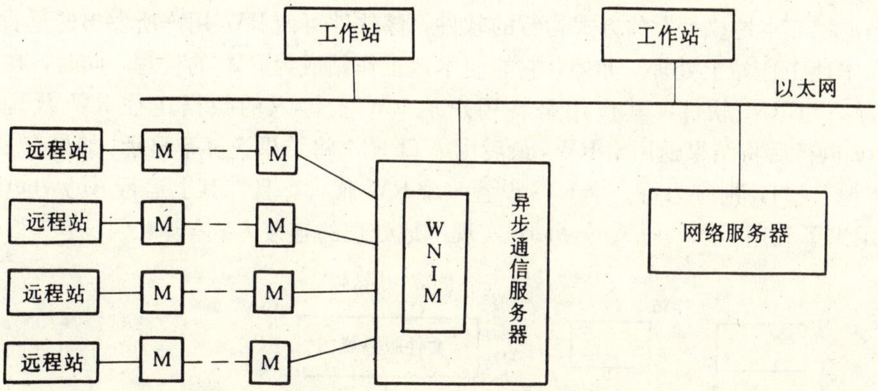

图8-23 利用NACS连接远程工作站

2. 提供公用Modem池：为了提高Modem的利用率，这里将传统的专用Modem方式，改为由NACS软件管理的公用Modem池方式，使这些Modem可供各种通信任务公用。

3. 终端仿真：可利用终端仿真软件如：onLAN/PC、onLAN/MAC，使网络用户能够通过NACS去异步地访问远程主机。

三、"本地执行"和"远程执行"

虽然利用远程路由器ARR和异步通信服务器ACS，去实现远程通信是一种比较好的方法，但往往会花费较多的通信开销。为了说明这一点，我们首先介绍"远程执行"和"本地执行"两个概念。

1. 远程执行方式（Remote Execution）

所谓远程执行方式，是指当远程工作站（RW）提出对LAN的远程访问服务请求后，往往是由LAN服务器将其中与该请求有关的大量程序和数据，下载到RW上，然后由RW进行处理。可见，这种远程执行方式会因传输大量的程序和数据，而显著地增加通信开销，尤其是LAN与RW之间的数据传输速率，不论是同步传输，还是异步传输，都远低于LAN内部的信息传输速率。换言之，这时的数据传输需花费大量时间，这使远程执行方式只能适用于传输中、小型文件，提供远程电子邮件服务，以及偶然才访问网络服务器的场合，不适用于远程工作站要频频访问网络服务，及访问数据库的应用场合。

2. 本地执行方式（Local Execution）

为了提高对远程工作站服务请求的响应速度，并减少在通信线路上所传送的数据量，应采用本地执行方式。所谓本地执行方式是指，把远程工作站用户的服务请求，放在LAN内一台专门的本地工作站上进行处理，该工作站又名远程工作站代理RWA。在此情况下，可将为完成远程工作站的请求所需的大量程序和数据，直接从服务器高速地（10Mbps）传送到远程工作站代理RWA上，从而大大减少数据传送的时间；而在LAN与远程工作站之间所传送的数据，则仅仅是用户从键盘上输入的数据和本地工作站返回给RW的处理结果数据。可见，本地执行方式确能有效地改善远程访问的服务质量；但由于这种方式须在LAN上设置一台本地工作站，以作为远程工作站代理，因而使远程服务的费用增加。

四、利用 PC Anywhere 软件实现远程数据通信

一种较简单的“本地执行”方式，是采用Symantec 的 PC Anywhere 软件。这是在本地工作站上以“本地执行”的方式运行的软件，该软件可使RW 用户所发出的远程服务命令都放在本地工作站上处理，亦即，它能使本地工作站成为RW 的代理，同时，在RW 上也要运行 ATERM 软件，其作用是将用户从 RW 上键入的数据送往 RW 代理，再由 Anywhere 执行后将结果返回给RW，最后由 ATERM 将结果送屏幕显示。如果有多个RW要访问本地 LAN，则应为每一个RW 设置一个RW 代理，且在其上运行 Anywhere 软件，图 8-24 示出了利用Netware Anywhere 实现本地处理的连接方式。

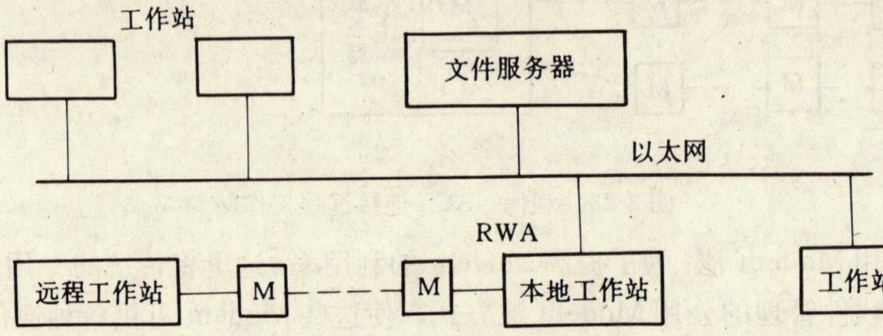

图 8-24　利用 Anywhere 时的连接方式

Anywhere 具有以下特征：

1. 方便性：它使RW 上的用户能像本地工作站上的用户一样方便地访问Netware 文件服务器上的文件系统、打印机，以及网络数据库；

2. 高速性：由于采用“本地执行”方式，使在 Netware 上的应用程序和数据，都不必下载到RW 上，因而使Netware 为RW 用户所提供的远程服务速度，与为本地工作站上用户提供服务的速度基本相同；

3. 对远程工作站的要求低：由于RW 上用户的服务请求，是由RW 代理执行的，在RW上只做些数据输入/输出的处理，因而可采用低档微机（如IBM PC、XT 或AT 机）等来充当RW，甚至还可用非智能终端，如DEC VT-100 或IBM 3201 的ASCII 终端，作为RW。

五、利用远程访问服务器实现远程数据通信

利用RW 代理来实现“本地执行”方式，虽然可获得较好的性能，但当LAN 要求连接多个RW 时，无疑会使硬件开销太大。事实上，完全可以利用一台中、高档微机，如Pentium，以将它虚拟成多个 8086 虚机器，来支持多个远程DOS 工作站；亦即，当有一个RW 拨号输入时，它能利用一个虚拟器来执行“本地执行”操作，这样，便可利用一台中、高档微机来代替原来需要运行Anywhere 的RW 代理，从而显著地节省了设备开支和提高设备利用率。通常把这台专门用来为多个RW 实现远程访问服务的机器，称为远程访问服务器RAS（Remote Access Server）。

六、典型 RAS 网络设备

由于RAS 应用得较广泛，因而许多网络公司都推出了自己的RAS 产品，其中有的是

RAS 网络设备，如 3COM 公司的 Access Builder 远程访问服务器系列和 Cisco 公司的 25XX 系列；而有的产品则是推出的 RAS 软件，如 Novell 公司的 Netware Connect V2.0 和 Microsoft 公司的 RAS 软件。

1. Access Builder 4000 远程访问服务器

在该系列中包括用于 Ethernet 网上的 Access Builder 4000 Ethernet RAS，用于 Token-Ring 上的 Access Builder 4000 Token Ring RAS，以及用于 ISDN 上的 RAS 等。这些 RAS 提供了 4、8 和 16 个异步端口，1～2 个 WAN 端口，能支持 IP、IPX、AppTalk 以及 WAN 中的 PPP（Point _to _Point）和 SLIP（Server Link IP）等协议，但不支持 X.25 和帧中继协议。

2. Cisco 25XX 远程访问服务器

该系列的 RAS 包括 2509、2510、2511 和 2512 四种产品。在所有 RAS 中都配置了一个 20MHz 的 68030 处理器，内存可扩展至 18MB。其中最常用的产品是 2511 RAS，它提供了一个 10Mbps 的以太网端口，16 个异步接口和 2 个同步接口，通过配置 IP/IPX 等路由软件，可以支持 IPX、TCP/IP 等多种协议。

3. Netware Connect V2.0

这是 Novell 公司较新的远程通信软件，也是当前最流行的远程通信软件之一。它可支持 128 个连接、支持 TCP/IP、IPX、X.25、ISDN 网络协议和 PSTN 等多种网络连接，并能和 Novell 公司早期推出的 NAS V1.3 软件很好地配合使用。Netware 连接具有非常好的管理和安全性能，较快的运行速度；但它不能访问配置了 Windows NT 的网络上的资源，因此它比较适用于纯 Netware 服务器的环境。

4. Windows NT 3.51（或以上）服务器的 RAS

该软件是 Microsoft 公司用于与 Netware Connect 2.0 相抗衡的远程访问软件产品，它能支持 256 个连接、支持 TCP/IP、IPX、X.25 等网络协议。其主要特点是安装和配置十分容易，只要运行 Windows Client for Netware 软件，便可访问 Netware 服务器上的文件和资源，因此，它比较适合用在 Windows NT 环境，及同时具有 Windows NT 和 Netware 服务器的环境。

8.5.3 利用 ChinaPAC 实现远程数据通信

目前，已有愈来愈多的企业网络，主要是利用 ChinaPAC 和 ChinaDDN 来实现远程通信，而把 PSTN 作为后备系统。

一、利用 PAD 实现远程数据通信

由于在 ChinaPAC 中是采用的 X.25 协议，因此，凡是要进入 ChinaPAC 网的信息，都须按照 X.25 协议的规定，首先形成信息分组，然后才送入 X.25 网。然而由于一般的字符设备（又称为非分组终端 NPT）并不具有这种功能，往往需要借助于分组组装/拆卸设备 PAD 的帮助，来完成分组的组装/拆卸功能。因此，可以把 PAD 看作是 NPT 进入 X.25 的入网设备。

1. PAD 设备的主要功能

(1) 接收信息：当 PAD 从电话线（PSTN）上接收到由 NPT 送来的字符序列后，先将该序列送入字符输入缓冲区；反之，当 PAD 接收到从 X.25 网上送来的分组后，先将它们

送入分组输入缓冲区。

(2) 组装/拆卸分组：分组的组装过程可参见图 8-25。这是将 NPT 送到字符输入缓冲区中的字符序列，按照 X.25 协议的规定，将该序列构成确定大小的 X.25 分组；反之，分组的拆卸过程，是从分组输入缓冲区中逐个地取出分组，将之拆成一个个的字符，再放入字符缓冲区。

(3) 集中与分配：集中是指把来自多个 NPT 的信息所形成的若干个分组，放在分组输出队列中，以便通过 PAD 的同步端口，以较高的速率送入 X.25 网；而分配则指，将拆卸过程所形成的，已放入字符缓冲区的字符序列，按照原分组中的目标地址，放入相应地址的多个字符输出队列，以便进一步将各路信息送入各 NPT。

(4) 发送信息：这是指将分组输出队列中的分组，以 9.6～64Kbps 的传输速率，送入 X.25 网，以及将字符输出队列中的字符序列，分别送至各 NPT。

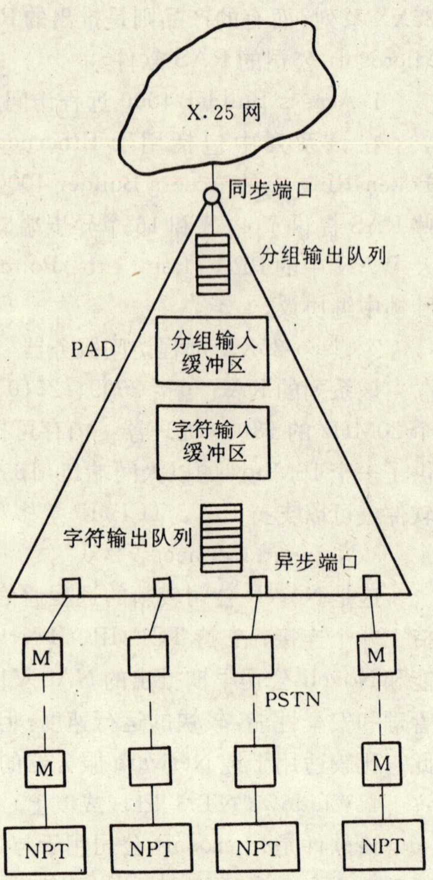

图 8-25 PAD 的组成及功能

2. PAD 的标准

为使在 NPT 和 PAD 之间，以及在 PAD 与 X.25 网之间的连接和信息的传送能够标准化，CCITT 组织为 PAD 制订了 X.3、X.28、X.29 三个规程，其中 X.3 规程描述了 PAD 的所有业务和控制 PAD 工作的参数；X.28 规程规定了在 PAD 和 NPT 之间交互的命令和格式；X.29 规程则描述了 PAD 通过 X.25 与主机通信时的规程。

3. 利用 PAD 实现远程通信

图 8-26 就是一个利用 PAD 通过 X.25 网实现远程通信的示例。在图中有一批远程工作站，分别通过异步 Modem 和 X.28 线，连接到 PAD 的不同异步端口上。通常，一个 PAD 可提供几个至十几个异步端口，供与远程 NPT 相连。由 PAD 将来自 NPT 的输入字符序列，组装成 X.25 分组，并汇合为一路信息后，再由 PAD 通过其同步端口高速地送入 X.25 网；由 X.25 网则将远程 NPT 的请求传送给目标。

如果远程 NPT 所要访问的是本地以太 LAN 上的资源，此时应在 LAN 上连接一个远程访问服务器 RAS，并在其机架中插入一块以太网卡，用于将 RAS 连接到以太网上。另外，还要插入一块 XCI Ethernet for NAS X.25 通信卡，再通过同步 Modem 和专用线路与 X.25 连接，这样，NPT 便可通过 PAD 和 X.25 网，访问本地 LAN 上的文件和资源。

二、利用路由器实现远程数据通信

路由器是当前实现远程通信最常用的设备，它几乎能支持所有各种常见的 LAN，诸如以太网、令牌环网、FDDI 和 PSTN、X.25 网、帧中继网以及 DDN 等 WAN 的互连。

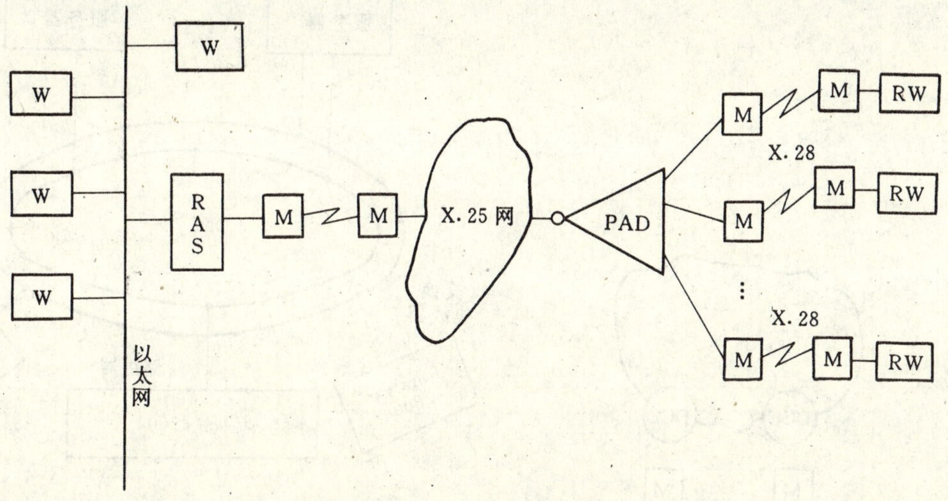

图 8-26　利用PAD实现远程通信

1. 利用小型路由器连接 X. 25 网

在图 8-27 中右边部分示出利用小型路由器连接远程LAN与X. 25网的情况。其中，每个远程LAN的所有工作站WS，都连接到一个单独的共享式集线器上，再将集线器接至单独的路由器，然后通过同步Modem和X. 25专线接至X. 25网的DCE上。能提供这种小型路由器的厂家较多，如3COM公司能提供NetBuilder Remote Office 22X系列的以太网路由器，从221～228的产品都有一个LAN端口和3个WAN端口；所有的8种产品都支持X. 25协议，其中221～227还支持PPP、帧中继协议。但当前用得最多的小型路由器，还是Cisco公司的25XX系列，其中2501最适于以太网和X. 25网之间的连接。

2. 利用集线器/路由器连接 X. 25 网

图 8-27 中的右半部分，是一种利用集线器/路由器将远程LAN与X. 25网连接的情况。这与前一方式的不同之处在于，这里是利用一个集线器/路由器设备来代替前一方式中的集线器和路由器两个设备。换言之，集线器/路由器这一设备，既具有能互连多个网络工作站的集线器功能，又具有能与X. 25网互连的路由器的功能。Cisco公司提供了多种这样的产品，如Cisco 2505，它具有8个HUB端口，又如Cisco 2507，它具有11个HUB端口；而Cisco 2518则能提供23个HUB端口，这些产品都支持X. 25协议。

3. 利用大、中型路由器连接 X. 25 网

在图 8-28 中示出了一种利用中型路由器实现FDDI网与X. 25网互连的情况。其中Cisco 4700是性能较高的中档路由器，可支持各种类型的LAN和WAN的端口和协议。在路由器上配置了一个多模FDDI模块，用于把路由器连接到FDDI网上；又配置了一块4端口的X. 25模块，用于实现与X. 25网的互连；还可在路由器上配置一个6端口的Ethernet模块，用于连接多个以太网，此外，还可配置ATM模块、高速模块等。

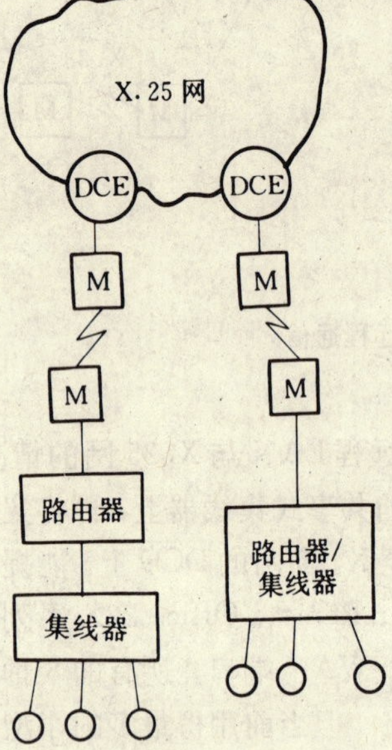

图 8-27　利用小型路由器连接远程 LAN

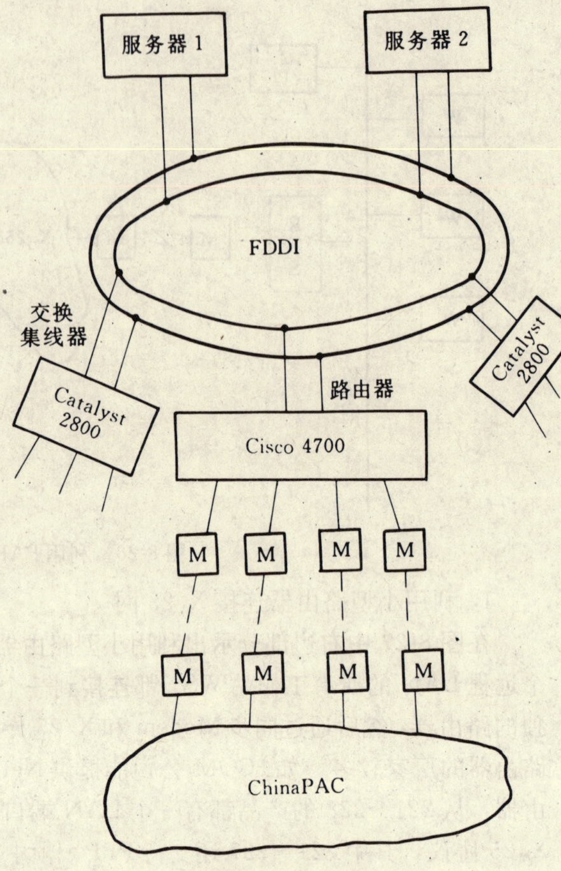

图 8-28　利用中型路由器实现企业网与 X.25 网的互连

习　题

1. 对企业网络的网络结构有哪些要求？

2. 传统的企业网络结构有哪几种？为什么现在已很少采用？

3. 利用 FDDI 作为企业主干网有何优点？并画出相应的网络结构图。

4. 何谓本地内部网桥和外部网桥？如何利用内部网桥来连接两个以太网？

5. 折叠干线网络结构有何优点？

6. 为什么目前广泛采用交换集线器来构建企业网络？

7. 有一个拥有 12000 平米的大、中型商场，分成 4 个营业楼层，每层配置了 8～10 个 POS 机，有 15 台工作站，并准备用两台相同的服务器互为热备份，试草拟出基于交换集线器的企业网络结构，并说明主要网络设备的性能指标。

8. 试画出利用两台交换集线器的企业网络结构。

9. 有一大型企业，其各分厂间的距离大多为数百米至数公里，每个分厂都拥有 30～80

台计算机。试草拟出采用FDDI和交换集线器的企业网络结构，并说明每个交换集线器的主要性能指标。

10. 试画出采用两个 ATM 的企业网络结构。

11. 利用ATM 构成主干网的企业网络拓扑结构有何优点？并画出相应的网络结构图。

12. 基于交换集线器的 VLAN 有哪几种类型？目前用得最多的是哪一种？

13. 虚拟 LAN 可提供哪些有用的功能及用途？

14. 试说明基于 MAC 地址的 VLAN 的实现方法。

15. 引入局域网仿真的目的是什么？它是在哪个层次上实现的？

16. 仿真局域网系统由哪几部分组成？并画出相应的组成图。

17. 制订 IPOA 的目的是什么？它是在哪个层次上实现的？

18. 试说明在不同的 LIS 间的通信过程。

19. ATM 上的多协议 MPOA 有哪些特点？

20. 试说明 MPOA 的逻辑构成。

21. 试比较利用 PSTN、X. 25、DDN 以及帧中继实现远程通信的优缺点。

22. 何谓“远程执行”和“本地执行”？并对这两者进行比较。

23. 试画出利用 RAS 实现远程通信的原理图。

24. 什么是 PAD？其主要功能是什么？

25. 试画出利用 PAD 实现远程通信的原理图。

26. 试画出利用小型路由器实现企业网与 X. 25 网互连的原理图。

27. 试画出利用大、中型路由器实现企业网与 X. 25 网互连的原理图。

第九章 Internet

Internet 起源于 20 世纪 60 年代末美国的 ARPA。当时在网上只有 4 台主机；1977 年便增至 100 台；到 1984 年 10 月，Internet 上的主机数又发展到 1024 台；1989 年上半年网上的主机数达到 10 万台；此后，大约仅经过 3～4 年左右的时间，网上的主机数目便增加 10 倍，至 1992 年下半年已超过了 100 万台；1996 年初终于突破了 1000 万台，Internet 上的用户数也超过了 3000 万；到 1997 年底，在 Internet 网上的主机数目已超过 2000 万台，其所包含的网络数目超过了 60 多万个；Internet 上的用户数目已超过 6000 万。

我国于 1987 年实现了与 Internet 电子邮件系统的连接；1994 年又实现了与 Internet 的 TCP/IP 的连接，获得了 Internet 的全功能服务。在我国，Internet 的发展也非常快，在 1995 年 7 月时入网的主机数目刚超过 1000 台，而到 1998 年 7 月便超过 54 万台。

9.1 Internet 引言

Internet 的前身是 ARPA 网络。ARPA 是 Advanced Research Projects Agency（高级研究计划局）的缩写。该组织是在 1957 年苏联发射第一颗人造地球卫星 Sputnik 后，为追赶苏联在美国国防部成立的。该组织旨在全球居于军事科学技术方面的领导地位，美国国防部委托 ARPA 承担 ARPANET 的开发任务。

在 ARPA 研究中的一个指导思想，是试图利用一种新的方法将 WAN 和 WAN、WAN 和 LAN 互连起来构成互连网络（Internet Work），他们把由自己构建的特定的互连网络简称为 Internet，其第一个字母必须大写，而对于其他一般的互连网络则写成 internet，即其第一个字母用小写体。

9.1.1 Internet 的发展过程

可以把 Internet 的发展过程分成三个阶段。第一阶段是从 1969～1987 年，在此阶段是以 ARPA 网络作为 Internet 的主干网；第二阶段是从 1988～1992 年，在此阶段是以 NSFNET 为 Internet 的主干网，在 1988 年时其传输速率已经提高到 T_1（1.544Mbps）；第三阶段是从 1993 年至今，在此期间 Internet 的应用已从以科研教育领域为主迅速扩展到社会的各个领域，并使 Internet 进入了商业化阶段。

一、以 ARPA 网络为主干网的 Internet

在 1968 年，ARPA 利用远程通信线路将分散在各地的计算机连接起来，以便于 ARPA 的下属研究人员能共享 ARPA 所拥有的计算机资源。于 1969 年首先建成了只有 4 台主机的 ARPA 网络；在 1972 年 ARPANET 第一次公开展示时，ARPANET 已经连接了 40 所大学和一些研究机构的主机；至 1973 年，ARPANET 第一次实现国际互连，即此时，ARPANET 已和英国的 University College 及挪威的 Royal Ralar Establishment 网络实现了互连。

到1973年时人们开始发现，原始的ARPANET通信协议，并不能很好地适应于实际上连接的各种链路，已难于保证正确无误地传输数据。由Vinton Cerf和Bob Kahn出版了“包交换网络通信协议”，其中对互连网协议IP和传输控制协议TCP做了详细地描述。美国国防部对这两个协议进行了多次试验，并决定利用TCP/IP来取代以前在ARPANET中所用的通信协议，并终于在1982年，由美国国防部DOD宣布TCP/IP作为DOD标准。

1981年美国国家科学基金会NSF (National Science Foundation) 决定启用计算机科学网CSNET (Computer Science Network)。NSF首先将五个超级计算机中心的计算机互连起来，至1986年NSFNET刚建成时，其规模还很小，且主干网的传输速率也只有56Kbps，到1988年时，建成了连接13个地区的主干网，这时所使用的传输速率已升级到T_1，已有一大批其他国家的网络接入NSFNET，如有加拿大、丹麦、法国、瑞典、挪威和芬兰等。

二、以NSFNET为主干网的Internet

自1988年T_1级主干网建成后NSFNET，它便开始取代ARPANET，担当起作为Internet主干网的任务。由于NSFNET具有较高的传输速率，因而又吸引了一大批的大学和研究机构入网，与此同时，在1989年和1990年两年中，又有20多个国家的网络接入了NSFNET，其中如澳大利亚、德国、意大利、日本、荷兰及墨西哥等，也是在1990年曾作为Internet支柱的ARPANET被宣布退役。

尽管NSFNET主干网已比ARPANET主干网的传输速率高出许多，但由于后者当时只对少数专家和政府要员开放，而前者则面向全社会开放，因而使在NSFNET上的信息流量剧增，使之不能满足需要，于是促使NSF又着手建立全美范围的T_3级主干网，到1991年NSFNET主干网的传输速率又升级到T_3 (44.736Mbps)，此时在NSFNET上每月的通信量达1万亿字节，在1991年又开发出许多在Internet上用的信息检索工具，如Berwster Kahle发明的广域信息服务器WAIS，由明尼苏达大学开发的信息查询工具Gopher，以及风靡全球的WWW；到1992年时在Internet上的主机数目已突破100万大关。在1991和1992两年间，又有数十个国家和地区的网络连入Internet，如中国香港、中国台湾、捷克、波兰、新加坡、泰国、马来西亚、委内瑞拉等。

三、Internet进入商业化阶段

在Internet的第二阶段，它已面向全社会开放，但其主要对象仍然是教育科研机构以及政府部门，因此这时的Internet还具有较强的学术气息。直到1989年，在美国商业E-mail运营公司与Internet之间，首次建立起电子邮件中继机制，实现了全线的协调通邮，1992年世界银行也开始联机上网，1993年美国白宫、联合国都开始联网，此时的商业和媒体才真正开始关注Internet；1994年购物中心又进驻Internet，第一家网上银行——First Virtual开业，由于大量的商业信息在Internet上传输，故使NSFNET每月的通信量达10万亿字节，是1991年的10倍；在1993年和1994年期间，又有一大批国家和地区的网络连入Internet，其中包括中国、俄罗斯、阿尔及利亚、中国澳门地区、菲律宾、斯里兰卡、巴拿马及摩洛哥等。

尽管NSFNET主干网的速率已达到了T_3，但仍不能满足急剧膨胀的信息传输的需要，美国政府也难于负担整个Internet的建造，NSF便要求互连网络的供应商也承担部分责任。为此，IBM、MCI和MERIT组建了一个非盈利性的高级网络和服务公司ANS

(Advanced Network and Services)，由 ANS 建立起一个新的 WAN 称为 ANSNET。于 1996 年 ANSNET 升级为 Internet 主干网，其传输速率已增至 155Mbps，部分干线的速率则增至 622Mbps。该网主要用于商业、金融及个人通信等，而 NSFNET 又重新作为科学研究网络。

9.1.2 Internet 的特征

Internet 是当今世界上空前大规模与高技术的特大型互连网络，并作为 21 世纪信息高速公路的雏型，它具有任何其他网络都没有的一系列特征，其中主要是广域性、广泛性、高速性和综合性等特征。

1. 广域性

目前世界上有着多种类型的 WAN，应该说，这些 WAN 都具有一定的广域性特征，而 Internet 又是由许多这样的 WAN、LAN 和主机互连而成的。事实上可以说，在现今世界上几乎所有主要的 WAN，都已接入 Internet，Internet 所覆盖的地理范围就是这些 WAN 覆盖范围的总和。它已遍布于世界上的 170 多个国家和地区，因此说，Internet 所具有的广域性特征是任何其他 WAN 所无法比拟的。

2. 广泛性

上述的广域性是指 Internet 所覆盖的地理范围十分辽阔。而广泛性则指 Internet 所涉及到的行业、部门及人员十分广泛，如有政府机关、科研机构、学校、金融和商业系统、医院、娱乐场所乃至千家万户，而且随着 Internet 和 Intranet 的高速发展，Internet 将会与几乎所有的行业及广大居民有关。

3. 高速性

在 Internet 还是以 ARPA 为主干网络的第一阶段时，主干网的传输速率还只有数十 Kbps，尚不具有高速性；而到以 NSF 为主干网的第二阶段时，主干网的传输速率已达到几 Mbps～几十 Mbps，可以说它此时已具有一定的高速性；而到 Internet 的第三阶段时，在网上的主机和用户数目急剧膨胀，使在 Internet 上的信息流量急剧增加，又推动 Internet 向着更高的速率发展。当前已经建立起以 ATM 交换器为中心的主干网，其传输速率已提高到 155Mbps，甚至达到 622Mbps，预计到 21 世纪初将突破 Gbps 大关。到那时，Internet 将发展成信息高速公路。

4. 综合性

从 Internet 最近的发展趋势可以看出，它最终必将走向“三网合一”和“三电合一”之路。所谓“三网合一”是指公用交换电话网（PSTN）、公用数据网（X.25）及有线电视网（CATV）三者融合为综合性通信网；而所谓“三电合一”是指，把电话、电视和电脑三者融合为综合性终端，向用户提供数据、语音和图像的多媒体业务。当前已有相当多的公司正大力开展以 Internet 作为通信平台的研究，以实现电话通信和视频的综合传输，并推出了相应的商品软件；而利用计算机在 Internet 上打电话的用户数已达数百万之多。

9.1.3 IP 地址和域名

所谓 IP 地址，就是在 Internet 网中主机（包括工作站、服务器、路由器等）的地址标识。在 Internet 中为运行的主机只分配一个 IP 地址，这些地址在整个 Internet 中是唯一的。IP 地址由 32 位二进制数构成，分成 4 个字节，用每个字节表示一个十进制整数，因而 32 位二进制数可以表示 4 个十进制数，在每个十进制数之间用小数点隔开，如 202.96.15.65。

一、IP 地址的分类和格式

Internet 委员会规定把 IP 地址分为 A、B、C、D、E 五类，其中 A、B、C 三类地址用于标识不同网络中的主机。换言之，在每个网络中每个主机的地址都是由网络标识和主机标识两部分所组成，而这种地址结构有三种格式如下：

1. A 类 IP 地址

在 A 类编址中规定，在 32 位二进制数中的最高位为 0，用第一个字节作为网络标识，用后三个字节作为主机标识。A 类编址方式共允许有 126 个网络地址，每个网络中允许有的主机数目可达 17000 个。因而这种编址方式适用于大型网络，图 9-1 示出了 IP 地址格式。

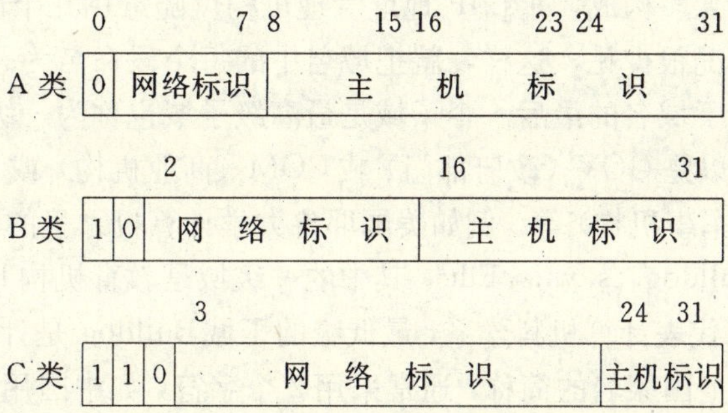

图 9-1 A、B、C 三类 IP 地址的格式

2. B 类 IP 地址

B 类编址规定，在 32 位二进制数中的最高两位是 10，并用含此 2 位在内的前两个字节作为网络标识，后两个字节作为主机标识。因此 B 类编址方式允许有 16384 个网络，每个网络中约有 65000 个主机，这种编址方式适合于中等规模的网络。

3. C 类 IP 地址

这是规定在 32 位二进制数的最高三位用 110。用前三个字节作为网络标识，最后一个字节作为主机标识。这种编址方式允许有大约 200 万个网络，每个网络中最多只允许有 254 个主机。很明显，这种编址方式允许的网络数目多，而在每个网络中的主机数少，因而主要用于小型网络。

二、子网和子网掩码

1. 子网

由于 IP 地址只有 32 位，对于 A、B 两类编码方式，经常会遇到网络编码范围不够的情况。为了解决这个问题，可以在 IP 编址中增加一个子网标识成分，此时的 IP 地址应包含网络标识、子网标识和主机标识三个部分，其中的子网标识占用一部分主机标识，至于占用几位可视具体情况而定。对于 B 类编址方式，较常用的方法是利用第 3 个字节作为子网标识，最后一个字节作为主机标识。这样，每个网络最多允许有 254 个子网，每个子网最多允许有 254 台主机。例如，地址为 130.62.74.11 时，表示在 130.62 网络上的第 74 号子网中的第 11 号主机。

2. 子网掩码

由于子网的划分比较灵活，所以，设置子网掩码的目的，是用以指明子网的划分方法。

子网掩码也是一个 32 位二进制地址，用其中的“1”表示在 IP 地址中的网络和子网的标识部分，用“0”表示主机标识部分。例如，对于 B 类 IP 地址在没有设置子网时，其子网掩码为 255.255.0.0；若利用第 3 个字节作为子网标识时，子网掩码应为 255.255.255.0。

三、域名（Domain Name）

如果说 IP 地址是面向网络的主机标识符，适于供网络识别和处理用，那么，域名则是面向用户的主机标识符，便于人们理解和记忆。在 IP 地址和域名之间一一对应，亦即，每个主机都包含 IP 地址和域名两个标识符。

对于初期的 ARPA 网络，其域名非常简单，只有一个段。但随着网络上主机数目的增多，如果仍是只用一段构成域名，就很容易出现重名现象，这给新增域名带来了困难。于是人们考虑使域名由几段构成，每个 IP 地址管理机构可随意用几个段来构成域名，但通常所用段数超过 5 的情况很少见，这样，就把域名中的每个段命名为一个子域，在各子域之间用小数点隔开，位于域名的最后一个子域是最高级子域也称为一级域，在其前面的子域为二级域。一级域可以是 GOV（政府部门）或 COM（商业机构）或 Edu（教育机构）、Net（网络机构）及 Mil（军事机构）等。例如美国耶鲁大学计算机系里的一台名为“牛头犬”的计算机，其域名为 Bulldog.cs.yale.Edu，其中的一级域是教育机构 Edu、二级域 yale 表示耶鲁大学、三级域 cs 代表计算机科学系，最低级的子域 Bulldog 是计算机名。如果主机、网络不在美国，则还加上国家名的简称，通常采用 2 个字符，如中国用 CN、日本用 JP、法国用 FR、美国用 US、俄罗斯用 RU、英国用 GB、德国用 DE 等等。

9.1.4 中国 Internet 的发展

我国进入 Internet 的时间虽然不长，但发展却很快。我国 Internet 的发展经历了三个阶段，第一阶段（从 1987～1993 年）实现了与 Internet 电子邮件系统的连通；第二阶段（1994～1995 年）实现了 Internet 的 TCP/IP 连接，提供了 Internet 的全功能服务；第三阶段（1995 至现在），开始了以 ChinaNET 作为中国 Internet 主干网的阶段。

一、实现电子邮件交换

1987 年 9 月 20 日，在北京计算机应用技术研究所内，正式建成我国第一个电子邮件结点，通过拨号 X.25 线路连通了 Internet 的电子邮件系统，把该系统称为 CANET（Chinese Academic Network），并于当天晚上 22 点 55 分由 CANET 向全世界发出中国的第一封电子邮件，这标志着我国已开始进入国际 Internet 网。CANET 作为我国第一个 Internet 国际电子邮件出入口，向我国的科研和教育部门提供 Internet 电子邮件服务。

继 CANET 之后，于 1989 年中国科学院高能所实现了对国际电子邮件的转发；到 1990 年又有 CRN（Chinese Research Network）通过拨号 X.25 线路，连通了 Internet 的电子邮件系统；同年，清华大学校园网又实现了基于 X.400 的国际 MHS。在此阶段，我国用户可通过 PSTN 或 X.25 网进入上述几个邮件转发系统，发送 Internet 电子邮件。

二、实现 TCP/IP 连接

1990 年 4 月，中国国家计算机与网络设施 NCFC（The National Computing and Networking Facility of China）工程启动。NCFC 网络结构由主干网和校园网两级组成。于 1992 年先后完成了中科院院网（CASNET）、清华大学校园网（TUNET）和北京大学校园网（PUNET）的构建；于1993年2月三个校园网通过了国家计委的验收并投入运行；1993年12月完成了NCFC主干网工程，以高速光缆及路由器将三个校园网络互连起来；1994年4月，正式开通了与Internet的国际连接（64Kbps）；1994年5月在中科院计算机网络信息中心（CNIC），建成了Internet的中国区最高域名服务器，它与国际的InterNIC间建立了规范的业务联系，实现了与Internet的TCP/IP连接，可向NCFC的各成员组织提供Internet的全功能服务，这时才算真正加入了国际Internet行列。

如今，已经以NCFC为基础，发展成两个全国性网络，一个是中国科学技术网络CSTNET，另一个是中国教育和科研计算机网络CERNET。CSTNET分为三级（即WAN、MAN和LAN）建设和管理。主干网（即WAN）的网络协议集是以TCP/IP为基础，通过ChinaPAC的专线（9600bps），构成了虚拟专用网络。CSTNET的基础是中关村地区网，在1994年底，中科院正式启动“百所连网工程”，目前已经连接12个分院（包括100多个院所），17个独立所，3000多台计算机，用户约1万人，有三条国际出口专线，带宽为2.128Mbps。

于1994年开工的中国教育科研网CERNET（China Education and Research Network）首期工程，已于1995年12月完成，是租用邮电部的数字数据网DDN的64Kbps光缆组成主干网，并和Internet相连接，在1996年8月已有100多所大学的校园网连接至CERNET上，牵头单位是清华大学网络信息中心。该网的用户曾是中国最大的Internet用户群，单是清华大学校园网内的入网计算机就多达1800台，CERNET的用户约2～5万人。有四条国际出入口专线，总带宽为2.256Mbps。

三、以ChinaNET为中国Internet主干网的时期

ChinaNET是由邮电部经营管理的中国公用Internet网，在1994年由邮电部投资建设，于1995年5月开通，作为公共商用网向公众提供Internet服务，到1998年6月31日时，我国的上网计算机总数有50多万台、用户数超过110多万、国际出入口线共有13条，总带宽为20Mbps，所连接的国家和地区有美国、德国、法国、日本及香港等，其中包括两条2Mbps的出入口专线，一条由北京通过卫星接到美国的MCI端口，另一条由上海通过海底电缆接至美国的Sprint端口。

ChinaNET是一个分层式网络结构，由核心层、区域层和接入层三个层次组成。按全国自然地理将ChinaNET分为8个区域，在每个区域中设置一个核心层结点，这些是北京、上海、广州、南京、成都、西安、武汉和沈阳八个核心层结点；在这8个结点中的任意一对之间，都至少有三条可达路由；另外，在每个省的省会也都设置一个区域层结点，总共有31个结点。核心层主要提供国内高、中速中继通道和连接接入层，同时也实现与国际Internet的互连，由核心层构成ChinaNET的主干网；接入层主要用于连接各种资源服务器和用户；为便于用户接入，ChinaNET同时与PSTN、ChinaPAC、ChinaDDN、ChinaMAIL、ChinaFRN联通。目前ChinaNET的主干线速率都采用64Kbps专线，近期即将把各重要通道的速率提高到E_1（2.048Mbps），以后还将会根据业务的需要再逐步升级。

在重点建设ChinaNET主十网的同时，各省市也在着手省内ChinaNET的建设。目前，北京、上海、广东、浙江、辽宁、江苏及福建等省市，已经完成省（市）内的网络建设并向社会提供服务。

Internet最主要的用途是提供基于TCP/IP的一系列信息服务，其中包括文件传输服

务FTP、电子邮件服务E-mail、远程登录服务Telnet、广域信息服务WAIS、交换式信息服务Gopher、环球网信息服务WWW、信息检索服务Archie、网络新闻服务USENET等等。相应的，中国的Internet用户可以通过ChinaNET、CSTNET、CERNET等互连网络，来获取Internet所提供的上述各种服务。本章的主要内容也就是较详细地介绍这些信息服务。

9.2 文件传输协议FTP

文件传输协议FTP（File Transfer Protocol）是Internet上用得最广泛的通信协议之一。而FTP服务则是指在FTP的支持下实现文件从一台主机到另一台主机的拷贝。FTP服务是基于客户/服务器方式实现的。通常，把文件从客户机拷贝到FTP服务器称为上载（Upload）；而把文件从FTP服务器拷贝到客户机称为下载（Download）。利用FTP服务来拷贝文件已成为当今世界上最大的软件流通渠道。任何用户均可通过FTP服务来获取多种类型的文件。

9.2.1 FTP的引入

在计算机网络环境下的文件管理系统，应为用户提供三种服务：（1）网络文件存取服务：用户可对文件的内容进行检索、修改、替换或删除；（2）网络文件管理服务：用于创建和删除文件，以及检查和操纵文件属性；（3）网络文件传输服务：用于把整个文件或部分文件内容在两开放系统之间移动。网络文件的存取和管理服务所涉及的主要是本地文件系统；而文件传送则至少涉及到两个主机系统之间的协同操作。由于在本地主机及远程主机之间，可能存在着很大的差异，比如，硬件不同，所配置的操作系统不同等，因而就可能采用了不同的文件结构、不同的存取命令，这将使由一台主机发往另一台主机的文件或存取命令，不能为对方所理解和识别；换言之，在两台主机之间缺乏共同语言。

一种解决方法是为这两台主机的文件系统建立一个翻译机构或称为映象机构，用于将一种机器中的文件访问命令及文件格式等翻译成（映象成）另一种机器的命令或格式，这样，在它们之间便可实现文件的存取和传送操作。这种方法的主要问题是，当在一个网络中有N台不同的主机系统时，为实现全网的文件传输，就需配置N（N－1）/2个不同的映象机构。显然这种方法对稍具规模的网络是不切实际的，更何况今天的网络中还往往会包括多种不同类型的网络。

为了彻底解决在异构环境下的文件传输问题，必须建议统一的文件传输协议标准，所有的主机在传输文件时，都必须遵循该标准，这样，在本地主机和远程主机之间便有了共同语言，相互间都能够识别对方发来的文件或文件存取命令，从而能实现异构环境下的文件传输。通常，在最新推出的网络操作系统中都包含了FTP服务软件，用于实现本地文件到FTP标准文件间的映象，或相反。图9-2是通过WAN实现文件传输的示意图。

9.2.2 文件传输协议的类型

在Internet中提供了多种形式的文件传输服务，可分别用于不同场合，如提供给某些用户使用的内部用户FTP，及提供给广大用户都可使用的匿名FTP等。

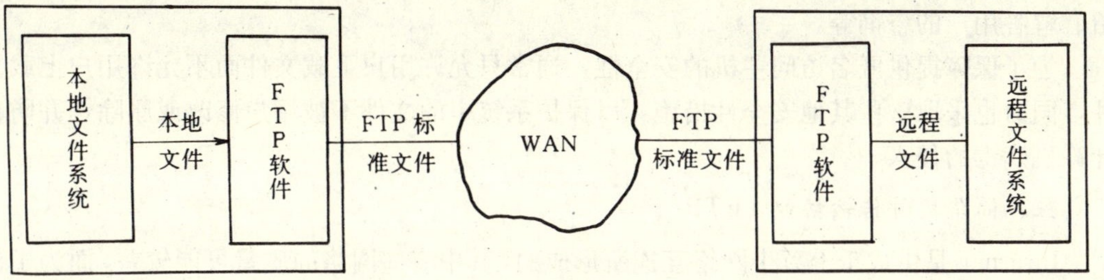

图 9-2　实现文件传输的示意图

一、内部用户 FTP

所谓内部用户 FTP，是指只允许那些在文件服务器上有账户的用户使用的 FTP 服务。每当用户要使用 FTP 服务时，必须先输入正确的账号和口令，然后才能访问文件服务器上自己拥有读权限的文件，也可以向自己具有写权限的目录中上载数据。但由于用户账户和口令是以明文形式保存的，很容易被人窃取，因此说，这种 FTP 存在着不安全因素。

利用 FTP 传输的文件可分为两类：(1) 文本文件，即 ASCII 码文件；(2) 二进制文件：包括二进制的可执行程序文件、中文文件、声音文件、图像文件及数据压缩文件等，相应的，FTP 就具有两种传输模式：(1) 文本模式：可传输文本文件；(2) 二进制模式：用于传输几乎所有类型的文件，也包括 ASCII 文件，故一般系统管理员都把 FTP 设置成二进制模式。

为了保证文件传输的可靠性而把 FTP 建立在 TCP 协议的基础上，因此，每当用户要传输文件时，都应先建立连接。而为了建立该连接必须先了解到：(1) 源文件在网络上的位置。文件的位置通常由两部分组成，一是文件所在的计算机名或 IP 地址，二是文件名或文件路径名；(2) 文件类型：FTP 可以传送的文件类型有 ASCII 文件和二进制文件，而利用 FTP 传输文件时，必须给出正确的文件类型。如果给出的是 ASCII 文件，而实际传送的却是二进制文件，则传送必然失败；(3) 文件大小：系统可根据给定的文件大小准备所需的存储空间。

除上述几点外，为了建立连接，系统还要求用户输入有效的登录名和口令，仅当经过核对两者都正确时，才能建立连接。在有的系统中也允许匿名登录。

二、匿名 FTP

在 Internet 上实现资源共享的最基本手段，是 Internet 提供的匿名 FTP（Anonymous FTP）服务。该服务允许非注册用户拷贝文件。用户在与 FTP 服务器建立连接时，可用"Anonymous"作为用户名，这时 FTP 服务器可能会提示用户在原应输入口令之处输入自己的电子邮件地址，此后，用户便可有限地访问 FTP 服务器上的免费文件。

在 Internet 上有着成千上万的站点可通过匿名 FTP 服务向用户提供各种免费软件。通常在 Internet 上的软件资源可分为免费资源和有偿资源两类。免费资源可包括某些软件工具，如 Netscape 公司推出的浏览器软件 Netscape Navigator 和 Microsoft 公司的浏览器 Internet Explorer。目前已有数以百万计的用户下载这两个浏览器软件；另外还有一些试用版本的软件。厂商免费发送测试版本软件的目的，在于取得用户的帮助，以发现错误和推销该软件的正式版本。一般大公司的FTP服务器都允许匿名访问，以提供一些新产品的介绍、解答用户的咨询等。

为了保障提供匿名访问主机的安全性，通常只允许用户下载文件而不允许用户上载文件，同时也采取一些其他安全性措施，以保护系统中的文件不被用户修改或删除，并防止计算机病毒的侵入。

三、简单文件传输协议 TFTP

Internet 是由成千上万个网络互连所形成的，其中有些网络的质量可能较差，而为了保证文件传输的可靠性，须使FTP建立在面向连接的TCP/IP基础上。然而这又会使网络为实现FTP而付出较大的开销。在Internet中还提供了一种简单的文件传输协议TFTP，它是建立在用户数据报协议UDP基础上的。由于它比较简单，因而在利用TFTP传输文件时网络的开销相对要少。如果网络层已经提供了可靠的面向连接的虚电路服务时，则完全可以利用TFTP来简化文件传输。

9.2.3 常用的FTP软件

FTP是在Internet上最常用的服务之一。当今在PC机上较常用的FTP软件，大多数是32位的(for Windows 95)。下面介绍最新推出的WS_FTP、Cute_FTP及FTP Explorer等。

一、WS_FTP

WS_FTP是基于Windows的FTP工具，可分成16位和32位两种版本，分别适用于Windows 3.X和Windows 95，这两种版本的WS_FTP界面几乎完全相同，都可以免费下载。由于两者均以Windows为基础，故其界面极好且易用，比如，只须双击WS_FTP图标，便可进入WS_FTP的窗口界面，再单击Connect按钮，便会弹出连接对话框，进入连接状态，此后用户只须输入要访问的文件名等信息。尽管WS_FTP是一个优秀的广为流行的FTP工具，但它也存在某些缺点，例如，在传输文件过程中如果发生断电等事故，则在恢复供电后，又必须重新传送该文件，即使是在断电前已经传输了该文件的大部分也是枉然的。

二、Cute_FTP

Cute_FTP是新推出的基于Windows的FTP工具。它不仅能克服WS_FTP的缺点，而且又增添了某些新的功能。新的功能如下：

1. 断点续传

当文件在传送过程中因某种原因而中断，再恢复传送时可以不必重新从文件起点开始，而只须从断点继续传送，从而使前次传送有效。

2. 书签

对于使用菜单方式，逐级菜单地查找所需文件是比较费时的，因为须为此而熟记所需的文件路径名，还须记住相应的访问命令，这并非易事。而在设置了书签功能后，可以为找到的文件建立一个书签，并为之赋予一个便于记忆的名字，再把所获得的路径名及其所在服务器的地址等信息，自动记录在该书签上，以后再访问该文件时，只须提供书签名便可。

3. 成组文件的传输

可利用通配符“*”来一次传输一批文件。例如，可以在菜单的Group Select框中，填上“*.GIF”，命令执行后便可将所有的*.GIF文件找出，还可用类似的方法找出*.GIF和*.EXE等文件。

三、FTP Explorer

FTP Explorer是在1997年推出的适用于Windows 95的FTP软件。它不仅具有一般FTP软件的功能，而且又引入了一系列的新功能，其最大的特点是在软件中引入了多线程机制，利用该机制可以同时下载多个文件和同时列出多个目录，从而显著地提高了用户的工作效率。FTP Explorer新增加的主要功能有：

1. 多线程下载

多线程机制最先是在操作系统中引入的。利用该机制可实现若干个线程的并发执行；后来在数据库管理软件中，也纷纷引入了线程机制。但直到1997年才将多线程机制引入到FTP软件中，如FTP Explorer、GetRight、Golzilla等FTP软件，这样便可使用户同时下载多个文件，甚至还可在下载文件的同时，离开正在下载文件的FTP站点而到另一个站点去访问和下载文件，这两边可以并行工作互不干扰。当某个文件下载完成后，相应的进程就自动关闭而无须人工干预。

2. 多线程目录列表

FTP Explorer又把多线程机制用于列表目录功能上，使用户可以连续点击多个未曾访问过的灰色文件夹，使它们同时传送目录信息，这样，用户便可以在等待传送另一目录的同时，去浏览那些先到达的列表。目前，同时具有多线程下载和多线程目录列表功能的FTP软件，尚不多见。

3. Cache目录列表

在现在的高档微机中，都配置了Cache（高速缓冲区）。这些微机中的大多数FTP软件都可利用Cache来暂存目录列表，以提高用户工作效率。而FTP Explorer还能进一步将Cache中的目录内容形成一种特殊文件，以供用户离线浏览时使用。该功能对一些大的FTP站点相当有用，即用户可在离线状态下仔细观察目录列表，而且还可在以后在线时，用Refresh按钮进行目录更新，以保持当前站点与FTP站点上的实际文件目录一致。

4. 断点续传

即使是在1997年推出的最新FTP软件，其中也仍然有不少软件并不具有断点续传功能。而FTP Explorer所支持的断点续传功能，就是在每次下载开始时，它先检查在本地的下载目录中，是否含有与要下载的文件相同的文件，若有，它将提示用户在“续传、覆盖、放弃下载”中选择其一，这时用户只须选择“续传”，便可将被中断传送的文件从断点开始继续传送。

用户还可利用“续传”功能来提高工作效率。即，当用户一旦发现本次的下载速度太慢时，可以放弃本次的下载，待到以后的适当时机再继续下载。而在再次下载时，它就会自动地从上次下载的断点处开始继续下载，这并不会对所下载的文件造成任何损害。

9.3 电子邮件服务 E-mail

电子邮件服务，同样是 Internet 上应用最广泛的信息通信服务之一，它为世界各地的 Internet 用户提供了既方便又经济的现代通信手段。分布在各地的 Internet 用户可利用电子邮件服务 E-mail 实现电子邮件的交换。

为了实现 E-mail 功能，在 Internet 中的某些特定主机（电子邮件服务器）上设置了一些“邮局”，用户可向某个“邮局”租用一个“电子信箱”。为此，用户须向 Internet 服务供应商申请获取一个账号，以便获得一个相应的 E-mail 信箱地址。实际上，该地址就代表某主机中某块磁盘空间的首地址，该空间专供用户存放往来的邮件。E-mail 的地址是以域为基础的，一般分成两个部分，两者间用“@”号隔开，在“@”之前的部分代表用户名称，“@”后的部分是主机名。E-mail 地址在 Internet 上是动态分配的，不是 IP 地址。

9.3.1 电子邮件服务功能

电子邮件服务所提供的最基本功能是电子邮件的收、发功能，可以具体地分成电子邮件的发送、接收、分发和编辑功能。其次是电子邮件管理功能，又可具体分为电子邮件的查询、保存、归档、增加、删除、改动等功能。另外，电子邮件服务还支持多媒体信息传输和电子邮件分组等功能。

一、电子邮件的收发功能

1. 发送电子邮件

当用户需要向指定目标发送电子邮件时，应先与已租用其电子信箱的那台主机进行连接，然后把准备好的电子邮件发往该主机上已租用的信箱中。此后，电子邮件系统将会自动地将该邮件按照“信封”上标明的收信人地址送至目标主机的信箱中。

在发送功能中可设置多个选项，如附带文件和资料选项，是把与信件有关的附件和资料随信件一起，传送给收信人；又如请求回答选项，告知收信人在收到邮件后应予以回答，等等。

2. 接收电子邮件

用户可以从由某邮局租用的电子邮件信箱中，取得其他用户发来的电子邮件。在接收电子邮件的功能中，同样可以设置某些选项，如将所收到的邮件用打印机打印出来，或可根据需要将邮件转发至其他办公室或个人供阅读等。

3. 邮件分发

电子邮件与普通邮件之间的一个很大差别在于，可以将一份电子邮件同时寄给多个目标用户，此即邮件分发功能。有两种分发方式：（1）成组分发：在电子邮件的信封上，同时标明多个目标用户的地址和名字，电子邮件系统按照“信封”上的各地址分别投递；（2）标准分发：当分发对象较多且较固定时，用户可事先定义一张分发表，其中记录所有分发对象的地址和名字，再为该分发表赋予一个名字。每当用户需要向他们发送邮件时，只须在电子邮件的信封上填上分发表的名字，并选择标准分发选项，系统便会按照分发表的名字去查找发分表，然后按照分发表上的地址和名字进行分发。

二、电子邮件的管理功能

1. 存档功能

为了能将有价值的电子邮件保存起来，可以设置一个专门保存电子邮件的文件系统，或者在已有的文件系统上，专门设置一个邮件分支。这样，便可将接收到的电子邮件分门别类地存入该文件系统中，以备查阅。

2. 扫描功能

这是允许用户扫描已存档的电子邮件，只查看邮件的发送者，或邮件的主题，或许还有邮件的摘要，以便帮助用户了解所有的邮件，从中选取用户感兴趣的邮件。

3. 检索功能

允许用户按照关键字、发送者名字、邮件主题等项，对邮件进行检索，包括检索用户的全部邮件或检索指定日期之前或之后，或两个指定日期之间的全部邮件。

4. 删除功能

对于接收的但并无保留价值的电子邮件，可直接删除（不存入文件系统）或者将已经存入文件系统中的电子邮件，从文件系统中删除掉。

三、支持多媒体信息传输和查询信息等功能

1. 支持多媒体信息传输

在早期的Internet上的电子邮件软件，是基于简单电子邮件传输协议SMTP的，该协议只能支持ASCII码文本的传输。而近年来所推出的电子邮件软件比如Eudora Pro、Netscape、Mail及MS Internet mail等，都已提供了对多用途Internet邮件扩展（MIME）标准的支持，能实现多媒体通信。

2. 查询信息

可以利用电子邮件来查询世界各地的信息。这是通过某些信息咨询服务中心实现的。当用户查询信息时，可向信息咨询服务中心指定的电子信箱中发送一份邮件，在该邮件中列出一系列信息查询命令。咨询中心收到邮件后，自动读取并分析这些查询命令，再进行检索，并将结果再以电子邮件形式发回到查询用户的电子信箱。

3. 支持电子邮件组

在Internet上，按照专业的不同而将电子邮件的所有用户组织起来，形成许多电子邮件组。这样，每个组的成员都可围绕某个专题展开讨论、交流观点或寻求帮助。这些讨论信息都是以电子邮件的形式在Internet上传送的。而加入或退出某电子邮件组是极简便的。只须向有关电子邮箱发送一份含有加入命令（Subscrite）或退出命令（Unsubscrite）的电子邮件即可。

9.3.2 SMTP和MIME传输协议

有关的国际标准化组织为电子邮件服务制订了一系列的协议，这些协议都是基于客户/服务器模式，其中有的协议可用于客户和服务器之间的电子邮件传输，如SMTP和MIME协议，而有的协议则用于规定PC机访问Mail服务器的操作，如POP和IMAP协议。

值得说明的是，CCITT于1984年发表了X.400系列正式建议书。它定义了一个基于存储—转发机制的报文处理系统MHS；1988年又发表了X.400（84）的修订版本X.400

(88) 建议书。这两个建议都试图将文字、语音和图像等多种电信业务集成在一起，把现代通信和办公自动化推向一个新的台阶。从80年代后期到90年代期间所推出的用于LAN中的电子邮件，基本上也都是基于X.400实现的。

在Internet中主要用的是基于简单邮件传送协议SMTP和多用途Internet邮件扩充协议（MIME）两个协议的电子邮件。由于Internet正在发展和迅速流行，因而致使这两个协议正在逐步取代X.400标准。尽管这两个标准与X.400标准相比，在其功能的强大和完善上还略有不及，但SMTP和MIME却已经成为事实上的电子邮件标准。

一、SMTP（Simple Mail Transfer Protocol）

顾名思义，SMTP是一个简单的电子邮件协议。它是建立在TCP/IP协议基础上的，由TCP/IP提供了一个可靠的面向连接的服务。SMTP的简单性主要表现在以下两方面：

1. 简单的邮件信息结构

SMTP所传送邮件的信息结构由RFC 822定义的。该标准定义了一个简单的邮件标头，所支持的数据类型是只有7位的ASCII码数据。该协议仅适合于传输由ASCII字符组成的文本数据，在标准中由于并未对电子邮件的信体做详细描述，因此，基本上允许用户发送任意格式的电子邮件。

2. 简单的操作命令

在SMTP中使用的是简单易读的命令。当用户利用Telnet在远程主机上登录后，便可使用简单的命令发送和接收电子邮件。其主要命令如表9-1所示。

表9-1 SMTP命令

命令	语法格式	功能
Hello	HELO 〈sending-host〉	确定发送SMTP
From	MAIL FROM：〈from-address〉	发送地址
Recipient	RCPT TO：〈to-address〉	接收地址
Data	DATA	信息开始
Reset	REST	终止信息发送
Verify	VEFY 〈string〉	确认用户名
Expand	EXPN 〈string〉	扩充邮件列表
Help	HELP [string]	请求在线帮助
Quit	QUIT	终止SMTP进程

由于SMTP命令特别简单，因而使电子邮件系统的实现就非常容易。长期以来，在Internet上的电子邮件服务都是采用SMTP。但基于SMTP的电子邮件服务所存在的问题也不容忽视，即它所传输的电子邮件必须是ASCII码文件。如果是二进制文本，则必须先将之转换为ASCII文本后方能传送。

二、MIME（Multipurpose Internet Mail Extensions）

多用途Internet邮件扩充MIME协议，是SMTP的伙伴协议。MIME并不是取代SMTP。而只是对SMTP标准加以扩充。MIME在以下两方面对SMTP做了扩充。

1. 支持各种数据类型

MIME 支持七种数据类型：(1) 文本数据：只包括一种无格式的文本数据；(2) 二进制数据：主要是 8 位二进制流；(3) 静态图像：包括两个广泛使用的图像数据标准 jpeg 和 gif；(4) 活动图像：主要是计算机视频数据标准 mpeg；(5) 音频数据：对声音进行脉冲编码调制（PCM）后的数据；(6) 混合型数据：指由多种类型的数据混合而成的数据；(7) 封装的邮件信息数据。

2. 支持复杂的电子邮件信息体

在MIME 中定义了两种标头来描述邮件信息体结构：(1) 内容类型（Content-Type）标头：在这类标头中定义了在信息体中所运载数据的形式；(2) 内容一传输一编码（Content-Transfer-Encoding）标头：用于指示信息体中数据所采用的编码形式。在 MIME 标准中规定了 6 种编码形式，包括：不需编码的文本数据、不需编码的二进制数据、编码的文本数据、编码的二进制数据及特殊编码的数据等。

MIME 标准对电子邮件服务是十分重要的。该标准为在 Internet 上实现多媒体通信，提供了标准方法。故近几年推出的电子邮件软件如 Netscape Mail 3.0、MS Internet Mail 及 Eudora Pro 3.0 都支持 MIME 标准。

9.3.3 POP 和 IMAP 协议

在电子邮件服务中，远程用户发来的电子邮件，通常都是存放在某电子邮件服务器上用户租用的邮箱中，电子邮件在传输时都将遵循 SMTP 或 MIME 标准。而 POP 和 IMAP 协议则是用于从电子邮件服务器上用户的邮箱中，取出电子邮件，并将之传送到用户的 PC 机上。

一、POP 协议

1. POP 协议的基本功能

POP 协议是当前广为流行的协议。其基本功能是对用户发来的登录名和口令进行检查。若无误，便把用户租用的信箱中的邮件，全部传送到该用户所在的 PC 机上。一旦完成下载后，用户便可利用本地 PC 机上的邮件阅读器阅读邮件；也可将某些不再需要的邮件删除掉，或做其他处理，而这些并不需要服务器干预，此即用户是在离线状态下对邮件进行处理。经常使用的 POP 有两个版本，即 POP2 和 POP3。这两个版本的功能基本相同，但因所使用的命令有所不同，故不能相互兼容，表 9-2、表 9-3 示出 POP 的全部命令。

表 9-2 POP2 命令

命　　令	语 法 格 式	功　　能
Hello	HELO user password	确认用户账户
Folder	FOLD mial-folder	选择邮件夹
Read	READ [n]	读取邮件，也可带 n 信息启动
Retrieve	RETR	检索信息
Save	ACKS	告知收到并保存
Delete	ACKD	告知收到并删除
Failed	NACK	否认收到
Quit	QUIT	终止 POP2 进程

表 9-3 POP3 命令

命 令	功 能
USER username	用户账户名
PASS password	用户口令
STAT	显示不可阅读信息号
RETR n	检索信息号 n
DELE n	删除信息号 n
LAST	显示最后一次访问信息号
LIST [n]	显示信息 n 的大小或全部信息的大小
REST	恢复所有的信息，将信息号重设为 1
TOP n 1	打印信息 n 的头及 1 行
NOOP	什么也不做
QUIT	停止 POP3 进程

2. POP 协议的优缺点

POP 协议的主要优点是非常简单，主要表现在两个方面，一方面，如同 SMTP 一样，采用了相对简单的操作命令；另一方面，电子邮件服务器对在用户信箱中的邮件，采取了一次性全部下载的方式，下载完后服务器也就不再保留这些邮件，使开发人员很容易编制 POP 软件，所以 POP 协议得以很快流行，直至目前为止，绝大多数的公司所推出的，都是基于 POP 的电子邮件软件。但 POP 协议所存在的问题也是不容忽视的，主要表现在：(1) 它不能做到让用户先了解在服务器中已有哪些邮件，然后再进行有选择的下载；(2) 电子邮件服务器是一次性地把全部邮件下载而并未保留邮件的付本。

二、IMAP 协议

IMAP 协议的基本功能与 POP 的相似，它仍然是将电子邮件服务器上的邮件，下载到用户的 PC 机上。但它已克服了 POP 的两个缺点：

1. 分步骤地下载用户邮件

用户可以分几步下载邮件。他可以首先阅读邮箱中电子邮件的标头，然后根据需要再决定是下载全部邮件，还是只下载其中一部分，而且对于一份长邮件，也可以分几次下载，例如，有一份邮件由一段正文和若干个附件组成，用户可以先下载正文来阅读，待以后有空时再下载附件。

2. 在电子邮箱服务器中保留有副本

在用户将邮件下载到 PC 机上并阅读后，可以先将无保留价值的邮件删除，凡未被删除的邮件在邮件服务器上仍留有副本，这样有利于实现邮件共享。一个邮箱可以由多个用户共享，每个用户都可将邮箱中的共享邮件下载到自己的 PC 机上。在 IMAP 协议中为客户提供了三种访问模式：

(1) 离线访问模式：工作在该模式时，与 POP 协议一样，在邮件服务器上的邮件全部一次性地传送到客户机上，在服务器上不再保留邮件的副本。

（2）在线访问模式：如上所述，用户可分步骤地下载邮件。而被下载的邮件在服务器上仍保留了副本，客户机可对自己的邮件进行控制。

（3）断开模式：在这种模式下工作时，被客户选出下载到客户机上的邮件，在服务器上不再保留其副本；而另一部分未被选取的邮件仍保留在邮件服务器上。

利用 IMAP 协议虽然可获得较好的电子邮件服务质量，但在实现上却要比 POP 协议复杂得多，使其在商业应用上进展缓慢。直至最近几年，才有少数公司推出了基于 IMAP 的服务器和客户机软件，如 Sunsoft 公司推出了基于 IMAP 的服务器和客户机软件、ICL/Team Ware 公司推出的 Internet 信息服务器，该服务器既支持 POP，也支持 IMAP。Netscape 公司也已将 IMAP 应用于新一代电子邮件实用程序 Messenger 中。

9.4 WWW（Word Wide Web）

WWW 是 Word Wide Web 的简称。在我国把它称为环球网或环球信息网，是当前最为流行的信息服务类型，人们可利用它在网上漫游，以进行信息浏览和信息发布。所谓网上漫游是指对 Internet 上分布于世界各地的各 WWW 服务器间进行访问。WWW 极大地推动了 Internet 的发展、信息交流和共享。其影响已远远超过了专业技术范畴而进入了广告、新闻各个领域。

WWW 所管理和传输的信息一般是超文本文件。所谓超文本文件是指用超文本标识语言 HTML 所编写的文件。WWW 的基本协议是超文本传输协议 HTTP。网络上的文件是由统一资源定位器 URL 来唯一标识的。当 Web 与外部应用程序进行交互时，还须编写 CGI（通用网关接口）程序。可见，在 WWW 服务中采用了许多全新的概念和技术。为了能较深入地了解 Web，还须先对上述的新概念加以了解。

9.4.1 超文本标识语言 HTML

HTML（Hyper Text Markup Language）是国际标准 ISO 8879：1986 SGML（Standard Generlized Markup Language 一般化标准标识语言）的实际应用之一。在 SGML 中定义 HTML 的部分称为 SGML Declaration for HTML，它对 HTML 的字符集、语法标识名等做了描述。HTML 的发展也非常快，不断有新的版本推出，现在常用的版本有 HTML 3.0，1997 年又先后推出了 HTML 3.2 和 4.0 版本。

一、什么是 HTML

HTML 是用于创建超文本文件的编码语言。可用该语言向普通文件中加入一些特殊的标识符，以使在生成的文件中含有其他多种类型的文件，如声音、图像等，我们把这样的文件称为超文本文件。但实际上超文本文件本身并不含有上述的多媒体数据，而是只含有指向这些数据的指针。用这些指针可以把用户端的客户程序从一台计算机转移到另一台计算机。在 HTML 中把这些指针称为链接，这种转移是自动实现的，因而对用户也是透明的。超文本文件可以由 Web 浏览器或其他 Web 工具解释执行，这些 Web 工具必须支持 HTML。

HTML 具有以下一些特点：（1）通用性：HTML 是作为 Internet 上的共同语言和通用的信息描述方式；（2）简易性：HTML 文件制作简单、HTML 版本的升级采取超集方式；

(3) 可扩充性：HTML 采取子类元素的方式，使 HTML 具有很好的可扩充性；(4) 平台无关性：HTML 可用于各种类型的平台上。

二、HTML 的文件结构和标识符

在 HTML 中定义了超文本的文件结构、标识符的语法和属性。

1. HTML 的文件结构

HTML 的文件结构如下：

〈HTML〉
〈HEAD〉 Head elements
〈BODY〉 Body elements
〈/HTML〉

2. HTML 标识符

在 HTML 中，标识符的定义和说明是十分重要的。在 HTML 中主要有以下几种类型的标识符：

(1) 字体字型类：用于定义所显示字体的大小和形状，其中包括字体标识符和字形标识符。利用这些标识符可显示出各种字体字型。

(2) 版面布局类：用于定义所显示屏幕的布局，其中包括了版面颜色标识符、分段换行标识符、制表列表标识符等。可利用这些标识符在有限的屏幕区域内，安排更多的信息，仍能美观大方，例如，利用 FRAME 和 FRAMESET 标识符可将屏幕划分成多个区域，每个区域相当于一个独立的屏幕。

(3) 文件链接类：用于链接各种类型的文件，其中包括普通文件链接标识符 LINK、图像文件链接标识符 MAP 以及内部文件链接标识符 NAME 等，可利用这些链接标识符来链接文本、图像、动画等类文件。

(4) 图像显示类：可利用该类标识符在文件中插入图像，如 IMG 标识符可用于插入较小的图片，在该标识符内不能设置其他的 HTML 文本；而利用 FIG 标识符插入图片时，还可在标识符内设置标识和图片描述。

(5) 数学表示类：可利用数学标识符 MATH 定义数学公式或数学表达式等的显示。

9.4.2 超文本传输协议 HTTP

一、什么是 HTTP

超文本传输协议 HTTP (Hypertext Transfer Protocol) 是 WWW 的基本协议，属于 TCP/IP 协议族中的应用层通信协议，它是建立在 TCP 协议基础上的，它依赖于 TCP 协议来确保传输的正确性。可利用该协议来传输简单的文本、超文本、声音信号和图像，以及任何在 Internet 上可以访问的信息。

HTTP 是一个通用的、面向对象的客户/服务器协议。该协议所包括的内容涉及到一般语法和标识符的约定，定义了协议中所用的字符集、编码方式、媒体类型等参数。这些参数主要都设置在请求和应答消息的头域中，规定了 HTTP 的请求消息和应答消息的类型、格式及各个域的内容；此外，还对访问权限、安全性做了规定。在 HTTP 中还引入了一个特殊的参数 URL (Uniform Resource Locator)，URL 是一个简单的格式化定位器（字），用

于描述浏览器在检索资源时所用的协议、资源所在的主机名、资源的路径名和文件名。URL的一般格式为

协议＋“：//”＋主机域名或IP地址＋“:”或“/”＋路径名或文件名

URL的最后一部分可以没有，例如：

http：//WWW.netscape.com/index.html

协议名　　　　主机名　　　　文件路径与文件名

二、HTTP的消息类型

由于HTTP协议所采用的是客户/服务器模式，故相应的消息可分为HTTP请求消息和HTTP响应消息两类。

1.HTTP请求消息

在客户与源服务器建立连接后，由客户向源服务器发出一请求消息（采用规定的消息格式），在消息中所包含的内容有：请求类型、所请求资源的URL、HTTP协议的版本号、有关请求的其他消息和客户本身的信息。请求消息的类型有：(1) GET：请求检索并接收消息；(2) POST：请求服务器把接收消息中的URL项作为正式URL的下级URL；(3) PUT：请求源服务器接收URL项，它所指向的可能是一个新的资源，也可能是取代现有的URL；(4) DELETE：删除在消息中已存在的指定URL；(5) TRACE：用于了解请求消息经历了哪些中间传输代理。

2.HTTP响应消息

源服务器在收到客户发来的请求后，将启动执行某一功能，源服务器再利用其执行的结果形成响应消息返回给请求者。响应消息也应具有一定的格式。在响应消息中所包含的内容有：协议版本号、指定一条状态代码，在该代码中指明对请求的执行情况。状态代码可分为：(1) 信息型代码：用于指示源服务器已收到客户发来的请求消息；(2) 成功型代码：用于表示客户所发出的请求已经接收并成功地完成；(3) 重定向型代码：为使源服务器完成指定的操作，客户须要重新提出请求；(4) 客户错误型：用于指示客户的请求消息存在语法错误。

三、HTTP的三种信息传输方式

HTTP支持下述三种信息传输方式

1.点到点方式

这是指在客户（Web浏览器）和服务器（Web服务器）之间，建立起一条点到点的直接连接。由Web浏览器向Web服务器发送一条HTTP请求消息，Web服务器收到后便去执行该请求所指定的操作，再把执行结果以HTTP响应消息的形式返回给Web浏览器。图9-3 (a) 示出点一点连接方式。

2.具有中间服务器的方式

在图9-3 (b) 中示出，在Web浏览器和目标Web服务器之间还有几个中间服务器。每个中间服务器都起着中继或安全保护等作用，这样，在浏览器要访问指定的Web服务器之前，须分别建立起多条点一点连接。亦即，在Web浏览器与第一个中间服务器之间的连接，第一中间服务器与第二中间服务器之间的连接，……，最后一个中间服务与目标Web服务器之间的连接。由Web浏览器所发出的请求消息须依次通过各个中间服务器才能到达目标

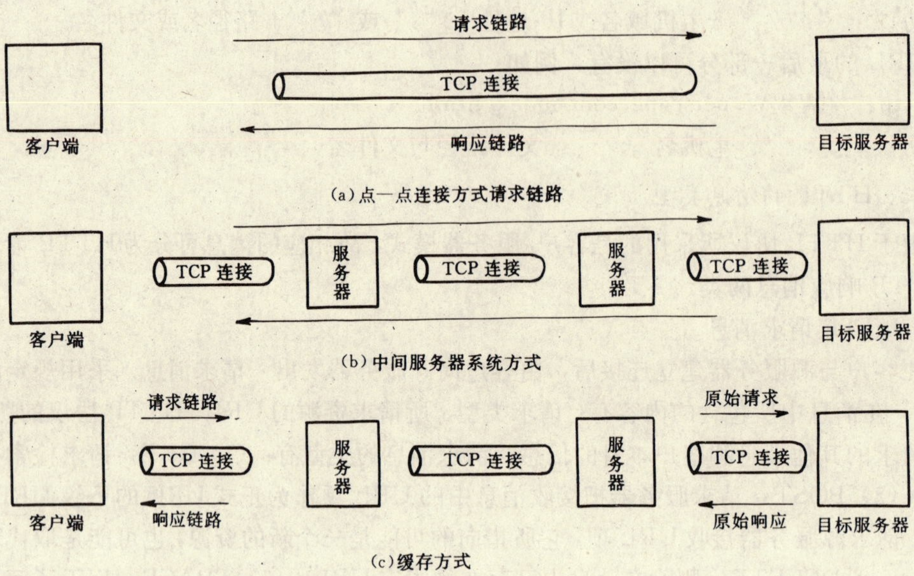

图 9-3 HTTP 的三种传输方式

Web 服务器。类似地，由目标 Web 服务器所发出的响应，也须依次通过各中间服务器，才能回送到 Web 浏览器。

3. 缓存方式

这是在中间服务器的基础上再增加缓存功能，由中间服务器暂存客户的请求消息，及暂存由 Web 服务器发回的响应消息，以便以后再用。如果新的客户请求与原来保存的某个客户请求相同，则中间服务器便可用所保存的相应响应消息予以响应，从而避免了此次对目标 Web 服务器的访问。可见，缓存方式能有效地降低对 Web 服务器的访问频率，并提高了响应速度。

9.4.3 公共网关接口 CGI

WWW 的产生极大地推动了 Internet 的发展；而 WWW 的发展又为未来的信息系统提供了一种崭新的模式。但 WWW 本身也存在某些局限性，使之缺乏与外部应用程序间交互的能力。为了使 WWW 不断发展，能在 Internet 上发挥更大的作用，人们又对 Web 服务器和外部应用程序，特别是数据库服务器间的交互能力进行了开发。

一、Web 服务器与数据库服务器交换信息的方式

在建立 Web 服务时，为了能向客户提供实时的动态信息，就必须将 Web 服务器同数据库服务器连接起来，以便客户能随时访问数据库中的信息。但在 Web 服务器与数据库服务器之间，信息交换的实现比较复杂，因为在不同的应用系统中可能采用了不同的数据库系统，不同的操作系统以及不同的主机。因而应该在 Web 服务器和数据库服务器之间，增设某种类型的中间件。目前常用的中间件有以下三类：

1. 通用网关接口 CGI（Common Geteway Interface）

CGI 是 Web 服务器与外部应用程序系统之间传递信息的一种接口标准。按照 CGI 标准编制的 CGI 程序可以处理客户端（一般是 Web 浏览器）的请求，实现客户与数据库服务器（通过 Web 服务器）之间的交互。例如，客户可以通过 Web 服务器和 CGI 程序，从数据库服务器中检索信息。

2. 开放数据库连接 ODBC

ODBC（Open DataBase Connectivity）是微软定义的，基于 Windows 环境的数据库访问接口标准。由微软推出的 IIS（Internet Information Server）中提供了 Internet 数据库连接器（IDC），可借助于 ODBC 实现 Web 服务器与多种数据库（包括 SQL Server，Oracle、Sybase、Informix、Foxpro 等）的实时交互功能。使用 ODBC 接口标准时，不论客户要访问哪种数据库，都具有统一的接口界面和操作方式。

3. 数据库系统提供的接口

随着 WWW 服务的推广，各大数据库厂商都在相继开发用于支持 WWW 服务器的产品，用该产品来支持自己的数据库系统与 Web 服务器的交互链接功能，如 Informix 的产品 Web DataBase Module，Oracle 的产品 Web Developer Suite 以及 Sybase 的 Web SQL 等。借助于这些工具，既可把诸如图像、声音及 HTML 等各类信息存储于数据库中，又能提供给 Web 客户访问。

二、标准 CGI 和缓冲 CGI

前已述及 CGI 是最先制订的 Web 服务器与外部应用程序之间的标准接口，也是当前应用得最广泛的标准接口。它又可分为标准 CGI 和缓冲 CGI 两种。

1. 标准 CGI

它是当前用得较广泛的一种，所有的 Web 服务器均应支持标准 CGI，按标准 CGI 编写的程序与具体的 Web 服务器无关。在 Internet/Intranet 环境下，Web 服务器是一端连接客户机（Web 浏览器）；另一端连接外部应用程序，包括数据库服务器。由客户机向 Web 服务器发出的 HTTP 请求在 Web 服务器收到后，先创建一 CGI 子进程，由该子进程将请求中的有关数据（如使用的 CGI 版本号、传输数据的参数字节数和编码类型等），设置成环境变量，并在外部 CGI 程序与 Web 服务器之间，建立起标准输入（Stdin）和标准输出（Stdout）通道，然后启动由 URL 指定的 CGI 程序。该程序执行完后便将处理结果通过 Stdout 通道传送给 Web 服务器的接收进程，再由 Web 服务器将结果返回给客户机。标准 CGI 与 Web 服务器及浏览器间的关系示于图 9-4 中。

2. 缓冲 CGI

由于最初开发 CGI 程序的环境是 UNIX 操作系统，因而 CGI 程序就是使用 UNIX 系统提供的 Stdin 及 Stdout 通道进行数据的输入和输出。然而在 Windows 环境下并不能使用这种 I/O 方式，于是产生了缓冲 CGI，亦即在 Web 服务器和 CGI 程序之间增设了输入/输出缓冲区，再由缓冲处理程序利用该缓冲区来模拟标准输入 Stdin 及标准输出 Stdout。

在增设了缓冲区后，每当 Web 服务器收到客户机的请求后，同样是先创建一 CGI 子进程，再由该子进程将有关数据设置成环境变量并送入输入缓冲区，以后由缓冲处理程序将之传送给指定的 CGI 程序；另外，由 CGI 程序在处理后又将结果先送入输出缓冲区，最后再传送给 Web 服务器。图 9-5 示出了缓冲 CGI 的简单工作原理。

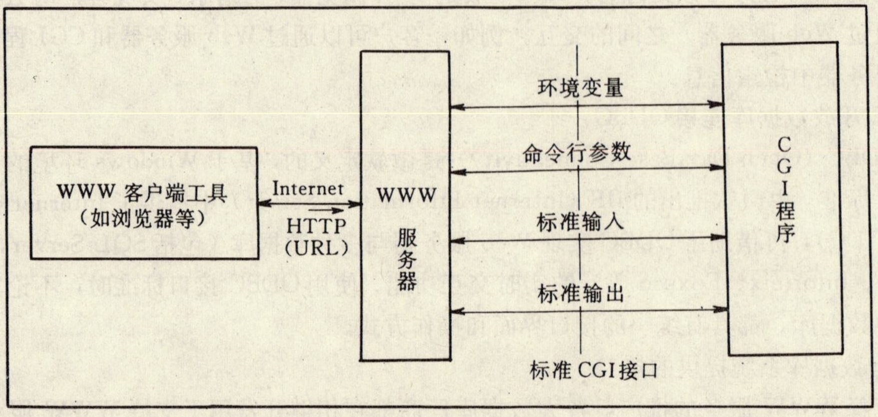

图 9-4　标准 CGI 与 Web 浏览器及服务器的关系

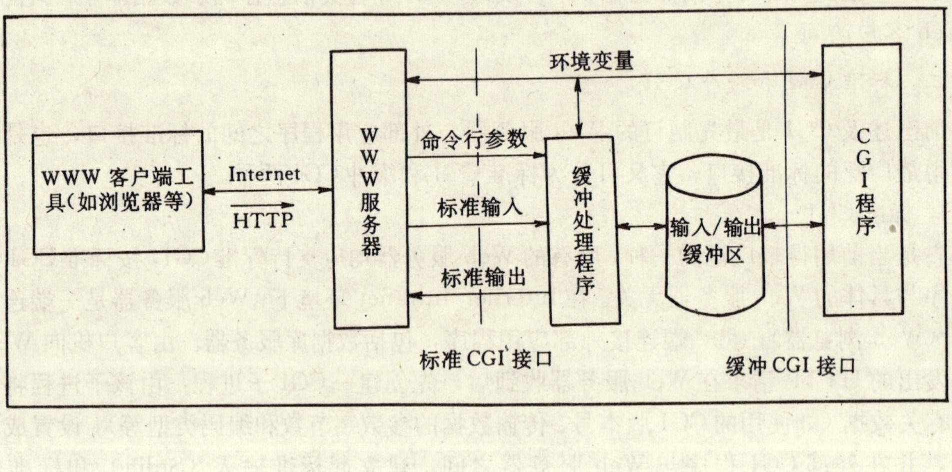

图 9-5　缓冲 CGI 的简单工作原理

9.4.4　WWW 的基本特点和信息服务

一、WWW 的基本特点

1. 信息资源访问的分布性

用户可以利用 Web 浏览器进行基于超文本方式的信息资源访问。在超文本文件中包括了许多指针，可通过这些指针来链接分布于世界各地 Web 服务器中的信息资源。这样，用户程序便可通过在网上的漫游，去访问分布于世界各地的 Web 服务器。

2. 信息形式的多样性

在传统的网络中，信息服务所提供的信息形式都比较单一，如在电话网络中的信息形式是声音；在计算机网络中的信息形式是文字；而在 Web 服务器上所存储和传播的信息形式是真正的多媒体信息，即声音、文字、图像、动画并存，这不仅使 Web 信息服务更具有吸引力，也为使电话、电视及计算机的三者合而为一，奠定了坚实的基础。

3. 用户界面的统一性

WWW 服务向用户提供了统一的用户界面和友好的信息访问接口，供用户对世界各地的信息进行访问。这时，用户仅须提供访问请求，然后就可根据返回的信息决定下一步的行动。而更具体的一些问题，比如该访问哪里，该如何访问 Web 信息资源，都无须用户干预而是由 Web 服务提供者自动完成。不论这些信息来自何处，是在本地还是天涯海角，其访问方法都是相同的，这对用户而言，无异于本地访问。

4. Web 服务应用的广泛性

出于下述原因使得 Web 信息服务用得十分广泛：(1) 信息传播范围广：Web 服务是建立在 Internet 上的，其信息的传播可遍及全世界；(2) 信息极为丰富：Web 服务器自身已经存放了十分丰富的信息资源，还可利用 CGI 等接口访问大量的网络数据库中的信息资源；(3) 获取信息简便：因为 Web 服务提供了统一和友好的接口，因而也为用户提供了十分简便的获取信息的手段。目前，Web 信息服务已广泛应用于广告宣传、信息查询、电子商务、网上银行、电子出版、实时转播等方面。下面将对上述几种应用做进一步阐述。

二、WWW 信息服务

1. 广告服务

这是在 Web 服务器上最早开发的一种服务，也是当前应用最为广泛的一种信息服务形式。借助于 Internet 遍布全世界和 Web 服务提供了信息形式多样化的优势，可采用图、文、声并茂的方式对各种组织机构如国际协议组织、研究机构、公司及企业等加以介绍，尤其是为企业在 Internet 上提供广告服务，可及时地向全世界发表有关产品的照片、产品的特点及性能信息。

2. 信息查询服务

在 Internet 上不仅连接了全世界的绝大多数网络，而且还联接了许多大型数据库系统，在每个数据库中都存有大量的信息资源，其中包括商业和经济信息；计算机软件、Internet 和多媒体信息；政治、法律、机构和军事信息；医疗、药品、保健信息；电视、电影、音乐信息；世界新闻、当前新闻、国家和地区的信息等等。当在 Web 服务器中配置了 CGI 程序后，人们可利用信息查询服务从上述数据库中获得自己所关心的信息，这些信息绝大多数都是免费提供的。

3. 电子商务

WWW 技术的普遍应用，使之迅速扩展到商业领域而形成了在 Internet 上的电子商务，它包括：(1) 电子目录：企业可以在 Web 服务器上投放电子目录，顾客通过检索电子目录来了解该企业的商品情况，并在此基础上实现订货服务。(2) 电子商场：这是指将商场开设在 Internet 网上，将商品目录置于 Web 服务器上。电子商场所提供的商品有：计算机类商品：如计算机硬件、软件及附件等，音乐商品：如录像机、磁带、音响设备等，还有其他各类商品如食品、饮料和服装等。(3) 电子购物：是指顾客在网上购物。顾客在家里便可向银行和商店联合开办的网上商店购置所需物品，顾客利用信用卡付账，再由银行向商店付款。

4. 网上银行

Internet 的网上银行，主要是通过在 Internet 上建立 Web 服务器为网上用户提供访问手段。这主要包括电子邮件 E-mail、银行信息发布，以及各种银行业务的处理等。客户可以足不出户便进行存款、取款、转账、付款等项工作。目前，全球上最大的100家银行中，有70%以上都建立了 Web 站点，并为用户提供了金融服务。

9.5 Internet 的其他信息服务

在 Internet 上，除了上述的 FTP、E-mail 和 WWW 三种最重要的服务外，还提供了大量的其他信息服务，其中比较重要的有 Archie、WAIS、BBS 和 USENET、TELNET 等信息服务。本节将对这些服务做扼要阐述。

9.5.1 Archie

Archie 是在1990年由加拿大 McGill 大学计算机系为 Internet 所开发的一种新的检索工具。虽然用该工具后并不是直接检索出用户所需的文件，但它能帮助用户检索出所需文件的位置。

一、Archie 的引入

由于在 Internet 中含有极丰富的信息资源，而且其类型和数量还在以惊人的速度增长，这些信息资源都是以文件的形式驻留在大量的主机（服务器上）；同时，这些服务器上的文件和目录又可能随时被更新，这就使得用户难于准确地知道自己所需文件是驻留在哪一台主机上。如果用户要利用 FTP 工具来拷贝所需的文件，就必须知道该文件的位置，因而经常使用户无法使用 Internet 所提供的 FTP 工具获得所需文件。为了解决这一问题，McGill 大学开发了一种新的检索工具 Archie，供用户用来找出所需文件驻留的主机（服务器），以获得文件路径名。

为了方便用户检索，在 Internet 上配置了许多 Archie 服务器。这些服务器分布在世界各地。如美国、加拿大、英国、德国、日本、南朝鲜及台湾等地，都分别设置了一个或多个服务器。其工作情况是：每隔一定时间，Archie 服务器便与 Internet 上的所有已知的匿名 FTP 服务器建立连接，并将后者上面的公开文件目录拷贝到 Archie 服务器上。这样，虽然用户无法知道其所需文件或目录的地址，但用户却可将所需文件和目录的名字告知 Archie 服务器，后者便可把含有所需文件或目录的匿名 FTP 服务器的名字及文件的路径名告知用户。之所以要在 Internet 上建立许多这样的服务器，是为了使用户能就近选择一个 Archie 服务器，以减少网络上的信息流量。

二、Archie 系统的基本结构

Archie 系统由三部分组成，它们是数据收集、数据库维护及用户访问控制。

1. 数据收集 DGC

数据收集即指前述的定期（如一个月）地将各匿名 FTP 服务器上的公开文件及目录清单拷贝到 Archie 服务器上，以更新原有内容。所有的 Archie 服务器之间按轮流方式进行更新。

2. 数据库维护 DMC

由于不同的 FTP 服务器可能配置了不同的操作系统，从而导致在各服务器上文件目录清单的格式各不相同，然而存放在各 Archie 文件数据库中记录的格式却应一致。这就须将各种不同的文件目录格式转换为 Archie 文件数据库所规定的统一的文件目录格式，此功能即由 DMC 程序所完成。

3. 用户访问控制 UAC

UAC 作为用户与 Archie 系统的界面。用户通过该界面查询 Archie 服务器，该界面的友善与否直接影响到用户的使用是否方便。目前，Archie 可以提供远程登录、电子邮件或专用客户软件，用于直接查询信息。

三、Archie 支持的检索方式和使用方式

Archie 支持几种检索方式，其中有的检索方式要求用户提供准确的文件名；而有的检索方式却允许用户只提供不完整的文件名。

(1) Sub 检索方式：如果用户只记住了文件名中的部分字符串，此时可采用此方式。此方式能查找出任何含有用户给出的子字串的文件名，而不管该子字串是位于完整文件名中的哪个位置，也不考虑字符串是大写还是小写。

(2) Subcase 检索方式：该方式可以提出含有指定子字串的文件名，但指定字串在文件名中的位置是固定的，而且也须考虑字母的大小写。因此，使用该方式时，用户须知道子字串在文件名中的位置及大小写。

(3) Exact 检索方式：仅当用户知道确切的文件名时，才能使用此方式，以获得最快的检索速度。

2. 使用方式

(1) 利用 Archie 客户软件进行检索：如果在用户的客户机上已经配置了 Archie 客户软件，则可直接利用该软件进行检索，即方便又快捷。

(2) 与 Archie 服务器实现远程联网：如果在客户机上未配置 Archie 客户软件，可以与一个 Archie 服务器进行远程联网，然后利用 Telnet 工具，并以 Archie 作为用户名，在 Archie 服务器上登录。

(3) 利用电子邮件向 Archie 服务器进行检索：这种方法已在电子邮件服务功能中做了介绍。使用该方法的好处是可以进行非实时查询，因而用户不必等待。

9.5.2 广域信息服务器 WAIS

广域信息服务器 WAIS (Wide Area Information Server) 是一种网络信息检索服务器，有时又被称为数据库的数据库。它可以利用关键字对数据库中的文件，进行全文索引，用索引所获得的信息建立相关的数据库，形成分布在 Internet 上的供用户查询的各类数据库的一个通用接口。通常在建立一个大信息量的数据库时，应考虑能提供 WAIS 广域信息检索服务，以使用户能在世界范围的各数据库中查找信息。

一、WAIS 系统的组成

WAIS 系统采用客户/服务器模式，主要由 WAIS 索引建立器、WAIS 服务器和 WAIS 客户查询器三部组成，如图 9-6 所示。

1. 索引建立器 WAISindex

在建立 WAIS 系统时，首先利用 WAISindex 对数据库中可被查询的文件进行索引，即

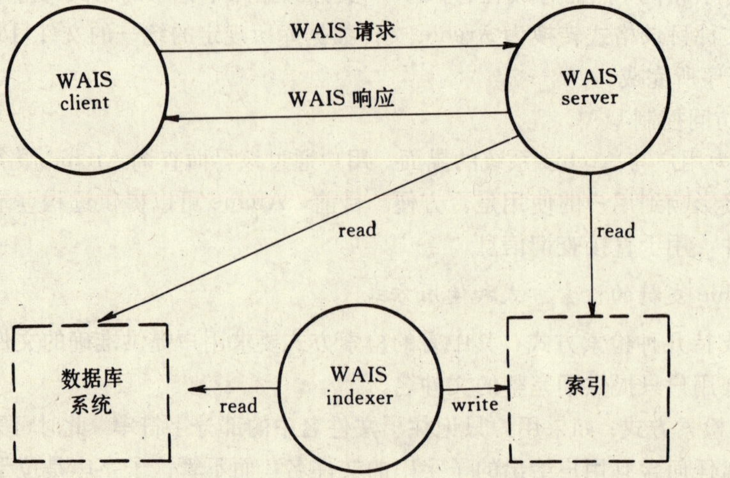

图 9-6　WAIS 系统的组成

为文件中出现的单词建立一张表，在其每一表目中记录单词出现的位置。索引之后，WAISindex 将自动建立相关的数据库。WAIS 数据库主要由 8 个文件组成，其中最重要的是用于数据库说明的文件 XX.src 和用于查询的文件 XX.dct 及 XX.iny。

2. 服务器 WAISserver

根据用户给出的检索条件、使用已建立的索引进行检索。在检索条件中的每个单词作为关键词，据以查找含有它的文件，并给出一个分数，用来表示每份文件的切题程度，分数愈高，切题程序愈好。

3. 客户查询器

用户可使用客户查询器到 WAISserver 上查找分数较高的文件。在客户查询器与服务器之间的通信，采用请求/应答方式，所用的通信协议遵循由图书馆科学分管小组第 39 组认可的第 50 项标准，简称为 Z39.50 标准。由于当前大多数图书馆都已使用了 Z39.50 标准，故利用 WAIS 软件到图书馆信息系统中去获得信息的方法，较之使用其他软件，更为容易。当前已有不少厂商提供了客户查询器，如可用于 UNIX 机器上的 WAISsearch 和 Xwais，有可用于 PC 机的 Winwais 等。

二、利用 WAIS 进行查询的过程

利用 WAIS 进行查询时，可按下述三步进行。

1. 选择数据库

进入 WAIS 时，将会在屏幕上显示出一长串可被查找的数据库清单。所有数据库的主题都相当明确，如传递新闻、天文学者、家畜、可兰经等。要求用户在数百个数据库中，辨明应选择哪一个，在该数据库中可能包含所要查询的信息。用户一旦决定后，可通过移动光标的方法来选择所要查询的数据库。

2. 键入查询关键字

为使 WAIS 能在用户选定的数据库中，查询用户需要的信息，用户必须向 WAIS 提供关键字。用户键入关键字后，WAIS 便会自动地在用户所指定的（菜单中选定的）数据库中，根据给出的关键字进行远程查询，从中找出含有指定关键字的所有记录，并根据查询用的关键字在每一条记录中出现的频度给出评分，最高为1000分，再按分数大小将找出的这些记录予以排序。

3. 浏览、确定：用户可以进一步选择适当频度的记录加以浏览，以得到自己所需的文件。如果WAIS能准确地找出所需的记录，自然也就可以找出一个最符合要求的文件（最相关的文件），并告知WAIS继续查找相类似的文件。

9.5.3 BBS、USENET、TELNET和GOPHER

一、电子公告栏系统BBS (Bulletin Board System)

电子公告栏系统BBS是Internet网上较早提供的一种服务。80年代初期开始在美国流行，计算机用户可利用BBS进行交流。当前BBS在国外已发展得相当成熟，规模也很大，甚至已出现了全球性的BBS。近几年，国内也出现了一批业余的BBS站点，其规模和用户数目正在日益增长。

BBS服务是在某些主机或服务器上，开辟一块公共存储空间供所有用户使用，有时也把这块公共存储空间称为公共电子白板。BBS的用户可以利用这块电子白板来开展讨论、进行文件交流以及发布信息。

1. 开展讨论

每个BBS用户都可在公共电子白板上发表自己的文章，阐述对某问题的意见，与其他人进行交流，如果遇到了某些难以解决的问题，可以在公共电子白板上公开求助；大家也可以在白板上围绕某个专题展开讨论，用户可以提问，发表意见，也可以只是“旁听”。

2. 文件交流

用户可以通过BBS选择自己感兴趣的文章来阅读，也可通过BBS获取大量的免费软件和费用十分低廉的共享软件。

3. 信息发布

单位和个人都可利用BBS发布各类信息，如发布最新的计算机硬件和软件产品信息，介绍某个BBS站点的情况等。

在电子公告栏上可以设置多种类型的主题，其范围可以包括科学技术、政治、教育、艺术、体育、股票、影院、音乐等方面，公告栏可根据不同的主题或分主题而分成很多布告栏。每个布告栏可局限于某个地区、某个组织；也可向全世界开放。利用BBS进行交流和开展讨论，在历史上第一次打破了空间和时间的限制；在相互交流时，也无须考虑参与者的年龄、学历、社会地位、财富及其外貌、健康状况等因素。换言之，参与讨论的各用户是处于完全平等的地位，这一点是现有的任何其他交流、讨论方式所做不到的。

二、网络新闻USENET

网络新闻是在电子公告栏的基础上形成的。它是一个庞大的、分散的公告栏系统。每一个公告栏对应于一个网络新闻组或讨论组（Discussion Group）。虽然利用电子邮件服务也可组成讨论组，以对某些专题进行讨论，但这时用户须利用“一对多”的邮件发送方式，把含有讨论内容的邮件寄至讨论组的公用信箱中，再由电子邮件系统自动地将该邮件分发至讨论组中每一成员的信箱中。可见，当讨论组的成员很多时，系统的开销将非常大，因而利用电子邮件服务组成讨论组的方式，仅适于规模较小的情况，如只有几个人，最多几十个人。

网络新闻讨论组，可以允许非常多的人参加，可多达数百、数千人，原则上可以不加限制。每个讨论组都围绕一个主题开展讨论。可以有各式各样的主题，几乎所有能想到的主题都会有相应的专题讨论组，比如，与计算机有关的专题、关于社会科学问题的专题等。在每个专题下又可分为多个子专题、子专题下面还可进一步划分；新闻组的名字就是由专题或子专题等的名字所组成。下面是几种常用的专题：

comp：与计算机有关的专题

sci：与某门学科有关的专题

soc：与社会问题有关的专题

rec：与娱乐（艺术、体育、嗜好及其他）有关的专题

news：与网络信息本身有关的新闻组

talk：关于政治及有争议性问题的长篇大论式的专题

misc：与以上条件不符合的各种专题

通常，计算机专题具有最大的专题新闻组，在它下面又可分为人工智能（ai）、体系结构（arch）、计算系科学教育（edu）、信号处理（dsp）、编译（compilers）、数据库（databases）、操作系统（os）、计算机语言（lang）、专用设备（periphs）等等子专题组。

每一网络新闻组的成员要发表意见时，也是利用电子邮件服务将自己的文章发送至网络新闻组。而网络新闻组则无须把用户的文章分发给各成员，而是由各成员自行利用新闻阅读器（Newsreader）软件去阅读。新闻阅读器可以是行式阅读器，也可以是全屏幕阅读器，或者是具有图形界面的阅读器。新闻阅读器作为用户与 Usenet 的接口，用户通过它去阅读自己感兴趣的文章。读完后，可将该文章存放在文件系统中，或打印出来，也可转发给其他用户。

三、远程登录服务 TELNET

TELNET 实质上是一个基于网络的终端仿真程序（Terminal Emulator），即把用户使用的终端或主机通过 Internet 变为远程主机的仿真终端，其目的是使终端或主机能访问远程系统中的资源，而且能像远程系统中的用户一样地访问资源。当然，为能在远程系统主机上登录，须首先成为该系统的合法用户，并有相应的账号和口令。一旦登录成功，用户便可实时地使用远程主机对外开放的全部资源。如今，世界上已有许多大学的图书馆，都通过 TELNET 对外提供数据库联机检索服务；一些政府部门、研究机构等，也将他们的数据库对外开放，供用户通过 TELNET 进行查询。

TELNET 程序可分为两部分，一部分是用于发出登录请求的 TELNET 客户程序；另一部分是用于应答登录的 TELNET 服务器程序。当用户要进行远程登录时，应在 TELNET 命令中给出远程主机的域名或 IP 地址，然后根据对方系统的询问，正确键入自己的用户名和口令，有时还要回答出自己所用仿真终端的类型；但在 Internet 中也有一些数据库，对外提供开放式远程登录服务，即在查询这些数据库时，不须取得用户的账号和口令。

四、GOPHER

GOPHER 是 1991 年由美国的 Minnesoda 大学计算机系与信息系统系合作研制成功的

查询工具。它最初只是在校园网上作为信息检索工具，后来由于Internet信息检索的需要，GOPHER使很快又成为Internet上最受欢迎的检索工具。在Internet上分布有许多GOPHER服务器，其中，除了美国有多部GOPHER服务器外，在澳大利亚、英国、瑞典、加拿大、智利等国，也都各有1～2台GOPHER服务器，用户可就近选择一台进行查询。

GOPHER查询工具将网上的信息（包括目录、文件）组织成实时的菜单系统，并采用菜单驱动方式运行。用户可逐级地通过菜单的引导，在每一级菜单中选择自己感兴趣的信息或题目（即菜单项），这样便可逐步地趋向目标，然后由GOPHER将用户的选择（请求）自动转换成FTP命令或TELNET命令，继而在Internet中为用户找到其所需的信息。使用GOPHER工具时，用户不须了解所需信息在网络中的地址，也无须知道使用哪条查询命令，便可从浩瀚的信息海洋中找出所需的信息。可见，GOPHER对查询起到导航的作用，因而大大地方便了用户。

与TELNET及FTP工具相比，GOPHER检索工具对于新用户或对系统不甚了解的用户是十分方便的，因而它在1992～1995年间相当流行。但后来由于又出现了更方便有效的新的检索工具WWW，所以从1995年开始，GOPHER便逐渐被WWW所取代。

9.6 Internet接入的方式及实现

从1995年起，我国的Internet热不断升温，不仅许多单位的LAN（企业网）接入了Internet，而且还有更多的个人计算机也纷纷接入Internet，特别是1997年，在邮电部大幅度调低收费后，更加快了计算机接入Internet的速率，到1998年6月底上网的计算机数目已达到54.2万台。而无论是个人计算机，还是LAN（企业网）在入网时，都应具备一定的基本条件、选择好的信息服务提供者ISP和相应的入网方式。

9.6.1 Internet的接入方式

由于个人计算机或LAN在进入Internet时的目的和要求，并不完全相同，因此它们通常都采取不同的接入方式，即使是LAN（企业网）也因它们规模上的差异和出于经济上的考虑，也采用了不同的接入方式。下面我们将从不同的角度对接入方式加以分类。

一、按IP地址对接入方式分类

在个人计算机和LAN入网时，可以完全不需要IP地址，或利用动态IP地址，或利用单个或多个静态IP地址入网。

1. 无需IP地址的接入方式

由于不需要为接入的计算机分配IP地址，故采用这种接入方式时，其收费低廉，适用于个人计算机的入网，其入网的主要目的是使用Internet所提供的E-mail服务来发送或接收电子邮件；也可使用FTP服务来传送文件等，但并不能使用在Internet上最流行的Web服务。

2. 利用动态IP地址的接入方式

这也是一种收费较低，主要用于个人计算机入网的方式，也可用于要求较低的Intranet中。在采用这种方式时，须向当地ISP申请获得一联网账号，以PPP（Point to Point Protocol）和SLIP（Serial Line Internet Protocol）方式连接到ISP，从ISP获得一个临时的动态 IP 地址，这样，在 Intranet 上的本地用户便可访问 Internet，以利用 Internet 所提供的各种服务，包括 Web 服务，但 Internet 上的用户并不能访问 Intranet 上的资源，因为 Intranet 没有固定的 IP 地址。

3. 利用单个静态 IP 地址的接入方式

为使 Internet 上的用户也能访问 Intranet 上的资源，如 Web 服务器，可以采用这种接入方式。此时 Intranet 上的用户必须向当地 ISP 申请一个固定的（静态的）IP 地址，供 Intranet 中所有主机访问 Internet 时使用；同样，当 Internet 用户要访问 Intranet 中的任何主机时也都利用该 IP 地址，亦即，所有 Intranet 上的主机共享一个 IP 地址。显然，为了解决在共享 IP 地址时所出现的问题，必须在 Intranet 中配置一个相应的设备，如代理服务器。

4. 利用多个 IP 地址的接入方式

当企业规模较大时，在企业网络中可能配置了多种不同性能的主机和服务器，同时，在 Intranet 与 Internet 之间的信息交换频率，也将随之提高，这时，如果 Intranet 只使用一个静态 IP 地址，将很容易形成瓶颈。此时应申请多个静态 IP 地址，这样，凡具有 IP 地址的主机都可作为 Internet 的一部分而直接与 Internet 中的其他用户交互，从而解决了瓶颈问题；此外，还有利于保障 Intranet 的信息安全，因为我们可以利用存取控制手段，来规定哪些主机和服务器能被哪些 Internet 用户访问。因此，利用多个静态 IP 地址的接入方式，在大、中型 Intranet 中是最常用的一种。

二、按 WAN 类型对接入方式分类

对于所有欲进入 Internet 的计算机，都须首先进入某种类型的 WAN，如 PSTN、ChinaPAC、ChinaDDN 和帧中继网等，然后，绝大多数计算机再通过中国互连网络 ChinaNET 进入 Internet；仅有少数的计算机是通过其他的中国互连网络进入 Internet，图 9-7 示出了 ChinaNET 的网络拓扑结构。

1. 通过 PSTN 接入 Internet：这是当前最方便也最经济的接入 Internet 的方式，因此，当前大多数计算机都是通过 PSTN 拨号入网，占入网计算机的 80%以上。事实上，前面所介绍的前两种接入方式，都是利用 PSTN 进入 ChinaNET 的，而第三种也可利用 PSTN 入网。

2. 通过 ChinaPAC 接入 Internet：由于 ChinaPAC 目前尚未深入到千家万户和企业，因而在利用这种接入方式时，首先遇到的问题是个人计算机如何进入 ChinaPAC。目前常用的两种方法是通过 X.28 异步拨号方式入网，或者是在计算机中插入 X.25 网卡，以 X.25 方式入网。对于 LAN（企业网），则可通过路由器或代理服务器进入 ChinaPAC。

3. 通过 ChinaDDN 和帧中继网接入 Internet：如果企业网的规模较大，且与 Internet 用户的交往较多而又希望能获得较高的传输速率，例如能达到 256Kbps 或 2Mbps，则可采用这两种方式接入 Internet。对于 DDN 方式须申请一条 DDN 专线；对于帧中继方式则要申请一条帧中继线路。这两种方式都需配置一台能支持 TCP/IP 的路由器或远程访问服务器。

9.6.2 个人计算机接入的基本条件

如果个人用户入网的目的只是要求能收发电子邮件，此时可采用前述的第一种接入方式，申请一个电子邮件账号，设置一个 E-mail 信箱；由于 Web 服务的流行，使当前绝大多数用户都希望能获得 Web 服务，则此时的个人用户就应采用前述的第二种接入方式。本小

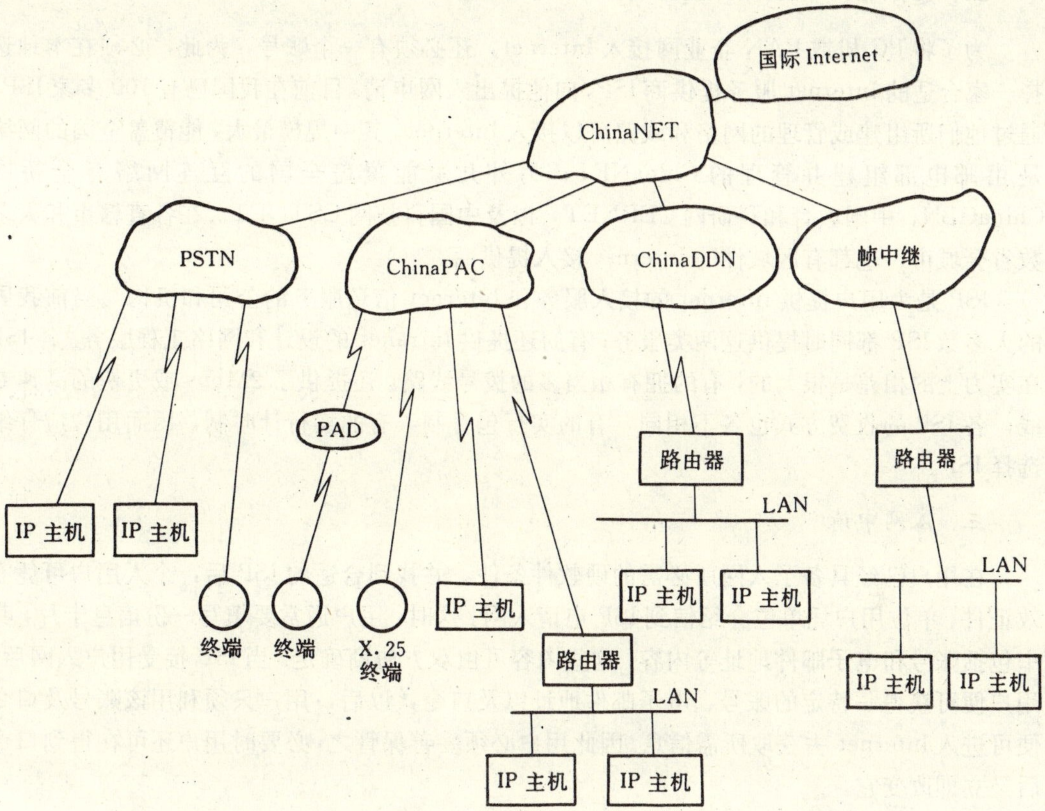

图 9-7 ChinaNET 的网络拓扑结构

节主要介绍这种接入方式所需的基本条件。

一、接入 Internet 的软硬件要求

凡是要想进入 Internet 的个人用户，都必须具有一台 PC 机。虽然购置一台具有 4MB 内存的 486 机器已完全可接入 Internet，但这不是最佳配置，一方面由于目前在网上运行的大多数软件已经是基于图片的超文本信息；另一方面，又因为计算机硬件和软件的升级非常快，通常可访问的多数站点，都要求用户计算机具有较高版本的软件和硬件，因此，用户应购置一台性能/价格比较好的计算机，如 Pentium Ⅱ 266 或 300MHz、32MB～64MB 的内存、3GB～6GB 硬盘，再配置一个符合于 V34. bis 标准的、具有 33. 6Kbps 的调制解调器，或者 56Kbps 的调制解调器。

在采用电话拨号方式时，还需要一条电话线。该电话线可以是脉冲式、音频式、直拨式或分机式的，在有了上述配置后，再配置相应的操作系统，在前几年广泛使用 Windows 3. X；从 1996 年开始流行 Windows 95；今年 Microsoft 公司又发布了 Windows 98，预计它在不久之后即将流行。此外，如果用户还希望配置多媒体电脑，以便做到图、文、声并茂，则还应配置 16～24 倍速的光驱、声卡、音箱等。

二、选择 ISP（Internet Service Provider）

为了将 PC 机或 LAN 企业网接入 Internet，还必须有一个账号，为此，必须在本地选择一家合适的 Internet 服务提供商 ISP，向他提出入网申请。目前在我国已有 100 多家 ISP，通过他们所组建或管理的网络和线路可以接入 Internet。其中规模最大，能覆盖全国的网络是由邮电部组建并管理的 ChinaNET；另外几家能覆盖全国的互连网络有金桥网 ChinaGBN、中国教育和科研网 CERNET，以及中国科技网 CSTNET。在各直辖市和大多数省会城市，也都有区域性的 Internet 接入提供商。

ISP 是为用户提供 Internet 的接入服务和 Internet 信息服务的公司和机构。当前我国的大多数 ISP 都同时提供这两类服务；有的还提供 Intranet 的设计和网络工程服务。各 ISP 在实力上的相差是很大的，有的拥有相当多的拨号线路，还提供了 2Mbps 或更快的高速专线；各 ISP 的收费方式也各不相同，有的实行包月制，有的实行计时制，因而用户应仔细选择 ISP。

三、入网申请

在用户已经具备了入网所必需的硬软件条件，并找到合适的 ISP 后，个人用户可凭有效证件、单位用户凭单位介绍信到 ISP 申请入网。这时，用户通常要填写一份信息卡片，其中包括账号和电子邮件地址等内容，这些内容可由双方协商确定。当 ISP 接受用户入网后，用户便可获得一特定的账号，电子邮件地址以及口令，以后，用户只须利用该账号及口令便可进入 Internet 去获取所需信息。因此用户必须妥善保管之，必要时用户还可在得到口令后又立即改变它。

9.6.3 利用 Windows 95 拨号进入 Internet

当前我国个人用户的入网，绝大多数都是采用动态 IP 地址接入方式，从 Windows 95 拨号进入 Internet，而利用其他操作系统（如 Sun、Solarix、IRIX、LINOX 等）的个人用户总数，大约只占 10%。故我们仅对用 Windows 95 拨号进入 Internet 做简要介绍。

一、拨号网络适配器的安装

在利用 Windows 95 通过 Modem 上网时，并不需要安装物理的网络适配器，而只需要安装一个由 Windows 95 提供的逻辑上的网络适配器——拨号（网络）适配器（Dial-up Adapters），由它处理个人计算机与 Modem 间的信息传递。拨号（网络）适配器的安装过程如下：

在打开“我的电脑”的对话框中，双击“控制面板”图标后，再从“控制面板”对话框中双击“网络”图标。如果在“已安装的网络部件”列表中，有“拨号（网络）适配器”选项，表明系统中已安装了拨号网络适配器，此时无须再进行安装；如果在该列表中未出现“拨号网络适配器”选项，则此时须单击“添加”按钮，于是屏幕上将会出现“选择网络部件类型”的对话框，从中选择“适配器”选项，并单击添加滚动厂商列表，选择“Microsoft”选项，在网络适配器列表中选择拨号网络适配器选项，再按“确定”按钮后退出。此时用户会发现在“已安装网络部件”列表中，已有“拨号适配器”选项，表明安装成功。

二、TCP/IP 协议软件的安装

Internet 是基于 TCP/IP 协议的网络。为实现对 Internet 的访问，必须在个人计算机中安装 TCP/IP 软件。而被安装的 TCP/IP 软件将被“捆绑”在拨号网络适配器上，然后再对 TCP/IP 的属性进行设置。TCP/IP 的安装过程如下：

在“网络”对话框中选择“拨号网络适配器”，并单击“添加”按钮；在“选择网络部件类型”对话框中，选择“协议”选项，单击“添加”按钮，屏幕上将出现“选定网络协议”对话框；在厂商列表中选择“Microsoft”，在对应的网络协议列表中将列出所有 Microsoft 协议，从中选择“TCP/IP”选项，并按“确定”按钮后退出，这样，TCP/IP 协议软件即被安装并“捆绑”在拨号适配器上。

三、设置 TCP/IP 属性

在安装完 TCP/IP 软件后，还应对 TCP/IP 属性进行设置，以便能正确地实现通信。所需设置的属性有：IP 地址、域名服务器地址等，其具体的设置过程如下：

为了对 TCP/IP 的属性进行设置，在进入“网络”对话框后须选择“TCP/IP”协议，使其“属性”成为可访问的，并单击“TCP/IP”属性，这时出现 TCP/IP 对话框。对于具有静态 IP 地址的用户，须选择“指定 IP 地址”，并填入 ISP 给定的 IP 地址；而对于普通个人用户，须选择“服务器分配 IP 地址”，这样，在用户每次上网时，由 ISP 的服务器自动为其指定一个 IP 地址。再选择指定名字服务器地址，并填入主控域名服务器（DNS）和辅助 DNS 的地址。在完成域名的设置后，用户便可利用域名来访问 Internet 的资源。域名服务器在收到用户的请求后，它又可将域名译为 IP 地址。对于普通用户 WINS（Windows Internet Name Service）地址可以不用设置。

四、建立拨号连接

拨号连接是指在个人计算机与 Internet 服务器之间，通过 Modem 建立一条网络连接，使个人计算机能通过拨号而登录到 Internet 的主机上；也使 Internet 主机能通过拨号而与个人计算机相连接，由于 ISP 通常都提供用户的 PPP 或 SLIP 连接，因而所建立的拨号连接也支持这两个协议。建立拨号连接的过程如下：

首先打开“我的电脑”对话框，双击其中的“拨号网络”图标，然后在所出现的拨号网络“对话框中，双击建立新连接”，以建立一条与 Internet 的连接。在“建立新连接”对话框中要求填入连接的标识符，安装在系统中的调制解调器，选定的通信端口（如 Com1 或 Com2）和最快速度，再单击“下一步”按钮及输入由 ISP 所分配的用于在 Internet 上登录的电话拨入号码、国别号，然后按“下一步”按钮以继续，在此后出现的对话框中，选择“完成”按钮，这样便完成了新连接的建立。

五、进入 Internet

在完成了上述的四步操作后，用户的个人计算机已经具备了在 Internet 服务器上登录的功能，而用户为了进入 Internet，可以在“拨号网络”对话框中，双击“Internet 连接”项。在出现了连接对话框后，分别填入用户名和口令，再单击“连接”按钮，于是，Modem 开始拨号，建立与 Internet 的连接，此时屏幕上将会显示“正在拨号”信息。

每一台 Internet 域名服务器，都配置有若干条电话中继线，每条中继线每次只能为一个 Internet 用户提供拨号接入连接服务。如果 DNS 的中继线已全部被占用，则在用户的 Modem 中会传出电话占线的忙音；若 DNS 尚有空闲的中继线，则 DNS 会为用户提供接入连接服务，于是用户就可听到接通后的呼叫声，在连接正常的情况下，稍等片刻，屏幕上就会显示出“已登录到 Internet 上”的信息。

9.6.4 LAN 接入 Internet 的实现

将 LAN 接入 Internet 的方法有很多，可分成两类：(1) 软件方法：这是利用代理服务器 (Proxy Server) 软件来实现小型 LAN 的接入；(2) 硬件方法：利用路由器等硬件来实现大、中型 LAN（企业网）的接入。

一、用软件方法实现 LAN 的接入

1. 基本条件

对于小型 LAN 可利用软件方法将 LAN 接入 Internet，此时应具备以下基本条件：(1) 在 LAN 的网络服务器上，或者在一台专门的计算机（代理服务器）上，安装相应的代理服务器软件，并要求在 LAN 的每一台机器上，都有 Proxy 的设置项；(2) 将装有代理服务器软件的服务器或专用机通过一条电话线和解调器连接到 PSTN 上，这样便可通过电话拨号方式入网，如图 9-8 所示；(3) 向本地 ISP 申请一个静态 IP 地址和一个域名，将该 IP 地址分配给服务器或专用机。

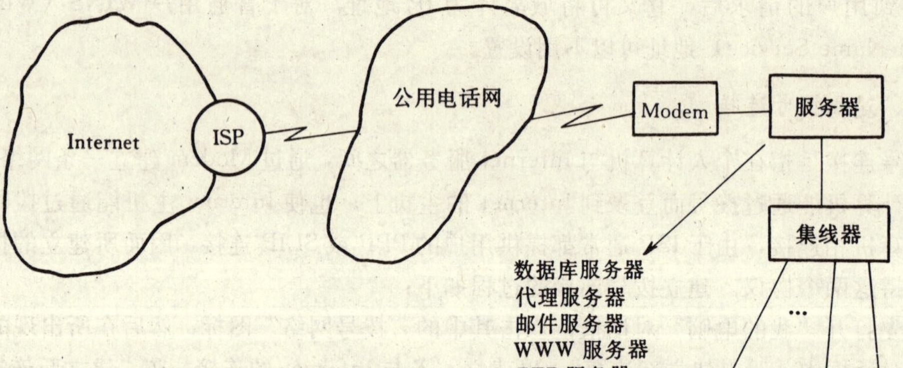

图 9-8 利用代理服务器的接入方式

2. 工作原理

如前所述，在利用软件方法将 LAN 接入时，必须配置代理服务器软件。该软件的主要功能是在内部 IP 地址和合法 IP 地址之间进行转换。

所谓合法 IP 地址（又称为外部 IP 地址），是指向 ISP 申请到的静态 IP 地址，它在 Internet 上是唯一的。LAN 上的用户要进入 Internet，必须使用合法 IP 地址；而内部 IP 地址只是在 LAN（企业网）内部使用的地址，仅在 LAN 内部是唯一的，每个用户拥有一个内部 IP 地址，是 LAN 内部分配的，与 Internet 无关，因而不能被用于到 Internet 的访问。

当 LAN 上的用户要进入 Internet 访问时，须使用自己的内部 IP 地址向代理服务器发出请求，由代理服务器记下该地址，及解释该内部请求后，生成转换成外部 IP 地址的 LAN 请求，然后送入 Internet，实现对目标服务器的访问，访问所得结果仍将被传送回代理服务器，再由该服务器将其中的外部 IP 地址转换成 LAN 的内部 IP 地址，最后将结果传送给发出该请求的内部用户。

当有多个用户同时要求访问 Internet 时，代理服务器同时将这些请求接收下来，分别记录下它们的内部地址和请求信息，并生成具有相应外部 IP 地址的 Internet 的多个请求。然后，代理服务器按照先来先服务的原则或优先级的高低，依次将各个 Internet 请求发往目标；另一方面便是由代理服务器将返回的结果经地址转换后，送相应的内部用户。尽管所有内部用户所发出的 Internet 请求，都是先送至代理服务器，经处理后再送入 Internet，但这整个过程对内部都是透明的，如同用户自己拨号上网一样。

二、用硬件方式实现 LAN 的接入

对于大、中型企业，如果希望能获得最好的访问速率，最好采用硬件方式接入 Internet。在硬件方式中又可进一步分为专线方式和电话拨号方式两种。

1. 专线方式

这是对 Internet 访问最快的一种接入方式。通常需要一个路由器，并使用专线与 Internet 相连接。但这种方式价格高，构造复杂且需要专业人员进行维护，因而一般较少采用。图 9-9 中示出了利用一台 Cisco 2501 路由器通过 DDN 专线接入 Internet 的方式。Cisco 2501 的 WAN 端口连接 DDN，以太网端口连接到本地以太网上的 Windows NT 服务器上。

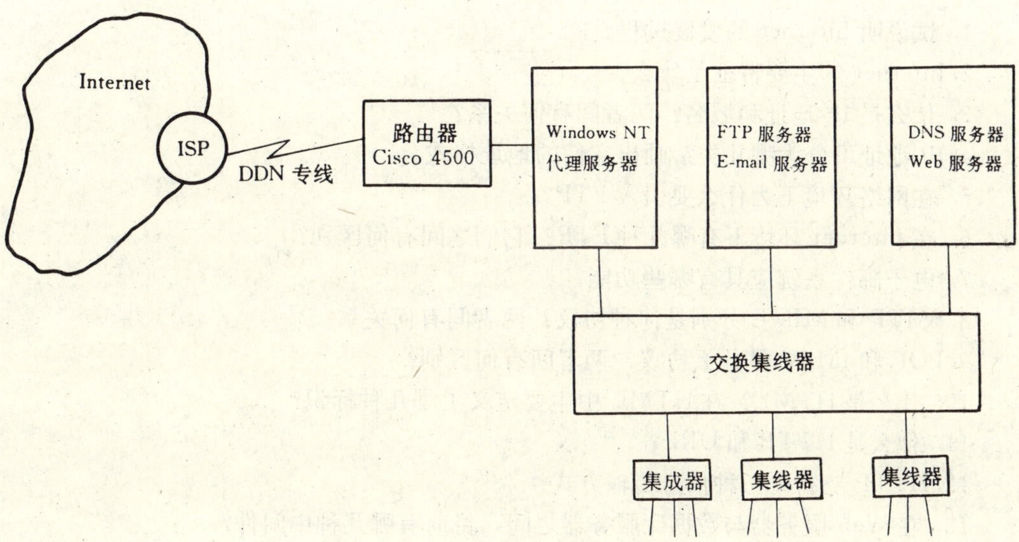

图 9-9　利用 DDN 专线接入 Internet

2. 电话拨号方式

为了降低接入费用，不少厂商已经开发出价位较低的，可以通过电话拨号方式访问

Internet 的专用硬件设备。该设备实际上是以硬件的方式完成前述的代理服务功能，且具有路由功能，因此可将这类设备称为代理路由器 (Proxy Router)。图 9-10 示出了利用一根电话线、一台调制解调器和一台代理服务器的 LAN 接入方式。

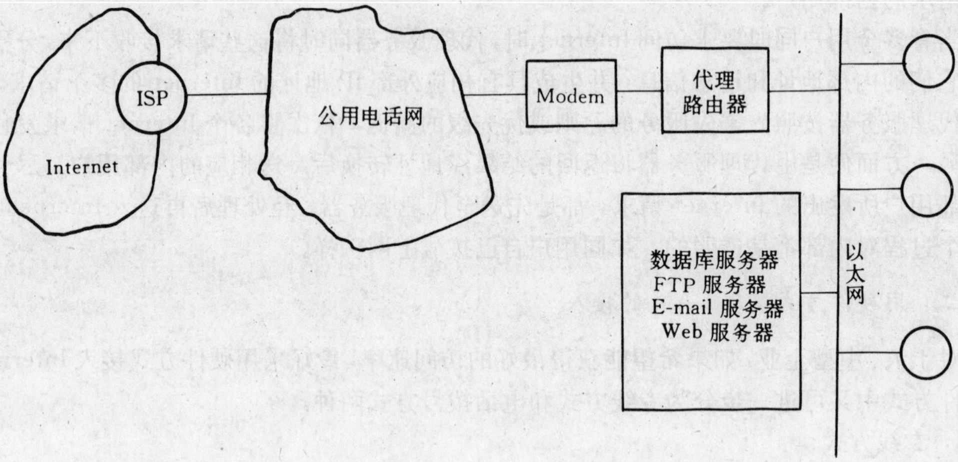

图 9-10 利用代理路由器接入 Internet

习 题

1. 试说明 Internet 的发展过程。
2. Internet 的主要特征是什么？
3. 什么是 IP 地址和域名？两者间有何关系？
4. IP 地址可分为哪几类？画出它们的地址格式。
5. 在网络环境下为什么要引入 FTP？
6. 在 Internet 环境下有哪几种 FTP？它们之间有何区别？
7. 电子邮件系统应具有哪些功能？
8. SMTP 和 MIME 分别是何种协议？两者间有何关系？
9. POP 和 IMAP 是什么协议？两者间有何区别？
10. 什么是 HTML？在 HTML 中主要定义了哪几种标识？
11. 什么是 HTTP 和 URL？
12. HTTP 支持哪三种信息传输方式？
13. 在 Web 服务器与数据库服务器之间，目前有哪几种中间件？
14. 何谓标准 CGI？缓冲 CGI 与标准 CGI 的主要区别是什么？
15. WWW 的基本特征是什么？
16. WWW 可以提供哪些信息服务？
17. Archie 的主要用途是什么？Archie 系统主要由哪几部分组成？
18. WAIS 是什么？如何利用 WAIS 进行信息查询？

19. 何谓 BBS？可利用它来开展哪些活动？

20. TELNET 的主要用途是什么？TELNET 程序由哪几部分组成？

21. 按 IP 地址可将接入 Internet 的方式分为哪几类？

22. 个人计算机入网主要采用哪几种方式？应具备什么样的条件？

23. 在利用软件方式将 LAN 接入时，为什么必须配置代理服务器软件？

24. 试画出利用 DDN 专线接入 Internet 时的示意图。

第十章 Intranet 与网络安全

在即将进入信息社会的今天，已有愈来愈多的企业是基于信息和信息密集型的，使企业在业务活动和管理上，更加依赖于计算机网络。从某种程度上说，网络是企业的神经中枢，由它实现和控制着企业各部门之间、外部供应商、银行等与企业之间、企业与客户之间的信息传递。可见，企业网络性能的好坏，将直接影响到企业的效能。企业计算机网络的发展，可分成以下三个阶段：

第一阶段：70 年代至 80 年代中期。由于受硬件资源的限制，企业网络是采用以 Mainframe（大、中型通用机）为中心的、集中式处理和控制模式。

第二阶段：从 80 年代中期至 90 年代中期。由于以微处理器为 CPU 的微型机蓬勃发展，使得传统的终端演变为客户机、Mainframe 演变为服务器，在客户机和服务器之间能够实现协同处理，因而使企业网络由集中模式演变为客户/服务器模式。

第三阶段：从 90 年代中期至今。由于 Internet 的迅猛发展，以至已遍及世界各地，并深入到各个领域，形成了世界范围的 Internet 环境，这为企业能及时地了解世界各地的市场动态、沟通销售渠道，创造了极为有利的条件。为了更充分地利用 Internet 环境和技术，又促进了基于客户/服务器模式的企业网发展为 Intranet。

事实上，在企业内部建立了 Intranet 后，给企业带来了丰厚的回报，它不仅提供了及时的、大范围的低成本信息，并且提高了雇员的工作效率，从而增强了企业的竞争力，这又推动了更多的企业去建立 Intranet，由此而形成的全球性的 Intranet 热。人们把 Intranet 的兴起称为 Internet 的第二次浪潮，而把 1996 年称为"Intranet 年"。

10.1 Intranet 概述

Intranet 是传统的 C/S 企业网技术与 Internet 技术相结合的产物，它以 Web 技术为核心，以 Web 浏览器为用户界面，用户通过浏览器既可访问企业内部的数据库服务器，又可通过 Internet 所提供的服务，访问分布在世界各地的服务器。

10.1.1 Intranet 的定义和特征

在"Intranet"中的"Intra"是内部的意思，而"net"是代表网络，因此可将 Intranet 直译为"内部网"。为了更准确地说明什么是 Intranet，有必要对它做进一步地描述。

一、Intranet 的定义

尽管已有不少人对 Intranet 做了这样或那样的描述和定义，但迄今为止尚未见到权威机构对 Intranet 做的定义。下面仅列出一些具有代表性的定义（描述）。

1. Intranet 是指采用 Internet 技术所建立的企业内部网络，其核心技术是基于 Web 的计算。

2. Intranet 是指在传统的 LAN 和企业网络的基础上，采用 Internet 技术的软件和硬件所构建的，能提供Internet信息服务的企业内部网络。

3. Intranet是指利用Internet的网络协议（TCP/IP、HTTP等）和技术（开放性技术和Web技术等）及产品（浏览器、Web服务器等），所构建的能提供Internet信息服务、企业内部通信服务以及访问企业内部数据库服务器的一种企业内部网络。该网络通常都连接到Internet网上并作为它的一部分，同时利用“防火墙”等网络安全技术来防止外界的入侵。

二、Intranet的特征

由上述的定义不难得知，Intranet具有下列特征：

1. 开放性

在Intranet中采用了与Internet相同的协议和标准，如TCP/IP、HTTP和HTML等，这些都是国际标准，一方面使Intranet能够使用Internet所提供的服务，如FTP、E-mail、Web等；另一方面也使Intranet具有最好的开放性，不局限于任何硬件平台，因此在基于和利用这些协议所开发的应用软件和通信软件之间，很容易实现互操作性。

2. 浏览器/服务器模式

传统的LAN和企业网都是基于客户/服务器模式的，即，网络主要是由客户和服务器两级所组成，由客户向服务器提出请求，服务器提供相应的服务；而Intranet都是基于Browser/Server模式的，该模式是由浏览器、Web服务器和数据库服务器三级所构成，即在第七章中所述的三层C/S模式，由浏览器向Web服务器提出请求，再由Web服务器把该请求转送到相应的数据库服务器；而数据库服务器再将处理结果返回给Web服务器，再由Web服务器送给请求者。

3. 内部性

Intranet与Internet的最大区别在于，Intranet是建立在企业内部的一种网络，作为企业信息系统的网络平台，供企业内部人员使用。尽管它是连接到Internet上的，但为了企业网络和存储在网络中的信息的安全性，它对来自于Internet的访问做了严格地限制。为此，在Intranet的外面，几乎是毫无例外地都增设了“防火墙”，将Intranet保护起来。

4. 支持多媒体通信

在Intranet中的核心技术是Web技术了，而核心设备便是Web服务器，因此，在Intranet上的用户可以利用HTML来创建超文本文件，在该文件中可以包含数据、声音、图形和活动图像等信息；然后，再利用HTTP协议传送超文本文件。企业可利用Web服务器发布同时带有数据、声音和图像的有关产品和服务的信息。

10.1.2 浏览器/服务器（Browser/Server）模式

在第七章中我们曾经介绍过客户/服务器模式。而该模式又可进一步细分，分为两层客户/服务器模式和三层客户/服务器模式两种。传统LAN都是采用两层客户/服务器模式；在大型企业网中应当采用三层的客户/服务器模式；而在基于Internet的Intranet内部网络中，应采用哪种模式。从以下叙述中可知须采用三层模式的。

一、浏览器/服务器模式的构成

众所周知，在Intranet中，客户机上的用户可以“进入”Internet进行“漫游”，去访问成百上千个各种类型的服务器。如果在这种情况下仍采用两层的客户/服务器模式，就意味着在客户机上必须配置访问这些服务器的接口和大量的客户机访问软件，这显然是不现实的。

为解决这一问题，在 Intranet 中又增设了 Web 服务器，它相当于在第七章中所介绍的应用服务器，此时的客户机便不再是直接访问任何类型（数据库）服务器，而是只访问 Web 服务器，再由 Web 服务器代理客户机去访问某个（些）（数据库）服务器，由于此时的客户机（已配上浏览器软件）可以浏览在 Internet 中几乎所有的允许访问的数据库服务器，因此，这时便把客户机称为 Web 浏览器，这样便形成了 Web 浏览器、Web 服务器和数据加服务器三层的客户/服务器模式，如图 10-1 所示，通常把这种三层结构的模式称为浏览器/服务器模式。

图 10-1　浏览器/服务器模式

二、浏览器访问数据库服务器

在 Intranet 上的浏览器要访问 Internet 中的数据库服务器是通过（1）Web 浏览器与 Web 服务器之间的交互，（2）Web 服务器与数据库服务器之间的交互实现的。

浏览器与 Web 服务器之间的交互与传统的 C/S 之间的交互方式相似，都属于请求/响应方式，所不同的是由于 Web 服务器本身并不具有用户所要求的文件和数据，必须向数据库去索取；同时，它也未准备用于存放客户文件和数据的存储空间，因而 Web 只能将它们放在数据库服务器上。此外，浏览器所检索的对象通常是超文本文件，因此，在浏览器和 Web 服务器之间所采用的是 HTTP 传输协议。

由于 Web 服务器与数据库服务器分别采用了不同的技术，致使在它们之间无法直接交互，因而，必须在它们之间设置一网关，即前面所介绍的 CGI 程序，该程序驻留在 Web 服务器中。CGI 接收从 Web 服务器传送来的用户请求，并将该请求转换为对数据库服务器的请求后再传送给后者；数据库服务器收到后响应并执行该请求，然后将执行结果返回给 CGI。CGI 再对返回的结果进行转换后送 Web 服务器。可见，在 CGI 程序与数据库服务器之间，仍然是采用请求/响应方式进行交互的。

三、浏览器/服务器模式的优点

1. 客户机简单

在二层结构的 C/S 模式中，需要为客户机配置较多的软件。图 10-2（a）中示出在典型情况下客户机中软件的配置情况，从中看出它具有五个软件层次。而在采用 Browser/Server 模式时，已把应用和开发工具等软件从客户机中分离出来，客户机不再支持应用，从而使客户机变成所谓的“瘦客户机”，见图 10-2（b）所示。

2. 稳定的客户机软件环境

在 C/S 模式中，随着应用的扩大，在客户机中将不断地增加相应的应用软件（客户部分）；而在 Browser/Server 模式中，尽管是 Internet 中的应用在急剧地增加或更新，但都不

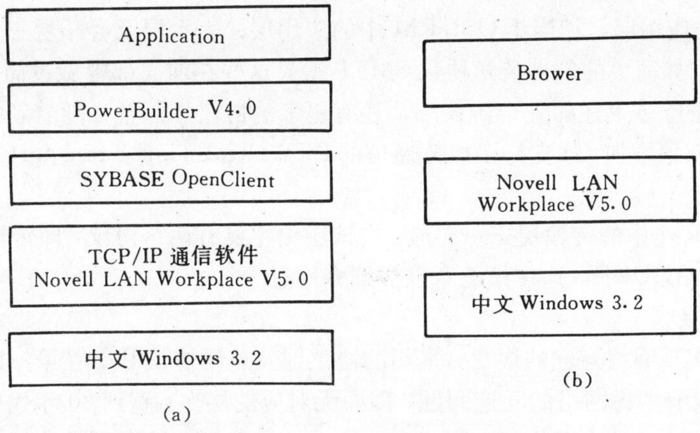

图 10-2 C/S 和 B/S 模式的客户机

会影响到浏览器的软件环境。可见，这一新模式大大地节省了添置新软件的维护费用。

3. 统一用户界面与文件格式

利用 Web 技术所建立的 Intranet 的 Web 浏览器，提供了友好、统一和易学、易用的用户界面。操作人员只须移动鼠标，便可在 Internet 中漫游，几乎无须先对人员进行培训；企业中的文件都可采用 HTML 格式，使文件便于共享，也可加快对文件的访问和更新。

10.1.3 Intranet 的体系结构和功能

一、Intranet 的体系结构

由于 Intranet 是以 TCP/IP 为基础的，它所采用的各种协议也都是 TCP/IP 协议族中的协议，因而 Intranet 的体系结构实际上也就是 TCP/IP 的体系结构。该结构具有四个层次，其最高层是应用层，次高层是传输层、次低层是互连网层，最低层是网络接口层。在表 10-1 中示出了 Intranet 的体系结构，其中左边列出了在 Intranet 中的四个层次及其每个层次中所包含的多个协议；右边则是与其每个层次所对应的 OSI/RM 中的层次。

表 10-1 Intranet 的体系结构

Intranet	协议名称	OSI/RM
应用层	SMTP FTP HTTP MIME TFTP DNS POP TELNET SNMP	应用层 表示层 会晤层
传输层	TCP UDP	传输层
互连网层	IP	网络子层
网络接口层	Ethernet Token Ring FDDI/ATM PSTN X.25	网络层 数据链路层 物理层

1. 应用层

Intranet 的应用层，相当于 OSI/RM 中的应用层、表示层及会晤层三个层次。这里列出了九个协议，如简单的邮件传送协议 SMTP 等，这些在前面都曾做过简要的介绍。实际上，在应用层中除了上述的九个协议外，还有更多的协议，而且，随着新技术的出现，新的协议也在不断地增加，如支持多媒体通信的 RTP（Real Time Transport Protocol）协议。

2. 传输层

它与 OSI/RM 中的传输层一一对应。在该层中主要有两个协议，即传输控制协议 TCP 和用户数据报协议 UDP，这在第七章已详细介绍过。

3. 互连网层

这是用于实现网络互连的层次，采用的协议即互连网协议 IP。在第一阶段的 OSI/RM 中，由于完全没有考虑网络的互连问题，因而无对应的层次；直到 80 年代中期对 OSI/RM 做了一次重大修改，才在网络层中增设了一个互连网子层，该子层的协议与 IP 协议类似。

4. 网络接口层

它相当于 OSI/RM 中的部分网络层、数据链路层和物理层。用于实现对具体 LAN 和 WAN 的访问。它能支持目前比较流行的 Ethernet、Token Ring、FDDI 等 LAN，也支持 PSTN、X.25、帧中继等 WAN。

二、Intranet 的主要功能

在企业中建立 Intranet 的主要目的可归纳为：(1) 提供给任何人（用户、网络管理员）在任何时间使用任何平台，在世界的任何地方存取所需要的信息；(2) 尽可能应用开放式和不受平台约束的技术，用于计算、通信、业务和网络管理。为实现上述目的，在 Intranet 中应具有以下各功能：

1. 远程通信功能

建立 Intranet 的一个重要目的是利用 Internet 所提供的服务，与分布在世界任何地方的用户进行通信、存取所需信息，例如，利用文件传输协议 FTP 来实现对文件的存取，利用电子邮件服务来交换电子邮件。

2. 信息检索功能

虽然在 Internet 上含有极其丰富的信息资源，但这些资源都是以文件的形式分散驻留在世界各地的主机或服务器上，且还以惊人的速度在增加。为了方便用户获取信息，Internet 提供了许多用于信息检索的工具。建立 Intranet 的另一个重要的目的是利用 Internet 所提供的信息检索工具，来获取分布在世界任何地方的信息，如利用 Archie 和 Web 等工具检索所需要的信息。

3. 信息发布功能

Intranet 最常见的用途，是利用 Web 来发布信息，其中包括发布内部文件，使企业职工能迅速方便地得到与他们有关的信息，如企业法规、工作计划、电话号码等；也可向外部发布有关产品和服务的消息和广告；企业的内部人员和外部的授权客户，都可通过浏览器方便地到 Web 服务器上进行查询。这些信息是通过 HTML 以页面方式发布的。

4. 支持企业信息管理

通常的企业网络是作为 MIS 的网络平台，主要用于支持 MIS 对信息的处理、存储和传送；而 Intranet 也同样把支持企业的信息管理作为最主要的功能，以支持企业内各客户机之间的通信和客户机对企业数据库服务器的访问。如前所述，在Intranet环境下，客户机必须通过Web服务器才能对数据库服务器进行访问。

5. 安全性管理

通常，在一个企业网上往往都驻存有大量的商务信息和机密情报。在传统的企业网中已利用了若干安全性技术来确保数据的安全性。当传统网络发展为Intranet后，必然会将Intranet接入Internet。尽管这样可带来许多好处，但也会使Intranet易于遭受外界的攻击和破坏。为此，必须加强对Intranet的安全防护，以确保在Intranet上的信息只能由企业内部人员和核准的外部客户访问和使用。

6. 网络管理

当Intranet已达到一定规模，又无法依靠人力对网络进行妥善的管理时，应增设网络管理功能，用以对网络中各个主要部件的运行情况，及信道中的流量，进行监视和控制，以便使网络处于正常的、高效的运行状态，并能及时地发现网络中的异常情况和故障。在当前网络基础设施比较可靠的情况下，应保证网络在7×24（即每周7天、每天24小时）内连续运行，以提供不间断的服务。

10.1.4 Intranet的主要优点

Intranet以此惊人速度的发展，既让人始料不及，但也在情理之中。这是因为Intranet具有一系列其他网络所无法比拟的优点，这些优点在很大程度上是源于Browser/Server模式和源于Internet所能提供的服务；Intranet所具有的优点有：

1. 节省了企业开支

在企业中建立Intranet后，可从多方面节省企业开支：(1) 节省了办公费用：由于企业的各类文件和资源都能转换为网络中的电子信息，因而节省了大量的纸张和印刷费用，并可随时方便地对文件内容进行更新，这样，不仅节省了开支，员工又可获得最新信息。另外，利用Internet传送电子邮件比使用传真机便宜得多；(2) 节省维护和培训费用：由于Web浏览器提供了友好、统一和易学易用的界面，使对系统的配置和维护变得简单，且减少了对人员的培训费用。

2. 降低了建网的难度和费用

当企业内各部门在地理上较分散时，利用Internet建立企业的虚拟专用网，要比利用专线建立的专用网络节省得多。当前的许多中、小型企业，都已经或正在考虑在Internet上建立自己的虚拟专用网，而且基于Web技术所进行的应用软件的开发，又无须考虑用户的多种平台，因此，它比在传统的编程环境下的应用开发也要容易些，从而可降低应用开发成本。

3. 能保护企业对信息系统的投资

企业建立起Intranet，只是改变了目前企业网络的应用方式和界面，而无须改变原有企业网络的物理结构，只须利用先进的技术和产品，把原有企业网络有机地集成到Intranet中，从而有效地保护了原有的硬件和软件投资，并仍能访问原有的企业数据库系统和各种已开发的应用软件。

4. 便于企业内部及与外部的信息交换

可以在Web上发布各种信息，供企业内部或指定人员使用，如发布企业重要工程的日程安排、企业各部门和员工的电话、企业对员工的重要通知；企业决策层可在其上查询数据库，以获得有关进货数量、销售金额、年、季、月报表和市场预测情况；项目小组还可利用 Intranet 召开会议研究问题等。

5. 为开展电子商场创造条件

企业可充分利用 Intranet 的优势，来扩展多方面的业务，其中包括在 Web 上开展电子商务。企业可将自己的产品在 Internet 上做电子广告，使客户能主动地了解企业产品的性能、价格。还可进一步开展电子购物，以减少由中间商造成的成本增加；采购和销售人员可通过 Internet 进行数据交换，以分析市场情况，从而有效地提高市场透明度，提高企业的应变能力；用户则可通过 Internet 了解全球范围内某种产品的供应情况，最新商品信息，以及各种商品的销售情况。

6. 投资回报率高

Intranet 能很好地体现信息社会对企业的要求。在一个已经建立了 Intranet 的企业中，由于信息无所不在且随处可取，因而极大地提高了企业的活力和应变能力，进而可取得很大的经济效益。据 IDC 对采用 Netscape 产品建立 Intranet 后的投资回报率的初步研究结果表明，Intranet 的投资回报期，一般是 6～12 个月，即投资成本经这段时间便可回收，其投资回报率通常大大地高于 100%，远远超过其他技术的投资回报率。

10.2 Intranet 的组成

Intranet 是基于浏览器/服务器模式构成的，即，它采用三层客户/服务器模式，因此，Intranet 是由客户机、数据库服务器，及提供 Internet 服务的服务器、操作系统，以及用于保障网络安全的多种网络安全机制等所组成。

10.2.1 客戶机

像传统的企业网络一样，当前的客户机主要是由 Pentium MMX 和 Pentium Ⅱ 微机来担任，再配置上操作系统、传统的协议软件和浏览器软件。通常又把配置了浏览器软件的客户机称为浏览器。

一、浏览器软件

1. 浏览器软件的功能

浏览器软件的基本功能，是向 Web 服务器提供服务请求，并显示由 Web 服务器制作的显示信息。它本身并不具有很强的信息处理能力，因为信息的处理任务是由服务器来完成的，为了实现它与 Web 服务器之间的交互，浏览器必须支持 HTTP 协议。

早期各厂家所推出的浏览器软件，是单纯地实现浏览功能的；而如今推出的浏览器软件中，又包含有许多其他服务功能，如提供了 E-mail 服务、FTP 服务，以及提供 GOPHER、TELNET 等服务，这意味着，通过该软件几乎可以利用 Internet 提供的所有主要的信息服务。通常把这样的软件称为浏览器套件。

此外，用户还可利用浏览器，并通过 Web 服务器，对企业数据库系统进行访问，使处于 Browser/Server 模式下的客户机，成为一个通用的、标准的客户平台，这是传统的 C/S 模式下的客户机所无法比拟的。事实上，网络应用的前端，正趋于浏览器一统天下的局面。

浏览器产品也相当多，但目前流行的主要是 Netscape Communicator 和 Internet Explorer。

2. Netscape Communicator

Netscape Communication 公司成立不久，便推出了 Netscape Navigator 浏览器产品，在以后的两年中，又推出了 3800 万套，占据了 80%浏览器的市场份额。1996 年 8 月，Netscape 发布了 Navigator 3.0 版本；于 1997 年该公司推出了新一代浏览器套件——Netscape Communicator（简称 NC），它除了包含原有的 Navigator 浏览器软件外，又增加了许多用于实现 Internet 通信的工具，更进一步赢得了全世界的广泛支持。

1998 年 4 月，Netscape 浏览器套件的最新版本 NC 4.05 全面上网。NC 4.05 在原来 Netscape Navigator 浏览器的基础上，增加了下列一些通信工具：(1) Messenger：用于完成电子邮件功能，只要用户有电子信箱，便允许用户利用 Messenger 发送和接收电子邮件；(2)Collabra：用于完成新闻组功能。用户可用它参与网上新闻组的一切活动；(3)Netcaster：是 Netscape 公司用于实现推送技术的客户程序。推送技术是一种信息浏览自动化技术，当用户机已连接到网络上时，能自动地将指定的 Web 站点上的更新信息推送到用户系统中；(4) Composer：网页设计制作工具。用户可利用 Composer 建立自己的 Web 网页，及在网络上发布网页信息，供其他用户浏览；(5) Conference：实时会议交谈程序。可利用该程序在 Internet 上开展电话会议等活动。

Netscape 公司所推出的浏览器软件，其最大特点是，不论是 Navigator 还是 Netscape Communicator，都能支持多种操作系统平台，如 Windows 3.X、Windows 95、UNIX、OpenVMS、Sun、Solaris 2.X、OS/2、Macintosh 等。

3. Internet Explorer

Microsoft 公司挤身于浏览器市场的时间较晚。在 1995 年时才推出 Internet Explorer，简称 IE。其性能不如 Netscape 所推出的浏览器，于是 Microsoft 便急起直追，于 1996 年晚些时候便推出了 IE 3.0。该产品已与 Navgator 3.0 版本的产品势均力敌；于 1997 年 9 月又推出了 IE 4.0；于 1997 年 12 月已推出 IE 4.1 版本。

与 NC 4.0 版本一样，在 IE 4.0 版本中，除有 Web 浏览器软件外，也增加了若干通信工具；(1) Outlook Express：Microsoft 在 IE 4.0 版本中，将原来 3.0 版本中的电子邮件 Internet Mail 和新闻程序 Internet News 两个程序合并成 Outlook Express；(2) Frontpad：Microsoft 公司将其专用的主页制作软件 Frontpage 的一个简化版本 Frontpad 作为 IE 4.0 一部分；(3) NetMeeting：用于召开视频会议；(4) Netshow：可在内部网上接收音/视频广播，也可在 Internet 上接收音/视频广播；(5) Subcription：用于实现推送技术，可用来确定应下载哪些 Web 页面。

IE 4.0 的最大特点是，自己与用户所使用的 Windows 95 操作系统融为一体，并与 Windows 98 实行捆绑式销售；它的不足之处是它只能支持 Windows 95、98 及 Windows NT 4.0，因此，如果用户所配置的是 Windows 95、98 或 NT，就可以优先考虑配置 IE 4.0 或更高版本的浏览器套件；但如果用户配置的是其他操作系统，则只能选用 NC 4.0 或其以上版本的软件。

二、TCP/IP 协议软件

一方面，由于 Internet 是基于 TCP/IP 协议的 WAN，而 Intranet 是企业内部网，两者是完全不同的网络，在将这两者互连起来后，为了实现信息的互通性，必须在 Intranet 的传输层和网络层上配置TCP/IP协议；另一方面，由于Intranet的核心技术是Web技术，而在Web浏览器和Web服务器之间交互时用的是HTTP协议，该协议也是建立在TCP/IP基础上的，因此，在构建Intranet时，要求所有的LAN也都能支持TCP/IP协议，这就要求在所有的客户机上都配有TCP/IP协议软件。

如果在客户机上所配置的操作系统中，不包含有TCP/IP软件（如在MS-DOS及Windows 3.X中），则此时需要在客户机上安装TCP/IP软件。在国内比较流行的、配置在PC机上的TCP/IP软件，是Novell LAN Workplace V5.0，不过近几年推出的操作系统，大多数都含有TCP/IP协议软件，如在Windows 95和98中，以及在UNIX中等。此时在客户机上显然没必要再配置TCP/IP软件。

三、操作系统

在为客户机选配操作系统时，除要求所选OS具有较好的性能外，在很大程度上还取决于该OS是否为浏览器所支持。如果采用的是Netscape Communicator浏览器套件，由于它能支持较多的操作系统，因而可根据具体情况选择一种OS，但如果采用的浏览器是Internet Explorer，由于它当前还只能支持Windows 95、Windows 98和Windows NT，因此，目前只能选择Windows 95、Windows 98及Windows NT。在此，我们推荐选用Windows 95和Windows 98；因为它不仅有很好的性能和用户界面，而且有包括连接Internet所需的各种网络支持，如TCP/IP协议，“PPP”和“Dail-in”支持，以及对Internet服务如FTP和TELNET的支持。

10.2.2 服务器的类型

与传统企业网络一样，服务器仍然是Intranet的核心设备，它为客户机提供各种服务；但与传统企业网络所不同的是，在Intranet中除了有数据库服务器之外，通常还配置了其他多种类型的服务器（软件），用于提供Internet信息服务。下面列出了在Intranet中通常可能配置的服务器（软件）。

1. 数据库服务器

数据库服务器用于为Intranet中的所有客户机提供对关系型数据，乃至多媒体数据进行存取的手段。允许对数据库中的数据进行查询、增加、更新或删除等操作。数据库服务器是由硬件和软件两部分所组成，对于小型Intranet，其硬件平台通常是PC服务器；而对于大、中型Intranet，一般可能是以大、中型服务器，而软件则主要是关系数据库产品，如ORACLE、SYBASE、INFORMIX等。

2. Web服务器（软件）

在Intranet中是以Web技术为核心，相应的，Web服务器（软件）也就成为Intranet中必须配置的最重要的服务器之一。用户可以通过Web服务器到Internet中去漫游，企业可以在Web服务器上发布信息和广告。目前最常用的Web服务器软件是Microsoft公司的Internet Information Server和Netscape公司的Enterprise Server。在小型Intranet中可能只有一个网络服务器而没有单独的Web服务器，此时是将Web服务器软件装入该网络服务器中，使之兼作Web服务器；而在大、中型Intranet中则都会有单独的Web服务器。

3. FTP服务器（软件）

FTP信息服务是Internet中的一项重要服务，可供用户实现应用软件的下载功能，以获取 Internet 提供的大量免费软件，因此，通常 FTP 服务也是 Intranet 中必须提供的；但小型 Intranet 中通常并没有单独的 FTP 服务器，而是将 FTP 服务软件装入网络服务器中；在大、中型 Intranet 中则可能设置有单独的 FTP 服务器。

4. E-mail 服务器（软件）

E-mail 可能是 Internet 中最常用的信息服务之一。在用户建立了电子邮箱后，便可利用该服务与远程用户交换电子邮件。FTP 和 E-mail 是用户经常使用的两个信息服务，因此在中型的 Intranet 中经常将它们装入到一台服务器；在大型的 Intranet 中，则分别各为它们设置一个服务器。

5. 域名服务器

在 Internet 和 Intranet 中，每个主机都可具有一个 IP 地址和一个域名，前者是面向网络的，适合于计算机处理；后者是面向用户的，便于记忆，IP 地址与域名之间一一对应。域名服务器的主要功能是将用户使用的域名转换为 IP 地址，或者将 IP 地址转换为域名。

6. 代理服务器

人们在将 Intranet 接入 Internet 后，虽然可利用 Internet 实现全球范围的信息服务，但同时也将 Intranet 置入一个广阔的不安全环境。为了保障 Intranet 的安全性，目前最常采用的安全措施，是为 Intranet 设置一道防火墙，用于将 Intranet 与 Internet 隔离开来。代理服务器就是用来隔离 Intranet 和 Internet 的应用级网关，使 Internet 上的用户无法直接进入 Intranet 内部进行访问。此外，在将小型 LAN 接入 Internet 时，也往往利用代理服务器，这样可使 Intranet 内部的若干个用户共享一个外部 IP 地址，并由代理服务器代理他们去访问 Internet。

当前在小型 Intranet 中，通常只备有一个服务器，在其上除须驻留数据库系统外，还要配置用于实现 Internet 信息服务的 FTP 软件。E-mail 软件、WWW 软件等，使一台服务器能同时兼作数据库服务器、FTP、E-mail 和 WWW 服务器等。在图 10-3 中示出了小型 Intranet 的组成结构。

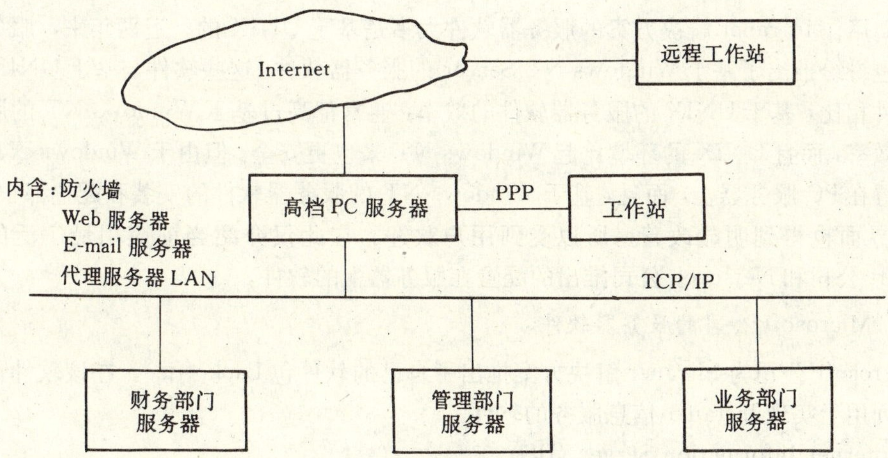

图 10-3　小型 Intranet 的组成结构

对于大、中型 Intranet，也可将这些服务软件分别装入几个服务器中，如将域名服务软件和 Web 服务软件分别装入到一个服务器中，再将 E-mail、FTP 服务软件装入一个服务器中，还可设置代理服务器等。图 10-4 示出了大型 Intranet 的组成。

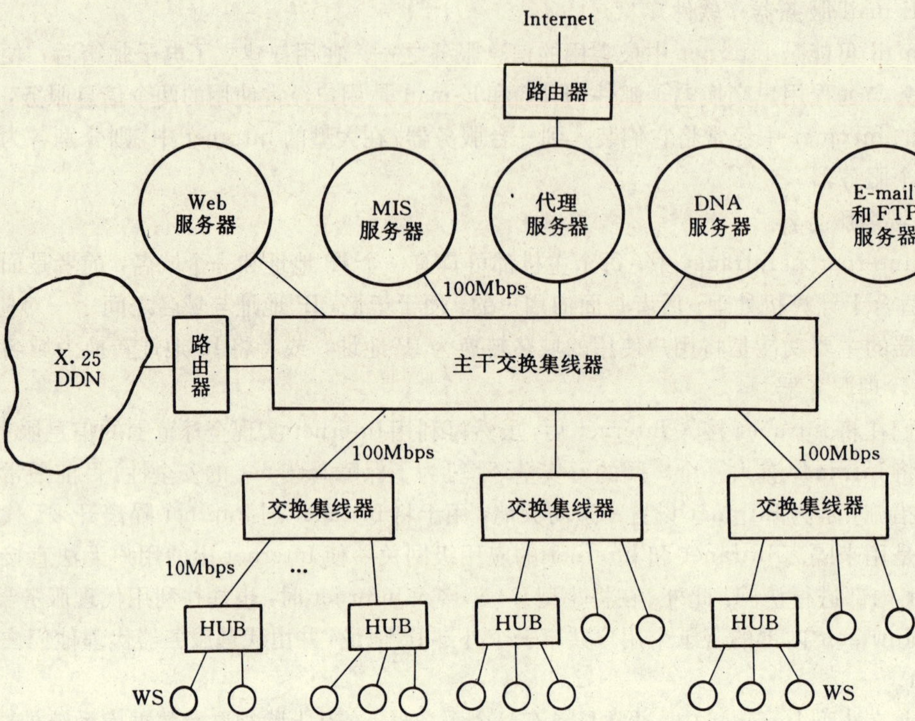

图 10-4　大、中型 Intranet 的组成

10.2.3　服务器软件

早期用作 Intranet 解决方案的服务器软件大多是基于 UNIX 的；近两年来，服务器软件商们也纷纷推出了基于 Windows NT Server 的服务器软件。这些软件与基于 UNIX 的服务器软件相比，基于 UNIX 的服务器软件的效率，通常都高过基于 Windows NT 的服务器软件的效率，而且 UNIX 的环境比起 Windows NT 来也更安全。但由于 Windows NT 更适合于配置在 PC 服务器上，而且，基于 Windows NT 的服务器软件的安装和配置都很简单，其用户界面也得到明显改善，所以受到用户欢迎。在此仅介绍当前应用最广泛的，由 Microsoft 公司和 Netscape 公司推出的配置在服务器上的软件。

一、Microsoft 公司的服务器软件

Microsoft 公司为 Intranet 解决方案推出了自己的软件包 Backoffice。在该软件包中含有一系列用于实现 Intranet 信息服务的软件。

1. Internet Information Server (IIS)

IIS 是 Backoffice 产品家族中最基本和最核心的软件，它是在 Windows NT Server 4.0 上建立 Internet 服务器的基本组件，与 Windows NT 间可以实现安全集成，并一起提供给用户。IIS 支持 HTTP、FTP、GOPHER 等信息协议，提供核心的 Internet 和 Intranet 服务。

所有的IIS服务，如Web服务、FTP服务器等，都是安排在一个进程中，以多线程的方式运行，以便优化系统性能。

IIS能通过多种连接器实现与多种应用服务之间的连接，如通过ODBC连接器可与任何ODBC兼容的数据库服务器进行通信，通过CGI可以访问当前的大多数数据库服务器。在IIS中还配有ISAPI（Internet Server API），用于预处理进入或离去的报文，以增加IIS的灵活性。

2. Microsoft Exchange Server

Exchange Server是一个性能优良、安全可靠的电子邮件和协作服务器系统，它能够独立运行，也能和Backoffice家族中的其他产品进行很好地集成，以创建一个功能强大的Intranet的应用程序，例如，将它与SQL Server集成，可用它来存储结构化数据，再通过Exchange Server将这些数据传送给其他用户。

Exchange与一般电子邮件的主要差别表现在：(1) 它能提供最安全的环境，因为它不仅能用Windows NT提供的安全机制，而且还设置了许多安全选项，如加密和数字签名的电子邮件等；(2) 在Exchange中含有多种与其他电子邮件和协作系统的连接器，使之能实现与不同电子邮件系统之间的电子邮件的收发；(3) 提供了对Internet的支持，使之成为一个真正的Internet电子邮件和协作服务器。

3. 其他信息服务软件

(1) Commercial Internet Mail Server (CIMS)：这是一种符合Internet标准的、更适合于电子商务中的电子邮件系统。CIMS能支持多种电子邮件协议，如SMTP、POP3、IMAP4 (Internet Message Access Protocol 4.0) 等，可容纳数百万用户。

(2) Merchant Server：这同样是一种符合Internet标准的，适用于电子商务的软件，商家可利用该软件来创建和管理Internet商店，可为顾客提供方便又安全的购物方式。

(3) Proxy Server：Proxy Server是Internet访问的代理服务器。它可提供WWW、FTP、GOPHER、E-mail、NetMeeting、Netshow、Internetphone等代理服务。这不仅可以把Intranet与Internet隔离起来，防止Internet非法用户的入侵，保障Intranet的安全，即它实现了防火墙功能；而且还可以让Intranet用户在单一的网络连接上，获得多种网络服务。此外，还允许Intranet中的众多用户使用单一的拨号账号及IP地址，到Internet中去检索信息。

二、Netscape公司的服务软件

Netscape公司为Intranet解决方案所推出的是Suitspot套件。该套件可分为标准版和专业版。在标准版中主要包括以下一系列用于提供信息服务的工具：

1. Netscape Enterprise Server

Enterprise Server（简称ES）是由Netscape推出的功能丰富、性能优良的Web服务器软件。在安装ES时，可以利用NC浏览器上的管理功能通过HTTP来进行规划管理，对ES的远程控制也非常简单；ES支持基于户、组、IP地址、域名的访问控制。这样可将用户划分成组并可为每个组赋予不同的等级；ES还支持SSL (Secure Sockets Layer) 版本2和版本3，可用它对网上所传输的重要信息进行加密；ES还允许通过多个IP地址、不同的TCP端口、HTTP1.1请求中的主机头信息，在一台机器上建立多个Web服务器；ES能支持CGI、ODBC等数据库连接器，可以方便地实现与Oracle、Informix和Sybase等主要数据

库的连接。ES 的最大特点是它能运行在多种操作系统平台上，如 Windows NT、UNIX 以及 Open VMS 等。

2. Directory Server

由 Netscape 公司推出的目录服务器，是用于存储公司内部的用户信息，如用户名、口令、E-mail 地址、电话号码等。Directory Server 是一种独立于平台的通用目录服务器，因为它能够跨应用和操作系统使用，因而适用于多种环境。目录服务器支持轻量级目录访问协议 LDAP。该协议是运行在 TCP/IP 上的目录服务协议，能支持每台服务器管理成千上万个目录，且具有极短的查询时间。世界上的主要计算机厂商都在他们的产品中提供了对 LDAP 的支持。

Directory Server 能够与 Enterprise Server、Messaging Server、Collabra Server 很好地集成，这样可方便地将在目录服务器中所保留的信息，输入到相应的用户数据库中。例如，当用户要发送电子邮件时，可使用地址簿来选择收信人，这时便可从目录服务器中获得收信人的 E-mail 地址。

3. 其他信息服务软件

(1) Messaging Server：这是 Netscape 公司推出的电子邮件服务器。它能支持 SMTP、IMAP4、POP3、MIME、SSL 等标准协议，用于实现电子邮件的发送和接收。

(2) Collabra Server：这是新闻组服务器，它与 NC 软件中的 Collabra 客户程序相配合，利用 NNTP 协议，以下载 Internet Usenet 新闻组以及公司内部讨论的信息。

(3) Calendar Server：这是日程服务器，它与 NC 中的 Calendar 客户程序配合，可用于公司内部的日程安排。

Netscape 公司同样也推出了代理服务器、认证服务器 Certificate Server 等软件工具，其功能与 Microsoft 的代理服务器和认证服务器的功能相当，这里不再一一赘述。

10.2.4 网络操作系统

在第七章中我们已对网络操作系统（NOS）的功能和所提供的服务，做了较详细地介绍，并扼要地介绍了当前应用得较多的两大 NOS 之一，即 Netware。本小节中我们将对另一个应用广泛的 NOS——Windows NT Server 再做扼要介绍。

一、Windows NT 的发展过程

在 80 年代，由 Microsoft 公司推出的 MS-DOS 操作系统（OS）得到最为广泛的应用，成为事实上的 16 位微机上的标准 OS；到 1990 年 Microsoft 公司又发布了 Windows 3.0，它最重要的改进是引入了图形用户接口，使计算机更易于使用。Windows 3.0 的巨大成功和用户对网络功能的强烈需求，又促使 Microsoft 很快推出了具有联网功能的 Windows for Workgroup（简称 WFW）。

与此同时，Microsoft 公司又开始对 Windows NT 进行开发。此“NT”乃“New Technology”之缩写，意味着他们将开发出一个面向 90 年代的全新网络操作系统。于 1993 年 Windows NT 3.1 终于面市；接着又推出了 Windows NT Advanced Server 3.1。但这两个版本的 NOS 的性能，都远非人们所期望的那样好，且对硬件要求又高，因而未能得到广泛应用。于 1994 年又推出了 Windows NT 3.5，在 Windows NT 3.5 中包含两个产品：Windows NT Workstation 3.5，简称 NTW 3.5 和 Windows NT Server 3.5，简称 NTS

3.5。它们不仅降低了对硬件的要求，而且在网络互连和运行效率上，都有了很大的提高，因而使用者日渐增多。1995 年时又宣布了 Windows NT Server 3.11，它同样包括了 NTW 3.51 和 NTS 3.51，可算是 Microsoft 公司在 LAN NOS 上的转折点，其性能已基本上可以和 Netware 4.1 相抗衡。

1996 年，Microsoft 公司又发布了 Windows NT 4.0 版本，该版本又有了很大的提高，如 NT 4.0 比 NTS 3.51 的吞吐量高出 66%，实现了对 Internet/Intranet 更好的支持；1999 年 Microsoft 又准备推出 Windows NT 5.0 版本，这较之 4.0 版本又将有很大的提高。本小节主要介绍 Windows NT 的主要特点和提供的服务。

二、Windows NT 的特点

Windows NT 操作系统是 Microsoft 公司最重要的软件产品，该公司凭借其强大的实力对该产品不断地进行改进和引入新技术，使该产品的性能得以迅速提高，成为具有下述特点的 NOS。

1. 32 位平面内存模式和超大的内存支持

Windows NT 的内部是全 32 位结构，它的 32 位平面内存模式 (Flat Memory Model)，可使能访问的内存空间高达 4GB，对于 NT 3.X，2GB 为系统空间、2GB 为用户空间；而对于 NT 4.0 企业版本，其内核空间被压缩为 1GB，用户空间扩充为 3GB；到 NT 5.0 版本时，将能实现超大内存支持，最多能达到 32GB。

2. 进程、线程和作业

在 NT 3.X 和 NT 4.0 中，允许设置多个进程，而且在一个进程中可以包括多个线程，把线程作为调度的基本单位，以提高程序的并行执行程度。在 NT 5.0 中又将增加作业对象，即可以把一系列相关的进程集合在一起，作为一个作业对象，以便于对这批进程进行整体管理。事实上，我们可以把一个应用程序的所有进程集合在一起，并入某个作业，通过对该作业对象施加的各种限制(CPU 时间、RAM 分配等)来实现对应用程序的安全控制。

3. 优良的用户界面

Windows NT 操作系统以其优良的用户界面博得用户的欢迎。而 Windows NT 3.X 具有与 Windows 3.1 相似的用户界面，因此对 Windows 3.1 的用户而言，只需极少的学习便可使用 Windows NT。类似的，Windows NT 4.0 和 Windows 95 有着相同的用户界面，从而能使 Windows 95 的用户很快学会使用 NT 4.0。

4. 开放式网络体系结构

Windows NT 的一个重要特征，是它具有开放式的网络体系结构，这主要是因为它采用了两个标准接口 NDIS 和 TDI。

(1) 网络驱动接口规范 NDIS (Network Driver Interface Specifacation)：NDIS 是位于数据链路层中的，其主要作用是实现网卡驱动程序与网络传输协议软件之间的通信，使 Windows NT Server 能支持多种网卡和多种传输协议，即无论在网络中使用何种网卡（如以太网卡、令牌环网卡）和配置何种传输协议（如 SPX/IP 或 TCP/IP)，NT Server 都能很好地工作；或者说，Windows NT 实现了网卡的开放性和传输协议的开放性。

(2) 传输驱动接口 TDI (Transport Driver Interface)：TDI 处于传输层上面，其主要作用是实现高层软件与传输协议软件之间的通信，使 NT Server 能支持多种高层软件使用相对应的传输协议软件，这样，用户在使用任何高层软件时，都不必去关心传输协议的具体情况；或者说，NT 实现了高层网络软件的开放性。

5. 丰富的网络服务

Windows NT Server 是一个 NOS，在 NT 3.X 中提供了许多网络服务，如文件和打印服务、电子邮件服务、目录服务以及安全服务等。Microsoft 公司从 NT 4.0 开始便在 Windows NT Server 中集成了 IIS，提供了许多有效的 Internet 信息服务，使 NT Server 4.0 成为一个很好的 Internet/Intranet 平台；NT 5.0 更加丰富了网络服务。

三、Windows NT Server 提供的网络服务

1. 文件和打印服务

如前所述，在 NTS 3.X 中提供了文件和打印服务。NT 文件系统能支持 DOS 中所用的 FAT 文件系统、OS/2 中的高性能文件系统 HPFS，以及 NT 自己的文件系统 NTFS；而在 NTS 4.0 中对文件和打印服务都做了很大的改进，并在 NTS 4.0 宣布后不久，又宣布了分布式文件系统 DFS（它未加入到 NT 4.0 的内部）；而在 NTS 5.0 中不仅将内置 DFS，而且较之以前的 DFS 4.X 又会有很大的改进，增加了系统容错性和系统的吞吐量、安全性，以及子目录和主目录连接的灵活性，可以很方便地生成一棵文件树。此外，在 NTS 5.0 中还将增加加密文件系统 EFS，它用于对存储在硬盘上的、需要加密的文件进行加密；若需要对网络中所传输的文件、数据进行加密，则应采用在分布式安全服务中所提供的方法。

2. 目录服务

早在 NTS 3.X 中便提供了目录服务 NTDS，但它对用户和管理员都是不方便的；而在 NTS 4.0 中则对目录服务做了很大改进，不仅增加了目录服务对象的数目，使 NTDS 在一个域中可支持 25，000 个用户，而且实现了单一式网络登录，即用户只须在一处登录，便可访问网络上的所有资源，实现一账一户，消除了多账户所引起的麻烦和数据的不一致性。在 NTS 5.0 中将进一步实现动态式目录服务，它具有更好的可伸缩性来满足不同规模企业的需求，采取了更有效的安全性措施来防止非法用户的访问。动态目录还提供对现有的标准和协议的广泛支持，以便能包含和管理其他的目录结构。

3. 安全服务

Microsoft 公司在推出 NT 时，便充分注意到 NOS 的安全性。这是通过内存保护机制来控制每个应用程序只在各自的地址空间中运行；通过容错机制来提高磁盘的可靠性和保证硬盘数据的可恢复性；通过存取控制来防止非法用户的访问，以及利用 NTLM（Windows NT LAN Manager）验证协议来对 Windows NT 之间的传递进行验证。在 NTS 4.0 推出后，Microsoft 又大力对分布式安全功能进行开发，并将之集成在 NTS 5.0 中。分布式安全服务提供了对多种网络安全协议的支持，它不仅能支持以前 NT 中所使用的 NTLM，而且还可支持当今广为流行的多种安全协议，如 Kerberos V5 验证协议，基于公开密钥的安全协议等。此外，NTS 5.0 还推出了一种新的网络安全方案——IP 安全性（IP Security），它支持在网络层上实现验证、数据完整性和数据加密。

4. 远程访问服务

随着网络的普及，使在网络中存储的有用信息愈来愈多。企业网络能否向分散在外地的（企业）分机构、采购人员及有关用户，提供方便、经济的远程访问服务，就变得十分重要。在 Windows NT 4.0 中的远程访问服务 RAS（Remote Access Server）便是为此目的而设计的。RAS 允许远程用户通过公用电话网拨号方式，与企业网络进行连接、安全地访

问企业网络中的文件和资源。NTS 4.0 中还提供了 Multi-Link PPP，它可将多个连接的带宽聚合，以实现更高的传输速率。NTS 4.0 还引入了点到点通道协议（PPTP），它允许远程用户拨号到本地的 ISP，然后通过 Internet 将信息传送到企业网络，这样，不仅更容易保障信息的安全，而且也更经济。

10.3 计算机网络的安全性

将一批计算机连接成计算机网络，固然能实现各用户之间的通信和资源共享，特别是再将成千上万个网络互连成 Internet 后，能实现全球范围的用户通信及资源共享。然而，这也增加了网络的脆弱性和复杂性，并易于遭到别有用心者的恶意攻击和破坏。

应当说明的是，随着国民经济信息化程度的提高，有关的大量情报和商务信息，都高度集中地存放在计算机中；而伴随着网络应用范围的扩大，信息的泄露问题也变得日益严重，因此，计算机网络的安全性问题，也就变得愈来愈重要。

事实上，不论是 Internet，还是 Intranet 或其他任何专用网，都必须注意到网络的安全性问题，以保护本单位本部门内部的信息资源不致遭到外来的侵害。

10.3.1 引言

在 60 年代以前，西方注意的重点是通信和电子信号的保密；到 60 年代中期，美国官方正式提出计算机网络的安全问题，1981 年正式成立了美国国防部安全中心，1985 年发表了有关评价计算机安全性的准则；近年来国内外在安全方面的研究主要集中在两个方面：一是以密码学为基础的各种数据加密措施；另一是以计算机网络为对象，特别是 Internet 通信安全问题的研究，本节主要介绍后者。

一、对网络安全的要求

从广义上说，网络的安全性涉及的面较宽，通常包括网络硬件的安全性、网络软件的安全性、网络数据的安全性，以及网络运行的安全性。本书所讨论的网络安全性，仅指信息资源的安全性，换言之，是指信息在网络中的存储、传输和处理过程中的安全性。相应的，这对网络安全性的要求包括下列几个方面：

1. 保密性（Secrecy）：规定网络中的哪些信息资源（程序和数据），只能由被授权的用户访问，而禁止一切未被授权用户的访问。

2. 完整性（Integrity）：指网络中的信息资源，在存储、传输过程中，既未丢失，又未被非法修改或伪造，系统中的信息是完整的、准确的。

3. 可用性（Availability）：指网络中的各种允许用户访问的信息资源，可随时供所有被授权的用户访问。

二、对网络安全威胁的类型

由于计算机网络通信距离远、覆盖面广，因而攻击者可以从不同的部位，采用多种攻击方式对网络进行攻击，威胁着网络的安全性。下面列出对网络安全构成威胁的几种主要情况。

1. 假冒（Masquerading）：所谓假冒是指攻击者伪装另一合法用户去利用安全体制所允

许的操作。假冒者又可分为发方假冒和收方假冒。为防止假冒，在进行通信或交易之前，必须对发方和收方的身份进行认证。

2. 数据窃取（Date Interception）：未经核准的人可能通过非正当途径窃取网络中的文件和数据，由此造成网络信息的泄漏。窃取方式是：直接从电话线上窃听，或利用计算机和相应的软件来窃取信息。

3. 拒绝服务（Denial of Server）：是指未经主管部门的许可而拒绝一些用户对网络中资源进行访问。为此，攻击者可以通过删除在某一网络连接上传送的所有数据包的方式，来达到拒绝接收某用户的数据；修改合法用户的名字等使之成为非法用户，以使网络拒绝向该用户提供服务的目的。

4. 修改（Modification）：未经核准的用户不仅可能从系统中截获信息，而且还可以修改数据包中的信息，比如，可以修改数据包中的协议控制信息，致使数据包被传送到非指定的目标；还可修改数据包中的数据部分，以改变被传送到目标的消息内容；也可修改协议控制信息中的数据包的序号，以搅乱消息内容。

5. 伪造（Fabrication）：未经核准的人可将一些经过精心编造的虚假信息送入网络中，或者在某些文件中增加一些虚假的记录，这同样会威胁到系统中数据的完整性。

6. 否认（Repudiation）：又称为抵赖。是指某人不承认自己曾经做过的事情。如某人在向某目标发出一条消息后却又矢口否认；类似地，也指某人在收到某条消息或某笔汇款后不予承认的做法。

7. 中断（Interruption）：是指系统中某资源被破坏而造成信息传输的中断。这将威胁到系统的可用性。中断可能由硬件故障引起，如磁盘故障、电源和通信线路断开等；也可能由软件故障引起。

8. 通信量分析（Traffic Analysis）：通过窃听手段窃取在线路中传输的信息，再考察数据包中的协议控制信息，可以了解到通信者的身份、地址，通过研究数据包的长度和通信频度，可以了解所交换的数据性质。

三、对计算机网络安全性的评价准则

对计算机网络安全性的评价准则，目前是采用美国国防部 1985 年发表的“可信计算机系统的评价准则”，又称为“桔皮书”。该标准将计算机系统的安全程度划分为 8 个等级，有 D_1、C_1、C_2、B_1、B_2、B_3、A_1 和 A_2。其中以 D_1 级为安全度最低级，称为安全保护欠缺级，常见的无密码保护的个人计算机系统便属于 D_1 级；C_1 级称为自由安全保护级，通常具有密码保护的多用户工作站便属于 C_1 级；C_2 级称为受控存取控制级，当前广泛使用的系统软件，如 UNIX 操作系统、ORACLE 数据库系统等，都能达到 C_2 级。

从 B 级开始，要求具有强制存取控制和形式化模型技术的应用；A_1 级更是对形式化的最高级描述和验证做了要求，一个网络所能到达的最高安全等级，不超过网络上其安全性能最低的安全等级。桔皮书论述的重点是通用操作系统，为使对它的评价方法也适用于计算机网络，美国国家计算机安全中心于 1987 年出版了“可信网络指南”，该书从网络安全的角度出发，解释了桔皮书中的观点。

四、计算机网络安全设计的步骤

在进行计算机网络安全机制的设计和实现时，可采取以下步骤：

1. 安全需求分析：从网络安全的角度出发，分析企业网络中可能存在的薄弱环节，及当这些环节出现异常情况时，可能造成的危害和由此产生的后果。

2. 确定安全方针：在安全分析的基础上，确定在企业网络中应控制哪些危险因素及其控制程度，以及应当确定保护的资源及保护程度。

3. 安全功能：为能有效地控制危险因素和保护网络安全，须确定在网络安全机制中应具备哪些功能。

4. 选择实现方法：网络安全机制的各项功能，通常都可以采用多种技术和方法予以实现。通过对各种技术和方法的分析比较，可为各种功能选择一种最佳的实现技术和方法。

5. 安全机制的实现：根据所确定的技术和方法，来选择所需的硬件和软件，必要时，再编制适量的程序，最后对硬件和软件进行安装，配置和调试，使之达到预期的目标。

10.3.2 保障网络安全的基本技术

保障网络的安全性，不仅是技术性问题，它还涉及到网络的管理，甚至会涉及法律上的问题。但这里，我们仅局限于保障网络安全性的基本技术，包括认证技术、访问控制技术、防火墙技术、密码技术，以及网络协议安全性认证等。

一、认证技术

认证又称为鉴别或确认。它是证实被认证的对象，包括人和事，是否名符其实，或者是否有效的一种过程。认证是用来确定对象的真实性，防止入侵者进行假冒、篡改等。通常，人们利用认证技术作为保障网络安全的第一道防线。

认证技术是通过验证被认证对象的一个或多个参数的真实性和有效性，来确定被认证对象是否名符其实。因此，在被认证对象与要认证的那些参数之间，应存在严格的对应关系。在计算机网络中常用的验证参数有：标识符、口令、密钥、随机数等。在基于密码的认证技术中，通常对这些参数进行加密。

对于人的认证，最好的方式可能是使用人的某些生理参数，如指纹、声纹、视网膜纹等，用这些参数进行认证具有很高的安全性，但目前实现这种认证尚有一定困难，且成本高，因而难以普及。而智能卡，又称为IC 卡，由于其存储量大、安全保密性好，因而用它来制作用户身份证，如网络的入网证、银行的信用卡等，是非常有效的，是一种值得推荐的既安全、成本又不高的身份认证方法。

二、访问控制技术

访问控制是在操作系统中最广泛使用的一种能保障系统安全的技术。在网络操作系统和大量的应用系统中，也都设置了访问控制机制，使用该机制可以保证对网络或应用系统进行访问的，只能是那些被核准用户，从而可将非法入侵者“拒之门外”。访问控制技术可分为多级，最高一级是对用户的身份认证，目前大多数的NOS 都只采用标识符和口令对用户进行认证。而为使口令不被泄露，可以对口令予以加密。

通过访问控制可为用户设置对资源的访问范围，即存取权限。而通过对用户存取权限的设置，可以限定用户只能去访问被允许访问的资源；访问控制还可以通过对文件属性的设置来保护指定文件只能读出而不能被修改，或只允许核准用户进行修改，等等。在网络环境下，访问控制的内容又增加了对在网络中传输的数据包进行检查，如采用基于源和目标地址的包过滤技术，对包中的源和目标地址的检查。

三、防火墙

防火墙是伴随Internet和Intranet的发展而产生的，用于保护Intranet安全的专用软件。所谓防火墙是指，在某企业网络（Intranet）和外部网络（Internet）之间的界面上，利用专用软件所构建的网络通信监控系统，可用它来监控所有进、出Intranet的数据流，以达到保障Intranet安全的目的。该网络通信监控系统俗称为“防火墙”。

利用防火墙来保障网络安全的基本思想是，不是对网络中的每台网络设备分别进行保护，而是为整个Intranet设置一道“围墙”，并开一道“门”，在门前设置一“检查站”，所有对Intranet的访问都必须通过这道“门”，并接受检查。只有能通过检查并进入这道“门”的访问，才能真正地对Intranet进行访问，而未能通过检查的访问将被“拒之门外”。

而外部对Intranet的访问可分为两种情况，一种是允许Internet用户直接进入Intranet内部去进行信息访问；另一种是由Intranet设置一个代理，由它去代理外部用户进入Intranet去进行访问。防火墙也可用于防止内部信息外泄。

用于实现防火墙的技术可分两类：（1）包过滤技术：基于该技术所实现的防火墙简单，价廉；（2）代理服务技术：基于该技术实现的防火墙安全可靠。这两者都是当前最常用的保障网络安全的技术，而且，在两者之间具有很强的互补性，所以，在Intranet中经常同时采用这两种防火墙技术来保障网络的安全。

四、数据加密技术

加密是对在网络中传输和存储的信息进行保护的重要手段，可用以保证信息的保密性、完整性和可认证性等。利用数据加密技术来保障计算机网络安全性的基本思想是，利用数据加密技术，可把在网络中存储和传输的数据伪装起来，使得即使数据已被别有用心的人窃取，但他也无法破译其中的内容，只有指定的用户和网络设备才能解释该加密数据，从而有效地保障了信息资源的安全性。

在密码研究取得进展的同时，先后出现了许多数据加密技术，如：（1）对称型数据加密技术：该技术的特点是使用单个密钥对数据进行加密和解密，加密效率高且计算量小；（2）不对称型数据加密技术：又称为公用密钥数据加密技术，其特点是有公用和私用两个密钥，公用密钥可在网络上公布；（3）不可逆数据加密技术：不需要密钥进行加密和解密，并且经过加密的数据无法被解密，只有同样的输入数据经过同样的不可逆算法的运算，才能得到相同的加密数据。由于加密计算的工作量大，因而通常只用于数据量有限的场合，如对口令的加密。

五、网络协议的描述验证和测试

网络协议的重要性是众所周知的，但却很少有人注意到网络协议的安全性问题。事实上，网络协议也存在不安全问题，即使所采用的加密算法是绝对安全的，但，如果网络协议本身就不安全或已有漏洞，则敌人可以毫不费力地获取秘密信息，例如著名的TCP/IP协议便存在着安全漏洞，如在IPV4中的IP地址便存在有假冒和欺骗两种安全隐患，又如IPV4支持源路由方式，但它也为路由攻击留下隐患。在Internet的许多应用协议中，如FTP、TELNET以及SMTP等，都缺乏认证、保密等措施。

至于如何才能知道协议是否安全可靠，这必须对协议进行验证和测试。而为能对网络协议进行验证，必须先利用某种形式化的方法来描述协议，以便人们能严密地、准确地描述协议而不致产生协议的二义性和不正确性。国际标准化组织十分重视对形式化描述技术的研究和开发，目前推出了一批标准化描述工具，如ESTELLE、LOTOS和SDL等。

对协议的验证，是指通过分析协议实体间各种可能的交互动作，来验证协议规范是否能提供所规定的服务，同时寻找协议中可能存在的设计错误。对协议验证的方法主要有基于枚举法的可达性分析方法和基于逻辑演算的程序证明方法，以及将两者相结合的混合方法。

为了确保所设计协议的正确性，还必须对协议进行严格地测试。通过测试来了解协议是否能够正确无误地完成该协议所规定的通信功能，是否可能由于通信双方的失序而产生死锁或无法再同步；此外，还应进行安全性测试，亦即，用计算机模拟各种已知的入侵方法，来攻击网络协议，以检查协议是否仍能正确工作。

10.3.3 包过滤防火墙

如前所述，防火墙技术又可进一步分为包过滤技术和代理服务技术两种。所谓包过滤技术是指，将一个包过滤防火墙软件置于网络的适当位置，通常是在路由器或服务器中，使之能对进出Intranet的所有数据包按照指定的过滤规则进行检查，仅符合指定规则的数据包才准予通行，否则将之抛弃。图10-5中示出了基于包过滤技术的防火墙。

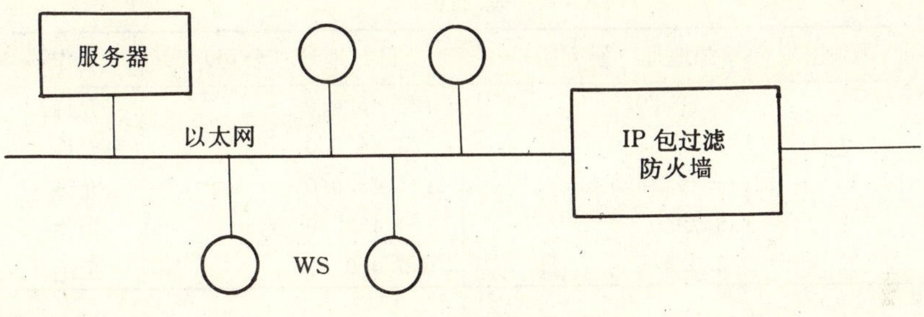

图10-5 包过滤防火墙

一、过滤参数

包过滤防火墙是工作在网络层。在Internet和Intranet中，网络层传送的是IP数据包，所以包过滤防火墙是对IP数据包进行检查和过滤。在进行过滤时，所依据的是在IP数据包头中的IP地址、TCP端口号和协议类型。

1. IP地址：通过对某些源IP地址和目标IP地址的定义，可以防止某些怀有敌意的人和不可靠的主机对指定网点的访问。一种特殊情况是，当某个网点不与外部的任何网点进行连接时，将禁止所有的源IP地址对指定IP地址的访问。

2. TCP/IP端口号：在Internet和Intranet中提供了各种服务。通常，各不同服务的守护程序都是常驻在特定的端口上，因此就要求必须通过这种特定的端口才能使用相应的特定服务，如TELNET服务是对应于端口号23的，这样，就要求必须通过端口23，才能使用TELNET服务；又如，电子邮件服务驻留在25号端口上，因此要求通过25号端口来使用电子邮件服务。顺便说明，并非所有的包过滤防火墙都含有端口参数，但最近推出的防火墙软件中已都包含了端口参数。

3. 协议类型：前已述及，包过滤防火墙是建立在网络层上的，它的上层是传输层，在该层中主要有 TCP 和 UDP 协议，相应的，也就有 TCP 端口和 UDP 端口，两者分别用于面向连接和面向无连接时的通信。同样可以通过定义协议的类型，来达到使只限于某种协议的信息才能通过防火墙这一目的。

二、基于地址的过滤规则

在包过滤防火墙中，为了保护 Intranet 的安全，应根据网络的安全要求制订一系列的过滤规则，在每条规则中都包括“条件”和“动作”两部分。在基于地址的过滤规则中，条件主要是源 IP 地址和目标 IP 地址；而动作则是“允许”或者“拒绝”。

下面我们将通过一个具体，但已被简化的例子，来说明基于地址的包过滤原则的制订。假如某公司的网络，有一个 B 类地址 123.45.0.0，该网络将不允许 Internet 上的无关网络对该地址进行访问；但在该网络中有一个地址为 123.45.6.0 的子网，正在与某科研机构进行合作，该科研机构网络的 B 类地址为 135.79.0.0，只允许该研究所内指定的地址为 135.79.30.0、135.79.32.0 及 135.79.36.0 的三个子网能访问上述地址为 123.45.6.0 的子网，但不允许上述指定的三个子网去访问在 123.45.0.0 中的其他子网。表 10-2 列出了上述的过滤规则集。其中的 0.0.0.0 代表任何地址，规则 E 是最后的规则，仅当没有其他规则可满足时，才用此规则。

表 10-2

规则	源地址（研究所）	目标地址（公司）	动作
A	135.79.30.0	123.45.6.0	允许
B	135.79.32.0	123.45.6.0	允许
C	135.79.36.0	123.45.6.0	允许
D	135.79.0.0	123.45.0.0	拒绝
E	0.0.0.0	0.0.0.0	拒绝

现在我们来分析，当有四个数据被从研究所发往公司时，包过滤器的动作情况。从表 10-3 可以看出，当第一个数据包进入包过滤器时，由于该包要访问公司网络中的 1 号子网，根据规则 D 而被拒绝；数据包 2 是访问公司网络中的 6 号子网，根据规则 C 而被允许访问；数据包 3 同样是访问 6 号子网，根据规则 B 也被允许访问，但数据包 4 根据规则 D 而被拒绝；此外，第 5 个数据包的报文由于是来自 101.60.2.1 网络，所以根据规则 E 也被拒绝访问。

表 10-3

数据包	源地址	目标地址	动作
1	135.79.30.1	123.45.1.1	拒绝
2	135.79.36.1	123.45.6.1	允许
3	135.79.32.1	123.45.6.1	允许
4	135.79.1.1	123.45.6.1	拒绝
5	101.60.2.1	123.45.6.1	拒绝

注意，在利用过滤规则对数据包进行检查时，应按字母顺序即先A、B、C后D的顺序，依次用各规则进行检查，次序颠倒将会出现错误，这是因为规则D和E本身是有前提的，只有在依次用A、B、C规则检查后，亦即先将135.79网络中的30、32和36子网排除在外之后，才进行规则D的检查（这时因第4包中的源子网地址1.1是属于D规则中的余下的其他子网，因而包是不被允许通行的），才不会出错。同样，也将在先执行A、B、C、D规则的检查后，再执行E规则。经仔细分析不难发现，规则D本身是多余的，完全可以取消。

三、基于地址和端口的过滤规则

由于在基于地址的过滤规则中，目标地址可能是网络地址、子网地址或主机地址，因而可利用过滤规则来保护（封锁）的最小单位是主机。当在过滤规则中增加了端口号之后，过滤防火墙不仅能封锁特定的网络、主机，而且能把被封锁的单位细化到特定的端口，从而增加了包过滤防火墙的灵活性。此时，在一条规则中的动作，仍然是允许或拒绝，而条件则增加了源端口号、目标端口号和协议类型。

在基于地址和端口的过滤规则中，一条规则指明了特定主机的源IP地址和源端口与和提供服务的目标IP地址和目标端口号。当目标端口号为23时，表示允许特定主机通过指定的编号端口，去访问目标主机的TELNET服务。如果在Intranet中设置了专门的某种服务器，允许所有主机对该服务器进行访问，则此时在过滤规则中的源IP地址应使用通配符“*”，以表示允许所有主机访问该服务器。

我们通过下面一个例子来说明基于地址、端口和协议的包过滤规则的制订。假定，有一个地址为123.4.*.*的内部网络，它只允许将TELNET服务与一个地址为123.4.5.6的主机系统连接，它可能是TELNET服务器；而SMTP服务又与地址为123.4.5.7的主机系统相连接，而该系统可能是电子邮件服务器。在该网络中有一个地址为123.4.5.8的NNTP（网络新闻传输协议）服务器，它只允许与地址为129.6.48.254的NNTP馈送系统相连，NTP（网络时间协议）允许同在123.4.*.*中的所有主机系统相连，端口119和123分别是与NNTP和NTP相关的端口号，其他所有的服务器和数据包都被封锁住。表10-4列出了相应的规则集。

表 10-4

协议类型	源地址	目标地址	源端口	目标端口	作用
TCP	*	123.4.5.6	>1023	23	允许
TCP	*	123.4.5.7	>1023	25	允许
TCP	129.6.48.254	123.4.5.8	>1023	119	允许
UDP	*	123.4.*.*	>1023	123	允许
*	*	*	*	*	拒绝

四、包过滤防火墙的优缺点

尽管基于包过滤技术所建立起来的防火墙尚有不尽人意之处，但包过滤防火墙仍然是当前应用得最广泛的一种网络安全工具，几乎所有的Intranet，都利用了包过滤防火墙来保护Intranet，使之不致遭受来自外部的侵害。包过滤防火墙的主要优点有：

1. 能有效地控制对站点的访问

只要正确地设置包过滤规则中的源IP地址和目标IP地址，即可使Intranet中的某些主机（服务器）允许被外部主机访问，而某些服务器完全不允许外部主机的访问；或许还有些主机只允许被指定的外部主机访问。通常Intranet中的E-mail服务器和Web服务器允许被外部主机访问，而数据库服务器、域名服务器，则不允许外部主机去访问。

2. 能有效地保护易受攻击的服务

在基于地址和端口的规则中，可通过设置源IP地址、源端口号、目标IP地址和目标端口号来保护那些易于受到攻击的服务，如网络文件服务NFS，因为外部用户可利用该服务去读写Intranet中的许多文件；又如TELNET服务和FTP服务等，也是有风险的，因此，常常只允许某些特定的用户来使用。

3. 简单、价廉

与其他保障网络安全的机制相比较，包过滤防火墙能以最低的成本、最简单的方法来构建，而且不会影响到源网络的性能。事实上，用户只要用一个IP路由器，便能方便地建立起包过滤规则。IP路由器是一种最广泛使用的路由器，Cisco、3COM、Novell及IBM等公司，都有相应的产品。

然而包过滤防火墙也并不十分安全可靠。因为防火墙机制本身存在着固有的缺陷：

1. 不能防止假冒

对于熟悉包过滤防火墙性能的攻击者而言，他可以先窃取真正的源IP地址，然后将该地址加入到恶意构成的IP数据包的包头中。由于防火墙不具有鉴别真伪IP源地址的能力，因而该包可以骗过防火墙而进入被保护网络的主机中。

据CERT组织1995年的统计称，仅1995年夏季的几周内，该组织就收到170多起有关伪造IP地址的黑客攻击案件的投诉。

2. 只在网络层和传输层实现

仅局限在网络层和传输层实现的包过滤技术，只能识别和处理网络层和传输层协议；对高层的协议和信息，由于包过滤防火墙无识别和处理能力，因而使它对通过高层进行的入侵，并无防范能力。

3. 缺乏可审核性

包过滤器只是对未能通过检查的数据包做简单的删除，并不记录该入侵包的情况，也不向系统报告，使系统不能掌握这些非法数据包的情况，从而不具有安全保障系统所要求的可审核性。

4. 不能防止来自内部人员的威胁

防火墙虽能防止来自外部的入侵，但不能抵御来自内部人员的威胁。例如，防火墙并不能防止内部人员将某文件或数据拷贝到磁盘或磁带上后带走。

10.3.4 代理服务（Proxy Server）技术

包过滤器还有的一个重要特点是，只要特定的数据包能符合过滤规则，则在防火墙内外的计算机系统之间，便能建立直接链路，使外部网或Internet上的用户，能够获得内部网络的结构和运行情况。代理服务技术恰是针对防火墙的这一缺陷而引入的。

一、代理服务的基本原理

代理服务通常是利用一个应用层网关作为代理服务器，并将外部网（Internet）与内部网之间的连接分为两段，一段是从Internet中的主机引到代理服务器；另一段是由代理服务器到内部网中的某一主机（服务器）。每当有Internet的主机请求访问Intranet的某应用服务器时，该请求总被送到代理服务器，并在其中通过安全检查后，再由代理服务器与内部网中的应用服务器建立连接。以后，所有Internet主机对内部网中应用服务器的访问，都被送至代理服务器，由后者代替Internet中的相应主机，对Intranet的应用服务器进行访问，这样就把Internet主机对Intranet应用的访问置于代理服务器的安全控制之下，从而使访问者无法了解到Intranet的任何情况。

基于代理服务的网关分成两大类：（1）电路级网关；（2）应用级网关。后者又可进一步分为双穴主机网关、屏蔽主机网关和屏蔽子网网关。

二、电路级网关

电路级网关工作在OSI/RM的会晤层上，用于监视可信任的客户与服务器和不可信任的主机之间的TCP“握手”信息，以确定本次会晤是否合法。如果在双方“握手”过程中所传送的SYN（同步）、ACK（确认）以及有关的序列数据是合乎逻辑的，则认为本次会晤是合法的，于是为双方建立会晤连接。自此，网关便利用特殊的应用程序来复制和传递数据，并不对数据加以过滤。

由上所述不难看出，网关的主要作用，是过滤掉非法的会晤，而为合法会晤在两个网络之间建立起一条虚电路，或称为管道（pipe），并将所接收到的数据进行复制后，再通过虚电路（管道）传送到目标。因此称这种网关为电路级网关。它所执行的功能是数据传送代理。由于电路级网关仅仅涉及到过滤非法会晤，故通常并不作为一个独立的产品，而是和其他应用级网关结合在一起。

三、应用级网关的特征

应用级网关工作在OSI/RM的应用层上。它检查数据包，并为合法的数据包执行“运行代理”功能，即该网关既可代理Internet中的主机来访问Intranet应用服务器，又可代理Intranet客户到Internet中进行信息访问。应用级网关具有以下特征：

1. 只允许有代理的服务通过

在应用层中可能涉及多种协议服务。目前尚不可能利用一种通用的机制来过滤各种应用，必须为每一种服务专门编制一个特定的应用代理（程序），该代理只接收由特定服务产生的数据包，如，仅仅是TELNET的代理，才能对由TELNET服务所产生的数据包进行复制、传递和过滤。这样，如果在Intranet上安装的应用级网关只运行了FTP和TELNET代理时，则只是由这两个服务所产生的数据包才能通过应用级网关防火墙，而将其他服务全拒之于防火墙之外。

2. 检查数据包中的内容

应用级网关代理将检查经过网关的每一个数据包的内容，并能过滤出数据包中的某些特定内容和特定的协议命令，例如，FTP的代理就能过滤掉FTP中的PUT命令，使用户无法利用PUT命令对FTP服务器进行操作，这对匿名FTP服务器特别重要。

3. 屏蔽Intranet中的IP地址

几乎所有的应用级网关产品，都具有对网络地址的转换（NAT）功能。NAT 允许网络管理人员在Intranet 内部使用任何网络地址。NAT 的主要功能是将 Intranet 内部的所有地址都映射成应用级网关所使用的 IP 地址，这样，所有的 Intranet 客户对 Internet 的信息访问，都好像是由应用级网关发出的，并使 Internet 只能知道应用级网关的 IP 地址而无法了解到在 Intranet 中的所有 IP 地址，从而实现了对 Intranet 中 IP 地址的屏蔽，这也就可防止攻击者通过伪造 IP 地址来进行欺骗。

四、应用级网关的类型

基于代理服务的应用层网关可分为三种类型：（1）双穴主机网关；（2）屏蔽主机网关；（3）屏蔽子网网关。这三种网关都要求有一台主机，通常称为“桥头堡主机”（Bastion Host），它起着防火墙的作用。

1. 双穴主机网关（Dual-Homed Gateway）

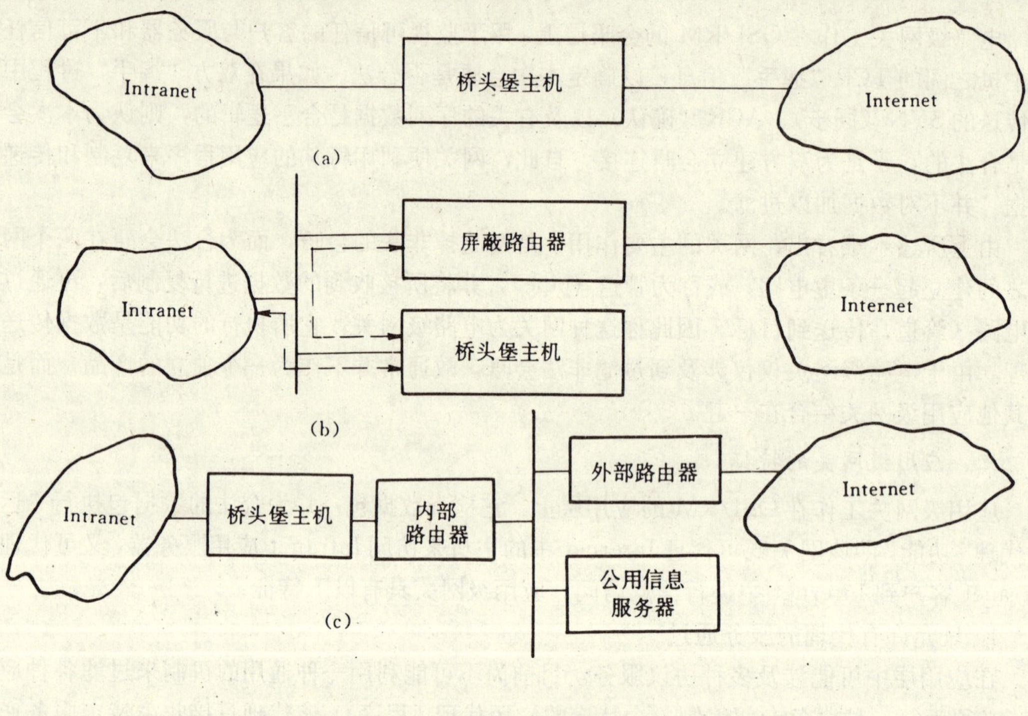

图 10-6　应用级网关

在图 10-6（a）中示出双穴主机网关的结构。其中桥头堡主机充当应用层网关，在主机中需要插入两块网卡，用于将主机连接到被保护网和 Internet 上，在主机上运行防火墙软件；在被保护网与 Internet 间的通信都必须通过该主机，因而可以将被保护网很好地保护起来，内部网提供的所有服务都必须获得与此主机相应的代理程序的支持。这种应用层网关能有效地保护和屏蔽内部网，且需要的硬件较少，因而是目前应用得最多的一种防火墙；但桥头堡主机本身缺乏保护，因而容易受到攻击。

2. 屏蔽主机网关（Screened Host Gateway）

为了保护桥头堡主机，可将它置入被保护网的范围内。在被保护网与 Internet 之间设置一个屏蔽路由器（Screening Router），它不允许 Internet 对被保护网进行直接访问，而只允许对桥头堡主机进行访问，屏蔽路由器也只接收来自桥头堡主机的数据。与前面所述的双穴主机网关类似，在主机上也运行防火墙应用软件。图 10-6（b）示出了屏蔽主机网关的结构。

屏蔽主机网关是一种更为灵活的防火墙，它可利用屏蔽路由器做进一步的安全保护。但此时的路由器又处于易受攻击的地位，因此必须注意主机和路由器的安全性。此外，网络管理员还应对在路由器和桥头堡主机中的访问控制表进行管理，以使两者协调一致，避免出现矛盾。

3. 屏蔽子网网关（Screened Subnet Gateway）

有不少被保护网都有这样一种要求，它要能向外部网上的用户提供信息。即这部分存放在公用信息服务器上的信息，应允许被外部网上的用户直接存取。针对此情况，应在被保护网与 Internet 之间，建立一个小型独立的子网，同时再增加一个外部路由器对该子网进行保护。这样，Internet 上的用户要访问公用信息服务器上的信息时，只须通过外部路由器；但若该用户要访问内部网中的信息时，则必须通过外部和内部路由器，先去访问桥头堡主机，然后再通过主机访问内部网，图 10-6（c）示出了屏蔽子网网关的结构。

五、应用级网关的优缺点

应用级网关的主要优点如下：

1. 能有效地保护内部网

应用级网关是当前较安全的防火墙，它既能根据所设置的代理软件来接收、过滤和传递指定的服务信息，又能对服务信息的内容进行过滤，还可以通过代理服务方式，很好地对受保护网络加以屏蔽，使外部网无法了解内部网中的情况，如主机名、IP 地址及信息分布等。

2. 对数据流的监控和记录

应用级网关软件可以将所有通过该网关的正常的、异常的和非法的数据包，详细且有效地记录下来，以实现对进、出数据流的监控，并可利用统计资料及时发现 Intranet 中的不安全因素。

应用级网关的主要缺点如下：

1. 实现复杂

由于应用级网关只允许有代理服务的信息通过，因而须为 Intranet 所提供的每种信息服务专门设计和开发其代理软件，以实现相应的监控过滤功能。不过，目前 Intranet 所提供的服务，并非都需要设置代理服务，通常只有 FTP、E-mail 等几种服务要设置其代理服务。

2. 增加了服务的延迟

在采用代理的方式后，内部网和外部网之间的通信，需要建立两次连接、信息的输入和输出也分为两个步骤完成。例如，从 Internet 的主机对 Intranet 的应用服务进行访问时，其第一步是将由 Internet 主机发出的访问信息送应用级网关；第二步是由网关将复制数据传送到 Intranet 中的应用服务器。无疑在此情况下所产生的时延，比在 Internet 和 Intranet 之间直接连接时的时延大。

10.3.5 规则检查防火墙

一、规则检查防火墙（Stateful Inspection Firewall）的引入

包过滤防火墙、电路级网关和应用级网关，分别工作在OSI/RM 的不同层次上，且采用不同的方法来保障网络的安全。它们各有优点，但也都存在某些不足之处。事实上，这三种防火墙中的任一种，又都不足以单独保障网络的安全，所以在建造 Intranet 时，通常都是同时采用其中的两种或三种。

规则检查防火墙，便是集这三种防火墙之优点而形成的一种新型防火墙。它如同包过滤防火墙一样，能在OSI/RM 的网络层上通过检查 IP 地址和端口号来过滤进出内部网的数据包；它也利用了电路级网关中所用的方法，在会晤层上通过检查 TCP 握手过程中双方发送的 SYN、ACK 标记和序列号，将非法会晤过滤掉；它同样也可在应用层上对服务的类型和服务信息的内容进行检查，以过滤掉非法的服务访问。单从规则检查防火墙是集三种防火墙功能之大成这点上，就可知道这是一种功能更全、性能更好的防火墙，但事实上情况还远远不止于此，规则防火墙还采用了若干新的措施和引进了许多新的功能，使防火墙的水平上了一个新的台阶，使之成为当今的主流防火墙。

值得说明的是，由于应用级网关采用了代理服务方式，使它在保障网络安全的同时，也对网络性能产生了重要的影响，如延迟、透明度，因此，许多人士都主张在内部主机和外部主机之间，建立起直接的连接，且规则防火墙的设计者们也接受了这个建议，只要用户提出建立直接连接的要求时，便采用建立直接连接方式。但为了确保内部网络的安全性，在防火墙中也采取了身份验证、内容安全检查及加密等措施，这样就使规则检查防火墙既安全、又高效。

二、规则检查防火墙的增强功能

1. 认证

在规则检查防火墙中，采用了认证技术，用于对欲访问内部网的用户身份和有效访问权限的真实性进行确认，并能对在整个企业范围内发生的认证过程做全程的监控、跟踪和记录。在防火墙中采用了三种认证方法：（1）用户认证：这是对用户访问权限的认证；（2）客户认证：是对用户客户机的 IP 地址进行认证；（3）会晤认证：当用户要求直接与访问服务器建立连接时，要进行会晤认证，以确认在访问者和被访问服务器之间，是否允许建立直接连接。

2. 内容安全检查

在基于规则检查的防火墙中，提供了“内容安全检查”功能，其中包括：（1）计算机病毒扫描：利用防火墙程序对网络中的每一个站点实施病毒检查；（2）为 Mail 提供安全控制：其中包括在向外发送邮件时，仅使用一个 IP 地址，以隐藏内部网络的结构和真实用户的身份、重定向 Mail 的目标地址，以及丢弃来自某些地址的邮件等；（3）提供基于 FTP 命令的内容安全控制；可以禁止用户使用某些命令，对某些命令中指定的文件进行防病毒检查等。

3. 负载均衡

当网络上已配置了多个能提供相同服务的服务器时，负载均衡功能可以在多个服务器

之间实现负载的均衡，以避免出现忙闲不均的情况。实现负载均衡的算法有多种可供选择；(1) Domian：按照域名最近原则，指定由最近的服务器响应；(2) Serverload：指定由负载最轻的服务器响应，这是一种较好的算法，但要求系统配置负载测量机构，以了解各个服务器的负载情况；(3) Round Trip：利用PING命令测定由防火墙到各个服务器之间的循回时间，再指定由其循回时间最短的服务器响应，等等，网络管理员可酌情选择一种。

此外，在当今所推出的规则检查防火墙中，还提供了多种加密方案，以允许企业充分利用Internet资源，安全地实现其所有的商业和接入需求，提供了路由器安全管理，支持路由器的集中管理，即通过一个集中管理的主控机构，可以配置和管理多个路由器上的访问控制表等等。

10.4 密码技术

对付外来攻击最有效的方法，是对网络中所有存储和传输的数据进行加密，使之成为密文，这样，攻击者在载获到数据后，无法了解到数据的内容；而只有被授权者才能接收和对该数据予以解密，以了解其内容，从而有效地保护了网络信息资源的安全性。

10.4.1 数据加密的基本概念

密码技术，包括这样几个方面的内容：数据加密、数据解密、数字签名、签名识别，以及数字证明，本小节主要介绍数据加密和解密的基本概念。

一、数据加密模型

一个数据加密模型如图10-7所示。它由四部分组成：(1) 明文 (Plaintext)：被加密的文本称为明文P；(2) 密文 (Ciphertext)：加密后的文本称为密文；(3) 加密（解密）算法：用于实现从明文（密文）到密文（明文）转换的公式、规则或程序；(4) 密钥：密钥是加密和解密算法中的关键参数。

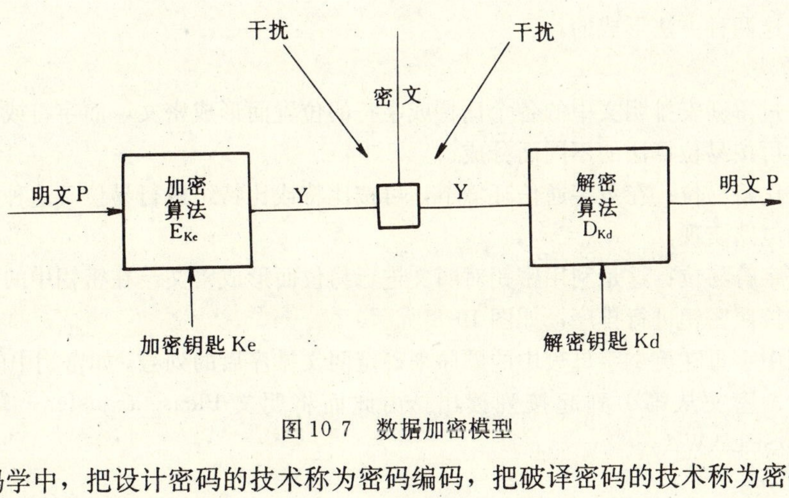

图10 7 数据加密模型

在密码学中，把设计密码的技术称为密码编码，把破译密码的技术称为密码分析。密码编码和分析合起来称为密码学。

所谓数据加密，是指在加密密钥 Ke 的控制下，利用加密算法 E 将明文 P 转换为密文 Y，可表示为 $Y=E_{Ke}(P)$。所谓数据解密，则是指在解密密钥 Kd 的控制下，将密文恢复为明文，可表示为 $P=D_{Kd}(Y)$。在加密系统中，算法是相对稳定的，为了加强数据的安全性，密钥须经常改变。例如，在每加密一新信息时改变密钥，或每天、甚至每小时改变一次密钥。

二、加密算法类型

目前，加密和解密算法已有多种，可从不同的角度对它们进行分类。

1. 按其对称性，可把加密和解密算法分为

(1) 对称加密算法：在这样方式中，在加密算法和解密算法之间，存在着一定的相依关系。即加密和解密算法往往使用相同的密钥；或者是在知道了加密密钥 Ke 后，就很容易推导出解密密钥 Kd。在该算法中的安全性在于双方能否妥善地保护密钥，又把这种算法称为保密密钥算法。

(2) 非对称加密算法：这种方式的加密密钥 Ke 和解密密钥 Kd 不同，而且难以从 Ke 推导出 Kd 来。可以将其中的一个密钥公开而成为公开密钥，因而把该算法称为公共密钥算法。用公开密钥加密后，能用另一把专用密钥解密；反之亦然。

2. 按所变换明文的单位，对加密算法进行分类

(1) 序列加密算法：该算法是把明文 P 看作是连续的比特流或字符流 P_1、P_2、P_3…，在一个密钥序列 $K=K_1$、K_2、K_3…的控制下，逐个比特（或字符）地把明文转换成密文。可表达成：$E_K(P)=E_{K_1}(P_1)E_{K_2}(P_2)E_{K_3}(P)$…，这种算法可用于对明文进行实时的加密时。

(2) 分组加密算法：该算法是将明文 P 划分成多个固定长度的比特分组，然后，在加密密钥的控制下，每次变换一个明文分组。最著名的 DES 算法便是以 64 位为一个分组进行加密的。

三、基本的加密方法

虽然加密方法有很多，但最基本的加密法也只有两种：易位法和置换法。其他的方法大多是基于这两种方法形成的。

1. 易位法

这是通过重新安排明文中的各个比特或字符的位置而形成密文，而字符或比特本身并不改变，又可按易位算法的不同而分成：

(1) 按比特易位：在数字通信环境下，可按比特或比特组进行易位。这种方法实现简单，易于用电路实现。

(2) 按字符易位：这是利用密钥对明文进行易位而形成密文。在密钥中的字母不允许重复，明文按照密钥进行排序，如图 10-8 所示。

按密钥中字母在英文字母表中的顺序来确定明文排序后的列号。如密钥中的 A 所对应的序号为 1、密文从第 1 列起按列读出。由此而将明文 Please transfer…转换为密文 AFLLSKSOSELAWA…

2. 置换法

M	E	G	A	B	U	C	K
7	4	5	1	2	8	3	6
P	l	e	a	s	e	t	r
a	n	s	f	e	r	o	n
e	m	i	l	l	i	o	n
d	o	l	l	a	r	s	t
o	m	y	S	w	i	s	s
B	a	n	k	a	c	c	o
u	n	t	s	i	x	t	w
o	t	w	o	a	b	c	d

原　文

Please transfer one millon dollars to my Swiss Bank account six two two…

密　文

AFLLSKSO，SELANWAIA，TOOSSCTC，LNMOMANT，ESILYNTW，RNNTSOWD，PAEDOBNO

图 10-8　按字符易位加密

最早由朱叶斯凯撒（Julius Caeser）提出的凯撒法非常简单。只是将每个字母向后移动3位形成新的替代字母。如用d置换a、用e置换b等。凯撒法的推广是移动K位。单纯的移动K位的置换法很容易被破译。比较好的置换法是进行映像。例如，将26个字母映像到26个字母的域中去见图10-9。用置换法可将attack加密，变为QZZQEA。

a	b	c	d	e	f	g	h	i	j	k	l	m	n	o	p	q	r	s	t	u	v	w	x	y	z
↓	↓	↓	↓	↓	↓	↓	↓	↓	↓	↓	↓	↓	↓	↓	↓	↓	↓	↓	↓	↓	↓	↓	↓	↓	↓
Q	W	E	R	T	Y	U	I	O	P	A	S	D	F	G	H	J	K	L	Z	X	C	V	B	N	M

图 10-9　26个字母的映像

10.4.2　对称加密算法与非对称加密算法

一、对称加密算法

现代加密技术所用的基本手段，仍然是易位法和置换法，但它与古典方法的重点不同。在古典法中通常采用的算法较简单，而密钥则较长；现代加密技术则采用十分复杂的算法，将易位法和置换法交替使用多次而形成乘积密码。最有代表性的对称加密算法是数据加密标准DES(Data Encryption Standard)。该算法原是IBM公司于1971～1972年研制成功的，它旨在保护本公司的机密产品，后被美国国家标准局和安全局选为数据加密标准，并于1977年颁布使用。ISO现已将DES作为数据加密标准。DES是属于分组加密算法，每次利用56位密钥对64位二进制明文数据加密，产生64位密文数据。

DES算法的总框图如图10-10(a)所示。整个加密处理过程可分为四个阶段，共19步。

第一阶段。先将明文分出64位的明文段，然后对64位明文段进行初始易位处理，得到X_0，其左32位记为L_0，右32位记为R_0。

第二阶段。对初始易位结果X_0进行16次迭代处理（相应于第2～17步），每一次使用56位加密密钥K_i，第2～17步的迭代过程如图10-10（b）所示，由图可以看出，输出的左32位是输入右32位的拷贝；而输出的右32位，则是在密钥K_i的控制下，对输入右32位做了函数f的变换后的结果，再与输入左32位进行异或运算而形成的，即

$$L_i = R_{i-1}$$

$$R_i = f(R_{i-1}, K_i) \oplus L_{i-1}$$

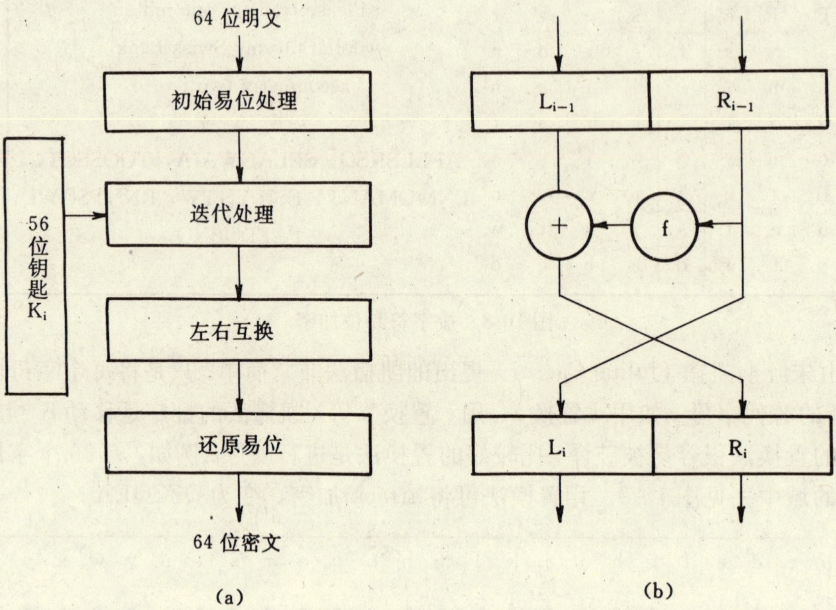

图 10-10　DES 算法的总框图

第三阶段。经 16 次迭代处理的结果（64 位）的左 32 位与右 32 位易位。

第四阶段。进行初始易位的逆变换。

二、非对称加密算法

DES 加密算法是属于对称加密算法。加密和解密所采用的密钥是相同的。加密者必须用非常安全的方法（如通过个人信使）将密钥送给接收者（解密者）。如果要通过计算机网络传送密钥，则必须先对密钥本身予以加密后再传送。

1976 年美国的 Diffie 和 Hallman 提出了一个新的非对称密码体制。其最主要的特点是对数据进行加密和解密时，使用不同的密钥。每个用户都保存着一对密钥，每个人的公开密钥都对外公布。假如某用户要与另一用户通信，他可用公开密钥对数据进行加密，而收信者则用自己的私用密钥进行解密。这样就可以保证信息不会外泄。公开密钥算法的特点是：

（1）设加密算法为 E、加密密钥为 Ke，可利用它们来对明文 P 进行加密，得到 $E_{Ke}(P)$ 密文。设解密算法为 D、解密密钥为 Kd，可利用它们将密文恢复为明文，即

$$D_{Kd}(E_{Ke}(P))=P$$

（2）要保证从 Ke 推出 Kd 是极为困难的，或者说，从 Ke 推出 Kd 实际上是不可能的。

（3）在计算机上很容易产生成对的 Ke 和 Kd。

（4）加密和解密的运算可以对调，即利用 D_{Kd} 对明文进行加密形成密文，然后用 E_{Ke} 对密文进行解密，即

$$E_{Ke}(D_{Kd}(P))=P$$

在此情况下，解密密钥或加密密钥公开也无妨。因而这种加密方法称为公开密钥法

(Publie Key)。在公开密钥体制中，最著名的是RSA体制，它已被ISO推荐为公开密钥数据加密标准。

由于对称加密算法和非对称加密算法各有优缺点，非对称加密算法要比对称加密算法处理速度慢，但密钥管理简单，因而在当前新推出的许多新的安全协议中，都同时应用了这两种加密技术。一种常用的方法是利用公开密钥技术传递对称密钥，而用对称密钥技术来对实际传输的数据进行加密和解密，例如，由发送者先产生一个随机数，此即对称密钥，用它来对欲传送的数据进行加密，然后再由接收者的公开密钥对对称密钥进行加密。接收者收到数据后，先用私用密钥对对称密钥进行解密，然后再用对称密钥对所收到的数据进行解密。

10.4.3 数字签名与数字证明书

一、数字签名

在金融和商业等系统中，许多业务都要求在单据上进行签名或加盖印章，证实其真实性，以备日后检查，在利用计算机网络传送报文时，可将公开密钥法用于电子（数字）签名，来代替传统的签名。为使数字签名能代替传统的签名，必须满足下述三个条件：(1) 接收者能够核实发送者对报文的签名；(2) 发送者事后不能抵赖其对报文的签名；(3) 接收者无法伪造对报文的签名。现在已有许多实现签名的方法。

1. 简单数字签名

在这种数字签名方式中，发送者A可使用私用解密密钥Kda对明文P进行加密，形成D_{Kda}（P）后传送给接收者B。B可利用A的公开加密钥Kea对D_{Kda}（P）进行解密，得到E_{Kea}（D_{Kda}（P））＝P，如图10-11（a）所示。

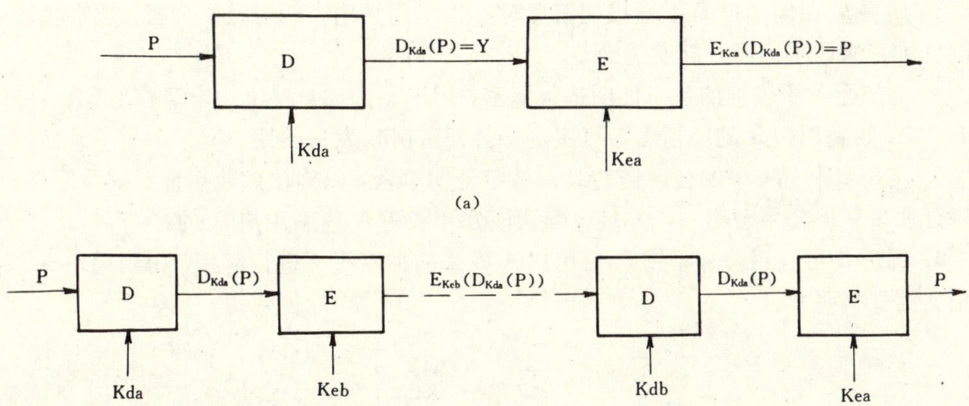

图10-11 数字签名的示意图

我们按照对数字签名的三点基本要求进行分析后，可得知：(1) 接收者能利用A的公开密钥Kea对D_{Kda}（P）进行解密，便证实了发送者对报文的签名；(2) 由于只有发送者A才能发送出D_{Kda}（P）密文，故不容A进行抵赖；(3) 由于B没有A所拥有的私用密钥，故B无法伪造对报文的签名。由此可见，图10-11（a）所示的简单方法能够实现对传送的数据进行签名，但并不能达到保密的目的，因为任何人都能接收 D_{Kda}（P），且可用 A 的公开密钥 Kea 对 D_{Kda}（P）进行解密。为使 A 所传送的数据只能为 B 所接收，必须采用保密数字签名。

2. 保密数字签名

为了实现在发送者 A 和接收者 B 之间的保密数字签名，要求 A 和 B 都具有密钥，再按照图 10-11（b）所示的方法进行加密和解密。

（1）发送者 A 可用自己的私用解密密钥 Kda 对明文 P 加密，得到密文 D_{Kda}（P）；

（2）A 再用 B 的公开密钥 Keb 对 D_{Kda}（P）进行加密，得到 E_{Keb}（D_{Kda}（P））后送 B；

（3）B 收到后，先用私用密钥 Kdb 进行解密，即 D_{Kdb}（E_{Keb}（D_{Kda}（P）））＝D_{Kda}（P）；

（4）B 再用 A 的公开密钥 Kea 对 D_{Kda}（P）进行解密，得到 E_{Kea}（D_{Kda}（P））＝P。

二、数字证明书（Certificate）

虽然可利用公开密钥方法进行数字签名，但谁又能证明公开密钥的持有者是合法的持有者呢？为此，必须有一个大家都信得过的认证机构 CA（Certification Authority），由该机构为公开密钥发放一份公开密钥证明书，又把该数字证明书称为数字标识数据（ID），它用于证明通信请求者的身份。在网络上进行通信时，数字证明的作用如同司机的驾驶执照、出国人员的护照、学生的学生证。在 ITU 制订的 X.509 标准中，规定了数字证明的内容应包括：用户名称、发证机构名称、公开密钥、公开密钥的有效期、证书的编号以及发证者的签名。下面通过一个具体的例子来说明数字证书的申请、发放和使用过程。

1. 用户 A 在使用数字证书之前，应先向认证机构 CA 申请数字证明，此时 A 应提供身份证明和希望使用的公开密钥 A。

2. CA 在收到用户 A 发来的申请报告后，若决定接受其申请，便发给 A 一份数字证明，在证明中包括公开密钥 A 和 CA 发证者的签名等信息，并对所有这些信息利用 CA 的私用密钥进行加密（即 CA 进行数字签名）。

3. 用户 A 在向用户 B 发送报文信息时，由 A 用私用密钥对报文加密（数字签名），并连同已加密的数字证明一起发送给 B。

4. 为了能对所收到的数字证明进行解密，用户 B 须向 CA 机构申请获得 CA 的公开密钥 B。CA 收到用户 B 的申请后，可决定将公开密钥 B 发送给用户 B。

5. 用户 B 利用 CA 的公开密钥 B 对数字证明解密，以确认该数字证明确系原件，并从数字证明中获得公用密钥 A，并且也确认该公开密钥 A 确系用户 A 的。

6. 用户 B 再利用公开密钥 A 对用户 A 发来的加密报文进行解密，得到用户 A 所发来的报文的真实明文。

习　题

1. 企业计算机网络的发展可分为哪几个阶段？

2. 试说明 Intranet 的基本特征？

3. 为什么在 Intranet 中都采用 Browser/Server 模式？该模式有可优点？

4. Intranet 具有哪些主要功能？

5. 浏览器的基本功能是什么？并简要说明当前最流行的两种浏览器软件？

6. 在大、中型 Intranet 中通常配置了哪些服务器？并说明每种服务器的作用是什么？

7. 试画出小型 Intranet 的网络拓扑图。

8. 简要说明 Microsoft 和 Netscape 两个公司的服务器软件各包含哪些内容？

9. Windows NT Server 提供了哪些网络服务？

10. 保障网络安全的基本技术有哪些？

11. 何谓防火墙？并说明利用它来保障网络安全的基本思想？

12. 试说明包过滤防火墙中的过滤参数和过滤规则？

13. 包过滤防火墙有何优点和不足之处？

14. 基于代理服务器的应用层网关可分成哪几种类型？并简要说明其工作原理。

15. 应用级网关具有哪些特征？

16. 规则检查防火墙引入了哪些新的功能？

17. 试比较包过滤技术与代理服务技术。

18. 什么是对称加密算法和非对称加密算法？

19. 基本的数字签名应满足哪些条件？如何实现保密数字签名？

20. 数字证明的作用是什么？试通过一些具体例子来说明数学证明的申请、发放和使用过程。

第十一章　商业自动化

在全国改革开放的大好形势下，特别是在邓小平同志南巡讲话精神的鼓舞下，我国社会主义市场经济有了很大的发展，作为生产和消费之间桥梁的商业，已在国民经济中起着愈来愈重要的作用；中央和地方的各级领导对商业自动化也都十分重视，使得近几年来在国内各大、中城市中的商业POS-MIS系统像雨后春笋般地涌现出来，商业自动化已经在电子、计算机通信和信息领域中，成为人们十分关注的焦点和投资的热点。

所谓商业自动化，是指采用先进的电子技术、计算机技术、通信技术和信息科学等，对现代商业中的购销、调、存的商业业务的全过程进行科学的处理，为商业的经营决策提供依据，同时利用现代通信工具实现本企业与外界的有关商业、企业、部门、行业等之间，进行快速的、准确和安全地商业通信；并进一步在Internet的基础上，实现电子商场。

11.1　商业自动化引言

在商业发达的国家中，商业自动化已经比较普及。实践已经充分证明，商业自动化对促进商业的发展，甚至对国民经济持续、健康的发展，也都发挥了积极有效的推动作用。事实上，商业自动化是现代化商业发展的必然趋势。商业自动化的发展，也是一个由低级向高级、由局部到全部的发展过程。

11.1.1　商业自动化的发展过程

商业自动化，是以电子技术、计算机技术和通信技术为基础的，因而，它也是随着这些技术的发展而发展的。我们可以把商业自动化的发展过程分为三个阶段：在第一阶段，实现了商务的后台管理；在第二阶段，实现了前台商务管理；在第三阶段，则实现了基于开放式的信息处理平台，甚至是部分地实现了基于Internet和Intranet的电子商务。

一、第一阶段商业自动化

早在60年代初，人们就已将计算机技术应用于航空订票系统，后来又用于银行信息系统，到了70年代，计算机技术已经较广泛地应用于国民经济的各个领域。就商业领域而言，由于当时计算机价格昂贵，因而在每个零售点仅能配置少量的计算机，用来实现商场的后台处理，如进货管理、销售管理、财务管理、仓库管理等，但还无法直接进入对实时性要求很强的、直接面向顾客服务的前台销售管理。此时，前台的销售仍采用人工方式使用一些简单的销售和计算工具；由前台销售所获得的销售信息，也还需人工采集和送入进行后台管理的计算机中。因此，商店的管理人员还无法及时地获得销售信息，从而在一定程度上影响到所做决策的准确性。

二、第二阶段商业自动化

在70年代末，随着超大规模集成电路（VLSI）的发展，已可利用VLSI技术制成用于前台销售管理的专用微处理器。利用该微处理器做成电子收款机ECR，可直接面向顾客进行商品交易。对每种销售的商品，由ECR显示出该商品名称、单价，并按销售数量显示出销售总金额。若要折扣，则显示出打折后的金额。ECR本身也在不断地从低级向高级发展，从而形成了所谓的第一代ECR、第二代ECR和第三代ECR。而即使在第一代ECR中，除了具有CPU和内存外，也还有各种类型的专用外部设备，如收款员/顾客显示器等；另外还配置了具有一定功能的软件。

在前台销售使用了电子收款机后，每台ECR不仅可对数十至数千种商品的价格进行管理，还可采取各种不同的结算方法，如用现金、信用卡等；此外，还可将多台ECR通过专用通信网络与一台计算机相连接，这样，可把前台的各个ECR的销售信息，立即传送到计算机上，商店的管理人员便可及时地、准确地掌握商店的销售情况，从而为经营决策提供了所需的有效信息。

三、第三阶段商业自动化

80年代是微机和网络迅速发展的年代，由此带动了商业自动化，使之步入了一个新的阶段。主要体现在以下几个方面：

1. PC-POS的诞生

就此时的微机而言，不论在质量，还是价格上，都取得了突破性的进展，由此而导致了基于PC机的电子收款机的诞生，它被简称为PC-POS。第三代商业自动化系统的前台销售，便是建立在PC-POS基础上的，称为POS系统，它与后台的MIS系统一起被统称为POS-MIS系统。

2. 开放系统处理平台

在第二代商业自动化阶段中，已将多台ECR连接到一台计算机上形成网络，但此时的网络是封闭式的。在一个大型的现代化零售商场中，通常都拥有若干个不同部门LAN，而为了实现各不同LAN之间的信息互通和和信息互用，适应于信息系统的不断发展和扩充，就要求第三代商业信息系统处理平台是开放式的，即具有开放性、应用互操作性和可扩充性等特征。

3. 利用现代化商业通信手段

实现商业自动化，不仅要求在零售商场内部，建立POS-MIS系统，用来管理商场的内部商务；还要求它能实现与外界的快速、有效的联系，特别是与本商场的供应商、生产厂家、银行以及自已开设的分店或连锁店间的快速联系。这就需要借助于现代化的商业通信手段，如电子数据交换EDI（Electronic Data Interchange）、电子订货系统EOS（Electronic Ordering System）以及电子转账系统EFT等。

进入90年代后，特别是Internet面向商业领域开放后，利用Internet实现电子商务（Electronic Commerce）已成为一种时尚，诸如：已利用Internet实现了电子数据交换EDI，在网上开设了电子商店、电子市场、电子银行，以及实现电子购物。在美国总统克林顿建设信息高速公路的计划中，也把电子商务列为重大信息建设项目之一。

四、我国商业自动化的发展

到目前为止，我国商业自动化的发展，可分成两个阶段，第一阶段为起步阶段，时间是从70年代末到80年代末；第二阶段为大发展阶段，是从90年代初到现在。

1. 起步阶段

由于文化大革命的影响，我国的商业自动化起步较晚，直至70年代末至80年代初，才开始在某些大城市，进行商业MIS的试点。当时自动化的水平很低，主要是利用8位的Apple机、16位的IBM PC/XT机。在80年代初开始有一批简单的商业MIS运行；到1981年，我国开始大批引进电子收款机，当时选择的是日本的OMRON公司的528型第一代ECR，在北京西单商场等几个大商场试用。到80年代末期，我国商业MIS的水平已有很大提高，不仅所使用的微机已从8位、16位上升到32位的386、486机器，而且不少商业MIS系统已是以LAN为信息处理平台、在前台销售中也引入了第二代ECR。

2. 大发展阶段

到了90年代，我国的商业自动化便进入了迅速发展的阶段。在上海，提出了要在南京路、淮海路等处，实现商业电子化一条街的宏伟设想，并立即着手实施；在北京，也在进行王府井及西单商业街的电子化工程建设；在全国的几个其他大、中城市中，也蓬蓬勃勃地开展了商业自动化工程的建设，到1997年在国内最大的100家零售商场中，已有三分之一以上采用了POS-MIS系统，还有不少商场正在建造POS-MIS系统，其中已经建成且比较著名的有北京西单商场、上海一百、武汉商场、杭州解百、天津劝业场、郑州亚细亚等。

11.1.2 商业自动化发展的背景

在60年代到90年代期间，商业自动化也已在世界范围内有了长足的进步；到90年代中期，发达国家已基本上实现了商业自动化；而在我国，也已形成了一定的规模。商业自动化之所以能够如此迅速地发展，可归根于需求推动和技术推动这两大因素。

一、需求推动

需求推动，是指由于人们对商业自动化的客观需求，所形成的一种推动力。这种需求，实质上也就是开展商业自动化的必要性，它具体表现在三个方面：(1) 通过商业电子化，加速商品和资金的流通；(2) 提高零售商场的竞争能力；(3) 适应商业的不断发展。

1. 加速商品和资金的流通

早期的商品流通，是由生产者导向的。此时生产者所生产的商品很少，每种商品的数量多。生产者生产什么，零售业便销售什么，当然，用户也就只能使用什么。此后，随着生产和商业的发展，商品的流通便逐渐由生产者导向转向消费者导向。此时，为满足消费者的不同需求，生产者所生产的商品必须品种多，相对地，每个品种的数量要小；且品种的更新换代也非常之快。而为了加速商品和资金的流通，就必须准确地掌握本商场中各种商品的销售、库存、在途情况，还必须及时地掌握市场对各种商品的需求情况，为此，要求商品销售商掌握和处理的信息量也急剧地增加。这时，如果仍由人工处理，不仅工作量大、处理速度慢、费用高，而且极易出错，因而难于及时地获得准确的信息，于是迫使人们采用电子技术、计算机技术和通信技术，来加速对信息的处理和信息的传送。

2. 提高零售商的竞争能力

在市场经济环境下，随着商业的发展，竞争也日益加剧，相应的，利润也随之下降。零售商为使自己能在竞争中立于不败之地，自己必须能及时地掌握市场和商品的有关信息，并具有迅速做出反应的手段，才能保证获取足够的利润，来维持自身的生存。例如，为了保证每种商品总不缺货，商场必须使每种商品都有一定的库存量；然而库存量又必须相当少、甚至为零时，才可能使资金充分地利用，商店才有生命力。

3. 适应商业的不断发展

随着社会经济的发展、科技的进步以及商业的变革，商品交易的方式也发生了明显的变化，如现已可利用信用卡购物，在超市的连锁店和分公司中已采用电子订货系统EOS来管理商品的购进、利用电子转账系统EFT、电子数据交换EDI来取代了传统的手工操作进行商贸；甚至利用Internet实现电子贸易。这些工作，都极需在零售站内部前台引入POS系统及在后台引入MIS系统，才能对商店的业务实现科学的管理，而且也极需使企业有与外部进行良好通信的手段，以能适应用信用卡购物及在网上开展电子商务的需要。

二、技术推动

技术推动，是指由于科学技术的进步而形成的一种推动力，它使为人们所需要的商业自动化的实现成为可能。技术推动的具体表现有：(1) 计算机技术的发展，使高速、有效地处理大量商务信息，成为可能；(2) 计算机网络技术的发展，使企业内部与外部之间的快速信息传递和变换成为可能；(3) 信息处理技术的发展，使开发出实用、高效的信息处理系统成为可能。

1. 计算机技术的发展

计算机的诞生，特别是分时计算机系统的出现，使多个业务人员利用一台计算机来处理多个业务部门的商业信息的设想成为可能，从而诞生了用于实现商场后台管理的MIS系统，而基于微处理器的电子收款机的诞生，使之能直接用于商场的前台销售管理，并进一步出现了基于PC机的功能更加完善的POS机，可以更有效地管理整个商场的前台业务。

2. 计算机网络技术的发展

由于LAN技术和企业网技术的发展，可以方便可靠地将商场中的所有POS系统和工作站互连起来，构成商业POS-MIS系统，以实现商场的前台销售与后台MIS系统的统一管理，在商场内部可以方便地进行商务通信和数据共享。POS-MIS系统还可以利用调制解调器或远程访问服务器或路由器通过多种LAN，如公用交换电话网PSTN、公用分组交换网X.25以及帧中继网等，与全国各地乃至五大洲的有关商务机构或单位，实现快捷而安全的通信。可见，离开计算机网络的支持，是无法实现商业自动化的；同样，EDI、EOS以及EFT等也都是基于计算机网络实现的。随着网络技术的发展，它也必将带动商业自动化向更高阶段发展。

3. 信息处理技术的发展

计算机技术和网络技术，使商业自动化的实现成为可能。事实上，利用计算机及网络技术可以建立起一个信息处理平台。但商业自动化的根本目的在于：用以支持商业的营销活动，提高商业机构的经济效益和社会效益。因此，在信息处理平台上，还应建立起一个能对商业企业进行现代化科学管理和分析的系统，由该系统实现对商场进、销、调、存的管理，对商品流转的分析、商业企业资金的分析、商品流通费用的分析、市场分析、商业企业经营决策的分析等等。相应地，该系统将包括多个子系统，如销售管理子系统、财务管理子系统、仓库管理子系统等，以便对各种商业活动进行科学的管理，并在此基础上再进一步建立销售统计分析子系统、财务分析子系统及经营决策子系统等。

11.1.3 商业零售业中的若干基本知识

一、商业零售业

在商业流通领域中，最基本的一环就是商业零售业。相应的，在商业自动化中最基础的就是零售业商店（场）的自动化。而零售商场的基本任务，是将商品从产地以适时、适地、适质、适量和适价的方式提供给消费者。所谓适时（Right Time）是指在客户需要购买商品时，能提供客户所需的商品；所谓适地（Right Place）是指在需要购买商品的客户所在地，提供购买场所；适质（Right Quality）是指确保商品的质量；适量（Right Quantity）是指既能满足客户需要（不缺货）又不会因存货太多而积压资金；适价（Right Price）是指做到价廉物美，这样才具有竞争力。

二、流通

在零售商业的营业场所，营业的空间和时间都是有限的，为能在有限的空间和时间内获得尽量高的效益，须依赖于下述三个方面的加速流通：

1. 加速商品的流通

使购进并储存在仓库中的商品能尽快地销售出去。

2. 加速资金的流通（转）

可以通过各种途径，如加速批发收款、减少现金的收取，以及降低库存的占有资金等，来加速流动资金的流转，例如，可利用EFT、POS、EDI汇兑的电子支付方式来促进资金的流动。

3. 加速信息流通

不仅需要对商品的进、销、调、存等信息进行收集、统计和分析，更应重视事前对商品信息的快速传递，来搞好商品的进货和销售。事实上，加速信息的流通，可以有效地加速资金的流转和商品的流通。

三、连锁店

在内贸部1997年发布的“连锁店经营管理规范意见”中指出，连锁店指的是经营同类商品、使用同一商号的若干门店，在同一总部的管理下，采用统一采购或授予特许权等方式，实现规模效益的经营组织形式，连锁店由总部、门店和配送中心构成。

为了获得规模效益，连锁店应由10个以上的门店组成，为实行规范化管理，必须做到统一采购和配送商品、统一经营、管理规范、采购与销售分离。全部商品均应通过配送中心统一采购，其中的部分商品还可根据商品流通的合理和保质保鲜原则，由供应商直接送货到门店。

连锁超级市场、便利店和综合商场，必须使用电子收款机，逐步完善商业综合信息管理网络。在连锁超级市场和综合商场销售的非鲜活类商品中，条形码的利用率要达到90%以上。

四、多媒体导购系统

随着市场经济的发展，零售商场之间的竞争日趋激烈。对各商场而言，为使自己在竞争中立于不败之地，不仅要能提供物美价廉的商品，而且还应能不断改善购物环境，把服务质量提高到一个新水平。这样，在当今的多媒体技术已被广泛应用的情况下，多媒体导购系统也就应运而生。

多媒体导购系统，不仅能提供字符形式的商品信息，而且还能伴以声音（音乐或对商品的介绍），以及有关商品的图像，甚至是彩色活动图像，使顾客能充分地了解有关商品的外形、性能及所在位置；此外，多媒体导购还能提供更方便快捷的商品信息查询手段，即使一个完全不懂计算机的顾客，也能通过多媒体导购系统查知他所关心的商品信息。一般多媒体导购系统是连接到 POS-MIS 系统上的，如果某商店的 POS-MIS 系统已经连接到 Internet 网上，则还可让远在天边的顾客了解到本商店所出售的各类商品的信息。

11.2 电子收款机和条形码技术

在商业自动化系统中，最基本的设备是电子收款机 ECR（Electronic Cash Register），它既是用于零售商场实现前台销售的收款设备；又是用于后台商业管理的数据采集器，在商业自动化上起着非常重要的作用。它的出现已把商业自动化由第一代推进到第二代；随着微处理器的发展，ECR 也在由低级向高级发展，从而也把 ECR 的形成划分成第一代 ECR、第二代 ECR 和基于 PC 机的第三代 ECR。一般又把第三代的 ECR 称为 PC-POS，或简称为 POS（Point of Sales），即销售点实时管理系统。

11.2.1 电子收款机的发展

ECR 的前身是机械式收款机，诞生于 1878 年。其主要任务是加强对人员、货币及商品的管理、提高商店的收入。进入 20 世纪 60 年代时，日本率先研制出电子收款机 ECR；在 70 年代后期，人们又开发出基于 4 位微处理器的 ECR；进入 80 年代后，又开发出基于 8 位微处理器的 ECR，以后再推出的新 ECR 也都是基于微处理器的，不过其功能是随着微处理器的发展而不断地增强。

一、第一代 ECR

第一代 ECR 主要是基于 8 位专用微处理器芯片构成的，因而它实际上是一台销售管理专用计算机系统。在 ECR 中除了含有专用的 CPU 和内存外，还配置了各种类型的专用外部设备，如收款员/客户显示器、可打印收据和流水账的打印机、专用键盘、钱屉和电子秤等。由于 ECR 直接面向客户，且所涉及到的又是钞票，故要求 ECR 具有高可靠性、可连续操作性，以及数据安全性。即使发生停电事故，也不允许交易出错。ECR 功能的强弱在很大程度上取决于其所配置的软件。第一代 ECR 的功能有：

（1）对各类商品按其单品价格编码进行管理：在大、中型商场中，商品的数量非常多，利用手工方式很难实现按“单位价格编码”的管理即 PLU（Price Look Up）管理。在利用 ECR 后就可方便地实现 PLU 管理，即使是低档的 ECR，也能管理几十至几百个 PLU；

（2）价格管理功能：在销售活动中，商品的价格往往会因时间、地点，甚至是因销售对象的不同而使用不同的价格。第一代 ECR 已能实现较灵活的价格管理功能，如对同一种商品采用多种价格（开放价格、预置价格及折扣价格等）；

（3）结算方式管理：不同的消费者可能采用不同的付款方式。为了适应这种情况，ECR 已经具有可利用诸如现金、支票、信用卡、外币及购物券等多种方式进行结算的功能。

二、第二代ECR

第二代ECR相当于高档ECR，其最大特点是可以通过专用的通信网络将若干个ECR连接起来，还可将该网络与一台计算机相连接，以实现对前台的统一管理。当ECR具有联网功能后，便可用一台计算机和若干台ECR共同完成对大、中型商场销售的统一管理。通常，专用的ECR网络可连接8台、16台或32台ECR，这些ECR可以统一或个别地将销售数据汇总后传送给计算机；或接收从计算机发来的控制信号和设置的数据。

第二代收款机可以配置比第一代ECR多得多的专用外部设备，如条形码扫描器、用于打印部分汉字的针式打印机等；在软件功能上也有明显的增强，高档ECR可以管理的PLU数量已可增加到数千个以上；可将商品名称显示或打印出来；有的高档ECR可用来实现库存管理、毛利计算、商品的ABC分析等功能。第二代ECR的品种很多，如OMRON的3510和5500、SHARP的4000和6000、CASIO的EC-4700等。

三、第三代ECR

在80年代后期，PC机的制造已经取得很大的进展，形成了年产几千万套的大工业。一方面，PC机在性能上迅速提高而价格又在急剧地下降，具有极高的性能价格比；另一方面，ECR由于受到其专用性、无统一工业标准等因素的限制，且在提高ECR性能时又伴随着其价格的急剧上升，这就促使生产厂商改为直接利用PC机芯片业制作ECR，从而使基于PC机的第三代ECR应运而生，一般称之为PC-POS。

第三代ECR不论其功能、还是性能，都明显地优于第二代ECR，即发生了质的飞跃。由于大规模生产，又使其价格与第二代ECR相差无几。因而在其诞生后便显示出其强大的生命力，以致使得在90年代中期所开发的POS-MIS系统，都广泛采用第三代ECR。

四、PC-POS的特点

1. 标准化

PC机的大量生产，引起了各方面的高度重视，有关国际标准化组织，为使由各生产厂家生产的机器和部件能相互兼容，而为PC机制订了一系列的标准。不仅微处理器、软盘驱动器、硬盘驱动器、计算机总线、外设接口总线等，都有相应的工业标准，甚至连POS专用设备的接口和驱动程序等，也都逐步实现了标准化。因此，由不同厂家生产的POS机都能相互兼容，并进一步形成开放式平台。

2. 商品销售实时管理

ECR虽已具有一定的处理能力和存储容量，但仍难于建立具有一定规模的商品信息数据库和销售数据库和配置较多的软件；而且CPU的处理速度也较慢。但在POS中，特别是基于486以上微理器的POS机，通常都配置了较大容量的内存和硬盘，在盘上可以建立商品信息数据库和销售数据库。每当收款员从POS上输入一个商品编码时，POS机可从商品信息数据库中把该编码的商品信息检索出来；同时也把销售的该商品的名称和数量等信息，立即送入销售数据库中。

3. 强大的表格处理功能

由于POS已具有可观的存储容量，其中的硬盘容量，在当前通常为数百兆字节（MB）至数千兆字节（GB）、内存容量通常为4MB～32MB，因而可在盘上存入大量的报表数据，及配置优秀的报表处理软件，以制作高质量的报表，并可根据需要，实时地打印所需报表。

4. 灵活的联网功能

第二代ECR虽已具有联网功能，但还只能连接到专用的LAN上；然而在POS上却可根据需要插上不同的网卡，以连接到不同的标准LAN上。当前绝大多数的POS机都连接到10BASE-T LAN上，也可将具有多媒体功能的POS机直接连接到交换集线器的10Mbps端口上，甚至是连接到交换集线器的100Mbps端口上。

在POS机上还应配置适当的网络软件，使POS能访问网络服务器和其他有关网络设备。在Intranet环境下，POS还可配置TCP/IP协议等软件，使之不仅能访问企业内部服务器，还可利用Internet所提供的多种服务实现跨国访问。

5. 良好的用户界面

当前在POS机中，通常都是配置的Windows 3.X和Windows 95操作系统，这样，用户就可以使用它们所提供的图形用户接口，从而改善了POS的用户界面。它们既给出了令人赏心悦目的屏幕，又可使用户对POS机的操作非常方便，做到了易学易用。

11.2.2 商业POS机的功能

POS机功能的强弱，不仅与其所配置的硬件有关，更主要的是取决于为它所配置的软件。POS机的基本任务是实现零售商店的前台商品销售。利用POS机可以方便地实现多种销售和付款方式、打印处理、按时打印，以及对商品的明细账、信用卡、支票等有关数据进行查询。

一、注册/登录

1. 注册

为了保证收款员的唯一性和系统的安全性，每个收款员都应先进行注册，即是将收款员的姓名或工号登记在POS内的一张收款员表上。注册时还允许收款员指定一密码，以防其他人有意或无意地用自己的注册名去操作POS机。

2. 登录

已经注册过的收款员，在每次使用POS机之前，还须再进行登录，即收款员根据屏幕提示先输入自己的注册名，正确后再输入预先指定的密码，POS则仅当注册名和密码都正确时，才允许收款员对POS机进行各种操作，也只有这样，才能保证收款员账目的正确性。

二、多种销售方式

1. PLU销售方式

在使用了ECR后，可以实现PLU销售方式，即按单品编码进行销售。此时，收款员只须输入商品的编码和数量，ECR便会自动地找出该商品的单价，并计算每笔交易的总金额，然后把有关的销售信息记录下来。即使是第一代的ECR，已可管理数十至数百个PLU；而POS则已可管理数千至数万个PLU。

2. 条形码销售方式

在采用PLU销售方式时，由于它还是手工方式输入PLU码，因此，不仅输入速度低于而且出错率也高。随着商品包装的规范化，在包装上打上条形码后，就可利用条形码扫描器直接输入商品的条形码，取代了手工输入，这样与采用PLU码时的速度相比约高出了3～4倍，出错率也低了数百至数千倍。因此，在发达国家中已基本实现了采用条形码的销售方式；在我国，也在许多超市中采用了条形码销售方式。

3. 部门销售方式

这种销售方式，适用于既不具备采用条形码销售方式的条件，也不具备采用PLU 销售方式所需条件的场合，这时，只能用人工方式输入部门编号、商品单价，以及销售数量，然后由 ECR 计算出本次交易的总金额。

三、多种付款方式

在零售商品时，不同的顾客可能采用不同的付款方式，如可用现金、支票、信用卡以及购物券等。为了适应这种情况，ECR 应具有采用现金、信用卡等多种方式进行结算的功能。

1. 现金支付方式

在我国，现金支付仍然是当前使用最广泛的一种付款方式。ECR 不仅应能支持使用人民币的交易，也应能支持使用港币、台币，以及各种外币进行的交易，在不少地方还要求能允许使用购物券购物。

2. 信用卡

信用卡在发达国家已经相当普及。在我国五大商业银行（中国银行、工商银行、农业银行及建设银行、交通银行）的信用卡发卡总量，已有数千万张，并以极快的速度在增涨，利用信用卡购物已成为一种趋势。因此在 POS 机上都配有磁卡阅读器。在使用信用卡付款时，只须在磁卡阅读器上划卡，系统便自动完成商品交易。

3. 预付订金方式

对于某些大件商品，如家俱及衣物，可以事先订做，相应地就须采用预付订金的方式，即顾客先交付一定的订金，以后在取货时，再按售价补足其余部分。

四、其他功能

1. 打折功能

在销售活动中，商品的价格往往会因时间（节假日）、地点（市区、郊区）和销售对象（持优惠卡者）的不同而不同，亦即 POS 机还应具有打折功能，此时，对一种商品可使用多种价格如预置价格、优惠价格、折扣价格等。折扣方式又可分为统一折扣和单独折扣。

2. 退货处理、当顾客买完商品后，又可能由于多种原因（如质量、型号、尺寸及颜色等）而需要退货时，商场应允许顾客持销售发票（有时还需持有商品部同意退货的批条）进行退货。在退货时，由收款员输入商品的编码、退货数量，以及退货原因。

3. 显示和打印销售报表

在销售过程中可产生多种报表：(1) 收款员报表：其中列有收款员所收的每笔金额；(2) 柜组报表：其中记录了各柜组的销售情况；(3) 营业员报表：该表反映了各营业员一天的销售情况；(4) 部门报表：记录了每个部门的销售情况。

4. 查询功能

POS 机通常都能提供多种查询功能，如对商品信息的查询、对收款员报表的查询、对收款台销售流水账的查询，以及对收款机目前状态的查询等。

5. 集中交款和分计处理

顾客可以因在多处柜台上购买了多种商品而持有由多个营业员开具的发票数张，这样，顾客也只须在任一台收款机上付款，这样，POS 机可以对各营业员所开具的发票，分别小计，然后再统一核算付款总金额。

11.2.3 条码技术

条码技术是现代信息科学的重要技术。条码技术因其输入速度快、准确性高、成本低、可靠性高等显著优点而获得迅速发展，已成为计算机领域中的主要自动识别技术，并产生了巨大的经济效益和显著的社会效益。

一、条码与条码技术的基本概念

1. 什么是条码

利用机器来直接识别数字和字符，其准确率和速度都还不够理想，于是人们创造了条形码，也简称为条码，用这种中间符号供机器识别，可提高数据采集的速度和准确度。所谓条码，是指由一组宽度不同，因此反射率不同的平行相邻的条和空，按规定的编码规划组合起来的、用于表示一组数据的符号。这种数据可以是数字，也可以是字或某些特殊符号。

2. 条码技术所包含的内容

条码技术包含下述几个方面：(1) 编码技术：是指如何把计算机所要使用的数据，用一组条码符号来表示；(2) 印刷技术：将条码印刷在商品或商品的包装上；(3) 扫描技术：对条码技术通过光扫描进行自动采集，再将它们转换为电脉冲信号；(4) 译码技术：将扫描所得电脉冲信号变换为计算机可识别的数据。

3. 条码技术的主要优点

采用条码技术有下述一系列显著的优点：

(1) 输入速度高：利用人工输入，平均输入速度约为 150～200 字符/分；而采用条码方式时，其输入速度约为 400～500 字符/分。可见，利用条码可使输入速度提高 2～3 倍。

(2) 准确性：用人工方式输入时，据统计平均每输入 300 个字符，就出现一个错误；而采用条码方式时的出错率，则可降低到低于百万分之三。可见，采用条码方式可使准确度提高三个数据级（即千倍）。如果考虑到在输入数据前还要先进行数据的收集、整理及抄写等工作，则还存在重复出错的问题。

(3) 成本低：条码的印刷费用低、录入设备多且便宜，即使在人工费用不高的我国，用这种输入方式在经济上也仍然是合算的。

二、条码符号的结构

一个完整的条码符号的组成，包括有：两侧的静区、一个起始字符、若干个数据字符、一个校验字符（可选）和一个终止字符。

1. 静区：位于条码符号的两侧，通常与"空"同色，没有任何印刷符或条码信息。静区的作用是提示阅读器扫描。

2. 起始和终止符：用于标识一个条码符号的开始和终止。当扫描器遇见起始字符后，便开始对由扫描而获得的一系列脉冲信号进行处理，一旦遇见终止符，便停止扫描。起始字符和终止字符的条空结构，通常是不对称的二进制序列，扫描器可以对条码进行双向扫描，但最终会由阅读器进行重排。

3. 数据字符：由条码字符所表示的数据，对于不同的编码方式所规定的数据字符数不同，如有的编码方式采用12位数据字符，而有的到有13位数据字符。

4. 校验字符：在条码码制中定义了校验字符。在有的码制中规定必须有校验字符；而在另一些码制中，校验字符则是可选的。

三、几种主要的码制简介

1. UPC码

UPC码是1973年美国统一编码协会（UCC）制订的，并在美国、加拿大广泛应用。现在，凡是要进入美国和加拿大的商品，都要求在其包装上印有UPC码。UPC码又可分为两大类：(1) UPC-A码：它由12位数据构成，其中第1位是国别代号，指明生产国家或地区；第2～6位是制造商代号；7～11位为产品代号；第12位为校验位；(2) UPC-E码：由6位数据构成，其中第1位是国别代号；2～5位是产品代号；第6位为校验码。

2. EAN码

EAN码是1977年由国际物品编码协会制订的。该码制作为国际上通用物品的标识系统，已在世界上获得广泛应用。EAN码也可分为两类：(1) EAN-13码：由13位数据组成，其中第1～2位或1～3位为国别代号；3～7或4～7位为制造商代号；8～12位是产品代号；第13位是校验位；(2) EAN-8码：它包括8位数据，其中第1～2位为国别代号；3～7是产品代号；第8位为校验位。

3. 其他条码

除上述两种通用型条码外，还有许多其他的条码码制。为了统一符号规范，由自动识别设备制造厂协会（AIM）颁布了五种码制标准。下面仅介绍其中较常用的两种码制标准。

(1) 39码：39码是1974年由INTERMEC公司制订的，是第一个字母数字式码制。其字符集包括数字0～9、26个英文大写字母、7个特殊字符，总共43个字符。美国汽车制造业活动组织（AIAG）规定39码为汽车行业的标识系统。

(2) 库德巴（Codabar）码：Codabar码是于1972年制订的，后又推出了改进的Codabar码。其字符集中含有16个字符，这些字符是数字0～9和6个特殊字符。该码制多用于仓库、血库及航空快递等处。

四、条码阅读器的基本原理

条码阅读器是实现条码自动识别的关键设备。其基本用途是将商品上印的条码符号所表示的信息读出来，再转换成计算机所能识别的信息后传送给计算机。它主要是由光电扫描器、信号处理器和译码器三部分所组成（如图11-1所示）。

1. 光电扫描器

它利用光学系统对条码符号进行扫描。当光线照射到条码符号上的“条”和“空”时，由光电转换器将由不同的条空所反射回来的强度不同的光信号，转换成相应的电脉冲信号。对光电扫描器有两个重要指标是在选购时应注意的：

(1) 分辨率：分辨率是指所能分辨的条码符号中最窄元素（空或条）的宽度。分辨率的大小取决于光学系统的聚焦能力。为使扫描器的适应性更强通常把扫描器聚焦的光点设计成椭圆形的。在选择光电扫描器时，也并非是分辨率愈高愈好。因为对分辨率选择得过高时，不仅会增加扫描器的成本；在使用时，扫描器有时会把商品包装上的一些污点或缝

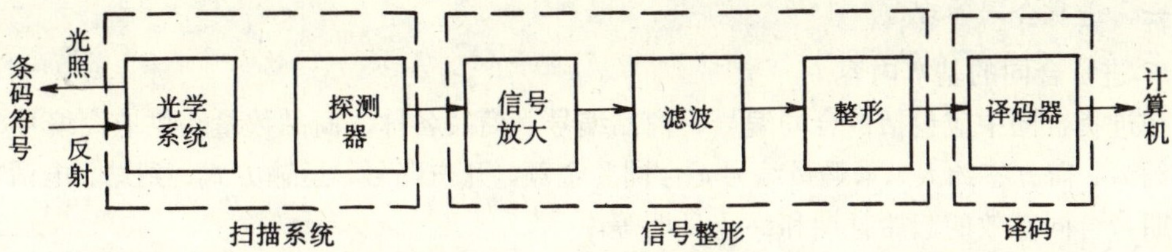

图 11-1　条码阅读器

隙等，也误作条或空。因而正确的选购方法是选择那种扫描器，使其分辨率与条码符号中最窄元素（条或空）的宽度相匹配。

（2）扫描景深：所谓景深，是指扫描器所能有效地识读条码符号的距离范围，即扫描器的最大工作距离与最小工作距离之差。扫描器的景深与条码符号中的最窄元素有关。如果扫描器的工作环境，是在扫描器与条码符号之间的工作距离经常变化，则此时需要较大的景深，相应地，就须适当增加最窄元素的宽度。

2. 信号处理器

信号处理器中包含以下三个部件：（1）信号放大器：用于将由光电扫描器送出的电脉冲信号，放大到适当大小；（2）滤波器：用于滤掉经放大后的电脉冲信号中的杂波部分；（3）整形器：对滤波后的信号加以整形，形成标准的脉冲数字信号。

3. 译码器

用于将由信号处理器所提供的脉冲数字信号，按照一定的编码规则，编译成计算机所能识别的数字信号，再通过下述两种途径之一传送给计算机。一种是以键盘仿真方式通过键盘接口传送给计算机；另一种是通过串行接口如 RS-232，传送给计算机。

目前市场上有多种类型的译码器：（1）在线式译码器：这是译码器直接用电缆与计算机相连，经译码后的数字直接传送给计算机。在线式译码器适用于条码阅读器安放在固定位置的场合；（2）便携式译码器：它将所采集的数据先暂存在译码器内设的数据存储器中，在需要时，再将已存入数据存储器中的数据传送给计算机。这种方式通常适用于需要将便携式译码器拿到商品上的条形码前进行扫描的场合；（3）无线便携式译码器：这是将译码器所采集的数据，通过无线电波直接传送给计算机。在这种方式中，通常在计算机中设置一个控制器，用于与多台译码器进行通信。

11.3　商业 MIS 中的各功能子系统

商业管理信息系统，主要用于对商场中的各种业务进行管理。它通常由若干个功能子系统所组成，如进货管理子系统、销售管理子系统、财务管理子系统、库存管理子系统、信息查询子系统、经营统计和分析子系统以及商品导购子系统等。

11.3.1　进货管理子系统

进货管理子系统用于对商品的进货业务进行管理。进货业务通常包括这样几个环节：先根据进货合同进货，再按照进货单对商品进行验收，最后，把其中不合格的商品向厂家退货，允许随时对进货单进行查询。为了加强对进货渠道的管理，还应建立各供应商的档案。

一、进货合同管理

1. 进货合同的基本内容

在进货合同中应包括：合同编号、商品编号、商品名称、商品数量、供应商编号、供方签约人、需方签约人、采购员编号、合同总金额、开户账号、运输方式、到站、电话、签约日期、合同有效的起始日期和终止日期等。

2. 进货合同管理的基本功能

对进货合同的管理应包括：(1) 合同的录入、修改和删除；(2) 对合同的查询和打印；(3) 对合同执行情况的跟踪，跟踪合同已执行的程度，如到货情况、付款情况；(4) 对采购人员业绩的考核；(5) 合同汇总管理：用于汇总在指定时间段内的合同总笔数，已完成或未完成的合同笔数、合同的总金额等。

二、进货单管理

进货单是进货管理中的一个重要单据。可通过对进货单的管理，来实现对进货的验收、对进货单的修改、查询和打印。

1. 进货单的基本内容

在进货单中应包括：进货单编号、进货日期、货物来源、商品规格、产地、商品进价、数量、零售价、有效截止日期和保质截止日期等。

2. 进货单管理的基本功能

(1) 录入进货单：根据进货合同将有关内容录入到进货单中；(2) 进货验收：根据进货单对所购进的商品，在数量、价格及质量上进行验收；(3) 进货单查询：可按进货单编号、合同号、进货部门和进货时间等项，对进货单进行查询；(4) 进货单修改：对于尚未验货的进货单如果发生数量、价格上的变化，可随时修改；对已验货的进货单进行修改时，还应自动修改相关数据，如库存进价、库存量；(5) 退货：若发现商品有质量问题，可向供应商退货，此时应制作退货单；(6) 打印进货单、退货单。

三、供应商档案管理

零售商品中的商品通常来源于多个供应商(厂家)。为了记录下这些供应商的详细情况，以进一步了解这些供应商信誉的好坏（所供应商品质量的好坏、供货的准时性等），通常都为各供应商建立档案。在档案中应包括：厂商编码、企业名称、企业性质、执照注册号、注册资金、经营方式、单位地址、邮编、电挂、电话与传真号、法人代表、开户银行及开户账号、业务联系人及其电话、经营起始日期、经营终止日期、每次供应的商品数量、价格、总金额、质量、时间等。供应商档案管理的基本功能是：(1) 将厂商的上述有关信息录入到厂商的档案中；(2) 随时根据厂商情况的变化，修改厂商档案；(3) 查询并显示档案中的有关内容。

11.3.2 销售管理子系统

销售管理子系统用于对商品销售业务进行管理，它是加速商品流通和资金流通的关键，因而在零售店中，纷纷引入了POS系统，以加速商品的销售，并把销售信息及时传送到后台，以便管理人员能及时了解销售情况，据以组织商品的采购，销售管理包括零售销售管理和批发销售管理。

一、零售销售管理

零售销售管理主要包括前台POS销售管理、后台销售管理、商品价格管理几个部分：

1. 前台POS销售管理

在上节中我们已经较详细地介绍了POS机的功能。前台的销售管理便是利用这些功能进行PLU销售、打印销售、多种付款技术，以及查询、打印等管理，这里不再赘述。

2. 后台销售管理

后台销售管理包括：(1) 销售实时查询：查询商品部、各柜组、各收款台，以及各种商品的当前销售情况；(2) 销售报表的生成、查询和打印：报表的类型有多种，如商场销售日报表、商品部销售日报表、各柜组或营业员销售情况表、商品销售金额明细表等等。

3. 商品价格管理

商品价格管理包括：(1) 调价处理：随市场情况变化而对商品售价进行调整，这是通过制作售价调整单来完成的；(2) 削价处理：根据营销需要对商品进行削价销售，也同样是通过制作削价单来完成的；(3) 打印处理：根据营销需要对商品实行优惠折扣，对于不同的商品部和柜组，乃至不同商品，实行不同的折扣；(4) 优惠批量处理：当顾客所购商品的数量较多时，可实行优惠价；(5) 核价处理：对商品的零售价、批发价、削价、优惠价等，进行价格核算，收款机按照核价以后的价格进行收款。

二、批发销售管理

大、中型的零售商场，通常也兼做批发销售业务。批发销售，除了指顾客购买商品的数量多、金额大外，通常还包括顾客相对稳定、付款方式多样化，以及在每笔销售业务完成时，须开出增值税发票等特点。因此，从管理的角度上说，批发销售业务中应包括有：顾客信息管理、预收账款和应收账款的管理等内容。

对批发销售业务的管理过程是：先确定销售日期、指定顾客编码、输入商品的PLU码、商品批发单价、销售数量，然后由计算机自动计算出销售总金额。在批发业务中，无论有多少种付款方式，如可使用现金人民币、信用卡或支票、汇票，也可记入应收账款或预付账款，均由顾客选择一种方式。在每笔批发业务结束时，可以使用打印机套打增值税发票。系统每天在销售结束后，生成销售日报单，以供查询、打印和记账用。

11.3.3 仓库管理子系统

仓库管理的基本任务，是对仓库的收、发、存等基本信息进行收集、保存和处理，以为进货、销售等相关处理提供准确的库存数据，并力求最大限度地缩短商品的入库时间、减少库存量，以加速商品和资金的流通，仓库管理的基本功能应包括：商品入库处理、商品出库处理以及库存、盘点等。

一、商品入库处理

在大、中型零售商场中，刚购进的商品通常都不能直接上柜，而是先放到仓库中一预定的位置，并在库存账上为新入库的商品建立一新记录，同时，将入库商品的编码、名称、单价、数量及其在仓库中的位置等信息，一一记入库存账中，最后将相应商品在账中的“库存状态”设置成“在库”状态。商品在入库时，可分为验收入库和直接入库两种情况。

1. 验收入库

在进货管理中，通常须对所购进的商品进行验收，仅对其中合格的商品才做入库处理，即，为入库商品建立一新记录，记下该商品的编码、数量等信息。对于在库存总账中已有相应记录的商品，则须修改原有记录（如增加该商品的库存量）。

2. 直接入库

有时，对厂商送来的商品可以不进行验收而直接入库。这时，就可利用此项管理功能，使进货和入库处理同时进行。这时也须为这种商品在库存总账中增加新记录或修改原有记录。

二、商品出库处理

商品可能出于下述某种原因而出库：(1) 批发销售：这是在顾客购买商品的数量很大时，直接从仓库中提货；(2) 零售销售：在商品部的零售柜台缺货时，可用商场内部使用的提货单到仓库提货。在批发销售时的商品出库处理是：

1. 查询订货单

批发销售通常都是根据客户的订货单而进行的。所有客户的订货单都存储在计算机中，商店须经常查询这些订货单，以从中找出即将到期的订货单，据此进行批发销售。

2. 分拣商品

在一张订货单上可能列有多种商品，须根据订货单上所列商品的种类和数量，从仓库中集中地取出，并放置在一指定地点，并将这些商品从库存账中减掉相应的数量，再为客户打印出一张拣货清单；用户则根据此清单到仓库提货。拣货顺序一般是遵循先进先出原则，以保证库存商品总是较新的。

3. 打印销售单

销售清单用于在客户取走商品时。显然，所打印的销售清单中的各种商品信息，应与客户订货单中的相应信息一致。

三、盘点处理

在多次的入库和出库操作中，难免会发出错误，而为了准确地了解库存情况，并应使库存与库存账的内容一致，商场通常都要定期地进行库存清查（盘点）。在盘点结束后，将盘点数输入计算机，再由计算机生成一张商品盘点差异表。据此，应使盘点处理完成下述具体功能：(1) 确定盘点日；(2) 打印盘点表；(3) 输入盘点量；(4) 打印盘点差异表；(5) 修改盘点量。当出现盘点差异时，可酌情重新盘点，最后修改库存账中的在库量。

11.3.4 财务管理子系统

财务电算化是企业现代化的前提和基础。财务子系统是对商品的进、销、存活动、在资金的筹集、运用和分配上，进行连续和系统的核算与监督，控制商场的经营活动。财务子系统与进货、销售和库存等子系统间，联系十分密切，因此，它是整个MIS系统的核心。财务子系统可从功能上分成会计科目管理、财务管理、成本管理、财务报表管理、固定资产管理及工资管理等多个部分。由于财务管理的内容较多，在此不宜一一详述，下面仅对其中较重要的几项管理做扼要阐述。

一、会计科目管理

1. 会计科目代码

会计科目用于划分种类繁多的经济业务。可将各会计科目编码成用数字组成的一组代码称为科目代码。新会计制度要求“统一规定会计科目代码”，并规定一级的科目编码由三位数字组成，企业可根据自身的情况编制二级、三级乃至四级的科目代码。

2. 会计科目设计

科目设计的主要任务，为会计科目建立相应的科目代码。在设计代码时，须首先确定代码的结构，即确定采用几级代码，除第一级外，其他的几级代码又采用几位，然后又为每一种会计科目分配唯一的代码，并建立相应的科目名称与科目代码的对照表。

3. 会计科目管理

科目管理的任务，是进行科目名称和科目代码之间的转换，及防止出现错误的科目代码，还须具有一套科目代码的维护功能，以适应科目代码的扩充、更新和查询等需要。

二、财务管理

财务管理是财务子系统中的一个关键模块。财务子系统中其他各模块所处理的数据，大部分都来自于财务管理模块。财务管理又可进一步细化为凭证管理、账簿管理及报表编制几部分。

1. 凭证管理

(1) 会计凭证：会计凭证用于记录所发生的经济业务、明确经济责任、作为记账依据、并具有法律效力的书面文件，可分为原始凭证和记账凭证两类。由于原始凭证不规范，不能直接按照原始凭证的格式将数据输入计算机，而是只能将原始凭证中的数据先填写到规范化的记账凭证中，然后再将记账凭证输入到计算机。

(2) 会计凭证管理：凭证管理主要包括：①凭证的录入；②凭证的审核；③凭证的查询；④凭证的打印。

2. 账本处理

由输入系统输入的记账凭证数据，是存储在记账凭证临时文件中，并按日期排序。为使各核算模块能方便地调用这些数据，还必须先对这些数据做进一步的处理，例如，(1) 登日记账：这是将商店中所发生的各笔经济业务，按时间排序记入日记账文件中，因此日记账能提供每一时刻的收入、支出、结余等信息，但不能按分类提供信息。日记账是生成明细账和总账的依据，同时也作为审计线索，作为法律依据；(2) 明细账：明细账按二级或三级明细科目进行分类、汇总经济业务而生成的分类账。明细账是整个财务系统的核心，作为总账及各类报表的数据来源，也是财务核算的数据来源；(3) 科目汇总表：由于明细账的内容极细碎，难于对各科目的情况一目了然。鉴于此，可将指定范围内同一科目下的会计数据相加，形成一张能直接反映指定范围内各科目情况的科目汇总表；(4) 总账：为了更方便、更直观地了解商店的经营情况，必须设置总账。总账是根据一级科目设置的分类账，能分类地、系统地、连续地反映出经济业务的全貌。

三、报表处理

会计报表是以会计核算资料为依据，按照一定的程序和方法、定期编制的能反映出企业财务状况和经营成果全貌的书面文件。

1. 企业会计报表的类型

其中一类是对外报送的报表，这类报表的格式、内容和编制说明均由行业会计制度所规定，它包括资产负债表、损益表、财务状况变动表、利润分配表及营业收支明细表；另一类是企业内部的管理用报表，其种类、内容及格式均由企业自行决定。

2. 报表处理功能

报表处理的基本任务是制作报表。为了方便报表的制作，通常是先为一种报表设置一相应的报表数据库，再设计一个能采集数据的程序，运行该程序时，既可采集报表所需数据，又能把这些数据填入相应的报表库中。当需要打印报表时，只须将报表库的内容加上表头及适当的表格线，进行打印输出即可。

四、固定资产管理

固定资产，是指那些使用期超过一年、单价在规定标准以上、在使用过程中保持物质形式不变的资产，主要指房地产、设备运输工具等。

1. 固定资产管理的基本任务

能正确反映固定资产的类型、计价及增、减变动情况，保护企业财产的安全完整。为此须编制固定资产增减明细表、正确计算固定资产折旧、编制固定资产折旧汇总表。

2. 固定资产管理的功能

(1) 增减核算：输入固定资产的购进、租入、转出、出售等变动的数据，自动登记固定资产明细账、更新固定资产卡，计算出固定资产的月增、减及余额，登录固定资产总账。

(2) 折旧核算：完成固定资产折旧计算表和汇总表，并完成折旧费用的转账处理。

(3) 报表打印：定期（按月、季、年）将编制好的固定资产类报表打印输出。如有固定资产折旧分配表、增减汇总表及固定资产变动明细表等。

(4) 固定资产查询：可从固定资产的总额、对某类（种）固定资产的折旧计提查询、对企业固定资产的历史明细等多方面进行查询。

11.4 POS-MIS 系统的信息处理平台

在商业流通领域中，零售商场（店）是基础。绝大多数商品都是通过零售商场“流”向消费者的，相应的，在零售商场中所建立的 POS-MIS 系统则是商业自动化的基础和核心。当前除了规模很小的零售商店仅需配置一台 POS 机外，在大、中规模的商场中，已经、正在或即将建立的 POS-MIS 系统，都是基于 LAN 和企业网的信息处理平台。

11.4.1 仅有一台电子收款机的信息处理平台

在小型零售商场或连锁店中，有些只设置一个收银台，所涉及的商品数量也不多，此时完全可以利用一台第二代 ECR 来实现商品的前台销售。如果我们还希望把对商品的进、销、存也管起来，则此时最好选择一台 POS 机。当前比较流行的 POS 机有 IBM 公司的 POS SureOne，它具有较高的性能/价格比，其基本配置为 Intel 80486 DX2、66MHz、内存 4MB 可扩充到 64MB，硬盘为 850MB、9 英寸 VGA 单显、96 键数字字母键盘、点阵式打印机、4 个 RS-232 串行接口，以及 2 轨磁卡阅读机等；也可选用美国 NCR 公司的 7450 POS 机，其配置是 Intel 80486 DX2 CPU、时钟频率 66MHz，其他配置也与 POS SureOne 相当，这里不再一一赘述。

如果说小型零售商店还是大、中型商场的分店或连锁店，则为了实现他们之间的数据通信，可利用POS机上的RS-232接口将POS机接至一台调制解调器上，然后通过公用交换电话网PSTN接至大、中型商场或连锁店总部的LAN或企业网的远程访问服务器上，把小型零售店或连锁店的销售和库存等数据，及时地传送至大、中商场或总部的服务器中，以便总部能及时了解到各分店或连锁店的情况。图11-2示出了若干个小型零售店或连锁店的收款机或POS通过PSTN与总店LAN网络的连接情况。

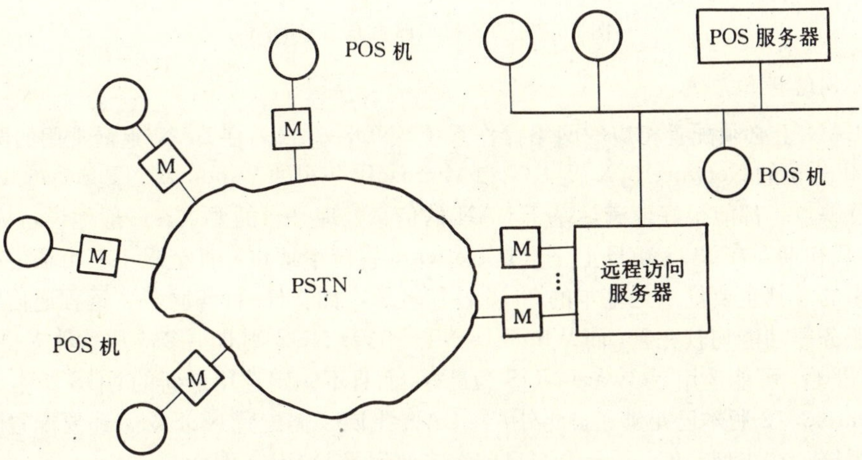

图11-2　仅有一台ECR的信息处理平台

11.4.2　基于LAN的信息处理平台

一、商场内部的网络

对于稍具规模的小型和中型零售商场，通常都设置了多个收银台，若要建立POS系统，就要相应地配置了多台POS机。为了便于对整个商场的统一管理，此时可在每台POS中插入一块10 BASE-T网卡，将这些POS连接到一台集线器上，比如，采用3COM公司的LinkBuilder FMS Ⅱ（3C16670），在该集线器上配置有12个10 BASE-T端口，再配置一台POS服务器，这就形成了一个POS网络或称POS系统。在这种情况下POS机的主要任务仍然是前台的销售管理，并将所有销售信息及时地传送到POS服务器中；而POS服务器则实现后台的进、销、存及财务管理。

在上述方案中，POS服务器也兼做MIS的工作，在当前基于LAN的POS-MIS系统中，一般是由多台网络工作站实现后台管理的，例如，用一台工作站专门管理进货业务，一台工作站专做财务管理，再用一台工作站做库存管理等。通过网卡与集线器相连接。这种前台与后台合用一个以太网的网络平台，既简捷又利于在前后台之间进行实时通信，即由前台POS系统所获得的销售数据，可立即送入由前后台共享的网络服务器中，MIS系统中的各工作站可及时从中取出应用。图11-3示出前后台共享一个LAN平台的逻辑示意。例如：由某公司推出的POS商业管理信息系统，就是采用与此相似的POS-MIS网络平台。

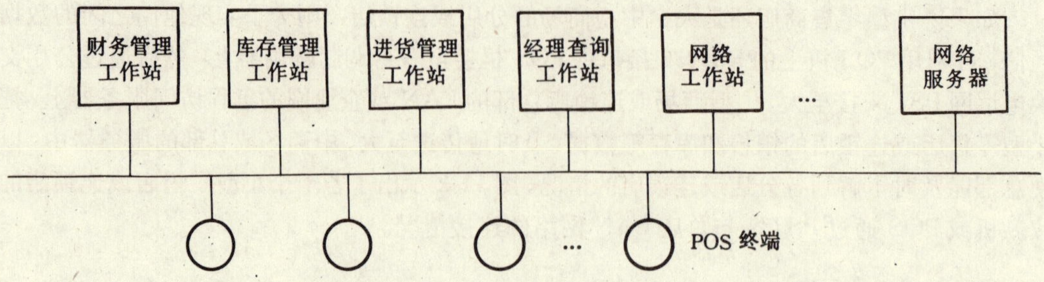

图 11-3 POS 和 MIS 共享 LAN 平台

二、网络操作系统

在 LAN 上必须配置相应的网络操作系统（NOS）。目前在 LAN 上最常用的两种 NOS 是 Novell 公司的 Netware 3.X 及 4.X 和 Microsoft 公司的 Windows NT Server 4.0。两者各有其优缺点，都能很好地满足基于 LAN 的信息处理平台的要求。一般地说，从 80 年代至 90 年代初期，在 NOS 市场上一直是 Netware 占统治地位，直至眼下其市场占有份额仍然是最多的。其主要优点是基本的 NOS 性能较好，如文件/打印服务、远程通信服务，以及目录服务等功能均较完善；而 Windows NT Server NOS 则有更多应用软件支持。对于小型 LAN 平台，可能选用 Netware NOS 为最好，而且不一定选用最新的 NOS 版本。事实上，用 Netware 3.12 版本已足够了。此外，在 LAN 上除了需配置 NOS 外，还要配置网络数据库管理系统。在小型 LAN 平台上，目前大多使用 FOXPRO DBMS。

三、远程通信系统

对于一个中型零售商场，必然要和外界发生各种业务联系，例如，当一商场已经建立了分店或连锁店时，他们之间必须建立紧密联系；又如，在一商场开展了信用卡购物业务后，该商场就必须与发卡行或信用卡信息交换中心建立安全可靠的通信联系。简言之，商场除了须在内部建立 POS 系统外，还需要建立远程通信系统。

最简单、投资最少的远程通信方式，是利用 Modem 并通过 PSTN 与远地分店或连锁店中的 POS 进行通信。如果需要与之进行远程通信的对象不止 1～2 个，则此时最好在 LAN 上配置一台远程访问服务器。若选用以太网，则可以配置了 3COM 公司的 Access Builder 2204（3C7204），该服务器提供 4 个端口；而 Access Builder 2208（3C7208）则可提供 8 个端口。

近几年，X.25 网和 DDN 网已经四通八达。为了提高商场与外界间远程通信的速度和可靠性，可利用 X.25 网或 DDN 网实现远程通信。对于 Ethernet 可以选配 3COM 公司的 Net Builder Remote Office 227（3C8227）以太网边界路由器。该路由器有 3 个 WAN 接口，能支持所有的 WAN 协议，如 X.25 协议、IP 协议、PPP、帧中继、IPX、SMDS 等，因而可利用该接口束连接 X.25 网、DDN 网乃至帧中继网，如图 11-4 中虚线框中所示。

11.4.3 基于交换 LAN 的信息处理平台

一、具有两级服务器的信息处理平台

现在的大型零售商场，通常都拥有上万平方米的营业面积、有多个楼层进行营业，每

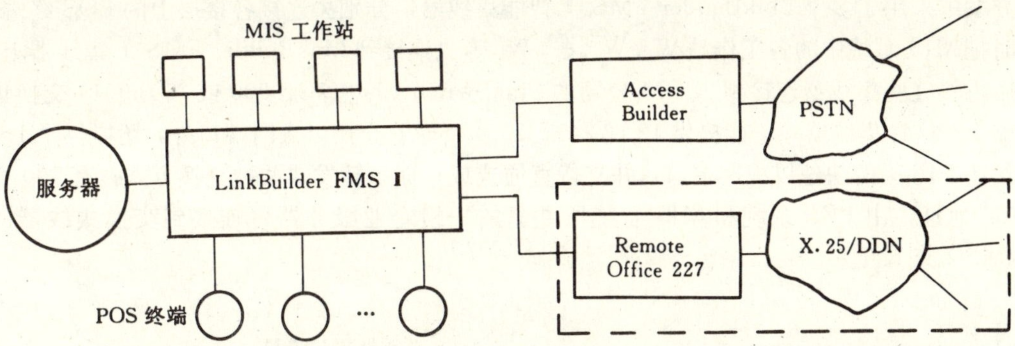

图 11-4 具有远程通信系统的 LAN 平台

年的营业额在数亿元以上。在这种商场中建造 POS-MIS 系统时，应为每个楼层配置多台 POS 机，用一个或多个 10 BASE-T LAN 去连接每个楼层上的 POS 机；再为每个 LAN 配置一个 POS 服务器形成楼层的 POS 系统，然后再利用某种类型的交换集线器，将各个楼层的 POS 系统互连起来，构成全商场的基于交换集线器的 POS 系统。

在大型商场中，几乎是毫无例外地，在建造商场 POS 系统的同时，也建造 MIS 系统（在具体实施时，可根据情况分成两期工程实施，即先建造 POS 系统，再建造 MIS 系统）。亦即，再配置若干个网络工作站，用来实现进货管理、销售管理及财务管理等功能；也须设置 1～2 台主服务器（或称企业服务器），将之连接到交换集线器的 100 BASE-T 端口上，形成一个后台管理系统。

如果在组建 POS-MIS 网络平台时，设置了两级服务器，则其中第一级为 POS 服务器，用于为 POS 系统中的各 POS 终端服务；第二级是主服务器，在其上设置了主数据库系统。这样将使 POS-MIS 系统具有更多的分布系统特性，即每一个 POS 系统是一个相对独立的信息处理子系统，这有助于提高前台的处理速度、增强整个 POS-MIS 系统的可靠性。

二、共享一级服务器的信息处理平台

尽管具有两级服务器的信息处理平台有不少优点，但仍有下述一些问题。

1. 实时性问题

为了确保商场决策者能及时掌握前台的销售情况，应使前台的销售数据能及时传送到 MIS 系统中。然而在前述的方案中，是把前台 POS 终端所采集的数据直接送至 POS 服务器上，并不是送给 MIS 系统的主服务器，这样，MIS 系统就不能及时得到前台的销售数据，这无疑会影响到决策的正确性。为了解决实时性问题，应在 POS 服务器与 MIS 服务器之间增设一个通信软件。并以批处理方式定时地将 POS 服务器中的销售数据传送到 MIS 服务器上。只要间隔时间不太长，例如半小时，其对决策的影响便不会太大。

2. 服务器数目问题

在上述方案中，每一个 POS LAN 都要设置自己的网络服务器，这样，当 POS 系统数较多时，就需配置较多的服务器。为了确保 POS 的可靠性，还须采取必要的容错措施，但这又会增加系统投资。

如果我们在建造 POS-MIS 系统时，能让前台的 POS 系统和后台的 MIS 系统，共享一

组企业服务器，则可同时解决上述两个问题。图 11-5 示出了这样的信息处理平台方案。在该方案中采用了多个 LinkBuilder FMS Ⅱ 智能集线器，分别去连接各楼层上的 POS 终端，同时把 MIS 系统中的各工作站 W_1、W_2、…、W_n 等也连接到 LinkBuilder FMS Ⅱ 集线器上，然后再将这些集线器连接到 3COM 公司的 LinkSwitch 1000（3C16900 或 3C16901）交换集线器上。这种集线器除了能提供 12 或 24 个 10 BASE-T 交换以太网端口外，还提供了 1～2 个 100Mbps 的快速以太网端口；并支持直通式或存储一转发式两种交换方式；有 500 个 MAC 地址，由 POS 系统和 MIS 系统所共享的一组企业服务器可连接到交换集线器的 700Mbps 端口上。

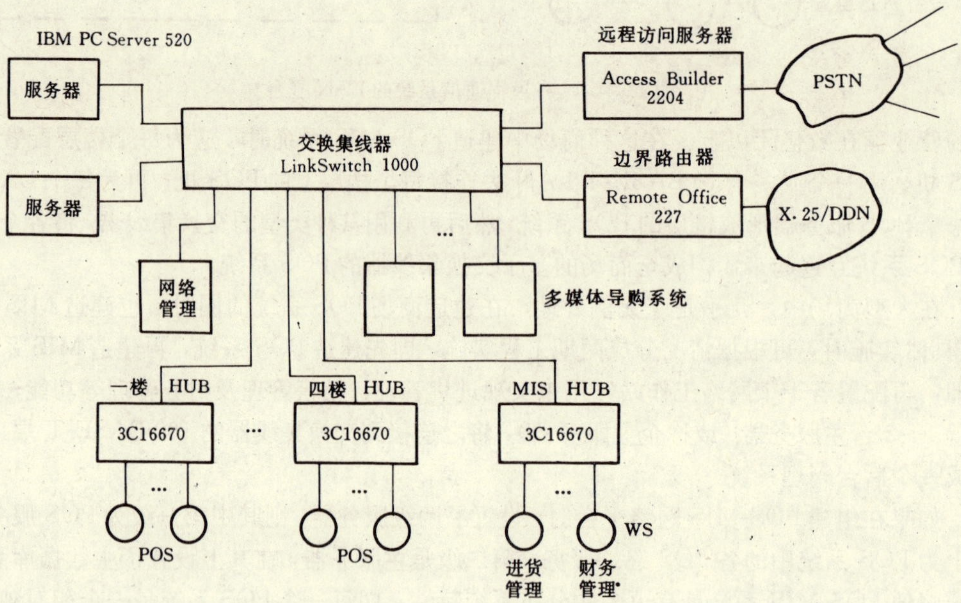

图 11-5　POS 和 MIS 系统共享服务器的信息处理平台

在共享服务器的方案中，由于已无单独的 POS 服务器，由 POS 机在销售过程中所采集到的各种销售数据，都直接送至主服务器中，这样，MIS 系统便可直接从共享服务器中获取前台的销售数据。由此可见，这种共享服务器的方案，确实解决了上述两个问题。

该方案存在的主要问题是：(1) 服务器负担的任务太重，可能成为整个网络的瓶颈，需要选择一个高性能的服务器，因此，一般都采用性能较高的中、小型机。近年来，由于微机发展很快，因而也可采用基于高性能的微机，如 Pentium Ⅱ 作服务器。(2) 单台主机具有潜在的不可靠性，一旦主机故障，将造成全网瘫痪。为了提高网络的可靠性，需采用两台相同的主机，一台作为工作服务器，另一台作为备份服务器，实现双工工作。

三、基于两级交换集线器的信息处理平台

利用小型交换集线器来互连多个 LAN 网段的企业网络方案，所能提供的带宽、端口数和所能覆盖的地理范围，都受到一定限制。对于特大型商场，例如营业面积达数万平方米、每年的营业额接近或超过 10 亿元。要为这种规模的零售商场建造 POS-MIS 系统，就需要有基于两级交换集线器的信息处理平台的支持。当然，也可采用其他网络结构方案。

对于这种规模的商场，我们可以将它划分成若干个区，在每个区中设置一个小型交换集线器，用以连接位于该区中的各个智能集线器，再通过后者去连接若干个 POS 机，形成一个基于交换集线器的区域子网，然后再用一个中型交换集线器互连各小型交换器，形成大商场的企业网。

图 11-6 示出具有两级交换集线器的 POS-MIS 系统的网络方案。在该方案中仍然使用了 3COM 公司的网络设备来构造企业网。其中，干线交换器是采用 LinkSwitch 3000，该交换器在通常情况下是用作高、中层的交换集线器，并不适于作为低层交换集线器，这是因为它所具有的端口都是 100Mbps 的，其中有 5 个交换 100 BASE-FX 端口，可利用该端口和光纤电缆，去连接远达 2 公里的多个小型交换集线器 LinkSwitch 1000 和企业服务器。LinkSwitch 3000 TP 能提供 8 个 100 BASE-T 端口，这样，可通过 5 类 UTP 连接多个 LinkSwitch 1000 和堆叠式快速以太网集线器 LinkBuilder FMS 100。LinkSwitch 3000 能支持 4080 个 MAC 地址、16 个虚拟 LAN，每个 LinkSwitch 1000 又可用来互连多个 LinkBuilder FMS Ⅱ 和高档工作站。

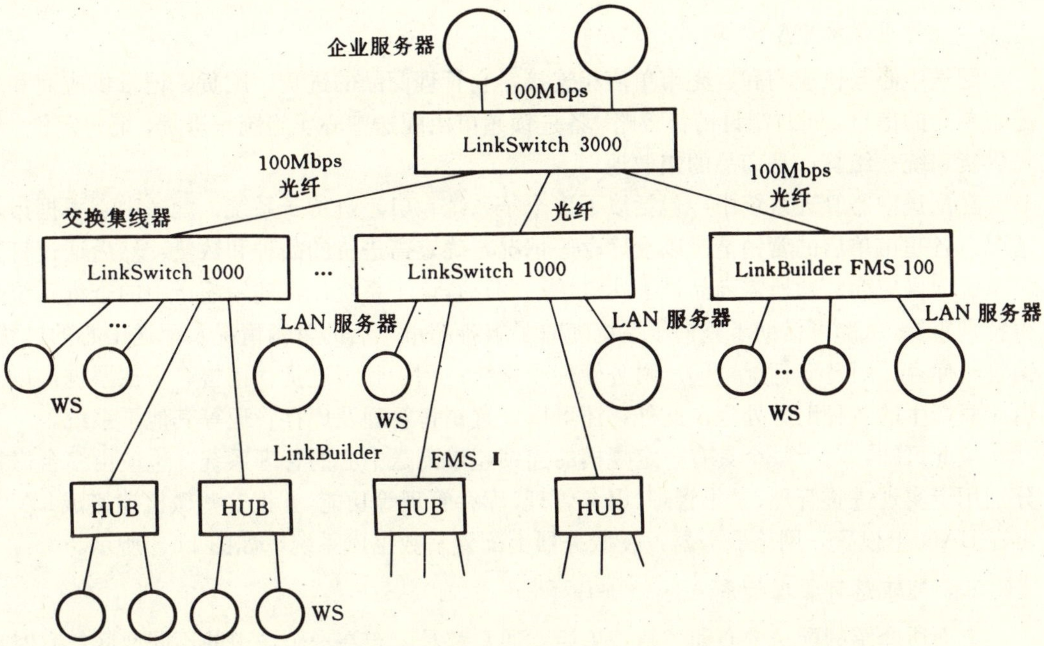

图 11-6　具有两级交换集线器的 POS-MIS 系统的网络方案

11.4.4　连锁超市的 POS-MIS 系统

近几年来，连锁超市在大、中城市迅速发展。如前所述，连锁超市是由超市总部、超市配送中心和若干个超市单店三部分所组成。相应的，连锁超市的 POS-MIS 系统是由若干个超市单店管埋系统、超市总部管埋系统和超市配送中心管理系统的组成。

一、超市单店管理系统

对一些具有一定规模的超市，通常都要配置若干台电子收款机 ECR。在不少大、中型商场中所配置的ECR已是第三代的，即POS机的内存为4MB左右、硬盘也有数百MB，软件配置是MS-DOS 6.0或者Windows 3.2等，利用这种POS机可以实现前台商品的销售、打折、查询和退货等处理。通常还设置一台或多台微机来实现超市的后台管理；后台管理同样包括进货管理、销售管理、库存管理，以及统计和查询等功能；并可把前台的POS机和后台微机连接成LAN，如图11-7中所示的超市单店管理子系统。

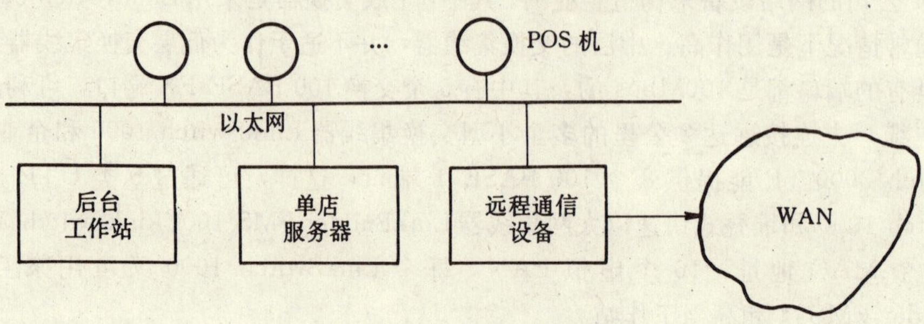

图11-7 超市单店管理子系统

二、超市配送中心管理

配送中心与供应商和各超市单店相连接，它管理商品的进货、配货、记录供应商和各超市单店的信息，同时制订销售策略。各连锁超市由配送中心实施统一进货、统一定价、统一供货、统一结算，是商品的集散地。

在配送中心管理系统中，包括以下多个子系统：(1) 进货子系统：配送中心根据市场情况、各超市单店的营销情况以及库存等情况，确定需进货的品种和数量，然后通过订货子系统向供应商订购所需商品，下达订单；(2) 查询子系统：在连销超市中的查询系统显得特别重要，总部可借助于查询子系统随时了解各超市单店的营销情况及配送中心的进货、销售、库存、财务等情况；(3) 财务管理子系统：用于管理进货、销售、来往票据，以及由此而产生的各种财务处理；此外，还可以设置销售管理及库存管理等其他子系统。

至此可知，对于一个具有一定规模的连锁超市配送中心的管理系统，也应由多台微机分别用于实现进货管理、销售管理、财务管理、库存管理等功能，并把这些微机连接成LAN，再在LAN上设置一网络服务器，在服务器上配置一数据库系统，如图11-8所示。

三、超市总部管理子系统

上面所介绍的配送中心和各超市单店，通常都是分布在一个城市的不同地区，有时也可能跨市、甚至跨省，因此，为他们所建立的管理系统，通常都必须通过某种形式的WAN与超市总部的管理系统连接起来，由总部管理系统对这些分店实施统一的管理；各超市也都将借助于WAN从配送中心获取有关商品的信息，并及时将本店的销售信息送往配送中心，以便配送中心能及时汇总各超市的销售信息，经过分析后，为下一步的订货提供依据。

在总部管理系统的LAN上，须安装远程访问服务器或路由器，以实现总部与配送中心和各超市单店间的LAN连接。由总部的网管中心负责整个系统的安全运行及通信参数的设置。在总部的LAN上还须连接上多个用于事务处理的微机工作站、供部门经理、总经理进行查询的工作站，以及一台或多台数据库服务器，在库中存放有各连锁超市的大量的商品信息，如图11-9中的总部管理系统所示。

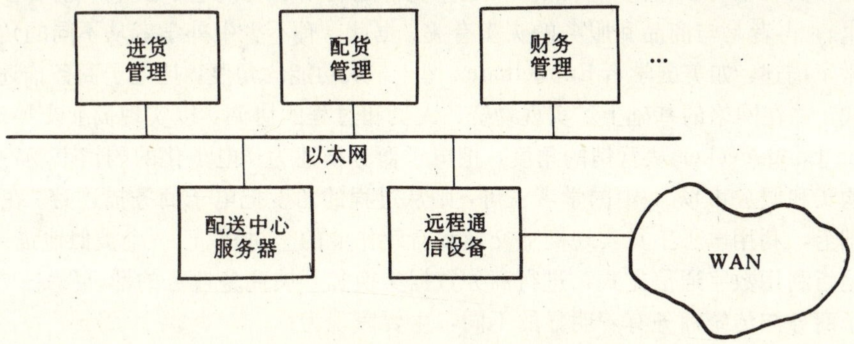

图 11-8　配送中心管理子系统

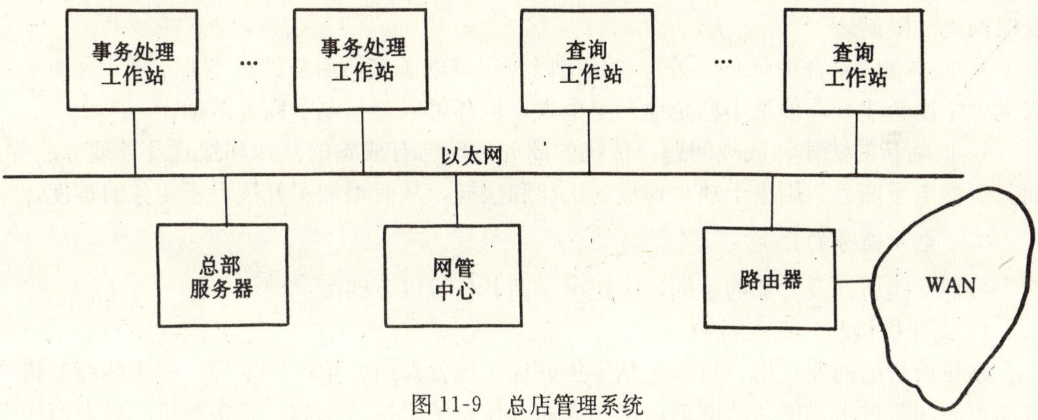

图 11-9　总店管理系统

11.5　电子商务

在工业经济向信息经济转变的过程中，随着Internet和Intranet在全球的发展和普及，一个崭新的电子商务（Electronic Commerce）时代已开始展现在我们面前，现在已可利用跨国的Internet来从事电子商务活动，这已广泛地引起世界各国特别是发达国家的重视。

1997年2月1日，美国政府发表了题为“全球电子商务政策框条”的重要文件，指出Internet正在使传统的商务活动发生了深刻的变化，新型的买卖关系和交换模式即将出现，并提出了旨在促进电子商务的一系列原则和若干重大问题。1998年5月20日，132个世界贸易组织成员的部长们达成一致意见，确定将保持目前在Internet上零关锐的状态至少一年，亦即，把Internet视为全球自由贸易区。美国、欧洲和日本，都在积极鼓励电子商务的快速增长。

11.5.1　电子商务的基本概念

一、什么是电子商务

目前已被普遍认同的电子商务活动有多种形式，如各种形式的电子目录、利用Internet

所做的电子广告，通过Internet所进行的电子交易，以及电子结账、电子报关等等。所有这些电子商务活动都有以下两个特点，一是它们都是利用了现代电子技术（包括各种形式的网络技术）；再者是与商品和服务的买卖有关。据此，有不少中外学者从不同的角度，对电子商务做了描述，如美国学者Emmelhainz博士，从功能的角度，把电子商务描述为“通过电子方式，并在网络的基础上，实现物资、人员和过程的协调，以实现商业交换活动”；美国的John Longenecker从营销的角度，把电子商务描述为“电子化的购销市场，即电子化的商品购买和服务市场”，中国学者王可，则从过程的角度把电子商务描述为“在计算机和通信基础上，利用电子工具实现商业交换和行政作业的全过程”；一个类似地描述是：“电子商务是指利用数字通信方式，进行商务数据交换和开展商务业务的活动”。

电子商务与传统商务有着明显的不同，主要表现为：

1. 速度快：对商务数据的处理和交换，远远地快于传统商务，使商务活动的节奏明显加快。

2. 范围广：商业信息传播的范围十分广泛，几乎可以到达全世界的任何地方，而且不受时间上的限制。

3. 成本低：对商业信息的处理和传播以及实现电子交易所需的成本非常低，这使不仅仅大、中型企业，即使是小型企业乃至个人，也都可以参与电子商务活动。

4. 面临新的法律和法规问题：传统的商务活动已有成熟的法律和法规及管理方法等；而新型的电子商务，则由于缺少现成的法律和法规，从而增加了开展电子商务的难度。

二、电子商务的分类

按照交换所涉及对象的不同，可把电子商务分成以下四类：

1. 商业机构——商业机构

这里所指的商业机构，可以包括零售商场、批发商店、生产厂家等。在这些商业机构之间可利用某种形式的通信网络，来实现商务信息的交换，比如，零售商场向批发商店发出商品订单和付款，这是最早出现的一种电子商务模式，至今已有十多年的历史。

2. 商业机构——消费者

这种电子商务方式主要用于零售业。这对商家而言，可以显著地改善商品的销售环境，降低商品的推销费用；对消费者而言，可以很方便地了解到商品的性能和价格，购物过程也变得十分简单。因而这种方式具有极大的发展潜力，但由于目前还受到许多因素的制约，如安全性，法律和法规等，致使这种形式在目前还主要是停留在做电子广告和小商品销售上面。

3. 公司内部的电子商务

对于一个大型的公司，通常都会在全国各地乃至全世界，开设有分公司，因而有可能建立起一个规模很大的Intranet网络，这样，在分公司与总公司之间、各分司与其他分公司之间，除了可以通过电话及传真机进行通信外，还可由于拥有独立的Internet E-mail邮箱而使在许多商务活动中的工作联系都利用E-mail来完成；还可利用Internet所提供的信息检索工具，到主要的国际计算机情报数据库中，去检索有关的商业信息，据以建立本公司的信息库，供销售和采购人员参考。

4. 商业机构——政府机构

这种电子商务用于商业机构和政府机构之间的所有交换。比如，政府把即将进行订货的详细信息，在Internet的Web上发布，在各公司了解到此信息后，也通过Internet的Web对政府做出反应；此外，政府部门还可将电子商务的应用领域，扩充到税务部门的收税、电子电信部门的收费等上面。这类电子商务目前尚处于初期发展阶段，但随着Internet的发展和人们对电子商务认识的提高，会迅速发展起来。

三、电子商务的优势

1. 解除了商务活动在时空上的限制，开拓了全球性电子商务的新局面。

电子商务与传统商务相比较，其最大优势在于，它解除了时间和空间对人们从事商务活动的限制，使不论是生产厂家、批发商，还是零售商或银行及运输部门等的机构，在世界上任何地方都可以利用电子数据交换EDI等新方式，进行交换和联系；也可利用Internet的信息检索工具，去了解所需商品的性能、价格，并进一步实现网上营销，开拓全球性的电子商务。这种电子商务，不仅免除了商务人员频繁地进行商务旅行的劳苦，及为此付出的大量花销，而且也较小地受到时间的限制。

2. 免除了大量的文书工作、降低商品成本

在传统的商务活动中，通常都需大量的纸张来制作各类单据和广告，如订货单、进货单、发货单等，人们在交换时，还须填写这些单据，再寄出并保存凭证；然而，在电子商务活动中，再不须使用这类单据，而只要打开计算机接通网络，就可迅速又准确地完成购销和结账。这不仅大大减轻了工作人员的劳动强度，而且可节约大量的纸张和经费。

3. 改善了商品的销售环境、实现全球销售

在产品销售之前，通常都须做大量的广告宣传。当广告范围很大时，比如涉及到多个城市、甚至是多个国家，其工作量及花费是巨大的；但在电子商务时代，则只须将本企业的产品说明及图像等信息，放入本公司的Web服务器上，就可使世界各地的用户了解到；在必要时，还可利用电子邮件对产品及相关的购销事务做进一步说明，便可很好地完成商品的推销工作。此外，企业还可通过Internet去了解世界各地同类产品的生产和销售情况、与用户间建立直接联系、对市场的变化做出快速反应。简言之，电子商务可使商家的销售范围扩大到全球，即使是最小的厂商也不例外。

4. 方便用户购物、实现全球选择

在传统的商务活动中，消费者必须亲临各零售商店，去了解和选择商品，这不仅费时费力，而且可供选择的地理范围，通常仅局限在一个城市，甚至局限于某个区域；然而在电子商务时代，则用户只须打开计算机接通网络，便可逐个商店地了解自己感兴趣的商品；还可方便地了解其他城市，甚至是国外的商品和服务信息，所以，此时的用户购物就不再受到地区或国家等空间的限制，即实现了全球购物。

11.5.2 实现电子商务的基础

全球范围电子商务的实现是极其复杂的，必须获得世界上所有国家的重视与支持，每个国家都应能提供用于实现电子商务的、优质的软件和硬件环境及服务，还必须制订用于保证电子商贸的安全性和保密性的协议和法规等等，以建立实现全球性电子商务的主要基础。

一、网络基础设施

为实现全球性电子商务，必须构造全球性的网络基础设施，相应地，就要求每个国家

都建立能覆盖本国的网络基础设施，且该网络首先必须具有足够的带宽，或者说，具有足够高的传输速率，如数十 Mbps 至数百 Mbps，甚至更高，这样才可能允许有更多的企业在网上发布广告、允许众多的用户在网上购物，否则，若网络速率太低，既会严重地降低厂商的工作效率，也会使用户了解商情及购物发生困难；其次是要求网络的可靠性高，能提供不间断的电子商务服务；第三，是要求在各国的网络之间，能很好地实现信息的互通性和互用性。

当前，发达国家在 Internet 主干网上的传输速率，有许多已达到数十 Mbps 至数百 Mbps，而且有部分网络，其速率已提高到 GMbps 以上。在我国已建成的公用帧中继网的传输速率，也可达到数十 Mbps，这些网络因以光纤作为传输介质，故具有很高的可靠性。由于在 Internet 上统一使用了 TCP/IP 通信协议，因而可以实现各国 Internet 网络的互通性和互用性。简言之，当前的网络基础设施，基本上已能支持实现电子商务。

二、电子商务的安全性

如果在 Internet 上只是开展低级形式的电子商务，即销售商利用 Web 服务器发布商品信息或做广告，而用户只是利用浏览器来了解商品信息，这种应用对网络的安全性并无特殊要求；但如果要利用 Internet 开展电子购物业务，特别是金额较大的电子购物，则要求网络必须有能保证电子交易安全性的协议。

为了确保电子交易的成功，销售商必须能获得有关消费者信用的真实信息，以确保支付的可靠性；同时，消费者也要求网络能保证其所提供的信息不会被他人得知，以防他人利用消费者的信用账户进行消费。为此应当，一方面对用户信用文件加以妥善地保护，以防泄露；另一方面，要求对用户信用等信息能以密码形式在网络中传输。当前在 Internet 网上的安全支付方式，主要有以下几种：

1. 安全电子交易规程 SET（Secure Electronic Transaction）

安全电子交易规程 SET，是由 Visa International 和 Mastercard International 两大公司开发的，并得到 IBM、Microsoft、Netscape 等大公司的支持。SET 旨在对 Internet 信用卡交易提供加密和认证，以便能在 Internet 上提供安全的信用卡交易。

2. 安全套接层（SSL）规程

SSL 是由 Netscape 公司研究制订的安全规程。该规程向基于 TCP/IP 的客户/服务器应用程序，提供了对客户和服务器的鉴别、维护数据完整性及信息机密性等安全措施。该协议在双方应用程序进行数据交换之前，通过双方交换 SSL 初始握手信息，来实现有关安全特性的审查。该协议被广泛应用于 Internet/Intranet 服务器和客户机产品中，并已成为事实上的工业标准。

三、实现商业联机服务的系统

尽管 Internet 已提供了十分丰富的信息服务，并为实现电子商务提供了一个相当宽阔的通信平台，但单纯依靠这些还不能支持实现电子商务，还必须提供用于实现电子商务的商业联机服务系统。其中最重要、也是当前用得最多的，要算是电子数据交换 EDI 系统。它能很好地屏蔽掉不同国家、不同行业及不同部门间在事务处理中所用单据在其格式和数据类型上的不同，以实现商业信息的交换。我们将在下一小节中对 EDI 做较详细地阐述；其次是，为了能利用信用卡消费，还必须建立起相应的电子货币工程，即金卡工程，我们将在下一章中做较详细地介绍。此外，在我国建设的金关工程、金税工程乃至中国国际电子商务网等，也都是实现电子商务的基础系统。值得说明的是，目前在我国，要利用Internet实现全球电子商务，还存在一个严峻的问题，此即语言障碍。但在使用了我国自行研制的商业联机服务系统后，就克服了这种语言障碍，满足了国内商业环境的需要。

四、建立与电子商务相应的法律和法规

利用电子商务方式进行商务活动，毕竟是一个正在发展中的新生事物，它尚有许多问题有待解决，其中的一个重要问题，便是需建立与电子商务相应的法律和法规。因为在电子商务活动中，有时很难用传统的法律和法规去判别电子商务中的一些情况，例如，在电子购物中，应如何征收销售税、如何确定销售地点等；当涉及到国际间的交易时，又应如何处理关税问题。在我国当前尚无把EDI和计算机证据作为交易凭证的相关法律，致使许多像发票、商检证书等单据，都不能以电子方式出现。另外，在进行贸易时，还可能发生诸如伪造电子货币、伪造数字签名、盗窃他人账户进行消费等情况。这类计算机犯罪均属于高科技犯罪，其隐蔽性强，危害性大。必须针对这种新的社会犯罪现象，制订出相应的法律。

11.5.3 电子数据交换EDI

如前所述，为实现电子商务，还要求有电子数据交换EDI（Electronic Data Interchange）系统。ISO将EDI描述为“将商业或行政事务（Transaction）按照一个公认的标准，形成结构化的事务或数据后，将它从一台计算机通过计算机网络，传输到另一台计算机。CCITT对EDI的定义是“计算机到计算机之间的结构化的事务数据交换”。简言之，EDI是实现计算机之间标准格式文件的通信和交换。

一、EDI的由来

作为一个商业机构，它必然要和运输部门、产品供应商及生产厂家等单位，建立密切的业务联系。这种联系，过去一直是采用人工方式，即通过订合同、写订单、开票等一系列复杂的手续来完成，这不仅要花费大量的人力、造成发货人发货难、承运者交货难等情况，且速度十分低，以至使某些行业，特别是运输业的经济效益日趋下降。1968年美国交通信息协调委员会TDCC曾试图利用计算机和网络，来处理商场、供应商、生产厂家和运输部门之间的交易。

但实现上述的交换也并非是易事，它要求相关行业必须使用同一种数据语言、有统一的词法和语法，且计算机又能处理这种语言。经过多年的努力，TDCC制订了电子数据交换（EDI）的通用数据语言。各公司可利用该语言来传送贸易信息，直至1975年才开始实现世界上的第一笔EDI交易；到1976年末时已有100多家公司使用EDI单据；到1980年由美国国家标准协会制订了EDI标准，当前绝大多数的大型企业已利用EDI系统进行商业活动。

现在，EDI的应用已从行业内部走向跨行业、跨地区、跨国家的广阔范畴，全球有数十万家企业已在使用EDI。在今后的商业活动中，若没有EDI，就会像没有电话一样地不方便，而且，EDI的使用与否已直接影响到国家贸易活动的开展，例如，美国和欧共体的大部分国家的海关都已宣布，从1992年起开始采用EDI方式办理海关业务，对于不采用EDI方式的贸易者，将推迟对其海关手续的办理，或不再选其作为贸易伙伴。

二、EDI 的优点

EDI 在被广泛应用于商务上之后，已经产生了显著的经济和社会效益，大量地节省了企业的运营成本，提高了企业的运营水平。实施 EDI 方式后的具体效益表现为：

1．缩短了交易时间

由于利用电子手段取代了人工操作，使事务处理的平均周期时间大大缩短，这一方面是用于传递单据的邮件，或其他形式的信息传递过程所产生的时延，基本上消除了；另一方面是相关人员重复阅读单据（文件）和重复输入、校验输入数据的时间也被消除了。例如，一个企业要进出口一批商品时，只需要填写一份 EDI 申请单，单中的相关数据便可自动被报送海关、商检、卫检等有关部门。这就免除了企业人员往返奔波于一些单位之间，也免除了多个部门重复输入数据，既节省了人力，也缩短了处理时间。

2．降低了文件的处理成本

在人工处理交易时，信息的记录、存储和传输，都需要利用纸张；利用 EDI 后，对信息的记录、存储和传输，都是借助于计算机网络设备，从而节省了大量的纸张；在利用 EDI 后，还可免除许多多余的处理步骤，因而又减少了大量的人力，此外还减少邮资、电话费及传真费等开支。

3．减少差错

对商业文件中的一个差错，可能要付出很大代价，而订单的丢失其后果则更是严重。在采用人工交易方式时，对大量、重复输入的单据，尽管也要重复进行校对，但仍然有出现差错的可能性；但采用 EDI 后，由于减少了重复输入，且 EDI 软件一般也都具有查错功能，再加上 EDI 在收到单据后，会立即给发送者返回一份收到的通知，因而可大大减少单据数据的错误，减少对单据的漏发或遗失等情况。据统计，使用 EDI 后可使差错率减少 50% 以上。

4．其他效益

在利用 EDI 来处理应收款项时，可大大缩短资金的回笼时间，从而产生时间价值效益；在使用 EDI 后，还可改善公司内部的经营管理，加强与供应商的联系、保持与客户间的经常联系等等，这些都会为企业创造经济和社会效益。

三、EDI 标准

在不同的国家、不同行业，乃至不同部门中，进行事务处理所用的数据和格式，彼此各不相同，显然在他们之间是不能直接进行数据交换的，如同前面曾介绍的，在网络环境下的文件传输一样。为了实现电子数据交换，同样需要制订电子数据交换标准。事实上，商务上的任何单据及文件的内容，都只有在遵循一定的格式和顺序时，才可能被计算机识别和处理。所以说，所谓的 EDI 标准，是指由大家共同制订的、在进行电子数据交换时，所必须遵循的格式和顺序等内容。从 EDI 标准的发展过程来看，可把 EDI 标准分成四大类：（1）企业专用标准：仅适合于某个企业的 EDI 标准；（2）行业标准：供某个行业共同采用的标准；（3）国家标准：指适用于所有行业的国家 EDI 标准；（4）国际标准：在世界范围内适用的 EDI 标准。目前，世界上有两种通用 EDI 标准：

1．美国的 ANSI X.12

1978 年，美国信用研究基金会 ACRF（Americam Credit Research Foundation）与运输数据协调委员会 TDCC（Transportation Data Coordinating Committee）一起组成 ANST X.12，致力于 EDI 的报文和数据交换标准的研究，制订了汽车行业集团、食品、杂货类等应用的 EDI 标准，所制订的标准已在北美广泛使用。

2. 联合国的 EDIFACT（EDI for Administration，Commerce and Transportation）：

该标准最早在西欧使用。近年来，联合国鉴于 EDI 有助于推动国际贸易程序和文件的简化，经有关标准化组织的努力，已使之成为唯一能真正实现多工业/多国家的标准。当前已被世界各国广泛采用，其中包括我国。EDIFACT 已成为事实上的 EDI 国际标准。

四、EDI 网络系统的组成

EDI 网络系统通常由以下几部分组成：(1) EDI 硬件：用于实现对信息的处理；(2) EDI 软件：主要是指用于将本地事务处理数据转换为标准 EDI 格式、或进行相反转换的软件；(3) 网络基础设施。

1. EDI 软件

EDI 软件除了须完成由本地数据到标准 EDI 数据的映射外，还必须能控制数据的传输，并保证数据传输的正确性和完整性。为此，通常的 EDI 软件包含以下五个文件：(1) 贸易伙伴文件：在该文件中保存了使用者所有贸易伙伴的相关信息，如贸易伙伴的名字、地址、联系人和所使用的增值网；随着企业业务的不断发展，该文件也会不断地扩大或更新；(2) 标准单据文件：为了便于使用者制作单据，通常在 EDI 系统中备有各种类型的标准单据文件，如，符合 EDIFACT 标准的采购订单文件。使用者利用在标准单据文件里所存储的单据模式，可以很方便地构造出一张符合标准的单据；(3) 网络文件：在该文件中含有贸易伙伴所使用的网络信息，如网络地址、传输协议和传输速率等；(4) 安全保密文件：该文件用于保证 EDI 系统的安全性和保密性，在文件中规定了每个用户的功能能力（Function Capabilities），其中包括用户的类型和访问权限等信息；(5) 管理文件：在该文件中含有多种类型的管理信息，如日志文件，用于记录所发送和接收到的文件数据。当某些数据或报文在传输过程中丢失时，可利用日志文件来恢复；又如差错管理文件，其中包括被退回的报文信息，如退回的原因等。

值得说明的是，在现代的 EDI 系统中，还经常配置有“搭桥（Bridging）”软件，其作用是将一组相关的应用程序联系起来，在收到一份 EDI 报文后，搭桥软件可自动地将报文中的有关数据送至相应的应用程序，这就免除了在相关部门中重复地进行人工输入。

2. EDI 硬件

当前作为 EDI 系统的计算机平台，主要有两种类型：(1) 利用一台大、中型主机作为整个企业的信息处理平台，所有的 EDI 软件都放在该主机中；此外，在主机中还装有用作其他业务处理的软件。这种平台方式的优点是，能对大量的交易进行迅速地处理、容易实现搭桥功能；(2) 利用一台 PC 机作为主机的前端机，将所有的 EDI 软件都装入 PC 机中。当要向外发送一份 EDI 报文时，先从主机中取出有关数据，并传送至 PC 机中；PC 机则利用这些数据构成一份标准 EDI 报文，并将之发往目标。这种平台方式的安装和调试都较容易、处理速度快，较易于实现搭桥功能。

3. 网络设施

为能实现远程 EDI，必须有 WAN 的支持。在传统的 EDI 服务中，大多数 EDI 都是由一个增值服务网络来实现 EDI 报文的传送。在我国已建成了 ChinaPAC、China DDN 和 ChinaFRN 三大基础网络后，又在此网络的基础上建成了若干个增值业务数据网，其中包括公用电子数据交换业务网 ChinaEDI，该增值网已在全国 13 个城市设立了 EDI 节点，在每个节点中都含有前述的 EDI 软件和硬件，各节点之间采用系统内部的 OTX 协议经分组网互连，而与国外的 EDI 网之间则采用 X.400 协议互连。这样，通过分组网和电话网可向全国提供 EDI 业务。

11.5.4 传统的电子交易模式

在 Internet 上最早开展的电子商务活动是商务通信；后来在网上建立了电子市场；继而又发展成小规模的电子购物。当前在线的电子交易有多种模式，在本小节中仅介绍以前较常用的四种交易模式，在下一小节中将介绍一种更安全的，当前正在走红的“安全电子交易 SET”。

一、无安全措施的电子交易模式

这是最早采用的一种电子购物模式。这里，客户先从商家的 Web 服务器上了解到自己所需商品的有关情况，然后向选定的商家发出订货信息，并同时向该商家传送自己的（客户）信用卡信息；商家则将所收到的信用卡信息转发至相关银行，由银行检验该客户的信用情况，如果该用户的信用情况良好，银行便从该用户的信用卡中扣除本次的购物款，并立即通知商家付款成功，然后再由商家通知客户本次购物成功。在图 11-10 中示出这种无安全措施的电子交易流程。

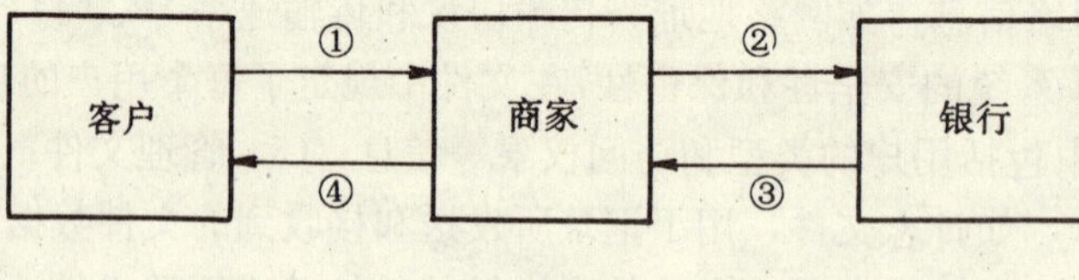

图 11-10 无安全措施的电子交易流程

之所以要把这种电子交易模式称作是“无安全措施的”的原因是：(1) 当客户信用卡信息在 Internet 上传送时，并未采取安全性措施，致使信用卡信息在传输过程中易于遭到攻击；(2) 客户信用卡信息直接传送给商家的过程，同样会使信用卡的安全性受到威胁。因此这种电子购物模式只适用于小件物品的交易，现已逐渐被淘汰。

二、通过 CA 的电子交易模式

客户在用信用卡购物时，不仅担心信用卡信息在网上传送时，会被他人窃取，而且也不愿意被商家得知；相应的，商家也希望得知客户的信用情况。鉴于此，可通过一个能被双方都信任的第三方来对交易双方进行认证，以保证客户和商家都是可信任的。通常把这种第三方称为 CA（Certificate Authority——认证权威或译为认证机构）。

在这种交易模式中，客户把信用卡信息存入 CA 的一个安全系统中，而 CA 则赋予客户一个 Internet 购物账号。客户在网上购物时，只是将该购物账号传送给商家而不必传送信用卡信息。商家在收到客户的账号后，将它转给 CA，CA 在对商家和客户进行认证后，便向

客户发出一封 E-mail，要求用户确认本次购物和支付，然后将信用卡信息通过金融机构使用的专用网络传送给银行，完成支付过程。

这种电子交易模式的特点是：(1) 用户信用卡信息的保存和传送，都十分安全；(2) 由于用户对购物行为的确认而使商家无风险。简言之，这种模式对客户和商家而言，都是安全的。这种交易方式是由 FVC 公司提出的，于 1994 年开始使用，至 1997 年 3 月，已有 100 多个国家的 3000 多个商场使用了该系统，拥有 35 万用户。

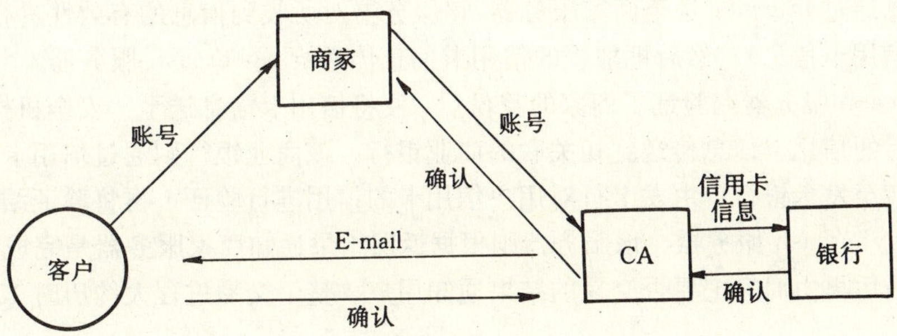

图 11-11　通过 CA 的电子交易流程

三、电子现金支付的电子交易模式

该模式是用户先到电子现金 (E-Cash) 发布银行中开一个 E-Cash 账号，购买一定数量的 E-Cash，并使用 PC E-Cash 终端软件，从 E-Cash 银行中取出若干数量的 E-Cash 存入自己的硬盘中。以后用户便可利用 E-Cash 到允许使用 E-Cash 的商家去购物，用硬盘上的 E-Cash 支付购物所需的费用，商家在收到 E-Cash 后，将与发放 E-Cash 的银行进行清算，然后由银行将用户购物的费用支付给商家。图 11-12 中示出了 E-Cash 支付的电子交易流程。

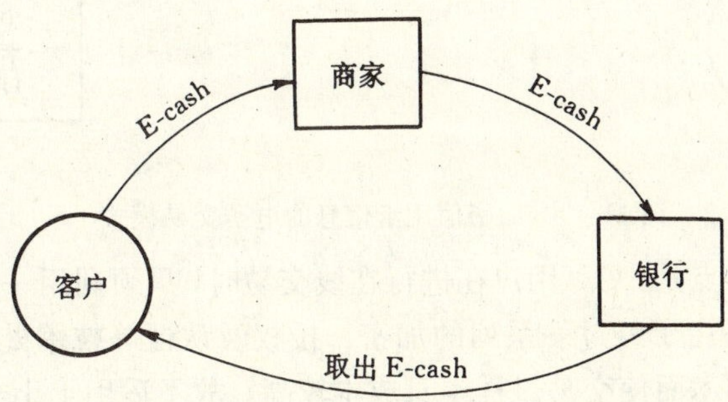

图 11-12　E-Cash 支付的电子交易流程

这种电子购物方式的特点是：(1) 在允许使用 E-Cash 购物的商家和发放 E-Cash 的银行之间，应有协议和授权关系；(2) 用户、商家和银行三者都须使用 E-Cash 软件来实现电子购物；(3) E Cash 的发放银行在发放 E-Cash 时，为了保证 E-Cash 的真实性而使用了数字签名；(4) E-Cash 具有现金的特点，可以存、取和转让。E-Cash 模式是由 Digicash 公司提供的，并提供了相应的 E-Cash 模式系统。目前使用 E-Cash 的银行已有十多家，其中包括世界上著名的银行。这种交易模式比较适用于小金额交易。

四、加密信用卡信息的电子交易模式

利用信用卡购物已成为当前最流行的购物方式之一。为使信用卡信息在 Internet 上传输时不致外泄，在这种模式中是先将信用卡信息加密，然后再送入网中传输。下面以 Cybercash 安全 Internet 信用卡支付系统为例，来说明在使用信用卡进行电子交易时的流程。

当用户已向某Cybercash 商家订货后，便由“电子钱包”软件将信用卡信息加密，然后将加密信息通过 Internet 送至商家服务器。该服务器对所收到信息的有效性进行验证（但并不能看到信用卡信息），然后把加密的信用卡信息传送给 Cybercash 服务器。

Cybercash 服务器在验证了商家的身份后，便将信用卡信息送至一安全机构进行解密，再将解密后的信用卡信息传送到相关联的商业银行。该商业银行则通过信用卡系统将所收到的信息转至发卡银行，由发卡行对用户信用卡的信用进行验证，再将验证结果经商业银行返回给 Cybercash 服务器。该服务器则根据返回结果通知商家服务器是完成交易还是拒绝交易。最后再由商家把要否交易的结果通知用户。整个交易过程大约历时 15～20 秒钟。

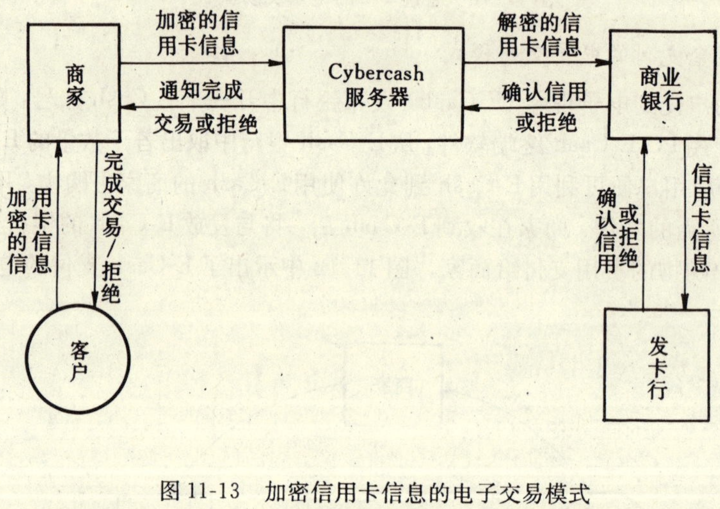

图 11-13　加密信用卡信息的电子交易模式

这种电子交易的特点是：(1) 用户在进行在线交易时，只须利用一个信用卡的编号，非常方便；(2) 这种交易由于经过一系列的加密、授权及认证等技术处理，相对比较安全；(3) 由于采用了多种技术而使交易过程本身成本较高，故不适用于小金额交易。

11.5.5　安全电子交易模式

SET 是为了在 Internet 上进行在线交易时，保证用卡支付的安全性而建立的一个开放性支付规范。由于该规范获得众多大型计算机公司的支持，因而已成为事实上的工业标准，目前该规范已获得 IETF 的认可。

一、SET 的目标

1. 信息传输的安全性：在SET 交易模式中，所有信息都是通过 Internet 传输的。因而

SET 的首要目标是保证信息传输的安全性。为此，在 SET 中采取了数据加密技术，对在 Internet 上传输的信息卡信息先行加密然后再传送。

2. 实现多方认证：在网上进行交易时，必须保证所有参与交易的每一方都是可信的。所以在 SET 模式中，不仅在客户和商家之间须进行认证，亦即，不论客户还是商家都要鉴别对方是否是可信的；而且，还要进行客户与银行之间、商家与银行之间的认证。为此，在实现电子交易的过程中，需要有一个多方都信任的认证机构 CA 的参与，即由 CA 为各方提供信任担保。

3. 防止交易中的抵赖行为：在交易过程中应确保发送方不能否认自己已发送过的信息及确保接收方也不能在已收到信息后又否认其已收到信息，例如，用户不能有否认自己已经发出的订货单的行为；同样，商家也不能有否认已收到订货单及款项的行为。

4. 订单信息与个人账号信息的隔离：在客户将订单信息和个人账号发送给商家时，商家应该只能看到订货信息而无法看到客户的个人账号。这样，由 1 和 4 两项便可保证个人账号不会外泄。

5. 凡要求参与交易的各方都要遵循 SET 协议：在 SET 电子交易模式中所涉及的几个方面有：作为消费者的客户、提供商品或服务的商家、颁发付款卡（如信用卡）的发卡机构、为商家开设账号的银行等，他们在进行电子交易时所使用的软件，都应遵循 SET 协议，使不同厂家开发的软件都具有兼容性和互操作性。

二、SET 的交易流程

SET 电子交易模式的工作流程，与实际的利用信用卡购物的流程很相似，这使得电子交易与传统的交易方式很易于溶合，用户在进行网上购物时，也不会出现任何困难。SET 协议所规定的交易各方，在进行安全交易时的流程如下：

1. 浏览和选择商品：用户使用浏览器去查看商家在 Web 上的商品目录，以浏览商家提供的所有商品，再从中挑选自己需要的商品。

2. 发出订单：在一旦定下所需选购的商品后，便填写订单。（空白）订单可由商家传送过来，也可由程序自己生成。在订单中须填写上所需商品的品种、价格、数量、总价等，然后将订单信息及用户的信用卡信息进行加密，继而一起传送给商家。

3. 审核用户信用：商家在收到订单后，便把用户的信用卡信息传送给与商家相关的银行，银行在对账号进行解密后，再传送给发卡行，由发卡行对用户的信用进行审核。

4. 确认/拒绝用户信用：发卡行把对用户信用审核的结果——确认/拒绝信息，通过与商家相关的银行返回给商家。

5. 订单确认：商家在收到由银行转发来的、对用户信任的确认信息后，便向用户发送订单确认信息，表示即将为用户装运订单上所开列的货物或者提供订单上所需的服务。

6. 划账：当货物已运给客户或服务已完成时，电子购物过程便告结束，商家便可请求银行将货款从用户账上转至商家账上，也可以对划账进行成批处理。

在图 11-14 中示出了 SET 交易流程。流程图下部的 CA 用于对客户、商家和银行的确认、图中的支持网关用于将在 Internet 上传输的数据转换为金融机构内部的数据或实现相反转换。

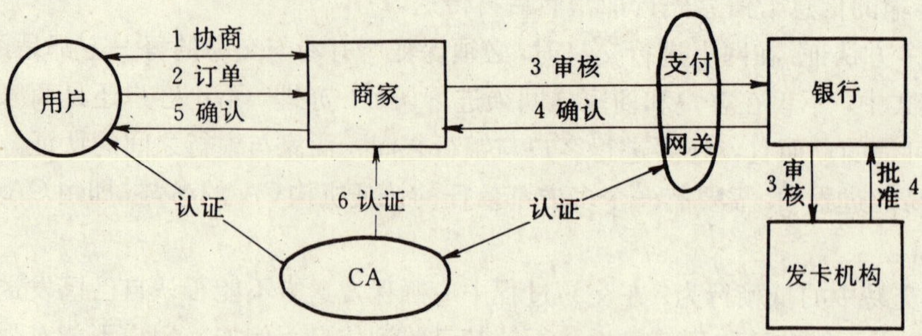

图 11-14 SET 的电子交易流程

习 题

1. 试说明商业自动化的发展经历了哪几个阶段？每一阶段的主要特点是什么？

2. 推动商业自动化发展的主要因素是什么？

3. 何谓 PC-POS？它具有哪些特点？

4. POS 机具有哪些功能？

5. 什么是条形码？条码技术有何优点？

6. 条码阅读器由哪几部分组成？

7. 在进货管理子系统中，通常具有哪些功能？

8. 在零售—销售子系统中主要有哪些功能？

9. 在商品库存管理中应包括哪些功能？

10. 在财务管理中主要包括哪些功能？

11. 对于配置了多个收银台（如 5～20 个）的中、小型商场，在为它建立 POS-MIS 系统时，应选择什么样的信息处理平台并画出其平台图？

12. 对于大、中型零售商场，其营业面积过万平方米，年营业额达数亿元，共有 4 个营业楼层，在每个楼层中有 6～10 个收银台。要为该商场建立 POS-MIS 系统，应选用什么样的信息处理平台？画出相应的网络结构图。

13. 试画出具有两级交换集线器的 POS-MIS 系统的网络方案。

14. 连锁超市由哪几部分组成？

15. 在配送中心的管理系统中常包括哪些子系统？

16. 什么是电子商务？它与传统的商务有何差异？

17. 电子商务较之传统的商务有何优势？

18. 实现全球性电子商务的主要基础是什么？

19. 什么是 EDI？它有何特点？

20. 试说明 EDI 网络系统的组成。

21. 传统的电子交易有哪几种？

22. 现在正在走红的电子交易模式是哪些？该模式的目标是什么？

23. 试说明 SET 的工作流程。

第十二章　金融电子化

金融—经济—社会，是一个整体中相互依赖、不可分割的部分，社会以经济为基础，而经济则以金融为核心。随着我国社会主义市场经济体系的建立、信息化社会的前进，金融业在整个社会经济中的作用，愈来愈显要，金融电子化对实现银行的现代化、促进经济的发展和社会的稳定，有着十分积极的作用。改革开放后，我国党和政府都十分重视金融电子化工作，提出了"六五"做准备、"七五"打基础、"八五"上规模、"九五"电子化的发展战略，制订了"金融电子化标准总体规划"，成立了"金融电子化标准化技术委员会"，制订了多项国家标准。

12.1　金融电子化引言

不论在国外，还是在国内，金融业都是由于它的重要性，而使得它是使用计算机最早和最多的行业。早在50年代末，计算机还处在第一代（电子管时代）时，它便已被应用在银行中。我国在70年代末期，在银行中也开始使用计算机；进入90年代后，在国内计算机市场连续多年的销售份额中，都是金融业占据首位，约为30%～45%。现在，我国的金融电子化已形成了相当的规模。

12.1.1　金融电子化的发展过程

金融电子化的发展，也经历了一个从无到有、从小到大、从低级到高级的发展过程。国外金融电子化的发展过程，大体上是经历了后台电子化、前台电子化和金融电子化三个阶段；在我国，金融电子化的发展可分为四个阶段，即前面已经提及过的"六五"做准备、"七五"打基础、"八五"上规模及"九五"电子化。

一、发达国家金融电子化的发展

金融业是最早利用计算机技术和通信技术来提高工作效率和效益的行业之一。在50年代末，美国的商业银行便已将第一代计算机用于银行后台，开始了金融电子化的第一阶段—后台化，有人也把此阶段称为金融电子化的起步阶段。后台电子化主要是面向操作层，其目标是使银行业务记账的计算加速，从而降低经营成本，减轻员工的工作强度，提高工作效率。当时的应用软件仅限于模拟手工操作。到了70年代，随着计算机联机系统的广泛应用，美国许多商业银行陆续实现了前台电子化，即采用以主机为中心的终端联机方式，从终端上输入与客户的交易。有人把70年代到80年代称为普及阶段。此时的电子化不仅面向操作层，而且也包括了管理层，在此阶段电子化的目标中又增加了获得显著的经济效益和社会效益的目的。从80年代中、后期到90年代，发达国家、证券和保险等部门，普遍都拥有了金融信息系统，建成了电子货币工程，信用卡的使用已相当广泛，不仅实现了同城清算，还建成了大量的、专门的金融电子化业务网络，实现了全国电子联行。

二、我国“六五”、“七五”期间金融电子化的发展

我国于70年代末开始在银行中使用计算机，当时中国仅有一家银行即中国人民银行。该行当时在北京、上海、广州等城市的分行，开始是使用国产计算机，用于银行的某些业务处理，不久第一次在全国范围内较大规模地从日本引进20多套M150系列的中、小型计算机，来装备北京、上海、广州、天津等十多个城市的人民银行。这标志着我国的金融业已经迈出了金融电子化的第一步。也正是从那时起，中国的银行开始培养了第一批计算机应用人材。

在我国，计算机在金融业中的应用发展得非常快，到90年代初期，我国银行的计算机应用已进入普及阶段，从原来的只有人民银行，后来又在中国银行和中国工商银行中有计算机，发展为在各商业银行中都有了计算机系统；从开始时的大、中城市有计算机发展到许多小城市，甚至镇上的银行也都拥有了计算机；各银行的计算机应用已经初具规模，由原来的以单机系统为主发展成以LAN为主；甚至形成了整个城市和地区的联网系统，就全国的金融系统而言，已安装的大、中型机有100多台套、小型机200多台套，而高档微机则有2000余台，实现了“七五”打基础的目标。

三、八五期间金融电子化的发展

在八五期间，我国的金融电子化有了长足的进步。金融电子化工作包括以下三个方面：

1. 建造全国的专用金融网络和同城清算系统

中国人民银行应用先进的卫星通信技术，建造了全国性的卫星通信网，作为我国金融系统的信息交换主干网。目前已建成一个卫星地面主站和400多个卫星小站，覆盖了全国400多个城市，可以实现跨系统的异地资金清算和划拨，每天处理转汇业务平均可达3万笔，金额达300亿元。此外，人民银行已在250多个大、中城市建成了同城清算系统，基本上实现了同城清算的半自动化。

2. 改造、更新原有的金融业务和设备

自1993年以来，各省级行及市、县行，都对原有的计算机设备做了更新，对金融业务进行了改造，将IBM 4381、日立、B系列计算机逐步更换成IBM ES 9000大型机、AS 400中、小型机，把原有PC 386微现更新为PC 486微机，使银行系统有了比较先进的计算机硬件设备，到1995年底，全国金融系统共安装了大、中型机300台套、小型机和高档微机5000余台套，其他微机的数量也已超过20万台。

3. 大力开发重要业务应用系统和发展新型业务

利用已建成的全国金融网络和城市金融系统，开展了一系列的新型业务。目前已经推广到600多个分（支）行，并取得显著成效的会计核算系统、外贸交易系统，已联通全国215个城市1000多家企业的资金监测信息联网系统，以及联接总行与全国44个一级分行的联通工程等应用系统已经建成，此外，又开展了下述一系列新业务，如储蓄的同城通存通兑、职工工资的自动入账业务，及已在全国500多个城市发行了银行卡，开展了银行卡等新型业务。

四、九五期间金融电子化的发展

在九五期间，我国的金融电子化将会有更大的发展，在1996年和1997年两年的时间内，已经取得了显著的成绩；预计到2000年将可基本上实现金融电子化。

1. 组建了虚拟专用网

中国银行、中国建设银行、交通银行、国家外汇管理局、中国外汇交易网等，均在ChinaPAC 的基础上组建了各自的虚拟专用网；而中国工商银行和中国银行，则基于ChinaDDN 组建了自己的虚拟专用网，为实现本行的同城通存通兑、跨城市的电子汇兑和清算、信用卡的自动授权，及实现金融机构内部的办公自动化，提供了最重要的物质基础。

2. 开通了中国国家金融数字网

由邮电部、中国人民银行和国有商业银行联合投资，兴建的中国国家金融数据骨干网，从 1996 年 10 月至 1997 年底，已先后实施了两期工程，已在全国 34 个省会城市和计划单列市、166 个地、市级城市，安装并开通了 207 台基于 ATM 技术的帧中继多协议交换机，实现了全国 200 个地市以上城市的全国连通，可支持上万个 64Kbps 用户的接入。该网将为我国金融界提供高速、安全、可靠的通信手段，为实现我国的金融电子化做出贡献。

3. 实施金卡工程建设

我国在 1986 年，由中国银行率先发行了信用卡，1994 年启动了金卡工程，至 1997 年全国发行的人民币信用卡数量已超过 5000 万张，在不少城市已经实现了一卡在手、全城通用的近期目标，预计到 2000 年，全国的发卡量可能超过一亿张，到那时即可实现一卡在手、走遍神州的目标，在城市实现现金存兑和现金支付的电子化，为商贸、交通及医疗提供新型的电子支付手段，以减少现金的流通、方便人民生活。

12.1.2 金融电子化的内容

究竟什么是金融电子化?

我们说，从一般用户所接触到的诸如同城通存通兑、异地通存通兑、在各商业银行或大型商场门口所设置的 ATM（自动柜员机），使用户能利用金融卡（信用卡、工资卡等）在 ATM 上自动存款取款，以及用信用卡购物等，都是金融电子化的具体体现，当然，金融电子化还远远不止于此，其所包含的内容还要丰富得多。我们可把其主要内容分为五个方面：（1）金融信息系统；（2）电子货币工程；（3）金融数据网络；（4）支付清算系统；（5）金融业务应用系统。

一、金融信息系统

金融信息系统，可以包括基本办公自动化系统（BOA）、金融管理信息系统（FMIS）和金融决策支持系统（FDSS）。如果我们把金融单位内的工作人员分为三个层次，即操作层、管理层和决策层，那么，BOA 所主要涉及的将是操作层。BOA 可以极大地提高员工的工作效率和减轻劳动强度。我国在 70 年代末至 80 年代初期，在银行中计算机的主要服务对象仅限于操作层。

FMIS 主要涉及的服务对象，已由操作层扩大到管理层。我国在 80 年代中、后期，已经广泛建立起以财务为核心的，以计算机网络为基础的各种业务管理子系统。到 90 年代时，各银行中的信息系统都已具有一定的规模和水平，在不少银行中已经配置了 FDSS，其主要服务对象是管理层和决策层。

二、电子货币工程

在发达国家已经广泛地用金融卡代替了现金，既方便、安全，又可显著地减少货币的发行量和流通的现金，于国于民都是有利的。

我国也从1994年开始建设“金卡”工程，整个工程规划十年完成，共分三个阶段：(1) 三年试点阶段：在此阶段有12个省市参加试点，包括北京、上海、广州、杭州、江苏省、青岛、厦门、天津、辽宁省、海南省、大连、山东省，所覆盖人口约达3000万，总发卡量达3000万张；(2) 三年推广阶段：指在1997～1999年期间，再选择30～50个城市，覆盖人口约达一亿，发卡总量达6000万张；(3) 四年普及阶段：在2000～2003年期间，全国约有400个城市，覆盖人口数达3亿，总发卡量达2亿张，基本普及金融卡的应用，使之成为我国的主要支付手段之一，做到使用户持有一张卡，便可在全国任何地区的任何银行（或ATM）中随时取款及到大、中型商场购物。

三、支付、清算系统

在过去，从北京的银行向西安、成都、杭州等地汇款，一般需一个星期左右的时间。在1991年4月正式运行了全国电子联行系统后，至1995年时该系统已经覆盖了全国400个城市，在不少经济发达地区已经完成了大额实时支付系统、小额批量支付系统，同城自动化清算系统的构建，实现了异地通存通兑，只需几小时便可将资金由北京汇至南京、杭州等地；或者说，上午汇出，下午到达，成了“当日通”，对于大额资金还可进行实时处理。

资金清算系统是一个包括人民银行和同级各专业银行在内的联行往来系统。内含同城清算、分支辖内往来和全国联行往来三个部分。全国联行往来资金清算系统，用来处理异地银行间资金往来的汇划结算业务。过去，对全国联行往来和辖内往来业务，由于都是手工处理，对报单要做逐笔的核对、清算，约需时半年以上，而且又须通过邮局进行电汇和信汇，不仅时间长，且也不安全；另一方面，在这种手工操作方式中，每天的在途金额可达数百亿至数千亿，一个星期所损失的利息可达亿元之多。而在运行资金清算系统后，汇划款项的传输只需几秒钟，真正做到了“快、准、安全”，加速了资金的周转，其经济效益是可观的。

四、金融数据网络

“计算机网络无处不在”的名言，在金融领域中就是一种最好的体现。网络化是金融业发展的必然趋势，金融电子化离不开计算机网络的支持，在组建金融管理信息系统时，离不开计算机局域网和企业网络的支持，在组建同城支付和清算系统、同城通存通兑系统时，离不开城市网络的支持，在组建全国电子联行系统和全国支付和清算系统时，相应的，也离不开全国性的金融电子化网络的支持，其中包括全国金融卫星通信网络和正在组建中的全国最大的帧中继网——国家金融通信基干网。该网的最大中继速率目前为 E_1 (2.048Mbps)，还可以提高到 E_3 (34.368Mbps)，甚至达到 OC_3 (155.52Mbps)。

五、金融业务应用系统

在地方和全国金融网络的基础上，都要再建立许多有关金融业务的应用系统。这其中，除了上述的资金清算系统外，还有着许多其他的金融业务应用系统，如同城储蓄的通存通兑系统，主要用于办理居民的存款、取款及在同一城市中的通存通兑；同城行内对公系统，主要办理企、事业单位经济实体的存款、贷款和清算等业务；此外，还有诸如会计业务处理系统、储蓄业务处理系统、全国联行对账系统、ATM联机处理系统、报表处理系统等等应用系统。

12.1.3 金融电子化的效益

如前所述，金融业是所有各行业中应用计算机最多的行业。在国外，金融业在使用计算机方面，不论是数量还是投资额，均居各行业的首位。在日本，这两项指标各占14%和20%；在我国，金融业也不例外，自70年代末期开展金融电子化工作以来，用于金融电子化的投资已达数百亿元之巨。这样巨额的投入，其所产生的效益如何，无疑是值得十分关注的问题。

从经济学的原理上分析，金融电子化的效益可分为金融业自身的效益和社会效益两个方面。而这两方面的效益又都可进一步分成可量化的效益和非量化效益两种表现形式。由此，我们将分成金融业可量化效益、金融业非量化效益和社会效益三个问题来阐述。

一、金融业的非量化效益

在金融电子化的第一阶段，其主要目标是借助于计算机的处理能力来减轻员工的劳动强度和提高工作效率，这样所产生的主要是非量化效益。下面通过一些简单常见的实例予以说明。

1. 会计日终处理

在采用手工操作方式时，在正常情况下，各营业网点在每天下班后，都需要全体员工再加班一小时左右，来完成当日的会计日终处理。在使用计算机后，只需系统管理员一人干一小时，便可做到账平表对，提高工效十余倍。

2. 储蓄结息处理

据某市储蓄所的统计称，为完成6月20日的结算工作，在当月月初，就开始兴师动众地抽调人员加班打账，这样，须忙上半个多月，大约花费2700个工时，才能在6月20日完成结息工作，手工方式不仅劳动强度大，而且出错率也高。在使用计算机做结息处理后，在到息之日，只需2个人三小时（其中，结息处理15分钟、打印165分钟）就可完成结息任务，与手工操作方式相比，提高工效450多倍。

3. 财务的差错率明显降低

利用计算机处理，不仅快速，而且准确无误。根据多个银行的统计结果表明，利用计算机处理后，账户的串户和差错率比手工操作时有明显的降低。在用手工方式记账时，所规定的允许差错率为万分之三，而在采用计算机处理时，所出现的差错率一般都在万分之0.1～0.15之间。

二、金融电子化的可量化效益

金融化的电子化，不仅能产生许多非量化的效益，而且能直接给金融带来巨大的经济效益。也正是这种巨大的经济效益又反过来推动人们向金融业再投入大量的资金。根据国外的经验表明，其投入和产出之比高达1：10。

1. 节省了人力

尽管采用计算机的初衷，并不是为了节省人力，而且为了提高工作效率。但随着工作效率的提高，自然就伴随着产生了解放劳动力和节省人力的效果。而人力的节省又可直接转化为可量化的经济效益。例如，某县级银行根据手工操作方式定员，该行营业部需会计25人，但在使用计算机后，实际上只用10人，仅占原有定员数的40%，可节省人员15人。

这样单是在营业部会计人员的开支上，每年就可节约数十万元。

2. 缩短了资金在途的时间

在资金由一个城市汇往另一城市的过程中，该资金是不可利用的。而对于传统的电汇或信汇方式而言，这种转账需时大约要几天甚至十几天。为了缩短资金的在途时间，我国于1991年4月开通了全国电子联行系统，但当时还仅限于在七个城市运行该系统。而到1995年9月这种联行的通信城市已超过400多个，平均每天转汇2万多笔，金额达300亿元之巨。对于如此巨额的在途资金，以一天计，其利息就高达上千万元，这样，若能缩短资金的在途时间，不仅每年可节约利息数十个亿，而且还由于可对在途传输的信息加密，使信息安全可靠地传输，做到了“快、准、安全”。

3. 银行代发工资

由银行代发工资，可以截留资金源头，显著地扩大储蓄存款额。据某省统计，每年代发的工资额达数十亿元。这笔工资额如果放在银行中以平均滞留10天计，便可产生数百万元的经济效益，是极可观的效益。此外，银行代发工资还有许多其他效益，如减少现金在社会上的流量，可以少印发钞票，减轻单位财务人员到银行提取大量现金，又回单位发放工资的负担，并可使储户收获利息。

4. 信用卡业务

金卡工程的启动和发展，推动了各专业银行都先后发行了大量的信用卡，其数量已达数千万张。如果平均每张卡中有存款数百元，则这些信用卡的存款总额可达数十亿甚至数百亿元，银行还可获取非常可观的服务费。事实上，信用卡是近几年开展的一项高收入、高效益的金融业务，也是当今各商业银行竞争的焦点。

三、金融电子化的社会效益

金融电子化的发展，将会开拓一个广阔的市场，带动一大批产业的发展，如计算机行业、通信行业以及电子、电工器材等行业。在“八五”期间，中国的金融机构和金融电子化所利用的计算机都增加得非常快，如金融机构的每年增加6%、电子化网点增加30%、大、中型机增31%，微型机为35%、ATM为80%。这无疑将会给上述行业开拓一个非常广阔的市场。此外，金卡工程的发展也将需要大量的计算机、POS机和ATM以及网卡、通信器材、软件等，这同样会给上述的几种市场带来极大的商机。

12.1.4 金融电子化中的特殊设备

为了实现金融电子化，除需构建全国性金融网络和银行管理信息系统等设施外，还需配置许多特殊用途的设备和系统，如点钞机、自动柜员机、POS终端、存折、票据打印机、磁卡阅读器、IC卡阅读器以及某些联行的专用计算机系统等等。

一、自动柜员机ATM (Automatic Teller Machine)

自动柜员机是银行为客户提供自动化服务的一种现代电子设备，是电子银行的一个重要组成部分。从功能上讲，它相当于一个储蓄所，可为客户提供24小时的存款、取款、转账、查询账户信息或公用经济信息等服务。从70年代起，在某些发达国家就开始出现ATM，如今在发达国家中ATM已相当普及，我国的第一批ATM是1988年前后在广东省、深圳出现。随着金卡工程建设的推进、发卡数量的增加，也使ATM在我国许多大、中城市中相当普及。

ATM 主要由三部分组成：(1) 配钞机：它由单片机控制，可根据用户所需的面额和总金额，利用气吸或摩擦力将纸币从不同币面的钞票箱中取出，并自动配款。在经过传动机构时检验每一张钞票，删除其中的叠张和残破币；(2) 主计算机：用于处理有关记账、转账、计息、查询等业务，并对配钞机实施管理和通信控制；(3) 磁卡阅读器：它通常是一种槽式装置。当把磁卡插入或划过磁卡阅读器时，它可以读出磁条中的信息，并送往 ATM 机、POS 机或其他计算机，还可以根据要求修改磁条中存储的信息。

ATM 最初是单机脱机方式，后又发展为单机联机方式，即将单个 ATM 通过 PSTN 或 X.25 网直接和银行中的计算机（ATM 前端机）相连接；随后又发展为多机联机网络方式及 ATM 综合网络方式。这两种方式都是将 ATM 连接成网，然后再与银行网络系统相连接。而 ATM 综合网络方式还可实现多种金融业务，如信用卡的 ATM 业务、账户通信及综合信息服务业务等。ATM 网还将进一步扩大，由本地网向异地网，由单家银行向金融网，由国内网向国际网的方向发展。

二、存折打印机

随着我国金融电子化事业的发展，银行储蓄业务系统也得到很大发展，由原来的单点处理模式逐步过渡到市（县）级的集中处理模式，甚至发展成全省范围、省际范围的联网模式，实现了同城通存通兑、跨省的异地通存通兑。在这种情况下，对存折和存折打印，都提出了更高的要求。

1. 存折

在通存通兑的情况下，应使用统一格式的存折本和有关凭证，这样才可以简化应用程序的控制，同时也使打印输出格式规范化。对存折的基本要求是：使用厚存折本，其内页一般为 6～8 页，由各商业银行的主管部门规定存折本的统一格式。此外，在存折本上必须有磁条，且在磁条上记录信息的方式也必须相同。

2. 对存折打印机的要求

对存折打印机最基本的要求是能打印存折，其次是要求高精度打印，及能实现双向通信。当然，存折打印机还应能提供中文打印功能。

(1) 打印存折：由于银行存折在翻开后，多半会是左右两边薄厚不均，若用一般打印机打印存折在打印头从薄的一边向厚的一边移动时，将会出现卡纸现象；反之，从厚的一边向薄的一边移动时又会打不上。为了能打印存折，在打印机中必须加装一套能自动调节打印头间距（与纸张之间）的机构，例如，在每次换行打印时，使打印头自动抬起，待进纸之后打印头再落下，并以适当的间隙压在纸上。

(2) 高精度打印：存折打印机必须具有高度准确的定位打印功能，以便将数据打印在正确的位置上，以避免打印记录偏斜而导致打印出错，甚至使存折本作废。尤其对于通存通兑情况下的存折本，因其成本较高，可能造成严重的浪费，因此，还要求存折打印机具有自动纠偏和自动对边等有效保护存折本的功能。

(3) 双机通信功能：存折打印机还必须提供与主计算机（PC 机、工作站）进行通信的功能。即打印机应能接收由主机发来的命令和查询，打印机执行命令和回送打印机的配置情况、工作情况以及有关打印介质的尺寸信息。

3. 存折打印机的类型

可把用于打印储蓄存折的设备分为三类：票据打印机、票据/存折打印机和存折打印机。

(1) 票据打印机：这是最早进入我国的存折打印机。其主要特点是采用平推式投入打印介质，其打印厚度小于0.5mm，能实现24×24点阵字形打印汉字，满足了我国金融电子化初期的要求，即用汉字形式打印票据和薄的存折本。但无法打印厚存折本，且其夹持力度不够也不适于打印窄小的票据，无自动对位和自动纠偏功能。

(2) 票据/存折打印：它是在票据打印机的基础上，增加了对厚存折打印和一些其他功能而形成的，1995年末开始面市。其主要特点是能打印较厚的存折，最大厚度可达2.0mm，部分打印机还增加了偏斜检查功能和双机共享功能，且价格达中。

(3) 存折打印机：它是与票据打印机同时引入我国的。但因其价格昂贵，且不能打印汉字，故很少采用。进入90年代后，由于新型的能打印汉字的存折打印机陆续被推出，加之中国金融电子化水平的提高，人们便开始较多地采用存折打印机，它能较全面地满足前述的对打印机的要求，其中OLIVETTI的PR系列打印机的性价比较好，获得了中国用户的认可。但它还只能通过8点图形方式实现汉字打印，因此，南天集团又在PR-50的基础上开发出更适用于我国的存折打印机产品系列——Nantian PR-50系列。

三、IC卡读写器

自我国开展“金卡”工程以来，在全国各大、中城市已经大量使用各种类型的金融卡，如信用卡、工资卡、交通卡、电信卡等。可根据其记录原理的不同而把所有的金融卡划分成三大类：即磁卡、IC卡和光卡。当前最流行的仍然是磁卡，然而发展最快、最有前途的要算IC卡。不论是哪些卡，都需要使用相应的读写器，才能将数据写入卡中，或从卡中读出数据。下面我们对比较复杂的IC卡读写器做一简单介绍。

IC卡读写器，由微处理器MPU、IC卡接口电路、PC机接口电路、存储器、键盘电路以及汉字库和显示器等所组成。

1. 微处理器

在读写器中可采用目前流行的8位微处理器芯片，如Intel公司的Intel 8031、8051系列、Motorola公司的68HC05系列，以及Hitachi公司的H8系列。微处理器的主要用途是控制IC卡的读卡、写卡、密码验证及实现与PC机的通信。

2. IC卡接口电路

用于实现插卡检查、MPU和IC卡之间的数据交换、IC卡的读写。其连线接到IC卡插座上，该插座上有8个触点。

3. PC机接口

读写器通过RS-232串行接口与PC相连。其通信速率一般为9600bps，人机交互是在PC机上进行。为了加大通信距离，还可设置485接口选项，利用它可使传输距离达到1500米。

4. 显示器

使用字符或图形式LCD，但显示汉字必须用图形式即点阵式LCD。在显示汉字时可采用软字库和硬字库两种方式。前者的优点是不需硬件支持，但要求较大的内存空间，而由于读写器的内存有限，故只能使用少量汉字；利用硬字库方式可显示较多的汉字和字符。

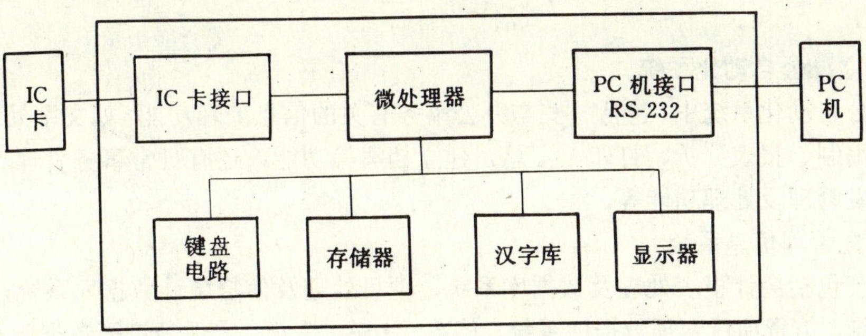

图 12-1 IC 卡读写器框图

12.2 银行信息系统

银行信息系统是建立在银行中的管理信息系统，用于管理银行内部所发生的各种信息。银行信息系统是金融电子化的核心和重要基础。为此，在实现金融电子化时，首先必须在各个银行（总行、分行、支行等）中建立起银行信息系统。

12.2.1 银行信息系统的目标和设计原则

由于各个银行在其规模、功能和目标上可能存在很大差异，因此，在设计和建造银行信息系统时，必须首先明确建立银行信息系统的目标和任务，并遵循一定的设计原则进行设计。

一、银行信息系统的目标

银行信息系统的目标，是使业务人员利用计算机信息系统进行业务处理、科学管理和科学决策，以显著地提高对银行业务的管理水平和办公效率。可具体地描述如下：

1. 建立办公自动化处理系统，以完善办公手段、提高办公效率和办公人员的素质。

2. 建立计划、会计和信贷等管理信息系统，实现对业务部门的科学管理，以提高业务管理的水平和效率。

3. 建立统计信息系统，实现迅速、准确地收集、加工、存储和检索经营信息，为计划管理、分析和决策服务。

4. 建立科学的决策支持系统，帮助银行各级领导进行科学的辅助决策。

5. 组建与商业银行和商户 ATM/POS 系统相连接的信用卡授权系统，以实现使用金融卡进行存款、取款及购物等业务。

二、建立银行信息系统的任务

建立银行信息系统的任务，是建立一个能实现上述系统目标的、先进的、实用的，且具有高度可靠性和安全性的信息处理平台、办公自动化系统、管理信息系统，以及决策支持系统。具体任务可分成以下三个方面：

1. 建立信息处理平台

建立一个先进的、实用的、可靠的，且可扩充的系统硬软件平台。在小型银行信息系统中，大多数是基于LAN的信息处理平台；在大型银行中的信息系统，则应是基于企业网络的。

2. 建立办公自动化系统

在办公自动化系统中，包括一些与办公事务有关的信息处理功能，如文字处理功能、通用报表的编制、报表分析、打印、汇总，建立档案等功能，还有日常事务管理功能、电子邮件的收发管理及处理功能等。

3. 建立管理信息系统

该系统包括会计报表处理及数据库系统；项目处理及信贷统计数据库系统；人事劳资数据库系统、信贷项目管理数据库系统；档案、文献、法规、宏观经济等数据库系统等，有条件时，还可建立决策支持系统。

三、银行信息系统的设计原则

全国银行是一个整体，因而有统一的技术标准，在建立银行信息系统时，必须坚持“四统一”的基本原则，即“统一规划、统一造型、统一设计开发和统一推广应用”。在统一设计开发原则中包括统一技术标准，因为只有统一技术标准，才能在上、下级银行间、同级银行之间实现交互，在实现滚动式升档、增容和扩充中，保护原来的投资。此外，在具体设计一个银行的信息系统时，还应遵循下述几条重要原则。

1. 实用性原则

在建立银行信息系统时，要坚持从业务应用的实际需求出发。为此，必须在需求分析的基础上进行，应根据业务处理的具体需要来建立信息处理平台和设计应用软件，要重视信息资源的开发和管理、加强对信息资源的共享，提高其利用率。

2. 先进性原则

此原则是在系统具有实用性的前提下，采用先进的、开放的信息处理平台，以保证信息系统具有较高的起点，不易落后，易于和其他设备或网络实现互连、互操作，便于系统实现滚动式升档。

3. 可靠性和安全性原则

系统的可靠性，系指系统的运行不间断、数据不丢失、具有容错及故障恢复功能；系统安全性是指防止非法用户的入侵和对数据的非法访问，并能保证数据的一致性。保证银行信息系统的可靠性和安全性，是信息系统建设中的一个重要任务。这通常是通过建立完整、严密的网络资源存取控制体系、严格划分网络用户权限、采用完善的系统容错技术、使用安全性和完整性较强的数据库管理系统、建立完整、严密的系统监控和审计体系等措施来实现的。

4. 可扩展性原则

银行的发展非常迅速，其需求也在不断变化。在组建银行信息系统时，必须考虑到系统的可扩展性；以适应银行业务不断发展的需要。主要从以下两方面来提高系统的可扩展性：(1) 网络结构：可通过设计一个好的网络结构，来支持方便地增加新的LAN（网段）；(2) 应用的互操作性：通过选择其应用互操作性好的网络操作系统和数据库系统、以及相应的软件，来支持系统的可扩展性。

5. 总体规划、分步实施原则

要组建一个大型银行信息系统，所涉及的地理范围较广，比如涉及若干个县市，其工程量相当大，投资也很可观，因此通常都分几个阶段完成。在此情况下，必须先做总体规划，再在此基础上制订出每个阶段的系统目标和应完成的任务。

6. 价值工程原则

从价值工程的观点出发在建立银行信息系统时，必须考虑系统的功能和性能与系统投资之比，在满足系统功能（业务需求）要求的前提下，应尽可能减小硬软件设备的投资，以获得较高的投资效益。

12.2.2 业务需求

银行信息系统所涉及的银行业务非常广泛，其中，具有金融特色且比较重要的业务有：(1) 对公核算业务；(2) 储蓄核算；(3) 会计核算；(4) 信用卡存取现金和转账业务；(5) 资金实时清算业务等等。本小节仅对前三种业务做简单介绍，有关信用卡业务将在本章第 3 小节中详述。

一、对公核算业务

对公业务，是指对企、事业单位的存款、贷款和结算等的收付业务；而对公核算业务，则是具体反映和监督银行对公业务活动的过程和结果的一种专业会计业务；对公业务系统又可分为前台和后台两部分。

1. 对公前台

对公前台业务主要包括三个方面：(1) 记账：记账是对公核算的基础，它是根据记账凭证登记明细账和各类账簿。账的类型可分为一般存款类、自筹存款类、贷款类、拨款类以及联行类等账；(2) 复核：为防止在记账过程中出现错误，对记账过程中所记录的各类账进行检查，此即复核。如果记账与复核一致，则对记账进行确认；否则指示出错信息；(3) 清算：在人民银行和各商业银行之间，因发生代办业务而进行的资金凭证之间的往来结算，及时扎平应收应付的账目。

2. 对公后台

对公后台业务包括：(1) 账页打印：对有关账页进行统计，然后打印，如打印满页账、当前账页、销类账页等；(2) 查询：提供对账户情况、贷款情况、科目情况和明细账等的查询；(3) 日结：指对当天发生的业务流水账做清、贷发生额，转账现金发生额、借、贷笔数的汇总；(4) 结息：按指定期限或按用户要求，对账户做结算计算。结算可分单户结息和批量结息、存款结息和贷款结息；(5) 年终结转：这是一个会计年度的终结，是将上一年的会计数据转换成新一年的会计数据。

二、储蓄核算业务

储蓄业务是办理居民个人的存款、取款和结算等的收付业务；而储蓄核算业务则是具体反映和监督银行储蓄业务活动的过程和结果的一种专业会计业务，储蓄业务又分为窗口业务和内部业务两种。

1. 窗口业务

是指办理城乡居民的存款、取款等业务，是储蓄业务的基础。窗口业务的具体工作包括：为储户进行开户、销户、存款、取款、挂失、冻结、登记账户和填制各种表簿等工作。

2. 内部业务

是指会计储蓄部门之间的业务往来及内部核算。主要工作是核算当日所发生业务的借贷平衡关系、依据储蓄明细账可核算各类总账、填制报表和各种单据，以保证账账相符、账证相符等，还处理各储蓄部门之间的关系。

三、会计核算

会计核算是业务系统的核心。银行中的所有业务都要通过会计核算，以保证在业务活动中所发生的资金的正确性。会计核算所实现的功能包括以下几个方面：

1. 日常业务处理

这包括会计柜台核算的全部内容：(1) 传统业务核算：有存款业务核算、贷款业务核算、结算业务核算、现金出纳业务核算等；(2) 内部核算：营业收入、非营业收入的核算、库存物资的核算、固定资产的核算以及管理费用的核算等；(3) 新增业务核算：含同城通存通兑的核算、电子转账业务的核算、POS 支付业务的核算、电话银行业务的核算等。

2. 会计分析处理

含对各种存款的分析、对各种贷款的分析、对预算拨款业务的分析、对业务资金调拨的分析、对信贷计算执行情况的检查分析等。

3. 会计稽核处理

含对会计凭证的稽核、账目的稽核、存款利息的计结与收支渠道的稽核、会计报表的稽核等。

12.2.3 银行信息系统处理平台

银行是较早实现电子化的行业，它经历了“六五”、“七五”、“八五”十多年的发展，现已形成了多种类型的银行信息系统处理平台。目前在我国的信息处理平台大体上可分为三种类型，即基于 LAN 的信息处理平台，基于 IBM SNA 的信息处理平台和基于交换集线器的信息处理平台。

一、基于 LAN 的信息处理平台

在 80 年代的中、小型银行信息系统，大多是采用配置了 UNIX 或 Xenix 多用户操作系统的多用户机。随着 LAN 的发展和迅速普及，在进入 90 年代的中、小型银行信息系统，已逐步转向采用基于 LAN 的信息处理平台，这是将银行内部各科室的微机通过集线器和双绞线连通，再配置一网络服务器，形成一 10 BASE-T 以太网。

而对于地、市级银行，由于它通常都还要管辖着若干个县级银行，在市行与县行的信息系统之间，还须通过某种类型的 WAN 互连起来，且在各银行之间的通信业务量都较大，故通常采用 X.25 网；又因为 DDN 具有更高的传输速率，当通信业务量很大时用 DDN 也较经济，因此，近几年来已有愈来愈多的银行利用 DDN 实现远程通信。进入 90 年代中期后，已有许多银行增设了 POS 业务和 ATM 业务，因而在 LAA 上配置了一台或多台 ATM 前置机、一台或多台 POS 前置机。图 12-2 示出了基于 LAN 的系统平台。

在图 12-3 中示出了 XX 市行信息系统的网络结构。在市行信息系统的 LAN 上，配置了两台 HP60 机作为主服务器，该机器不仅具有平均三年的无故障时间、磁盘镜像功能，而且还配置了双机自动切换的硬件，使得在主工作服务器不能正常工作时，后备服务器能自动启动并接管全部工作；该系统又采用 IBM RS 6000 小型机用于电子汇兑；在 LAN 上还配

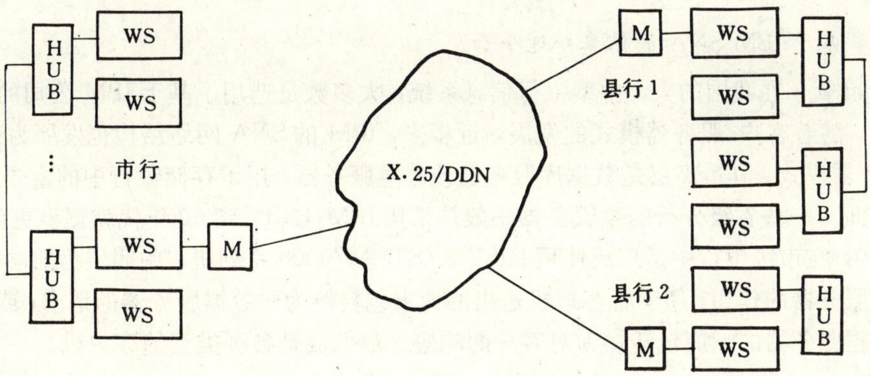

图 12-2 基于 LAN 的系统平台

置了 NCR 3000 小型机用作 ATM 的前置机，通过 PSTN 与市内各 ATM 相连，以处理来自市内其他各 ATM 所传送来的业务；PC 服务器作为 POS 系统的前置机，它同样通过 PSTN 与各商场中的 POS 机相连，以处理由这些 POS 机传送来的业务；该 LAN 还可通过路由器 HP Router ER 与 X. 25 网实现与各县（市）银行信息系统的连接。

在图 12-3 中还示出了县（市）银行信息系统，为简单起见，图中只画出一个这种系统。其基本配置与市行相似。主服务器机器较小，用的是 HP E25，主机有两套互为热备份；同样也是用 NCR 3000 作为 ATM 前置机；PC 服务器作为 POS 系统的服务器和电话银行。

在选用了 HP 公司的机器作为服务器的同时，也相应地配置了 HP 的 UNIX 操作系统 HP-UX，该操作系统不仅使计算机系统具有很好的“互操作性”和“可扩充性”，而且还由于在 OS 中带有 TCP/IP 及 NFS 协议软件，从而也使系统具有很好的联网能力；此外，HP-UX 还能支持当前主要的大型数据库系统，如 ORACLE、INFORMIX、SYBASE 等。

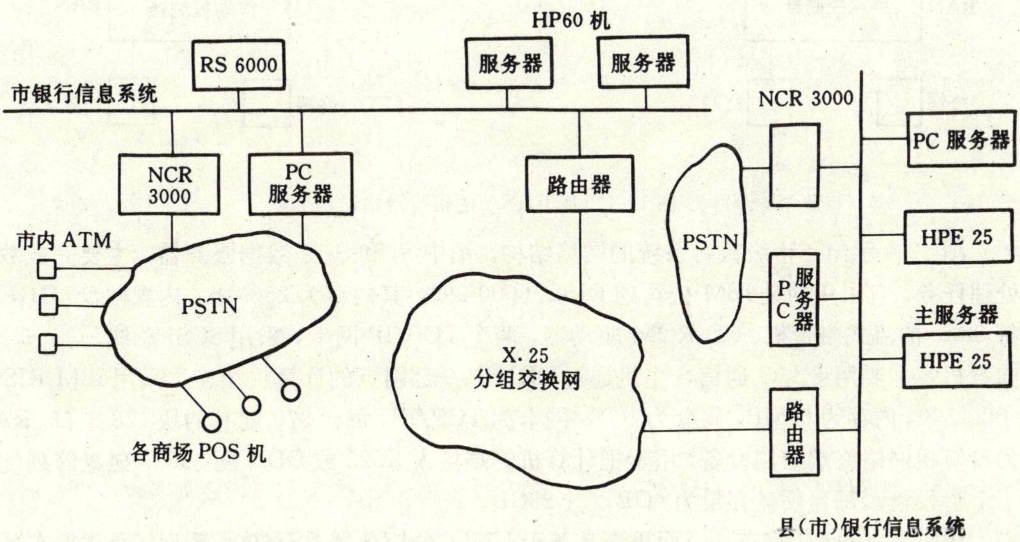

图 12-3 XX 市行的网络结构

二、基于 IBM SNA 的信息处理平台

80 年代，在我国的大、中型银行信息系统，大多数是选用了基于 IBM 公司的 SNA 网络结构。随着客户/服务器模式的发展，近年来，IBM 的 SNA 网络结构也发展为三层的客户/服务器模式。其最高层是数据库服务器或称主服务器，用于存储银行中的重要信息。在 80 年代时，一些省级分行的主服务器一般是采用 IBM 4381，到 90 年代就逐步更新为 IBM ES 9000，在市级银行中是广泛使用 RISC SYSTEM/6000 系列机。中间层为前端机，它起着应用服务器的作用，用于将客户机送出的请求包转换为对数据服务器的请求；或者相反，是将数据服务器的响应包转换为对客户的响应。最低层是各种类型的客户机。

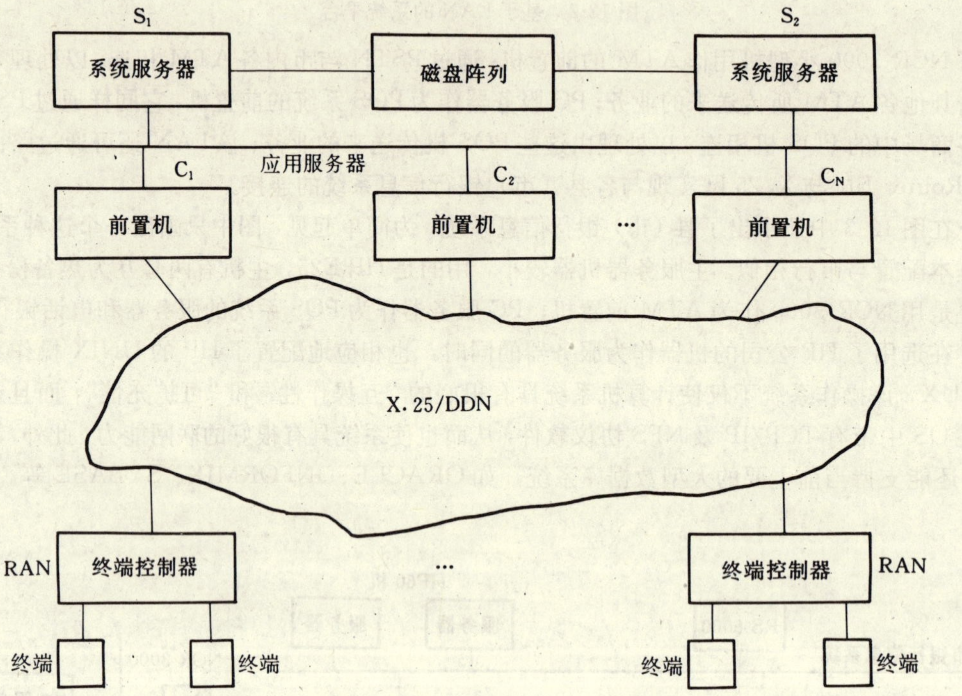

图 12-4　基于 SNA 的银行网络结构

图 12-4 示出了市级银行系统的网络结构。图中 S_1 和 S_2 是数据服务器，主要完成数据处理任务，它采用的是 IBM 公司的 RISC/6000 990，其内存为 256MB，内置硬盘 4GB，配有 8mm 的流式磁带机、CD-ROM 驱动器，两个 TCP/IP 网卡，采用 SCSI 总线。$C_1 \sim C_4$ 为前置机，主要用于 I/O 通信，主机通过 DDN 与全部网点的计算机相连，采用 IBM RISC/6000 370，内存为 60MB，硬盘为 1GB，网卡为 TCP/IP，每台 370 配有两块 128 端口。RAN 为计算机网络终端控制设备，用于把计算机终端接入 X.25 或 DDN 网，9333 磁盘阵列配置了 7 台硬盘，每台硬盘容量为 4GB，共 28GB。

IBM 于 1997 年宣布，全面更新其基于 UNIX 的服务器 RS/6000 系列。最先发布的是 RS/6000 Model F50，该机器可配置 4 片 166MHz 的 Power PC 604e 处理器、128MB～3GB 的内存、9 个 PCI 卡插槽，Model J50 采用 2 路～8 路 SMP 处理技术，200MHz 的 Power PC

604e 芯片、256MB 内存，Model E20、E30、E40 都装有 233MHz 的 Power PC 604e 芯片。

三、基于单级交换集线器的信息系统网络

进入 90 年代中期后，在企业网络中又广泛采用基于交换集线器的网络结构，银行系统也不例外。对于一些规模适中的企业网络，比如它含有数个 LAN 网段、连接了数十台微机和终端，通常可以只采用一级交换集线器，这时是利用交换集线器的多个 10 BASE-T 端口，来连接 LAN 网段，利用 2 个 10 BASE-T 端口来连接两台相同的服务器，对于某些要求较宽频带的特殊工作站，也可直接连接到其余的 10 BASE-T 端口上。而对于较大型的银行系统，则可能需要采用两级交换集线器。

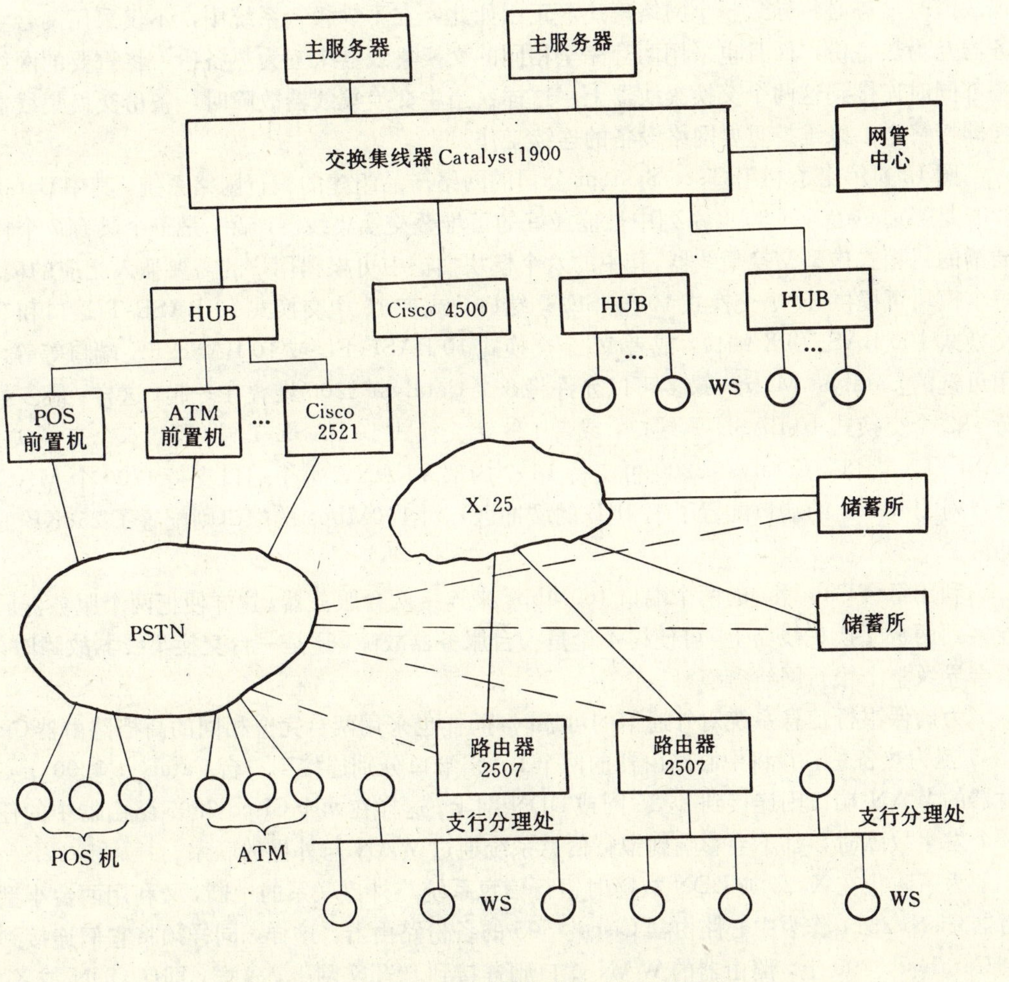

图 12-5　基于单级交换集线器的银行网络系统

图 12-5 示出了利用一个小型交换集线器的市银行信息系统的网络结构。这里的交换集线器采用的是 Cisco 公司最近推出的 Catalyst 1900，它具有很高的性能/价格比，提供了 24 个交换式 10 BASE-T 端口，可用来连接 10 BASE-T 集线器和某些工作站及路由器，还提供了 2 个 100 BASE-T 端口，可用于连接两个服务器。在 Catalyst 1900 中内置了一条 1Gbps 的总线和 3MB 的交换缓冲区，以防止交换包的丢失，它能支持“直接式”交换和

"存储一转发式"交换供管理员选择。

该市行还有若干个分理处和储蓄所，为此，该市行的信息系统采用一台Cisco公司的中型路由器4500通过X.25网与这些分理处及储蓄所相连接；在各分理处中都配置了Cisco 2507小型路由器/集线器，除利用它的路由器功能外，还利用它的集线器功能。2507提供了一个Ethernet端口、16个10 BASE-T端口和2个串行端口。该网络系统还利用一个远程访问服务器Cisco 2511来连接PSTN网，作为备份远程通信系统。

四、基于两个交换集线器的信息系统网络

对于较大规模的银行网络，不仅需要与较多的部门网络和工作站相连接，而且也要求网络的可靠性非常高。在上面的网络方案中，由于只采用一个交换集线器，显然，在它出现故障时，势必将导致整个网络瘫痪。正因如此，在不少银行系统中，不仅采用两台主服务器互为热备份，而且也采用两套完全相同的交换集线器来互为热备份，将重要的网络设备都同时连接到这两个交换集线器上，这样，当主交换集线器故障时，备份交换集线器可立即接替之，以维持重要网络设备的连续工作。

图12-6示出了利用Cisco System公司的网络产品组建的银行网络系统。其中Catalyst 3200是当前Catalyst 3000系列中性能最好的可堆叠交换集线器产品，是一个具有7个模块插槽的机箱式中型交换集线器，其中的六个模块插槽中可根据用户的需要插入相应的模块，每个模块可提供24个交换式10 BASE-T端口、或者16个交换式10 BASE-T端口和2个交换式100 BASE-TX端口，或者12个交换式10 BASE-FL或10 BASE-FX端口等等。利用可选的Catalyst Matrix最多可以允许将8个Catalyst 3200堆叠在一起，这样，最多可支持192个交换式10 BASE-T端口，或者128个交换式10 BASE-T端口和16个交换式100 BASE-TX端口，Catalyst 3200可支持16个内部VLAN，每个端口支持1700个MAC地址，对10Mbps的端口配置了192KB的缓冲区，对100Mbps的端口则配置了256KB的缓冲区。

利用每台Catalyst的两个端口100Mbps来连接两台服务器，这样便把两个服务器同时连接到两台交换集线器上，可使得不论是一台服务器故障，还是一台交换集线器故障时，都不会导致整个银行网络瘫痪。

为确保银行信息系统对外通信的可靠时，同样也采用两台完全相同的高档路由器Cisco 7505互为热备份，并将中心路由器的两个LAN端口分别连接到一台Catalyst 3200上，路由器的WAN端口则连接到X.25网或DDN网上。这样在两个Cisco 7505路由器中的任何一个发生故障时，都不会影响到银行信息系统通过WAN与外界的联系。

为了防止在X.25或DDN故障时银行信息系统与外界联系的中断，又利用两台小型路由器Cisco 2514作为中心路由器Cisco 7505的备份路由器，这样，同样须将它们连接到两台Catalyst 3200上，路由器的WAN端口则连接到PSTN网上，这样，即使DDN或X.25故障，Catalyst仍能通过Cisco 2514和PSTN与外界通信，这两台小路由器也是互为热备份。

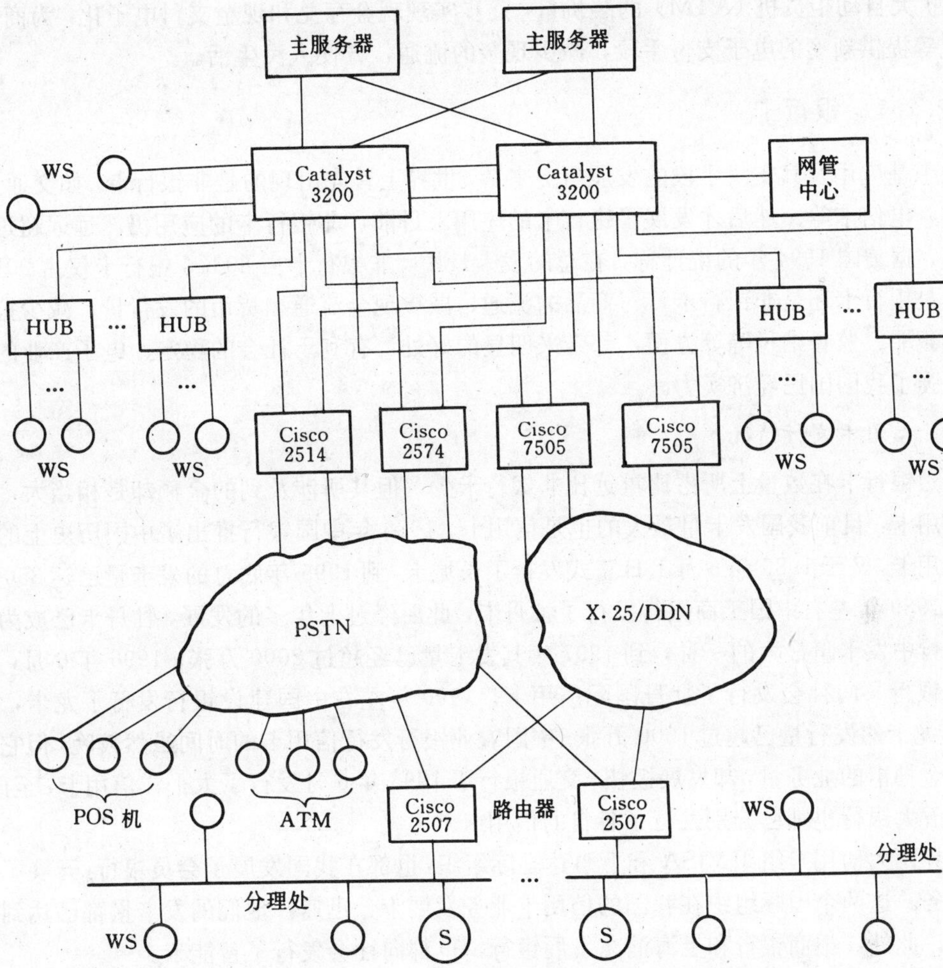

图 12-6 具有两个交换集线器的银行网络系统

12.3 电子货币工程

建设我国的电子货币工程是江泽民总书记亲自提出的，这也是我国推进国民经济信息化的一个跨世纪工程，在我国又把电子货币工作称为“金卡工程”，它是以信息技术、计算机通信和网络为基础、以银行卡（信用卡、现金卡等）等为媒介、采用电子转账形式来逐步替代当今流行的纸币（现金和支票）流通的电子货币的工程。该工程的实施将大大地推进银行业支付系统的电子化，促进我国信息产业的迅速发展。

金卡工程的总体目标用10年的时间、分三个阶段即试点阶段、推广阶段和普及阶段来实施。预计到2003年在全国将有400个城市，包括三亿城市人口的广大地区，完成卡基支付业务的应用和服务环境的建设。银行卡的总发行量将达到2亿张以上。在实施金卡工程时，一方面要积极组建金卡工程的网络系统及由有关部门筹资兴建信息交换服务中心，以达到共享网络、共享信息资源和共享服务的目的；另一方面，要大力普及金融卡、扩大发卡量、扩大自动柜员机（ATM）的装机量，逐步实现现金存兑和现金支付电子化，为商贸、旅游业等提供新型的电子支付手段，减少现金的流通，方便人民生活。

12.3.1 银行卡

从卡基应用及其支付手段的发展历史来看，世界上首先出现的是非银行卡，如交通卡、医疗卡、电信卡等。然后才发展了银行卡的应用。目前，非银行卡的应用仍然远远超过了银行卡、据美国1994年的统计称，在总的发卡量中，非银行卡占80%、银行卡仅占20%。而不论是银行卡还是非银行卡，对商品的流通、减少现金流通和货币的发行量、减少抢劫现金的犯罪、监督纳税等等方面，都带来明显的好处，有利于社会的稳定、电子产业的发展、增强了我国国民经济实力。

一、信用卡发行情况

虽然银行卡在数量上所占比重远比非银行卡少，但其所涉及到的金额却是相当大，特别是信用卡，目前我国发卡量最大的也是信用卡。1985年中国银行推出了中国历史上的第一张信用卡，又于1986年6月1日正式发行了长城卡，到1995年底总的发卡量已达350万张；在1989年左右中国工商银行发行了牡丹卡，此后经过七年多的发展，牡丹卡已成为各商业银行中发卡量最大的一种，到1997年其发卡量已经超过2000万张；1996年6月，中国工商银行又向社会发行了牡丹国际信用卡；1990年左右中国建设银行发行了龙卡，到1997年龙卡的发行量已超过1000万张；中国农业银行发行信用卡的时间虽然较晚，但它所发行的金穗卡的业务量，却发展极快；交通银行于1993年6月发行了太平洋信用卡，至此，我国的五大银行也都已分别发行了各自的信用卡。

世界两大信用卡组织VISA和万事达国际组织，也都在我国发展了会员银行，开展了信用卡业务。这两个国际组织在我国的信用卡业务发展十分迅速，他们的发卡量都已达到数百万张；此外，招商银行和上海浦东发展银行，也都向社会发行了智能卡。

二、磁卡、IC卡和光卡

银行卡的类型虽然很多，但可根据它们的用途而分为信用卡、银行现金卡、电话卡和工资卡等。又可根据信用卡的数据记录原理而将银行卡分为磁卡、IC卡和光卡。

1. 磁卡

磁卡是基于磁性原理来记录数据的。目前主要有两种方式制作磁卡，一种是塑料卡上贴上含有若干磁道的磁条。在磁条上一般有三条磁道，每条磁道都可以记录不同标准和不同数量的信息。在磁道上的记录密度也有两种，一种是15BPI（Bit Per Inch）；另一种是210BPI。目前，世界各国的信用卡和银行现金卡等，都普通采用这种类型的磁卡；另一种磁卡是在PET塑料卡的背面全部涂上磁膜，在日本，PET磁卡作为储值卡已获得广泛的应用，在磁卡上记录的数据可以重写，磁卡的存储容量在100个字节以上。

2. IC卡

IC卡即集成电路卡的英文缩写。它与磁卡相比，在大小和外观上都没有明显的区别。但在IC卡中装入了CPU和存储器，CPU可用来对其内部数据进行访问、外部的数据交换，以及利用较复杂的加密算法对数据进行加密处理，这使IC卡比磁卡具有更强的防伪性和保密性，可以有效地抵御伪造行为；另外，IC 卡的存储容量也能达到磁卡存储容量的 100 倍以上。因此，IC 卡在智能性、存储容量和安全性等方面都较磁卡有明显的优势。从而使 IC 卡能在金融业、商业、交通、医疗卫生及身份识别等方面大显神通。

3. 光卡

这是利用光学原理来记录数据的卡。其存储容量特别大，可达到 IC 卡的百倍以上。目前光卡在世界各地尚处在试验阶段，主要应用于医疗领域。

三、IC 卡的类型

我国自 1993 年实施金卡工程以来，IC 卡在我国的生产和应用都发展得十分迅速，目前已在金融、商贸、交通、电信及医疗卫生等领域中得到广泛应用。从用途上，可将 IC 卡分为 IC 信用卡和 IC 现金卡两种。IC 信用卡比磁卡信用卡更好，因而 IC 信用卡会逐步取代磁卡信用卡。而 IC 现金卡又可再分成有密码与无密码的两种，有密码的 IC 现金卡相当于电子存折，银行在发行电子存折时，将在其中输入用户的户头，包插个人户口资料、密码和存款金额，与一个普通存折一样，但由于在 IC 现金卡中加入了密码，因而即使是卡丢失，其个人存款也不会被取走。而无密码的 IC 现金卡则只相当于一个电子钱包，可以先向卡中输入少量数额的现金，每次使用时，可由 POS 机或其他设备直接划拨，当卡中的现金用完时，还可要求银行再向卡中加入少量的金额。这种现金卡的主要优点是方便，它无须用户到银行去开户，亦无密码，电子钱包就像普通钱包一样，所以当电子钱包丢失时，其中的现金也就丢失了。

另外，还可根据卡内所装配芯片的不同而把 IC 卡分成以下三种类型：(1) 存储器卡：在存储器卡中一般是采用 E^2PROM（可电擦、可编程及只读存储器）芯片，它不提供任何安全措施，只能由读写器提供一些有限的安全检查手段，主要用作健康卡等；(2) 逻辑加密卡：它由逻辑电路和 E^2PROM 两部分组成，其存储容量一般为 1KB，实现了对 E^2PROM 存储单元读/写/擦除的控制，可采用多种加密方法来增加 IC 卡的安全性。但大多数的逻辑加密卡都只有一个应用区，因而只能作为单应用卡使用；(3) 智能卡：在该卡中有微处理器 MPU、E^2PROM、ROM 和 RAM，能进行复杂的加密运算和密钥、密码管理，大大提高了 IC 卡的安全性和可靠性。在智能卡中可提供的应用空间达 8KB，较前两种要大得多，还可利用微处理器的灵活性设计成多应用卡。

四、IC 卡的组成

在 IC 卡中用得最多也最有前途的就是智能卡。1996 年，华旭金卡公司与清华大学联合研制出我国第一个智能卡芯片——中华 IC 卡。该智能卡的逻辑结构如图 12-7 所示。

1. 微处理器

在智能卡中的 MPU，目前一般采用 8 位字长的处理器，如 Siemens 公司的智能卡用的是 Intel 8051 MPU；GAO 和 GMD 公司开发的 STARCOS 卡中所使用的是 Hitachi H8/3101 等。在智能上中 MPU 的主要功能是接收读写器发来的命令并进行分析，如能满足访问存储器的条件，则执行对存储器的读/写操作。在读出时，对从存储器读出的数据进行适当处理后，将结果送至读写器；在写入时，将读写器所提供的数据写入存储器。

2. 加密运算协处理器（CAU）

为了提高加密的安全度，在 IC 卡中常常采用 DES、RSA 等加密算法，在一般情况下，

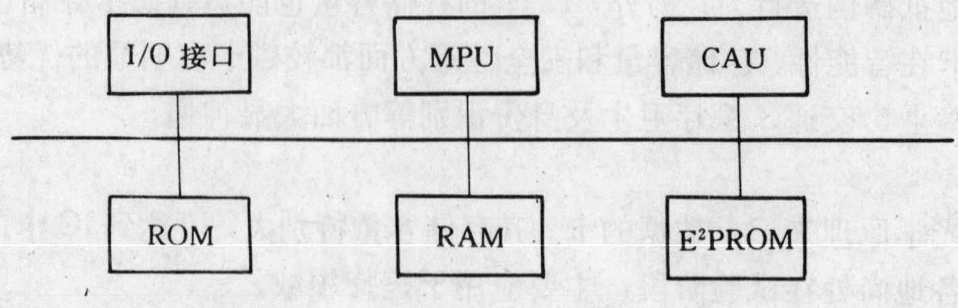

图 12-7 智能卡的逻辑结构

加密运算仍由微处理器完成。但若采用RSA 算法时须进行大指数模运算，为此，要求MPU具有较高的运算速度，然而目前在IC 卡中所用的 8 位 MPU 已经不能胜任，须再在IC 卡芯片上增加加密运算协处理器，目前这种情况尚不多。

3. 存储器

在智能卡中包括三种类型的存储器：(1) E^2PROM：用于存储各类文件、密码、密钥、应用数据以及各种控制信息等，有时也可存放少量程序。其容量一般在 1～8KB。这是智能卡用户真正能访问的存储区；(2) RAM：主要用于存放智能卡在当前交易过程中的一些中间结果和安全状态信息，或用作 I/O 数据缓冲区及程序嵌套运行时的堆栈区等。其容量一般在 128～512 个字节；(3) ROM：用于存放不允许丢失或修改的数据和程序，其容量一般为 3～16KB。

12.3.2 信用卡授权转账业务

信用卡是一种高科技产物，必须有计算机技术与网络通信技术的有力支持，才能实现信用控制的电脑化、服务方式自动化以及交易传递的网络化。其中的信用控制电脑化实际上就是信用卡授权转账系统。

为保证发行信用卡的银行（简称发卡行）不会受到有意或无意的伤害，每当消费者持卡购物时，须先经过发卡的检查。仅当持卡人的信用好时，才被允许使用信用卡消费。因此在使用信用卡消费时，存在一个由发卡行对信用卡消费的授权过程，至于授权方式则与所用的 POS 机是否直接与发卡行连接有关。

一、POS 与发卡行连接时的授权业务流程

当前在我国大多数城市中的信用卡系统都是 POS 机或 POS 服务器直接与发卡行相连接，此时信用卡的授权业务流程比较简单：(1) 持卡人插卡，启动交易，由 POS 机或 POS 服务器向发卡行发送交易请求报文；(2) 发卡行收到请求报文后，对持卡人的信用情况进行查询。如果持卡人的信用情况无问题，便回送一交易请求响应报文给 POS 机或 POS 服务器，授权 POS 机进行交易。图 12-8 是相应的授权业务流程。

二、POS 机与代理行连接时的授权业务流程

上述的信用卡网络系统存在的最大问题是：各发卡行所发行的信用卡，只能在属于该行的信用卡网络中使用，此即“一行一卡”。在一个城市中可能有多个信用卡网络，他们之间互不通用，当然更谈不上跨地区使用信用卡。然而为了使用户只要手持一卡便可在所在城市中的任何地方消费，而不论其所使用的 POS 机是连接到哪个银行的信用卡网络上，则

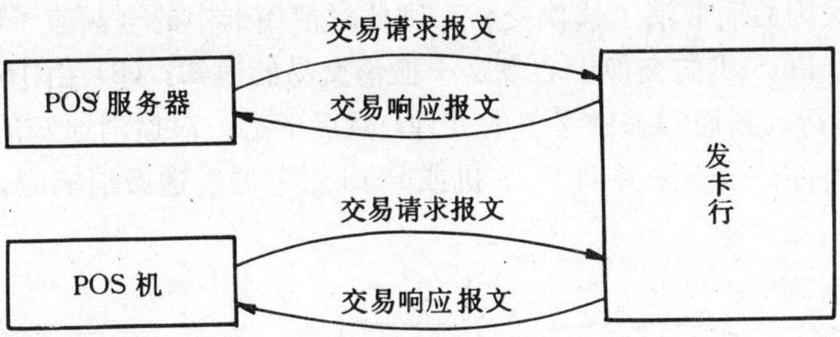

图 12-8　POS 机与发卡行连接时的授权流程

必须在该城市中建立信用卡信息交换服务中心。

在有了信用卡信息交换服务中心的情况下，信用卡的授权业务流程如图 12-9 所示。其步骤是：(1) 持卡人持卡启动交易：这时由 POS 机或 POS 服务器向代理行发送交易请求报文；(2) 代理行收到请求报文后，若发现是跨行交易，便形成一新的请求报文送交换中心；(3) 交换中心收到请求报文后，将该报文转发至相应的发卡行；(4) 由发卡行查询并确认持卡人的信用情况，若无问题，便向交换中心发送一交易请求的响应报文；(5) 交换中心将响应报文转送代理行；(6) 由代理行将请求响应报文送回 POS 或 POS 服务器，授权 POS 机进行交易。

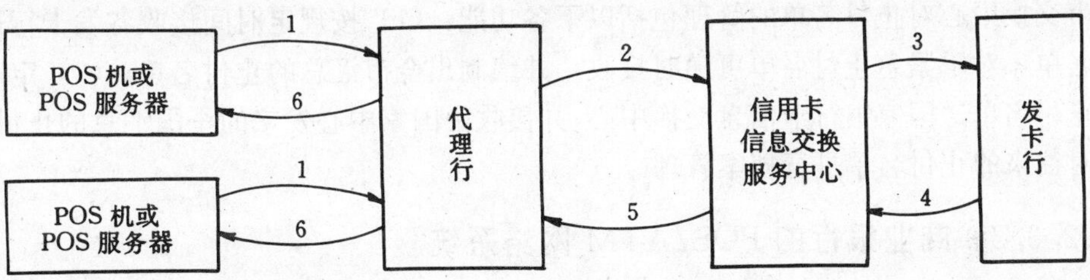

图 12-9　POS 机与代理行连接时的授权流程

三、ATM 与发卡行（代理行）连接的授权业务流程

用户不仅可用信用卡通过商场中的 POS 进行消费，而且还可以在自动柜员机（ATM）上取款、查询卡中的余款等。当用户持信用卡到 ATM 上取款时，同样也须先由发卡行授权，其业务流程与持信用卡通过 POS 消费的过程相似，也可分为 ATM 与发卡行相连接，或者 ATM 与代理行相连接两种情况的授权过程，此处不再赘述。

四、POS 机（服务器）直接接至交换服务中心的授权业务流程

目前在国际上，所采用的信用卡网络结构的一大趋势，是将 POS 机作为公用设备直接接至城市信用卡交换服务中心。这样做的主要优点是所有的交易都不再需要经过代理行，而是直接进入交换中心，从而简化了网络的连接、降低了网络上的信息流量和费用。

此时的信用卡授权业务流程如图 12-10 所示。步骤为：(1) 持卡人插卡启动交易，由 POS 机或服务器向信用卡交换中心发送交易请求报文；(2) 交换中心收到请求报文后将之转至发卡行；(3) 发卡行查询并确认持卡人信用情况后，向交换中心发送响应报文；(4) 交换

中心将此次交易记录下来后，将响应报文送 POS 机或 POS 服务器。

如果持卡人又因故而取消了这次交易，则此时信用卡中的金额应予以恢复，相应的处理过程为：(1) 由 POS 机向交换中心发送一撤消交易的通知；(2) 由中心将撤消通知转至发卡行；(3) 发卡行收到通知并做必要的处理，然后形成一对撤消通知的响应给交换中心；(4) 中心将撤消事件记录下来并向 POS 机或 POS 服务器发送撤消响应。

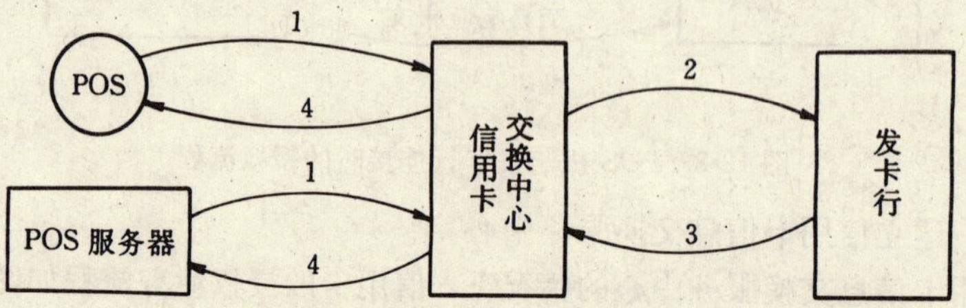

图 12-10　POS 机与交换服务中心直接连接时的授权流程

五、止付名单管理

当持卡人用信用卡进行消费时，如果发卡行因发现持卡人在信用上存在问题，则将不予授权交易，所有在信用上有问题的人都将被列入一张止付名单中，每次发卡行在做授权检查时，都要查看该名单，仅对其名字未被列入止付名单的持卡人，才可能予以授权交易。

市交换中心对止付名单的管理包括以下各功能：(1) 按规定时间接收各发卡行送来的止付名单，对于紧急止付名单可随时接收，并编制出全市汇总的止付名单；(2) 定期将汇总的止付名单送国家银行卡信息交换中心，并接收由国家中心发来的全国汇总的止付名单；(3) 对往来的止付名单进行档案管理。

12.3.3　商业银行的 POS/ATM 网络系统

当前我国的城市银行网络系统有两种情况，一种是各商业银行自上而下地建立各自的 POS/ATM 网络系统，而并未建立城市银行卡信息交换中心，这时只能实现“一卡一行”；另一种情况是已经建立了银行卡信息交换中心，能够实现信用卡的跨行使用。

当前我国的五大商业银行如中国银行，中国工商银行等，都已发行了各自的银行卡，也相应地建成了自己的 POS/ATM 网络系统，如中国工商银行已在全国的近 200 个城市装备了共 3.2 万台 POS 销售终端，在 170 个城市安装运行了 3.2 万台 ATM、250 个发卡机构，建成了相应的 POS/ATM 网络系统。

由于 POS 和 ATM 的分布相当广泛，因而必须通过某种形式的 WAN 将各 POS 和 ATM 连接到发卡行。目前主要是利用PSTN 和分组交换网。下面分别介绍利用PSTN 和分组交换网所构成的金融 POS 网络系统。

一、基于 PSTN 的 POS 网络系统

目前，POS 业务授权主要通过 PSTN 拨号方式。对于较为分散的零售点可以采取直接拨号上网方式，通过 POS 机的内置 Modem 接至 PSTN 上；而对于 POS 机较为集中的大、中型商场，由于通常在商场内有小型交换机，因而可以先将 POS 机通过内部线路接至小型

交换机上，然后再经PSTN接至发卡行如图12-11所示。

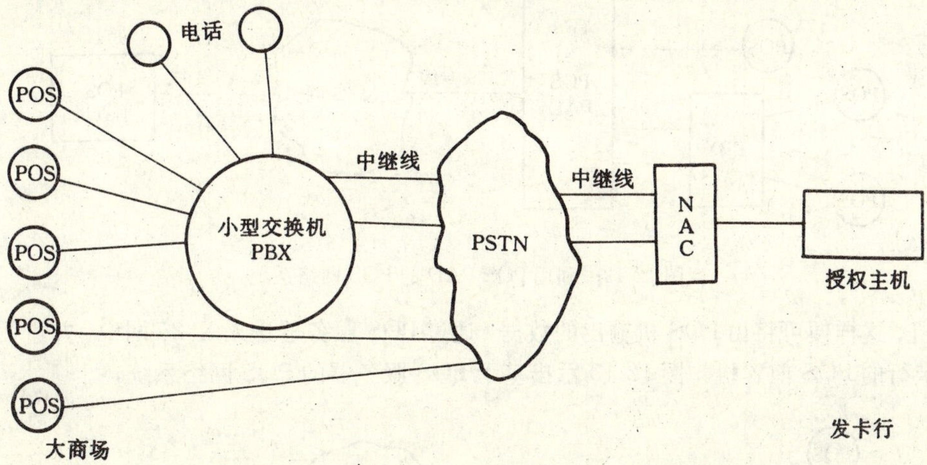

图12-11 基于PSTN的POS网络系统结构

在发卡行一侧，通常都配置有网络访问控制器（NAC），用它来接收从若干条中继线路上传送来的POS数据。该数据先经MAC处理后，再送至发卡行的授权主机。当网上的POS机较多时，也可设置若干个POS前置机。经过NAC处理的数据先送POS前置机，再由POS前置机送授权主机。

利用PSTN来组建POS网络系统的主要优点是：PSTN的覆盖面宽，使POS机入网灵活方便且技术成熟，对于小型零售商店来说也较为经济。其存在的问题是传输误码率高，网络的接通率较低，系统的保密性差，且每笔交易的时间较长，平均达20～30秒钟，难于满足信用卡交易的需要，故近几年来已有愈来愈多的POS网络系统改用分组交换网来组网。

二、基于分组交换网的POS网络系统

利用分组交换网（X.25网）来组建POS网络系统的方案，可有多种，下面介绍几种可行方案。

1. 利用POS PAD的POS网络系统

对于大、中型商场，可以设置一台专门用于连接POS机的PAD设备。该设备的输出端是X.25同步端口，可将它接至X.25网上。PAD提供了若干个异步端口，可将POS机的内置Modem通过专线接至POS PAD的异步端口上；也可通过商场的小型交换机拨号至POS PAD。这样由POS机送出的数据便可由PAD送入X.25网，再传送到发卡行中授权主机的POS前置机。

图12-12示出利用POS PAD的POS网络系统。

2. 基于POS服务器的POS网络系统

这是利用一台高档微机作为POS服务器，以取代上一方案中的POS PAD设备，用于将多台POS机接入X.25网。在该微机中插入一块X.25网卡以与X.25网相连接；再插入一块多串口卡，它能方便地提供从8口到128口的POS机接入口，并以专线方式连接多台

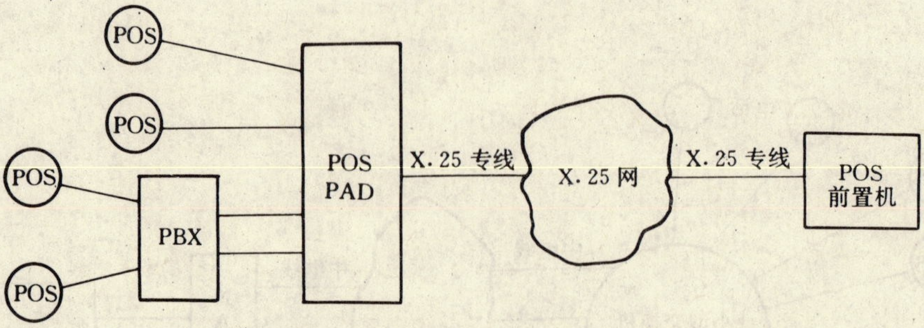

图 12-12 利用 POS PAD 的 POS 网络系统

POS 机。这样便可将由 POS 机输出的数据，通过 POS 服务器送入 X. 25 网中，并进而传送到发卡行的 POS 前置机。图 12-13 示出基于 POS 服务器的 POS 网络系统。

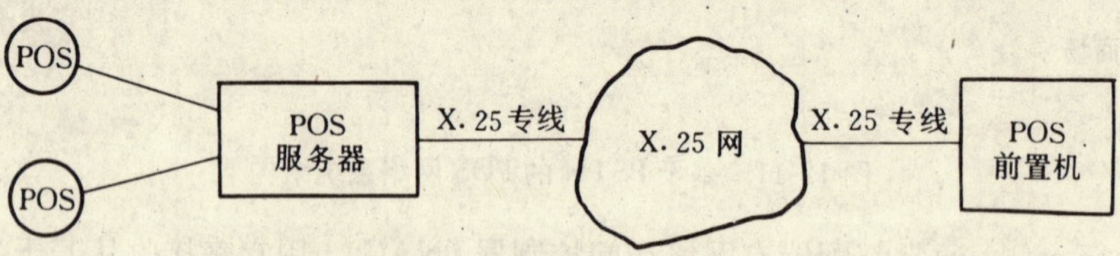

图 12-13 利用 POS 服务器的 POS 网络系统

上面介绍了 POS 网络系统，对于 ATM 网络系统，其情况也十分相似。目前零散的 ATM 主要是通过 PSTN 与发卡行的 ATM 前置机相连接，而在 ATM 较集中之处，则可利用 X. 25 网与 ATM 前置机相连接。

12.3.4 市银行卡信息交换网络系统

目前我国已有不少城市实现了信用卡的“跨行使用”，在有些地区还实现了跨地区的使用，其他大多数大、中城市也已正积极地向着上述目标努力，近几年内有望在全国各大、中城市中都实现信用卡的“跨行使用”。

一、实现“跨行使用”的必要条件

为了做到当用户持有五个商业银行所发的任意一种信用卡时，便能在全城中任何一商店里的 POS 机上进行消费或购物，及在任一 ATM 上取款，所需的最基本条件是在该城市中建立信用卡信息交换服务中心，相应的，也须建立信用卡信息交换网络，以将各发卡行通过 X. 25 网或 DDN 网与信息交换中心连接起来，最终能实现上小节所介绍的授权转账业务。

单有银行卡网络是不够的，人民银行还必须加强对信用卡业务的规范化管理，制订相应的银行卡标准和 IC 卡标准，对银行卡的技术标准实现规范化，及制订对银行卡的业务管理办法等，把各商业银行所发行的银行卡和银行卡业务，都统一到人民银行所制订的标准和规范上。

在有了市银行卡信息交换网络和统一了信用卡及其业务标准后，便允许在 POS 机和

ATM 上使用由任一银行所发行的信用卡，而这时与 POS 或 ATM 所连接的发卡行也就演变为代理行，它不仅能接受本行所发行的信用卡，而且还能接受任何其他银行所发行的信用卡。这样，当代理行接收到一个授权请求时，如识别出信用卡系本行所发，便直接执行授权处理；若是其他银行发行的信用卡，则须将本次收到的授权请求转至信用卡信息交换服务中心。

二、交换中心所连接的系统和设备

市银行卡信息交换中心应当（或可能）与下列网络或设备相连接。

1. 各商业银行的 POS/ATM 网络系统

交换中心应通过 X. 25 或 DDN 网，与各商业银行的 POS/ATM 网络相连接，以实现信用卡信息的交换，即将代理行所收到的授权请求报文（其中含持卡人的信用卡信息）转发至相应的发卡行。

2. 各大、中型商场的 POS 系统

在市交换中心建立之前，各大、中型商场的 POS 系统只能与某个（些）商业银行相连接。但在市交换中心建成并使用之后，更可取的方式是各商场的 POS 系统，都直接通过 X. 25 网与市交换中心相连，以简化授权业务流程。

3. 零散商店的 POS 终端

零散商店的 POS 终端，可以通过 PSTN 直接接至交换中心的 POS 前置机；但更可取的方法则是将之接至交换中心的网络访问控制器 NAC 上。NAC 起着 POS 集中器的作用，即 NAC 接收由多路 POS 终端送来的授权请求报文。

4. 零散的 ATM 和 ATM 网络

交换中心与一些零散 ATM 的连接情况，与和一些零散 POS 终端的连接情况相似；而交换中心连接 ATM 网络的情况又与其连接大、中型商场中 POS 系统的情况相似。

5. 交换中心自身的管理信息系统

该系统包括：（1）授权管理：对持卡人用信用卡进行消费时的授权管理；（2）止付管理：对一般止付和紧急止付业务进行管理；（3）账务管理：用于记录和管理在交换中心所发生的各种账务，如与信用卡信息交换相关的财务；（4）银行卡管理：对银行卡发放中所涉及的事务进行管理等。

三、市银行卡信息交换网络的组成

市银行卡信息交换网络的组成如图 12-14 所示。由图可见，在该网络中使用了一个或几个共享式集线器与若干台 POS 前置机连接，形成一个 POS 前置机系统；利用一个或几个共享式集线器与若干台 ATM 前置机相连，形成一个 ATM 前置机系统；又利用一个共享式集线器与多台微机连接，形成一个信用卡交换中心的管理信息系统。又在交换中心配置了一个中档路由器，实现与 X. 25 网和 DDN 网的连接，进而实现与各商业网点和大、中型商场 POS 系统的连接，然后再利用一个交换集线器，来互连各个 POS 前置机系统，各 ATM 前置机系统、管理信息系统等。通常，在交换集线器中还必须连接两个服务器，两者互为热备份，其中存放了大量数据。

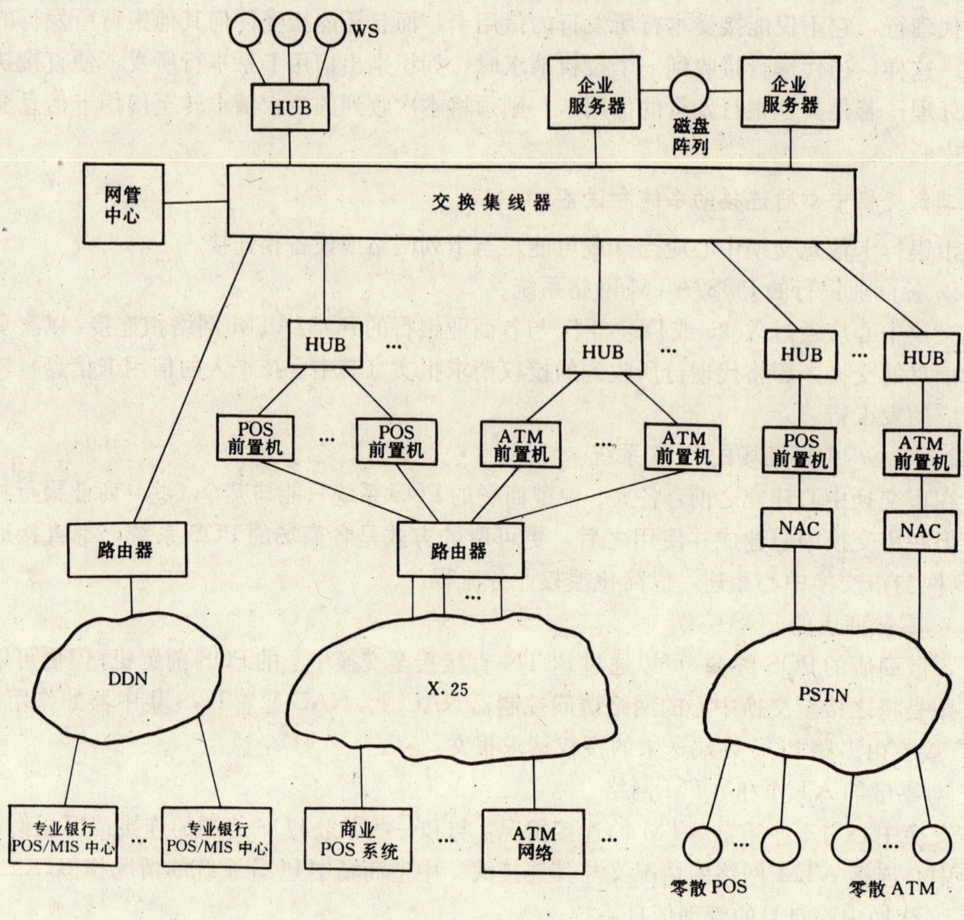

图 12-14 市银行卡信息交换网络

习 题

1. 金融电子化的发展可分为哪几个阶段？每个阶段的主要特征是什么？
2. 在“八五”期间我国金融电子化取得哪些显著的成绩？
3. 金融电子化的主要内容应包括哪几方面？并对这几方面做简要说明。
4. 实现金融电子化可产生哪些可量化的效益？
5. IC卡读写器由哪几部分组成？画出其框图。
6. 试说明银行信息系统的目标和其设计原则。
7. 较重要的银行业务有哪几种？对公核算业务包括哪些内容？
8. 试画出基于LAN的信息系统网络。
9. 试画出采用单级交换集线器的信息系统网络。
10. 按数据记录原理，可将银行卡分成哪几种？
11. IC卡由哪些部分组成？画出其逻辑结构。

12. 试画出当 POS 与发卡行连接时，信用卡的授权业务流程。

13. 在城市中建立了信用卡信息交换服务中心后，授权业务流程又应如何？

14. 试画出利用 POS 服务器的 POS 网络系统。

15. 为实现信用卡的“跨行使用”应具有哪些条件？

16. 试画出银行卡信息交换网的示意图。

参考文献

1. Freer, John R. Computer Communications and Networks. New York: Prenum Press, 1988.

2. William S. Operating Systems. New York: Macmillam, 1992.

3. Carl A, Sumshine. Computer Network Architectures and Protocols, 2nd ed. New York and London: Prenum Press, 1989.

4. Silberschatz A, Peterson J and Galvin P. Operating System Concepts. 4th ed. Addsion-Wesley, 1994.

5. Sape Mullender. Distributed Systems. New York: ACM Press, 1989.

6. John McConnell. Internet Working Computer System: Interconnection Networks and Systems. Englewood Cliffs. N. J: Prentice-Hall, 1988.

7. Client-Server Computing. Communication of the ACM, 1992 Vol35 No. 7.

8. Christine Comaford. Viewpoint: Why People Don't Succeed with Client/Server. IEEE Spectrum, January 1995.

9. Bruce Elbert, Boby Martyna. Client-Server Computing: Architecture, Application and Distributed System Management. Boston London: Artech House, 1994.

10. Alex Berson. Client/Server Architecture MCGram-Hill New York: 1994.

11. John M, Gallaugher and Sureshc. Ramanathan. Choosing a Client/Server Architecture, A Comparison of Two and Three-Tier Systems Information System Management, Spring 1996: 7-13.

12. Peter Von Schilling, John Levis. Distribeted Computing Environments, Information System Management, Vol. 12 No. 2 1995.

13. New Man P. ATM Local Area Networks. IEEE Communication Magazine, Vol 32 March 1994.

14. Andrew S. Tanenbaum. Distributed Operating System (分布式操作系统), 清华大学出版社. Prentice Hall 1997.

15. 何莉，王同胜．计算机网络概论．北京：高等教育出版社，1992.

16. 胡道元．计算机局域网．北京：清华大学出版社，1990.

17. 熊发骥．局域网的结构与协议．北京：兵器工业出版社，1990.

18. 谢启江．数据通信与微型计算机局域网络．北京：电子工业出版社，1992.

19. 张公忠，王钰．Novell 组网原理与实用技术．北京：清华大学出版社，1992.

20. 汤子瀛，杨成忠，哲凤屏．计算机作业系统（第二版）．台湾：台湾儒林图书公司，1994.

21. 李腊著．计算机局域网络理论及技术．北京：国防工业出版社，1997.4.

22. 贾超等编．计算机网络．吉林：吉林科技出版社，1996.

23. 雷震用等．计算机网络．西安：西安电子科技大学出版社，1996.

24. 高传善等编．计算机网络教程．上海：复旦大学出版社，1996.

25. 黎洪淞著．计算机网络技术．北京：电子工业出版社，1996.
26. 燕存上，陈方勇编．实用网络技术教程．北京：电子工业出版社，1997.
27. 冯明编著．实用网络管理技术．北京：人民邮电出版社，1995.
28. 汤子瀛，哲凤屏等．计算机网络技术及其应用．成都：电子科技大学出版社，1996.
29. 汤子瀛，哲凤屏等．计算机操作系统．西安：西安电子科技大学出版社，1996.
30. John R. Levine 等．Internet 傻瓜书．北京：清华大学出版社，1995.
31. Craig Hunt．基于 TCP/IP 的 PC 联网技术．北京：电子工业出版社，1997.
32. 杜治龙编．分组交换工程．北京：人民邮电出版社，1993.
33. 庄德秀，陆楠等．Novell 网络与通信技术．北京：清华大学出版社，1994.
34. 许令荃．微机网络服务器体系结构．中国计算机用户，1993，9.
35. 邱健．网络操作系统与服务器．中国计算机用户，1993，9.
36. 孙峻涛．Novell 服务器的存储系统及其容错．中国计算机用户，1993，9.
37. 王力民．西单商场 POS 系统的设计与开发．中国计算机用户，1993，7.
38. 黄武．商业电子信息化与收款机．中国计算机用户，1993，7.
39. 朱成言．调制解调器发展历程及关键技术．中国计算机用户，1995，2.
40. 颜世勇．如何选择调制解调器．中国计算机用户，1995，2.
41. 徐晓鸣，梁兴利．基于 RISC/6000 的银行应用系统．计算机系统应用，1995，8.
42. 杜宋常．一个商业 MIS 系统的实现．计算机系统应用，1996.
43. 周士波．局域网与 Internet 相连的方法探索与实践．计算机系统应用，1996，2.
44. 蔡波，李子华．商场管理信息系统财务子系统分析与设计．计算机系统应用，1996，6.
45. 高中伟，朱元辉．TCP/IP 应用环境的设计与管理．计算机系统应用，1996，7.
46. 龙力平．银行企业网络发展趋势．计算机系统应用，1996，9.
47. 东敦仁，周立柱，杨亚奇．Client/Server 计算机与现代 DBMS 的体系结构．计算机科学，1995 22（5），26-33.
48. 姚卿达，朱福民．一个基于 Client/Server 计算机系统控制的设计与实现．软件学报，1996，7（8）.
49. 杨芙清．现代商业与自动化．信息与电脑，1994，6.
50. 王秉湖．零售业中的 ECR 和 POS 产品应用及其选型．信息与电脑，1994，3，4，5，6.
51. 王观年编译．EDI 的过去与未来．信息与电脑，1994，3.
52. 中科院软件所．商业自动化工程中的电子订货系统．信息与电脑，1994，5.
53. 张淞芝编译．管理信息系统的企业网络．中国计算机报，1995，2.
54. 付光勇．WWW 基本技术及应用．中国计算机报“网络与通信”，1996，31.
55. 邢怀武，FDDI 掀起盖头来．中国计算机报“网络与通信”，1996，31，32.
56. 有悦．交换器和路由器的比较．中国计算机报“网络与通信”，1996，12.
57. 张云飞．计算机网络安全与防火墙．中国计算机报“网络与通信”，1996，8.
58. 戴炎．局域网交换．中国计算机报“技术专题”，1997，9.
59. 立德．虚拟化局域网与局域网交换机，中国计算机报“技术专题”，1997，9.

60. 赵信．传统IP协议网络与ATM的连接——IPOA．中国计算机报“网络与通信”，1997，9.

61. 崔建平．透析国内第一笔网上电子支付．中国计算机报，1998，25.

62. 陶欣．自适应技术如何适应．中国计算机报，1998，32.

63. 刁永斌．如何升级到千兆位以太网．中国计算机报，1998，52.

64. 刘炜编译．以太网急需服务机制．中国计算机报，1998，68.

65. 周士波．CGI，ODBC，JAVA．计算机世界，网络时代，1997，32.

66. 王建华译．局域网仿真．计算机世界，网络时代，1997，23.

67. 邵勇．HTTP Word Wide Web的支柱．计算机世界，网络时代，1997.5.

68. 雷进．广域网络环境中的Client/Server应用设计．计算机世界，网络时代，1997.14.

69. 杜之亭．公用数字数据网（ChinaDDN）．计算机世界报，1997，44.

70. 牛海梅．公用分组交换网（ChinaPAC）．计算机世界报，1997，45.

71. 任寰．中国公用计算机互联网（ChinaNET），计算机世界报，1997，48.

72. 刘玲．互为备份的NT双机技术．计算机世界报，1997，45.

73. 刘凡．以太网交换器的流控制技术．计算机世界报，1998，10.

74. 胡琳，张国宏．ATM局域网仿真．计算机世界报，1998，11.

75. 胡琳，张国宏．ATM的多协议规范．计算机世界报，1998，11.

76. 张国宏．ATM支持IP技术的规范，计算机世界报，1998，11.

77. 姚志军．SET和电子商务．计算机世界报，1998，16.

78. 大农．Windows NT 5.0．计算机世界报，1998，9，10，11，…，20期．

79. 王峰．Netscape与微软Intranet解决方案比较．计算机世界报，1998，21.

80. 鲍居武．建立一流的商业自动化系统．计算机世界报，1998，23.

81. 中国信息网互连中心．中国Internet发展状态统计报告．计算机世界报，1998，27.